U0733951

中国工程院咨询研究报告

中国煤炭清洁高效可持续开发利用战略研究

谢克昌／主编

第 5 卷

# 先进清洁煤燃烧与气化技术

岑可法 等／编著

科 学 出 版 社

北 京

## 内 容 简 介

本书是《中国煤炭清洁高效可持续开发利用战略研究》丛书之一。

本书在系统调研国内外先进清洁煤燃烧与气化技术基础上提出了其发展战略及政策建议；按照存在问题及解决方案、典型案例分析、发展趋势与路线、具体措施建议的思路，对煤粉燃烧技术、循环流化床燃烧技术、工业锅炉燃烧技术、煤与生物质混合燃烧与气化技术、煤的气化技术、以发电为主的煤热解气化分级转化及灰渣综合利用技术、富氧燃烧及 $CO_2$ 回收减排技术、化学链燃烧与气化和水煤浆燃烧等其他低污染燃烧与气化技术、煤炭地下气化技术 9 个技术方向开展战略咨询研究，并提出适用于我国国情的可大规模工业应用的关键技术的近、中期发展思路。

本书可为我国先进清洁煤燃烧与气化技术的政策及科技发展提供决策依据，适合作为煤清洁高效利用相关领域的科研人员、业界人士及管理人员的参考书使用。

**图书在版编目（CIP）数据**

先进清洁煤燃烧与气化技术/岑可法等编著．—北京：科学出版社，2014．10

（中国煤炭清洁高效可持续开发利用战略研究/谢克昌主编；5）

"十二五"国家重点图书出版规划项目　中国工程院咨询研究报告

ISBN 978-7-03-040336-0

Ⅰ. 先…　Ⅱ. 岑…　Ⅲ. ①清洁煤-燃烧　②清洁煤-煤气化　Ⅳ. TD942

中国版本图书馆 CIP 数据核字（2014）第 063538 号

责任编辑：李　敏　张　震 / 责任校对：郭瑞芝

责任印制：钱玉芬 / 封面设计：黄华斌

科学出版社 出版

北京东黄城根北街 16 号

邮政编码：100717

http://www.sciencep.com

中国科学院印刷厂 印刷

科学出版社发行　各地新华书店经销

*

2014 年 10 月第 一 版　开本：787×1092　1/16

2014 年 10 月第一次印刷　印张：30 1/4

字数：710 000

**定价：220.00 元**

（如有印装质量问题，我社负责调换）

中国工程院重大咨询项目

# 中国煤炭清洁高效可持续开发利用战略研究
# 项目顾问及负责人

**项 目 顾 问**

徐匡迪　中国工程院　十届全国政协副主席、中国工程院主席团名誉主席、原院长、院士

周　济　中国工程院　院长、院士

潘云鹤　中国工程院　常务副院长、院士

杜祥琬　中国工程院　原副院长、院士

**项目负责人**

谢克昌　中国工程院　副院长、院士

**课题负责人**

第 1 课题　煤炭资源与水资源　彭苏萍

第 2 课题　煤炭安全、高效、绿色开采技术与战略研究　谢和平

第 3 课题　煤炭提质技术与输配方案的战略研究　刘炯天

第 4 课题　煤利用中的污染控制和净化技术　郝吉明

第 5 课题　先进清洁煤燃烧与气化技术　岑可法

第 6 课题　先进燃煤发电技术　黄其励

第 7 课题　先进输电技术与煤炭清洁高效利用　李立浧

第 8 课题　煤洁净高效转化　谢克昌

第 9 课题　煤基多联产技术　倪维斗

第 10 课题　煤利用过程中的节能技术　金　涌

第 11 课题　中美煤炭清洁高效利用技术对比　谢克昌

综 合 组　中国煤炭清洁高效可持续开发利用　谢克昌

# 本卷研究组成员

**组　长**

| 姓名 | 单位 | 职称/分工 |
|---|---|---|
| 岑可法 | 浙江大学 | 院士，本卷总执笔人 |

**副组长**

| 姓名 | 单位 | 职称/分工 |
|---|---|---|
| 郑楚光 | 华中科技大学 | 教授，本卷主要执笔人 |
| 骆仲泱 | 浙江大学 | 教授，本卷主要执笔人 |
| 潘伟平 | 华北电力大学 | 教授 |

**成　员**

| 姓名 | 单位 | 职称/分工 |
|---|---|---|
| 倪明江 | 浙江大学 | 教授，本卷主要执笔人 |
| 姚　强 | 清华大学 | 教授 |
| 徐明厚 | 华中科技大学 | 教授 |
| 金保昇 | 东南大学 | 教授，第 8、10、11 章执笔人 |
| 吴少华 | 哈尔滨工业大学 | 教授 |
| 周劲松 | 浙江大学 | 教授，第二篇执笔人 |
| 王辅臣 | 华东理工大学 | 教授，第 5、10、11 章执笔人 |
| 王善武 | 上海工业锅炉研究所 | 高工，第 3、10、11 章执笔人 |
| 林其钊 | 中国科技大学 | 教授，第 3、10、11 章执笔人 |
| 房倚天 | 中国科学院山西煤炭化学研究所 | 研究员 |
| 吕俊复 | 清华大学 | 教授 |
| 周　昊 | 浙江大学 | 教授，第 1、10、11 章执笔人 |
| 陈汉平 | 华中科技大学 | 教授，第 4 章执笔人 |
| 周俊虎 | 浙江大学 | 教授 |
| 曹　晏 | 美国西肯塔基大学 | 副教授 |
| 丘纪华 | 华中科技大学 | 教授 |
| 陈　刚 | 华中科技大学 | 教授 |
| 孙绍增 | 哈尔滨工业大学 | 教授 |
| 祝建坤 | 清华大学 | 高工 |
| 刘泰生 | 东方锅炉股份有限公司 | 教授级高工 |
| 王　军 | 东方锅炉股份有限公司 | 高工 |

| | | |
|---|---|---|
| 张建文 | 上海锅炉厂有限公司 | 教授级高工 |
| 邵国桢 | 上海锅炉厂有限公司 | 教授级高工 |
| 王凤君 | 哈尔滨锅炉厂有限公司 | 高工 |
| 王　伟 | 哈尔滨锅炉厂有限公司 | 高工 |
| 王智化 | 浙江大学 | 教授 |
| 黄镇宇 | 浙江大学 | 教授 |
| 杨卫娟 | 浙江大学 | 副教授 |
| 张彦威 | 浙江大学 | 副教授 |
| 赵　虹 | 浙江大学 | 教授 |
| 王　飞 | 浙江大学 | 教授 |
| 杨建国 | 浙江大学 | 副研究员 |
| 任　涛 | 浙江大学 | 研究生 |
| 杨　玉 | 浙江大学 | 研究生 |
| 刘建成 | 浙江大学 | 研究生 |
| 孔俊俊 | 浙江大学 | 研究生 |
| 程乐鸣 | 浙江大学 | 教授，第 2、10、11 章执笔人 |
| 施正伦 | 浙江大学 | 研究员 |
| 吕清刚 | 中国科学院工程热物理研究所 | 研究员 |
| 张世红 | 华中科技大学 | 教授 |
| 聂　立 | 东方锅炉股份有限公司 | 教授级高工 |
| 张彦军 | 哈尔滨锅炉厂有限公司 | 教授级高工 |
| 肖　峰 | 上海锅炉厂有限公司 | 教授级高工 |
| 孙献斌 | 西安热工研究院 | 研究员 |
| 杨　冬 | 西安交通大学 | 副教授 |
| 何心良 | 上海工业锅炉研究所 | 教授级高工 |
| 沈士兴 | 上海工业锅炉研究所 | 高工，第 3、10、11 章执笔人 |
| 杜坤杰 | 上海工业锅炉研究所 | 高工，第 3、10、11 章执笔人 |
| 陈义良 | 中国科技大学 | 教授 |
| 叶桃红 | 中国科技大学 | 副教授 |
| 赵平辉 | 中国科技大学 | 副教授 |
| 朱祚金 | 中国科技大学 | 副教授 |
| 朱旻明 | 中国科技大学 | 副教授 |
| 唐志国 | 中国科技大学 | 副教授 |
| 胡慧庆 | 中国科技大学 | 研究生 |
| 肖　钢 | 浙江大学 | 副教授 |

| | | |
|---|---|---|
| 严建华 | 浙江大学 | 教授 |
| 池　涌 | 浙江大学 | 教授 |
| 袁　克 | 南通万达锅炉股份有限公司 | 教授级高工 |
| 陆胜勇 | 浙江大学 | 教授，第 4 章执笔人 |
| 余春江 | 浙江大学 | 副教授，第 4 章执笔人 |
| 张军营 | 华中科技大学 | 教授 |
| 向　军 | 华中科技大学 | 教授 |
| 姚　洪 | 华中科技大学 | 教授 |
| 陈雪莉 | 华东理工大学 | 副教授，第 5、10、11 章执笔人 |
| 代正华 | 华东理工大学 | 副教授 |
| 李伟锋 | 华东理工大学 | 副教授 |
| 王勤辉 | 浙江大学 | 教授，第 6、10、11 章执笔人 |
| 方梦祥 | 浙江大学 | 教授，第 6 章执笔人 |
| 王树荣 | 浙江大学 | 教授 |
| 曹之传 | 淮南矿业（集团）有限责任公司 | 教授级高工 |
| 赵海波 | 华中科技大学 | 教授，第 7、10、11 章执笔人 |
| 周志军 | 浙江大学 | 教授，第 7、10、11 章执笔人 |
| 郑　瑛 | 华中科技大学 | 教授 |
| 高　林 | 中国科学院工程热物理研究所 | 副研究员 |
| 柳朝晖 | 华中科技大学 | 教授 |
| 陈　健 | 清华大学 | 教授 |
| 刘练波 | 中国华能集团清洁能源技术研究院有限公司 | 博士 |
| 施　耀 | 浙江大学 | 教授 |
| 肖　睿 | 东南大学 | 教授，第 8、10、11 章执笔人 |
| 刘建忠 | 浙江大学 | 教授，第 8、10、11 章执笔人 |
| 程　军 | 浙江大学 | 教授，第 8 章执笔人 |
| 仲兆平 | 东南大学 | 教授 |
| 钟文琪 | 东南大学 | 教授 |
| 黄亚继 | 东南大学 | 教授 |
| 张　帅 | 东南大学 | 研究生 |
| 王晓佳 | 东南大学 | 研究生 |
| 张　锴 | 华北电力大学 | 教授 |
| 陈宏刚 | 华北电力大学 | 教授 |

| | | |
|---|---|---|
| 滕　阳 | 华北电力大学 | 研究生 |
| 常　剑 | 华北电力大学 | 研究生 |
| 陈　峰 | 新奥气化采煤有限公司 | 博士，第 9、10、11 章执笔人 |
| 刘洪涛 | 新奥气化采煤有限公司 | 研究生 |
| 赵　娟 | 新奥气化采煤有限公司 | 研究生 |
| 潘　霞 | 新奥气化采煤有限公司 | 研究生 |
| 王媛媛 | 新奥气化采煤有限公司 | 研究生 |
| 姚　凯 | 新奥气化采煤有限公司 | 研究生 |
| 杜立民 | 浙江大学 | 副教授 |
| 汪建坤 | 浙江大学 | 副教授 |
| 梁晓晔 | 浙江大学 | 研究生 |
| 郭志航 | 浙江大学 | 研究生 |
| 游　卓 | 浙江大学 | 研究生 |
| 胡　昕 | 浙江大学 | 研究生 |
| 周　凡 | 浙江大学 | 研究生 |
| 龚玲玲 | 浙江大学 | 研究助理 |

# 序　一

近年来，能源开发利用必须与经济、社会、环境全面协调和可持续发展已成为世界各国的普遍共识，我国以煤炭为主的能源结构面临严峻挑战。煤炭清洁、高效、可持续开发利用不仅关系我国能源的安全和稳定供应，而且是构建我国社会主义生态文明和美丽中国的基础与保障。2012 年，我国煤炭产量占世界煤炭总产量的 50% 左右，消费量占我国一次能源消费量的 70% 左右，煤炭在满足经济社会发展对能源的需求的同时，也给我国环境治理和温室气体减排带来巨大的压力。推动煤炭清洁、高效、可持续开发利用，促进能源生产和消费革命，成为新时期煤炭发展必须面对和要解决的问题。

中国工程院作为我国工程技术界最高的荣誉性、咨询性学术机构，立足我国经济社会发展需求和能源发展战略，及时地组织开展了“中国煤炭清洁高效可持续开发利用战略研究”重大咨询项目和“中美煤炭清洁高效利用技术对比”专题研究，体现了中国工程院和院士们对国家发展的责任感和使命感，经过近两年的调查研究，形成了我国煤炭发展的战略思路和措施建议，这对指导我国煤炭清洁、高效、可持续开发利用和加快煤炭国际合作具有重要意义。项目研究成果凝聚了众多院士和专家的集体智慧，部分研究成果和观点已经在政府相关规划、政策和重大决策中得到体现。

对院士和专家们严谨的学术作风和付出的辛勤劳动表示衷心的敬意与感谢。

徐匡迪

2013 年 11 月 6 日

# 序　二

煤炭是我国的主体能源，我国正处于工业化、城镇化快速推进阶段，今后较长一段时期，能源需求仍将较快增长，煤炭消费总量也将持续增加。我国面临着以高碳能源为主的能源结构与发展绿色、低碳经济的迫切需求之间的矛盾，煤炭大规模开发利用带来了安全、生态、温室气体排放等一系列严峻问题，迫切需要开辟出一条清洁、高效、可持续开发利用煤炭的新道路。

2010 年 8 月，谢克昌院士根据其长期对洁净煤技术的认识和实践，在《新一代煤化工和洁净煤技术利用现状分析与对策建议》(《中国工程科学》2003 年第 6 期)、《洁净煤战略与循环经济》(《中国洁净煤战略研讨会大会报告》，2004 年第 6 期) 等先期研究的基础上，根据上述问题和挑战，提出了《中国煤炭清洁高效可持续开发利用战略研究》实施方案，得到了具有共识的中国工程院主要领导和众多院士、专家的大力支持。

2011 年 2 月，中国工程院启动了“中国煤炭清洁高效可持续开发利用战略研究”重大咨询项目，国内煤炭及相关领域的 30 位院士、400 多位专家和 95 家单位共同参与，经过近两年的研究，形成了一系列重大研究成果。徐匡迪、周济、潘云鹤、杜祥琬等同志作为项目顾问，提出了大量的指导性意见；各位院士、专家深入现场调研上百次，取得了宝贵的第一手资料；神华集团、陕西煤业化工集团等企业在人力、物力上给予了大力支持，为项目顺利完成奠定了坚实的基础。

“中国煤炭清洁高效可持续开发利用战略研究”重大咨询项目涵盖了煤炭开发利用的全产业链，分为综合组、10 个课题组和 1 个专题组，以国内外已工业化和近工业化的技术为案例，以先进的分析、比较、评价方法为手段，通过对有关煤的清洁高效利用的全局性、系统性、基础性问题的深入研究，提出了科学性、时效性和操作性强的煤炭清洁、高效、可持续开发利用战略方案。

《中国煤炭清洁高效可持续开发利用战略研究》丛书是在 10 项课题研究、1 项专题研究和项目综合研究成果基础上整理编著而成的，共有 12 卷，对煤炭的开发、输配、转化、利用全过程和中美煤炭清洁高效利用技术等进行了系统的调研和分析研究。

综合卷《中国煤炭清洁高效可持续开发利用战略研究》包括项目综合报告及 10 个课题、1 个专题的简要报告，由中国工程院谢克昌院士牵头，分析了我国煤炭清洁、高效、可持续开发利用面临的形势，针对煤炭开发利用过程中的一系列重大问题进行了分析研究，给出了清洁、高效、可持续的量化指标，提出了符合我国国情的煤炭清洁、高效、可持续开发利用战略和政策措施建议。

第 1 卷《煤炭资源与水资源》，由中国矿业大学（北京）彭苏萍院士牵头，系统地研究了我国煤炭资源分布特点、开发现状、发展趋势，以及煤炭资源与水资源的关系，提出了煤炭资源可持续开发的战略思路、开发布局和政策建议。

第 2 卷《煤炭安全、高效、绿色开采技术与战略研究》，由四川大学谢和平院士牵头，分析了我国煤炭开采现状与存在的主要问题，提出了以安全、高效、绿色开采为目标的“科学产能”评价体系，提出了科学规划我国五大产煤区的发展战略与政策导向。

第 3 卷《煤炭提质技术与输配方案的战略研究》，由中国矿业大学刘炯天院士牵头，分析了煤炭提质技术与产业相关问题和煤炭输配现状，提出了“洁配度”评价体系，提出了煤炭整体提质和输配优化的战略思路与实施方案。

第 4 卷《煤利用中的污染控制和净化技术》，由清华大学郝吉明院士牵头，系统研究了我国重点领域煤炭利用污染物排放控制和碳减排技术，提出了推进重点区域煤炭消费总量控制和煤炭清洁化利用的战略思路和政策建议。

第 5 卷《先进清洁煤燃烧与气化技术》，由浙江大学岑可法院士牵头，系统分析了各种燃烧与气化技术，提出了先进、低碳、清洁、高效的煤燃烧与气化发展路线图和战略思路，重点提出发展煤分级转化综合利用技术的建议。

第 6 卷《先进燃煤发电技术》，由东北电网有限公司黄其励院士牵头，分析评估了我国燃煤发电技术及其存在的问题，提出了燃煤发电技术近期、中期和远期发展战略思路、技术路线图和电煤稳定供应策略。

第 7 卷《先进输电技术与煤炭清洁高效利用》，由中国南方电网公司李立浧院士牵头，分析了煤炭、电力流向和国内外各种电力传输技术，通过对输电和输煤进行比较研究，提出了电煤输运构想和电网发展模式。

第 8 卷《煤洁净高效转化》，由中国工程院谢克昌院士牵头，调研分析了主要煤基产品所对应的煤转化技术和产业状况，提出了我国煤转化产业布局、产品结构、产品规模、发展路线图和政策措施建议。

第 9 卷《煤基多联产技术》，由清华大学倪维斗院士牵头，分析了我国煤基多联产技术发展的现状和问题，提出了我国多联产系统发展的规模、布局、发展战略和路线图，对多联产技术发展的政策和保障体系建设提出了建议。

第 10 卷《煤炭利用过程中的节能技术》，由清华大学金涌院士牵头，调研分析了我国重点耗煤行业的技术状况和节能问题，提出了技术、结构和管理三方面的节能潜力与各行业的主要节能技术发展方向。

第 11 卷《中美煤炭清洁高效利用技术对比》，由中国工程院谢克昌院士牵头，对中美两国在煤炭清洁高效利用技术和发展路线方面的同异、优劣进行了深入的对比分析，为中国煤炭清洁、高效、可持续开发利用战略研究提供了支撑。

《中国煤炭清洁高效可持续开发利用战略研究》丛书是中国工程院和煤炭及相关行业专家集体智慧的结晶，体现了我国煤炭及相关行业对我国煤炭发展的最新认识和总体思路，对我国煤炭清洁、高效、可持续开发利用的战略方向选择和产业布局具有一定的借鉴作用，对广大的科技工作者、行业管理人员、企业管理人员都具有很好的参考价值。

受煤炭发展复杂性和编写人员水平的限制，书中难免存在疏漏、偏颇之处，请有关专家和读者批评、指正。

谢克昌

2013 年 11 月

# 前　言

本课题由岑可法院士领衔课题负责人，郑楚光教授、骆仲泱教授、潘伟平教授为课题组副组长。参加专家来自国内长期从事先进清洁煤燃烧与气化技术的研究、开发与装备制造、技术应用的20多家知名高校、科研机构与企业。本课题选择先进煤粉燃烧技术、循环流化床燃烧技术、先进的工业锅炉燃烧技术、煤与生物质混合燃烧与气化技术、煤的先进气化技术、以发电为主的煤热解气化半焦燃烧分级转化及灰渣综合利用技术、富氧燃烧及$CO_2$回收减排技术、化学链燃烧与气化和水煤浆燃烧等其他低污染燃烧与气化技术、先进煤炭地下气化技术9个技术方向开展战略咨询研究。

通过研究我们认为，煤炭利用应遵循“科学发展、战略需求、自主创新、重点突破”的重要原则，体现以下先进理念。

1）煤不单是能源，还是重要的资源。因此，煤的利用技术应该是分级转化综合利用、多级联产、烟气及煤炭灰渣近零排放，而且是有中国特色的新技术。

2）结合我国的国情和特色，发电以用煤为主，近几十年来不会改变。因此，清洁煤分级转化技术，不仅要能用于新设计发电机组，还要对现有的7亿kW以上的现存煤发电机组也有可能因地制宜利用，较大幅度提高这些现有机组的节能减排效率，提高其产值和劳动生产率。

3）煤的燃烧、煤的气化和煤的分级转化为目前煤利用过程中3种主要的转化方式。煤燃烧发电时燃烧效率高、造价低，但污染排放高、发电效率低，煤气化发电时煤的转化效率较低，造价成本高；但发电效率高，环保效率高。以煤的部分裂解气化制高级油品、半焦发电、灰渣综合利用为主要特点的煤分级转化技术，与现有煤燃烧与煤气化技术相比，在能耗、环保以及经济性方面具有优越性，可以跨越式提高煤炭利用效率、环境效益和经济性，有望改变现有煤炭利用方式，促进传统产业的升级改造。

4）未来发展我国先进清洁煤燃烧与气化技术，除积极完善高效、低污染、适合我国国情的各种先进煤燃烧与气化技术的开发与应用外，更应建立煤分级转化技术创新体系，通过出台产业政策促进其推广应用，打造适合我国国情的煤炭利用新模式，从而推动形成煤分级转化战略性新兴产业链，来解决我国煤炭的高效、洁净利用问题。

通过调研表明，煤的燃烧技术向大型化、清洁、高效、清洁燃料替代方向发展，煤的气化技术向大型化、高效率和环境友好方向发展；而将煤的燃烧与气化相结合形成新型煤炭转化方式，即煤的分级转化，有利于进一步提高煤炭综合利用与减排效率。传统燃煤方式忽视了煤的资源属性，将煤炭完全作为燃料燃烧，导致煤炭综合利用水平和效益不高。煤分级转化是基于"煤炭既是能源又是资源"的理念提出的煤炭转化利用的全新方向，可提高煤炭发电的综合效益，改变煤炭单一用于发电的产业结构；可形成基于煤炭资源化利用发电的新产业链，并缓解我国油气等资源的紧缺状况；对于改变和优化国家煤电产业结构、循环经济和节能减排具有重要意义。

采用技术经济比较和全生命周期分析表明，以煤的部分裂解气化制高级油品、半焦发电、灰渣综合利用为主要特点的煤分级转化综合利用技术，在能耗、环保以及经济性方面具有优越性。本书也分析了先进煤炭燃烧与气化技术的发展战略与目标，指出我国应积极发展先进煤粉燃烧技术、循环流化床燃烧技术、先进的工业锅炉燃烧技术、煤与生物质混合燃烧与气化技术、煤的先进气化技术、富氧燃烧及 $CO_2$ 回收减排技术、先进煤炭地下气化技术、化学链燃烧与气化和水煤浆燃烧等其他低污染燃烧与气化技术。

根据"科学发展、战略需求、自主创新、重点突破"原则，研究认为，我国发电以用煤为主（每年约 18 亿 t），今后新建机组宜采用清洁燃烧（超超临界）、完全气化（整体煤气联合循环发电系统 IGCC）和煤分级转化综合利用等技术，现有电厂可采用超超临界结合煤分级转化技术进行低成本提效改造；兼顾 $CO_2$ 减排问题积极发展富氧燃烧等技术，但应首先考虑低成本减排。今后我国需要发展高效、低污染、适合我国国情的未来先进清洁煤燃烧与气化技术，重点发展煤分级转化综合利用技术，以循环经济的全新模式新建或改造燃煤电厂，以推动我国煤炭转化利用相关产业的产业结构升级转型。

我国今后发展先进煤燃烧与气化技术的战略目标如下：

1）到 2020 年，实现 300~600MWe 基于循环流化床技术的分级转化综合利用商业化应用，在较小的投资下，提高机组发电效率和煤炭利用效率。努力实现 8% 左右的电力动力生产用煤采用煤炭热解气化半焦燃烧分级转化技术进行综合利用，预计每年可制取相当于约 210 亿 $m^3$ 天然气或相当于约 1700 万 t 原油的油气替代产品。发展富氧燃烧与先进大型煤气化技术等以 $CO_2$ 减排为特点的煤燃烧与气化技术，分别实现日处理 3000t 煤气化炉示范以及 300MWe 富氧燃烧示范；

2）到 2030 年，发展基于煤粉燃烧技术的煤炭热解气化半焦燃烧分级转化、多联产及污染物和灰渣资源化利用相关关键技术，实现超超临界结合煤粉分级转化工程应用。该阶段预计可实现 25% 左右的电力动力生产用煤采用煤炭热解气化半焦燃烧分级转化技术进行综合利用，预计每年可制取相当于约675亿$m^3$天然气或相当于约5400万t原油的油气替代产品；以$CO_2$减排为特点的低成本煤燃烧与气化技术得到规模化应用。

通过课题研究，先进煤燃烧与气化技术的发展的保障措施及建议如下：

1）推动煤炭分级转化综合利用技术示范与应用；

2）出台政策鼓励先进煤燃烧与气化技术示范与应用，减少燃烧煤耗；

3）设立重大科技专项进行关键技术攻关，促进煤炭清洁高效开发利用；

4）建立产—学—研—用联合培养机制，加强煤炭利用产业创新人才培养。

作　者

2013年12月

# 目　录

## 第一篇　先进清洁煤燃烧与气化技术发展现状与趋势分析

## 第二篇　先进清洁煤燃烧与气化技术发展战略及政策建议

# 第　一　篇

## 先进清洁煤燃烧与气化技术发展现状与趋势分析

# 第 1 章　先进煤粉燃烧技术

近年来，随着各国政府对环保工作的日益重视，全世界范围内都兴起了治理污染、保护环境的运动。新的环保技术及产品不断涌现，同时也不断产生新的难题。煤粉燃烧在污染排放中占有重要地位，也是历来治理污染的重点和难点，许多国家在治理环境污染活动中一直把它作为中心任务。目前，煤炭在我国的一次能源需求中的比重为60%～70%；2050年可降至50%以下，但煤炭消费的绝对量还是会大大增加（王锡岷，2005）。因此，对我国而言，控制环境保护总体指标，首先必须控制燃煤造成的污染，其出路无非在于大力发展以煤炭高效洁净利用为宗旨的先进煤粉燃烧技术。

本章首先阐明了先进的煤粉燃烧技术的重要性，介绍了世界范围的洁净煤技术的发展以及我国现有水平和世界先进水平之间的差距。然后从直流燃烧器、旋流燃烧器、W型火焰锅炉和褐煤燃烧技术着手，详细阐述了适应我国实际情况的先进煤粉燃烧技术，指出了我国煤清洁燃烧的发展方向。

## 1.1　先进的煤粉燃烧技术

将煤直接燃烧所放出的热量进行直接利用或转化为其他形式的能量，仍是目前煤炭资源最为重要的转化方式和利用手段。应该说煤炭利用过程中的污染物主要产生于其燃烧过程。例如，煤中的灰分在燃烧过程中会形成较细的颗粒物直接排入大气形成颗粒物污染；煤中的硫分在燃烧过程中会形成 $SO_2$，排入大气后会形成 $SO_2$ 污染，是形成酸雨的主要原因；煤中的氮分在燃烧中会形成 $NO_x$ 而造成污染；燃烧过程中还会有少量或痕量的重金属和有机污染物产生。因此，由于煤的燃烧造成的污染对地球生态环境和人类健康构成了极大的威胁。

煤炭可以通过一定的净化来达到减少污染的目的。在工程实际中，人们通过在燃烧过程中改变燃料性质、改进燃烧方式、调整燃烧条件、适当加入添加剂等方法来控制污染物的生成，从而实现污染物排放量的减少。这类清洁燃烧的技术统称为先进煤粉燃烧技术。

一般来说，先进燃烧技术对污染物排放的控制效率稍低于烟气净化，但投资和运行成本却远低于烟气净化，因此具有很强的商业竞争力。其不足之处在于燃烧过程比较复杂，对燃烧过程的控制以及对先进燃烧技术的优化需要很高的管理水平与技巧。目前，先进的煤粉燃烧技术主要体现在 $NO_x$ 燃烧上，因此本节主要论述低 $NO_x$ 燃烧技术。低 $NO_x$ 燃烧技术是根据 $NO_x$ 的生成机理，在煤的燃烧过程中通过改变燃烧条件或合理组织燃烧方式等方法来抑制 $NO_x$ 生成的燃烧技术。目前常见的低 $NO_x$ 燃烧技术主要有烟气再循环技术、空气分级燃烧技术、燃料分级燃烧技术和低 $NO_x$ 燃烧器技术。

### 1.1.1 烟气再循环技术

烟气再循环技术是指通过将一部分燃烧后的烟气再返回燃烧区循环使用的方法来实现降低 $NO_x$ 的技术。由于这部分烟气的温度较低（140～180℃）、含氧量较低（8%左右），因此可以同时降低炉内的燃烧区温度和 $O_2$ 浓度，从而有效抑制热力型 $NO_x$ 的生成。循环烟气可以直接喷入炉内，或用来输送二次燃料，或与空气混合后掺混到燃烧空气中。工业生产实践中，最后一种方法效果最好，应用也最多。但是，随着循环烟气量的增加，入口处速度增大，会使燃烧趋于不稳定，发生脱火现象，同时增加未完全燃烧热损失；一般循环率控制在 15%～20%，此时的 $NO_x$ 可降低 25% 左右。另外，该法需要添加配套设备如风机、送风管道等，使系统变得复杂并增加了投资，对于旧机组改造时往往受到场地的限制。

由于热力型 $NO_x$ 在燃煤锅炉中生成比例较小，所以该方法对降低总 $NO_x$ 排放的效果也相对较小。另外必须注意的是，采用烟气再循环技术降低了燃烧温度和 $O_2$ 浓度，从而也会造成飞灰含碳量的增加。

### 1.1.2 空气分级燃烧技术

空气分级燃烧技术是目前最为普遍的低 $NO_x$ 燃烧技术，它是通过调整燃烧器及其附近的区域或是整个炉膛区域内空气和燃料的混合状态，在保证总体过量空气系数不变的基础上，使燃料经历"富燃料燃烧"和"富氧燃尽"两个阶段，以实现总体 $NO_x$ 排放量大幅下降的燃烧控制技术。

在空气分级燃烧技术中，合理的分配两级燃烧的过量空气系数是影响 $NO_x$ 排放控制效果的关键因素。经验表明，富燃料区的过量空气系数如果太低，煤粉不易点燃而且燃烧不稳定；如果太高，则 $NO_x$ 的生成量也会上升，一般取为 0.8 左右。根据分级燃烧实现的区域和方式，可大致分为通过燃烧器设计实现空气分级、通过加装一次风稳燃体实现空气分级和通过炉膛布风实现空气分级 3 类。

#### 1.1.2.1 通过燃烧器设计实现空气分级

对煤粉炉而言，燃烧器是燃烧系统中最为重要的设备，它的结构和布置直接决定了燃料和空气的混合情况，从而影响到燃料的着火及燃烧过程。由于直流燃烧器和旋流燃烧器产生的混合和燃烧情况是不同的，所以采用的空气分级方式也不同。直流燃烧器主要的空气分级技术有同轴燃烧技术和浓淡燃料燃烧技术。旋流燃烧器空气分级主要采用在一次风出口加装扩口以延迟二次风与一次风混合。

#### 1.1.2.2 通过加装一次风稳燃体实现空气分级燃烧

在燃烧器喷口处增设不同形状的稳燃体不仅可以起到稳定燃烧和强化着火的作用，同时可以改变喷口区域空气与煤粉的混合和流动状态，使之在某些区域首先发生富燃料反应，因此也是一种简单实用的分级燃烧方式。其中比较典型的有清华大学开发的火焰稳定船低 $NO_x$ 燃烧技术和东南大学开发的花瓣型稳燃体。

#### 1.1.2.3 通过炉膛布风实现空气分级燃烧

基本方法是使燃烧器附近的过量空气系数控制在0.8左右，发生富燃料燃烧。然后在燃烧器上方通入剩余空气，与第一阶段燃烧区所生成的烟气混合，在富氧的条件下完成全部燃烧过程。在工业上，第二阶段通入的空气称为燃尽风（overfire air，OFA）。

### 1.1.3 燃料分级燃烧技术

与空气分级燃烧技术类似，燃料的分级有通过燃烧器和通过炉膛来实现分级两类。

#### 1.1.3.1 通过燃烧器实现燃料分级

通过燃烧器实现燃料分级的原理就是在燃烧器内燃料分级供入，使一次风和煤粉入口的着火区在富氧条件下燃烧，提高了着火的稳定性，然后再与上方喷口进入的再燃燃料混合，进行再燃。此类燃烧器中最具有代表性的是德国Steinmuller公司的MSM低$NO_x$燃烧器。

#### 1.1.3.2 炉膛内再燃

将整个炉膛分成主燃区、再燃区和燃尽区3个部分。在主燃区，约80%的燃料在富氧条件下被点燃并完全燃烧，此处的过量空气系数保持大于1，生成一定量的$NO_x$；其余的燃料在再燃区送入，与主燃区生成的烟气及未燃尽煤粒混合，形成还原性气氛，此处的总的过量空气系数小于1。

## 1.2 存在的突出瓶颈问题及其解决方案

就目前来说，煤粉的高效洁净燃烧主要包括高效燃烧技术和低$NO_x$燃烧技术。一般而言，煤粉高效燃烧技术与低$NO_x$燃烧技术是相互制约的两种技术。降低$NO_x$生成与排放的根本在于控制燃烧区域的温度不能太高，但低温燃烧就会降低煤粉的燃烧效率。协调好这两项技术的应用使之综合效果达到最佳是我们的目的，实际上就要求对煤粉燃烧的全过程加以控制。既能够保证煤粉着火的稳定性，又有较低的燃烧温度，同时保证在一定温度下有足够长的燃烧时间以确保燃烬（全胜录等，2009）。本节简述了国外的先进煤粉燃烧技术，分析了我国与世界先进技术之间的差距，指出了阻碍我国先进煤粉燃烧技术发展的因素，最后提出了解决我国现有问题的一些方法。

### 1.2.1 与国外先进技术差距分析

薛建明（2004）指出，目前世界上较先进的煤粉燃烧技术基本兼顾了燃尽和低$NO_x$两个因素。其中，以直流燃烧器为主的有ABB-CE公司，其主要利用一次风弯头的惯性分离作用，在弯头出口部位设置有孔隔板，将煤粉气流分成上浓下淡的两股气流，形成上下浓淡煤粉燃烧器，并在喷口处装有轴向距离可调整的V型钝体，以此来帮助合理组织二次风，同时达到稳定、高效、低$NO_x$排放的燃烧效果；日本三菱重工（Mitsubishi Heavy Industries，MHI）开发了PM（pollution minimun）型燃烧器，这款燃烧器是利用弯头的离心作用，把一次风分成上下浓淡两股气流，又采用烟气再循环和炉内整体分级燃烧技术，也达到了不错的效果。以旋流燃烧器为主的有福斯特-惠勒（FW）公司，利用旋风子使进入主燃烧器的一次风浓度增加，同时降低一次风风速以保证煤粉气流着火稳定性，并控制 $NO_x$ 的生成量；除此之外，被广泛应用的还有德国斯坦米勒公司多级分级供风旋流燃烧器、日本 IHI 公司（Ishikawajima-Harima Heavy Industries）的宽调解范围旋流煤粉燃烧器、巴威（B&W）公司的 PAX 型旋流煤粉燃烧器等。上述这些工业产品均能够保证 $NO_x$ 排放在 400mg/Nm$^3$ 以下，并具有较高燃烧效率。目前国外正在开发的低 $NO_x$ 燃烧技术可以控制 $NO_x$ 生成量是 200mg/Nm$^3$ 左右，已达到了比较高的水平。但由于世界上很多先进国家对 $NO_x$ 排放有严格的标准，仅靠改进和提高燃烧技术难以达到 $NO_x$ 控制值，因而有些锅炉机组在尾部增设了烟气脱硝装置。

我国近年来也开发了多种低 $NO_x$ 燃烧技术，具有代表性的是浓淡煤粉燃烧器，包括水平浓淡、上下浓淡直流燃烧器与旋流燃烧器和可控浓淡旋流煤粉燃烧器等。但由于我国存在煤种多变等问题，致使这些技术在应用中遇到了一些问题，包括采用国外类似技术制造的燃煤机组也遇到了同样的问题。通过努力，最近针对褐煤锅炉已开发并已工业应用了具有一定煤种自适应性的低负荷、稳燃、低 $NO_x$ 排放成套燃烧技术，可以控制 $NO_x$ 排放量在 400mg/Nm$^3$ 以下，燃烧效率在 99% 以上，比较先进。

## 1.2.2 存在的突出瓶颈问题

### 1.2.2.1 大量落后产能存在，制约了洁净煤技术的发展

我国还有大量高能耗、高污染落后的产能存在。在经济发展的一定阶段，环境成本比较低，落后产能不一定不经济，有时经济性可能会较好，要替代这些落后产能是非常不容易的。例如，工业锅炉烧原煤效率只有 65%，如果采用先进的燃煤技术烧洗精煤，效率可达到 85% 以上，依此推算全国工业锅炉节能潜力每年在 100Mtce 左右。但先进燃煤技术一次性投资大，在竞争中处于不利位置（陈贵锋，2010）。

### 1.2.2.2 主要靠国家投入，民间投入欠缺

洁净煤技术在发展初期往往存在着风险较大的问题，基本都靠国家投入。而在国外却是相反，除极少项目是国家投入外，大部分是民间资本投入，例如，我国大量引进的大型采选设备、煤化工设备等都来源于国外私有企业。在中小企业方面，国外也比我国活跃。我国中小企业一直很重视洁净煤技术，但由于力量薄弱，对一些高投入的项目只能选择放弃。只有民间资本大量投入，洁净煤技术产业才能快速发展起来。

### 1.2.2.3 政策和标准需跟进

煤炭洗选在洁净煤技术中的作用很大，但推行多年，效果并不理想。煤炭企业建立了选煤能力约为 15 亿 t/a 的选煤厂，主要的用户有国外用户、钢铁和炼焦企业。国外企业用洗选煤，因为有用煤标准；炼焦企业需要洗精煤，也是因为有严格的用煤要求。而电力用户和工业锅炉用户没有用洗选煤的标准，或者是这些锅炉根本不能烧洗选煤。于是，随之产生了一系列的问题，煤炭企业生产的洗选煤，被中间环节掺入了一些煤矸

石，中小用户用了这些煤炭，导致效率低下。因此，国家必须建立煤炭经营销售的煤炭质量标识和燃煤设备的煤质标准。

### 1.2.3　解决方法与潜力

张晓旭等（2004）和明古春等（2010）都指出在我国发展洁净煤技术，一方面可以较大程度减少大气污染物的排放，另一方面又可以有效提高煤炭利用率，提升经济效益。但是我国作为发展中国家，存在资金以及技术短缺的问题。因此，对于已经确定开发的新技术，在有限的时空范围内应主次分明，以我国的具体国情为基础，结合洁净煤技术的特点，发展我国先进煤粉燃烧技术。其基本战略如下：

1）我国煤炭存在品种多、质量参差不齐及应用于各类工业用户的特点，因此采用适宜的煤粉燃烧技术，需“因煤制宜”“因用途制宜”，从实际出发，才能更好发展洁净煤技术。

2）目前我国煤粉燃烧技术在可用规模及成熟程度方面与发达国家之间仍存在差距，因此加强国际间合作从而加速我国的技术发展，甚至在某些领域择优引进成熟技术，才能更好发展。

3）分工协作在发展洁净煤技术中是必不可少的，同时应该把重点放在成熟技术、关键技术和用煤大户这 3 个方面。

4）近几年，有关管理部门制定和颁布了一些促进洁净煤技术发展的政策法规，但整体上来说，仍存在很多问题和障碍。针对这些问题和障碍，我们拟订了一些对策框架：①在政策和法规的制定过程中，要注重其科学性以及可执行性方面的研究；②重点技术的推广、工程示范和研究开发，应提出明确的引导政策；③煤液化、动力煤综合加工等可发展为新兴产业的技术，应实施明确的引导政策；④制订与技术、产品、装备等相关的标准；⑤对于落后装备及落后技术，应强化淘汰政策；⑥进一步促进相关金融、税收政策的制定实施，加快洁净煤技术产业发展；⑦进一步研究和完善相关配套性环境指标和法规；⑧提高政策、法规执行质量。

## 1.3　煤粉燃烧的战略环境

要正确评价或者找到适合我国发展的煤粉燃烧技术，需考虑我国煤粉燃烧技术所处的环境背景。本节阐述了我国的经济环境对煤粉燃烧技术的影响，分析了环境保护对煤粉燃烧技术的要求以及现有的技术环境对我国煤粉燃烧技术的影响，指出了我国煤粉燃烧技术的发展方向。

### 1.3.1　经济环境

#### 1.3.1.1　煤炭储量相对短缺

我国的能源消费以煤炭为主。2014 年 1 月，通过评审的国土资源部重大项目《全国煤炭资源潜力评价》显示，我国煤炭资源总量 5.9 万亿 t，预测资源量 3.88 万亿 t。我国作为世界第一产煤大国，煤炭生产强度大，但相比于世界主要煤炭生产国，储采比低（蔡宁峰，2011）。在世界前 10 位产煤国家中，储采比高于 100 年的国家有 8 个，其中巴西、俄罗斯、乌克兰和哈萨克斯坦 4 个国家均在 300 年以上。按国内口径计算，我国煤炭储采比为 73 年。

### 1.3.1.2 能源消费需求增长迅速

20 世纪 80 年代以来，我国能源作为支撑经济快速增长和保障人民生活的重要基础，既获得了长足的发展也经历了深刻的变革。我国能源消费增长变动趋势见表 1-1。

**表 1-1 我国能源消费增长变动趋势**

| 年份 | 消费量/Mtce | 年增长率/% | 年份 | 消费量/Mtce | 年增长率/% |
|---|---|---|---|---|---|
| 1978 | 627.7 | — | 2000 | 1350.48 | 2.36 |
| 1980 | 637.35 | 0.77 | 2001 | 1438.75 | 6.54 |
| 1985 | 855.46 | 6.06 | 2002 | 1506.56 | 4.71 |
| 1990 | 1039.22 | 3.97 | 2003 | 1719.06 | 14.10 |
| 1991 | 1048.44 | 0.89 | 2004 | 1966.48 | 14.39 |
| 1992 | 1072.56 | 2.30 | 2005 | 2162.19 | 9.95 |
| 1993 | 1110.59 | 3.55 | 2006 | 2321.67 | 7.38 |
| 1994 | 1187.29 | 6.91 | 2007 | 2472.79 | 6.51 |
| 1995 | 1290.34 | 8.68 | 2008 | 2605.52 | 5.37 |
| 1996 | 1330.32 | 3.10 | 2009 | 2746.19 | 5.40 |
| 1997 | 1334.60 | 0.32 | 2010 | 2969.16 | 8.12 |
| 1998 | 1298.34 | -2.72 | 2011 | 3179.87 | 7.10 |
| 1999 | 1319.35 | 1.62 | 2012 | 3318.48 | 4.36 |

资料来源：历年《中国统计年鉴》

### 1.3.1.3 单位产值能耗高

改革开放 30 多年来，我国大力加强节能工作，节能成效显著。1990~2007 年，我国按 2000 年可比价格计算的 GDP 能耗从 2.68tce/万元下降到 1.36tce/万元，下降了 49.3%。但是，与发达国家相比，我国仍然是世界上 GDP 能耗最高的国家之一。按汇率计算，2005 年我国每百万美元 GDP 能耗为 790tce，是日本的 7.5 倍，美国的 3.7 倍，欧盟的 4.0 倍，世界平均值的 2.8 倍（表 1-2）。

**表 1-2 部分国家和地区单位 GDP 产值的能耗**（单位：tce/百万美元）

| 年份 | 中国 | 美国 | 欧盟 | 日本 | 印度 | OECE | 非 OECE 平均 | 世界平均 |
|---|---|---|---|---|---|---|---|---|
| 1980 | 2465 | 353 | — | 124 | 612 | 279 | 698 | 358 |
| 1990 | 1646 | 273 | 234 | 108 | 696 | 228 | 741 | 323 |
| 2000 | 857 | 236 | 202 | 111 | 678 | 208 | 571 | 282 |
| 2003 | 886 | 221 | 203 | 106 | 619 | 201 | 567 | 281 |
| 2005 | 790 | 212 | 197 | 106 | 579 | 195 | 598 | 284 |

注：美元为 2000 年币值；欧盟为 25 国。

资料来源：日本能源保护中心，2006

#### 1.3.1.4 产业结构对能源消费的影响大

我国单位产值能耗高的主要原因除了经济增长方式粗放、能源利用效率低以外，还有一个重要原因就是产业结构重型化。过去 30 年，我国一直努力调整产业结构，提高第三产业的产值比重。然而，第三产业在 GDP 中的比重从 1978 年的 23.9% 上升到 1989 年的 32% 以后，10 多年时间内就一直徘徊在 32% ~ 39%，并没有像人们预期的那样不断增加。2001 年突破 40% 以后，直到 2007 年该比例仍然停滞在 40.1%。相反，在工业部门内，近几年我国重工业生产一直快于轻工业。重工业产值的比重和轻工业产值的比重差距越来越大，由 2000 年的相差 20.4 个百分点上升到 2007 年的相差 41 个百分点。

数据表明，我国工业发展正进入重化工时期，工业经济登上了高能耗的增长平台。单位能耗极高的重化工业在我国的快速发展产生了巨大的能源需求，使得我国 GDP 能耗居高不下。

### 1.3.2 煤粉燃烧的环境制约

我国是世界上最大的煤炭消费国，2011 年消费煤炭为 34.295 亿 t，占世界消费总量的 49.4%。大量的能源消费，特别是煤炭的直接燃烧，实际上已经使我国能源消费强度面临自然环境的极大制约。

#### 1.3.2.1 $SO_2$ 容量的制约

根据我国环境科学研究院的研究，从空气质量要求角度看，我国 $SO_2$ 排放总量只有控制在 1200 万 t 左右，全国大部分城市的 $SO_2$ 浓度才可能达到国家二级标准。从酸雨控制角度看，由于生态系统所能承受的 $SO_2$ 降解能力有限，要使 $SO_2$ 排放处于可承受范围，全国最多能容纳 1620 万 t 左右的 $SO_2$。事实上，我国 $SO_2$ 排放总量已远超过自然环境承载能力。2005 年全国 $SO_2$ 排放量为 2549.3 万 t；2006 年比上年增长了 1.5%，排放量提高到 2588.5 万 t；2007 年虽有所下降，但排放量仍然高达 2468.1 万 t。2007 年，在全国地级以上城市中，达到国家空气质量二级标准的城市只有 60.5%，三级标准的占 36.1%，劣于三级标准的占 3.4%。在检测的 500 个城市中，出现酸雨的城市有 281 个，占 56.2%；酸雨发生频率在 25% 以上的城市有 171 个，占 34.2%；酸雨发生频率在 75% 以上的城市有 65 个，占 13.0%。降水年均 pH 小于或等于 5.6 的城市有 196 个，占 39.2%。

#### 1.3.2.2 $NO_x$ 容量的制约

根据最近 10 多年的情况，我国生态环境所能承受的 $NO_x$ 排放量不会高于 2000 年全国排放量（1890 万 t）。如果不控制能源活动产生的 $NO_x$ 排放，仅燃煤产生的 $NO_x$，由 2000 年的排放量增加到了 2010 年的 2889 万 t，到 2020 年可能变成 3521 万 t。如果再算上汽车尾气排放的 $NO_x$，未来 20 年 $NO_x$ 的排放量将会加倍。

#### 1.3.2.3 温室气体排放的制约

2020 年我国 $CO_2$ 预测排放量为 13 亿 ~ 20 亿 t，人均碳排放水平为 0.9 ~ 1.3t。根据有关分析，我国将是继美国之后最可能纳入温室气体限排承诺国家，2020 年以后，我国对温室气体承担限排承诺将难以回避。就碳排放控制而言，我国 80% 的 $CO_2$ 是燃煤排放的，因此，能源部门对此负有不可推卸的责任和义务。

### 1.3.3 技术环境

煤炭高效洁净燃烧发电是以降低 $SO_2$ 和 $NO_x$ 排放为重点，改善煤炭终端消费结构的战略性措施。其技术措施：广泛推广常规火电机组的烟气脱硫技术和低 $NO_x$ 燃烧技术，加快发展大容量超临界机组，大力开发运用循环流化床用于燃烧低挥发分、低灰熔点、高灰、高硫煤。

目前，我国 220t/h 以下的循环流化床锅炉已经实现国产化。整体煤气化联合循环发电、干煤粉气化、热煤气净化、燃气轮机和余热系统等关键技术的研究也已启动。中期阶段的发展重点是示范，掌握燃煤联合循环发电技术和发展大型燃气轮机发电技术。在煤矿建坑口电站，实现煤炭的就地转化，减少大量煤炭长途运输和降低发电成本，同时可利用矿区剩余的劣质煤、煤泥等劣质燃料。

目前我国能源技术还存在以下的问题。

#### （1）能源工业装备技术水平参差不齐

虽然我国一些大型能源企业中拥有了世界一流的大型、高效和清洁的能源生产设备，但低效、落后的生产设备大量存在。这种先进装备和落后设备并存的格局使得我国能源工业的整体技术水平仍不高，其中一些关键技术距世界先进水平仍有较大的差距。例如，在电力行业中，超超临界、超临界和亚临界机组与 20 世纪 50 年代制造的中低压发电机组并存。能源技术装备技术水平落后直接导致我国能源利用效率低下。

#### （2）能源前沿技术能力受较大制约

我国是世界第一大煤炭生产与消费国，在相当长时期内我国以煤为主要能源的生产和消费结构是不会发生改变的，由此也决定了我国可能成为受煤烟大气污染最为严重的国家。洁净煤技术不仅是当前世界各国解决环境问题的主要技术之一，同时也是提高煤炭使用效能的关键手段。因此，大力发展洁净煤技术成为我国煤炭工业实现节能减排的重要措施（孟凡生和张高成，2010）。经过科研工作者的不懈努力，在洁净煤技术开发、应用、推广等方面，我国取得了明显的提升。其主要表现：在煤炭深加工方面取得了进展，煤炭入洗比重呈现出逐年提高的趋势；水煤浆技术和工业型煤的开发和应用已经起步，相应的示范性项目也已投入使用；煤气化技术比较成熟，一般城市民用燃料中，煤气已经占据了重要组成部分。然而，同发达国家如英国、德国、日本、美国等相比，我国洁净煤技术在许多应用方面仍存在很大的差距。在技术管理方面，仍缺少相应的现代管理方法来推进洁净煤技术的产业化运作，这导致了煤炭工业在节能减排方面缺少科学引导，导致节能减排效果不明显。

我国的 IGCC 技术的发展，目前仍处于对其中部分技术进行实验室研究开发阶段，目前已实现关键设备的国产化。目前发达国家所建的 IGCC 电站大多是示范电站，尚未进入普遍商用阶段。但我国在这一领域的技术与发达国家之间的差距依然较大。

(3) 自主创新能力不足

能源装备制造业的科技含量高低，是决定一个国家能源工业技术水平高低的关键环节，也是一个国家的能源科技实力和综合实力的集中体现。近年来，我国能源设备的国产化水平虽然有所提高，在某些技术方面我国也具备一定的能力，但大量的高端能源技术、设备仍需要进口。

## 1.4　煤粉燃烧技术的知识产权分析

煤粉燃烧技术的专利反映了煤粉燃烧技术的发展方向和水平。通过分析这些专利可以了解该技术的发展历程，技术的分布情况，国内外的技术水平差异，从而能够得出适合我国实际情况的煤粉燃烧技术。本节从四角切圆燃烧锅炉直流燃烧器、旋流燃烧器和W 型火焰锅炉出发，分析了国内外专利的分布、各种公司所持有的技术以及其业绩和各种技术的特点等，得出国内外技术的差异性和共同性。

### 1.4.1　四角切圆燃烧锅炉直流燃烧器

直流燃烧器主要应用在四角切圆锅炉上，国内目前在这方面已经进行了较多研究，并开发出了很多不同类型的燃烧器，其中较为成功的有钝体燃烧器、浓淡煤粉分离型燃烧器以及预燃室型燃烧器等（谈理和唐胜利，2003）。这些燃烧器在解决较高挥发分煤的稳燃、低 $NO_x$ 燃烧等方面取得了较好的效果。然而，这类燃烧器在煤种适应性方面仍存在较多问题。随着环保问题日益凸显，电力生产部门越来越重视经济效益的今天，寻求一种高效、清洁并能燃用较宽煤种的燃烧器对发展我国的电力事业具有重大意义。

在布置直流煤粉燃烧器时，一般选择煤粉锅炉炉膛的四角或其附近，保证煤粉气流射向炉膛中的假想切圆，从而在炉膛中形成旋转上升的火焰圈。

#### 1.4.1.1　预燃室型燃烧器

预燃室型燃烧器的特点是通过增大着火周界使高温热烟气回流来加热煤粉实现着火和稳燃。该技术在我国已经有了多年的发展，在实际工业应用中的效果良好。

大速差射流型双通道燃烧器是在煤粉预燃室型燃烧器的基础上发展起来的，其结构示意如图 1-1 所示。这种燃烧器上、下侧各有一个一次风口，由于两股一次风射流动量很大，形成强烟气回流加热点燃煤粉。另外这种燃烧器设置了高速射流管，其流速可在零至音速之间调节，可以通过改变高速射流的流量来调节炉膛烟气的回流量。

此煤粉燃烧器已经应用于多个电厂，普遍反映稳燃效果良好，但也存在着燃烧器喷口烧坏及水冷壁高温腐蚀等问题。由于对高温烟气卷吸过于厉害，大量的烟气回流使煤粉射流的阻力增大，射流衰减较快，火焰冲刷燃烧器喷口及水冷壁，容易造成燃烧器烧坏及水冷壁高温腐蚀等问题。所以该燃烧器的使用需配合有良好的煤粉着火点位置控制手段，将着火点位置控制在燃烧器出口适当距离处（谈理和唐胜利，2003）。

#### 1.4.1.2　钝体燃烧器

钝体燃烧器的特点是利用钝体使气流方向发生突变，使高温热烟气回流加热点燃煤

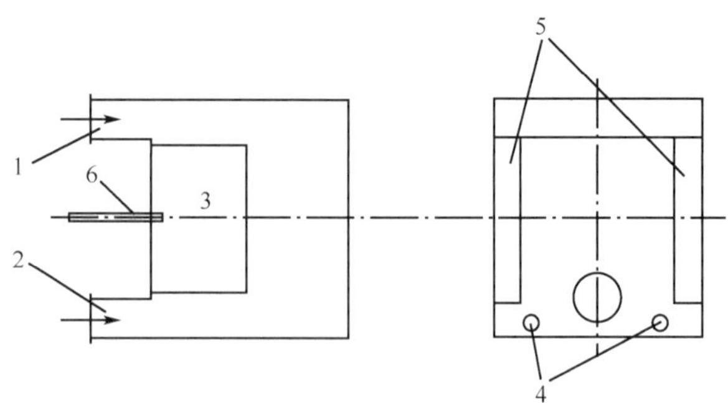


图 1-1　双通道煤粉燃烧器结构示意图

1，2. 一次风；3. 回流空间；4. 射流孔；5. 腰部孔；6. 小油枪

粉。在燃烧器中添加钝体能起到稳燃的作用。

设计良好的钝体燃烧器虽然在降低 $NO_x$ 排放方面效果不明显，但是能够实现低负荷（50%～60%）稳燃。该燃烧器采用的小油枪技术，大大节约了低负荷助燃用油和点火用油，具有很大的商业价值。小油枪技术在双通道燃烧器上得到了应用（谈理和唐胜利，2003）。

### 1.4.1.3　浓淡煤粉分离型燃烧器

浓淡煤粉分离型燃烧器的特点是将煤粉气流进行浓、淡分离后，使浓、淡煤粉各自在偏离其燃烧当量的空气氛围中燃烧，从而实现了降低燃烧过程中 $NO_x$ 生成量的目标。同时由于在一定程度上提高了一次风煤粉浓度，也达到了强化煤粉着火和稳定燃烧的目的。因此，浓、淡分离技术在我国得到了广泛采用。早期的浓淡煤粉分离型燃烧器主要通过弯头或裤衩管等分离装置，其原理是利用煤粉气流通过弯头时煤粉粒子所受的离心力作用实现煤粉的浓、淡分离。经过多年发展以后，目前在采用挡板及百叶窗来实现浓、淡分离方面有了较大进步，并已应用于工业生产。浓淡煤粉分离型燃烧器又可以分为水平浓淡型和垂直浓淡型两种类型（谈理和唐胜利，2003）：

#### （1）水平浓淡型

较为成熟的水平浓淡型燃烧器有挡块调节型和百叶窗调节型燃烧器。

图 1-2 为挡块调节型浓淡燃烧器的结构示意图。图中可以看出一次风管中的煤粉气流撞击到挡块后，煤粉颗粒因反弹而转向，由于受惯性作用，煤粉在分隔板的一侧聚集，从而煤粉气流经撞击式挡块分离器后分成浓粉侧和淡粉侧。撞击挡块高度 $H$ 是水平浓淡型燃烧器调节煤粉气流浓淡比的主要手段，煤粉浓、淡分离的效果随挡块高度的增加而变好。

浓、淡两股气流以一定的角度射入炉膛后，浓粉气流位于向火侧，淡粉气流位于背火侧。浓粉气流在向火侧高温烟气直接冲刷下首先点燃，然后引燃淡粉气流中的煤粉，从而形成稳定的煤粉火焰（谈理和唐胜利，2003）。

#### （2）垂直浓淡型

垂直浓淡型燃烧器主要包括宽调节比直流燃烧器和 PM 型燃烧器两种类型。

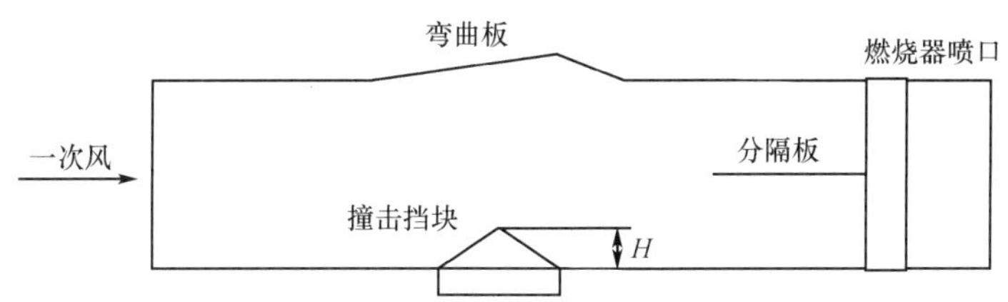


图 1-2　水平浓淡型燃烧器（谈理和唐胜利，2003）

宽调节比（wide range，WR）直流燃烧器是由美国 CE 公司生产的一种摆动式直流燃烧器。这种煤粉燃烧器的特点是煤粉气流在经过一次风管和喷口相连的弯头时，煤粉向外侧分离，造成煤粉浓度不均匀，利用中间隔板使这种浓度差异一直保持到喷口，从而达到提高煤粉浓度，实现垂直方向浓、淡燃烧的目的。这种燃烧器为了促使高温热烟气卷吸混合，通常会在可摆动的一次风喷口内装设水平放置的三角形扩锥，这有利于提高煤粉气流的着火性能，使锅炉在低负荷下也能有较好的燃烧稳定性，以达到较大的负荷调节比，因此又称为宽调节比喷口。这种燃烧器的实际应用效果良好，其与喷口处带有不大的翻边扩锥出口共同使用时，可以在低负荷（对于贫煤 40%～60%，对于烟煤 30%）不用油助燃保持稳定燃烧（谈理和唐胜利，2003）。

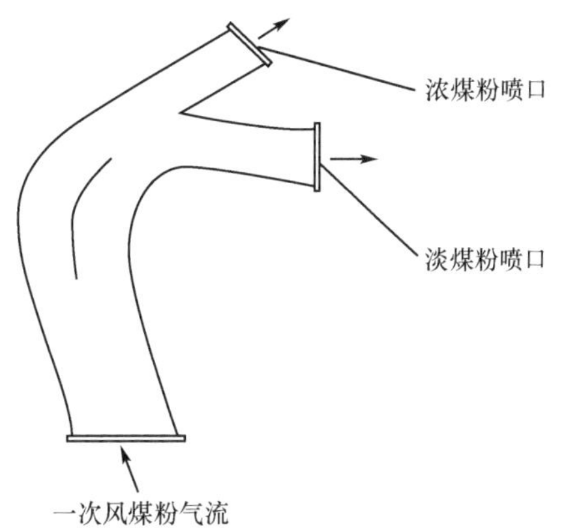


图 1-3　PM 型浓淡煤粉分离燃烧器示意图（谈理和唐胜利，2003）

PM 燃烧器的特点是利用煤粉气流流经弯管时由于惯性作用进行煤粉浓度的重新分配以达到浓、淡分离的作用，其结构示意如图 1-3 所示。日本三菱重工 PM 型燃烧器的浓、淡比为 2∶1。我国哈尔滨锅炉厂设计制造的用于 300MW 机组燃煤锅炉的 PM 燃烧器的浓、淡比为 2.3∶1。

浓淡煤粉分离型燃烧器有以下 3 个特点。

1）在稳燃方面，水平浓淡型燃烧器的浓粉气流位于炉膛的向火侧，淡粉气流位于背火侧，两股气流进入炉膛后，浓粉气流在向火侧高温烟气冲刷下首先点燃，然后引燃淡粉气流中的煤粉，即使在较低负荷下也能形成稳定的火焰中心。从运行结果上来看，其稳燃能力强于垂直浓淡型。

2）在排放指标方面，由于都采用了浓淡分离的技术来降低 $NO_x$ 排放量，理论分析和试验研究均表明两者水平相当。

3）在喷口烧损及水冷壁高温腐蚀方面，由于浓淡分离后浓、淡煤粉气流的速度降低，通常会使喷口内钝体的淡粉气流一侧烧坏，进而影响燃烧器寿命。浓淡分离型燃烧器对烟气的卷吸较少，很少会出现水冷壁高温腐蚀的现象。

浓淡煤粉分离型燃烧器在燃烧高挥发分的煤种（如烟煤）时效果较好，但对于低挥发分的煤种（如无烟煤）效果不好。这是因为浓淡煤粉分离型燃烧器主要是通过提高煤粉浓度，煤粉受热后挥发分析出，形成高可燃质区域，从而实现煤粉的着火和稳燃的，这一特点就决定了该燃烧器只能燃烧高挥发分煤种。

### 1.4.2 旋流燃烧器

旋流燃烧器利用强烈的旋转气流产生高温回流区，达到强化燃料着火和燃烧的目的。旋流燃烧器在超临界和超超临界锅炉中得到了普遍的应用，近年来有大量的对于煤粉旋流燃烧器的研究。表 1-3 为国内近 10 多年的煤粉旋流燃烧器的专利统计，图 1-4 为各主要的煤粉旋流燃烧器研究单位的专利数在所有专利中所占的比例。表 1-4 为国外低 $NO_x$ 旋流燃烧器生产厂商及其产品。

表 1-3 国内煤粉旋流燃烧器的专利

| 单位 | 专利个数 | 特点 |
|---|---|---|
| 东方日立锅炉有限公司 | 2 | 分级燃烧旋流煤粉燃烧器 |
| 深圳东方锅炉 | 2 | 微油煤粉燃烧器 |
| 东方锅炉股份有限公司（以下简称东方锅炉或东锅） | 1 | 一次风旋流 |
| 哈尔滨锅炉有限责任公司（以下简称哈锅） | 2 | 褐煤旋流燃烧器 |
| 国电热工研究院 | 2 | 燃料双分级燃烧 |
| 西安热工研究院有限公司 | 1 | 中心低速旋流燃烧器 |
| 华中科技大学 | 3 | 三层二次风低 $NO_x$ |
| 哈尔滨工业大学 | 4 | 径向浓淡 |
| 东南大学 | 2 | 花瓣燃烧器 |
| 浙江大学 | 2 | 微油冷炉点火，低负荷稳燃，低 $NO_x$ |
| 西安交通大学 | 1 | 周向浓缩分区驻涡的旋流燃烧器 |
| 清华大学 | 2 | 弱旋一次风多级分离 |
| 广东工业大学 | 1 | 无烟煤粉燃烧器 |
| 龙基电力有限公司 | 1 | 生物旋流燃烧器，一次风旋流 |
| 无锡太湖锅炉有限公司 | 2 | 稻壳旋流燃烧器 |

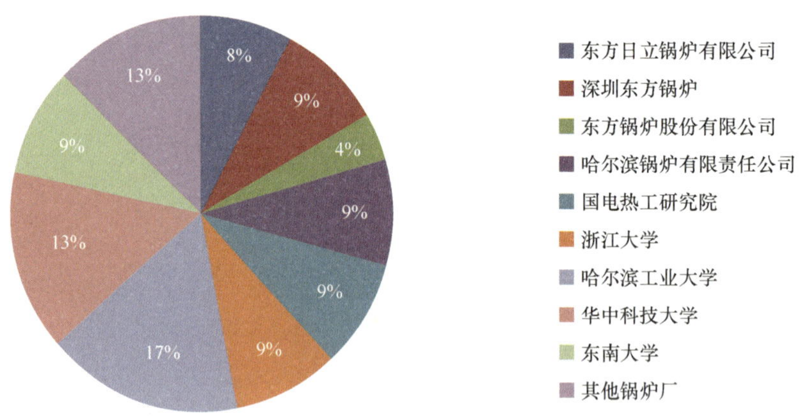


图 1-4 各主要煤粉旋流燃烧器研究单位专利数比例

**表 1-4　国外低 $NO_x$ 旋流燃烧器生产厂商及其产品**

| 国家 | 单位 | 类型 |
| --- | --- | --- |
| 美国 | B&W 公司 | DRB-XCL 双调风旋流燃烧器 |
| | | DRB-4Z（Four Zone）型燃烧器 |
| | Foster-Wheeler 公司 | CF/SF（控制流量/分离火焰）旋流燃烧器 |
| | ABT 公司 | Opti-Flow™低 $NO_x$ 燃烧器结构 |
| 日本 | 日立公司 | HT-NR 燃烧器 |
| | | HT-NR2 燃烧器 |
| | | HT-NR3 燃烧器 |
| | IHI 公司 | IHI-FW 卧式分离器旋流燃烧器 |
| | 三菱公司 | 三菱混烧旋流燃烧器 |
| 意大利 | Ansaldo Energia 公司 | Ansaldo Energia 旋流燃烧器 |

#### 1.4.2.1　美国 B&W 公司双调风旋流燃烧器

美国 B&W 公司的低 $NO_x$ 旋流燃烧器，以 DRB 系列为代表，经过几代的发展改进，已经达到了高性能和低污染。B&W 公司 20 世纪 70 年代推出的二次风双流道均为旋流且可调的燃烧器，常称双调节（或双调风）燃烧器（dual register burner，DRB）。早期的 DRB 使用切向叶片。1985 年 B&W 公司开始开发新一代低 $NO_x$ 煤粉燃烧器 DRB-XCL（axial control low），其特点是内、外二次风轴向调节，单只燃烧器能独立地控制风量，低 $NO_x$ 效果明显优于 DRB 燃烧器，结构更加可靠，应用最广泛（李亚鹏，2011）。以 DRB-XCL 为基础进一步改进推出的 DRB-4Z 型燃烧器，是 B&W 公司最新一代的产品，已经开始取得业绩。

DRB 燃烧器在我国进口锅炉和北京巴威（Babcock & Wilcox Beijing，B&WB）公司生产的锅炉中应用较多，如华能南通电厂（2×350MW）、西柏坡电厂（300MW）、蒙达公司（4×300MW）和扬州第二发电厂（2×600MW）等电厂锅炉中。

DRB-4Z 是美国 B&W 公司的新型低 $NO_x$ 燃烧器，通过控制燃料与空气的混合来进一步降低 $NO_x$，同时又能降低未燃烧燃料损失。该燃烧器和燃尽风结合使用，可使 $NO_x$ 排放降低 15%～50%，降至 197～246mg/Nm$^3$，同时燃烧效率变化不大。

#### 1.4.2.2　日立公司旋流燃烧器

日立公司由火焰内脱氮“In-Flame NOX redaction”概念而设计的低 $NO_x$ 燃烧器 HT-NR 已经发展了三代，该技术的核心为制造一个高煤粉浓度、高温的还原区。

早期的 HT-NR 燃烧器为双调风内外二次风双旋流结构，内二次风轴向叶片，外二次风切向叶片。后发展为内二次风直流，外二次风旋流，一次风管内设计可调浓淡分离装置，喷口结构也在不断进行优化。

日立公司燃烧器的低 $NO_x$ 燃烧原理主要还是应用分级配风的原理，形成低氧的还原区，即富燃料区。

早期的日立燃烧器为双回流区的流场，在一次风与内二次风、内二次风与外二次风之间产生两个回流区，以稳定火焰。但是，最新的 HT-NR 改变了这种设计，取消二次风之间的回流区，使内、外二次风均大角度发散，扩大了还原区的范围，达到更低的 $NO_x$ 排放。精心设计的一次风浓淡分离系统，可以达到良好的稳燃和低 $NO_x$ 效果。

## 1.4.3 W 型火焰锅炉

W 型火焰锅炉由于采用了煤粉浓缩、长火焰、分级送风燃烧以及敷设卫燃带等技术措施，有利于燃料的着火、火焰的稳定以及燃料的燃尽，在煤种适应性、低负荷稳燃能力、飞灰燃尽率等方面显出了极大的优势，已广泛应用于无烟煤和低挥发分贫煤以及灰分高、燃烧性能差的劣质烟煤的燃烧。我国发电用煤中，无烟煤和低挥发分贫煤的数量约占总量的 10%。随着今后我国川南、晋东南和黔西无烟煤生产基地的相继建立以及我国其他地区无烟煤、低挥发分劣质煤产量的增加，电厂燃用无烟煤和低挥发分贫烟的数量将会有大幅度的增长。加之近年我国对环保工作的重视，W 型火焰锅炉在我国有着广阔的应用前景（王东明和刘曼立，2011）。

### 1.4.3.1 国内外 W 型火焰锅炉发展现状

W 型火焰锅炉总体可分为固态排渣炉和液态排渣炉两类。国外的实践经验表明，W 型火焰液态排渣煤粉锅炉的最大问题是 $NO_x$ 排放量较高，此外还有水冷壁管高温腐蚀严重、检修时间长、调峰性能差等问题（车刚，2000；郭玉泉，2006），所以一般不采用液态排渣炉型。W 型火焰固态排渣煤粉锅炉能稳定燃烧挥发分为 6%～20% 的无烟煤和贫煤，甚至能燃用挥发分仅为 4% 的无烟煤，所以燃用无烟煤时国外公司都推荐采用这种炉型，国内已经投入运行的锅炉也都是这种炉型。

为了提高燃烧无烟煤等低反应能力煤种锅炉的运行安全性和经济性，在 20 世纪 80 年代中期，华能国际电力公司先后引进了 6 台大容量 W 型火焰锅炉（车刚等，2004）。其中，河北上安电厂引进了加拿大 Babcock 公司 2 台 350MW 的 W 型火焰锅炉，重庆珞璜电厂引进了法国 Stein 公司 2 台 360MW 的 W 型火焰锅炉，湖南岳阳电厂引进了英国 Babcock 公司 2 台 360MW 的 W 型火焰锅炉。这是当时世界范围内单机容量最大的一批新机组，这 6 台锅炉在运行中虽然存在着这样或那样的一些问题，但均表现出了稳燃能力强、燃烧效率高、对负荷变化适应性强的优势。湖北鄂州电厂选用的是美国 FW 公司 300MW 的 W 型火焰锅炉；同时国内的大型锅炉厂——东方锅炉厂也在积极引进消化美国 FW 公司先进的技术，引进了 300MW 和 600MW 的 W 型火焰锅炉技术并有所创新，经过多年消化吸收改进，已经设计出 300MW 和 600MW 的 W 型火焰锅炉并开始投入市场，上安电厂 3、4 号机组和山西阳泉电厂 1、2 号机组就是该厂的产品。

国内燃用劣质煤的 W 型火焰锅炉数量较多，根据国内几大 W 型火焰锅炉生产厂家（东锅、北京巴威和哈锅及其技术支持方）提供的业绩数据，截至 2009 年年底我国总共投运 W 型火焰锅炉 93 台（东锅 50 台，北京巴威 25 台，哈锅 6 台，其他 10 台），总装机容量 38 740MW，占总火电机组装机容量的 5.9%。

各个公司的 W 型火焰锅炉所采用的型式是不同的，各有特色，优劣不易下定论。东方锅炉厂和美国 FW 公司的 W 型火焰锅炉都采用 FW 型旋风分离式高煤粉浓度燃烧器，其特点是拱部只送入少量的一次风，大量的二次风从前后墙逐级水平均匀送入；这种分级供氧对满足无烟煤的燃烧和燃尽是十分有利的，但是如果配风不当，极易引起炉内气流短路，造成飞灰含碳量增加，甚至出现炉膛出口结渣等问题（郭玉泉，2006）。

法国 Stein 公司的 W 型火焰锅炉采用直流缝隙式燃烧器（非浓淡型燃烧器），一、二次风交替布置，从拱部以一定角度（倾斜向前、后墙）送入，三次风从前、后墙分级逐步送入，并混入一次风气流，这样具有一定刚度且向外侧喷射的煤粉火焰受到下部三次风及乏气的干扰而在炉膛下部形成具有较高充满度的 W 型火焰，火焰的行程要比 FW 公司的长。珞璜电厂的实际运行也表现出这种锅炉有较强的调峰能力，在引进机组中综合效果算是最好的，但是也有高温腐蚀、拱部结渣、火焰冲墙等现象。

加拿大 Babcock 公司的 W 型火焰锅炉则是采用 PAX 型燃烧器来提高煤粉浓度，其特点是二次风和三次风从前、后墙离燃烧器一定距离处以一定角度（可调）向下送入炉膛。从理论上讲这种方法既能满足分段送风的需要，又不会缩短火焰行程。但是从上安电厂 1 号炉实际运行情况看来，这种燃烧方式仍然存在诸多的问题，效果并不令人满意。

对于 W 型火焰锅炉来说，为保证无烟煤、贫煤的着火，一次风率选得较低，一般为 15%～20%。由于依靠一次风本身的风量和风率无法获得足够的穿透深度，为了弥补这一缺陷必须在拱部送入大量的二次风，利用拱部二次风的引射，保证一次风具有良好的穿透深度。从国内实际应用的该种锅炉来看，大部分的风量都是从拱部送入。例如，岳阳电厂 W 型火焰锅炉的拱部风率为 77.5%，珞璜电厂 W 型火焰锅炉的拱部风率为 84.5%，上安电厂 W 型火焰锅炉的拱部风率为 79%。

#### 1.4.3.2 东方锅炉厂 W 型火焰锅炉研究现状

东方锅炉厂在 W 型火焰锅炉的设计、制造和调试优化方面积累了较多的经验。但从目前的现场应用来说，尚存在一些限制 W 型火焰锅炉发展的制约性因素。W 型火焰锅炉存在的问题主要包括以下方面。

1）W 型火焰锅炉普遍存在锅炉效率低（89%～92%）的问题，主要表现为飞灰含碳量高，排烟温度高。

2）W 型火焰锅炉普遍存在 $NO_x$ 排放高（800～1900mg/m$^3$，普遍超过 1200mg/m$^3$）的问题，节能减排压力很大。W 型火焰锅炉为稳燃和强化燃烧，采用了较高的炉膛温度，锅炉的 $NO_x$ 排放浓度高。在“十二五”期间，国家将大力控制 $NO_x$ 排放，W 型火焰锅炉的 $NO_x$ 控制压力很大。劣质煤的燃尽需要高温、高氧条件，并且要求较长的高温区停留时间；而 $NO_x$ 控制需要低温、低氧的环境，并要求煤粉颗粒在还原性气氛中有较长的停留时间。因此，如何在 W 型火焰锅炉上同时降低飞灰含碳量和降低 $NO_x$ 排放是个技术难点。

3）炉膛结焦问题（卫燃带敷设面积问题）。由于炉内温度高，当煤灰熔点略低时即发生严重结焦问题。

4）减温水量过大的问题。减温水量过大的原因可能来源于下炉膛严重结焦、过大的卫燃带敷设面积、火焰下冲深度不够、热力计算不准导致的蒸发和过热面积不匹配等问题。

5）目前对W型火焰锅炉的燃烧诊断工作开展不充分，对炉内的热流分布、燃尽规律、温度场分布、炉内空气动力场、煤粉着火燃尽规律和$NO_x$控制机理（特别是无烟煤的$NO_x$控制机理与烟煤相差较大，需要有较深入的研究）等不甚清晰。

6）即使采用了空气分级技术，W型火焰锅炉的$NO_x$排放仍超过900mg/Nm$^3$（珙县数据）。为适应环保要求，急需开展低$NO_x$排放W型火焰锅炉技术。

为充分了解W型火焰锅炉的炉内燃烧规律、煤粉燃尽和$NO_x$排放特性，解决W型火焰锅炉目前存在的普遍问题或为下一步设计优化提供有益参考，建议抓紧开展W型火焰锅炉燃烧诊断工作，结合数值模拟技术，探索现有W型火焰锅炉的改造方向，并开发新一代低$NO_x$排放的W型火焰锅炉燃烧技术。

#### 1.4.3.3　W型火焰知识产权分布

国内各大锅炉W型火焰锅炉业绩的比例如图1-5所示。

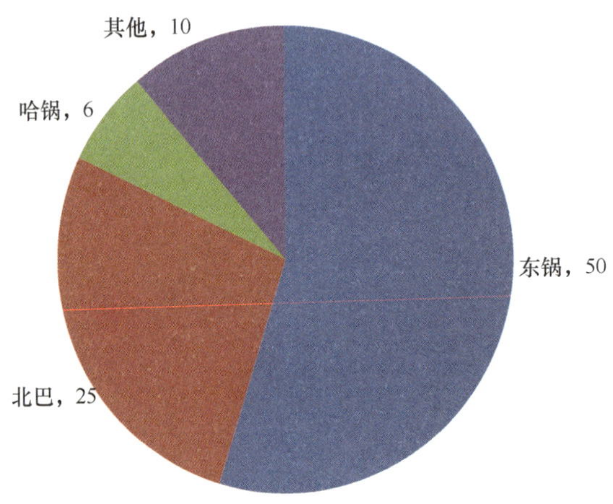


图1-5　2009年我国W型火焰锅炉的业绩图

国外W型火焰锅炉的主要生产公司及其产品特点见表1-5。

**表1-5　国外主要的W型火焰锅炉生产公司**

| 国家 | 公司 | 类型 |
|---|---|---|
| 美国 | 福斯特惠勒（FW）公司 | 旋风分离圆形喷口燃烧器 |
| 法国 | Stein公司 | 直流缝隙式燃烧器（非浓淡型燃烧器） |
| 英国 | B&W公司 | |
| 日本 | 三井公司 | |
| 加拿大 | B&W公司 | 一次风交换双调风燃烧器（PAX燃烧器） |

## 1.5　煤粉燃烧技术的未来发展趋势

洁净煤技术（clean coal technology，CCT）一词来源于美国，1980年列入了能源词汇，是20世纪80年代初期美国和加拿大关于解决两国边境酸雨问题谈判的特使德鲁·

刘易斯（Drew Lewis，美国）和威廉姆·戴维斯（William Davis，加拿大）提出的。该技术用于降低煤炭造成的环境污染，换句话说，它是一种为了发挥煤燃料的最大潜能，同时减小它所带来的污染到最低程度的技术方案。根据定义，洁净煤技术是指从开发煤炭到利用煤炭这一系列过程中，为了降低环境污染并提高煤炭的利用效率，引进了加工、燃烧、转化和污染控制等高新技术（殷召良和张鹏，2009）。它使得经济、社会和环保效益相统一，成为能源工业和国际高新技术竞争的一个主要领域。因此，洁净煤技术是我国的煤粉燃烧技术发展的方向。

### 1.5.1 美国洁净煤发展历程

美国是世界上煤炭生产与消费大国，煤炭产量仅次于我国，居世界第二位，因此非常重视洁净煤技术的研究，并将其视为实现和保证能源稳定、安全和有利发展的关键。1984 年 10 月，美国政府率先提出“洁净煤技术示范计划”（简称 CCTDP），旨在通过联邦政府、州政府和各私营企业的合作，开发和示范具有优良运行性能、环保性能和经济竞争力的煤基技术。

目前，美国已有 43 个州在推广洁净煤技术。运行结果表明，新技术可以大大减少污染物排放，满足严格的环境标准，而投资和成本大幅降低。目前，美国大、小电厂 95% 以上已采用不同的污染控制系统。从 1980~1998 年，美国火力发电站用煤量增长了 60%，但 $SO_2$ 排放总量却降低了 23%。据统计，到 2005 年，电站 $SO_2$ 排放量比 1997 年减少 43%，$NO_x$ 排放量比未实施洁净煤技术计划时减少 2500 万 t。

近年来，美国围绕未来能源结构、能源环境问题确定了一系列未来洁净煤技术研究推广计划，致力于发展成本有效的环境控制技术，以使现有的能源工厂能够符合已有的及新制定的政策法规规定；2020 年的目标致力于发展未来能源工厂所需要的技术，如电力和氢能技术、近零排放技术、$CO_2$ 处理技术等。2002 年，在布什总统国家能源政策（NEP）“增加洁净煤技术投入”的指示下，美国推出了洁净煤发电计划（clean coal power initiation，CCPI），旨在加快先进洁净煤技术的商业化，以保证美国具有清洁、可靠和经济的电力供应。同时，在 2002 年 3 月推出了第一轮的洁净煤电力项目征集 CCPI-I。CCPI-I 主要有两个目的：通过推广先进的污染控制技术以满足美国的清洁蓝天行动（Clean Sky Initiative，CSI）；通过推广现有电站效率改进技术以满足全球气候变化行动（Climate Change initiative，CCI）。2003 年 2 月 27 日美国总统布什宣布将投资 10 亿美元，用 10 年时间来设计、建造和运行一座燃煤零排放示范电厂——Future Gen 计划（罗陨飞等，2005）。该工厂将成为世界上第一个以煤为原料生产电力和氢能产品，并实现空气污染物和 $CO_2$ 零排放的能源工厂（郝鹏飞，2009）。预计全部项目投资约 10 亿美元，耗时 10~15 年。投资由美国能源部（不大于 80%）和工业界（不小与 20%）共同承担，而其他各大煤炭生产国和消费国也将通过“碳封存首脑论坛”（Carbon Sequestration Leadership Forum）受邀参与这个示范性项目。该项目的成功将在未来开创由煤炭向氢能转变及碳处理技术的新局面。

综上可以看出，美国洁净煤技术的发展有其突出的特点：一是政府非常重视，洁净煤技术的规划合理，政策、法规配套完善；二是洁净煤技术的项目目标明确；三是洁净煤技术的研究开发超前，技术推广得力。所以，对于洁净煤技术，无论是历史的投入还是取得的成就以及对未来方向的把握，美国都走在了世界的最前列。

## 1.5.2 欧盟及日本洁净煤技术的发展

### 1.5.2.1 欧盟洁净煤技术的发展简史

1997 年 12 月，在日本召开的气候变化框架条约第三次缔约国会议上通过了《京都议定书》。该议定书规定，发达国家 2008~2012 年要减少温室气体排放 50% 以上。为了减少温室气体的排放，欧盟各国非常重视燃烧技术的研究。1990 年，欧盟制订的“兆卡计划”，投入几十亿美元来控制煤炭燃烧的排污问题。目前，欧盟推出的未来能源计划的主旨是促进欧洲能源利用新技术的开发，减少对石油的依赖和煤炭利用造成的环境污染。

欧盟发展洁净煤技术的主要目标是减少 $CO_2$ 和其他温室气体排放，使燃煤发电更加洁净；通过提高效率减少煤炭消费，确保经济持续发展。目前在改善能源转换和利用的研究开发中优先考虑的是减少污染排放及提高能源转换和利用效率（徐峰，2010）。

欧盟的洁净煤发展计划注重多学科整体规划，这一规划将欧洲的大学、研究中心、中小型企业以及大的工业集团联合起来，为着一个共同的目标，即通过合作开发项目而刺激洁净煤领域的进步（陈雪莉，2000）。在 1993~1996 年，总共有 7 个项目被立项，这 7 个项目覆盖了来自 16 个欧洲国家的 210 个组织。这些项目的总投资为 $1\times10^8$ 欧洲货币单位（ECU），其中欧盟投入 $3.7\times10^7$ ECU，欧洲自由贸易联盟（European Free Trade Association，EFTA）投资 $1.2\times10^7$ ECU，其余的 $5.1\times10^7$ ECU 则来自工业集团和各国政府。目前已经形成了一种科学的整体规划和管理，国家间的专家网络诞生为全欧洲的整体行动提供了新的突进；超常规的研究组织形式可以解决一些大公司无法解决的问题；经过管理机构的统一审查，可以组织研究人员针对共同感兴趣的问题而展开高水平的科研活动；工业发展的现状有利于促进科技人员转向解决工业问题；所确定的项目具有更高的视野，并能激励科学家们研究活动（郝鹏飞，2009）；经费、时间以及工作的统一分配、相互的有机协调、项目的集中管理（使之成为全欧洲的技术），这些都更能加强工业界参与这些项目的信心，是极具经济意义的。

综上所述，欧盟发展洁净煤技术的主要特点：一是政府非常重视对新能源新技术的开发，提高能源转换和利用效率，减少煤炭利用对环境造成的污染；二是注重整体规划，注重高水平的科研活动，管理和组织形式十分有效。

### 1.5.2.2 日本洁净煤技术的发展简史

1974 年日本为应付石油危机提出了“新能源技术开发计划”。此后，又分别在 1978 年和 1989 年提出了“节能技术开发计划”和“环境保护技术开发计划”（干潇，2004）。1993 年，日本政府将上述 3 个计划合并成了规模庞大的“新阳光计划”。提出该计划的主要目的是为了在政府领导下，采取政府、企业和大学三者联合的方式，共同攻关，克服在能源开发方面遇到的各种难题。“新阳光计划”的主导思想是实现经济增长与能源供应和环境保护之间的平衡。日本政府每年拨款 570 多亿日元来保证新阳光计划的顺利实施（郝鹏飞，2009）。

长期以来，日本一直以石油为主要一次能源，但是所需的石油全部依靠进口。随着人类在环保技术方面取得快速的进步，日本已将注意力再次转向世界丰富的煤炭资源。为摆脱对石油的过分依赖，近年来日本开始较大幅度地增加煤炭的消费量，将“以煤代油”作为日本能源的基本政策之一。日本的煤炭政策是确保国外煤炭的稳定供应，加强洁净煤技术开发和开展广泛的国际合作。因此，日本在 1992 年制定的第九次煤炭政策中规定（白泉，2002），洁净煤技术是日本煤炭科研的重点。1993 年，日本在新能源综合开发机构（NEDO）内组建了一个“洁净煤技术中心”，专门负责开发 21 世纪的煤炭利用技术；作为“新阳光计划”的一部分，其目标是在 21 世纪大幅度提高燃煤发电的比重，又不使排污超标。并且，日本的环保要求十分严格，增加煤炭消费量的关键是控制燃煤污染。为了实现这一目标，政府和企业均投入巨资支持开发洁净煤技术，日本政府为“洁净煤技术和洁净煤技术发展”计划提供资金。要求在 2000～2010 年，成功开发“三 10”技术（$SO_x$<10ppm①，$NO_x$<10ppm，颗粒物<10ppm），煤炭利用技术上一台阶，$CO_2$排放减少 20%；2010～2020 年，$CO_2$排放减少 30%；2020～2030 年，采用无$CO_2$排放技术。

日本的洁净煤技术开发从内容上分为两部分：一是提高热效率，降低废气排放；二是进行煤炭燃烧前后净化，包括燃前处理、燃烧过程中及燃后烟道气的脱硫脱氮、煤炭的有效利用等。日本洁净煤技术开发计划中的大型、长期、基础性的项目，如煤炭液化技术、煤炭气化技术、联合循环发电技术及燃料电池和磁流体发电技术等，因开发难度大、风险大、周期长、费用高，所以由政府拨给研究经费，由国家所属的研究机构及各大学负责研究（郝鹏飞，2009）；而小型、中短期、应用研究由通产省资源厅负责，参与研究的主要是民间企业的研究机构。

从以上可看出，美国、日本、欧盟国家等主要发达国家为适应其能源政策和环境政策以及开拓国际市场的需要，不惜投入巨资，积极发展洁净煤技术，并在研究开发和推广应用等方面取得了很大成功。但总体上看，日本与欧洲的洁净煤技术发展要比美国滞后一些。

### 1.5.3 我国洁净煤技术的发展

我国是世界上最大的煤炭生产国和消费国，也是目前世界上仅有的 4 个以煤为主要能源的国家之一。我国的煤炭消费结构与国外有较大差别。国外一些国家消费的煤炭主要用于发电，例如，美国目前的发电用煤占煤炭消费总量的比例为 87%。2013 年，我国能源消费 37.6 亿 tce，其中煤炭消费 25 亿 tce，占 66%；煤炭消费中发电用煤、原料煤、直燃煤分别占 51%、27%、22%。我国的煤炭利用的特点是以燃烧为主，每年消耗的煤炭中有 80%以上是直接燃烧的。我国的煤炭加工环节相对薄弱，原煤入洗率低，只有 25%左右，大部分原煤在使用前不经洗选。型煤技术虽然已经有了比较长的发展历史，但技术与设备的改进与提高效果不尽如人意，技术推广速度缓慢，型煤产量仍处于较低水平（谷天野，2006）。动力配煤与水煤浆技术的发展可以说也还处于起步阶段。助燃剂、高效固硫剂等尚处于开发和试用阶段。我国目前使用的其他煤炭利用技术也多

①1ppm = $10^{-6}$。

以传统的技术为主，例如，炼焦技术、煤制活性炭技术、煤气化技术等主要还是20世纪的工艺和设备。落后的技术若不提高不仅使得煤化工产品的质量难以改善，档次难以提高，而且使得煤化工企业经济效益无法提高，煤炭利用效率低下，环境污染严重。

我国多年来一直在提高煤炭开发利用效率、减轻燃煤引发的环境污染等问题上做了大量工作，也进行了推广研究，具有了一定的基础。但从总体上来看起点较低，与西方发达国家相比有比较大的差距。但是，随着国家宏观发展战略的转变，作为实现可持续发展和实现两个根本转变的战略措施之一，在得到了党、政府和有关部门的高度重视后，洁净煤技术有了较好的发展前景。1995年，根据国务院的指示，成立了以国家计委为组长单位，以原国家科学技术委员会和国家经济贸易委员会为副组长单位，由国务院13个有关部、委、局组成的国家洁净煤技术推广规划领导小组（殷召良和张鹏，2009）。国务院批准的《我国洁净煤技术“九五”计划和2010年发展纲要》于1997年颁布，成为促进我国洁净煤技术发展的指导性文件。根据我国煤炭开采和利用的基本特点，我国洁净煤技术领域应该涵盖从煤炭开采到利用全过程，是煤炭开发和利用中旨在减少污染和提高效率的煤炭加工、燃烧、转化和污染控制等新技术的总称，这与国外洁净煤技术领域重点放在燃烧发电技术上有所不同。《我国洁净煤技术“九五”计划和2010年发展纲要》中指出，我国洁净煤技术主要包含4个领域、14项技术（陶卫，2009；郝鹏飞，2009），主要包括以下几个内容：①煤炭加工领域的选煤、型煤和水煤浆。②煤炭高效燃烧与先进发电技术领域：CFBC（循环流化床燃烧）技术、PFBC（增压流化床燃烧）技术、IGCC（整体煤气化联合循环发电）技术。③煤炭转化领域的气化、液化和燃料电池部分。④污染排放控制与废弃物处理领域：中小工业锅炉和窑炉改造、烟气净化（脱硫与除尘）、煤矸石和矿井水的综合利用、电厂粉煤灰综合利用、煤层气$CH_4$的开发利用。

我国发展洁净煤技术的主要特点：一是我国的洁净煤技术涵盖从开发到利用的全过程；二是现阶段我国的洁净煤技术以煤气化技术为核心，以煤炭液化技术为突破口；三是政府重视，并结合不同时期的任务发放指导性文件。总体上说，依靠技术进步是保证未来能源供应和减少对环境影响的关键，发展洁净煤技术是我国现在和将来解决能源与环境问题的必然选择。我国的洁净煤技术与世界先进水平相比，差距是很大的，它的发展也必将是长期的。

# 第2章 循环流化床燃烧技术

循环流化床（circulating fluidized bed，CFB）燃烧技术具有清洁高效、污染排放量低、燃料适应性广、负荷调节范围大以及灰渣易于处理等优点。近20年内该技术迅猛发展，投入工业运行的CFB锅炉容量从20t/h到1024t/h，是我国煤清洁燃烧的重要技术之一。

目前，国内外锅炉厂家和科研机构相继进行了600MW和800MW级CFB锅炉机组的概念和工程设计。波兰Lagisza电厂已投入目前世界最大商业运行465MW超临界CFB锅炉（FW技术）。我国600MW超临界CFB锅炉由东方锅炉厂设计制造，目前已在四川白马电厂成功运行。

中国能源利用仍将以煤炭为主。中国煤炭种类复杂，煤炭利用包括我国储量较多的劣质低热值煤、高硫煤、无烟煤和国外煤炭。CFB燃烧技术具有燃料适应性广、清洁高效燃烧特点，大力持续发展CFB燃烧技术是非常符合中国煤炭资源国情的清洁燃烧利用远景。技术成熟化、自主化、大型化、高参数化、多燃料化、多联产化是CFB燃烧技术的发展方向。

CFB燃烧技术发展过程中需要关注和投入的研究：提高锅炉可用率的更高可靠性问题；提高锅炉效率的更高经济性问题；进一步降低$SO_2$、$NO_x$、$CO_2$、小颗粒等的排放更高环保性问题；大容量、高参数CFB燃烧锅炉设计、制造等自主知识产权问题；技术储备及对产业发展的影响问题［①超临界/超超临界CFB锅炉，②生物质/城市生活垃圾/工业废弃物等特种燃料CFB锅炉，③不同燃料混烧CFB锅炉，④煤粉（pulverized coal，PC）锅炉（简称PC锅炉）难燃烧的低挥发分无烟煤和中高水分褐煤CFB锅炉，⑤CFB发电多联产系统，⑥CFB燃烧CCS技术，⑦CFB氧燃料法捕集$CO_2$技术等］；发展炉型（①劣质燃料包括煤泥、煤矸石300/350/600MW等级超临界CFB锅炉，②褐煤300/600MW等级超临界CFB锅炉，③1000MW超超临界CFB锅炉）和配套辅机问题。

## 2.1 CFB燃烧技术的现状及问题

### 2.1.1 国外CFB燃烧技术现状

国际CFB燃烧技术正朝超临界、大型化、多种燃料混烧和富氧$CO_2$减排方向发展。

CFB锅炉真正达到电站级容量，是1985年9月在德国杜易斯堡（Duisburg）第一热电厂投运的95.8MW（270t/h，535/535℃，14.5MPa）的再热型CFB锅炉，其炉型为带有外置换热器的鲁奇型CFB锅炉。

目前，世界上容量为100~300MW的CFB电站锅炉已有100余台投入运行。其中，由美国福斯特惠勒（Foster Wheeler，FW）有限公司设计制造，安装在美国JEA电厂的2×300MW级CFB锅炉（906/806t/h，17.2/3.8MPa，540/540℃）是世界上首台300MW级CFB锅炉，于2002年5月投入运行。国外大型CFB锅炉的典型实例是波兰Turow电厂6台CFB锅炉机组，总容量为1491MW，是目前国际上最大的CFB电厂。

20世纪末，国际CFB锅炉厂商不断兼并，形成了美国FW公司和法国Alstom公司两大CFB锅炉技术集团，各种CFB锅炉技术互相渗透融合发展。

目前国外大型CFB锅炉生产商主要有两个。一个是FW公司，其主要业绩包括超临界400MW、600MW、800MW方案，及目前世界最大投入商业运行的波兰Lagisza超临界465MW级CFB锅炉、安装建设中的俄罗斯Novocherkasskaya 330MW级CFB锅炉和2011年签订的韩国Samcheok Green Power 4台550MW合同；我国无锡锅炉厂引进该公司300MW亚临界锅炉技术。另一个国外大型CFB锅炉生产商是Alstom公司，该公司已完成600MW超临界CFB锅炉设计，中国三大锅炉厂引进的300MW亚临界CFB锅炉技术即来自该公司。

现已投入运行的最大超临界CFB锅炉为波兰Lagisza超临界460MW级CFB锅炉。该锅炉过热蒸汽参数27.5MPa/560℃，过热蒸汽流量2856t/h，再热蒸汽参数5.46MPa/580℃，再热蒸汽流量2436t/h，锅炉功率460/439MWe（毛/净），锅炉效率92.0%，炉膛温度889℃，排烟温度88℃，烟气氧量3.4%。锅炉为FW公司经典紧凑型CFB锅炉，采用汽冷分离器、INTREXTM、西门子本生管和紧凑式布置，8只汽冷分离器对称布置。炉膛截面尺寸为27.5m×10.6m。设计煤种为烟煤，兼顾其他燃料混烧，包括混烧30%热量份额的水煤浆，混烧50%热量份额的煤泥，混烧10%热量份额的生物质（锅炉预留了生物质给料装置安装空间）。该项目2008年11月工程完工，2009年3月10日达到满负荷运行，2009年4月进行性能试验，2009年6月投入商业运行。锅炉性能试验中使用的煤来源于Ziemovit煤矿，干燥基低位发热量22.92MJ/kg，挥发分28.6%，灰分26.4%，硫1.16%。锅炉负荷从25%到100% MCR均能稳定运行，各工况的飞灰含碳量均小于5%。Ca/S采用2.0~2.4，脱硫效率达到94%，各项污染物排放均达到设计的标准。

FW公司在兼并芬兰Ahlstrom公司之前，提出了汽冷分离器和一体式返料换热器（the integrated recycle heat exchanger，IN TREX$^{TM}$）技术，形成了FW第一代CFB技术，并首先在美国JEA电厂应用。此锅炉带有外置式换热器（external heat exchanger，EHE），在炉内采用石灰石脱硫，并且在尾部安装喷水活化石灰的反应塔，两种方法结合脱硫，运行中锅炉本体脱硫效率达到98.85%，尾部烟气洗涤塔出口脱硫效率达到99.15%（程乐鸣等，2008）。

收购Ahlstrom公司之后，两大公司技术相互融合，将汽冷分离器加IN TREX$^{TM}$技术与紧凑式布置等技术结合，形成了FW的第二代紧凑型CFB锅炉技术。2009年，波兰Lagisza电厂采用FW技术建成紧凑式460MW超临界CFB直流锅炉并投入商业运行。这是目前世界上投产的第一台超临界CFB锅炉，也是迄今为止容量最大的CFB锅炉。

FW公司汽冷分离器与方形截面的旋风分离器结合的技术，解决了传统圆筒绝热旋风分离器因热惯性大、体积庞大、容易超温等现象而难以适应CFB锅炉大型化的问题。

其 IN TREX™技术，更适应大型 CFB 锅炉紧凑布置的要求。相比传统 EHE 和 INTREX，一体式不仅结构紧凑，而且循环灰流量调节范围更大，因此其受热面布置也更加灵活。但是由于其结构更加复杂，对于制造、安装和检修的要求也更高。

此外，FW 公司还致力于超（超）临界 CFB 直流锅炉的研发。美国能源部和美国 FW 公司合作制订了参数分别为 400MW/31.1MPa/593℃/593℃、800MW/31.1MPa/593℃/593℃、800MW/37.5MPa/700℃/720℃超超临界 CFB 锅炉的研发计划。西班牙 Endesa Generación 电力公司、FW 公司等 6 家公司开展了 800MW 级 CFB 锅炉（800MW，30MPa/600℃/620℃）的研究，研究内容包括蒸汽循环的优化、800MW 级 CFB 锅炉的详细设计、超超临界直流蒸发受热面的详细设计、锅炉排放性能的优化、超超临界 CFB 电厂动力学特性的研究、经济可行性分析等。

FW 公司 800MW 超超临界 CFB 直流锅炉技术的研发包括两个方案（表 2-1）。

**表 2-1　FW 公司 800MW 超超临界 CFB 锅炉设计参数**

| 项目 | 第一方案 | 第二方案 |
|---|---|---|
| 过量空气 20%时 CFB 炉膛出口温度/℃ | 853 | 851 |
| 煤流率/(t/h) | 238 | 236 |
| 石灰石流率/(t/h) | 48 | 47 |
| 空气流率/(t/h) | 2478 | 2452 |
| 烟气流率/(t/h) | 2697 | 2668 |
| 总灰量/(t/h) | 68 | 67 |
| 蒸汽参数 | 30MPa/600℃/620℃ | 35MPa/700℃/720℃ |
| 主蒸汽流率/(t/h) | 2054 | 1972 |
| 再热蒸汽流率/(t/h) | 1760 | 1596 |
| 电厂总功率/MW | 778 | 805 |

注：钙硫比为 2.4，脱硫效率为 96%。

FW 公司的 800MW CFB 锅炉将其循环流化床锅炉技术和本生垂直管直流锅炉技术进行较好结合，使其可以达到超超临界 PC 锅炉 AD700 项目 53%的净效率。采用 8 个紧凑式分离器和 8 个叠加的整体式换热器，上一级整体式换热器单元中布置末级过热器 SH-Ⅳ，下一级整体式换热器单元中布置中间过热器 SH-Ⅲ和末级再热器 RH-Ⅱ，从分离器分离下来的固体床料先进入上一级整体式换热器单元，然后再下行进入串联的下一级整体式换热器单元。在上一级和下一级之间的下炉墙上有狭缝形开口，可使下炉膛内的热床料从炉内进入下一级整体式换热器单元，以增强下一级换热器单元的传热；同时，上一级和下一级整体式换热器单元均布置有溢流旁路，以控制整体式换热器单元的料床高度（毛健雄，2010）。

此外，FW 正在研发 600/800MW 超临界燃煤 CFB 锅炉的富氧燃烧（oxy-fuel）CCS 技术，其目的是实现燃煤 CFB 锅炉 $CO_2$近零排放。

Alstom 公司 CFB 技术的一大特点是 EHE，它解决了 CFB 锅炉大型化过程中的受热面布置问题。这一技术在一定程度上解决了锅炉受热面布置、炉膛温度以及锅炉负荷控制、再热气温调节等方面的问题。

Alstom 公司 CFB 锅炉技术的另一大特点是“裤衩腿炉膛结构”，这种结构在解决均匀布风和抑制炉膛上部贫氧区等问题上具有优势。但是，在运行过程中，对称“裤衩腿”两侧炉膛中的流动结构对称控制相对困难，容易出现一侧吹空、一侧积压的翻床事故。为解决这个问题，Alstom 公司在风烟系统中加入了自动控制系统，实时调节两侧进风量。

Alstom 公司率先完成了大型化 CFB 锅炉的开发应用工作，致力于外置式流化床换热器（fluidized bed heat exchanger，FBHE）的研究，通过将 EHE 与炉膛布置成一个整体（FLEXTECH™），解决了 EHE 占地面积大、布置困难的问题，简化了锅炉的整体布置。法国 Gardanne 电站的世界上第一座 250MW 的 CFB 锅炉是其代表作，1995 年的投产标志着大型 CFB 技术开始成熟。中国三大锅炉厂引进 300MW 级 CFB 锅炉技术即来自该公司。

Alstom 公司已经完成了 600MW 级超临界 CFB 锅炉的概念设计，该锅炉的主蒸汽流量为 1738.8t/h，主蒸汽压力 27MPa，主蒸汽温度 600℃，烟气 $SO_2$ 排放浓度 200mg/m$^3$（标准状态），$NO_x$ 排放浓度 200mg/m$^3$。锅炉为“裤衩腿”结构，单炉膛，垂直管型水冷壁，燃烧室截面积为 306m$^2$，炉膛左、右侧各布置 3 个旋风分离器和外置床，每组 3 个旋风分离器配置 1 个蒸汽冷却旋风分离器出口通道。过热器和再热器受热面布置在 EHE 中，利用 EHE 调节炉温以达到最佳脱硫效率及适应各种燃料和不喷水调节再热蒸汽温度的能力（邢伟，2008）。

### 2.1.2 国内 CFB 燃烧技术现状

我国是一个以燃煤发电为主的国家，煤炭种类复杂，劣质低热值煤、高硫煤等储量较多，CFB 燃烧技术是洁净煤燃烧发电技术较为现实的发展方向之一。

自 20 世纪 80 年代 CFB 燃烧技术出现以来，该技术在我国迅速发展。目前，我国已成为世界上 CFB 锅炉装机容量最多的国家。从 1995 年首台国产 50MW 级 CFB 锅炉投运以来，在短短 10 余年内，我国完成了从高压、超高压到亚临界技术的过渡。随着一批 300MW 级 CFB 锅炉的成功投运以及目前正在建造的超临界 600MW 级 CFB 燃烧锅炉，标志着我国的大型 CFB 锅炉技术已经走在了世界的前沿，将使我国 CFB 锅炉技术达到世界先进水平。

#### 2.1.2.1 以技术引进为基础的大型 CFB 技术

2003 年，我国的三大锅炉厂［东方锅炉有限公司（简称东锅）、哈尔滨锅炉厂有限责任公司（简称哈锅）和上海锅炉厂有限公司（简称上锅）］共同引进法国 Alstom 公司 200~350MW 级 CFB 技术，推进我国大型 CFB 锅炉的发展。国家计划发展委员会组织的四川白马 300MW 级 CFB 锅炉示范工程项目，东锅参与了工程的分包，2006 年 4 月投入运行。采用该技术，东锅承担了秦皇岛三期工程两台燃用贫煤的 300MW 级 CFB 锅炉设计制造，2006 年 11 月投入运行；哈锅承担了云南开远电厂两台燃用褐煤的 300MW 级 CFB 锅炉设计制造，2006 年 6 月投入运行；上锅承担云南小龙潭电厂三期两台燃用褐煤的 300MW 级 CFB 锅炉设计制造，于 2007 年 1 月投产。

这一批 300MW 等级的亚临界 CFB 锅炉为同一种技术，设计蒸发量均为 1025t/h，采用的蒸汽参数也大致相同：主蒸汽压力 17.4MPa，主蒸汽温度 540℃，再热蒸汽压力 3.72MPa，再热蒸汽温度 540℃。以四川白马电厂的 300MW 炉子为例，锅炉采用“裤衩型”分体炉膛，炉膛内无悬吊受热面，4 个耐火砖内砌的高温旋风分离器和 4 个外部流化床热交换器布置在燃烧室两侧，旋风分离器的直径为 8.77m。4 个外部流化床热交换器中，两个流化床布置有过热器，控制床温；两个布置再热器，控制再热蒸汽温度（程乐鸣等，2008）。

### 2.1.2.2　以自主开发为基础的大型 CFB 技术

#### (1) 300MW 级 CFB 锅炉

在引进 300MW 级 CFB 锅炉技术的同时，国内各研究单位和锅炉厂相继研发具有自主知识产权的 CFB 锅炉。

表 2-2 给出了不同方案的 300MW 级 CFB 锅炉技术的比较。

**表 2-2　大型 CFB 锅炉技术比较**

| 方案 | Alstom 引进型 300MW | 西安热工研究院有限公司+哈锅 330MW | 东锅 300MW | 哈锅 300MW | 上锅 300MW |
|---|---|---|---|---|---|
| 用户 | 白马电厂等 | 江西分宜电厂 | 广东荷树园电厂 | 郭家湾电厂 | 广东云河电厂 |
| 投运情况 | 首台 2006 年 4 月投运 | 2009 年 1 月投运 | 第一台 2008 年 6 月投运，第二台 2009 年 1 月投运 | 2010 年 6 月投运 | 2010 年 6 月满负荷运行，9 月通过性能验收 |
| 炉膛 | 分叉炉膛 | 单炉膛 | 单炉膛 | 分叉炉膛 | 单炉膛 |
| 布风板 | 水冷，光管 | 水冷 | 水冷，内螺纹管 | 水冷 | 单布风板 |
| 风帽 | 大口径钟罩式 | 回流式 | 柱装 | 大直径钟罩式 | — |
| 一次风进风方式 | 双布风板进风 | 平行侧墙单侧进风 | 平行前后墙两侧进风 | 双布风板进风 | 平行侧墙单侧进风 |
| 分离器 | 炉两侧 4 个分离器，绝热 | 炉两侧 4 个分离器，绝热 | 炉后 3 个分离器，汽冷 | 炉两侧 4 个分离器，绝热 | 炉后 3 个分离器，绝热 |
| 点火方式 | 床下风道，床上点火 | 床下热烟发生器配合床上启动燃烧器点火 | 床下风道，床上点火 | 床上、床下联合启动 | 床上、床下燃烧器 |
| 给煤装置 | 气力输送，回料器给煤 | 气力播煤，炉膛给煤 | 气力播煤，炉膛给煤 | 炉两侧八点回料阀给煤 | 炉前 8 台给煤机 |
| 受热面布置 | EHE 内布置低过、中过和高再 | 炉膛内布置屏过，分流回灰换热器内布置低过、高再 | 炉膛内布置屏过、屏再和水冷蒸发屏 | 炉膛内布置水冷屏、二级过热器和末级再热器 | 炉膛内布置低温屏过、中温屏过 |
| 回灰控制 | 锥形阀 | 分流回灰换热器空气动力控制 | 自平衡 | 自平衡式双路回料阀 | “V”形回料器及回料腿 |
| 冷渣器 | 非机械式 | 三分仓式风水联合冷渣器 | 滚筒式冷渣器 | 滚筒式冷渣器 | 滚筒式冷渣器 |
| 尾部烟道 | 单烟道 | 单烟道 | 双烟道 | 双烟道 | 双烟道 |

续表

| 方案 | Alstom 引进型 300MW | 西安热工研究院有限公司+哈锅 330MW | 东锅 300MW | 哈锅 300MW | 上锅 300MW |
|---|---|---|---|---|---|
| 空预器（空气预热器） | 四分仓回转式 | 四分仓回转式 | 管式 | 四分仓回转式或管式 | 四分仓回转式 |
| 调温方式 | 控制 EHE 灰量 | 控制 EHE 灰量+喷水减温 | 尾部挡板+喷水减温 | 喷水减温+尾部挡板调温 | 喷水减温+尾部档板调温 |

西安热工研究院有限公司研究设计的300MW级CFB锅炉为亚临界参数，整体采用M型布置，单炉膛，截面为8.3m×28.93m，布风板上部空截面速度大于5m/s，无烟煤和贫煤设计床温900℃，采用3个内径8.5m的高温分离器，3台分流式回灰换热器（compact ash-flow splitting and heat exchanger，CHE）。在江西分宜发电厂210MW级CFB锅炉运行基础上，西安热工研究院有限公司和哈锅合作设计开发了330MW级CFB锅炉。该锅炉蒸发量为1025t/h，蒸汽参数为18.6MPa/543℃/543℃；采用H型布置，4个内径为7.5m的高温旋风分离器和4台CHE在炉膛两侧对称布置，在CHE内布置有高温再热器、低温过热器。该锅炉工程项目在江西分宜电厂实施，2009年1月投入运行。

东锅在引进国外技术的同时，开发了具有自主知识产权的300MW级CFB锅炉方案（程乐鸣等，2008）。锅炉主要蒸汽参数为17.45MPa/540℃/540℃。该方案采用单炉膛结构M型布置，3只汽冷旋风分离器和1个尾部竖井，炉膛内布置有屏式受热面，无EHE或INTREX结构。炉膛上部通过两片水冷屏将炉膛分成3个区域以减少3只汽冷高效旋风分离器的入口烟气偏差。尾部采用的双烟道结构，采用挡板控制蒸汽温度。

哈锅在引进技术基础上也在开发自主知识产权的300MW级CFB锅炉，锅炉主要蒸汽参数为17.4MPa/540℃/540℃。该方案采用分体炉膛，双水冷布风板，大直径钟罩式风帽；不采用EHE，炉膛内部布置悬吊式过热器、屏式再热器，炉膛两侧4只汽冷旋风分离器采用H型对称布置，尾部烟道采用哈锅PC锅炉成熟的典型双烟道设计。通过一、二次风的合理匹配控制床温，过热、再热蒸汽温度通过调节烟气挡板和喷水减温方式来控制。

上锅从2006年开始自主开发300MW锅炉。在此过程中，上锅与中国科学院工程热物理所、上海成套研究所、上海交通大学、上海理工大学等单位合作（李金晶等，2010），进行了锅炉布风均匀性、风帽的漏渣与磨损和布风特性、旋风分离器流场的数值模拟、过热器和再热器调温特性、锅炉的热量分配和优化、冷渣器技术与底渣热量回收措施、二次风的穿透与二次风布风均匀性等一系列课题的研究，设计开发了单炉膛单布风板结构、不带EHE的300MW级CFB锅炉。由其设计的广东云浮电厂两台300MW级CFB锅炉于2010年建成投产。此锅炉采用单炉膛、钢板式风帽、3台绝热式旋风分离器、回转式空气预热器，不带EHE布置。

**（2）600MW 级超临界 CFB 锅炉**

由于超临界参数锅炉具有发电效率高的特点，国内各科研单位相继开展600MW级超临界 CFB 锅炉的方案和概念设计（程乐鸣等，2008）。

浙江大学提出一套 600MW 设计参数为 28MPa/580℃/580℃的超临界直流 CFB 锅炉设计方案，并对部分负荷工况进行了计算。炉膛下部采用“裤衩管”结构形式以保证良好的流化状态和二次风的穿透性。炉膛为矩形截面，净高 62m，上部稀相区截面为 21m×18m，由膜式壁构成。锅炉两侧布置 6 只汽冷旋风分离器，每只旋风分离器下方连接 1 台 EHE，其中 2 台布置再热器，4 台布置过热器。分离下来的固体颗粒大部分经 EHE 冷却后送回炉膛，另外一小部分则通过返料装置直接返回炉膛。燃料通过给煤口送入炉膛底部两个裤衩管支腿。炉膛上部两侧墙开有 6 个出口烟窗。从分离器出去的烟气进入尾部烟道。锅炉布置了三级过热器，两级再热器。高温过热器和低温再热器布置在尾部烟道内。低温、中温过热器以及高温再热器布置在 EHE 内。在东方锅炉研发超临界 600MW 循环流化床锅炉过程中，浙江大学受东方锅炉委托就炉膛结构流场、受热面传热进行了专门研究，为超临界 600MW 级 CFB 锅炉设计提供技术支撑。

清华大学进行了 600MW 和 800MW 级 CFB 锅炉的概念设计。在 600MW 级 CFB 锅炉方案中，水冷壁采用无中间混合联箱的垂直内螺纹管，燃烧室宽度 18.22m、深度 18.22m，布风板至炉顶的高度为 58m。炉底分叉，由两个独立供风的流化床布风板构成。炉膛与 4 个旋风分离器相连，每个分离器下部连接 1 个 EHE，2 个布置二级过热器以控制床温，2 个布置中间级再热器以控制再热汽温。过热汽温由两级喷水减温进行调节。

800MW 级 CFB 锅炉方案采用单炉膛下部双裤衩腿结构（王超等，2011）。炉膛布置 14 个给煤点，在炉膛两侧布置 6 只绝热旋风分离器，每个分离器下面设置 1 个换热床，其中 2 个布置高温再热器，2 个布置二级过热器，2 个布置三级过热器。料腿下布置 1 个机械冷却式分配阀，调整直接回送炉膛和进入换热床的循环灰比例。净化过的烟气进入尾部对流烟道。尾部竖井的上部采用双烟道（程乐鸣等，2008），分别布置低温段再热器和一级过热器，调节通过低温段再热器烟气量，与换热床一起控制再热蒸汽温度。过热蒸汽温度由在过热器之间布置的两级喷水减温器调节。尾部竖井的下部合并成单烟道，布置省煤器和空预器。

中国科学院工程热物理研究所（以下简称“中科院热研究所”）与上海锅炉厂有限公司联合提出 600MW 超临界 CFB 锅炉技术方案（程乐鸣等，2008），该方案设计煤种为褐煤，设计参数为 25.4MPa/571℃/569℃。采用单炉膛单布风板全膜式壁结构，炉膛宽 14.64m、深 30.656m、高 56.2m，工质一次通过炉膛四周水冷壁。炉膛上部布置 32 片扩展蒸发受热面，炉膛水冷壁与扩展受热面采用“串联”方式，采用中质量流速［约 1400kg/（$m^2$·s）］、部分内螺纹垂直管技术，内嵌逆流柱型风帽，布置 6 个蜗壳型高温绝热旋风分离器和 6 台 EHE。给煤采用返料管给煤和直接给煤结合方式，二次风采用大直径、高速度、距布风板较高位置布置技术。冷渣采用 6 台滚筒式冷渣器。

结合四川白马循环流代床示范电站有限责任公司超临界 600MW 级 CFB 锅炉项目，东方锅炉研发超临界 600MW 级 CFB 锅炉（程乐鸣等，2008），开发的锅炉为超临界直流炉。其主要蒸汽参数为 25.4MPa/571℃/569℃，采用双炉膛，H 型布置，平衡通风，一次中间再热；带 EHE 调节床温及再热汽温，6 个高温汽冷旋风分离器整体成左右对称布置，在负荷≥35% 汽轮机热耗率验收工况（turbine heat acceptance，THA）后，锅炉直流运行；水冷壁采用全焊接的垂直上升膜式管屏，下炉膛采用优化的内螺纹管，上炉膛采用光管，上、下炉膛之间由过渡集箱提供下炉膛内螺纹管和上炉膛光管的过渡；布风板下方为由水冷壁管弯制围成的水冷等压风室。每个旋风分离器下布置一个回料器，靠近炉后的两个外置床内布置中温过热器，靠近炉前的两个外置床内布置高温再热器，中间的两个外置床内布置高温过热器。

四川白马电厂超临界600MW级CFB锅炉项目是我国也是目前世界上最大工程实施中的超临界600MW级CFB锅炉。国家发展和改革委员会专门组织全国CFB燃烧相关技术专家，组成自主研发超临界600MW级CFB锅炉专家组，就该超临界600MW级CFB锅炉方案、设计群策群力，综合全国专家意见，形成具有我国自主知识产权的超临界600MW级CFB锅炉设计。该锅炉目前正在四川白马循环流化床示范电站有限责任公司成功运行。

哈锅与清华大学、国电热工研究院和西安交通大学等单位合作完成了600MW超临界CFB锅炉的方案设计，该方案为超临界参数变压运行直流锅炉，一次中间再热。锅炉主要由单炉膛、6个高效绝热旋风分离器、6个回料阀、6个EHE、尾部对流烟道、8台滚筒冷渣器和两台回转式空预器等部分组成。采用裤衩腿、双布风板结构，炉膛内蒸发受热面采用垂直管圈一次上升膜式水冷壁结构。水冷布风板，大直径钟罩式风帽，炉膛内布置有中隔墙水冷壁和低温屏式过热器。分离器对称布置，每个分离器回料腿下布置1个回料阀和1个EHE；靠近炉前的两个EHE内布置高温再热器，主要用于调节再热蒸汽的温度；中间的两个外置换热器中布置低温过热器，靠近炉后的两个EHE内布置中温过热器，这4个过热器主要用于调节炉温。

上锅与中科院热研所联合开发了600MW超临界CFB锅炉。锅炉采用全膜式壁结构，炉膛下部为单布风板，炉底采用水冷一次风室结构，炉膛上部布置32片扩展蒸发受热面，炉膛宽为14.64m、深为30.656m、高为56.2m。采用内嵌逆流柱型风帽和水冷布风板等压风室。在主循环回路上，6个并联的大型高效绝热旋风分离器下分别对应6台返料器、6台EHE及4台滚筒冷渣器。

表2-3比较了不同方案的600MW级超临界CFB锅炉技术。

### 2.1.3 CFB燃烧技术存在问题

随着CFB锅炉大型化的发展，多台不同容量等级的CFB锅炉建成投产。这些锅炉的投产在取得不错效果的同时，运行中也出现了一些问题。这在一定程度上限制了CFB锅炉的发展，是CFB燃烧技术发展中需要解决和提高的问题。

目前，CFB燃烧技术在各用户应用中不同程度存在以下问题：连续运行时间相对短，厂用电耗相对高，受热面磨损与泄漏，超温爆管，风帽磨损，给煤系统堵塞，冷渣器结焦等。

在CFB锅炉运行可靠性方面，国内300MW级CFB锅炉如江苏徐矿电厂、广东云浮电厂以及江西分宜电厂的最长连续运行时间分别为160天、105天、80天，高于同年同级别的PC炉。但是CFB锅炉在我国投入运行的时间并不长，一些运行规律没有完全掌握，因此影响了其运行水平。随着人们对这项技术的了解，以及国内总体水平的不断提高，增加其运行可靠性将不再是问题。

**表 2-3 600MW 级 CFB 锅炉技术比较**

| 方案 | FW Lagisza 460MW | Alstom 600MW | 浙江大学 600MW | 清华大学 800MW | 中科院热研究 600MW 东锅 | 哈锅 | 上锅 | 东锅 |
|---|---|---|---|---|---|---|---|---|
| 用户 | 波兰 Lagisza 电厂 | — | — | — | — | 四川白马电厂 | — | — |
| 炉膛 | 单炉膛 | 分叉炉膛 | 分叉炉膛 | 分叉炉膛 | 单炉膛 | 双炉膛，水冷隔墙 | 单炉膛，裤衩腿 | 单炉膛，无裤衩腿 |
| 布风板 | — | — | — | — | 水冷 | — | 垂直管圈 | 本生垂直管 |
| 风帽 | — | — | — | — | 内嵌逆流柱型 | — | — | — |
| 一次风进风方式 | — | — | — | — | — | 等压风箱 | — | — |
| 分离器 | 前后炉墙 8 个紧凑型汽冷分离器 | 6 个汽冷分离器 | 炉两侧 6 个分离器，汽冷 | 炉两侧 6 个分离器，汽冷 | 炉两侧 6 个分离器，绝热 | 炉两侧 6 个分离器、汽冷 | 6 个分离器 | 6 个分离器 |
| 点火方式 | 床上点火和床下点火相结合 | — | — | — | 4 个床下主启动燃烧器和 12 个床上点火枪相结合 | 床上点火和床下点火相结合 | — | — |
| 给煤装置 | 4 条给煤线，前后墙各 2 条 | 14 个给煤点 | 气力播煤、炉膛四墙和回料器给煤 | 炉膛前后墙和回料器给煤 | 12 个给煤口，返料管和直接给煤结合 | — | — | — |
| 受热面布置 | 8 个 INTREX 换热器，末级过热器和末级再热器各 4 个 | 6 个 EHE 内布置过热器和再热器 | EHE 内布置中过、低过、高再 | EHE 内布置中过、低过、高再 | 炉膛内扩展蒸发受热面，6 个 EHE 内分别布置中过、低过和高再 | 6 个 EHE | 6 个 EHE | 6 个 EHE |
| 回灰控制 | — | — | 非机械式返料机构和 EHE 气力控制 | 机械冷却式分配阀 | EHE 入口设置机械锥形阀 | 返料机构 | 自动灰循环装置 | 6 个返料器单进单出 |
| 冷渣器 | — | — | — | — | 6 个滚筒式冷渣器 | 侧墙 6 个滚筒式冷渣器 | 滚筒式冷渣器 | 侧墙滚筒式冷渣器 |
| 尾部烟道 | 单烟道 | — | 双烟道 | 上部双烟道，下部单烟道 | 单烟道 | 单烟道 | — | 单烟道 |
| 空预器 | — | — | — | 管式 | 四分仓容克式 | 2 个四分仓回转式 | 2 个四分仓回转式 | — |
| 调温方式 | 控制 EHE 灰量 | 控制 EHE 灰量 | 控制 EHE 灰量 | 控制 EHE 灰量+喷水减温 | 过热器喷水减温，再热器控制外置床进灰量 | — | — | — |

在机组经济性方面，CFB 的供电煤耗、厂用电率比较高。2007 年，四川白马电厂、秦皇岛电厂、大唐红河电厂、国电开远电厂和云南华电巡检司电厂的平均供电煤耗为 353.86g/(kW·h)，高于同年同容量等级的 PC 锅炉机组的平均值 338.79g/(kW·h)，这给电厂经济性方面带来了很大困难。2007 年我国 135MW 级 CFB 锅炉机组的平均供电煤耗为 382g/(kW·h)，但是，300MW 级的 CFB 与之相比，煤耗降低了很多，这是今后 CFB 锅炉需要大型化的原因之一。厂用电率方面，由于 CFB 锅炉采用 CFB 燃烧方式，因此布风板、床料以及旋风分离器等都会对空气流动产生很大的阻力，则必然会使风机的压头增高，也就增大了电厂的厂用电率。国内 300MW 级的锅炉如江苏徐矿电厂厂用电率为 5.2%，广东云浮电厂为 7%，江西分宜电厂为 9.5%；150MW 级的锅炉如甘肃华亭电厂为 8%，福建龙岩电厂为 8.5%，相比于我国常规 300MW 级 PC 锅炉的平均厂用电率 5.67% 高出了不少，这个因素也很大程度上影响了 CFB 锅炉经济性。但是，不是所有的 CFB 锅炉厂用电都很高，这表明厂用电率与多方面因素有关，如运行水平、辅机设计运行水平等。随着国内 CFB 锅炉技术的提高以及大型化、高参数化的发展，厂用电率高的问题也将会逐渐解决。

CFB 锅炉飞灰含碳量和底渣含碳量较高也是影响其经济性的重要原因。但是随着锅炉大型化高参数化的发展，锅炉效率必然有所提高，燃烧更充分，飞灰含碳量以及底渣含碳量等不利因素都会得到相应的改善。

由于电、煤紧张，已投运的一大批中小容量 CFB 锅炉所使用的燃料普遍偏离设计值，造成了磨损严重、排渣不畅、可用率低等严重运行问题。另外，国内目前对于 CFB 锅炉的应用范围的认识存在一定程度的偏差。政策上将 CFB 锅炉仅仅作为劣质燃料利用的手段，不利于 CFB 锅炉技术的健康发展。事实上，即使对于常规燃料，CFB 锅炉机组的造价也略低于 PC 锅炉加湿式脱硫脱硝的机组（周一工，2005）。所以，对流化床锅炉技术的使用不能仅限于劣质燃料，在环保要求日益严格的情况下，将 CFB 锅炉用于常规发电能更全面地发挥其优势。

在 CFB 锅炉运行过程中仍存在许多影响锅炉安全稳定运行的问题，如给煤系统堵塞、冷渣器结焦、炉内结焦、受热面磨损、过热器和再热器超温爆管等。这些不利因素的存在不仅会影响机组的可靠性，也影响了机组的经济性以及 CFB 技术的发展。但是这些不利因素不是不可以改善的，随着研究的进展以及维护处理方法的增多，很多问题都可以迎刃而解。

CFB 燃烧技术存在问题，有些问题是可以改进的，如磨损问题、冷渣器问题；有些是不容易改进的，是这种技术本身所固有的。思考这些问题时需要注意：没有一种万能万全的技术，CFB 燃烧技术有其应用范围，如燃烧劣质煤。

## 2.2 与同等级 PC 锅炉比较分析

相同容量的 CFB 锅炉纯凝发电机组与 PC 锅炉纯凝发电机组相比，尽管 CFB 锅炉在一些经济性指标、可靠性指标等方面与 PC 锅炉有所差距，但是从综合经济性指标来看，CFB 锅炉还是有其特有优势的。例如，在燃烧高硫燃料方面，CFB 锅炉因为不需要安装尾部的脱硫装置，其投资成本以及运行成本低于同容量的常规 PC 锅炉（李建锋等，2010）。

目前，CFB 锅炉主要燃烧热值比较低的燃料，而 PC 锅炉燃料的热值比较高。CFB 锅炉燃烧热值较高的燃料时，其厂用电率和供电煤耗必然有所下降。在煤矸石等劣质燃料利用方面，CFB 锅炉更有其不可替代的优势。统计表明，含灰量 20%~55%、发热量 11 147~23 360kJ/kg、挥发分 5.36%~40% 的燃料在 CFB 锅炉里面都可以得到充分的利用。如果这些劣质燃料不加以利用，那么由于资源浪费或者不正确的燃烧方式将会产生更多的污染。CFB 锅炉利用了这部分燃料，尽管其运行指标相比 PC 锅炉要差一点，但是从整体上却减少了污染物的排放。

此外，CFB 锅炉由于采用低温燃烧和分级送风，其 $NO_x$ 排放浓度的平均值不足 100mg/$Nm^3$，远远低于 PC 锅炉 500~1200mg/$Nm^3$ 的排放浓度，与增加了选择性催化还原（selective catalytic reduction，SCR）脱硝装置后的 PC 锅炉机组排放浓度相当。所以，CFB 锅炉机组在脱硝方面的优势也是 PC 锅炉所不可比的（李建锋和郝继红，2009）。若采用 SCR 方式脱硝，其装置更换下来的催化剂如果处理不当还会造成较大的二次污染。因此，采用 SCR 的方式进行脱硝整体上的污染物是高是低还需要认真探讨，反而采用高效低氮燃烧器、多级燃烧、再燃技术等综合措施更好一点。PC 锅炉的粉煤灰除少部分用作铺路材料外，一般作抛弃处理。而 CFB 锅炉的灰渣可以用来生产水泥等建筑材料，这在综合利用我国大量的煤矸石资源方面能够发挥出重要作用（李建锋和郝继红，2009）。

因此，CFB 锅炉与 PC 锅炉相比，尽管目前在节能方面不占优势，但是在资源综合利用、环保性方面是 PC 锅炉所不可比拟的。从综合经济性方面考虑，两者有可能相当，这需要进一步的研究求证。

### 2.2.1　600MW 超临界流化床锅炉为例进行对比分析

对于超临界 CFB 锅炉机组和超临界 PC 锅炉机组，除了锅炉本体系统、制粉系统、除渣系统、输煤系统等有差别外，其他如汽轮机及辅助系统、发电机及辅助系统、循环冷却水系统及辅助系统（balance of plant，BOP）部分基本相同，下面在此基础上进行技术经济比较。

#### 2.2.1.1　性能指标比较

1）主机参数。超临界 CFB 锅炉与超临界 PC 锅炉参数相同，都与相同的汽轮机发电机组匹配。

2）锅炉效率。随着大型流化床锅炉技术的进步，流化床锅炉的效率已经有了大幅度的提高，其燃烧效率已经接近或达到了 PC 锅炉的水平。对于燃用相同煤质的大型流化床锅炉和 PC 锅炉，其热效率基本持平；但对于具体煤质有所不同，例如，燃用优质烟煤时 PC 锅炉效率略高，燃用褐煤和高碳化无烟煤时流化床略高。

#### 2.2.1.2　锅炉布置尺寸比较

锅炉布置尺寸比较见表 2-4。

表 2-4　锅炉布置尺寸比较

| 序号 | 项目 | CFB 锅炉 | PC 锅炉 |
|---|---|---|---|
| 1 | 炉膛断面（宽×深）/（m×m） | 16.952×25.376 | 20.13×20.13 |
| 2 | 炉膛容积/$m^3$ | 23 803 | 26 850 |
| 3 | 锅炉高度（大板梁上沿）/（m×m） | 77.95 | 100.5 |
| 4 | 锅炉区占地尺寸（宽×深）/（m×m） | 46×59.5 | 48.2×84.7 |

由表 2-4 可以看出，CFB 锅炉从高度、宽度和深度都比 PC 锅炉小，再加上 PC 锅炉炉前炉后都布置磨煤机，占地面积要比 CFB 锅炉大。PC 炉烟囱后还有脱硫设施，导致两方案占地差距就更大。因此 PC 锅炉的四大管道用量较流化床锅炉略多。

### 2.2.1.3　石灰石系统

PC 锅炉脱硫装置用石灰石浆液。用湿磨机将 20mm 左右的石灰石块在水中反复磨成浆液，然后在脱硫装置中再用。但是 CFB 锅炉用的石灰石为粒径小于等于 1mm 的石灰石粉。成品石灰石粉采购困难情况下，电厂必须在厂内设置 1 套干磨石灰石系统。系统中包括出力 20t/h 的 1 台干磨机，适用于带宽 500mm 的除铁器 1 台，出力 20t/h 的斗提机、带式计量给料机、振动给煤机各 1 台。厂内设置宽 25m、长 60m 的石灰石棚，在棚内储存外购的粒径小于等于 20mm 的石灰石块。棚内设有 2 个地下斗，上料用推煤机将石灰石推入地下斗内，通过振动给煤机、斗提机将石灰石输送至石灰石储仓中。石灰石加工成粉状时，通过计量皮带给料机将储仓中的石灰石定量供给干磨机。加工完的石灰石粉通过仓泵、管道送入锅炉储灰仓中。

石灰石全部用汽车直接运进棚内卸车，棚内配置 2 台推煤机进行堆料和辅助作业。

根据计算，PC 锅炉的脱硫装置每年耗石灰石 4.62 万 t，CFB 锅炉每年耗石灰石 6.6 万 t。CFB 锅炉每年比 PC 锅炉多耗石灰石 1.98 万 t，按伊敏地区石灰石单价 35 元/t 计算，多耗费 69.3 万元。对于 CFB 锅炉石灰石细度及运行方面的价格已分别计入设备投资和厂用电耗里。

### 2.2.1.4　除灰渣系统比较

PC 锅炉底渣采用干式除渣系统，即每台炉设 1 台干式（风冷）排渣机，底渣在干式排渣机中冷却到 100～150℃后由机械输送系统经斗提机送至渣仓储存。每台炉设一套除渣系统，其出力保证不低于锅炉最大连续出力（boiler maximum continous rating，BMCR）工况下的最大排渣量，并留有一定的余量，即正常出力为 10t/h，最大出力为 45t/h，连续运行。干式排渣机与锅炉出渣口用渣斗相连。渣斗独立支撑，它与锅炉下联箱挡板之间设有机械密封装置。渣斗容积可满足锅炉 MCR 工况下 4h 排量。渣斗底部设有液压关断门，允许干式排渣机故障停运 4h 而不影响锅炉的安全运行。整套系统采用程序自动控制。渣仓布置在室外，卸渣采用就地手动控制，各设备设有就地启停按钮。渣仓采用钢制结构形式，其容积应能储存每台炉 MCR 工况下燃用设计煤种大于 30h 的排渣量。渣仓下设有两个排灰口，一个排灰口下设加湿搅拌机，用于调制湿渣装车外运；另一个排灰口下设干渣卸料器，供综合利用。

### 2.2.1.5　运行和检修成本比较

1）运行成本。PC 锅炉和 CFB 锅炉在运行中的成本区别主要是石灰石和厂用电的区别。PC 锅炉的石灰石只是为了脱硫使用；CFB 锅炉的石灰石在锅炉内先煅烧吸热然后再和 $SO_2$反应放热，放热大于吸热，对锅炉效率是有提高的，提高的效率已经从锅炉效率高的节煤中反映出来。PC 锅炉要求的脱硫石灰石粒度小于 20mm 即可，市场上可以直接采购；而 CFB 锅炉要求的石灰石粒度较细（小于 1mm），市场上采购不到，所以要在厂内设置一套石灰石磨制系统。所以总的看来，CFB 锅炉的石灰石系统的运行成本要高一些。PC 锅炉采用湿法脱硫，采购的石灰石也在场内用湿磨磨成细粉浆，其运行成本未必低于 CFB 锅炉将石灰石磨成小于 1mm 的干粉。根据山东临沂华盛电厂 CFB 脱硫的运行统计：流化床脱硫成本 0.008 元/(kW・h)，湿法脱硫成本 0.025 元/(kW・h)。

2）检修和维护成本。对于锅炉本体来说，检修工作量与主机质量、运行管理水平、配套辅机运行情况等多方面因素有关。600W 超临界 PC 锅炉的检修成本也是各厂不同，差距很大，难以有统一的比较手段。600W CFB 锅炉国内尚无运行经验。CFB 锅炉检修主要内容：受热面磨损，给煤斗堵煤，耐磨材料的脱落（对于 600MW 超临界流化床锅炉，其耐磨材料在一个大修期内的更换量为 400t 左右，约合 280 万元，平均到每年约 70 万元)，冷渣器事故，辅助系统故障。

对于 PC 锅炉而言，受热面磨损情况要比 CFB 锅炉轻微得多，给煤机堵煤现象与 CFB 锅炉相同，不存在耐磨材料的脱落现象，也没有冷渣器事故，锅炉本体维护量很小；但脱硫设施的运行和检修有一定的工作量，辅助系统也存在风机的震动、噪声问题。

综上所述，常规 PC 锅炉与 CFB 锅炉相比，在检修上存在优势；PC 锅炉的利用率和检修工作量要比 CFB 锅炉占优。

### 2.2.1.6　厂用电接线及厂用电率比较

#### (1) 厂用电接线

根据工艺系统负荷资料，采用 CFB 锅炉与普通 PC 锅炉相比主要负荷变化见表 2-5。

**表 2-5　CFB 锅炉与普通锅炉主要负荷变化对比表**

| 序号 | 采用 CFB 锅炉增加的主要负荷 | | | 采用 CFB 锅炉减少的主要负荷 | | | 备注 |
|---|---|---|---|---|---|---|---|
| | 负荷名称 | 数量 | 功率 | 负荷名称 | 数量 | 功率 | |
| 1 | 一次风机 | 2×2 | 5315kW | 送风机 | 2×2 | 2400kW | 单元负荷 |
| 2 | 二次风机 | 2×2 | 5590kW | 磨煤机 | 8×2 | 1400kW | 单元负荷 |
| 3 | 高压流化风机 | 6×2 | 1050kW | 冷烟风机 | 2×2 | 800kW | 单元负荷 |
| 4 | 石灰石风机 | 2×2 | 75kW | 脱硫系统 | 1×2 | 约 6000kW | 单元负荷 |
| 5 | 石灰石输送及制备系统 | 1 | 250kW | 碎煤机 | 2 | 560kW | 公用负荷 |
| 合计 | | | 54 520kW | | | 42 160kW | 两台机组 |
| 差额 | PC 炉比 CFB 两台炉可节省负荷 12 360kW | | | | | | |

由表 2-5 可见，采用 CFB 锅炉与采用普通 PC 锅炉相比虽然负荷容量有所增加，但

容量的增加及负荷数量的变化不大。

**(2) 厂用电率**

采用 CFB 锅炉虽然可以取消磨煤机、碎煤机等负荷和脱硫系统，但增加了大容量的一次风机、二次风机和高压流化风机等负荷，因此厂用电率有所增加。经估算，CFB 锅炉的厂用电率为 6.03%，PC 锅炉的厂用电率为 5.53%。

**(3) 耗水率比较**

PC 锅炉设有独立的脱硫系统和脱硝系统，CFB 锅炉由于自身的脱硫及脱硝能力，取消了独立的脱硫系统及脱硝系统。PC 锅炉的脱硫系统用水采用循环水排污水，脱硝系统用水采用工业水；当采用 CFB 锅炉后，节省了脱硫系统用的循环水排污水，此部分循环水排污水经反渗透处理后补充到循环水系统。当采用 CFB 锅炉后，节省了脱硝系统用的工业水。经初步计算，采用 CFB 锅炉方案后，小时节水 157m³，年节水 95 万 m³，具体见表 2-6。

**表 2-6 耗水率对比表**

| 项目 | CFB 方案 | PC 炉方案 | CFB 节水 |
|---|---|---|---|
| 耗水量 | 热季耗水量为 2092m³/h | 热季耗水量为 2249m³/h | 157m³/h |
| | 年耗水量约为 1266 万 m³ | 年耗水量约为 1361 万 m³ | 95 万 m³ |
| | 热季耗水指标为 0.484m³/(s·GW) | 热季耗水指标为 0.521m³/(s·GW) | 0.037m³/(s·GW) |

### 2.2.1.7 排放指标比较

两种炉型均满足国家排放标准。采用流化床锅炉取消了脱硫及脱硝系统，其 $NO_x$ 和烟尘的年排放量较 PC 锅炉增加幅度不大。

选用 CFB 锅炉是否可以不上脱硫与脱硝系统，最终应通过环境影响评价确定。

### 2.2.1.8 占地面积比较

与 PC 锅炉方案相比，CFB 锅炉方案取消了脱硫系统、脱硝系统、厂内碎煤机系统，CFB 锅炉本体的尺寸也要小于同等容量的 PC 锅炉。经过初步估算，采用 2×600MW 超临界褐煤 CFB 方案用地约少 1.75hm²，比 2×600MW 机组用地指标定额约少 4.6%。

### 2.2.1.9 即将执行的新环保法规对大型流化床锅炉的影响

我国新版《火力发电厂大气污染排放标准》第二版讨论稿中将 $NO_x$ 和 $SO_2$ 的排放值降低到了 100mg/Nm³，该标准为目前世界上最严格的标准。此标准推广后，流化床锅炉在环保方面的优势将大打折扣。现在已投运的流化床锅炉电厂 $NO_x$ 的排放值均在 200mg/Nm³以下，个别电厂可达到 100mg/Nm³以下，因此大部分流化床锅炉电厂需进行脱硝改造。

与PC锅炉采用的SCR法不同，由于流化床锅炉的分离器内流场混合强烈，且温度场合适，可采用更加简单的非选择性催化还原（selective non-catalytic reduction，SNCR）法。由于原始$NO_x$排放值很低，还原剂耗量较少，且不需要催化剂，因此流化床锅炉在脱硝方面的优势依然存在。

在脱硫方面，在流化床锅炉中将其控制在200mg/$Nm^3$的技术是成熟的，但进一步降低的难度较大。如何进行流化床锅炉的深度脱硫是我们面临的新的课题。

总体来说，我国已经掌握了超临界锅炉技术，具备研发、制造的能力。通过合作及引进技术，我国已经掌握了世界领先的CFB锅炉技术，具备了开发创新的能力。我国主要锅炉厂家对600MW超临界CFB锅炉已进行了多年的研究开发工作，现已完成了具体的方案设计，具备了在实际工程应用的条件。在同等外部条件下，通过对600MW超临界CFB方案与600MW级PC炉方案的参数、性能、经济等方面的比较，得出如下主要结果。

#### （1）性能指标

600MW超临界CFB锅炉效率与PC锅炉接近，机组的效率为43.66%，厂用电率为6.03%，发电标准煤耗282g/(kW·h)，供电标准煤耗299.77g/(kW·h)。

600MW超临界PC锅炉效率机组厂用电率为5.53%，发电标准煤耗282g/(kW·h)，供电标准煤耗298.2g/(kW·h)。

#### （2）耗水指标

600MW超临界CFB锅炉机组比PC锅炉的耗水指标要低，约低0.037$m^3$/(s·GW)。

#### （3）占地指标

600MW超临界褐煤CFB锅炉机组A排到烟囱距离为185.6m，600MW超临界PC锅炉机组A排到烟囱距离为210.8m，CFB锅炉机组的占地约少1.75$hm^2$。

#### （4）材料量

采用600MW超临界褐煤CFB锅炉机组时，可以节省部分四大管道。

#### （5）辅助系统

1）采用600MW超临界CFB锅炉机组时，厂内需设置燃煤筛碎装置。

2）采用600MW超临界CFB锅炉时，不需要上专门的脱硫装置，只需上1套干磨石灰石系统即可。

3）采用600MW超临界褐煤CFB锅炉时，不需要上专门的脱硝装置。

4）采用600MW超临界褐煤CFB锅炉时，每台炉需设6台滚筒冷渣器（水冷）。

#### （6）检修和维护成本

应用CFB锅炉初期，其检修、维护工作量较大。随着设备质量的提高和CFB技术的日益成熟，现在CFB锅炉的检修、维护工作量大大降低。但与PC锅炉相比，CFB锅炉的检修、维护工作量还是较大。

**（7）排放指标比较**

600MW 超临界褐煤 CFB 锅炉和 PC 锅炉均满足国家排放标准。

## 2.2.2 660MW 超临界 CFB 锅炉和 PC 锅炉选型对比

本案例针对 660MW 超临界配风扇磨 PC 锅炉和 CFB 褐煤锅炉两种炉型进行技术经济对比。

对比煤种为褐煤，低位发热量 14 940kJ/kg，高挥发分，高水分，Sar（收到基硫分）为 0.24%。

配风扇磨的 PC 锅炉为超临界直流炉，一次中间再热；全钢架悬吊结构，Ⅱ型布置，尾部双烟道；平衡通风，固态排渣；风扇磨煤机围炉布置，切向燃烧。CFB 锅炉为超临界直流炉，一次中间再热，CFB 燃烧方式；全钢架悬吊结构，H 型布置，尾部双烟道；平衡通风；环形炉膛，高温汽冷旋风分离器。

### 2.2.2.1 性能指标比较

CFB 锅炉和配风扇磨的 PC 锅炉的部分技术条件见表 2-7。从表中数据可以看出两种炉型的热负荷和炉膛出口温度接近。

**表 2-7　CFB 锅炉和配风扇磨的 PC 锅炉的设计参数**

| 名称 | CFB 锅炉 | 配风扇磨的 PC 锅炉 |
| --- | --- | --- |
| 炉膛容积热负荷/($kW/m^3$) | 61.2 | 58.04 |
| 炉膛截面热负荷/($MW/m^2$) | 3.06 | 3.87 |
| 炉膛出口温度/℃ | 860 | 954 |
| 过热蒸汽流量（BMCR）/(t/h) | 2141 | |
| 过热蒸汽出口压力（BMCR）/MPa.a | 25.4 | |
| 过热蒸汽出口温度（BMCR）/℃ | 571 | |
| 过热蒸汽出口温度（BMCR）/℃ | 569 | |
| 最低不投油稳燃负荷/% | 30% BMCR | 50% BMCR |
| 锅炉热效率/% | 92.3 | 91.6 |
| 空气预热器 | 四分仓 | 两分仓 |

对 PC 锅炉而言，较低的容积、截面热负荷、炉膛出口温度意味着较大的炉膛截面积和体积。也就是说，PC 锅炉为了解决褐煤易结渣、灰熔点低的问题，必须牺牲 PC 锅炉相对于 CFB 锅炉燃烧温度高、热负荷高及炉膛截面和容积小的优势，也间接削弱了 PC 锅炉成本低的优势。同时较低的炉膛温度还降低了 PC 锅炉低负荷稳燃特性，PC 锅炉燃用高水分褐煤的最低不投油稳燃负荷高达 50%～60% BMCR。

根据性能计算对比，针对对比煤种，CFB 锅炉效率略高于配风扇磨 PC 锅炉。

### 2.2.2.2 给煤系统

CFB 锅炉和配风扇磨的 PC 锅炉均采用炉前给煤方式。

CFB 锅炉采用炉前两级给煤方式。炉前布置 6 个原煤仓，每个原煤仓对应 1 台电子称重式给煤机。电子称重式给煤机将煤输送至炉前，然后由埋刮板给煤机将燃料送入锅炉回料器返料管的给煤口。每台锅炉配置电子称重式给煤机和埋刮板给煤机各 6 台。

大型风扇磨 PC 锅炉通常采用侧煤仓，原煤仓支吊于锅炉钢架；本课题由于锅炉钢架立柱间距差异较大和刚性平台间距过大等原因，采用炉前给煤方式。靠近炉前的 4 台磨煤机采用一级给煤，炉后的 4 台磨煤机采用二级给煤。每台锅炉配置 12 台电子称重式给煤机。

### 2.2.2.3 烟风、制粉系统

PC 锅炉采用 8 台风扇磨煤机，6 台运行，2 台备用；选用三介质系统，抽取高温炉烟和热风作为主要干燥剂，抽取低温炉烟辅助控制干燥剂温度和氧量。高温抽炉烟口布置在炉膛上部大屏区域，抽取的热炉烟温度高达 1000℃以上，与冷烟和热风混合成三介质干燥剂进入高温炉烟管道，与煤混合后经过足够长度的干燥管进入磨煤机。

CFB 锅炉不设置制粉系统。CFB 锅炉设有一次风机、送风机各两台，流化风机 4 台；配风扇磨的 PC 锅炉只设置两台送风机，送风系统相对简单。PC 锅炉的烟气系统由于增加了冷炉烟管道，较常规系统复杂。表 2-8 列出了两种系统的比较。

**表 2-8 CFB 锅炉和配风扇磨的 PC 锅炉烟风、制粉系统比较**

| 项目 | CFB 炉 | PC 锅炉+风扇磨 | 项目 | CFB 炉 | PC 锅炉+风扇磨 |
|---|---|---|---|---|---|
| 一次风机 | 2 台 | 无 | 流化风机 | 4 台 | 无 |
| 送风机 | 2 台 | 2 台 | 风扇磨煤机 | 无 | 8 台 |

### 2.2.2.4 脱硫、脱硝系统

CFB 锅炉不采用任何脱硝手段，$NO_x$ 排放浓度小于等于 200mg/Nm$^3$；已投运的 300MW 级 CFB 机组如国电开远、小龙潭工程的排放浓度均小于 150mg/Nm$^3$。常规 PC 锅炉均采用低氮燃烧器，$NO_x$ 排放浓度小于等于 400mg/Nm$^3$。为了便于比较，将 PC 锅炉设置 50% 脱硝效率的 SCR 脱硝装置以达到和 CFB 锅炉相同的排放浓度。

为了 $SO_2$ 排放浓度小于等于 200mg/Nm$^3$的排放要求，CFB 锅炉炉内脱硫效率应大于等于 76%；根据《火力发电厂烟气脱硫设计技术规程》（DL/T 5196—2004）的要求，600MW 级 PC 锅炉需设置石灰石-石膏湿法烟气脱硫系统。

PC 锅炉的湿法烟气脱硫系统不设置厂内一级破碎系统，设湿式球磨机，增压风机与引风机分设；考虑到烟气换热器（gas gas heater，GGH）故障率高等缺点，取消 GGH。CFB 锅炉为实现炉内脱硫需设置石灰石储存和输送系统。

### 2.2.2.5 输煤系统

储煤场采用斗轮机条形煤场，由于 CFB 锅炉和 PC 锅炉入炉燃料粒度要求不同，两种炉型的碎煤系统有差异。CFB 锅炉较 PC 锅炉须多设置两台细碎煤机和两个细筛，同时须建 1 座细碎楼和一段长约 80m 的输煤栈桥，表 2-9 给出了比较。

**表 2-9　CFB 锅炉和配风扇磨的 PC 锅炉输煤系统比较**

| 项目 | CFB 锅炉 | PC 锅炉+风扇磨（基准） |
| --- | --- | --- |
| 粗碎煤机、粗筛 | 两台 900t/h、KRC 型粗碎煤机，两个粗筛 | 两台 900t/h、KRC 型粗碎煤机，两个粗筛 |
| 细碎煤机、细筛 | 两台 900t/h 进口细碎煤机，两个细筛 | 无 |
| 细碎楼 | 1 座 | 无 |
| 输煤栈桥 | 80m | 无 |

### 2.2.2.6　除灰渣系统

由于底渣量、锅炉排渣方式的差异，CFB 锅炉和 PC 锅炉除渣系统设置和出力有较大差异。均采用干式除渣、直接上渣仓方案：PC 锅炉采用风冷干式除渣系统，锅炉底渣经风冷式钢带输渣机冷却后排入碎渣机，然后由斗式提升机提升至渣仓；CFB 锅炉设 8 台滚筒冷渣器，底渣经滚筒冷渣器冷却到小于等于 150℃后，排入一级链斗输送机，经二级链斗输送机、斗式提升机将渣提升至渣仓。表 2-10 给出了比较。

**表 2-10　CFB 锅炉和配风扇磨的 PC 锅炉除灰渣系统比较**

| 项目 | CFB 锅炉（1 台炉） | PC 锅炉+风扇磨（1 台炉） |
| --- | --- | --- |
| 除渣设备 | 8 台滚筒冷渣器，4 台一级链斗输送机，2 台二级链斗输送机，2 台斗式提升机，1 座 250m$^3$钢结构渣仓（直径 7m） | 1 台 7~18t/h 风冷式钢带输渣机，2 台 18t/h 斗式提升机，1 座 150m$^3$钢结构渣仓（直径 6m） |
| 卸渣设备 | 100t/h 汽车散装机，双轴搅拌机 | |

每座渣仓下设有两个卸料口，分别装设出力为 100t/h 的汽车散装机和双轴搅拌机两种卸渣设备，干渣可经汽车散装机装车外运供综合利用；当干渣不能综合利用时，由双轴搅拌机将干渣加湿成含水约为 25% 的湿渣，定期由自卸汽车运送至灰场。

两种炉型的除灰系统均采用正压浓相气力输送系统，出力略有差别但相差不大，暂按初投资相同计算。

CFB 锅炉采用炉内脱硫系统，需为脱硫剂石灰石粉设置储存和输送系统。

### 2.2.2.7　主厂房布置和厂区总平面

CFB 锅炉和配风扇磨的 PC 锅炉方案的主厂房布置中汽机房和除氧煤仓间相同，锅炉房及炉后布置有差异。CFB 锅炉机组较 PC 锅炉机组体容积小 51 334m$^3$、占地面积小 8527m$^2$。

风扇磨 PC 锅炉采用石灰石-石膏湿法脱硫工艺，不设置烟气换热器（GGH）；两台炉合用一座高 210m、出口内径 10.0m 的套筒式直筒式钢内筒烟囱。钢筋混凝土外筒，耐硫酸露点腐蚀钢板单内筒，内筒内喷涂烟囱专用防腐涂料。CFB 机组炉内脱硫，烟囱入口烟气温度高（137℃）；采用锥型防腐型单筒式（砖内筒）烟囱，内衬耐酸砖。

### 2.2.2.8 经济性比较

CFB 锅炉机组在锅炉本体、锅炉辅机、炉墙砌筑、输煤系统等方面的投资高于配风扇磨的 PC 锅炉机组。CFB 锅炉由于其独特的燃烧方式，不设置制粉系统、脱硝系统，用系统简单、投资低的炉内脱硫系统代替了湿法脱硫系统，在制粉系统、烟风煤管道、脱硫系统、脱硝系统、主厂房及辅助车间土建结构方面的投资远低于 PC 锅炉。综合计算，2×660MW 超临界 CFB 锅炉机组的投资较配风扇磨的 PC 锅炉机组低。

表 2-11 给出了 CFB 锅炉和配风扇磨的 PC 锅炉的热经济性比较，两者接近，CFB 锅炉略优。

**表 2-11 CFB 锅炉和配风扇磨的 PC 锅炉的热经济性比较**

| 项目 | CFB 锅炉 | 配风扇磨的 PC 锅炉 |
|---|---|---|
| 锅炉效率/% | 92.3 | 91.6 |
| 汽轮机热耗/［kJ/(kW・h)］ | 7883 | 7883 |
| 发电热效率/% | 41.73 | 41.41 |
| 发电标准煤耗/［g/(kW・h)］ | 294.75 | 297.00 |

### 2.2.2.9 耗水量

PC 锅炉机组由于设置了湿法烟气脱硫系统，每台 660MW 级 PC 锅炉机组的耗水量较 CFB 机组增加 135t/h，年耗水量增加 74.5 万 t。

### 2.2.2.10 检修维护成本

CFB 锅炉正常运行后，检修维护费用较少，除常规检修外没有需经常维护的设备和管道零部件。PC 锅炉的检修维护费用主要集中在磨煤机冲击板和高温炉烟管道。

CFB 锅炉机组的锅炉效率略高于 PC 锅炉，年耗标准煤量较 PC 锅炉低。CFB 锅炉机组由于风机功率较高，厂用电率高于 PC 锅炉，年耗厂用电成本高于 PC 锅炉。PC 锅炉设置了湿法烟气脱硫系统，年耗水量远高于 CFB 机组。由于频繁更换磨煤机冲击板，PC 锅炉的年检修成本高于 CFB 机组。综上所述，PC 锅炉的年运行成本略高于 CFB 机组。

从以上技术对比可以看出，CFB 锅炉对褐煤有良好的适应性，不仅保证效率略高于配风扇磨的 PC 锅炉，而且独特的循环流化燃烧方式轻松回避了煤种易结渣的问题；实现了炉内脱硫并有效抑制了 $NO_x$ 的生成，脱硫、脱硝系统的可用率对机组运行不造成影响。随着技术进步，近年来 CFB 锅炉的可靠性已经有了显著提高，国内已经投运的 300MW 级 CFB 锅炉表现出很高的可靠性。本次炉型设计采用了 300MW 级 CFB 锅炉设计中的成熟设计而且采用了独特的环形炉膛增大了炉内辐射散热面面积，摒弃了相对问题较多的 EHE。因此可以预期 660MW 超临界 CFB 锅炉燃用褐煤能够达到较高的可靠性。

配风扇磨 PC 锅炉选用三介质系统，抽取高温炉烟和热风作为主要干燥剂，抽取低温炉烟辅助控制干燥剂温度和氧量；制粉干燥系统复杂。高温抽炉烟管道无论采用内衬保温砖还是外保温结构，都存在漏风率高等问题；风扇磨煤机冲击板磨损严重，寿命低，检修频繁；风扇磨煤机提升压头较低，易造成燃烧器区域结渣；国产大型风扇磨煤机无运行业绩。配风扇磨的PC锅炉存在较多影响可靠性的因素。从可靠性方面分析，660MWe级CFB机组不仅不亚于配风扇磨PC锅炉，甚至高于PC锅炉。

通过对CFB和PC锅炉两种机组工艺系统、主厂房布置、厂区总平面、耗水量、检修维护等经济性比较，CFB机组在经济性方面显示明显。

### 2.2.3 国内300MWe级机组运行指标分析

目前，CFB锅炉技术在国内得到了迅速发展，被广泛用于燃煤发电。300MWe级CFB锅炉机组已有很多投运生产，如白马示范电站1台、大唐红河电厂2台、国电开远电厂2台、云南华电巡检司2台、秦皇岛发电厂2台、蒙西电厂2台、广东荷树园电厂2台、分宜电厂1台、平朔1台、广东云浮2台以及江苏徐矿电厂等。由于运行时间还比较短，只能给出表2-12（李建锋和郝继红，2009）和表2-13中的部分数据。

**表2-12 部分300MWe级CFB锅炉机组的运行指标**

| 项目 | 白马示范电厂 | 蒙西电厂 | | 大唐红河电厂 | | 国电开远电厂 | |
|---|---|---|---|---|---|---|---|
| 机组编号 | 31 | 1 | 2 | 1 | 2 | 7 | 8 |
| 可用小时数/h | 7478.8 | 8025.6 | 7529.5 | 8292 | 8156.3 | 7872.7 | 7603.17 |
| 可用率/% | 85.5 | 91.6 | 86 | 94.7 | 93.1 | 89.9 | 86.8 |
| 非计划停运次数 | 1 | 1 | 3 | 0 | 1 | 1 | 0 |
| 飞灰含碳量/% | 3 | 2.53 | 2.63 | 0.02 | 0.03 | 0.6 | 0.78 |
| 底渣含碳量/% | 2.35 | 4.38 | 5.32 | 0.2 | 0.25 | 0.47 | 0.48 |
| 排烟温度/℃ | 127.05 | 163 | 160.5 | 149 | 149 | 132.7 | 138.28 |
| 厂用电率/% | 9.14 | 11.88 | 11.38 | 8.33 | 8.14 | 9.23 | 9.16 |
| 供电煤耗/[g/(kW·h)] | 351.84 | 379.8 | 379.16 | 340.97 | 342.91 | 347.2 | 346.56 |
| 点火耗油量/[t/(台·年)] | 50.4 | | | 61.2 | 170 | 173 | 296.2 |
| 脱硫效率/% | 96.2 | 90 | 90 | 93.64 | 94.04 | 95.8 | 95.37 |
| $SO_2$排放浓度/(mg/Nm$^3$) | 339.72 | 387 | 387 | 233.68 | 215.71 | 165 | 160 |
| $NO_x$排放浓度/(mg/Nm$^3$) | 69.31 | 114 | 114 | 67.12 | 52.7 | 65 | 38 |

注：表中为2008年数据。

**表2-13 最近投运的300MWe级CFB锅炉机组的运行指标**

| 项目 | 江苏徐矿 | 广东云浮 | 江西分宜 |
|---|---|---|---|
| 平均负荷率（ECR）/% | 78 | 90 | 65 |
| 厂用电率/% | ~5.2 | ~7 | ~9.5 |
| 锅炉热效率（平均）/% | 91 | 93.66 | |
| $SO_2$排放浓度（BMCR）/(mg/Nm$^3$) | 300 | | 320 |
| $NO_x$排放浓度（BMCR）/(mg/Nm$^3$) | 35 | 145.88 | |
| 最低稳燃负荷/MWe | 150 | 309.54t/h | 60 |
| 排烟温度（平均）/℃ | 135~140 | 126~132 | 130~136 |
| 飞灰含碳量/% | ~4.5 | ~3.0 | ~6.0 |
| 底渣含碳量/% | ~1.5 | ~1.0 | ~2.0 |

从表 2-12 中可以计算出，2008 年部分 300MWe 级 CFB 锅炉机组的非计划停运次数为 1.0 次/(台·a)，尽管还高于同级别 PC 锅炉的 0.89 次/(台·a)，但比起 2007 年的 5.625 次/(台·a) 有了很大的提高，相比于 135MWe 的机组可靠性也有了很大的提高。这是因为经过长时间的摸索与研究，对流化床锅炉系统的运行水平、管理水平和技术水平都有了较大的提高。

从表 2-13 中可以看出，广东云浮电厂和江西分宜电厂的最低稳燃负荷都很低，说明 CFB 机组能在低负荷下稳定运行的性能在一定程度上将会提高机组的可靠性。

目前，我国 300MWe 级 CFB 锅炉机组负荷率的平均值从整体上来说和 300MWe PC 锅炉大致相当。从表 2-12 中可以计算出 300MWe 级 CFB 锅炉机组的平均供电煤耗为 355.5g/(kW·h)，高于常规 300MWe 级 PC 锅炉的平均值 338.79g/(kW·h)。这主要是因为 CFB 锅炉机组厂用电率远远高于 PC 锅炉。例如，2008 年，300MWe 级 CFB 机组的厂用电率平均值为 9.6%，而常规 300MWe 级 PC 锅炉的厂用电率平均值仅为 5.67%。

但是，表 2-12 中大唐红河电厂 300MWe 锅炉机组供电煤耗仅有 340.97g/(kW·h)，接近国产 300MWe 级 PC 锅炉机组的煤耗水平。因此，提高 CFB 锅炉机组经济性的方向之一是降低机组的厂用电率，如表 2-13 中江苏徐矿电厂的厂用电率只有约 5.2%，这给流化床机组经济性的提高指明了方向。

从表 2-12 和表 2-13 中可以看出，虽然有个别 300MWe 级 CFB 锅炉机组的飞灰含碳量还比较高，但总体来说还是比较低的，与 150MWe 级的相比，改善很大。这是因为机组越大，其炉膛越高，那么燃煤颗粒在其中的停留时间越长，越容易燃尽。因此，可以预见，600MWe 级 CFB 锅炉机组的飞灰含碳量将会更低，这将会大大地提高锅炉效率。

从表 2-12 和表 2-13 中可以看出，300MWe 机组的 $SO_2$ 和 $NO_x$ 排放浓度均远远低于国家规定的标准。机组的脱硫效率都在 90% 以上，排放浓度仅为 300~400mg/Nm$^3$。比较表 2-12 和表 2-13 $SO_2$ 排放浓度可以发现，表 2-13 中的数据明显比表 2-12 中的低，表明最近投运电厂的排放浓度低于先前投运的 CFB 机组。这说明随着技术水平、运行水平以及管理水平的提高，$SO_2$ 排放已经得到了更好的控制，并且还有改善空间。另外，随着机组容量的增大，炉膛越高，石灰石颗粒停留时间越长，反应也就越彻底，脱硫效率域高。

在 $NO_x$ 排放方面，CFB 锅炉机组的优势更是明显。CFB 锅炉的低温燃烧等有利因素使其排放量远远小于常规 PC 锅炉，相比于 PC 锅炉采用 SCR 方法脱硝节省了成本，也避免了 SCR 方法脱硝带来的二次污染，保护了环境。

表 2-14 中给出了 2008 年 300MWe 级 CFB 锅炉机组与 PC 锅炉机组的综合比较情况。单从指标上对比，CFB 锅炉机组在厂用电率以及供电煤耗上并不占优势。然而，CFB 锅炉机组所用的燃煤热值平均约为 12 540kJ/kg，而 PC 锅炉机组所用燃煤热值却高达 20 900kJ/kg。另外，CFB 锅炉机组可以燃用劣质燃料，这是 PC 锅炉不容易做到的，所以，尽管其运行性能比 PC 锅炉要差一点，但是整体上却减少了污染物的排放。

**表 2-14　同容量的 CFB 锅炉与 PC 锅炉的比较**（300MWe）

| 项目 | CFB 锅炉 | PC 锅炉 |
|---|---|---|
| 锅炉本体投资/(万元/台) | 23 200 | 17 800+6 500（脱硫脱硝） |
| 平均负荷率/% | 73.80 | 78.23 |

续表

| 项目 | CFB 锅炉 | PC 锅炉 |
|---|---|---|
| 非计划停运次数/［次/(台·a)］ | 1.00 | 0.89 |
| 燃烧热值/(kJ/kg) | ~12 540 | ~20 900 |
| 厂用电率/% | 9.6 | 5.67 |
| 供电煤耗/［g/(kW·h)］ | 355.5 | 338.79 |
| $SO_2$排放/($mg/Nm^3$) | 269.73 | 185.58*/>1 000 |
| $NO_x$ 排放/($mg/Nm^3$) | 77.16 | <100*/500~1 200 |

*增加尾部脱硝装置后数据。

此外，从表 2-14 中还可以看出，CFB 锅炉由于采用低温燃烧和分级送风，其 $NO_x$ 排放浓度的平均值不足 $100mg/Nm^3$，远远低于 PC 锅炉 $500\sim1200mg/Nm^3$ 的排放浓度，与增加了 SCR 脱硝装置后的 PC 锅炉机组排放浓度相当。结合其 $SO_2$ 排放很少的特性，CFB 锅炉的运行成本相比 PC 锅炉在这方面就会减少很多。

综上所述，CFB 锅炉与 PC 锅炉相比，尽管目前在节能方面不占优势，但是从综合经济性、污染物排放等方面来考虑，两者有可能相当。

### 2.2.4 135MWe 级机组运行指标分析

目前，虽然 300MWe 级 CFB 锅炉机组陆续投产，但是 135MWe 的机组装机容量仍是最大的。表 2-15 给出了 135MWe 机组的运行参数（李建锋和郝继红，2009）。

**表 2-15 我国 135MWe 级机组的主要运行参数均值**

| 项目 | 2006 年 | 2007 年 | 2008 年 | 备注 |
|---|---|---|---|---|
| 可用小时数/h | 7762 | 7871 | 7879 | |
| 可用率/% | 88.6 | 89.8 | 89.9 | |
| 非计划停运次数/次 | 3.1 | 1.6 | 1.45 | |
| 飞灰含碳量/% | 7 | 6.81 | 6.88 | |
| 底渣含碳量/% | 1.8 | 1.63 | 1.49 | |
| 排烟温度/℃ | 141.5 | 139.6 | 140.2 | |
| 厂用电率/% | 9.14 | 9.11 | 9.15 | 纯凝机组 |
| | 9.86 | 9.37 | 9.3 | 供热机组 |
| 供电煤耗/［g/(kW·h)］ | 389.6 | 381.9 | 378.62 | 纯凝机组 |
| | 379.68 | 365.7 | 366.24 | 供热机组 |
| 年耗油量/(t/台) | 256 | 153 | 131 | |
| $SO_2$排放/($mg/Nm^3$) | 280 | 263 | 203 | |
| $NO_x$排放/($mg/Nm^3$) | 115 | 119.4 | 130.6 | |
| 灰渣综合利用率/% | 95 | 96 | 96 | |

从表 2-15 中可用小时数、可用率、非计划停运次数 3 栏可以看出，我国 135MWe 级 CFB 锅炉机组的可靠性接近 PC 锅炉的水平。机组飞灰含碳量较高；随着对其燃烧机

理认识的不断加深，通过设计和运行调整，使得 CFB 锅炉的飞灰含碳量不断降低，2008 年平均值已经降到 7%以下，已有个别电厂能够降到 2%以下，甚至接近 0。相比之下，300MWe 级 CFB 锅炉的飞灰含碳量就会好很多，这说明了今后 CFB 锅炉大型化发展的必要性。

从表 2-15 中还可以看出，135MWe 级 CFB 锅炉的厂用电率和供电煤耗都比 300MWe 级 CFB 锅炉以及同等级的 PC 锅炉高；但是随着技术水平以及运行水平的提高，厂用电率和供电煤耗将逐渐下降。另外，CFB 锅炉机组的大型化以及高参数化能在很大程度上降低其厂用电率以及供电煤耗，使之逐渐达到同等级 PC 锅炉的水平。

表 2-12 和表 2-15 中也反映了 CFB 机组的耗油量。在 CFB 锅炉中，床料占的比重很大，蓄热量也很大，所以在很低负荷时仍可运行。这在很大程度上减少了因燃烧不稳以及故障等原因导致的负荷降低时需用燃油的量，节省了成本。但是在机组启动时，因为床料需要的蓄热量很大，也需要用比同容量的 PC 锅炉多的燃油来启动，这是一个需要改善的问题。随着经验的积累、运行水平的提高以及可靠性的提高，CFB 锅炉点火启动耗油总量将会不断降低。

### 2.2.5　波兰 Lagisza 电厂 460MWe 超临界 CFB 锅炉

波兰 Lagisza 电厂 460MW 超临界 CFB 锅炉由 FW 公司供货，是目前世界上已投入商业运行中容量最大的 CFB 锅炉。该工程 2009 年 6 月投入商业运行，其主要参数见表 2-16。从表 2-16 中可以看出供电煤耗以及厂用电率都比较低，比起 300MWe 级 CFB 锅炉的下降了很多。这是大型化、高参数化的直接结果，也说明了 CFB 锅炉在这一方面的潜力以及与 PC 锅炉比有着相当的实力。炉膛截面尺寸为 27.6m×10.6m，炉膛高度为 48.0m，尺寸只比其他正在运行的大型紧凑型整体式设计 CFB 锅炉大一些。

**表 2-16　Lagisza 电厂锅炉主要参数**

| 项目 | 参数 | 项目 | 参数 |
|---|---|---|---|
| 一/二次主蒸汽压力/MPa | 28.2/5.1 | 脱硫效率/% | 94 |
| 一/二次主蒸汽温度/℃ | 563/582 | $SO_2$ 排放值/($mg/Nm^3$) | <200 |
| 供电煤耗/[g/(kW·h)] | 303 | $NO_x$ 排放值/($mg/Nm^3$) | <200 |
| 厂用电率/% | 4.56 | 电厂效率/% | 43.3 |

Lagisza 锅炉的汽水系统中，干蒸汽从汽水分离器出来以后进入炉膛顶棚的第一段过热器，然后依次进入作为支持管的过热器和对流段过热器 I（SH-I）。过热器 II（SH-II）位于固体床料浓度低的上炉膛，其下端采取防磨保护措施。蒸汽经过过热器 II 后，进入构成过热器 III（SH-III）的 8 个平行的固体床料分离器。该分离器为膜式壁结构，上面覆盖有薄层高导热系数的防磨耐火材料。过热器 IV（SH-IV）为末级过热器，位于分离器下两侧墙的 INTREX 中。主蒸汽温度由两级喷水减温控制；再热蒸汽温度通过蒸汽侧旁路进行调节。锅炉跟随汽轮机进行滑压运行，因此，在低负荷（小于 75%）时，主蒸汽压力低于临界压力；但在高负荷时，锅炉在超临界压力下运行。

表 2-17 为 Lagisza 锅炉的设计和运行煤种，表 2-18 为该锅炉不同负荷下的实际燃烧效率，表 2-19 是该锅炉的设计和实测的性能参数。从表 2-17 和表 2-18 可知，Lagisza 锅

炉具有良好的燃料灵活性和运行性能。由表 2-19 可知，该 CFB 锅炉的运行性能数据非常接近设计参数，说明该锅炉设计所采用的过程模型和设计方法是正确的。Lagisza 锅炉具有良好的动态特性，能够满足电网的运行要求；其成功运行证明了大容量 CFB 锅炉的可行性，并且可以取得很好的效果。

**表 2-17　Lagisza 锅炉的设计和实际运行煤种**

| 燃料分析 | 烟煤 | | | 洗煤浆（<30%） |
|---|---|---|---|---|
| | 设计煤种 | 实际煤种 | 变化范围 | 变化范围 |
| 低位热值/(MJ · kg) | 20 | 20.75 | 18~23 | 7~17 |
| 水分/% | 12 | 10.3 | 6~23 | 27~45 |
| 灰分/% | 23 | 24.7 | 10~25 | 28~65 |
| 硫分/% | 0.4 | 0.86 | 0.6~1.4 | 0.6~1.6 |
| 氯/% | <0.4 | | <0.4 | <0.4 |

注：Lagisza 锅炉合同要求能够燃烧干的洗煤浆达 50%，并能够混烧达热输入 10% 的生物质燃料。

**表 2-18　Lagisza 锅炉不同负荷下的实际燃烧效率**

| 项目 | 40% MCR | 60% MCR | 80% MCR | 100% MCR |
|---|---|---|---|---|
| 飞灰含碳量/% | 2.5 | 3.8 | 1.2 | 3.3 |
| 底灰含碳量/% | 0.3 | 0.4 | 0.1 | 0.4 |
| 燃烧效率/% | >99 | >99 | >99 | >99 |

**表 2-19　Lagisza 锅炉的设计和运行实测性能参数**

| 性能参数 | 40% MCR | 60% MCR | 80% MCR | 100%（实测） | 100%（设计） |
|---|---|---|---|---|---|
| 主蒸汽流率/(kg/s) | 144 | 205 | 287 | 361 | 361 |
| 主蒸汽压力/MPa | 131 | 172 | 231 | 271 | 275 |
| 主蒸汽温度/℃ | 556 | 559 | 560 | 560 | 560 |
| 再热蒸汽压力/MPa | 19 | 28 | 39 | 48 | 50 |
| 再热蒸汽温度/℃ | 550 | 575 | 580 | 580 | 580 |
| 床温/℃ | 753 | 809 | 853 | 889 | |
| 排烟温度/℃ | 80 | 81 | 86 | 88 | |
| 烟气 $O_2$/% | 6.8 | 3.8 | 3.4 | 3.4 | |
| 锅炉效率/% | 91.9 | 92.8 | 92.9 | 93.0 | 92.0 |

Lagisza 锅炉的设计特点：①本生直管蒸发受热面，膜式壁采用光管水冷壁；②炉内全高度蒸发受热面管屏采用内螺纹管；③采用冷却式紧凑型固体颗粒分离器；④采用整体式流化床换热器；⑤炉膛顶篷处于初级过热器回路中；⑥紧凑型固体分离器处于第三级过热器回路中；⑦整体式流化床换热器处于末级过热器/再热器回路中；⑧采用串联布置尾部受热面；⑨采用回转式空气预热器；⑩采用静电除尘器；⑪采用水冷绞龙底灰冷灰器；⑫采用床上启动燃烧器；⑬本生锅炉启动系统；⑭采用排烟热回收系统，可将排烟温度降低至 85℃（提高效率 0.8%）（毛健雄，2010）。

# 2.3　CFB 锅炉技术应用前景及发展趋势

## 2.3.1　发展超（超）临界 CFB 锅炉技术

CFB 锅炉燃烧技术是国际上公认的商业化程度最好的洁净煤发电技术，发展十分迅速。目前，在能源清洁高效利用领域研究 CFB 锅炉技术主要包括两个方面：增加使用功能和提高单机容量。前者表现在 CFB 锅炉与其他能源或原材料加工系统的整合，如以 CFB 锅炉技术为基础的 IGCC 系统、增压流化床联合循环（pressurized circulating fluidized bed cycle，PCFBC）系统、CFB 多联产系统等；后者在最近 10 年发展迅速。但目前投运的 CFB 锅炉都是高压、超高压和亚临界参数机组，热耗和煤耗的降低受到一定限制，在实现较高的供电效率方面并未展现明显的优越性。CFB 锅炉技术的发展面临着进一步提高机组效率的挑战。

对于中国以煤炭发电为主的现状，首要问题就是要进一步提高效率、降低热耗、降低煤耗、降低污染物排放，发展超临界和超超临界机组成为火电发展技术的必然。有数据表明，超临界机组可比亚临界参数机组的供电效率提高 2.0%～2.5%，先进的超临界机组供电效率已达到 45%～47%。

目前，应用于发电领域的亚临界 CFB 锅炉机组的供电效率已基本达到和同容量常规 PC 锅炉机组可相比的水平；但是随着技术经济指标以及环保要求的进一步提高，进一步提高蒸汽参数并增加其容量已成为共识。

超临界 CFB 锅炉兼备了 CFB 燃烧技术和超临界（supercritical，SC）压力蒸汽循环的优点（黄素华等，2010），不仅可以得到较高的供电效率，且其初投资最多与常规 PC 锅炉加上烟气脱硫装置持平，脱硫运行成本却比烟气脱硫低 50% 以上；并且在不需要采用其他技术措施的前提下，可将 $NO_x$ 排放减低到 $150mg/m^3$ 以下，低于目前国内采用超细 PC 再燃技术的 600MW 机组燃用褐煤的 PC 锅炉的 $NO_x$ 排放最低值 $243mg/m^3$（孙献斌，2008），更是目前其他低 $NO_x$ 燃烧技术都难以达到的排放指标。另外，和具有高发电效率的先进 IGCC 发电技术相比，在电厂的复杂性、可靠性、投资成本等方面，超临界 CFB 锅炉也具有明显的优势。

在超临界直流锅炉循环中，因为工质的质量流量较小而温度却很高，所以水冷壁部件的冷却能力是关键之一。由于 CFB 锅炉炉膛内的温度（850～900℃）和热流密度都比常规的 PC 锅炉低得多，且沿炉高分布均匀，截面热负荷（约 $3.5MW/m^2$）也比较低，这些降低了对水冷壁冷却能力的要求。因为 CFB 锅炉炉膛内的固体质量浓度和传热系数在炉膛底部最大，所以炉膛内热流密度最大值出现在炉膛底部附近，且随着炉膛高度的增加而逐渐减小。这个特性可使炉膛内高热流密度区域刚好处于工质温度最低的炉膛下部区域，避免了常规 PC 锅炉炉膛内热流曲线的峰值位于工质温度较高的炉膛上部区域这一矛盾（黄素华等，2010），从而更有利于水冷壁金属温度的控制。减少出现膜态沸腾和蒸干现象的可能性。因此，超临界 CFB 锅炉水冷壁可采用低质量流率 [$500～700kg/(m^2 \cdot s)$]，带来的低阻力降可能使其在低负荷亚临界区具有常规自然循环性质（黄素华等，2010）。可见，CFB 锅炉所具有的特性使其更适合与超临界蒸汽循环相结合，超临界 CFB 锅炉技术实现的难度低于超临界 PC 锅炉。

由于 CFB 锅炉的燃烧温度低于一般煤灰的灰熔点，加上高质量浓度灰颗粒的冲刷，使得水冷壁上基本没有积灰和结渣现象，保证了水冷壁良好的传热性能，避免了传热恶化。

本生（Benson）垂直管屏直流技术的出现很好地解决了传统水冷壁采用螺旋管管圈与垂直管屏等技术时出现的支吊复杂、管内流动阻力较大的缺陷。该技术采用特殊优化结构的大管径内螺纹管作为水冷壁管（程乐鸣等，2008），具有良好的热传导性能和流动特性，保证了锅炉在满负荷下也可以保持相对较低的质量流量。当某根管子受热较大时，由于管内流速较低，而静压力的损失要比摩擦压力的损失大得多，因此，当管子过热时流量会随着压降的增大而相应地增加，这样过热管中的蒸汽温度就会因为流量的增加而得到限制。因此，若将该技术引入国内今后发展的超（超）临界 CFB 锅炉中去，将使锅炉的传热效率、可靠性及稳定性得到很大的提高，从而促进大型 CFB 锅炉的发展。

值得注意的是，CFB 锅炉大型化使得供电率煤耗和厂用电率有所降低，与原来低容量 CFB 锅炉相比，节省了这部分能源以及原先这部分能源消耗带来的污染。

CFB 及超临界蒸汽循环均是成熟技术，两者结合的技术风险相对较小，结合后的技术综合了 CFB 低成本污染控制及超临界蒸汽循环高供电效率两个优势，是 CFB 锅炉技术发展的合理选择，具有较大的商业潜力，是一种适合在中国大量推广应用的洁净煤发电技术。

面对资源紧张和环保要求的提高，针对中国煤种实际情况，应加快大型 CFB 锅炉的发展。国内锅炉制造厂和科研院校在消化吸收引进技术的基础上，针对超临界 CFB 锅炉技术的研发，已开展了大量有成效的基础研究工作；依靠国内自有的科研和制造力量，自主研发 600MW 级超临界 CFB 锅炉已于 2013 年 4 月在四川白马循环流化床示范电站有限责任公司投入运行。大型 CFB 锅炉的发展前景十分光明。

### 2.3.2 发展超（超）临界 CFB 锅炉技术需解决的问题

发展超临界 CFB 锅炉，需要对其在未来清洁煤炭发电技术中进行客观定位，不仅针对低挥发分无烟煤、高水分褐煤以及煤矸石、煤泥等低热值燃料进行研发，而且也要针对部分高热值燃料，从而发挥 CFB 锅炉的综合优势。通过技术研究，使其在与常规超临界 PC 锅炉相比时，在锅炉效率、厂用电率、可用率、污染物排放等技术指标方面具有竞争力。

大型 CFB 锅炉炉内燃烧特性和传热规律尚未完全掌握。锅炉炉膛热负荷变化及其分布规律是确定锅炉热循环回路布置的基础，关系到超临界机组运行的稳定性、可靠性、经济性以及后续发展。

不管采用何种水冷壁技术，应重点研究其水动力特性，按照安全、可靠、经济的原则，确定合理的质量流速，研究解决特殊工况下水冷壁的传热安全问题；在锅炉水动力特性研究和安全校核方面，应充分借助国外优势机构的技术支持。

水动力技术是大型超临界 CFB 锅炉关键技术之一。对于超临界 CFB 锅炉来说，由于存在磨损问题不能采用螺旋管圈，而只能采用垂直管圈技术。由于水冷壁受热面布置方面的限制，超临界 CFB 只能选择低质量流速或中等质量流速参数。与亚临界 CFB 锅炉相比，超临界 CFB 锅炉运行参数高，运行方式复杂，水冷壁管内工质既可能运行于高负荷时的超临界状态，也可能工作在低负荷时的汽、水两相区域。为了确保水冷壁的设计和运行安全，必须对超临界 CFB 锅炉水冷壁进行深入的流动传热试验研究，获得膜态沸腾发生规律以及传热系数和阻力系数的计算关联式，并在设计中避开危险工况。此外，还需对超临界 CFB 水动力进行全面计算，准确预测各个负荷工况下的水冷壁压降、流量分配、壁温以及炉膛出口蒸汽温度分布，为水冷壁优化设计提供依据，确保锅炉安全可靠运行。

有鉴于此，建议在以下两方面开展研究工作。

1）大型超临界 CFB 锅炉低质量流速水冷壁流动传热试验研究。在亚临界、近临界和超临界压力区宽广的参数范围内对超临界 CFB 可能采用的各种结构和尺寸的内螺纹管和光管进行深入的流动传热试验研究，掌握膜态传热发生规律及传热系数和阻力系数计算关联式。

2）大型超临界 CFB 锅炉水动力集成计算技术开发。在试验研究的基础上，根据流动网络系统的思想，开发大型超临界 CFB 锅炉水动力集成计算技术。针对我国自主开发的超临界 CFB，完成其水动力安全校核计算和性能优化分析。

应及时开展配套辅机的选型设计和技术研发工作，尽量避免锅炉辅助设备带来的技术风险。

应以石灰石-石膏湿法脱硫工艺通常设计的脱硫效率为目标，研究提高石灰石利用率的手段和措施，通过炉内脱硫使 $SO_2$ 排放质量浓度达到环保排放标准。

### 2.3.3　CFB 锅炉横向发展方向

目前，火力发电厂处理 $CO_2$ 的技术主要是 $CO_2$ 捕集和封存技术。这项技术距离商业化和大规模推广阶段，还有较长一段时间。在超（超）临界 CFB 技术的基础上，利用其燃料适应性广的特点，混烧生物质燃料可以较大幅度地降低 $CO_2$ 排放。因为生物质燃料属于不增加大气 $CO_2$ 浓度的中性燃料，混烧一定比例的生物质燃料从而减少了煤炭消耗，则原先这部分煤炭消耗产生的 $CO_2$ 就不存在了。所以，在流化床内燃烧、混烧生物质是其今后的一个发展方向。

对于 $CO_2$ 的处理，目前世界上还在进行一项研究，就是 CFB 锅炉的氧燃料法捕集 $CO_2$：将来自空气分离（空分）厂的气体与部分再循环的烟气混合取代燃烧空气，因此燃烧气体中不含 $N_2$，燃烧后的烟气中只含 $CO_2$、$H_2O$ 和少量 $O_2$。由于烟气中主要是高浓度的 $CO_2$，因此无需将 $CO_2$ 从烟气中分离出来。最后排出的烟气只需进行简单的干燥（或凝结）即可得高浓度的 $CO_2$。氧燃料燃烧既可用于 CFB 锅炉的改造，也可用于新氧燃料燃烧 CFB 锅炉的设计。

这种技术有很多优点，如其排烟中 $CO_2$ 的浓度可达 95% 以上，实现真正的 $CO_2$ 近零排放；比 PC 炉采用更高的氧含量，增加了炉内三原子气体的浓度，增加了炉内辐射传热；烟气循环使排烟体积大大减少，降低了锅炉的排烟损失，可大大减少锅炉本体和锅炉岛的尺寸。

# 第3章 先进的工业锅炉燃烧技术

工业锅炉是重要的热能动力设备，使用量大、面广，在贯彻节能减排国家战略和发展洁净煤燃烧技术上有着重要地位。一是能耗高、节能潜力大。工业锅炉的煤炭消耗量居全国工业领域第二位，仅次于火力发电站锅炉，远高于钢铁、石化、建材等高耗能行业。中国燃煤工业锅炉实际运行热效率比先进国家低15%～20%，年节能潜力约为1亿t。二是工业锅炉大多是低空排放，除尘脱硫装置简陋，$NO_x$ 排放基本没控制，对全国主要城市造成的污染物排放已经超过了火力发电站锅炉。同时，燃煤造成大量的 $CO_2$ 温室气体排放，也引起国际上关注。

在行业发展方面，截至2011年5月，全国持有锅炉许可证的企业1509家（其中A级145家、B级421家），绝大多数为中小民营企业，大多数企业没有技术开发能力，行业整体技术水平有待进一步提高。从技术发展看，我国工业锅炉产品本体的制造水平与国外相差不多，但实际运行效率相差较大。主要由于我国工业锅炉企业研发能力差，缺少燃烧、传热等关键技术及基础理论的研究和突破，先进的数字化设计技术尚未在行业普及应用；同时，我国煤种多变、煤质较差、燃煤工业锅炉控制系统和运行人员操作水平落后也是重要的原因。

本课题研究认为，我国工业锅炉行业未来技术发展趋势：为实现未来对能源利用高效、清洁、低碳的目标，通过开展工业锅炉设计理论和节能减排关键技术研究，研发高效环保的新产品，形成战略性产业。工业锅炉未来新型技术发展划分为燃煤工业锅炉、燃油燃气锅炉，生物质锅炉、工业锅炉信息化技术四大领域10个技术方向。其中燃煤工业锅炉领域向大容量、高参数、高能效、低排放方向发展，选定3个技术方向：①层燃燃烧自动控制技术和系统开发；②大型燃煤锅炉改进优化开发技术（包括大容量层燃角管式锅炉和循环流化床锅炉技术）；③煤粉工业锅炉技术与产品研发。工业锅炉信息化技术领域以数字化技术为核心，包括机电一体化、信息化技术，运行自动监测、监控，运行优化专家系统，网络远程技术诊断与技术支持等，技术方向是信息化技术在工业锅炉产品开发中的运用。

## 3.1 工业锅炉行业和技术发展现状

工业锅炉在能源领域具有重要地位，燃煤工业锅炉（窑炉）改造列为“十一五”十大重点节能工程之首，国务院《“十二五”节能减排综合性工作方案》明确提出“到2015年，工业锅炉平均运行效率比2010年提高5个百分点”。本节对中国工业锅炉行业和技术发展现状，包括在用锅炉总数、全年耗煤总量、主要污染物排放总量，以及锅炉制造企业总数、企业结构情况、产品结构情况、行业技术创新历程作了分析总结。

### 3.1.1 工业锅炉行业发展现状

工业锅炉广泛应用于工厂动力、建筑采暖、人民生活等各个方面，需求量很大。其主要分为工业用蒸汽锅炉、采暖热水锅炉、民用生活锅炉、自备热电联产锅炉、特殊用途锅炉和余热锅炉等。工业锅炉在能源领域具有重要地位，一是工业锅炉的能源消耗和污染排放仅次于电站锅炉，位居全国工业行业第二，煤炭消耗量远高于钢铁、石化、建材等高耗能工业行业。二是对全国主要城市造成的污染排放已经超过了电站锅炉。三是随着城市化率的提高，居民和公用建筑供暖及热水供应将成为重要的能源消费部门，工业锅炉和生活锅炉的能耗发展成为制约我国城市化率提高和工业化进展的主要因素。

据有关部门统计，我国目前在用工业锅炉总数为59万余台，其中燃煤工业锅炉占85%左右，年耗煤量为5亿~6亿t，约占全国年耗煤总量的20%。有关部门对2008年我国燃煤量和主要大气污染物$SO_2$的测算见表3-1。

**表3-1 2008年我国燃煤量和$SO_2$排放量分类测算表**

| 项目 | 燃煤 | | $SO_2$ | |
|---|---|---|---|---|
| | 数量/亿t | 百分比/% | 排放量/万t | 百分比/% |
| 全国 | 27.40 | 100 | 2202 | 100 |
| 火电行业 | 14.64 | 53.5 | 1050 | 47.7 |
| 工业系统 | 5.21 | 19.1 | 488 | 22.1 |
| 工业锅炉 | 6.39 | 23.3 | 519 | 23.6 |
| 民用 | 1.13 | 4.1 | 146 | 6.6 |

注：1. 本表摘自国家环保部《燃煤二氧化硫排放污染防治技术政策（修订征求意见稿）》编制说明；

2. 表中工业系统中≥6000kW的发电机组或热电联产机组相关数据包含在火电行业数值中，工业系统<6000kW机组数据包含在工业锅炉行业中。

我国现有燃煤工业锅炉普遍存在装备水平低、系统技术较落后、热效率低下、污染比较严重等问题。中国环保产业协会调研测算数据：2008年全国燃煤工业锅炉排放大气烟尘量约375.2万t，占全国烟尘排放总量的41.6%；排放$SO_2$量约519.1万t，占全国$SO_2$排放总量的22.2%；排放$NO_x$接近200万t，仅次于火电和机动车行业，位居全国第三。燃煤工业锅炉还排放大量的温室气体和其他有害污染物，每年排放1.64亿t碳（折合6亿t $CO_2$）、8700万t灰渣。更为重要的是，燃煤工业锅炉实际运行的热效率平均仅达到65%，比先进国家低15%~20%；如果工业锅炉热效率提高15%以上，节煤率将达到20%以上，每年可节约煤炭1亿t。

“十一五”期间，我国工业锅炉行业的总产量、销售量每年都稳中有升，企业的科研投入进一步加大，新产品数量也不断增加。但是行业发展的基本面未发生明显变化，产业结构不合理的问题仍然存在，大部分企业缺少核心技术和创新意识，困扰行业发展的共性技术、关键技术的研究未能实现有效突破。

#### 3.1.1.1 企业结构情况

据国家质检总局特种设备安全监察局2009年统计，到2009年年底，全国持有各级锅炉制造许可证的企业为1555家（其中由国家质检总局批准的C级及以上锅炉制造许可证企业为1205家，省级批准350家），较2001年的969家增加586家。王善武等（2011）研究统计了2006~2009年锅炉制造企业结构变动情况（表3-2），按区域统计，华东、东北、中西南和华北地区分别占全国总数的40%、20%、20%、15%左右，华东仍然是我国锅炉制造企业最集中的区域。

**表3-2　2006~2009年锅炉制造企业结构变动情况**

| 级别 | 企业数 | | | |
|---|---|---|---|---|
| | 2006年 | 2007年 | 2008年 | 2009年 |
| A | 63 | 89 | 102 | |
| A级部件 | 72 | 128 | 120 | |
| B | 241 | 265 | 321 | 1205 |
| C | 326 | 313 | 294 | |
| 有机热载体 | 48 | 36 | 38 | |
| D | 710 | 290 | | 350 |
| 合计 | 1460 | 1121 | | 1555 |

注：截至2011年5月全国持有锅炉许可证的企业1509家（其中A级145家，B级421家）。

由于属于完全竞争性行业，“国退民进”现象在工业锅炉行业非常明显。到目前为止，锅炉制造企业（除几大电站锅炉制造企业外）基本完成转体改制工作，绝大多数成为民营企业。中国电器工业协会工业锅炉分会现有的120家锅炉企业会员中，115家为民营企业，占96%。

“十一五”以来，全国工业锅炉年产量一直保持较高增长，2007年、2008年、2009年的产量分别为20.86万蒸吨、21.66万蒸吨、26.35万蒸吨，年同比增长19.76%、3.8%、21.62%。由此也看出工业锅炉行业发展受国家宏观经济政策的影响还是很大。由于市场竞争日趋激烈，企业间相互压价销售，导致许多厂家经济效益逐年滑坡，行业整体效益不佳；特别是2008年的国际金融危机，使国内市场需求受到相当程度的冲击。2006~2009年4年亏损企业分别占工业锅炉分会统计总数的20.73%、44.05%、57.75%和15.38%。2010年随着全国经济形势好转，工业锅炉行业恢复增长。2010年全国工业锅炉产量为33.63万蒸吨，增长率为27.63%；2011年全国工业锅炉产量为41.33万蒸吨，增长率为28.86%。

#### 3.1.1.2　产品结构情况

长期以来，我国实行“以煤为主”的能源政策，工业锅炉的生产、使用一直以燃煤锅炉为主。但随着我国节能减排、可再生能源利用等政策的推行，工业锅炉的产品结构、燃烧方式也发生了不同程度的变化，流化床锅炉、生物质锅炉、余热锅炉等得到了较快发展。以2009年统计数据为例，工业锅炉分会统计的65家企业，生产的燃煤工业锅炉占工业锅炉总台数的60.24%、总蒸吨数的57.88%；燃油、燃气锅炉占工业锅炉总台数的27.9%、总蒸吨数的16.65%；生物质锅炉占工业锅炉总台数的1.8%、总蒸吨数的7.34%；余热锅炉占工业锅炉总台数的7.58%、总蒸吨数的16.0%。工业锅炉的主要燃烧方式是链条炉排，链条炉排锅炉占工业锅炉总台数的 42.95%、总蒸吨数的 47.57%。工业锅炉的结构形式主要以水管锅炉为主，水管锅炉占工业锅炉总台数的 34.86%、总蒸吨数的 63.58%。工业锅炉分会骨干企业 2006~2009 年各类工业锅炉产量占总产量的百分比见表 3-3（按蒸吨数统计）。

**表 3-3　各类工业锅炉产量占总产量的百分比**　（单位:%）

| 项目 | | 2006 年 | 2007 年 | 2008 年 | 2009 年 |
|---|---|---|---|---|---|
| （一）按介质分类 | 蒸汽锅炉 | 65.87 | 78.97 | 65.52 | 65.91 |
| | 热水锅炉 | 35.13 | 21.03 | 34.48 | 27.85 |
| | 有机热载体锅炉 | — | — | — | 6.24 |
| （二）按锅炉型式分类 | 立式锅炉 | 0.59 | 1.43 | 0.9 | 1.19 |
| | 内燃式锅炉 | 15.77 | 9.11 | 9.09 | 11.51 |
| | 水火管锅炉 | 6.57 | 5.99 | 10.49 | 6.08 |
| | 单锅筒水管锅炉 | 17.84 | 25.07 | 75.59 | 63.58 |
| | 双锅筒水管锅炉 | 52.74 | 39.44 | | |
| | 强制循环水管锅炉 | 6.52 | 18.96 | 3.94 | 2.91 |
| （三）按燃烧方式分类 | 固定炉排锅炉 | 1.69 | 2.75 | 1.32 | 1.40 |
| | 链条炉 | 60.43 | 55.55 | 59.32 | 47.57 |
| | 往复炉 | 1.11 | 0.6 | 0.65 | 2.69 |
| | 室燃炉 | 22.7 | 32.53 | 32.34 | 31.65 |
| | CFB 锅炉 | 14.07 | 8.34 | 6.02 | 13.63 |
| （四）按燃料分类 | 无烟煤锅炉 | 8.78 | 3.76 | 2.96 | 0.27 |
| | 烟煤锅炉 | 62.25 | 58.42 | 62.65 | 57.25 |
| | 燃油（气）锅炉 | 5.62 | 13.89 | 14.38 | 16.65 |
| | 生物质锅炉 | 0.97 | 2.39 | 2.39 | 7.34 |
| | 电热锅炉 | 0.45 | 0.2 | 0.28 | 0.34 |
| | 余热锅炉 | 15.96 | 17.66 | 15.97 | 16.00 |

工业锅炉分会 2010 年度 64 家企业的产品统计分类见表 3-4。

**表 3-4　2010 年企业工业锅炉产品产量分类汇总表**

| 项目 | | 台数 | 台数占总产量比例/% | 蒸吨数/(t/h) | 蒸吨占总产量比例/% |
|---|---|---|---|---|---|
| （一）按介质划分 | 蒸汽锅炉 | 9 451 | 60.61 | 92 384 | 68.50 |
| | 热水锅炉 | 4 103 | 26.31 | 30 726 | 22.78 |
| | 有机热载体锅炉 | 2 038 | 13.07 | 11 752 | 8.71 |
| （二）按锅炉炉型划分 | 水管锅炉 | 10 285 | 65.96 | 11 7085 | 86.82 |
| | 锅壳锅炉 | 5 307 | 34.04 | 17 777 | 13.18 |

续表

| 项目 | | 台数 | 台数占总产量比例/% | 蒸吨数/(t/h) | 蒸吨占总产量比例/% |
|---|---|---|---|---|---|
| (三) 按燃烧方式划分 | 固定炉排/手动活动炉排 | 510 | 3.27 | 728 | 0.54 |
| | 链条炉排 | 7 282 | 46.70 | 62 693 | 46.49 |
| | 往复炉排 | 175 | 1.12 | 2 239 | 1.66 |
| | 循环流化床/沸腾炉 | 953 | 6.11 | 25 510 | 18.92 |
| | 室燃炉 | 6 054 | 38.83 | 43 044 | 31.92 |
| | 其他 | 618 | 3.96 | 648 | 0.48 |
| (四) 按压力划分 | 常压 | 2 007 | 12.87 | 1 855 | 1.38 |
| | $P \leqslant 0.69$MPa | 353 | 2.26 | 275 | 0.20 |
| | 0.69MPa$<P\leqslant$1.25MPa | 11 307 | 72.52 | 75 086 | 55.68 |
| | 1.25MPa$<P\leqslant$2.5MPa | 1 567 | 10.05 | 33 855 | 25.10 |
| | $P>2.5$MPa | 358 | 2.30 | 23 791 | 17.64 |
| (五) 按燃料划分 | 烟煤 | 8 160 | 52.33 | 68 270 | 50.62 |
| | 无烟煤 | 210 | 1.35 | 1 045 | 0.77 |
| | 其他煤种 | 396 | 2.54 | 18 202 | 13.50 |
| | 油、气 | 4 530 | 29.05 | 20 816 | 15.44 |
| | 煤粉 | 15 | 0.10 | 239 | 0.18 |
| | 水煤浆 | 65 | 0.42 | 802 | 0.59 |
| | 生物质 | 260 | 1.67 | 3 303 | 2.45 |
| | 垃圾 | 9 | 0.06 | 407 | 0.30 |
| | 电 | 498 | 3.19 | 497 | 0.37 |
| | 余热利用 | 1 449 | 9.29 | 21 281 | 15.78 |

注：表中室燃炉包括余热锅炉、燃油气锅炉、煤粉锅炉和水煤浆锅炉等。

从表3-3、表3-4的燃料分类统计数据分析，我国工业锅炉产品仍以燃煤为主，占60%左右；但随年份有所下降，油（气）锅炉的比例逐渐上升。燃煤锅炉中链条炉排仍然是我国工业锅炉的主要燃烧方式，从历年统计的工业锅炉企业生产的产品来看，近60%是链条炉排锅炉，并逐步向大容量产品发展，容量大于35t/h的链条炉排锅炉产量占锅炉年产量的比例由2006年的5.24%上升到2009年的13.55%；循环流化床锅炉作为近几年发展起来的锅炉产品，容量大于35t/h的循环流化床锅炉产量占锅炉年产量的比例由2006年的1.43%上升到2009年的8.74%。

随着节能减排工作的进一步实施，国家推出了一系列的节能减排政策和措施，鼓励企业研发高效率、低能耗、低排放的产品，倡导节能减排全民意识。工业锅炉行业企业根据国家政策导向和市场需求，凭借各自的技术实力和特点，不断加大科研投入，积极开发环保、节能等技术含量高的产品，特别是清洁高效的循环流化床锅炉、垃圾焚烧锅炉、生物质锅炉等新产品。过去未被重视和利用的余热、余压也越来越引起各行各业的关注，研发和生产了各具特色的余热锅炉应用于国民经济的多个领域。

#### 3.1.1.3 新产品研发情况

行业内企业多年来重视新产品的研发投入，根据市场的发展和社会的需求大力开发环保、节能等技术含量高的产品，紧贴市场，积极发展清洁高效的循环流化床锅炉、垃圾焚烧锅炉、生物质锅炉和余热锅炉等新产品。2006 年中国电器工业协会统计的 82 家企业共开发 313 个新产品，新产品产值 391 724.5 万元；全年科技活动经费使用数 47 606.5万元，科研与发展经费支出数为 29 723.1 万元。2007 年受统计的 84 家企业共开发了 276 个新产品，新产品产值 430 897.0 万元，比 2006 年度增长 10%；全年科技活动经费筹集总数 44 967.9 万元，科研与发展经费支出数为 27 476.1 万元。2008 年受统计的 71 家企业中的 22 家企业开发了 199 个新产品，新产品产值 581 107.7 万元，比 2007 年度增长 34.86%；全年科技活动经费筹集总数 49 256.6 万元，科研与发展经费支出数为 29 018.1 万元。在 2009 年受统计的 65 家企业中，有 47 家企业开发的新产品产值为 894 909 万元，比 2008 年度增长 54%；全年科技活动经费筹集总数 56 198 万元，科研与发展经费支出数为 35 096 万元。工业锅炉企业领导和科技人员坚持技术创新，大力开发新产品的举措已成为促进工业锅炉行业可持续发展的强大动力。

### 3.1.2 工业锅炉技术发展现状

我国工业锅炉技术创新和行业成长是与国家开展的能源、环保工作密不可分的。新中国成立后，在国家基础工业非常薄弱、对工业锅炉也缺乏正确认识的情况下，我国技术人员探索出一条自力更生和引进技术消化相结合的发展道路，形成从设计、制造、安装、运行维护的较为完整的产业链，使我国工业锅炉技术水平有了很大提高，成为新中国工业体系的有机组成部分，对国民经济发展起到有力支持作用。赵钦新和王善武（2009）总结回顾了我国工业锅炉行业技术发展历程的几个阶段：①20 世纪 60 年代中后期，上海在全国率先开展了小锅炉革命，淘汰一批老式低效手烧炉，如兰开夏、考克兰等，推广快装水火管链条炉排锅炉。②1976~1979 年，为了适应当时燃煤质量普遍下降的状况，针对工业锅炉燃用劣质煤（包括煤矸石）的需求，组织全国数十家锅炉厂开展联合设计，经过努力，共研制成功 56 个新产品，包括链条炉排、往复炉排、沸腾床、抛煤机锅炉等各种炉型锅炉，并在行业得到推广。③“六五”“七五”期间，组织开展了中质煤锅炉和燃油锅炉的联合设计，开发出 21 个燃煤锅炉产品、4 个燃油锅炉产品，惠及全国几十家锅炉厂。“六五”期间原国家经委还组织开展了工业锅炉科技攻关项目，下设“链条炉炉拱结构和二次风技术研究”等课题，该项目研究成果获得 1987 年国家科技进步二等奖，研究的炉拱、炉排和配风创新技术成为后来国内层燃锅炉的核心技术，为“六五”以后我国工业锅炉技术发展奠定了基础（赵钦新和王善武，2009）。

20 世纪 90 年代后，工业锅炉行业在各级政府的引导和支持下，组织开展了多次技术攻关以及国际合作，其中具有较大影响的有以下项目。

#### 3.1.2.1 全球环境基金会中国高效工业锅炉项目

长期以来，我国工业锅炉以燃煤为主，由于厂家多而分散，技术水平不高，产品运行效率较低，污染排放严重。据 20 世纪 90 年代初期统计，当时工业锅炉排放粉尘（TSP）约占全国总排放量的 37%，$CO_2$约占全国总排放量的 28%，引起广泛关注。为帮助中国提高工业锅炉效率，减少大气污染物排放，特别是 $CO_2$温室气体排放，提升工业锅炉设计和制造技术，全球环境基金会（GEF）通过世界银行赠款 3282 万美元，资助设立中国 GEF 高效工业锅炉项目，支持中国国内企业设计创新和产品改进。项目的工作思路：第一阶段，通过引进国外先进技术制造生产，建立示范锅炉，考核定型后组织批量生产；第二阶段，推广 GEF 锅炉项目的产品和技术，替代国内老式锅炉，逐步扩大市场覆盖率。整个项目共分成 9 个子项，第一至第六子项为引进国外先进技术对现有锅炉的改进项目，包括快装水管锅炉、改进型水火管锅炉、组装水管锅炉、高硫煤锅炉，快装及组装水管热水锅炉、前置炉膛水火管锅炉；第七至第九子项为采用国外先进技术新开发的燃煤工业锅炉项目，包括热电联产抛煤机锅炉、大容量热水锅炉、循环流化床锅炉。GEF 项目从 1994 年开始预研，到 2001 年年底完成，历时 8 年；GEF 赠款加上国内配套经费，总投资费用达到 8.62 亿元。

GEF 项目的实施，促进了我国工业锅炉设计和制造技术的提高。经过实际运行考验，项目示范产品的热效率比国内传统同类产品提高了 5~8 个百分点，烟尘排放浓度普遍低于 $100mg/Nm^3$。但是也存在不足，主要体现在 3 个方面：第一，没有重视国外先进技术引进后的消化吸收，也没有在此基础上进行再创新，一部分引进技术仅停留在样机阶段，未形成规模生产；同时，GEF 项目技术没有扩散到国内其他主导产品上应用，与最初的项目目标设计有较大差距。第二，GEF 项目投入巨大，但是项目经费主要用于企业对 9 个子项技术图纸的引进、技术人员培训，缺少高等院校和研究院所的参与，没有培养出我国工业锅炉企业的技术创新能力。第三，虽然修订了一些技术标准，但因缺少基础设计研究，相关标准的修订水平也没达到项目推广要求。

#### 3.1.2.2 “十一五”国家科技支撑计划项目——“动力煤优质化技术与高效燃煤锅炉技术开发”

工业锅炉节能减排的重要性在“十一五”期间得到社会各界的高度认同。燃煤工业锅炉（窑炉）节能改造列入国家节能中长期专项规划，成为我国“十一五”十大重点节能工程之首。针对燃煤工业锅炉低效率、高污染问题，科技部批准“十一五”国家科技支撑计划“动力煤优质化技术与高效燃煤锅炉技术开发”重点项目。项目由中国煤炭科学研究总院牵头，组织领域内的高等院校和科研院所开展技术创新。项目总经费 4165 万元，共由 7 个课题组成：高效工业煤粉锅炉系统及关键技术，半悬浮带回燃式抛煤机锅炉及关键技术，链条锅炉的优化改造关键技术，燃煤工业锅炉烟气除尘、脱硫一体化技术，大型模块选煤厂关键技术及配套装备，动力配煤及优质化示范工程，工业锅炉高效燃烧与污染控制技术的跟踪研究。项目执行时段为 2006 年 11 月至 2009 年 12 月。经过 3 年研究，开发出小型空气分级低 $NO_x$煤粉燃烧技术、系列半悬浮回燃式抛煤机锅炉技术、适应多种优质动力煤链条锅炉燃烧关键技术、四种工业锅炉烟气除尘脱硫一体化技术、高效重介分选工艺系统和模块化技术、动力配煤煤质预测和多元优化配煤技术等，并进行了技术经济及环境综合评价等跟踪研究。但是项目没有吸收工业锅炉制造企业参加，增加了该项目研究成果的后期转化和产业化难度，这是其存在的不足。

另外，20 世纪 90 年代后期，国家经贸委还组织开展了容量 75t/h 循环流化床锅炉的研制工作，并取得了相应的实用成果。相关单位也开展了水煤浆锅炉、生物质锅炉、余热锅炉等方面技术开发，也取得不少成果。

应该说，经过几十年的发展，我国工业锅炉行业取得了巨大进步。锅炉品种不断增加，规格逐渐齐全；行业标准日益规范，技术水平逐步提高；研发了适合中国国情的燃烧技术，设计、制造和自控技术也在不断提升。但我国工业锅炉的总体技术水平还有待进一步提高，节能潜力有待进一步挖掘，这也为工业锅炉的创新发展提供了广阔的空间。

## 3.2　存在突出瓶颈问题及解决方案

国际上工业锅炉经过 100 多年的发展，锅炉本体型式早已成熟；国内经过多年来的发展，也已形成较完整的产品体系。与国外相比我国工业锅炉产品的本体设计和制造水平相差不多，差距主要表现在运行效率偏低、控制系统落后、企业缺乏自主创新能力等方面。这与我国行业管理、企业科技投入、研发基础和手段等都有很大关系。企业的技术和产品结构趋同，低端低价无序竞争；行业技术发展缺少国家层面的战略规划引导；基础、共性和关键技术研究投入缺乏，先进的设计和信息技术还未在锅炉设计、制造工艺、运行监管中得到广泛应用。这些都是需要尽快解决的问题。我国工业锅炉未来发展主要是技术“精细化”，改变粗放型发展现状满足用户对产品的高可靠性、长寿命、高效率、低污染等方面更高要求，形成战略性产业。这将成为工业锅炉行业“十二五”期间及今后相当长一段时间的努力方向。

### 3.2.1　与国外先进技术差距分析

工业锅炉是一种传统的热能动力设备，国际上工业锅炉本体型式早已成熟，近年来变化不大，主要是随着世界各国环境保护要求的不断提高和科学技术进步，进一步改进燃烧方式和设备，提高完善检测和自动控制水平。我国工业锅炉除具有中国特色的水火管混合式锅炉外，其他基本型式与国际上通用型式差别不大，无论是水管锅炉还是内燃式锅炉等，主要炉型有 SZ 型水管锅炉、DH 型水管锅炉、WNS 型火管锅炉及小型立式锅壳锅炉等，引进的角管式锅炉也已形成系列并得到推广。

在燃烧技术上，燃煤工业锅炉仍以链条炉排锅炉为主，往复炉排锅炉次之，两种层燃技术成熟可靠。针对我国工业锅炉用户普遍燃用未经筛选的统煤、煤种多变以及煤质较差的特点，国内还发明了分层煤斗和各种形式的节能炉拱，特别是宽煤种双人字节能炉拱。但也存在不少问题，需要在密封、配风、调节性能等方面改进提高。循环流化床技术，通过 20 世纪 90 年代国家经贸委组织的技术攻关，国内企业基本上掌握了核心关键技术；近年来发展也很快，但是还需要不断优化，有效解决防磨与降低污染物排放问题，实现除尘、脱硫与脱硝协同控制的关键技术创新。另外，水煤浆燃烧技术、煤粉燃烧技术在工业锅炉上的应用得到研究并在局部地区得到推广应用。

由于我国工业锅炉行业厂家过多，技术水平参差不齐，整个行业的整体水平和产品性能水平等方面与国外同行业相比仍有一定差距，主要表现在以下方面。

1）我国工业锅炉企业众多，设计水平不一，多数缺乏研发创新能力。企业研发投入普遍不足，研发创新手段缺乏，有研发能力的企业不足10%。缺少燃烧、传热等共性和关键技术及基础理论的研究和突破，严重影响了行业经济效益和技术水平的提高。

2）我国产品本体的设计和制造水平与国外相差不多，但实际运行效率相差较大。我国煤种多变，煤质较差；燃煤工业锅炉控制系统和运行人员操作水平都比较落后，平均运行效率一般在65%左右。发达国家主要以燃气和燃油为主，燃煤工业锅炉很少，燃烧的是经过筛选的精煤，运行保证效率一般为75%～80%。

3）工业锅炉企业管理水平落后，主要表现在质量管理的内容未能在生产实践中真正运转。有的企业质量手册内容与本单位生产实际不相适应，没有在生产实践中得到有效应用。

4）我国工业锅炉企业制造工艺水平落后，主要表现在计算机技术还远未在锅炉制造工艺中得到应用。许多企业特别是一些C、D级的小厂，其工艺加工方式仍然停留在手工方式，如大量的焊接工作仍为手工焊。基于信息化技术的管理软件在我国工业锅炉行业仅有少数企业得到初步应用。

## 3.2.2 存在的突出瓶颈问题

虽然我国工业锅炉行业经过几十年的发展，形成了满足国内市场的产品系列，企业数量不断增加，规模逐步增长，成为锅炉制造大国，但整体水平仍然不高。存在的突出问题有以下几方面。

### 3.2.2.1 行业管理方面

在20世纪90年代以前，原机械部承担对工业锅炉行业全面管理的职能，包括组织行业规划制定、产品联合开发和改型设计、共性技术研发、标准制订与实施、许可证联合发放、节能产品评审与推广、制造工艺改进与质量提高等工作，并由行业归口单位负责实施，为工业锅炉的发展奠定了扎实的基础。但随着市场经济的深化、政府机构改革和职能转变、研究院所体制改革，工业锅炉行业管理被逐渐弱化。一方面行业技术发展缺少国家层面的战略规划引导，行业的准入门槛降低，带来生产企业的数量剧增，产能严重过剩，技术和产品结构雷同；市场过度竞争，企业利润率不断下滑，严重影响行业健康发展。另一方面行业发展资金大部分投入传统的加工制造领域，基础理论、共性和关键技术研究缺乏投入，行业技术创新发展后劲不足。

### 3.2.2.2 企业方面

我国虽有上千家工业锅炉生产企业，但近几年增加的绝大多数为民营企业。企业的活力提升对市场的敏锐感增强，但市场低价恶性竞争加剧，行业总体经济效益提高不快。民营企业虽然舍得技改投入，但主要用于硬件改造和厂房建设，产品性能质量没有显著提高。同时，这些企业管理层对核心能力建设和品牌培育重视不够，忽视长远发展；内部管理粗放，特别是企业信息化水平与国外企业相比存在较大差距。

### 3.2.2.3 技术方面

虽然经过几十年的发展，我国工业锅炉行业已形成比较完整的产品系列和技术体系，但是整个行业研究基础薄弱，燃烧、传热等共性和关键技术的研究仍停留在 20 世纪 80 年代中期水平；技术标准水平相对落后，现有标准、法规之间不够统一，生产制造标准居多，热力、水动力、烟风阻力设计计算方法至今没有形成正式标准，强度计算标准也是 2002 年版。对目前行业急需的节能标准，由于牵涉部门较多，是主管部委从不同角度提出的，如《评价企业合理用热技术导则》《工业锅炉节能监测方法》《工业锅炉经济运行》等，各个标准的要求都不完整、不全面，缺少内在联系，可操作性较差；有些标准标龄长，与当前国家对工业锅炉的节能要求差距较大。

#### 3.2.2.4　运行使用方面

工业锅炉要实现高效燃烧，不仅与产品设计和生产制造有关，与煤炭的质量好坏也有着密切关系。长期以来，我国用于工业锅炉的煤是原煤，这些煤没有均匀的粒度分级，更不经洗选，因此灰分含量平均超过 26%，粒径<3mm 的细煤末可达 60%，而粒径>10mm 的颗粒煤只有 15%～30%；此外一些很大的煤块需经人工破碎，从而增加更多的细煤末。大量的细煤末同制造质量差的炉排结构一起，增加了高含碳的漏煤量，也导致飞灰的高含碳量。另外，还易产生结焦、配风不均匀、火床不稳等现象，最终导致燃烧不完全。为了更有效地燃用原煤，我国使用大于发达国家一倍的炉排面积和长后拱、分层燃烧以及其他方法，使燃烧效率可以在一定程度上提高。但通常的工业锅炉热效率仍然较低。相比之下，发达国家除选择先进的技术，工业锅炉用煤经过洗选、筛分和配煤，具有煤低膨胀特性、合理的粒度分级，从而一直保持高的效率和低的排放。国内工业锅炉用煤如也能达到国外标准，将使锅炉的效率提高 10%～20%，排放也将更低。

运行管理上，我国工业锅炉长期以来一直存在“大马拉小车”现象，大多数锅炉处于低负荷运行状态，一般平均负荷率为 50%～70%；锅炉容量越小，平均负荷率越低。由于锅炉的低负荷运行，致使锅炉的漏风系数、炉膛温度等运行参数难以控制在合理的范围内，同时容易造成过剩空气系数增大、炉膛温度偏低、燃烧速度明显下降、固定碳燃烬越加困难，使锅炉排烟热损失和不完全燃烧热损失增大。另外，燃煤工业锅炉自控水平低，锅炉房仪表配套不齐全，基本依靠司炉工经验进行运行操作，锅炉长期处于“大马拉小车”的非最佳工况运行，锅炉实际运行效率往往难以达到设计效率。要解决我国燃煤工业锅炉运行水平较低的现象，需要提高系统自动检测、诊断和综合控制水平，发展机电一体化技术。这是实现我国燃煤工业锅炉节能降耗的重要技术途径。

### 3.2.3　解决方法与潜力

从国内外的情况看，锅炉本体型式大体已趋成熟，发展变化的主要有 4 个方面。一是随着基础理论的完善，锅炉本体设计理论和方法得到改进优化，受热面布置更加合理；二是随着环保和节能要求的提高、燃料品种的变化以及技术进步，锅炉燃烧技术和燃烧设备得到改进，提高锅炉燃烧效率；三是配套辅机（及附件）改进提高，检测和自动控制技术更加完善；四是从系统角度对工业锅炉节能减排技术进行集成研究。

王善武等（2011）研究指出：从技术上来讲，工业锅炉的未来发展就是技术“精细化”，为实现未来对能源利用高效、清洁、低碳的目标，满足用户对节能环保产品的需求以及对产品的可靠性、寿命、自控水平等方面更高要求；开展工业锅炉设计理论和节能减排关键技术研究，创新理论基础，研发高效环保的工业锅炉新技术、新产品，形成战略性产业。这将成为工业锅炉行业“十二五”期间及今后相当长一段时间的努力方向。

随着我国资源综合循环利用步伐的加快以及环保要求的日益严格，需要各种低品质燃料高效清洁燃烧和综合利用技术，如生物质气化和燃烧技术、蓄热式高温空气燃烧技术（HTAC）、低 $NO_x$ 燃烧技术、富氧燃烧技术、燃油超声雾化技术、燃气预混式无焰燃烧技术等高效低污染生物质和油气燃烧技术。由于本课题主要研究燃煤工业锅炉先进燃烧技术，对燃油（气）技术、生物质技术报告中不再赘述。

## 3.3 典型案例分析、关键技术突破与工艺技术途径选择

本节以链条炉排锅炉与循环流化床锅炉为典型案例，对两种型号锅炉的特点进行分析，对经济性、技术性进行了比较，提出了关键技术突破点和工艺技术途径选择。

### 3.3.1 典型案例技术、经济与环境分析

固定炉排、链条炉排、往复炉排、室燃炉（包括煤粉炉和水煤浆锅炉）、循环流化床是我国燃煤工业锅炉的几种燃烧方式。其中，链条炉排是最主要的燃烧方式，从历年受统计的工业锅炉企业生产的产品来看，近60%是链条炉排锅炉，并逐步向大容量产品发展；循环流化床锅炉为近几年发展起来的锅炉产品，容量大于35t/h 的循环流化床锅炉产量占锅炉年产量的比例由2006年的1.43%上升到2009年的8.74%；中小容量煤粉工业锅炉是发达国家20世纪90年代中后期的成熟产品，尤其在德国、法国应用较广，国内在国家科技支撑计划、“863”计划等资助下，借鉴发达国家成功经验，独立开发成功拥有自主知识产权的产品。固定炉排仅用于蒸发量小于1t/h 的锅炉产品，而水煤浆锅炉应用存在较大局限性，因此，本课题组将链条炉排、循环流化床和中小型煤粉锅炉3种作为典型案例，进行技术、经济与环境比较分析。

#### 3.3.1.1 技术特性

1）从工业锅炉燃烧方式讲，目前还没有一种技术能够全面替代燃煤链条炉排锅炉技术。李晓恭等（2007）分析了链条炉排锅炉的技术优势，指出链条炉排锅炉技术成熟，操作简单，运行可靠，管理方便；烟尘初始排放浓度低，无需配置高效的电除尘或布袋除尘装置；锅炉配套风机的风量、风压较小，耗电量少，对负荷的适应性较强；链条炉排锅炉安装方便，施工期短，整个工程的造价和运行费用均较低。课题组观点：随着层燃燃烧设备大型化技术的发展，层燃燃煤锅炉的容量仍然具有上升空间，大容量层燃燃煤水管锅炉已受到市场的进一步青睐。链条炉排锅炉需要单独设置脱硫装置，难以做到炉内脱硫，对煤种的适应性较差，热效率也低于循环流化床锅炉。在 $NO_x$ 排放上，层燃燃烧的排放浓度高于循环流化床，但是低于煤粉炉。国内已有单位在研究通过改变层燃锅炉的炉膛结构和配风方式，使炉膛前部形成一个欠氧燃烧区，以减少热力氮的产生；后端是过氧燃烧以避免影响锅炉热效率。该技术使得 $NO_x$ 排放浓度比传统燃烧方式有较大幅度降低，目前试验工作尚在进行中。

2）循环流化床锅炉具有燃尽率高，$NO_x$ 排放低，$SO_2$ 可以采用经济合理的方法进行脱除，具有较好的环保和社会效益；适合燃用劣质煤是其突出优点。循环流化床锅炉的平均热效率可以稳定地达到82%~84%，高于链条炉排锅炉。但是，循环流化床锅炉的锅炉房基建投资和设备投资大，辅机电耗高，事故率多，运行维护费用比较高，容量在35t/h以上并实施热电联产才具有综合的节能减排效益；对35t/h以下容量，单纯用于集中供热的综合效益低于相同容量的链条炉排锅炉。

3）煤粉锅炉具有热效率高、易于实现自动化操作的优点，燃烧效率大于98%，锅炉热效率达到88%~90%。但其煤种适应性差，烟尘和 $NO_x$ 排放浓度高，需配置布袋除尘器才能达到环保排放标准；且系统配置较链条锅炉设备多，一次投资大，约为同规模链条锅炉的2~3倍。因此综合比较，煤粉工业锅炉的容量以20t/h以上更为可行。

课题组通过走访和调查问卷等形式，对天津宝成机械集团有限公司、江苏太湖锅炉股份有限公司、辽宁省瓦房店永宁机械厂等11家工业锅炉产业技术创新联盟成员单位，以及浙江双峰锅炉制造有限公司、山东华源锅炉有限公司、煤炭科学研究总院北京煤化工研究分院等10家行业协会中有代表性的会员单位进行了调查，对链条炉排锅炉与流化床锅炉等的技术性、经济性等作深入分析。由于工业锅炉炉型多、参数广，企业基础数据不全，给完整、准确收集带来很大困难。课题组选取数据填报相对完整的11家单位，涉及85个产品，再剔除当中的生物质锅炉、水煤浆锅炉、往复炉排锅炉和鼓泡床锅炉的12个数据，共有有效样本数73个。其中链条炉排锅炉数据最多，有47个，容量6~75t/h；循环流化床17个，容量20~130t/h；煤粉炉9个，容量6~130t/h。由于各种类型锅炉容量、炉型都不同，为了方便比较，课题组选取容量为20t/h、额定压力1.6MPa的工业锅炉作为典型案例。

3种典型案例锅炉的技术特性比较见表3-5。

**表3-5 典型类型锅炉技术特性比较**

| 锅炉类型 | 热效率/% | 煤种适应性 | 可用率 | 利用小时数 | 寿命/a |
|---|---|---|---|---|---|
| 链条炉 | 81.03 | 较好 | 大修周期2~6年 | 6000 | 10~20 |
| 循环流化床锅炉 | 83 | 好 | 大修周期1年 | 3000 | 10~20 |
| 煤粉锅炉 | 90.26 | 差 | 大修周期2年 | 6000 | 10~20 |

### 3.3.1.2 经济特性

按照项目要求，需要对不同技术产品的单位投资、运行维护成本、能效利用成本进行比较分析。课题组根据工业锅炉特点，同样选取上述容量为20t/h、额定压力1.6MPa的工业锅炉作为典型案例。下面为各项成本的计算方法：①单位投资=锅炉本体购置费+锅炉房造价+安装费+仪表自控配套费+进料及灰渣处理设备费；②运行维护成本=年度维修维护费；③能效利用成本=设计的单位时间煤耗量；④环保设备成本=鼓引风机+除尘脱硫设备。

上述成本中未包括水处理设备、脱硝设备。

3种典型案例锅炉的经济特性比较见表3-6。

表 3-6 典型类型锅炉经济特性比较

| 锅炉类型 | 单位投资/万元 | 环保设备成本/万元 | 运行维护成本/万元 | 能效利用成本即煤耗量①/(t/h) | 耗钢量/t | 蒸吨蒸汽电耗②/(kW·h) |
|---|---|---|---|---|---|---|
| 链条炉 | 239.6 | 32.69 | 3~5 | 3.15 | 89.02 | 8.98 |
| 循环流化床锅炉 | 325 | 55 | 30 | 3.075 | 134.76 | 19 |
| 煤粉锅炉 | 430 | 81.17 | 5~10 | 2.828 | 73.08 | 8.18 |

注：①煤耗量按表 3-5 热效率数据推算；②煤粉锅炉蒸吨蒸汽电耗不包含磨制煤粉电耗。

#### 3.3.1.3 环境特性

项目要求对单位废水、$NO_x$、$SO_x$、$CO_2$、粉尘、重金属、废渣排放、耗水情况等环境特性比较分析。由于设计煤种的含硫量、灰分未注明，不同煤种的排放数据差别非常大，课题组对烟尘一项以达到国家标准 GB13271—2001《锅炉大气污染物排放标准》中燃煤锅炉烟尘初始排放浓度限值为参考值；$SO_2$随着燃煤中含硫量的增加而增大，无法比较，但循环流化床锅炉通过添加石灰石易于脱硫；$NO_x$采用一些环保部门的监测数据，但不是很全面；其他指标目前行业中尚无数据。比较数据见表 3-7。

表 3-7 典型类型锅炉环境特性比较

| 项目 | 烟尘/($mg/m^3$) | $NO_x$/($mg/m^3$) | $SO_x$/($mg/m^3$) | $CO_2$/($mg/m^3$) | 重金属 | 废渣排放 | 耗水情况 |
|---|---|---|---|---|---|---|---|
| 链条炉 | 2 000 | 400 | — | — | — | — | — |
| 循环流化床锅炉 | 15 000 | 200 | — | — | — | — | — |
| 煤粉锅炉 | 20 000 | 600 | — | — | — | — | — |

### 3.3.2 关键技术突破点

燃煤工业锅炉需开展燃烧机理、煤种特性和污染物生成等研究，从基础理论、制造技术和集成技术入手，提高工业锅炉系统运行效率，降低烟尘、$SO_2$、$NO_x$等污染物排放。

1）层燃燃烧关键技术突破点。主要解决燃烧不完全、运行能效偏低的问题，开发适应多煤种（包括烟煤和无烟煤）燃烧的链条炉排和新型炉拱结构的优化设计技术，提高链条炉排锅炉燃烧效率，为链条炉排工业锅炉设计提供理论依据，并用于指导在用燃煤链条炉排工业锅炉的节能改造。同时开展优化燃烧、强化传热等研究，包括炉内辐射强化技术、分层燃烧与优化配风技术、复合及组合燃烧技术和低$NO_x$燃烧等技术，适时发展催化燃烧技术、防结渣与积灰添加剂技术、高温低氧燃烧技术和富氧燃烧等新技术。由于链条炉排锅炉向大型化发展，灵活、可靠的大面积链条炉排的生产是关键。因此，大容量层燃锅炉炉排技术也是突破重点。

2）循环流化床锅炉关键技术突破点。王立新（2007）指出，防磨技术是循环流化床的关键，由于循环流化床锅炉的固体物料冲蚀磨损速度相当快，因而循环流化床锅炉水冷壁管的失效机理以冲蚀磨损为主。开展循环流化床防磨技术的研究，是延长受损部件的使用寿命、保证机组安全运行的重要保证。

3）煤粉锅炉关键技术突破点。煤粉燃烧技术在火力发电站锅炉上的应用已经非常成熟。但是由于工业锅炉容量远远小于电站锅炉，炉膛也小很多，且煤种、负荷多变，故不能简单地将电站锅炉煤粉燃烧技术照搬到工业锅炉上，需要针对工业锅炉的特点开发适用多煤种的高效燃烧器，并保证在低负荷状况下稳定燃烧和低 $NO_x$ 排放；还需要满足工业锅炉用户需求，研究启动快、点火容易、燃烧过剩空气量小的煤粉工业锅炉。

### 3.3.3　工艺技术途径选择

#### (1) 大容量链条工业锅炉

大型链条炉中，角管式锅炉是主要发展方向，要提高锅炉对劣质煤种、煤质多变（包括混煤以及特殊煤质的煤）及负荷变化的适应性。结合数值模拟技术开发炉排燃烧配风技术和二次风强化燃烧技术，优化两者匹配技术，研究炉拱和二次风的强化燃尽技术；开发精度高、可靠性好、加工制造灵活的大面积链条炉排，减少漏煤热损失，降低灰渣含碳量和过量空气系数，达到减少灰渣热损失和排烟热损失的目的。

#### (2) 循环流化床锅炉

循环流化床锅炉节能减排效果明显，可燃用劣质燃料、燃料适应性广的优点非常突出。循环流化床锅炉的大型化发展对于其节能降耗、降低成本作用显著，发展空间广阔，其工艺技术研发的重点主要在节能降耗与防磨技术方面。

在开发形成角管式锅炉和循环流化床锅炉定型系列产品中，要将降低烟尘、$SO_x$、$NO_x$ 等污染物排放摆在与节能降耗同等重要位置；将炉内与炉外技术相结合，优化炉内脱除；强化炉外脱除，实现除尘脱硫一体化与脱硝协同治理的关键技术创新。

#### (3) 煤粉工业锅炉

煤粉工业锅炉具有热效率高、煤质适应强、易于自动化的优点；但其制粉系统复杂，低负荷燃烧不稳定，除尘设备投资大。工艺技术研发重点选择研究适应工业锅炉炉膛容积较小的炉型结构，合理组织炉内的流动，保证锅炉运行时炉膛不易结渣，并考虑 $NO_x$ 污染物控制问题。煤粉工业锅炉的容量以 20t/h 以上更为经济。

## 3.4　知识产权分析

专利是发明创造活动的产出成果，体现一个国家或地区的创新方向和综合实力。而专利数据则是技术产出的重要指标，也是知识产权最重要的组成部分。本节主要针对工业锅炉技术专利数据进行统计分析，对我国目前的工业锅炉技术专利发展现状进行研究和总结。

## 3.4.1 我国工业锅炉技术专利情况

### 3.4.1.1 总体概况

我国工业锅炉技术专利共 28 476 件。其中，发明专利 8487 件，占总数的 29.8%；实用新型专利 19 137 件，占总数的 67.2%；外观设计专利 852 件，仅占专利总数的 3.0%。这说明我国工业锅炉技术专利重点在于实用新型开发和发明专利，特别是实用新型的研究。我国工业锅炉技术专利总体结构比较如图 3-1 所示。

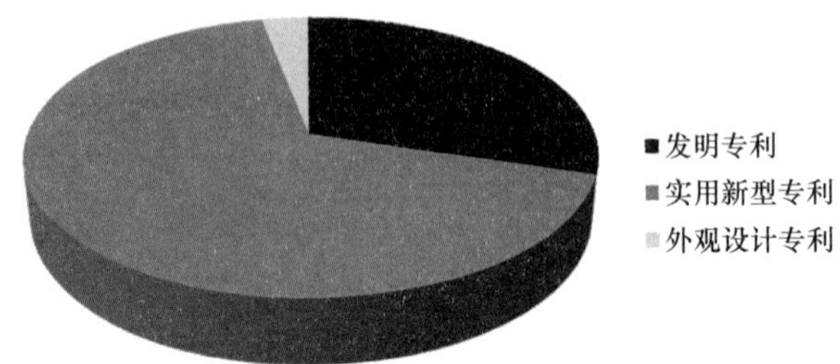


图 3-1 我国工业锅炉技术专利总体结构比较图

### 3.4.1.2 专利申请总体趋势

我国工业锅炉技术专利申请年度趋势如图 3-2 所示。

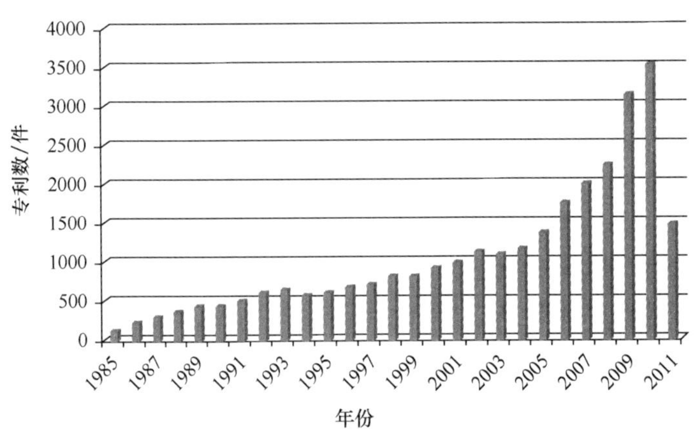


图 3-2 我国工业锅炉技术专利申请年度趋势

从图 3-2 可以看出，1985～2000 年，我国工业锅炉技术专利申请量逐年稳步增加。工业锅炉技术专利申请量由 1985 年的 12 件增加到 2000 年的 994 件，17 年专利申请量增加了 982 件。从 2001 年起，专利申请量增速较先前有了显著提高，专利增长速度增快，我国工业锅炉技术开始进入迅速发展期；同时也表明，随着知识经济的发展，越来越多的工业锅炉相关企业、高校和社会团体意识到了知识产权的重要性，在行动上表现为积极创新、申请专利，专利申请量也因此逐年增加。

#### 3.4.1.3　专利申请 IPC 分布分析

专利分析的目的在于通过分析，获悉所研究技术主题当前的技术分布、技术发展趋势等信息。本课题采用国际专利分类（international patent classification，IPC），这是一种国际通用的管理和利用专利文献的方法。IPC 按“部、大类、小类、主组、分组”五组分类，越往下技术特点越明显。其中“部”分为 A（人类生活必需）、B（作业、运输）、C（化学、冶金）、D（纺织和造纸）、E（固定建筑）、F（机械工程、照明、加热、武器、爆破）、G（物理）、H（电学）。“部”以下是“大类”，与工业锅炉密切相关的“大类”有 B01（一般的物理或化学的方法或装置）、CO2（水、废水、污水或污泥的处理）、G10（石油与煤气及炼焦工业、含一氧化碳的工业气体、燃料、润滑剂、泥煤）、F16（工程元件或部件、为产生和保持机器或设备的有效运行的一般措施、一般绝热）、F22（蒸汽的发生）、F23（燃烧设备、燃烧方法）、F24（供热、炉灶、通风）、F25（制冷或冷却、加热和制冷的联合系统、热泵系统、冰的制造或储存、气体的液化或固化）、F26（干燥）、F27（炉、窑、烘烤炉、蒸馏炉）、F28（一般热交换）、G01（测量、测试）。

**（1）专利申请 IPC 分布——按部统计分析**

我国工业锅炉技术专利申请技术分类如图 3-3 所示。

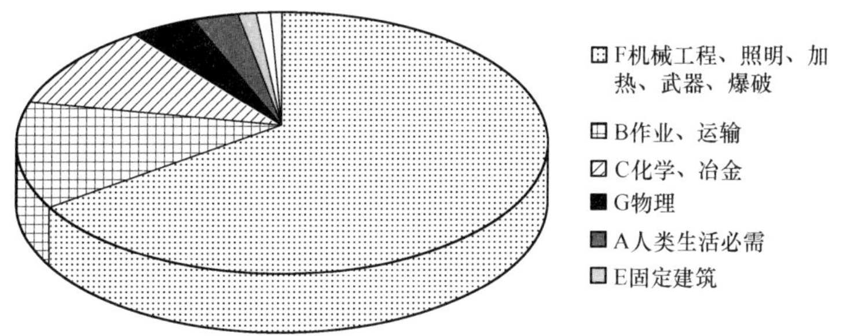


图 3-3　我国工业锅炉技术专利申请技术分类图

我国工业锅炉相关专利在专利分类表中按部对比，主要分布于 B、C、F 3 个部，少量分布于 A、D、E、G、H 5 个部。其中，F（机械工程、照明、加热、武器、爆破）专利占总数的 65.1%；B（作业、运输）专利占总数的 13.0%；C（化学、冶金）专利占总数的 11.4%；其他类专利仅占总数的 10.5%。

**（2）专利申请 IPC 分布——按大类统计分析**

我国工业锅炉技术专利申请大类分布如图 3-4 所示。

可以看出，按大类检索主要分布在 F23（燃烧设备、燃烧方法）、F24（供热、炉灶、通风）、F22（蒸汽的发生）和 B01（一般的物理或化学的方法或装置）中，其专利数分别为 8103 件、6714 件、4067 件和 2370 件。可见我国工业锅炉的研究热点主要是针对燃烧设备和燃烧方法的改进、供热、炉灶及通风改造等方面。

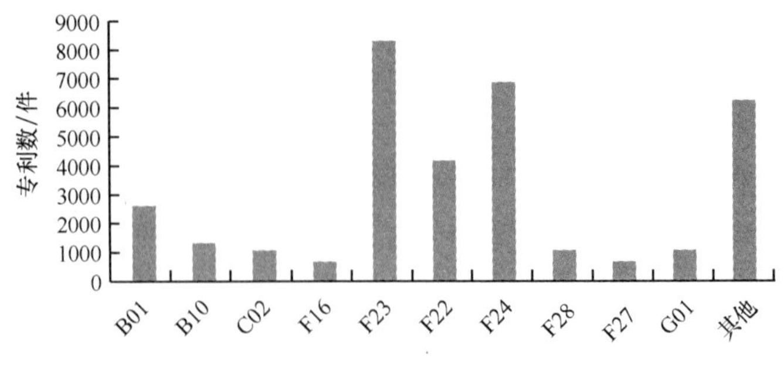


图 3-4　我国工业锅炉技术专利申请大类分布图

## 3.4.2　世界范围内工业锅炉技术专利概况

### 3.4.2.1　世界范围内工业锅炉技术专利按国家分布

通过检索，全球工业锅炉技术专利总数约 19.39 万件。其中，专利总数超过 20 000 件的国家有 4 个，分别是英国 32 498 件、美国 28 500 件、中国 28 476 件、日本 22 286 件。这 4 个主要国家的工业锅炉技术专利总数为 111 760 件，占总数的 57.6%。其中又以英国的专利申请最多，占世界相关技术专利申请总数的 16.8%。英国作为工业发展较早的国家代表，其工业锅炉的专利申请量也较大，从侧面反映了其相关技术的研究之早和水平之高。之后是美国、中国和日本，分别占 14.7%、14.7% 和 11.5%，中国和美国专利申请量相当。但是值得注意的是，中国的专利申请中包含了大量的实用新型专利，因此与美国的专利申请虽然数量相近，但包含的技术信息却难以与之匹敌。日本的工业锅炉专利件数也超过了 2 万。具体的世界范围内工业锅炉专利申请按国家分布如图 3-5 所示。

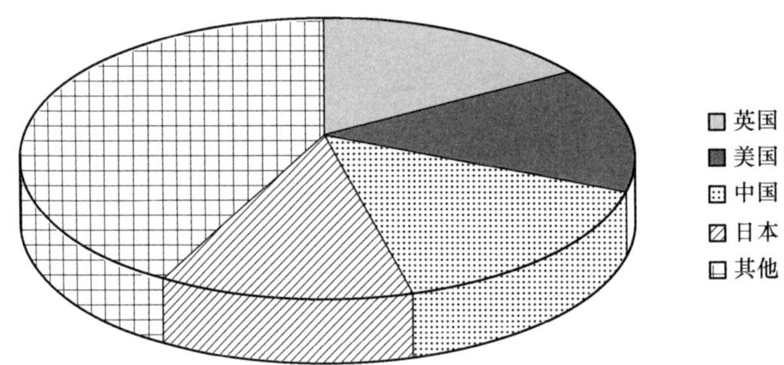


图 3-5　世界范围内工业锅炉专利申请总数按国家分布图

### 3.4.2.2　世界范围内工业锅炉技术专利 IPC 按时间分布

图 3-6 为 1986 年来世界范围内工业锅炉技术专利 IPC 按时间分布图。

从图 3-6 中可以看出，世界范围内工业锅炉技术专利总数从时间分布上为逐步增长的。1986~2000 年世界范围内工业锅炉技术专利总数呈稳步增长的趋势；2001 年以后，其增长趋势更为明显。世界范围内的工业锅炉技术专利在第八版专利分类表中按部对

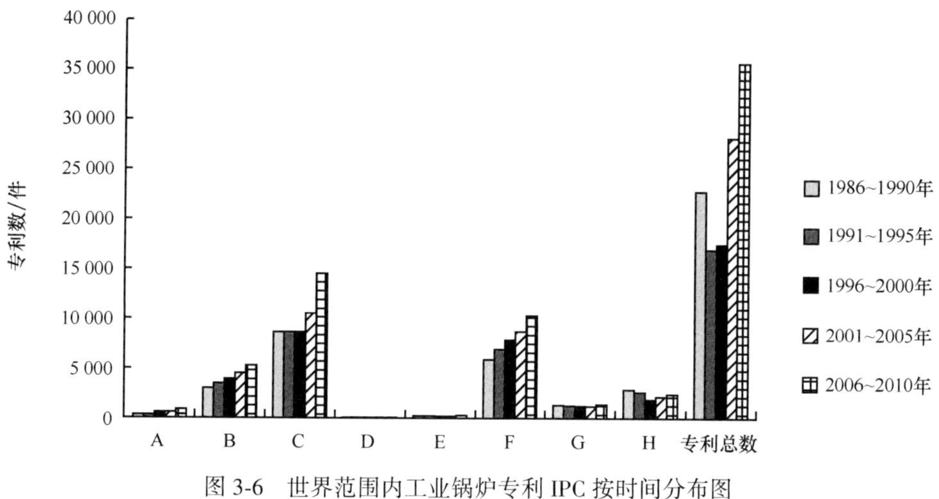


图 3-6　世界范围内工业锅炉专利 IPC 按时间分布图

比，则主要分布于 B、C、F 这 3 个部，少量分布于 A、G、H 这 3 个部。其中，C（化学、冶金）专利与专利总数的时间分布趋势较为一致，2001 年后进入迅速增长时期；A（人类生活必需）、B（作业、运输）、F（机械工程、照明、加热、武器、爆破）、G（物理）、H（电学）专利数一直保持平稳增长的趋势。

## 3.4.3　主要国家工业锅炉技术专利分析

### 3.4.3.1　日本工业锅炉技术专利分析

#### （1）日本工业锅炉技术专利发展趋势

图 3-7 为自 1985 以年来日本工业锅炉技术专利申请年度分布图。

从图中可以看出，日本的工业锅炉技术专利申请先增加后逐渐减少。1999 年前，专利申请量稳中有升；到 1999 年技术专利申请总数达到 899 件的最高峰。而从 2000 年起，其年专利申请量逐年减少。这一方面和日本经济的衰退影响工业锅炉的技术发展分不开，另一方面也说明了现阶段日本工业锅炉技术已经发展到相对发达和成熟的水平。

#### （2）日本工业锅炉技术专利 IPC 分布分析

日本工业锅炉技术专利申请技术分类如图 3-8 所示。日本工业锅炉相关专利在专利分类表中按部对比，主要分布于 B、C 和 F 这 3 个部，少量分布于 A、D、E、G 和 H 这 5 个部。其中，F（机械工程、照明、加热、武器、爆破）专利占总数的 60.2%；B（作业、运输）专利占总数的 13.7%；C（化学、冶金）专利占总数的 12.1%；其他类专利占总数的 14%。

与我国工业锅炉技术专利申请技术分类对比，可以发现，日本技术专利中 F（机械工程、照明、加热、武器、爆破）专利占专利总数的比例较我国专利比例低 5 个百分点，其他类专利占专利总数比例提高。

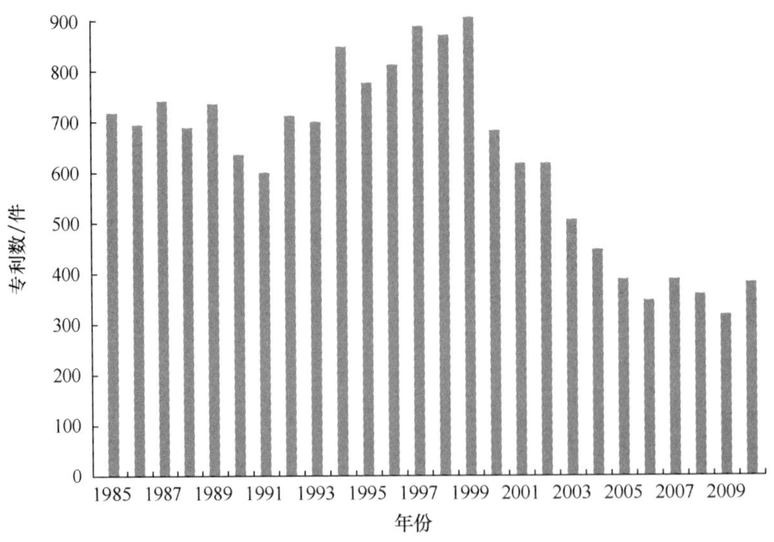


图 3-7 日本工业锅炉技术专利申请年度分布图

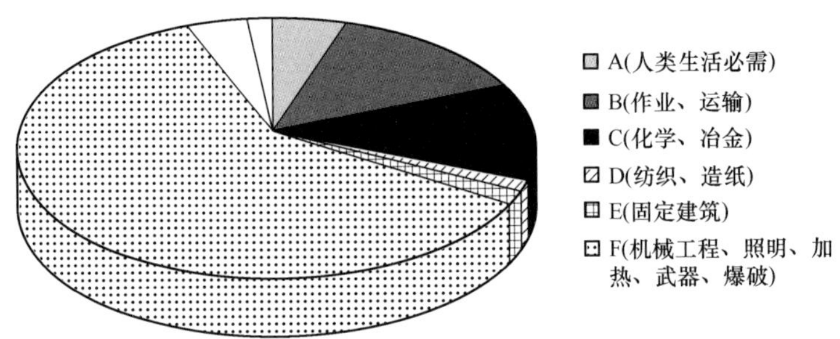


图 3-8 日本工业锅炉技术专利申请技术分类图

### 3.4.3.2 美国工业锅炉技术专利分析

#### (1) 美国工业锅炉技术专利发展趋势

图 3-9 为 1985 年来美国工业锅炉技术专利申请年度分布图。从图中可以看出，2000 年前，美国的工业锅炉技术发展水平基本稳定，其技术专利申请年度分布维持在动态平衡的范围内，年专利申请总数在 800 件上下波动。而从 2001 年开始，年专利申请总数突破了 1000 件，在 2000 件上下波动。这说明进入 21 世纪以后美国的工业锅炉产业有了跨越式的发展。

#### (2) 美国工业锅炉技术专利 IPC 分布分析

美国工业锅炉技术专利申请技术分类如图 3-10 所示。美国工业锅炉相关专利在专利分类表中按部对比，主要分布于 B、C 和 F 这 3 个部，少量分布于 A、D、E、G 和 H 这 5 个部。其中，F（机械工程、照明、加热、武器、爆破）专利占总数的 65.0%；B（作业、运输）专利占总数的 11.8%；C（化学、冶金）专利占总数的 10.7%；其他类

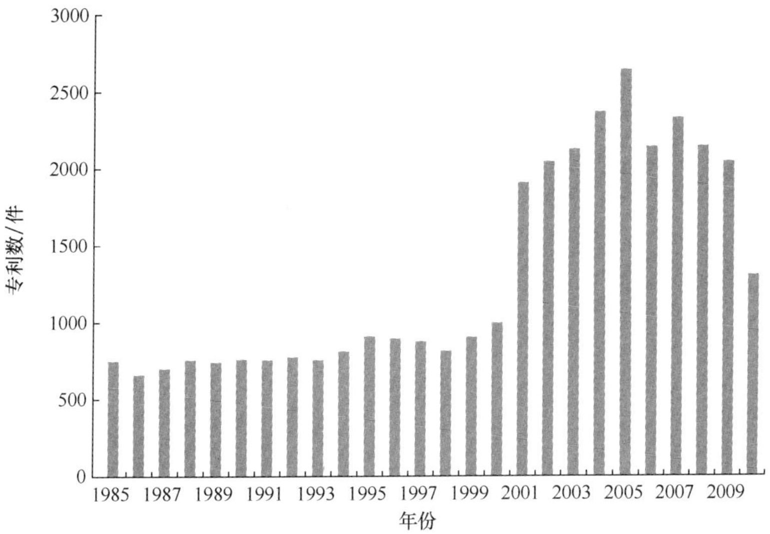


图 3-9　美国工业锅炉技术专利申请年度分布图

专利仅占总数的 12.5%。

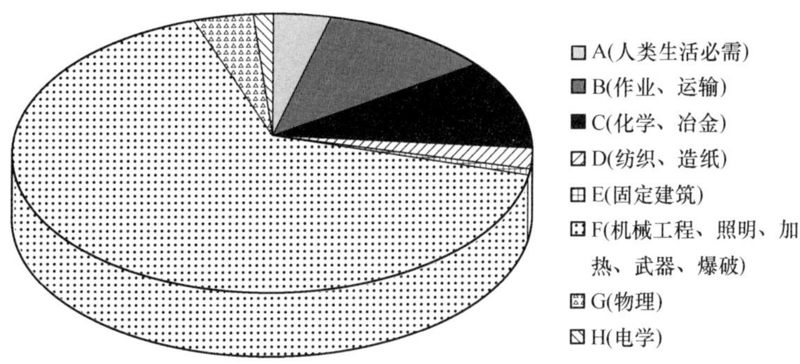


图 3-10　美国工业锅炉技术专利申请技术分类图

### 3.4.3.3　英国工业锅炉技术专利分析

#### (1) 英国工业锅炉技术专利发展趋势

英国工业起步较早，早在 19 世纪末就开始工业锅炉技术专利的申请工作。在 20 世纪 20 年代，其专利申请量为历史最高峰，年申请量平均达到 400~500 件。随着锅炉技术的成熟，到 70 年代后，其工业锅炉专利申请量明显减少，维持在年申请量 100 件以内。图 3-11 为 1985 年来英国工业锅炉技术专利申请年度分布图。从图中同样可以看出，近年来英国的工业锅炉技术专利申请量维持在较低水平。

#### (2) 英国工业锅炉技术专利 IPC 分布分析

英国工业锅炉技术专利申请技术分类如图 3-12 所示。

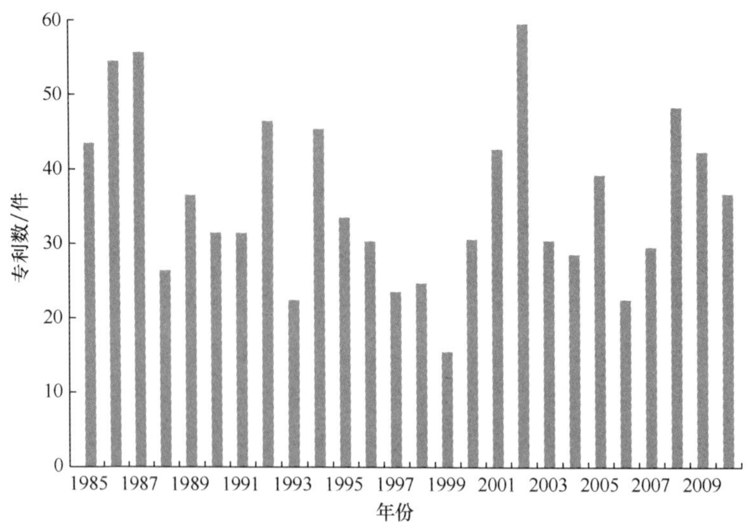


图 3-11 英国工业锅炉技术专利申请年度分布图

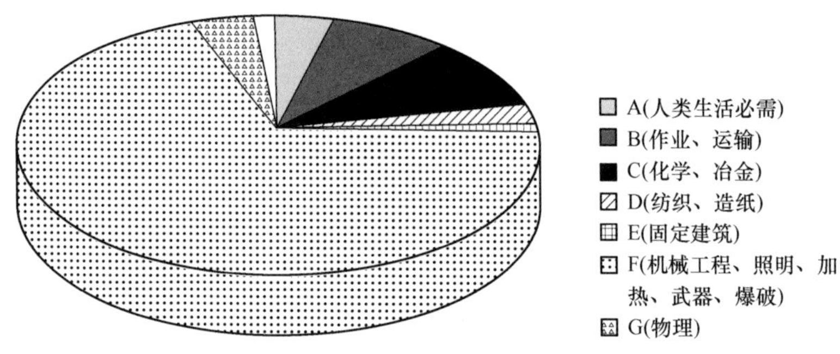


图 3-12 英国工业锅炉技术专利申请技术分类图

英国工业锅炉相关专利在专利分类表中按部对比，主要分布于 B、C 和 F 3 个部，少量分布于 A、D、E、G 和 H 这 5 个部。其中，F（机械工程、照明、加热、武器、爆破）专利占总数的 69. 0%；C（化学、冶金）专利占总数的 9. 4%；B（作业、运输）专利占总数的 8. 3%；其他类专利仅占总数的 13. 3%。

## 3. 5 新型技术未来发展趋势

研发高效、节能、环保的工业锅炉技术，形成战略性产业，达到技术“精细化”目标是我国工业锅炉行业“十二五”期间及今后相当长一段时间的努力方向。本节提出了燃煤工业锅炉和信息化技术领域未来发展趋势。

### 3. 5. 1 潜在技术简介

王善武等（2011）研究提出，“十二五”及今后相当长一段时间，我国工业锅炉行业新型技术的未来发展趋势是，为实现未来对能源利用高效、清洁、低碳的目标，满足用户对节能环保产品的需求以及对产品的可靠性、寿命、自控水平等方面更高要求；开展工业锅炉设计理论和节能减排关键技术研究，创新理论基础，研发高效环保的工业锅炉新技术、新产品，形成战略性产业；改变粗放型发展现状，达到技术“精细化”目标。

开展工业锅炉共性技术的研究，要从基础理论研究和关键制造技术入手，与创新相结合，提高工业锅炉整体运行效率，研究新技术，解决现有工业锅炉存在问题。主要在以下领域开展技术研究。

**（1）燃煤工业锅炉节能领域**

据专家预测，在未来相当长的时期内，我国仍将实行“以煤为主”的能源政策。因此，燃煤锅炉仍然是工业锅炉生产、使用的主要产品。就燃煤锅炉而言，在燃烧我国特定的煤种和煤质方面我们已积累了丰富的经验，具有相当的水平。但在层燃燃烧设备设计、制造方面存在不少问题，与国外相比有较大差距，需要在密封、配风、调节性能等方面继续改进提高。燃煤工业锅炉向大容量、高参数、高能效、低排放方向发展是未来趋势。目前，燃煤工业锅炉仍以链条炉排锅炉为主，往复炉排锅炉次之；循环流化床燃烧技术日趋成熟；水煤浆燃烧技术、煤粉燃烧技术在工业锅炉上的应用得到研究并有少量产品面世，在局部地区推广。燃煤工业锅炉将随着燃料情况的变化、环保及节能要求的提高以及技术发展，重点对锅炉燃烧方式和燃烧设备进行深入研究和改进，对锅炉本体设计理论和方法进行改进、优化，合理布置受热面，以提高锅炉燃烧效率、热效率和环保性能；同时完善共性和关键技术及基础理论，开展配套辅机附件的优化研究以及检测和自动控制技术。

**（2）工业锅炉脱硫、脱硝的环保技术领域**

燃煤工业锅炉大气污染物控制技术的发展提倡污染物的全过程控制，即从燃料、燃烧中和燃烧后等多环节对燃煤工业锅炉所产生的大气污染物进行控制，并开发相应的能源替代与污染治理技术。

**（3）工业锅炉信息化技术领域**

随着计算机信息化技术的发展，计算机技术在工业锅炉上的应用不仅仅停留在计算机辅助设计（computer-aided design，CAD）技术、计算机辅助制造（computer-aided manufacturing，CAM），而是从市场信息的收集、原材料的供应、产品设计、生产制造、生产资源和技术资源的管理到客户市场资源和企业财力资源的管理等，贯穿企业的整个运行过程。工业锅炉行业部分重点企业通过信息化技术的运用，做到企业科研、开发、信息资源的管理和共享，节省了大量的人力、物力和财力的浪费；通过采用现代管理科学，以信息技术为实现手段，对信息化建设进行有效的系统管理，真正实现管理的创新。同时开发基于数值模拟技术的数字化设计技术、设计计算软件集成优化与运行控制优化技术、数据采集与分析评估系统等，提升行业信息化水平，提高企业参与市场竞争的能力。

## 3.5.2 可行新型技术选择

### 3.5.2.1 燃煤工业锅炉高效低污染新技术及节能环保新产品

燃煤锅炉未来仍然是我国工业锅炉的主导产品，并向大容量发展。在节能技术上，针对锅炉传热强化、燃烧设备、炉内流动、运行控制技术等方面进行创新，优化锅炉本体结构，开发满足工业锅炉负荷波动变化、适应煤种多变的新型高效节能产品。在环保排放技术上，根据锅炉容量的不同，采用能源替代与污染治理技术相结合的技术路线。对容量 6t/h 及以下燃煤工业锅炉实施清洁能源的替代技术改造，优先选用低硫煤、经加工的工业锅炉专用煤、固硫型煤以及秸秆生物质成型燃料等技术。对于 6~20t/h 的燃煤工业锅炉，可适当发展脱硫除尘一体化技术。对 20t/h 及以上的燃煤工业锅炉采用先除尘、后脱硫的技术工艺，发展脱硫除尘串联工艺。除尘技术以静电或布袋除尘为主，脱硫技术以钙法、镁法等传统高效率技术为主。同时按照国家环保政策，开发 $NO_x$ 污染物排放控制关键技术，推进燃煤工业锅炉低氮燃烧改造和脱硝示范。

#### (1) 层燃燃烧自动控制技术和系统开发

我国燃煤链条炉排锅炉占燃煤锅炉的 60% 以上，但运行水平一直较低，自控设备落后，基本依靠司炉工的个人经验运行操作，锅炉实际运行效率往往达不到设计效率。提高系统自动检测、诊断和综合控制水平，发展机电一体化技术，是实现燃煤工业锅炉节能的重要技术途径。图 3-13 提出了我国燃煤链条工业锅炉的创新思路。

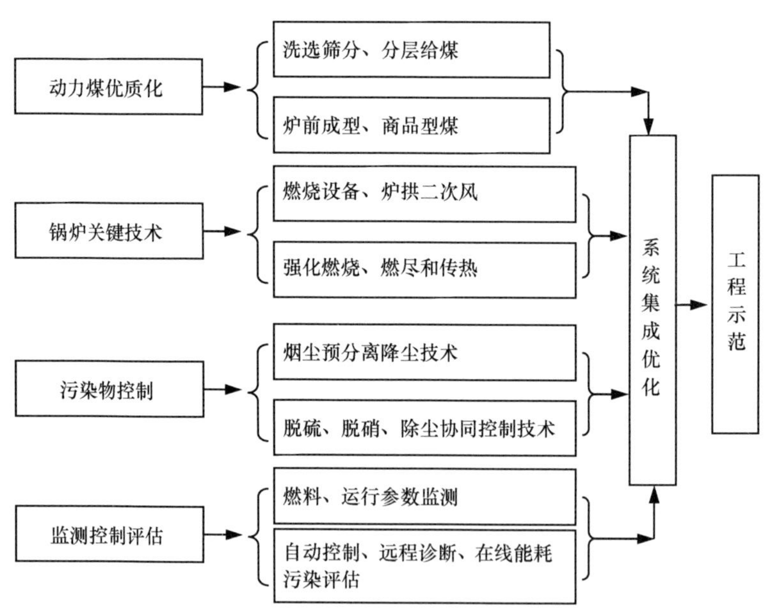


图 3-13 燃煤链条工业锅炉的创新思路

首先，针对锅炉实际用煤和用户用热需求，开发锅炉实时监控、自动调节给煤、进风、给水、蒸汽压力等参数的监测控制系统，并运用无线、网络等通信技术实现数据联网、数据共享，使锅炉各部分成为有机一体。其次，开发基于专家知识库的工业锅炉智能燃烧系统、远程监测与运行指导平台等专家指导系统，通过网络远程技术诊断与支持平台接受专家指导，保证锅炉运行参数调节在合理范围内。这一技术和产品减少了司炉工仅凭经验操作的现象，可以大幅度提高锅炉运行效率；可用于新产品，也可用在现有的在用锅炉改造，从而推进工业锅炉节能减排。

**(2) 大型燃煤锅炉的改进优化**

近年来随着国家产业结构调整和工业园区建设，热电联产、集中供热的系统得到推广，大容量锅炉的市场需求持续扩大，已成为行业的主导产品。因此，改进优化大型燃煤工业锅炉技术对于促进产业发展具有重大意义。大型燃煤锅炉开发以大容量层燃角管式锅炉和循环流化床锅炉为重点发展方向，并形成定型系列产品。

大容量层燃角管式锅炉开发重点要突破相关水动力研究和计算方法，采用数值模拟技术研究燃烧技术、炉排配风技术和二次风强化燃烧技术以及优化匹配技术；研究飞灰高温分离和高温再燃结构；开发加工制造灵活、精度高、可靠性强的大面积（大于 $100m^2$）链条炉排，减少漏煤量，降低灰渣含碳量和过量空气系数，减少相应的热损失；进一步提高对煤种多变及负荷的适应性。

循环流化床锅炉具有燃料适应性好、燃烧效率高、易于实现高效脱硫、$NO_x$ 排放低等优点，其可燃用劣质燃料、节能减排效果明显的优势受到用户普遍欢迎。循环流化床锅炉大型化应以燃用劣质燃料的 35t/h 及以上产品为研发重点，将研发高效节能技术和防磨技术与烟尘、$SO_2$、$NO_x$ 等污染物减排技术相结合，实现除尘、脱硫与脱硝协同治理关键技术创新（图 3-14）。

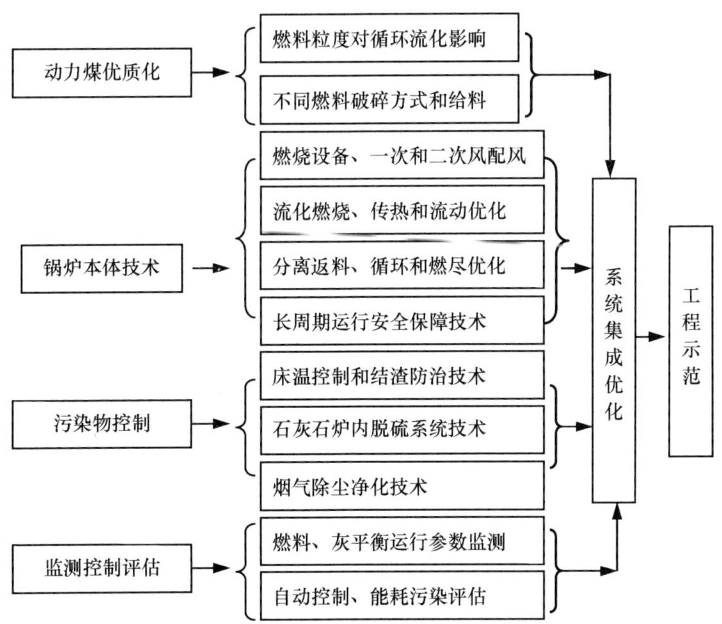


图 3-14　大容量工业级循环流化床锅炉的创新思路

(3) 煤粉工业锅炉技术与产品研发

在我国，煤粉燃烧技术在工业锅炉上的应用实践早在20世纪60年代就已开始，但经历了几上几下的过程。鉴于国外的成功经验和国内的技术实践，煤粉工业锅炉的开发推广应符合国家节能减排政策导向，通过替代目前运行效率偏低的在用燃煤工业锅炉，大幅提高能源利用效率，实现节能目标。

煤粉燃烧技术在电站锅炉的使用已经很成熟。但是煤粉锅炉的制粉系统复杂，除尘设备投资大，低负荷燃烧不稳定，而且工业锅炉的容量远小于电站锅炉。因此，不能简单地将电站锅炉煤粉燃烧技术照搬到小炉膛的工业锅炉上，需要针对工业锅炉的运行特点，开发适应工业锅炉容量的炉型结构以及燃烧效率高、适用多煤种的燃烧器，同时解决工业锅炉运用煤粉燃烧技术时的炉膛结渣、低负荷状况下如何稳定燃烧、低 $NO_x$ 排放等问题；并要开发制粉设备，优化煤粉储存、分配与输送技术，完善煤粉锅炉系统控制技术，提高可靠性和适应性。鉴于国内实际情况，煤粉工业锅炉的技术开发应以容量20t/h以上锅炉成套技术为主。

### 3.5.2.2 信息化技术在工业锅炉产品开发中的运用

结合计算机技术、自动控制技术、信息化应用技术，提高工业锅炉设计、制造、运行及管理水平。虽然我国许多锅炉企业的设计采用了计算机技术，但也仅仅是CAD技术，缺乏贯穿整个生产流程的计算机集成技术。

根据锅炉强度、烟风、热力、水动力四大锅炉计算标准，结合专家的实际经验，采用合适的自动化、信息化、数字化技术（主要包括机电一体化与信息化技术、运行自动监测与监控、运行优化专家系统、网络远程技术诊断与技术支持等），实现工业锅炉设计、产品制造、工艺过程、运行与管理的信息化、数字化。

## 3.6 未来可行典型技术全生命周期评价

生命周期评价（life cycle assessment，LCA）是一种对产品从原材料到最终处理的全过程进行跟踪与定量分析方法。

王云（2011）研究指出，生命周期评价是一种用于量化由原料转化为最终产品过程中各种排放、资源消耗和能源利用以及与之相关环境影响因素的分析方法；与传统的环境影响评价和环境审计相比，LCA的优势不再局限于仅仅对产品生产阶段的污染物进行评价，而考虑了产品生产、工业活动的整个生命周期，包括原材料的开采和加工、产品制造、运输、产品使用与再利用、维护、再循环及最终处置；根据国际标准化组织（ISO）的定义，LCA的技术框架包括4个部分，分别是目标与范围定义、清单分析、影响评价和结果分析。

由于全生命周期评价中涉及的阶段和过程较多，课题组借鉴何心良（2010）提出的“用全能耗评价工业锅炉能效水平”的观点和方法，在本节对燃煤工业锅炉进行全能耗评价分析；并以20t/h燃煤锅炉为实例对链条炉排层燃技术、循环流化床技术、煤粉燃烧技术进行了计算分析。

### 3.6.1　全能耗范围和边界

何心良（2010）的研究，将工业锅炉全能耗范围确定为两个方面，一是在生产制造过程中消耗的能源、材料（包括金属材料和非金属材料）折算成标准煤量，二是生命周期内消耗的一次能源（如煤）、二次能源（如电）和能耗工质（水）折算为标准煤量的总和；以工业锅炉生产1t蒸汽所消耗能源多少来评价典型技术能效水平的高低。计算公式为

$$C=[B_z+B_c+(B_r+B_w+B_d+B_s)\times T]/[(D_b+D_g+D_r)\times T] \tag{3-1}$$

式中，$C$表示锅炉能量单耗（kgce/t标准蒸汽量）；$B_z$表示锅炉制造加工能耗（kgce）；$B_c$表示锅炉耗材折算能耗（kgce）；$B_r$表示锅炉每小时燃料耗量（kgce）；$B_w$表示外来能量每小时消耗（kgce）；$B_d$表示锅炉系统每小时电能总耗量（kgce）；$B_s$表示锅炉系统每小时耗水折算能耗（kgce）；$D_b$表示锅炉每小时向外供出的饱和蒸汽量（t标准蒸汽量）；$D_g$表示锅炉每小时向外供出的过热蒸汽量（t标准蒸汽量）；$D_r$表示锅炉每小时供出热水的总热能折算成标准蒸汽量量（t标准蒸汽量）；$T$表示锅炉生命周期内运行小时数（h）。

### 3.6.2　计算分析

课题组以20t/h蒸汽锅炉作为实例来计算分析3种技术的能效水平。

20t/h饱和蒸汽锅炉的锅炉系统耗水量22t/h，锅炉输出蒸汽量20t/h，锅炉排污率10%；饱和蒸汽压力1.6MPa，蒸汽湿度3%；给水温度20℃；燃料低位发热值20 772 kJ/kg。

锅炉系统耗水量，$D_gs=22$t/h；

没有外来热量加热燃料和入炉空气，即$B_w=0$；

没有向外供出的过热蒸汽，即$D_g=0$；

没有向外供出热水，即$D_r=0$；

饱和蒸汽焓$h_{bq}=2793.29$kJ/kg；

给水焓$h_{gs}=83.90$kJ/kg；

汽化潜热$\gamma=1934.6$kJ/kg；

锅炉使用寿命按15年计算，每年运行250天，每天运行8h，锅炉全生命周期内运行小时数$T=15\times250\times8=30\ 000$（h）。

燃料消耗、每小时耗电量按调研的平均数据计算，见表3-8。

**表3-8　典型技术全能耗评价计算表**

| 序号 | 项目 | 链条炉 | 循环流化床炉 | 煤粉炉 | 备注 |
|---|---|---|---|---|---|
| 1 | 锅炉额定蒸发量/(t/h) | 20 | 20 | 20 | |
| 2 | 锅炉系统耗水量$D_gS$/(t/h) | 22 | 22 | 22 | |
| 3 | 锅炉输出蒸汽量$D_1$/(t/h) | 20 | 20 | 20 | 锅炉排污率10% |
| 4 | 饱和蒸汽压力$P$/MPa | 1.6 | 1.6 | 1.6 | |
| 5 | 蒸汽湿度$\omega$/% | 3 | 3 | 3 | |
| 6 | 饱和蒸汽焓$h_{bq}$/(kJ/kg) | 2 793.29 | 2 793.29 | 2 793.29 | |

续表

| 序号 | 项目 | 链条炉 | 循环流化床炉 | 煤粉炉 | 备注 |
| --- | --- | --- | --- | --- | --- |
| 7 | 汽化潜热 $\gamma$/(kJ/kg) | 1 934.6 | 1 934.6 | 1 934.6 | |
| 8 | 给水温度/℃ | 20 | 20 | 20 | |
| 9 | 给水焓 $h_{gs}$/(kJ/kg) | 83.90 | 83.90 | 83.90 | |
| 10 | 燃料低位发热值/(kJ/kg) | 20 772 | 20 772 | 20 772 | |
| 11 | 燃料消耗量 $B$/(kg/h) | 3 150 | 3 075 | 2 828 | |
| 12 | 锅炉制造加工能耗 $B_z$/(kgce) | 4 300 | 6 509.4 | 3 530 | |
| 13 | 锅炉耗材折算能耗 $B_c$/(kgce) | 69 000 | 104 440 | 56 640 | |
| 14 | 每小时电耗量 $N$/(kW·h) | 179.6 | 380 | 163.6 | |
| 15 | 全生命周期内运行小时数 $T$/h | 30 000 | 30 000 | 30 000 | |
| 每吨蒸汽生命周期能耗 $C$/(kgce/t 标准蒸汽量) | | 118.79 | 122.24 | 106.76 | |

从计算结果来看，用全能耗评价方法分析链条炉、循环流化床和煤粉锅炉 3 种典型技术。煤粉锅炉在全生命周期能耗最少，最具竞争力；链条炉次之，循环流化床最高。这与我们普遍执有的观点有些差距，但这说明，热效率是影响的最主要因素。如果链条炉排锅炉热效率达到 80% 以上，也是很有竞争力的。另外，有以下 3 点说明。

1）由于样本数偏少，部分数据并不十分准确，单位小时煤耗量数据是按照平均效率推算的值。另外，对 3 种技术均假定产品寿命 15 年、每年运行时间数相同，这也不尽合理，需要进一步调研。

2）计算中没考虑煤粉炉磨制煤粉的电耗，以及国家将来实施更严格环保标准可能造成的环保设备投入和运行成本及能耗，如脱硝的投入。

3）因为 3 种技术的可靠性、煤种适应性、负荷适应性等因素未量化纳入计算，故评价结果有利于热效率最高的煤粉锅炉。但是课题组利用全能效评价方法分析是一个尝试，提高了对工业锅炉技术水平和实际使用价值的认识和理解，较为直观地看出各种技术耗能的水平和影响能耗的环节。更科学、准确、全面的方法还是使用全生命周期评价，还将做进一步深入研究。

# 第 4 章　煤与生物质混合燃烧与气化技术

煤与生物质是两种常见固体燃料，以燃烧和气化为主要形式的热化学转化是其主要利用途径。目前已经有大量针对煤或者生物质单一燃料的燃烧和气化技术可供使用。这些技术针对原料特性以及转化目标进行针对性设计，都具有自身的优势。将煤和生物质混合利用则是另一种思路，旨在取长补短，结合两种燃料不同的特性，通过混合燃烧（混烧）或者气化实现可再生能源和化石能源的综合利用，从两种不同类型燃料中获取最大利益。

煤与生物质混合燃烧与气化技术根据生物质品种的不同还可以细分为如下几个技术领域：针对农林废弃物类生物质的可分为煤与生物质混烧技术以及煤与生物质混合气化技术；针对生产、生活废弃物类型的生物质，有煤与垃圾、污泥混烧和气化技术。本调研报告将按照上述划分方法，对煤与农林废弃物类生物质（后文简称为生物质）的混合燃烧技术，煤与生物质的混合气化技术，煤与垃圾、污泥的混烧/气化 3 个方面展开。

## 4.1　技术发展现状

目前，煤与生物质混合燃烧、煤与生物质混合气化以及煤与垃圾、污泥混烧和气化在技术上已经日趋成熟。除了煤与生物质混合气化，其他两类技术均有较大规模的工业应用实例。其中，煤与生物质混合燃烧主要集中在欧美等国家，而煤与垃圾混合燃烧气化则主要在中国有大规模的工业应用。本节主要介绍了 3 类混烧技术各自的特点以及国内外的发展、应用情况。

### 4.1.1　混烧技术简介

#### 4.1.1.1　煤与生物质混合燃烧技术

该技术提出的主要出发点：一方面，生物质具有资源分布密度低、分布广、收集过程需要大量人力且易受农林业采收制度及气候地理因素影响等特点，不适合于大规模集中转化利用；另一方面，生物质资源本身品种繁杂、品质波动大、预处理技术复杂，作为单一燃料使用时容易出现物理化学特性波动、热值不稳定等弊端，因此，较大规模的生物质直接燃烧利用情况下，燃料的组织供应以及锅炉对燃料品质波动难以适应等问题非常突出。而混烧，一方面由于辅之以供应稳定可靠的煤炭，可以在很大程度上克服前述问题；另一方面，利用大型燃煤电厂进行生物质混煤燃烧发电，无需或只需对设备进行很小的改造就能实现，且生物质能以大规模煤电机组的高效率实现转化利用，这不失为一个非常吸引人的低成本高收益的生物质能利用模式。煤与相对低硫、低灰、高挥发分的生物质混合燃烧，不仅能有效地替代了煤炭的消耗，降低温室气体排放，还能在很大程度上优化煤炭的燃烧过程，改善煤炭的着火特性，提升煤炭燃烧的效率；同时可以有效地削减煤燃烧过程产生的大量传统污染物（$SO_2$、$NO_x$等）的排放，保护了生态环境。在许多国家和地区，混合燃烧发电被认为是完成$CO_2$减排最为经济、有效的技术选择。目前，以欧美为代表，生物质与煤混合燃烧技术已进入到商业示范阶段，相当多成功的生物质与煤混合燃烧发电工程已经建成投运并显示出巨大的优越性。这些电站的装机容量大多为50~2000MW，和燃煤发电规模类似，所用的燃料包括农作物秸秆、废木材等。从炉型上看，大型燃煤电站锅炉常用的煤粉锅炉是主要混烧炉型，亦有部分混烧发电厂使用层燃炉和流化床技术。

#### 4.1.1.2 煤与垃圾、污泥混烧和气化技术

煤与垃圾混合燃烧技术是我国目前垃圾处理的主流技术之一。根据对我国已建成（2008年年底前）的规模化的垃圾焚烧发电厂调研结果，我国目前的城市生活垃圾焚烧厂主要以炉排炉和流化床炉为主。该类混合利用项目的出发点往往是垃圾等废弃物的无害化处置和能源化利用，煤的燃烧利用起辅助作用。炉排炉垃圾焚烧作为主流技术多分布在发达国家和地区，在我国主要分布在东部沿海地区，尤其是省会级和副省级城市。不同于流化床垃圾焚烧炉，炉排炉垃圾焚烧均采用生活垃圾焚烧和辅助油燃烧为主，基本不采用与煤混烧的方式。因此本调研报告不针对生活垃圾的炉排焚烧技术作进一步调研，而只针对较普遍采用煤和垃圾混合燃烧的流化床焚烧技术，结合国内外工程应用进行调研分析。

城市生活垃圾气化熔融焚烧技术最早于20世纪70~80年代出现在美国和西欧。该技术最大的优势在于可较彻底地解决二噁英与重金属污染问题：在低温气化过程实现深度脱氯、减少金属氧化，在高温熔融过程促使二噁英及其前驱物完全分解、重金属有效固化，从而缓解受热面腐蚀，提高蒸汽参数和发电效率，实现二噁英和重金属的近零排放（胡建杭，2008；肖刚，2006）。但是就目前技术发展情况看，尚未发现煤与垃圾混合气化的工艺路线。因此，本报告中不作进一步讨论。

因污泥含水率较高，不能简单作为燃料直接应用。污泥作为燃料使用前，必须开发相应的污泥脱水（干化）技术，使低热值的污泥转变成热值较高的可用燃料，然后进入焚烧炉进行燃烧（李博，2012；严建华，2012a）。鉴于污泥低热值的特性，其焚烧的主要技术路线是干化脱水后在流化床中与煤混合焚烧，或者在已建成的燃煤锅炉中掺烧（严建华，2012b）。

#### 4.1.1.3 煤与生物质混合气化技术

气化是由固体燃料获得气态燃料和化学合成原料的主要途径之一。目前，生物质气化技术已日趋成熟，利用生物质可以减少$SO_2$、$NO_x$等有害物的排放，而且生物质生长和利用过程总的$CO_2$排放量近似为零，有助于减轻温室效应。但生物质的物理性质特殊，给料难度较大，挥发分含量高，气化过程中焦油产量较大，这些特性不但会影响气化设备的稳定运行还会降低气化效率。由于生物质的大规模收集储运难度较大，所以生物质单独气化的规模也受到限制。煤与生物质混合气化不仅可以弥补生物质单独气化时

的缺陷，而且有利于解决生物质供给的季节性问题和煤炭资源的可持续利用，提高过程的经济性并可减少 $CO_2$、$SO_2$、$NO_x$ 等有害物的排放。同时混合气化还能在碳反应性、焦油形成和减少污染物排放等方面产生协同作用。研究表明，由于生物质中无机组分的作用，煤和生物质共气化过程具有一定的协同效应，即共气化过程的气体产率大于煤和生物质单独气化的气体产率之和，相应的焦炭和焦油的产率会减少，并且气体中的可燃成分会增加。

## 4.1.2 技术特点

### 4.1.2.1 煤与生物质混合燃烧发电技术

煤与生物质混合燃烧发电是指在燃煤电厂基础上辅以生物质燃料进行发电的技术。从燃烧技术上划分，煤与生物质混合燃烧发电技术可以分为直接混合燃烧、间接混合燃烧和平行混合燃烧 3 种。直接混合燃烧是指直接将生物质燃料送入炉内进行燃烧发电；间接混合燃烧是指将生物质气化所得燃气送入燃煤锅炉内进行燃烧发电；并联燃烧是指煤和生物质独立在不同的锅炉内燃烧，两台锅炉产生的蒸汽通过某种模式组合在同一台汽轮机内完成发电。

#### (1) 直接混合燃烧

生物质和煤直接混合燃烧分为 3 种基本类型。

1）生物质燃料与煤在给煤机路线的最上游就进行混合。这种情况下生物质送入磨煤机入口，和煤炭一起由磨煤机按给定的流率供给并分配至所有的粉煤燃烧器。这是最直接也最简单的方案，实施的成本最低。但是，考虑到纤维质的生物质原料处理不好容易干扰原有的煤炭制粉系统，因此这种方案仅适用于少数几种硬质木本生物质燃料和非常低的混合燃烧比。

2）生物质搬运、计量和粉碎设备单独设置，处理后的合格的生物质燃料直接进入煤炭燃烧器上游的燃料管道或燃烧器。此方案需要在锅炉原有燃烧器和燃料制备设备之外安装单独的生物质燃料处理设备和管道，在空间上往往比较难处理。另外，要使两套独立的燃料制备输运系统协同运行是一件较困难的事情。

3）设置单独的生物质的输运预处理设备以及单独的生物质燃烧器。此方案对原有系统影响最小，但是相对而言投资成本较高。

图 4-1 为直接混烧的流程示意图。

#### (2) 间接混合燃烧

在欧洲和其他地区的一些示范项目，首先将木屑燃料气化，然后将产生的燃气引入燃煤炉中燃烧。依据设备的类型和成本的不同，这相当于用气化器来替代生物质粉碎设备，即将气化认为是生物质燃料的一种预处理方式。在大多数运行级混合燃烧锅炉机组，通常选用以空气为气化剂的常压循环流化床木屑气化炉技术。此种类型气化技术有多种形式，来自不同的供货商，目前已商业化运行，技术上被认为相当成熟。其流程示意如图 4-2 所示。

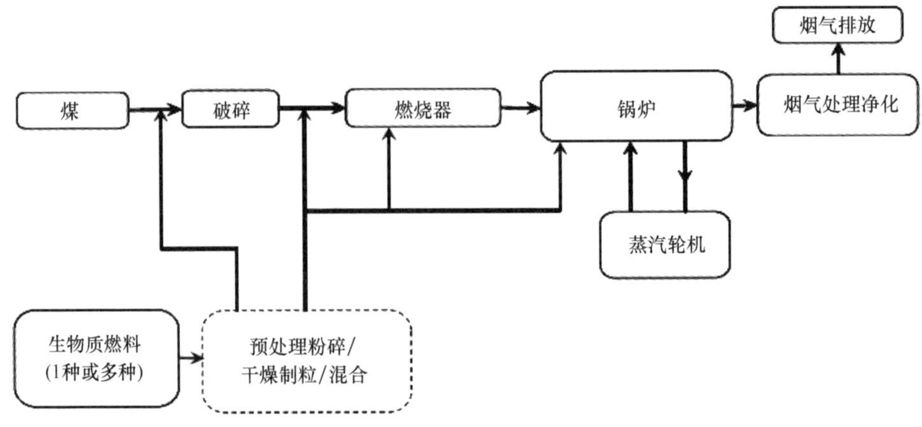


图 4-1　直接混烧工艺流程（European Biomass Industry Association，2012）

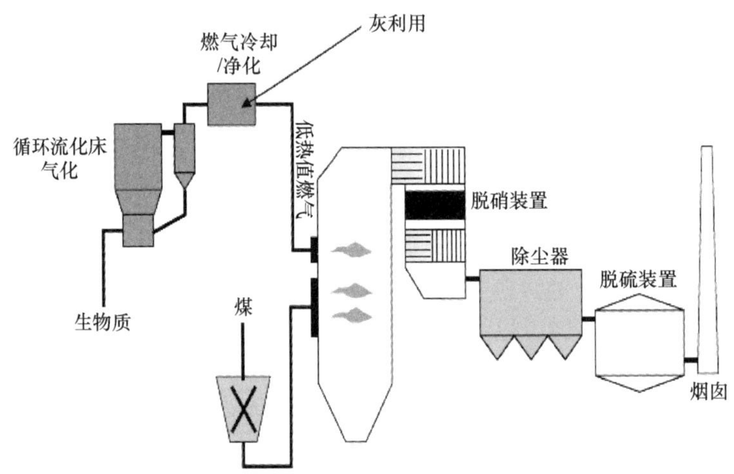


图 4-2　间接混烧流程（European Biomass Industry Association，2012）

图中气化的主要产物是低热值燃气，热值主要取决于燃料含水量。燃煤炉中燃烧生物质燃气是相当成熟的技术。但其中一个示范项目是将生物质燃气作为再燃燃料用于控制 $NO_x$ 排放，这是一项较新技术。燃烧前生物质燃气的净化程度是技术关键。由于无需气体净化和冷却过程，投资成本较低。气化的所有产物在 800~900℃ 通过管道进入燃烧室。气化的主要产物：可燃气；生物质灰分，包括碱金属和痕量金属；焦油和其他冷凝的有机物；Cl、N 和 S 元素化合物。

但是不进行燃气净化时，在电站锅炉运行上还是存在一些风险。奥地利 Zeltweg 示范项目的结论指出，当混合燃烧比例较高且使用毁坏或其他废木材时，有可能增加锅炉运行风险。替代方案是在生物质燃气进入锅炉燃烧室前先冷却和净化。具体实例显示这是一个更加昂贵的方案，但更大程度上提高了燃料的灵活性，同时极大地避免了燃煤锅炉运行和使用风险。生物质燃气一般通过水或蒸汽换热器进行冷却处理，温度为 200~250℃。尽管可以使用高温陶瓷和烧结金属除尘器，但净化时通常采用传统的烟气净化技术。$H_2S$、$NH_3$和焦油常采用传统的湿式除尘器收集。值得注意的是，这种模式下的气化技术仅适用于木材燃料；目前还没有合适的气化示范技术用于秸秆和其他成捆生物质燃料。

**(3) 平行混合燃烧**

平行混合燃烧概念将生物质燃烧系统与燃煤系统完全分离，仅仅在蒸汽侧发生关联，即生物质产生低参数蒸汽然后送至燃煤锅炉进一步提升参数以提升整体转化效率。这种设计虽然成本较高，运行协调也比较困难，但其优势在于规避了生物质燃烧在高参数情况下的高温腐蚀和沉积等灰侧问题；另外，可以避免煤灰混入生物质灰影响生物质灰的循环利用。其工艺流程如图4-3所示。

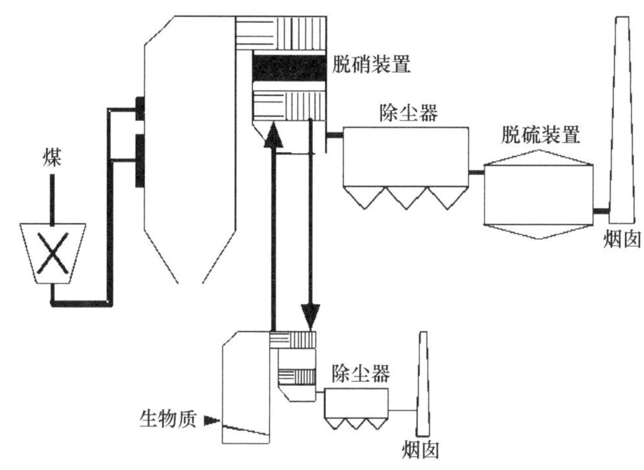


图4-3　平行混合燃烧流程（European Biomass Industry Association，2012）

### 4.1.2.2　煤与垃圾、污泥混合燃烧技术

燃煤流化床锅炉燃烧过程中，煤必须被破碎成一定粒度的小颗粒，防止炉底产生煤颗粒沉降而造成局部流化变差，影响燃烧换热导致高温结渣。生活垃圾与煤的差异在于可燃物的主要成分为纸张、塑料、草木、皮革等物质，其密度小于流化床床料。生活垃圾进入流化床后，灼热砂粒对其进行加热，垃圾迅速干燥燃烧，浮于流化床内燃烧，不会因局部换热条件变差而产生超温现象，在燃烬之后才会从炉底排出。垃圾中密度较大的物质如金属、砖瓦石块等不可燃物进入流化床内之后会迅速沉降至底部。这些大密度的不可燃物在流化床底部停留阶段，自身不会燃烧产热，所以也不会造成局部超温和结渣现象的出现。通过特殊的布风装置和排渣设计（马增益，2001），这些不可燃物被从床底及时排出（许峰，2005），从而防止在床内造成堆积而造成流化状态恶化。由于上述特性，流化床炉也可直接焚烧经简单分选破碎后的生活垃圾。

循环流化床燃烧具有污染排放低的特点，同时对燃料适应性强，在垃圾品质很差的情况下可以少量使用煤助燃。鉴于中国垃圾的特性，从综合经济效应和环保效益方面考虑，在技术得到不断发展和完善的情况下，未来在中国的垃圾处理市场将仍有非常好的发展前景。我国生活垃圾收集的现状是混合收集，针对这一情况，研究发展了循环流化床垃圾焚烧技术。该技术已经达到了成熟商业化应用的阶段，形成了一系列不同处理能力的装置和设备；给燃料、排底渣、燃烧过程控制、烟气处理设备实现了较好的配套，垃圾入炉焚烧前不需要进行复杂的预处理，锅炉产汽与常规汽轮发电设备参数匹配良好，环境效益和经济效益显著（丁珂，2008）。目前比较主流的几种煤与垃圾混合燃烧技术路线如下。

**（1）浙江大学循环流化床垃圾焚烧技术**

自20世纪90年代初期，浙江大学在国家和省（直辖市）等多项基础研究项目的支持下，针对中国生活垃圾的特点，开展了垃圾焚烧和二次污染特性的一系列研究，形成了生活垃圾循环流化床清洁焚烧发电集成新技术。该技术与国内外已有技术比较，具有燃烧效率高、负荷调节范围宽、污染物排放低、炉内燃烧热强度高等优点，特别适合于焚烧多组分、高水分、低热值的中国生活垃圾。迄今已有38座焚烧炉应用在全国范围的15座大中城市生活垃圾焚烧发电厂，实现了日处理垃圾11 700t。浙江大学开发的异重流化床垃圾焚烧炉如图4-4所示，具有如下特点（岑可法和徐旭，2000；李晓东，2002）。

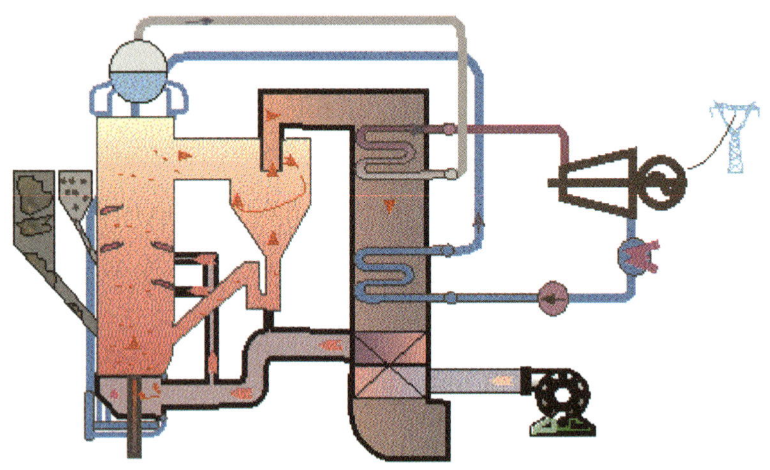

图4-4 浙江大学异重流化床垃圾焚烧炉示意图（岑可法和徐旭，2000）

1）焚烧技术完全针对中国城市生活垃圾基本特性开发。浙江大学热能工程研究所开发出的异重流化床是由重度差异较大的不同颗粒（如石英砂与垃圾）组成的流化床系统。研究表明，异重流化床可以防止垃圾大块在床内的沉积和轻粒度垃圾成分的偏浮，从而保证稳定燃烧。

2）负荷调节范围宽，燃料适应性好，特别适合城市生活垃圾组成随季节性变化大的特点。当城市垃圾的热值随季节及天气变化或影响而过低时或用户要求需较大的蒸汽量以供发电或供热应用时，可将城市垃圾与煤等辅助燃料在同一焚烧炉内混烧。

3）采用高比重惰性物料循环。这样可以防止垃圾大块在床内的沉积和轻粒度垃圾成分的偏浮，保证焚烧炉内稳定燃烧。

4）通过布风装置及燃烧设备的专门设计，可保证经简易破碎的原生垃圾在炉内充分焚烧。同时通过特殊设计的布风装置和床料冷却分选装置，可在排除大尺寸渣块的同时使较细床料重新送回床层内，以保证流化床层粒度维持稳定，从而保证流化床焚烧炉的稳定长期运行。

5）采取了较全面的防止二次污染的措施。对焚烧时产生的有害物质进行了处理，在不增加太多的投资的前提下，可将 $NO_x$、$SO_2$及 HCl 等气体排放控制在国家标准以下。同时焚烧炉采用二次风旋涡分段燃烧，这样可以保证焚烧炉膛高温区温度均匀，烟气混合强烈并有充分的停留时间，从而达到控制污染物排放的目的。

6）通过控制燃烧温度降低了 Cl 向 HCl 的转化，高浓度的飞灰吹扫和非常规的过热器布置方式等措施和方法，缓解了过热器高温腐蚀问题（严建华，2012b）。

### （2）清华大学循环流化床垃圾焚烧技术

清华大学从 1994 年开始研究、开发生活垃圾焚烧技术，其代表性技术是炉排循环床复合炉型的大中型生活垃圾焚烧炉，具有下列几个方面的特点（邓高峰，2003；于培锋，2006）。

1）采用炉排进料和干燥技术，使循环床焚烧炉的生活垃圾进料如同炉排炉一样简便可靠；入炉垃圾进行预干燥处理，增强了焚烧炉对垃圾水分的适应能力，并且避免了直接将垃圾投入循环床密相区、燃料内水分闪蒸、挥发分迅速挥发等情况造成的炉内压力波动。

2）布风板采用了空间形状、定向风帽的特殊工艺技术。排渣采用床上排渣，配合外部的选择性水冷除渣设备和细渣循环回送系统，粗大不可燃的成分被有效排出，不必依赖添加辅助燃料（煤）来形成排出粗渣所需的细渣，在垃圾热值足够高（如低位发热量大于 1000kcal/kg①）时完全不需要添加辅助燃料即可保持燃烧的充分、稳定。

3）炉膛壁采用全膜式结构，并在炉壁上敷设耐火材料，在保证低热值的垃圾在半绝热条件进行充分燃烧的前提下，避免了高温和有害烟气成分对于炉膛的腐蚀。

4）四级配风设计，保证可燃成分以挥发分为主的垃圾充分燃烧（梁莹，2005），实现垃圾的分级燃烧，既保证了较低的初始排放水平，又能保证充分燃烧。

图 4-5 为清华大学容量 150t/d 的循环流化床焚烧炉的系统图，包括锅炉本体及尾部烟气净化系统。垃圾由曲轴推料器经前部料斗送入干燥床，在倾斜式干燥床上被热风及烟气干燥，缓慢落入炉膛密相区，在密相区被点燃，剧烈燃烧。未燃尽的固体粒子和挥发分被高温烟气携带经密相区依次向上，与干燥风、二次风、三次风在净高 15m 的炉膛内强烈混合燃烧。燃后烟气经炉膛出口进入水冷旋风分离器，颗粒分离效率为 96%～98%，粗灰被分离下来后经料腿进入回料器，由松动风吹回送进炉膛，重新进行燃烧。高温烟气粗分离后从旋风筒出口流经沸腾式省煤器、热管空预器、铸铁省煤器，然后进入布袋除尘器、喷淋洗涤塔等尾气处理装置，最后从烟囱中排放到大气（邓高峰，2003）。

### （3）中国科学院工程热物理研究所循环流化床垃圾焚烧技术

中国科学院工程热物理研究所成立于 1980 年，主要从事能源高效转换利用与环境

①1kcal＝4186. 8J。

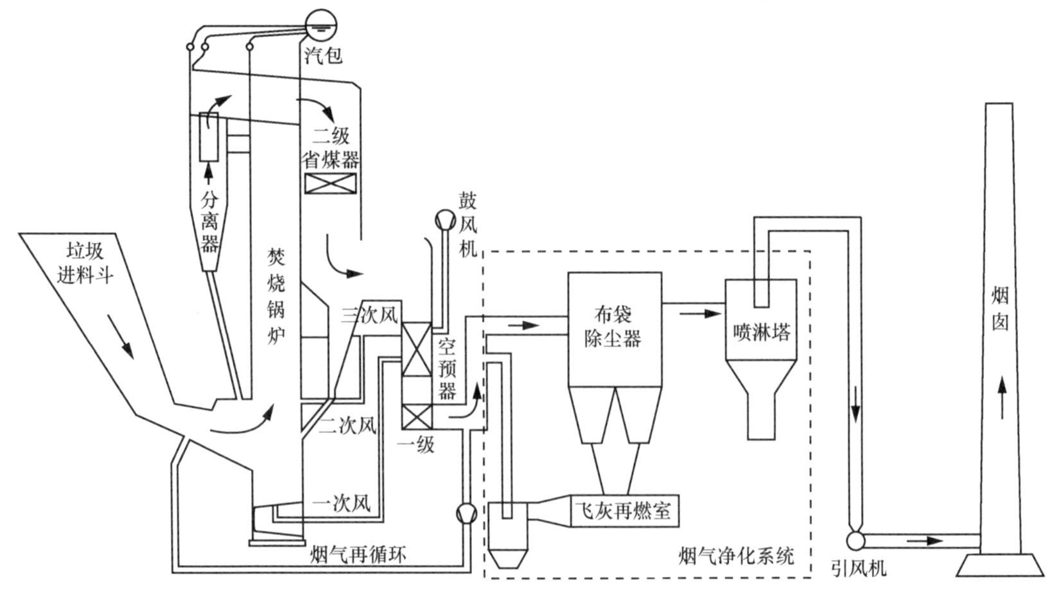


图 4-5　清华大学容量 150t/d 循环流化床垃圾焚烧炉（邓高峰，2003）

的研究。近年来，该所在发展工程热物理前沿、新兴与交叉学科，在国家能源、动力、环境领域中发挥关键的科学与技术支撑作用。北京中科通用能源环保有限责任公司（以下简称中科通用）成立于 1987 年，其前身是中国科学院工程热物理研究所全资的北京通用能源动力公司，2001 年 7 月通过中国科学院企业改制进入中科实业集团（控股）公司，成为中科集团的控股企业。到目前为止，中科通用已经在北京、山东、浙江、广东、广西、四川等省（自治区、直辖市）建成循环流化床垃圾焚烧发电厂。

由中联环保技术工程有限公司、无锡华光锅炉股份有限公司和绍兴市新民热电有限公司共同开发研制了 350~500t/d 带外置换热器的生活垃圾焚烧循环流化床锅炉。该焚烧炉的燃烧系统由流化床、悬浮段、高温旋风分离器、返料器和外置换热器等部分组成（方建华，2004）。如图 4-6 所示，在高温旋风分离器的烟气出口，布置有对流管束蒸发受热面，低温过热器、省煤器和空预器布置在其后面的尾部烟道内，高温过热器布置在外置换热器内。流化床燃烧室采用倾斜式结构的布风板，由给料口向排渣口一侧倾斜，超大的排渣口可将进入流化床内的大块不可燃物排出；外置换热器采用空气流化、高温循环物料为热载体，布置在其内的过热器和 HCl 气体隔绝，以解决垃圾焚烧高温腐蚀问题（方建华，2004）。烟气处理系统采用循环流化半干法和布袋除尘工艺；该系统主要由循环流化床反应塔、布袋除尘器、给粉系统、增湿器、飞灰回送循环系统和排灰系统等组成。

#### （4）日本荏原流化床垃圾焚烧技术

青岛荏原环境设备有限公司是由始建于 1912 年的株式会社日本荏原制作所投资创建的一家日本独资企业，公司是兼备设备制造能力的资源综合利用型的环境工程企业，成立于 1992 年，公司总投资额 31.5 亿日元。主要产品：燃烧各种劣质燃料的低污染、高效率内循环流化床锅炉（internal circulating fluidized bed boiler，ICFB），内部回旋式城

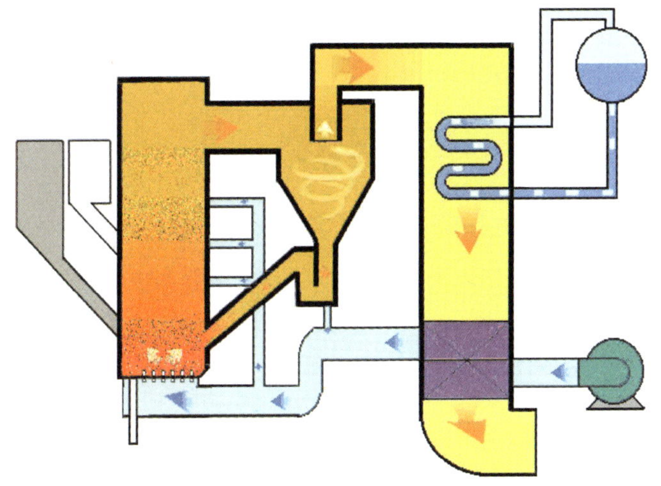

图 4-6　中科通用循环流化床垃圾焚烧炉示意图（方建华，2004）

市垃圾和产业废弃物焚烧炉，炉排式垃圾焚烧炉，智能控制全自动燃油（气）蒸汽、热水锅炉，其他环保设备等。

荏原公司内循环流化床（图 4-7）锅炉主要技术特点（陶丽娟，2004；王国庆，2004）有 3 个。

1）流化空气的风量有差异。左右空气量比中央部分多。

2）倾斜式炉床。炉床由中央向炉两端的不燃物排出口倾斜。

3）回旋流效果。从左右两侧部分向上吹起的砂被导流板阻挡回流到炉的中延部分。

目前已建和在建的焚烧项目：哈尔滨垃圾焚烧厂，太原市垃圾焚烧厂，大连市垃圾焚烧厂。

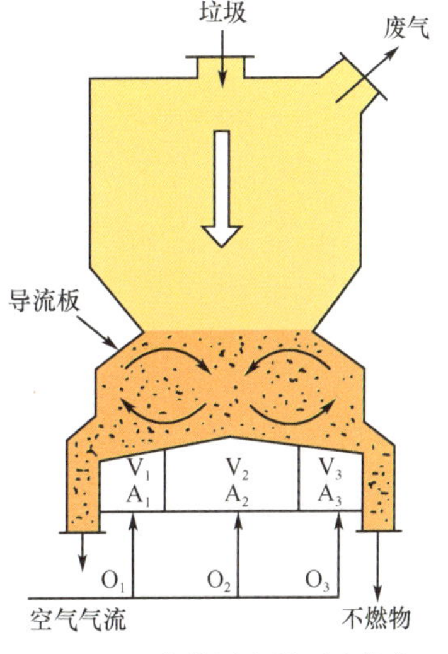


图 4-7　日本荏原内循环流化床（陶丽娟，2004；王国庆，2004）

### 4.1.2.3　煤与生物质混合气化技术

生物质气化技术已有近百年的发展历史，近年来得到广泛应用。由于生物质的供给受到季节性的影响较大，生物质单独气化的规模相对受到限制；且生物质的能量密度相对较低，降低了生物质的利用效率，而且对气化过程的稳定运行造成不利影响。煤与生物质混合气化技术的开发打破了气化原料的选择限制，为不同来源和特性的固体原料的共气化提供了新途径。由于煤和生物质的物理性质和化学性质存在较大差异，因此，两者混合进行共气化较单一物料气化的影响因素更多，受温度、气化剂、煤与生物质的掺混比例与掺混方式以及生物质的种类等多种因素的影响（胡长娥，2012；徐春霞，2008）。

目前，煤与生物质混合气化尚未形成成熟的工业技术。在技术探索领域，国内外针对不同类型的煤与生物质的混合气化已经开展了大量的实验研究，包括利用热重分析仪、固定床、流化床和气流床反应器，重点关注不同反应条件下（温度、压力、气氛、原料配比、催化剂等）对气化产物、效率等气化特性的影响（Taba，2012；Miccio，2012）。

### 4.1.3 国内外相关技术发展状况

#### 4.1.3.1 煤与生物质混烧技术发展状况

到2004年，全世界共有大约150个燃煤电厂进行过混烧生物质的尝试（不同的炉型和燃料类型），基本上采取直接混烧模式，极少数采用间接混烧等其他模式。绝大多数混烧项目都是在传统煤粉炉上进行的，其次是流化床和炉排炉（图4-8）。

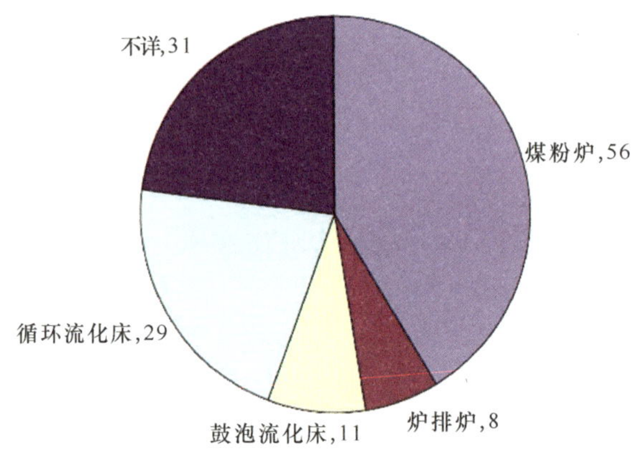


图4-8　混烧项目炉型分布（European Biomass Industry Association，2012）

在德国，燃用褐煤的煤粉锅炉中已经成功实现了秸秆混烧试验；美国已经进行过许多在煤粉锅炉中掺烧木质燃料和Switchgrass（一种草本能源作物）的试运行；澳大利亚已有一些商业运行混烧项目，还有一些掺烧到热量基5%的煤粉炉电厂的试运行正在进行；荷兰也有几个商业项目和实验项目在煤粉锅炉中燃用不同的生物质燃料；丹麦是世界上最早利用生物质发电的国家之一，特别是在秸秆类生物质的利用方面拥有成熟、先进的技术。目前大部分混烧项目集中分布在欧盟和北美洲等的发达国家（图4-9）。

最近十几年来，减排$CO_2$和开发可再生能源的需要推动了欧盟国家如丹麦、荷兰、芬兰、英国、意大利等国家生物质混煤燃烧发电的发展，使其成为生物质发电的主流趋势。例如，英国主要的13个装机容量接近或超过1000MWe以上的燃煤电厂都实现了混烧发电，其中8个电厂的装机容量都是2000MWe的等级，还有一个4000MWe的特大型电厂（Drax）也在进行混烧改造。2005年1月到2007年9月，英国的混烧电厂共消耗了大约354.244万t生物质燃料；2006年，在混燃发电中由生物质生产的电能占英国可再生能源生产总量的18.7%。由于各国在地理和气候条件、生物质来源、人口及其分布等方面的不同，以英国和芬兰为例，其在发展生物质混烧发电时呈现出各自的特点。

1）在经济方面，混烧发电的初期投资和运行成本远低于纯烧生物质电厂。在芬兰，现有的循环流化床燃烧（circulating fluidized bed combustion，CFBC）和鼓泡流化床燃烧（bubble fluidized bed combustion，BFBC）锅炉本来就适合多燃料燃烧，改造成生物质混

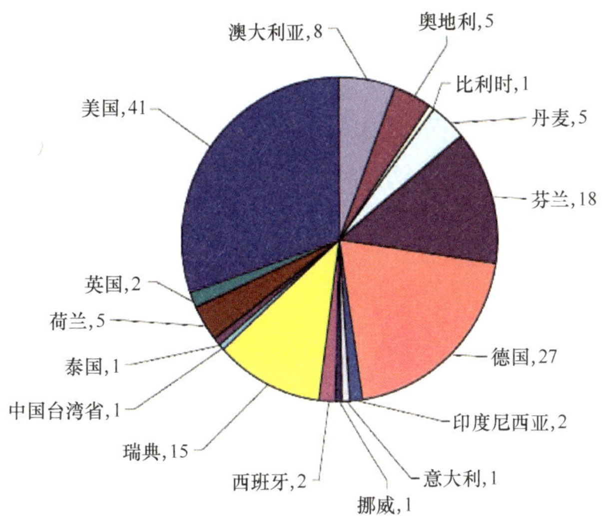


图 4-9　混烧项目区域分布（European Biomass Industry Association，2012）

烧是容易的事。在英国，大型煤粉锅炉的混烧改造也有明显的经济优势。阿尔斯通公司的案例分析表明，在英国新建一座 40MWe 纯烧生物质电厂，单位容量投资高达 1625～1875 英镑/kW，而改造 4×500MW 燃煤机组得到 200MW 生物质发电能力，单位容量投资是 125 英镑/kW，仅为纯烧电厂的 1/15～1/13，其建设周期为 2 年，不到 1 年就可收回投资。

2）无论是芬兰还是英国，在混烧电厂都首先使用当地产生的生物质燃料，主要的生物质燃料是农林固体剩余物，或特地种植的能源植物。芬兰的混烧生物质燃料以森林产业的废弃物为主，包括树枝、树根、树皮、废弃木材。泥煤是芬兰混燃电厂的主要煤质燃料。而在英国，除了本地产生的麦秸等燃料，还从国外进口热值较高、含水量低的棕榈壳和木质颗粒。英国电厂的用煤也主要从国外进口。

3）芬兰的混烧发电机组多为中小型机组，最大容量不超过 200MWe；锅炉燃烧方式多为 CFBC 或 BFBC；混烧方式有生物质燃烧直接混烧和生物质气化间接混燃，以前者为主，混烧比的范围较宽，最大达到 30%。芬兰的混烧发电机组都是热电联产机组，这样虽然机组容量不大，但是综合能量效率很高，都在 85%以上。英国的混烧发电多由大型燃煤凝汽机组改造而成，在原煤粉锅炉上用独立的燃烧器燃烧粉状生物质燃料，生物质掺烧量一般不超过 10%。由于机组容量大、蒸汽参数高，生物质发电的效率很高。

4）在芬兰和英国，有一批专业性很强的机构，从事生物质燃料的运输、储存、加工、给料、燃烧和过程控制技术的研发和设计，相应地有各种专业化公司从事设备的制造。这种共同努力的结果，使得生物质混烧发电的技术比较成熟，生产设备和系统完善，可用率高。

#### 4.1.3.2　煤与垃圾、污泥混合燃烧技术发展状况

**（1）中国发展情况（浙江大学和中国城市建设研究院，2009）**

中国的循环床垃圾焚烧技术的开发始于 20 世纪 90 年代，经过多年的研究，已取得

很大的成绩，国内很多科研单位推出了代表各自技术特征的循环流化床垃圾焚烧技术。国内流化床垃圾焚烧炉技术的发展，从一开始就是国产化的。主要技术研制单位包括浙江大学热能工程研究所、中国科学院工程热物理所、清华大学热能工程系等，技术使用和实施单位有杭州锦江集团、北京中科通用能源环保有限责任公司、清华同方等。目前引进的国外流化床技术主要是日本荏原公司流化床焚烧技术。

目前国内从事垃圾焚烧发电的投资商有 40～50 家，市场上比较活跃的主要是中科通用、锦江集团、浙江物化天宝环保能源有限公司、日本荏原、上海环境集团、北京金州、天津泰达、重庆三峰、法国威立雅、厦门创冠、深能源、温州伟明、中国环境保护公司、光大国际等，具体见表 4-1。有些地方性的企业利用地理及人事优势，以 BOT（建设-经营-转让模式）进入垃圾焚烧发电行业的企业也很多。国内循环流化床垃圾焚烧炉的主要设备制造商包括无锡锅炉厂、南通锅炉厂、杭州锅炉厂、济南锅炉厂和哈尔滨锅炉厂等。杭州锅炉厂采用浙江大学异重流化床技术生产了 10 余台 150～350t/d 焚烧炉；自 2002 年起南通锅炉厂采用浙江大学的技术生产了 200～400t/d 系列流化床焚烧炉 30 余台。无锡光华锅炉有限公司和四川锅炉厂采用中国科学院热物理所的技术制造了 10 余台蒸发量为 75t/h、垃圾处理量 200～500t/d 不等的垃圾焚烧炉。无锡光华锅炉有限公司还与日本荏原公司合作生产流化床焚烧炉。杭州乔司、山东菏泽、安徽芜湖、江苏南通、云南昆明等焚烧厂采用了浙江大学异重流化床垃圾焚烧技术；长春垃圾焚烧发电厂等采用了清华大学的层燃-流化复合垃圾焚烧技术；浙江嘉兴、四川彭州等垃圾焚烧厂采用了中国科学院的垃圾焚烧技术。

**表 4-1　生活垃圾焚烧处理公司（企业）分类**

| 企业性质 | 企业 |
|---|---|
| 政府主导型投资公司 | 上海环境集团、天津泰达股份、中国环境保护公司、北京市环卫集团、上海浦东发展集团 |
| 专业投资运营公司 | 法国威立雅、北京金州、光大国际 |
| 工程投资型公司 | 北京中科通用、重庆三峰卡万塔、清华同方、绿色动力、锦江集团、伟明集团 |

浙江大学热能工程研究所在污泥焚烧技术研究开发方面走在了全国的前列。从 1996 年出口到韩国的第一台污泥焚烧锅炉开始，浙江大学热能工程研究所系统研究了污泥输送、污泥干化、污泥焚烧、污染物控制等污泥焚烧处置的集成技术，形成了完善的技术体系（严建华，2007）。近年来，浙江大学热能工程研究所承担了国家水体污染控制与治理重大科技专项课题“城市污水污泥减量、无害化和综合利用关键技术研究与工程示范”，浙江省重大科技专项“污泥无害化能源化利用技术研究及示范”“污水污泥焚烧利用关键技术研究与装备开发及工程示范”，国家教育部重大研究项目“污泥燃料化焚烧集成系统的关键技术研究”，国家建设部科学研究项目“污泥干化和焚烧集成技术的研究”。目前，浙江大学热能工程研究所在进行设计和建设的污泥处置项目 15 个，已经获 6 项发明专利（严建华，2007）。

**（2）国外相关发展情况**

1）欧洲生活垃圾焚烧发展概况。焚烧是欧洲处置城市生活垃圾的主要方式，但是不同国家焚烧处理垃圾所占的比例差别十分大。欧盟成员国城市垃圾焚烧所占比例从 0

到 76%。其中荷兰比例最高，占 76%；丹麦 56%，德国和法国分别占 29% 和 26%。在欧盟 15 个成员国和挪威及瑞士这 17 个欧洲国家中，有 420 家生活垃圾处理厂。目前，大约 25 家新焚烧厂正在试运转期，另 20 家处于计划阶段。欧洲 90% 以上的焚烧厂采用的垃圾焚烧炉技术是机械炉排焚烧炉；流化床焚烧炉、旋转窑焚烧炉和热解气化技术虽有应用，但较少。其他废弃物也常添加到生活垃圾中在机械炉排焚烧炉中进行处理，这些废物包括商业垃圾、工业非危险废物、污泥和某些医疗垃圾（施庆燕等，2010）。

2）日本生活垃圾焚烧技术现状。由于人口密度高、土地资源短缺，日本是世界上用焚烧处理城市生活垃圾比例最高的国家。不但大城市的生活垃圾采用焚烧进行处理，市、町、村的生活垃圾也基本上采用焚烧来进行处理。以东京 23 区为例，除了中野区、新宿区、文京区、千代田区、台东区、荒川区等 6 个区以外，其余各区均建设有垃圾焚烧厂。1998 年垃圾焚烧处理能力达到 7340t/d；2007 年东京 23 区垃圾焚烧处理量占垃圾总产生量的 74.5%。日本的生活垃垃圾焚烧具有下述特点。①大型城市垃圾焚烧厂基本采用机械炉排炉，技术十分先进。焚烧厂没有恶臭问题，二噁英的排放远远低于 0.1TEQng/$Nm^3$。②市、町、村的垃圾焚烧炉多为间歇运行的固定炉排式焚烧炉、机械炉排焚烧炉或流化床焚烧炉，尤以启动和停炉容易的流化床焚烧炉居多，且大多数小型焚烧炉的焚烧烟气处理系统只有静电除尘和湿法除酸。1997 年后，为有效控制二噁英，固定炉排炉、间歇运行的流化床和机械炉排炉等规模小、尾气系统简单的设施数量大幅减少，先进的大型炉排焚烧厂不断增加。

#### 4.1.3.3　煤与生物质混合气化技术发展状况

尽管关于煤与生物质混合气化的研究很多，但实际应用还很少，大部分研究者只是在实际气化炉中添加生物质以验证混合气化的可行性。例如，McDaniel 在美国 Polk IGCC 电站 1 号气化炉混合气化煤、石油焦和桉树，可以替代部分燃料，但是加料系统需要改造，而且原料制备成本高。Valero 等在 IGCC 气化炉以数值模拟研究煤与生物质的混合气化，生物质对合成气成分影响不大，但是运行操作需要更改。在混合气化技术应用方面，RudersdorferZamentGmbh 公司水泥厂（位于德国柏林附近）使用的是鲁奇 CFB 气化装置来处理垃圾。1996 年该装置开始运行，最人功率为 10MW，工业废料和城市生活垃圾是其主要燃料，使用褐煤作为辅助原料。该设备的运转可用率达到 90% 以上，其主要产品为低热值热煤气，用于一座 200 万 t/a 水泥回转窑的原料加热，副产物灰渣被用作水泥原料。2000 年 4 月开始，荷兰的 Nuon 公司使用 20% 鸡场废物和 80% 的煤进行煤与生物质共气化试验，以降低 $CO_2$ 排放量。该公司计划使用的共气化原料包括生物质（家禽废料、下水道淤泥、废木材、马路边的草）、助剂（石灰、纸浆、膨润土）、其他燃料（次烟煤、石油焦、热解焦）。

## 4.2　存在突出瓶颈问题及解决方案

我国的生物质混烧发电技术起步较晚，与国外先进技术还有较大的差距。特别是在农林生物质混烧发电方面，欧美等发达国家的生物质混烧发电技术早已进入大规模工业应用阶段，而我国目前仅有为数不多的几个示范电厂运行经验。本节主要比较了我国生物质混烧发电技术与国外先进技术的差距，同时分析讨论了目前面临的瓶颈问题和可能的解决方案。

## 4.2.1 与国外先进技术差距分析

### 4.2.1.1 煤与生物质混烧领域

经过十几年的发展，欧美等发达国家的生物质混烧发电技术早已进入大规模工业应用阶段。在生物质原料的收集、运输以及政策激励方面都建立起了比较成熟有效的运行机制。同时，除了目前以直接混烧为主的工业示范现状外，其他技术路线（平行混烧、间接混烧）也逐渐受到各国的重视。与之相比，我国生物质混合燃烧发电技术的研究起步较晚，无论是技术工艺、运营管理还是设备制造、推广普及等方面还有大量工作要做；并且受到国家鼓励政策导向的影响，相关的研究大多停留在试验阶段，目前仅有为数不多的几个示范电厂运行经验。

华电国际的十里泉电厂是国内第一个生物质混烧类型的示范电厂。该电厂在原有煤粉锅炉的基础上进行混烧改造，2003 年下半年开始，对十里泉发电厂 1 台 14 万 kW 机组的锅炉（400t/h）燃烧器进行了秸秆混烧技术，改造总投资 8000 多万元，增加了 1 套秸秆收购、储存、粉碎和输送设备，两台从丹麦 BWE 公司进口的输入热负荷为 3 万 kW 的秸秆专用燃烧器，并对供风及相关控制系统进行了优化。锅炉改造后原有系统和参数不变，既可实现秸秆与煤粉混烧，也仍可单独烧煤。预计年消耗秸秆 10.5 万 t，可替代原煤约 7.56 万 t。虽然由于经济和技术上的一些原因，示范工程并没有稳定长期进行，但是该工程仍然取得了不可多得的经验。

另外还有两个混烧应用实例。协鑫集团下属的 7 个热电厂实施了生物质混煤燃烧发电，其中典型的是宝应协鑫生物质环保热电有限公司和连云港协鑫生物质发电有限公司。这两个热电厂的装机容量都是 2×15MW，都进行了 75t/h 循环流化床锅炉掺烧稻壳、锯木屑的技术改造，经过改造的锅炉掺烧生物质热值比设计上可实现 30%，实际试验中可以达到 80%。由于得不到政策的支持，上海协鑫集团近年来也开始转向生物质直燃发电项目的投资建设。

### 4.2.1.2 煤与垃圾混烧领域

国外的混烧通常以传统生活垃圾衍生燃料（refuse derived fuel，RDF）为主，其混烧的目的主要以减少温室气体排放为主，混烧方式主要为以下两种模式。

1）燃料端混烧，即设计燃料和混合燃料在给料端混合后同时进入燃烧或气化反应器内进行反应。通常情况下设计燃料为煤，而混合燃料为经过预处理的垃圾 RDF，两者混合后可能共同进入破碎装置，而对于小颗粒的生物质燃料，也可能在燃烧前再混合。这种情况下，混合燃料的给料量很大程度上取决于给料装置的设计。

2）燃烧端混烧，即设计燃料和混合燃料采用不同的给料模式，进入燃烧或气化反应器内进行反应。这是目前应用最为广泛的生物质混烧模式，其特点是生物质燃料的预处理较为简单，特别是在采用流化床反应器的时候，而且混合燃料的掺烧量只取决于反应器的热力学设计。

上述两种模式，在北美洲和欧洲非常普遍，大多数工程分布在美国、德国和北欧的国家。生活垃圾 RDF 混烧一般使用现有化石燃料燃烧设备，锅炉本体不作或者稍作改造，但是为了适合生物质燃料的掺入，一般会在给料环节进行调整。在低混烧率时，燃料处理、存储、$NO_x$形成机理、沉积、腐蚀、碳转化、流动均匀性、灰渣特性和利用、对脱硝装置 SCR 的影响等一系列问题在技术上都能解决，但要达到高混烧率还需更多探索；这些关键环节取决于燃料特性、锅炉设计和操作运行这几个要素之间的配合，需要进一步研究。其中混合燃料中各种组分的影响如图 4-10 所示。

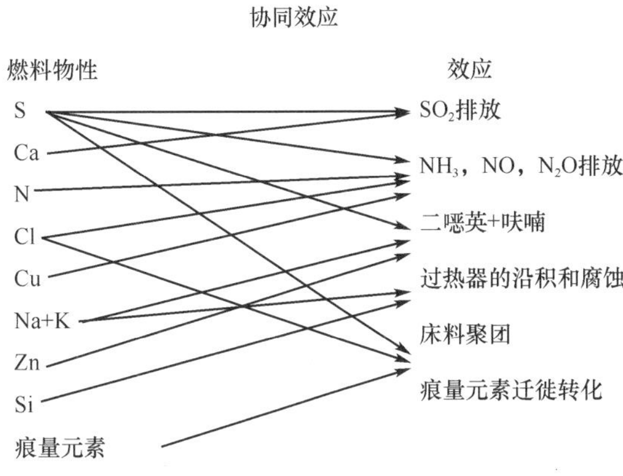


图 4-10　混合燃料中各种组分的相互影响

对于以原煤为设计燃料的混烧模式，我国由于生活垃圾大规模燃烧利用发展起步较晚，生活垃圾混烧由于难以计量、监管和落实可再生能源的电价补贴等政策因素而受到较大的限制。目前国内的生活垃圾混烧项目仅有零星的几个，以燃料端混烧为主体。其关键技术环节在于生活垃圾燃料的预处理环节的合理高效并且与具体混烧模式相适应，如混合燃料在磨煤机中的破碎特性、在燃烧系统内的燃烧特性等。

对于以生活垃圾为设计燃料的混烧模式，在我国主要的应用主要在于生活垃圾的稳定热处置，通过原煤来提高入炉燃料的热值，实现稳定燃烧。以燃烧端混烧技术为主，煤和垃圾利用不同的给料途径进入焚烧炉，焚烧炉的型式以流化床为主。

#### 4.2.1.3　煤与生物质混合气化领域

该领域内目前国外仅有零星相关工程实施，工程经验和理论探索均不完善。相对而言，国内尚没有工程实践，理论研究也处于起步阶段。

### 4.2.2　存在的突出瓶颈问题

#### 4.2.2.1　煤与生物质混合燃烧技术领域

国内外的理论研究和实践显示，煤与生物质混合燃烧技术领域存在的一些主要问题如下。

(1) 燃料供应及预处理

生物质燃料的稳定供应及预处理始终是制约生物质发电产业发展的关键因素。在自然生态中，生物质分布广泛但不集中，并且生物质的能量密度较小，储存和运输较困难，费用较大，因此对于生物质运输存在一个经济距离。目前生物质电厂采用的预处理系统普遍问题是能耗太高，出力少，而且可靠性差。生物质电厂厂内破碎出力电耗过大，特别是对于软秸秆的破碎电耗过大；由于破碎机械设计不合理，往往出现 260kW 功率的破碎机械出力不到 15t。加上厂内转运上料等环节的用电率较高，整个生物质电厂的自用能耗过多。因此，开发能耗低并且出力多，特别是对软秸秆的破碎效率高的预处理系统显得尤为迫切。

生物质混烧利用过程中的难题集中在对生物质的输送、破碎环节。生物质的质地决定了其不适合在磨煤机上进行破碎，除非生物质的掺混比例极小。这一点已经被工程实际所证明。FW 公司在 Kingston 和 Colber 电站四角切圆炉内的生物质混烧测试结果表明：磨煤机很难将生物质磨制成和煤粉同样的粒径，生物质最大输入量仅可达 5%，当炉内混烧生物质的比例为 5%～10% 时，则需要另外配套独立的生物质处理及给料系统，否则破碎不良的生物质将会在一次风管内形成堵塞影响系统运行，同时出现磨煤机电流超标等问题。此外，由于生物质燃料着火点挥发分高，在输送和破碎过程中尤其需要注意自燃问题。

(2) 生物质燃料的加入对原燃煤锅炉系统燃烧过程的影响

对于利用原有锅炉制粉系统和燃烧器的混烧方式，由于制粉系统和输送系统的出力一般以体积计算，且生物质的加入往往降低原有系统的处理和功效，因而原有燃料制备系统的基于热量的供应能力必然小于原始值，从而导致生物质和煤混烧工况下锅炉最大出力降低。另外，生物质属于亲水性物料，受气候影响容易出现水分偏高情况。燃用水分较大的生物质燃料必然使锅炉的最大负荷降低，炉膛燃烧温度降低，烟气容积大幅度增加，从而在燃烧组织上影响燃烧的优化组织，对锅炉的传热、燃烧的稳定性、锅炉出力均产生不良影响。

(3) 生物质燃料带来的受热面沉积和腐蚀问题

大多数生物质混合燃烧关键的影响和生物质和煤混合灰的特性有关。尽管木材和秸秆两者的灰分含量明显低于大多数发电用煤，但它们在化学和无机物学存在相当大的区别，当生物质灰与煤灰混合会引起问题。由于降低了煤与生物质混合灰的熔点，煤灰在锅炉燃烧室表面结渣的速度和范围趋于增加。生物质灰的熔解温度通常相对较低，变形温度通常为 750～1000℃，而大多数的煤灰则超过 1000℃。混合燃烧对灰渣沉积的影响主要取决于煤灰的化学和溶解特性与混合燃烧比。当生物质与煤混合燃烧时，通常可观察到对混合灰熔解特性的动态影响。煤粉产生相当难以熔解的灰渣，熔解温度相对较高。煤灰中主要含有石英和高岭土，其他矿物质含量非常低。在相对中等混合燃烧比的情况下，生物质在混合燃烧中将对灰熔解起主要作用。混合灰中碱和碱土金属含量较高，能够有效地影响灰的熔融，结果是灰熔融温度降低了 100～200℃。这也动态地影响混合灰在锅炉燃烧室形成灰渣沉淀物的趋势。

在生物质与煤混合燃烧期间，碱金属蒸发和随后冷凝过程以及磷酸盐是主要影响锅炉对流单元表面开始结垢和增长的机制。大多数生物质可以被认为是高结垢燃料，在几乎所有情况，混合燃烧明显增加了污垢形成的趋势。

大型电站进行生物质与煤混合燃烧会增加锅炉燃烧室表面和对流单元换热表面灰分沉积速率，这是毫无疑问的。风险的大小依赖于生物质和煤灰特性与混合燃烧比。许多相关特殊设计因素也应考虑。锅炉系统对积灰变化敏感，即影响锅炉一定区域的热量吸收；锅炉积灰聚集将干涉设备的正常运行。如果安装在线净化设备，能将积灰控制在可接受水平。在许多实例中，对于积灰过多所采取的适当措施是降低生物质混合燃烧比，使积灰控制在可接受水平，或者增加在线净化系统的能力。有限的经验表明，混合燃烧比按能量输入为 5%～10% 时，没有发现明显障碍，但当混合燃烧比超过 10% 可能会出现问题。

如前所述，生物质与煤在大型燃煤锅炉混合燃烧将明显改变锅炉表面积灰的化学性质，影响金属/氧化物/积灰表面上的化学反应。

### （4）对除尘器效率的影响

生物质燃烧生成的固体颗粒性质与煤相比有较大不同。灰分的化学性质和物理性质均不相同。大多数生物质的无机物特性决定了它们在火焰中可能会产生大量的亚微粒烟尘。由于生物质灰含量较低，与煤混合燃烧通常降低含尘量。然而，混合灰中包括大量非常细的悬浮微粒，利用传统除尘设备会出现问题。当使用静电除尘器时，与单独燃煤对比测量，结果是增加了烟囱中排出的颗粒物含量，这一影响可能较大，特别是在改造的系统（如现有为单独燃煤锅炉而设计的静电除尘器）。当采用袋式除尘器除尘时，存在着非常细小的气溶胶堵塞布袋的趋势，使清洁时非常困难，而且增加了系统压力。

### （5）对脱硝、脱硫装置性能的影响

燃烧中脱硝技术，特别是两段燃烧法，运行时在炉膛的部分空间形成还原气氛。此类技术在改造后和新系统的应用经验表明，明显加大了水冷壁结渣和腐蚀加速的风险。由于生物质灰相对较低的软化温度，混合燃烧会增加此类问题的出现。由于生物质燃料 Cl 含量较高，增加混合燃烧比会使炉墙腐蚀速率加快。灰分沉积和炉墙腐蚀的加速，运行中会引起问题，主要由实际情况、混合燃烧比、混合灰熔融特性以及生物质中 Cl 含量所决定。

生物质混合燃烧不会给 SNCR 系统的正常运行带来任何的重要影响，但会明显干涉 SCR 系统的性能。SCR 性能主要由催化剂活性和催化剂替换速度所决定，来控制 $NO_x$ 的排放量符合有关规定。由于无机挥发物会浓缩在催化剂表面，SCR 催化剂有可能会中毒。生物质混合燃烧通常会增加上述无机物浓度，特别是尾气中的碱金属浓度。因此，增加了 SCR 催化剂中毒速率，所以需要加速催化剂的替换速度，以符合环保要求。其结果是增加了 SCR 系统的运行成本。目前，这是工业界比较感兴趣的课题。未来开发抗碱金属浓缩中毒的催化剂，对催化剂供应商来说是一个挑战。这一领域存在许多不确定性，需要进一步开发。

传统控制 $SO_x$ 排放的方法是安装石灰石-石膏湿式脱硫设备（flue gas desulfurization,

FGD）。一些生物质具有相对较高的氯含量，会影响 FGD 系统的设计和性能。HCl 在 FGD 系统中会与石灰溶液发生反应，影响效率。有必要调整 FGD 系统的设计和废水处理系统，从而增加系统中总的氯处理量。

**（6）灰的利用问题**

生物质和煤混烧之后，一方面原有的燃煤灰渣特性发生了改变，原有的燃煤灰渣处理办法不再适用；另一方面混烧灰渣也不能简单当成生物质灰循环利用重回到土壤中。

美国电厂超出 1/3 的飞灰和许多其他国家基本上 100% 的飞灰在二级市场得到了利用。其中，高附加值的利用是混凝土添加剂市场。目前，有关飞灰在混凝土添加剂使用标准排除了任何非煤飞灰的来源。因此，混烧灰渣的处理也是混烧发电不得不面对的一个问题。

欧美等国的大量试验研究以及工业应用表明，在传统燃煤机组上混烧生物质从技术上是完全可行的。由于生物质燃料在物理、化学特性上与燃煤存在巨大差别，其必将给锅炉的运行带来影响，特别是生物质中含有的大量活泼无机元素（主要为 K、Cl）会造成受热面的腐蚀、沉积等问题。

然而随着技术的不断进步，上述问题都已不足以成为生物质混烧产业发展过程中的瓶颈问题。目前来说，阻碍我国生物质混烧发电技术推广应用的巨大障碍主要是缺乏政策激励以及生物质燃料供应方面的成熟经验，具体如下。

1）我国的政策法规并没有采取相应的激励措施来推动生物质混烧技术的发展。《可再生能源发电价格和费用分摊管理试行办法》明确规定："生物质发电项目上网电价实行政府定价的，由国务院价格主管部门分地区制定标杆电价，电价标准由各省 2005 年脱硫燃煤机组标杆上网电价加补贴电价组成。补贴电价标准为 0.25 元/(kW·h)。发电消耗热量中常规能源超过 20% 的混燃发电项目，视同常规能源发电项目，执行当地燃煤电厂的标杆电价，不享受补贴电价。"也就是说，生物质混烧比例必须超过 80% 才能享受政府的补贴电价。然而，这一规定从政策上否定了欧美试行成功的 20% 以下生物质与煤混烧技术是可再生能源发电技术组成部分的看法，限制了混烧技术在我国的推广和应用。

2）与国外大规模农场种植模式不同，我国的农作物种植模式为一家一户分散经营，农作物秸秆资源分布较分散，收割后稻草和麦秸等一般都散乱在田间需要采用人工收集打捆，人工收集效率低、难度大、成本较高。另外，农作物秸秆具有明显的季节性，不可能全年稳定供应，生物质燃料固有的特性导致其供应不稳定。如果再加上生物质电厂的布局不合理，会导致燃料价格的波动甚至疯狂上涨。这种燃料成本的不确定性将极大地阻碍生物质混烧发电产业的发展。事实上，在中国大范围的生物质收集是很难的，并且缺乏实际操作经验。以目前国内生物质直燃电厂为例，一般到厂燃料价格约 300 元/t，对燃料品质规格要求较高的情况下价格还会升高；而且到厂燃料水分很少能控制在 20% 以内，含灰土、杂质和变质情况更是普遍。

### 4.2.2.2 煤与生物质混合气化技术领域

目前生物质与煤混合气化技术还处于发展阶段，其大规模应用还有一系列的问题亟待解决。首先是原料问题，生物质种类众多，不同地域差异明显，而且能量密度低，不利于收集、处理、储存以及给料。同时为了保证原料供应，往往还要考虑废塑料等有机废弃物的添加，使得原料系统更加复杂。其次，关于混合气化的协同作用在不同研究者中存在分歧，其实质是对煤与生物质混合气化的反应机理还没完全弄清楚，缺乏有效提高焦炭气化活性和气化产物品质、减少焦油和污染物生成的技术手段。最后，目前的混合气化大多数是在煤气化炉中添加生物质实现的，还没有专门的气化设备，在生物质与煤混合气化炉的设计和运行方面缺乏理论和实践指导。

### 4.2.3　解决方法与潜力

对于煤与生物质混合燃烧而言，针对前述瓶颈问题，可以在如下方面考虑解决的方法。

1）确保对生物质混烧项目的财政支持以增强其经济性。研究显示，如果生物质混烧发电得到与生物质直燃发电相同的优惠电价，其可以在市场条件下运作，企业可以获得一定的利润，在经济上是可行的。目前生物质原料价格的变化较大，一旦有大幅度的上涨，企业的经济效益很容易受到影响。如果生物质混烧发电能够得到国家税收和政策方面的优惠，将有效地提升项目的抗风险能力。

2）在我国，造成不能像欧盟国家那样给予生物质混烧和纯烧电厂平等的上网电价补贴的直接原因，是尚未开发出适合我国国情的在混燃电厂监测和核实生物质消耗量的技术设备和系统。而欧盟国家在这方面成功的经验，特别是芬兰国家技术中心最新研究开发的利用放射性同位素 C-14 监测烟气中碳的来源的技术，可以成为我国解决此瓶颈问题的借鉴、学习重点。

3）建立健全生物质原料供应链，以确保生物质的持续供应。运行良好的生物质原料供应链是生物质直燃发电项目和生物质混烧发电项目的基础和保障。各级政府和生物质发电项目开发商应支持建立当地的生物质原料供应链，承担生物质原料的收集、存储和运输，在保证生物质原料的持续供应的同时，也为当地政府和农户创造一定的就业机会和收入。

4）生物质资源的收集半径和收集价格对生物质发电的成本有很大的影响。因此，生物质发电项目投资商在电厂投资建设前，必须对周边的生物质资源可获得性进行详细调研，以保证在一定收集范围内有充足的生物质资源，否则原料的价格将难以得到保证。

对于生物质与煤混合气化技术而言，主要是理论研究方向需要有所突破。要解决其瓶颈问题，首先从原料出发，深入研究原料理化特性对其气化反应过程的影响，探索可行的原料预处理方法；其次，从混合气化的流动、传热、传质规律入手，揭示混合燃料气化过程中的各种相互作用，探索提高混合气化特性的方法；最后，积极开展混合气化的示范，积累工程数据，结合理论研究成果开发出适用于混合气化的气化工艺和设备。

## 4.3　典型案例分析、关键技术突破与工艺技术途径选择

对混烧各技术路线已有的典型案例进行分析，能够为以后的工业设计提供重要参考。首先通过总结实际运行过程中存在的问题，为研发攻关指明具体方向，才有望实现关键技术的重大突破。另外，只有详细了解各路线的环境以及经济技术指标，才能根据

实际情况选择最合适的混烧技术路线。本节还运用全生命周期的分析方法，从能源利用效率、$CO_2$减排以及经济性方面，对比分析了混烧相对于生物质纯烧发电的实际意义。

## 4.3.1 典型案例技术、经济与环境分析

### 4.3.1.1 煤与生物质混烧发电技术典型案例

#### (1) 丹麦 Studstrup 电厂概述

丹麦是世界上利用生物质（特别是秸秆资源）发电最为先进的国家之一。我国首个生物质直燃电厂以及混烧电厂都是引进了丹麦 BWE 公司的技术。丹麦 Studstrup 电厂一号机组为 150MW 煤粉炉，于 1968 年开始启用。电厂的混烧改造于 1998 年竣工完成并开始投入运行，锅炉系统如图 4-11 所示。

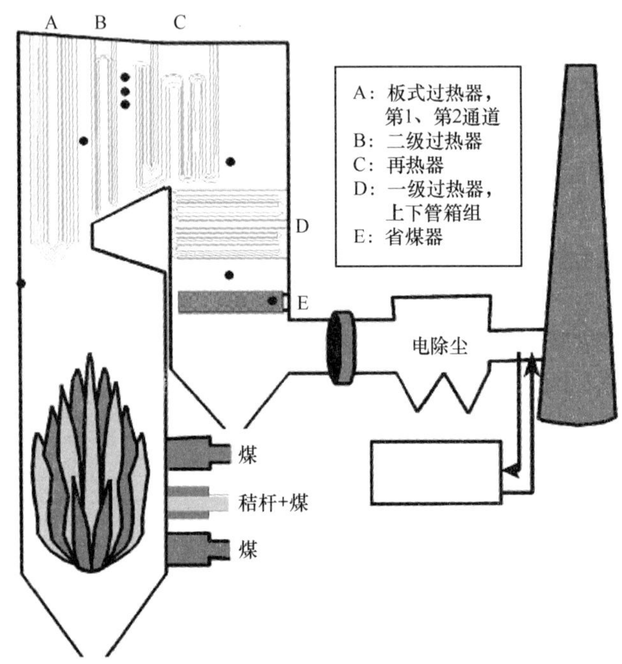


图 4-11 Studstrup 电厂一号机组锅炉系统

锅炉共配有了 12 个粉煤燃烧器，分为 3 排，每排 4 台安装在燃烧室后墙，产生 540℃、143bar① 的蒸汽 139kg/s。中间 4 台燃烧器改装后，如图 4-12 所示，允许秸秆与煤混合燃烧。粉碎的秸秆由一次空气携带以 25m/s 的速度进入燃烧器，秸秆在燃烧器内速度降低为 15m/s，进入燃烧器中心空气管燃烧，而煤与环状的一次空气混合燃烧。采取上述配置，秸秆占锅炉额定热输出的 20%。

系统于 1994~1995 年安装并投入运行，于 1996 年开始示范，主要集中在秸秆搬运和点火系统的性能、锅炉性能、工艺化学（如结渣、腐蚀和废物性质）、脱硫和脱硝设

①1bar = $10^5$Pa。

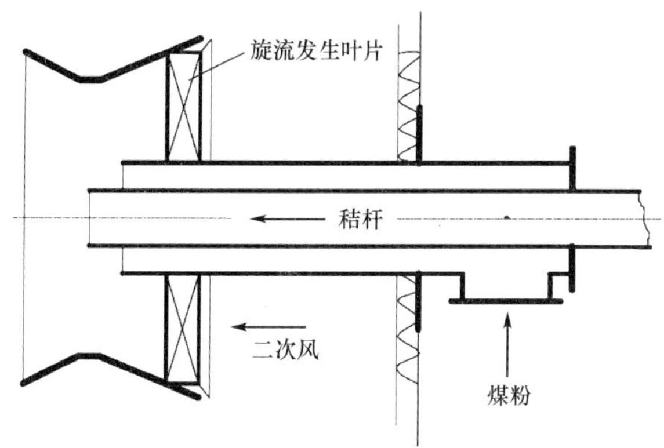


图 4-12　生物质与煤混烧燃烧器示意图

备等小规模试验。系统长期运行在秸秆热输入为 10% ~20% 的基准上。

**（2）技术特性**

1）秸秆预处理及给料。这是生物质直燃，也是混煤燃烧过程中最为关键的一环。从实际运行结果来看，总体上是较为满意的，但仍然还存在一些问题。秸秆燃料水分含量过高（>25%）会导致气力输送出现堵塞。因此，在秸秆购入环节需要加强对燃料品质的检测（主要是含水量和均匀程度）。另外秸秆处理系统的容量和耐受度达不到预期，从而导致锅炉负荷会有一定程度的降低。

2）锅炉燃烧性能。相对于煤粉单独燃烧，飞灰和底渣中的残炭含量会出现剧烈的波动。同时，由于秸秆段的质地较轻，其在炉内的停留时间变短，从而导致底渣中的含碳量大幅增加（甚至达到 20%）。尽管如此，整个锅炉的效率没有受到大的影响。需要指出的是，本试验仅仅对锅炉 3 排燃烧器中的中间一排进行了混合燃烧改造。因此，可以预见如果煤和秸秆在给料分布上更加均匀的话，炉内的燃烧条件将会大大改善。

3）高温腐蚀。在秸秆掺烧份额为 10%、蒸汽温度 540℃的情况下，没有任何腐蚀风险。当掺烧份额增加到 20% 时，在同样的蒸汽温度下，过热器的腐蚀速率增加了 1.5% ~3%。尽管如此，腐蚀速率仍然处于较低的水平，与单独燃烧中等腐蚀性煤种相当。但考虑到腐蚀速率受蒸汽温度的影响较大，而蒸汽温度又复杂多变，因而实际过程中（特别是 20% 掺烧条件下）需要及时清理可能出现的腐蚀沉积。

4）结渣与积灰。和高温腐蚀情况一样，秸秆高掺烧份额下更易发生结渣和积灰，特别是在燃烧器附近区域。燃煤种类对秸秆中 K、Cl 元素的转化迁移影响很大。在混烧过程中，积灰问题可以通过安装吹灰装置得到解决，而结渣问题则依然是对锅炉正常运行的一个重大挑战。

**（3）环境特性**

众所周知，生物质与煤混烧能够大大降低 $CO_2$ 排放，但是其他常规的污染物的排放依然不可忽略。

1）$NO_x$ 排放。虽然秸秆中的氮含量受土壤和种植条件的影响很大，但其平均含氮量（0.35g/MJ）要大大低于煤中的值（0.61g/MJ）。然而在混烧过程中，$NO_x$ 排放并没有明显的降低。

2）HCl 排放。在混烧过程中，秸秆中大部分的 Cl 元素都以 HCl 的形式排放（在 20% 掺烧份额下，转化比例达到 92%）。因此，HCl 的排放需要引起注意。然而，从积灰和结渣的角度来看，此种形式的 Cl 元素转化路径是有利的（形成 HCl 而不是 KCl）。

3）$SO_2$排放。秸秆中的 S 元素含量大大低于煤中的值。混烧过程中 $SO_2$排放的减少要高于 S 元素输入的减少。这主要是由于秸秆中的碱金属物质（主要是 K、Ca）有很强的固硫作用，同时 Cl 元素的存在能大大提高脱硫效率。计算表明，混烧过程中钙基脱硫剂的使用量减少了约 15%。

4）粉尘排放。相对于煤粉燃烧，生物质燃烧会产生较多的亚微颗粒，使得除尘器后烟尘浓度增加。而混烧过程中粉尘排放并没有明显的增加，但是粉尘的组分中却有较大的不同，特别是碱金属物质的增加会导致脱硝催化剂的中毒。经过 2846h 的运行，催化剂的活性降低了 35%；并且在前 500h，活性降低更为明显。

5）飞灰特性。秸秆掺烧份额为 10% 时，飞灰的各种特性参数能够完全满足欧盟对其用于水泥行业的标准和特殊要求。混烧灰中的 K、Cl 以及硫酸盐等物质含量大大增加，同时，其他痕量元素如 Hg、Cr 等也有一定程度的增加，这是混烧飞灰填埋或者其他类似方式处理时需要考虑的问题。

#### 4.3.1.2 煤与垃圾混烧发电技术典型案例

##### （1）流化床垃圾和煤混烧技术案例简介

浙江长兴县于 2006 年开始进行垃圾焚烧热电工程的可研设计，2008 年建成投运。该项目采用浙江大学研发的在我国得到广泛应用的异重流化床垃圾焚烧技术，建设规模为 500t/d，两台日均处理垃圾 250t/天循环流化床垃圾焚烧炉，配套建设 1×6MW 凝汽式汽轮机发电机组和 1×3MW 背压式汽轮发电机组，合计对外供汽量为 50t/h。该项目由长兴新城环保有限公司投资建设。项目处理的生活垃圾特性见表 4-2 和表 4-3。

**表 4-2 长兴县生活垃圾成分表** （单位:%）

| 成分 | 数值 |
|---|---|
| 纸 | 14.00 |
| 泡沫塑料 | 12.30 |
| 织物 | 1.00 |
| 竹木 | 1.30 |
| 厨余 | 55.80 |
| 渣土 | 13.80 |
| 玻璃 | 1.00 |
| 金属 | 0.80 |
| 合计 | 100 |

**表 4-3 长兴县城市生活垃圾元素分析**

| 项目 | 符号 | 数值 |
|---|---|---|
| 碳 | $C_{ar}$ | 16.89% |
| 氢 | $H_{ar}$ | 2.42% |
| 氧 | $O_{ar}$ | 11.69% |
| 氮 | $N_{ar}$ | 0.33% |
| 硫 | $S_{ar}$ | 0.10% |
| 灰分 | $A_{ar}$ | 12.35% |
| 水分 | $M_t$ | 56.23% |
| 低位发热量 | $Q_{net,ar}$ | 5491kJ/kg |

该工程的设计煤种采用山东烟煤，煤的分析数据（检验报告见附件）见表 4-4。项目日均消耗原煤约 125t。厂内建有一个长 35m、宽 15m 的干煤棚，可以储存大约 10 天以上的供应量。

表 4-4　长兴生活垃圾焚烧热电工程设计煤种分析

| 项目 | 元素分析/% | | | | | 工业分析/% | | | | 发热量 $Q_{net,ar}$/(kJ/kg) |
|---|---|---|---|---|---|---|---|---|---|---|
| | $C_{ar}$ | $H_{ar}$ | $O_{ar}$ | $N_{ar}$ | $S_{ar}$ | $V_{ar}$ | $M_{ar}$ | $M_{ad}$ | $A_{ar}$ | |
| 设计煤种 | 61.82 | 3.82 | 9.66 | 0.71 | 0.47 | 28.05 | 17.4 | 4.86 | 7.05 | 23 510 |

### （2）流化床垃圾和煤混烧锅炉技术特性

项目建设有两台焚烧炉，每台焚烧炉平均每天焚烧处理垃圾 250t，全厂平均日处理垃圾 500t。焚烧炉额定小时焚烧处理能力设计为 12.5t，小时最大处理量可达到 14t（相当于日处理 330~600t 垃圾），所产蒸汽参数为 3.82MPa、450℃。年运行小时数选取 7200h，折合运行时间 300 天。图 4-13 为长县垃圾焚烧发电工程设计的垃圾焚烧炉的结构简图。

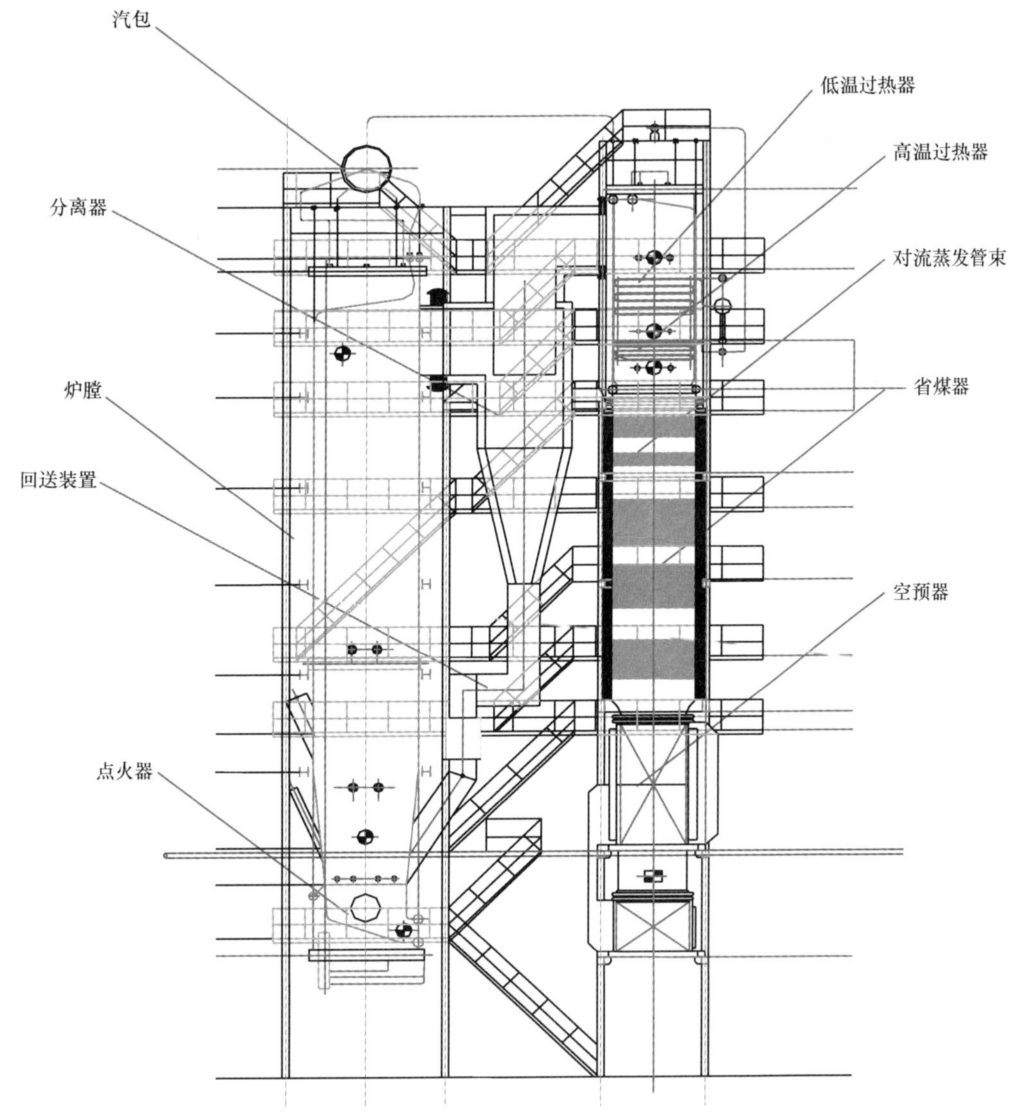


图 4-13　浙江大学研发的垃圾焚烧炉的结构示意图（浙江大学和中国城市建设研究院，2009）

由于垃圾热值较低且成分、热值不稳定，为了保证垃圾完全、清洁焚烧，在焚烧炉焚烧垃圾的同时加入煤作为辅助燃料，提高入炉混合燃料的热值。根据原国家经贸委《资源综合利用电厂（机组）认定管理办法》的规定，入炉煤量不超过总燃料重量的20%。因此设计额定工况下垃圾与煤比例为 82 : 18。在此基础上对所设计的垃圾焚烧炉进行性能校核计算以考察垃圾焚烧炉的蒸汽出力，为汽轮发电机组的选配提供依据。焚烧炉参数见表 4-5。

**表 4-5　焚烧炉参数**

| 项目 | 参数 | 项目 | 参数 |
|---|---|---|---|
| 焚烧炉型号 | LJ-250-40/3.82/450 | 主蒸汽额定流量 | 40t/h |
| 制造厂家 | 南通锅炉厂 | 主蒸汽最大流量 | 45t/h |
| 额定小时垃圾处理能力 | 12.5t/h | 给水温度 | 150℃ |
| 最大小时垃圾处理能力 | 14t/h | 排烟温度 | <160℃ |
| 主蒸汽出口压力 | 3.82MPa | 锅炉效率 | >80% |
| 主蒸汽出口温度 | 450℃ | | |

**（3）流化床垃圾和煤混烧锅炉经济特性**

该典型案例全厂热经济指标见表 4-6；投资总估算表见表 4-7；盈利静态指标见表 4-8；工程经济效益指标一览表见表 4-9。

**表 4-6　全厂热经济指标**

| 名称 | 数值 |
|---|---|
| 锅炉蒸发量/(t/h) | 80 |
| 机组发电量/(MW) | 9 |
| 汽机进汽量/(t/h) | 76.8 |
| 供热量/(t/h) | 50 |
| 供热比/% | 69.5 |
| 发电标准煤耗/［kg/(kW·h)］ | 0.319 |
| 发电热效率/% | 38.6 |
| 供热热效率/% | 76.8 |
| 供热标煤耗率（/kg/GJ） | 44.43 |

**表 4-7　投资总估算表**　（单位：万元）

| 项目名称 | 投资金额 |
|---|---|
| 工程静态投资总资金 | 15 719 |
| 建筑工程 | 3 788 |
| 设备及安装工程 | 8 695 |
| 其他费用 | 3 236 |
| 工程动态投资 | 16 093 |
| 生产铺底流动资金 | 199 |
| 热电站工程计划总资金 | 16 292 |
| 接入厂外电力网工程 | 400 |
| 热力网工程 | 600 |
| 热电联产项目计划总资金 | 17 292 |

**表 4-8　盈利静态指标**

| 名称 | 计算期平均值 |
|---|---|
| 投资利润率/% | 9.9 |
| 投资利税率/% | 12.3 |
| 资本金净利润率/% | 22.2 |

表 4-9　工程经济效益指标一览表

| 项目 | 指标数据 7200h | |
|---|---|---|
| | 正常值 | 平均值 |
| 装机容量/MW | 9 | |
| 日处理垃圾（正常值）/(t/d) | 600 | 500 |
| 建设投资/万元 | 17 093 | |
| 单位千瓦投资/(元/kW) | 18 992 | |
| 单位处理量投资/［万元/(t·d)］ | 34. 19 | |
| 流动资金/万元 | 664 | |
| 销售收入（含税）/万元 | 7 457 | 7 457 |
| 总成本费用（含税）/万元 | 6 013 | 5 650 |
| 销售税金/万元 | 424 | 424 |
| 增值税/万元 | 382 | 382 |
| 销售税金附加/万元 | 42 | 42 |
| 利润总额/万元 | 1 402 | 1 765 |
| 税后利润/万元 | 939 | 1 182 |
| 售电单价（含税）/［元/(MW·h)］ | 546. 30 | |
| 售热单价（含税）/(元/GJ) | 40. 96 | |
| 单位发电成本（含税）/［元/(MW·h)］ | 529. 8 | 392. 8 |
| 单位售电成本（含税）/［元/(MW·h)］ | 538. 5 | 492. 3 |
| 单位供热成本（含税）/(元/GJ) | 34. 0 | 31. 9 |
| 单位售热成本（含税）/(元/GJ) | 35. 9 | 34. 3 |
| 全部投资净现值（税后）/万元 | 4 478 | |
| 全部投资投资回收期（税后）/a | 8. 24 | |
| 全部投资内部收益率（税后）/% | 11. 8 | |
| 自有资金净现值（税后）/万元 | 4 789 | |
| 自有资金投资回收期（税后）/a | 9. 57 | |
| 自有资金内部收益率（税后）/% | 14. 6 | |
| 投资利润率/% | 7. 9 | 9. 9 |
| 投资利税率/% | 10. 3 | 12. 3 |
| 资本金净利润率/% | 17. 6 | 22. 2 |
| 贷款偿还期/a | 7. 33 | |

### (4) 流化床垃圾和煤混烧锅炉环境特性

该典型工程的烟气污染物排放量和灰渣排放量见表 4-10 和表 4-11。

表 4-10　烟气污染物排放量

| 项目 | 数值 | 项目 | 数值 |
|---|---|---|---|
| 烟气排放量/($Nm^3/h$) | 168 000 | HCl/($mg/m^3$) | <35 |
| 出口烟尘浓度/($mg/m^3$) | <50 | CO/($mg/m^3$) | <150 |
| 烟气黑度 | <林格曼 1 级 | Hg/($mg/m^3$) | <0.15 |
| $SO_2$/($mg/m^3$) | <230 | Cd/($mg/m^3$) | <0.01 |
| $NO_x$/($mg/m^3$) | 300 | 二噁英/(TEQ $ng/m^3$) | <1 |

表 4-11　垃圾焚烧热电厂的渣灰排放量

| 项目 | 飞灰排放量/(t/a) | 渣排放量/(t/a) |
|---|---|---|
| 两炉运行 | 14 308 | 14 308 |

工程产生的烟气经净化后通过一座高为 80m、出口内径 2.5m 的烟囱排放到大气中。在落实上述大气污染防治措施后，锅炉向环境空气排放的大气污染物满足 GB 13271—91 中的标准要求。其排放的大气污染物 $SO_2$及烟尘均达标排放，故电厂排放的烟气对环境空气质量的影响较小。

#### 4.3.1.3　煤与生物质混合气化技术典型案例

混合气化实验装置如图 4-14 所示，采用 600kW 流化床气化炉，由燃气净化、余热回收及燃气储存三部分组成。使用的原料是玉米芯和煤；以水蒸气为气化剂时，得出气化温度为 950~1000℃；玉米芯与煤的比例为 80：20，水蒸气与生物质质量比为 0.7~0.9，燃气热值为 11~13MJ/$m^3$，气体产率为 1.1~1.3$m^3$/kg，气化效率为 75%~80%，燃气中焦油含量小于 0.9mg/$m^3$。以空气-水蒸气为气化剂时，对玉米芯与煤的比例为 81：19 时的典型实验结果：气化炉工作温度 869℃，空气当量比 ER 为 0.21，水蒸气与生物质质量比为 0.2，气体产率为 1.96$m^3$/kg，燃气热值为 6.4MJ/$m^3$，气化效率为 71.3%，燃气中焦油含量小于 10mg/$m^3$（表 4-12）。

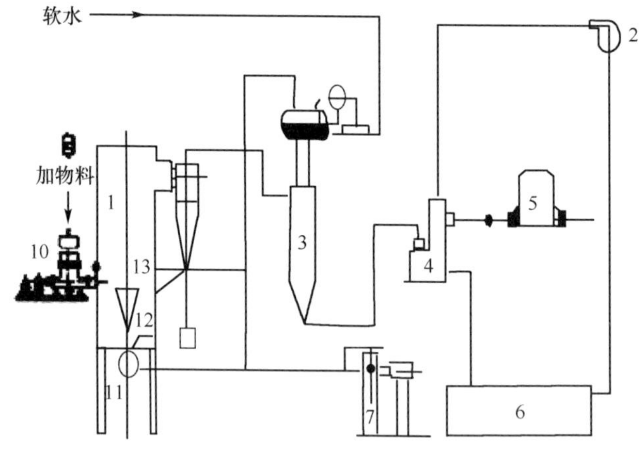


图 4-14　混合气化实验装置（王立群等，2008）

1. 生物质流化床气化炉；2. 高温旋风分离器；3. 余热锅炉；4. 洗涤塔；5. 储气柜；6. 沉淀水池；7. 罗茨风机；8. 储灰箱；9. 带螺旋加料机的煤仓；10. 带螺旋加料机的生物质仓；11. 风室；12. 布风板；13. 蒸汽喷嘴

表 4-12　本技术与国外生产的中热值燃气工艺比较

| | 蒸汽气化 | 氧气气化 | 双流化床气化 | 二步气化法 |
|---|---|---|---|---|
| 气化介质 | 水蒸气 | $O_2$ | 水蒸气 | 水蒸气 |
| 气化温度/℃ | 550～750 | 850～950 | 600～800 | 950～1000 |
| 主要辅助设备 | 蒸汽发生器 | 制氧机 | 余热回收装置 | 余热回收装置 |
| 气化炉形式 | 流化床 | 循环床 | 循环床 | 流化床 |
| 气化效率/% | ～55 | 80 | 65 | ～80 |
| 碳转化率/% | ～60 | ～95 | ～65 | 88 |
| 气体产率/($m^3$/kg) | ～0.46 | 1.0 | ～0.55 | ～1.2 |
| 气体热值/(MJ/$m^3$) | ～20 | ～13.0 | ～16.0 | 14.0 |
| 气化强度/[kg/($m^2$·h)] | 1000 | 3000 | 1500 | 3000 |
| $CO_2$/% | 24.0 | 26.0 | 15.0 | 11.0 |
| CO/% | 27.0 | 30.0 | 44.0 | 27.0 |
| $CH_4$/% | 20.0 | 25.0 | 18.0 | 47.2 |
| $C_nH_m$/% | 8.0 | 4.0 | 5.5 | 3.0 |
| $H_2$/% | 20.0 | 25.0 | 18.0 | 47.2 |
| $N_2$/% | 1.0 | 2.0 | 1.0 | 1.5 |
| $O_2$/% | 0.3 | 0.5 | 0.5 | 0.5 |
| 技术难度 | 一般 | 一般 | 较高 | 一般 |
| 稳定性 | 一般 | 较好 | 较差 | 较好 |
| 应用状况 | 很少 | 较多 | 较少 | 开始应用 |
| 一次投资 | 一般 | 较高 | 较高 | 一般 |
| 运行成本 | 一般 | 较高 | 较低 | 低 |
| 焦油含量 | 较多 | 较少 | 较多 | 少 |

从表 4-12 中可以看出本技术在生物质气化方面的优越性，其根本原因在于由于采用煤和生物质混合气化，提高了气化炉的反应温度（达 1000℃以上），使生物质在气化炉内以较快的反应速度热解气化，使该技术具有较高的气化性能指标。

## 4.3.2　混烧和生物质直燃的对比分析

经过对国内外技术现状及国内实际情况的分析，对直燃和混燃这两条技术路线分别确定了研究对象，列入表 4-13。

表 4-13　案例选取

| 研究实例 | 利用的生物质 | 发电技术 | 发电规模 |
|---|---|---|---|
| 发电系统+技术条件 | 棉花秆、玉米秆 | 生物质直燃 | 25MW |
| 山东十里泉项目 | 麦秆、玉米秆 | 生物质和煤粉混燃 | 140MW，秸秆热输入比 18.5% |

对生物质直燃发电，代表性的发电技术和资源利用不能在一个项目上完全体现，所

以，研究对象是一个系统和多个技术条件。以棉花秆代表灰色秸秆，以玉米秆代表黄色秸秆。利用棉花杆发电，预处理方式为破碎；利用玉米秆发电，预处理方式为打捆。

山东十里泉项目是典型的现有燃煤小火电机组改造为混烧秸秆机组，具有推广价值，所以确定它为生物质混燃发电的研究对象。

主要运用全生命周期的分析方法，从能源转换效率、$CO_2$减排效果和运行经济性3个方面，对两种不同的生物质发电系统进行对比评价。

**（1）能源转换效率**

两种发电系统的能源转换效率对比见表4-14。

**表4-14　能源转换效率的评价指标**

| 项目 | 单位供电量秸秆消耗率/[kg/(kW·h)] | 供电能耗/[kgce/(MW·h)] | 发电效率/% |
|---|---|---|---|
| 25MW 直燃发电 | 1.08 | 588 | 23.09 |
| 20%混燃 140MW 发电 | 0.797 | 410 | 36.13 |

从表4-14可知，混烧发电的各项能源转化效率指标均优于直燃发电。发电规模是能源转换效率的关键因素。对于直燃，属于“纯”秸秆发电，因为秸秆蓬松资源分散，它们的发电规模受到限制。目前国内直燃发电最大装机容量为25MW，发电效率小于30%。相比之下，生物质混燃发电只是把多余的秸秆用来替代一部分煤，发电规模不受秸秆资源限制，只是烧多烧少的问题。混燃研究对象的装机容量为140MW，它对秸秆的利用效率要比直燃高，其发电效率为36.13%。

**（2）$CO_2$减排效果**

直燃发电的$CO_2$减排效果比混燃稍差些（表4-15）。一方面因为直燃研究对象利用的是棉花秆；另一方面因为直燃发电计入了电厂柴油使用量和用网电量（用网电量约占发电量的2.5%），而这两项混燃没有计入。

**表4-15　$CO_2$减排效果的评价指标**

| 项目 | $CO_2$循环率/% | $CO_2$净排放/[kg/(MW·h)] | $CO_2$减排量/[t/(MW·h)] | $CO_2$减排率/% |
|---|---|---|---|---|
| 25MW 直燃发电 | 89.69 | 174.97 | 1.043 | 95.44 |
| 20%混燃 140MW 发电 | 96.93 | 51.11 | 1.079 | 98.67 |

**（3）运行经济性**

直燃发电供电成本为［0.627元/(kW·h)］，高于混燃发电［0.467元/(kW·h)］。直燃供电成本高主要有多个方面的因素：燃料成本高，还银行贷款利息高，固定资产折旧成本高等。直燃发电上网电价享有国家补贴，但是如果没有清洁发展机制（clean development mechanism，CDM）的核证减排量（certification emission reduction，CER）收益，投入运行的前几年仍面临亏损，内部收益率只有2.99%；如果通过CDM

获得 CER 收益，运行将盈利，内部收益率将提高到 8.10%。

混燃发电的发电成本虽然最低，但生物质混合比为 20%，不够享有上网电价国家补贴的条件；如果按煤电上网电价，混燃秸秆部分的发电收益是亏损的。十里泉发电厂的混燃发电机组上网电价享有山东省补贴 0.24 元/(kW·h)，净利润 5.81%。

### 4.3.3　关键技术突破点

在生物质与煤混合燃烧发电技术领域，通过典型案例分析，得出以下关键技术突破点。

#### (1) 生物质燃料的运输和预处理技术

生物质发电的搬运和预处理设备开发已有 5～10 年的历史。打捆秸秆的储藏、搬运、粉碎和气流输送的商业化系统是值得信赖的。目前，木屑搬运和粉碎设备已实际应用。尽管还存在更进一步的发展要求，秸秆切碎和木粉与煤粉混合燃烧的设备也可以使用。人们也开发了适合于混合燃烧控制体系和相关的控制与监测设备。木材气化循环流化床设备以及将气化器与燃煤锅炉整合为一体也得到了示范。秸秆和其他打捆生物质的气化比较困难，需要着重在此领域进行开发工作。

#### (2) 生物质粉料的合理输送浓度

由于在电站煤粉锅炉的生物质掺烧是采用悬浮燃烧的方式，因此，生物质的粉体输送是一个关键的工业环节。由于破碎特性因素，生物质破碎后的颗粒形状不规则，密度和外表质地千差万别，将其单独或者与煤粉混合实现气力输送在理论和工程实践上都是尚待解决的问题：浓度过低影响燃烧器处理和燃烧组织，浓度过高又极易出现堵塞和输送不稳定。该环节还需要大量的科研开发和细致的工程实践数据积累才能找到合适的设计依据和方法。此外，合适输送浓度的确定还与输送管道的防爆特性紧密相关。生物质颗粒极低的挥发分温度和着火温度极大地改变了混合燃料输送管路的爆炸极限特性，这点也需要在今后的工作中投以足够的重视。

#### (3) 生物质的合理掺烧比

首先，生物质中含有较多的 K、Cl 等无机杂质，在锅炉炉膛内、过热器及空预器等部位极易引发结渣、沉积、高低温腐蚀等碱金属问题，混烧过程的掺混比例直接影响上述碱金属问题出现的可能性。其次，生物质燃烧特性与煤炭差距较大，掺烧比例也会直接影响锅炉内温度场的分布、炉内的燃烧份额以及各受热面的吸热情况，大的掺混比例有时会恶化上述问题从而影响到锅炉的正常运行。因而确定合理的掺混比例至关重要。

另外，由于生物质的热值较低、水分含量较大，混烧时在达到同样处理的情况下，会出现所需燃料量增加、烟气量增加、烟气流速加快、腐蚀磨损问题凸显等一系列问题，而生物质的混合比例与上述问题直接相关。这些都需要在设计过程中仔细考虑。

目前国际上的经验是煤粉炉木质生物质掺烧比例控制在 20% 以内为最佳，秸秆类生物质掺混比一般小于 10%；而流态化燃烧目前能达到相对较高的生物质掺烧比。国内由于相关工业实践较少，且大都缺乏长时间的运行经验，再加上生物质种类的多样性以及燃料预处理方式的差异，因而还没能得到完整可靠的数据。

在煤与垃圾、污泥混合燃烧领域，有如下关键的技术突破点。

**（1）垃圾与煤混烧的流化床焚烧技术**

垃圾给料机将收集并经过预处理的原生垃圾送入炉内，通过另外的给料装置将辅助燃煤给入炉内，炉内的惰性流化介质（又称为床料）则采用石英砂。维持垃圾和煤的给入量小于炉内总物料量的5%，可以保持流化床的温度稳定，不致因垃圾的给入引起床层温度的较大波动。流化床内的介质在由空预器出来的热风作用下处于强烈的湍混状态，入炉的垃圾温度迅速升高、燃烬（邹秋荣，2010），燃烧释放出来的热量又被床料吸收，在引风机牵引下烟气依次通过过热器、蒸发对流管束、省煤器和空预器进行换热使温度下降，其热量传递给各受热面中的水和空气，水吸热后转化为高温高压的蒸汽（严建华，2007）。蒸汽推动汽轮发电机组做功发电，实现垃圾焚烧处理并进行资源化利用的目的；垃圾焚烧的残余灰渣由炉膛底部的排渣口排出（黄最惠，2010）。

焚烧炉为π型结构，半露天布置，在焚烧炉的设计上采用了全膜式壁结构，提高焚烧炉的密封性，既提供了炉膛负压的保证，又防止冷风的漏入，影响效率；焚烧炉采用整体悬吊结构，方便焚烧炉的受热膨胀；在易磨损的下部密相床区，不布置埋管受热面，下部的膜式壁外采用耐磨浇注料防护，在过热器、对流蒸发管束、省煤器、空预器的入口和转弯烟道等容易磨损的区域采取防磨措施，减轻受热面磨损爆破停炉的压力，提高焚烧炉运行的可靠性；在目前中国城市垃圾热值不高情况下，炉膛的上部部分区域也采用浇筑料保温，提高垃圾焚烧炉的运行温度，旋风分离器内不设受热面，炉膛内的整体温度保持在850℃以上，同时，控制炉膛出口的氧量维持在6%～8%，保证烟气中可燃气体成分的完全燃烧，同时也控制二噁英等气体成分在炉内的生成（池涌，2005）。

城市的消费和饮食结构对垃圾的特性影响明显，例如，夏天的西瓜皮带来垃圾水分的增加，春节等节假日活动带来城市生活垃圾产量的激增。考虑到这些问题，需采用辅助燃煤来调节入炉燃料的质量，保证炉膛温度在850℃以上运行，以维持稳定燃烧，并预留处理能力，保证能够完全、清洁高效地焚烧处理。针对省煤器和空预器等尾部受热面区域易积灰引起排烟温度升高、效率降低、阻力增大情况，适当提高烟气流速，减轻积灰情况；同时在该区域设计了吹灰器，通过在运行中吹灰来解决受热面积灰问题，保证排烟温度和锅炉效率。

在焚烧炉的炉膛中间区域，设置了垃圾渗滤液喷入孔，在运行过程中，可以将垃圾储存过程中排放出来的垃圾渗滤液喷入炉内燃烬，使垃圾渗滤液不对外排放。

**（2）垃圾与煤混烧有利于二噁英排放的抑制（陆胜勇，2004）**

对于低热值的城市生活垃圾，作为辅助燃料掺烧一定量的煤则可以达到生活垃圾稳定高效燃烧目的，研究发现这对于二噁英的污染控制也具有相当明显的效果。由于辅助煤的作用可以实现焚烧炉内温度场充分均匀和可控，对于挥发分和固定碳的燃尽是非常有效的，不会产生大量的未燃尽物质，如炭黑、CO及多环芳烃（polycyclic aromatic hydrocarbon，PAHs）等有机污染物。更为有效的是垃圾中掺烧一定比例的煤可在焚烧炉的燃后区大幅度抑制二噁英的生成（池涌，2005）。研究发现垃圾焚烧过程中添加适量的煤不仅具有稳定燃烧、降低常规污染物排放的作用，还可以有效抑制焚烧炉燃后区域中二噁英的生成。煤与垃圾相比，硫含量相对较高，根据最新的研究成果，煤与垃圾掺烧时释放的 S 及其氧化物对燃后区二噁英生成具有重要的抑制机理。目前主要关于 S 抑制机理：①和高活性的 $Cl_2$ 发生气相反应生成 HCl；②毒化 Deacon 反应的催化位；③将具有催化活性的金属氧化物/氯化物转化为金属硫酸盐等。目前，垃圾与煤混烧对于二噁英的生成及排放抑制机理仍然是国际学术界的研究热点。

**（3）污泥热力干化技术研究及装备开发与示范**

由于污泥中含有的水分包括表面水分和内在水分，经过机械的方式进行浓缩脱水往往达不到应有的干度，因此进一步的减量化就需要污泥热力干化。研究内容：①大容量桨叶干化机的开发；②污泥干化系统的能量回收工艺；③污泥干化设备的安全监控和保障系统研究和开发。

**（4）污泥清洁燃烧技术研究**

污泥干化后进行焚烧可以实现减量化和无害化。作为一种特殊的燃料，干化后污泥的燃烧与传统燃烧不尽相同，需要对污泥的燃烧理论和技术进行深入的研究。研究内容：①污泥与煤混合燃烧的机理；②污泥焚烧流化床锅炉及关键部件的研究与开发；③高温空预器的研究与开发。

**（5）污泥干化焚烧系统的污染物控制技术研究**

污泥干化焚烧过程中，需要重点关注的除了常规污染物外，还包括对二噁英、重金属、粉尘、废水和臭气等的控制技术。研究内容：①污泥干化过程中臭气控制、废水处理的技术和工艺；②污泥焚烧过程中二噁英的生成机理和控制技术；③污泥干化焚烧全过程重金属的迁移规律和分布特征；④污泥焚烧后飞灰的捕集和无害化处理技术。

### 4.3.4　工艺技术途径选择

从技术路线选择上考虑，生物质与煤混烧主要有 3 种技术途径：直接混烧、间接混烧和平行混烧。

直接混烧技术风险最低，同时投资也比较小，因此目前应用最为广泛。但其存在的最突出的问题是飞灰的二次利用。生物质的加入改变了燃煤灰渣原有的特性。目前的各种标准法规中都禁止非煤飞灰在水泥等行业的应用，同时混烧灰渣又不能作为单纯生物质灰还田利用，那么必然需要土地来填埋处理，这不仅导致高昂的成本，还会造成重大的环境影响。间接混烧是先将生物质燃料气化，然后再送入锅炉燃烧。在大多数锅炉机组，通常选用常压循环流化床气化炉。为降低成本，燃气一般没经净化就直接送入锅炉，因而在锅炉运行上还存在一定的风险。目前间接燃烧仅仅用于木质燃料，还没有合适的气化示范技术用于秸秆类燃料。平行混烧由于采用了完全分离的生物质燃烧系统，不会对燃煤锅炉造成任何影响，增强了对难以利用燃料（高碱、高氯）的适应性。尽管间接混烧和平行混烧的投资要远远高于直接混烧装置，但其优势在于生物质灰和煤灰各自分开，便于对其进行循环再利用。

从锅炉设备的选择上考虑，混烧也可分为3种主要的技术路径：煤粉炉、流化床和炉排炉。

煤粉炉是目前大型燃煤电站锅炉最为常见的一种燃烧方式；采用现有煤粉炉混烧生物质，只需要对现有燃煤电厂的相关设备进行适当改造。但是，由于煤粉炉燃烧温度较高，碱金属问题较为突出，一般而言生物质混烧比例不能过大，这在一定程度上限制了其应用。另外，煤粉炉燃烧对燃料的颗粒尺寸和含水率要求较为严格，一般颗粒直径要求小于2mm，含水率不能超过15%，因此相应的生物质预处理系统就比较复杂，投资也较大。流化床燃烧是基于气固流化态的一项技术，具有对燃料适应性好、有害气体排放量低等优点，而且流化床在燃烧过程中加入脱硫剂直接脱硫，可以大大降低烟气中$SO_x$的含量。目前占据流态化领域主流的CFB燃烧技术，对燃料的适应性就很好，能够同时燃烧几种不同特性的燃料，非常适合生物质与煤的混烧；而且燃料的选择以及混烧的比例灵活，从而能够根据燃料的市场价格进行选择，确保燃料的经济性。采用CFB进行生物质与煤混烧，燃烧效率可达95%以上；由于可采用分级燃烧，温度控制在830~850℃范围内，$NO_x$的生成量也很少；生物质碱性的灰渣还有助于强化炉内脱硫降低煤炭燃烧过程$SO_x$的排放。目前，CFB混烧煤与生物质也存在着一些问题。除了生物质燃烧中的聚团、结渣以及积灰等问题外，虽然NO排放总量有所减少，但由于流化床燃烧温度较低，$N_2O$的排放浓度一般比其他燃烧方式高。炉排式锅炉具有操作简单、坚固耐用和运行可靠等特点，因而被广泛应用于生物质燃烧或者垃圾焚烧中；但是，目前炉排炉普遍存在燃烧效率较低（一般都在70%以下）的问题。另外，目前炉排式锅炉所用的控制系统大多以电气机械装置为基础，不足以使锅炉保持适当的空气/燃料比以达到最佳燃烧和排放性能，尤其是在负荷变化期间不能及时同步调整工况，以达到最优性能。

总之，生物质与煤混烧的各种技术路线都各有优缺点。合适的混烧技术方案选择主要受到政策、经济性、燃料种类以及原有设备条件等的影响。

## 4.4 知识产权分析

通过国内外专利情况的对比分析，可以清楚地认识到我国在混烧技术研发以及应用方面的差距，从而为科研单位、工业企业乃至国家政策的制定提供最直接的参考。

### 4.4.1 专利情况

生物质（垃圾）的气化和燃烧目前有很多的机构在进行研究，相关的专利也非常多。中外专利信息服务平台提供的检索结果中，以“生物质 or 垃圾”和“焚烧 or 燃烧 or 气化”为关键词进行检索得到的专利数量有2000余项，其中发明专利有近900项；加上检索关键词“煤”，专利数量减少到59项，共有26项发明专利，煤和生物质（垃圾）混合燃烧气化的发明专利共有13项，煤和生物质（垃圾）混合燃烧气化的实用新型专利有16项。在所有混合燃烧的专利中，流化床是最常利用的气化和燃烧装置。由于流化床是一种非常成熟的燃烧技术，操作及设计方面都相对成熟，所以优势很明显，近一半的专利都采用了流化床作为气化和燃烧的装置。现有的专利技术主要集中在对于能量的应用上，生物质（垃圾）燃烧过程中的污染物控制方面研究较少。

### 4.4.2 申请与利用分布

现有的生物质（垃圾、污泥）混煤燃烧、气化专利技术中，采用的技术主要有流化床气化及燃烧、煤粉燃烧、水煤浆燃烧、超临界水催化气化技术、其他类型的焚烧炉和气化炉。

流化床气化技术具有工艺简单、成本低、无焦油产生的特点，容易实现规模化生产，产气量大，效率也比较高。流化床燃烧过程中，煤和生物质共同燃烧，或者采用生物质再燃，可以减少煤燃烧过程中的 $NO_x$ 和生物质（垃圾）燃烧过程中的二噁英的生成（专利号：CN200610012868.9，CN200610039748.8，CN200410013943.4，CN03112130.6，CN201010187049.4，CN200610156156.4）。

煤粉燃烧技术将煤粉燃烧器安装在垃圾焚烧炉中，垃圾采用炉排炉进料或者由垃圾燃料喷口进料的方式，煤粉采用煤粉燃烧器进行混合燃烧。燃烧过程具有热源稳定、燃烧效率高、污染排放低的优点（专利号：CN200510009881.4，CN02158025.1，CN200520020559.7）。

水煤浆垃圾燃烧技采用水煤浆作为燃料［实际上是作为生物质（垃圾）焚烧的辅助燃料］，利用水煤浆燃料燃烧过程产生的高温帮助垃圾进行彻底燃烧。水煤浆燃烧提供了稳定的热源，保证了燃烧过程的稳定，燃烧效率可以得到保障。采用合适的燃烧参数和操作工况，能够有效减少燃烧过程的污染物产生和排放（专利号：CN200610035007.2，CN201010200546.3，CN200320121300.2，CN200620057742.9）。

超临界水催化技术不同于其他的传统技术，它采用超临界水直接加热的方式，使反应原料快速升温，产氢量很高，气体产物中的 $CO_2$ 浓度也得到提高，易于分离处置。专利技术比较简单、有效、易行（专利号：CN200510041633.8）。

其他类型的垃圾焚烧炉包括炉排炉、旋转炉等，燃煤主要是以辅助燃烧为目的，燃烧效率相对于大型的流化床等炉子比较低，适合垃圾处理量比较小的炉子（专利号：CN92206479.2，CN96213710.3，CN96207871.9，CN200620126015.3）。

### 4.4.3 其他国家专利情况

检索其他国家的专利情况，主要是采用煤粉混合生物质（垃圾）燃烧、煤混合生物质（垃圾）气化两种方法。

生物质（垃圾）燃烧过程采用煤粉助燃（专利号：JP2009168315，JP2008021955，JP2008129783），一般是利用专门的煤粉燃烧器喷射进炉膛进行燃烧，生物质（垃圾）被粉碎成小颗粒后，通过气流携带入炉膛内进行燃烧。煤粉燃烧有助于保持垃圾燃烧过程的稳定，磨成小颗粒的垃圾燃烧效率很高，可以被完全燃尽；而且燃烧过程具有低污染、高效率的特点。

气化过程主要有两种。一种是利用煤气化生成气的高温来气化生物质（专利号：JP2002194363）。这样可以有效利用煤气化产生的高温烟气，有效减少后续余热锅炉的负担。另一种是采用高炉式的反应塔［专利号：US4052173（A）］，将煤粉和生物质（垃圾）混合物从反应塔顶部加入，气化反应在炉体的下部进行。随着反应进行，物料逐渐下落，高温生成气行进方向和反应物料方向相反，在气体上升过程中物料被加热。

## 4.5 新型技术未来发展趋势

### 4.5.1 潜在技术简介

我国有丰富的生物质资源，从环境保护和充分利用资源的角度来看，生物质与煤的混烧技术应该得到国家的政策扶持和财政支持。首先，我国每年有相当于约4亿tce的农林固体剩余物资源可作为能源使用，在产生这些生物质资源的地方，都有各种容量的燃煤电厂，对混烧发电而言，生物质燃料的可持续供应是有保证的。其次，2008年我国的燃煤机组装机容量达到约6亿kWe，机组类型均为煤粉炉和CFB锅炉，其中有一大批容量为200MWe和300MWe的机组，改造其中的部分机组为混烧机组，可以在发展生物质电力方面收到立竿见影的效果。

我国生物质资源量大面广，种类多样。对不同的资源种类和不同的用户对象，需要采用不同的技术路线和设备，才能更有效地加以利用。因此，我国应因地制宜地开发适合我国国情的生物质混烧技术；在加强国际合作与交流、引进发达国家成熟的生物质与煤混烧技术和设备的同时，应加强生物质混烧技术的基础研究。

针对生物质存在经济收集半径的特点，我国应优先发展在大型已有燃煤锅炉进行小份额掺烧生物质混烧技术，降低应用难度，满足生物质产地的用能需要。在这种小份额混烧的前提下，对原来燃煤机组改动量较小的燃料端和燃烧端混烧是比较切合实际的选择。

对于煤与垃圾的混合利用，烟气侧混合模式是可能的发展趋势。其主要特点是生活垃圾通过气化方式转化为气化气进入煤燃烧反应器内，可将原始垃圾中大量有害组分保留在气化残渣中，极大地减少污染物的排放；同时利用原煤燃烧炉内的高温，分解二噁英类物质，可大大减少过程的$NO_x$排放，减少生活垃圾直接燃烧后昂贵的尾气净化装置，能够极大地减少投资。

### 4.5.2 主要难点

对于煤与生物质混合燃烧而言，小掺混比例混烧技术上难度不大。对我国而言，主要难点在于有效监管和计量方案的落实。只有做到这一点才有可能利用政策有效扶持该领域技术的迅速发展。

对于煤与垃圾类混合燃烧利用的发展趋势烟气侧混烧技术而言，难点一是垃圾的稳定气化问题。由于生物质垃圾热值较低，可能需要高温烟气回用来提高气化温度。二是垃圾气化过程中焦油的问题。垃圾中组分差异大，各种组分的气化反应率迥异，有可能需要开发温度分段的气化反应器。

# 第 5 章 煤的先进气化技术

## 5.1 技术发展现状

### 5.1.1 煤气化技术的地位

煤气化是煤炭清洁高效利用的核心技术，是发展煤基化学品合成（氨、甲醇、乙酸、烯烃等）和液体燃料合成（二甲醚、汽油、柴油等）、先进的 IGCC 发电系统、多联产系统、制氢、燃料电池、直接还原炼铁等过程工业的基础（图 5-1），是这些行业发展的关键技术、核心技术和龙头技术（王辅臣等，2009）。发展以煤气化为核心的多联产技术成为各国高效清洁利用煤炭的热点技术和重要发展方向。

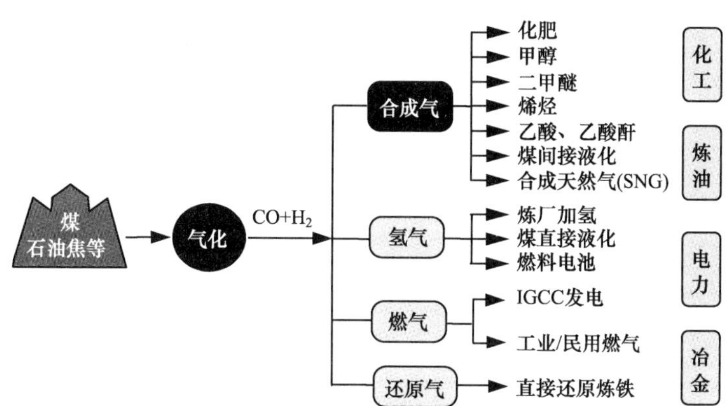


图 5-1 煤气化技术的地位

煤炭气化技术的发展已有 150 余年的历史，形成了固定（移动）床、流化床和气流床 3 种技术流派。150 多年来，煤气化技术在不断发展和完善，期间有 3 个具有里程碑意义的事件。一是在 1921 年 Winkler 发现流态化现象，开发了流化床气化反应器，即 Winkler 炉。这一技术原理的应用，引起了固体物料加工工艺的革命，不仅在煤气化和煤燃烧领域成功应用，而且在其他工业领域也得到了广泛使用。二是 1947 年 K-T 粉煤气化技术的工业化，成为后来 Shell、Prenflo 粉煤加压气化技术发展的源头。三是 20 世纪 70 年代 Texaco 水煤浆加压气化技术的工业化，大大推进了大型煤气化技术的发展。随着人们对煤化工重要性的重新认识，也随着煤化工和石油化工在技术上的融合、产品上的互补，作为龙头的煤气化技术展现了广阔的市场需求，煤气化技术的研究和开发一直是煤科学领域研究的热点。

## 5.1.2 国外煤气化技术的发展现状

### 5.1.2.1 固定（移动）床气化工艺

固定床气化一般采用一定块径的块煤（焦、半焦、无烟煤）或成型煤为原料，与气化剂逆流接触，用反应残渣（灰渣）和生成气的显热，分别预热入炉的气化剂和煤。固定床气化炉一般热效率较高。多数固定床气化炉采用移动炉箅把灰渣从炉底排出，也有采用熔融排渣的固定床气化炉。典型的固定床气化炉有 UGI 气化炉、Lurgi 加压气化炉、熔融排渣的 BGL 气化炉。

固定床气化炉采用粒径（块径）较大的煤，气化温度比较低，反应速度慢，在生成的气体产物中含有大量的焦油，$CH_4$ 含量也比较高。为了保证气化过程的顺利进行，对煤质也有一定的限制和要求（如较高的灰熔点、较高的机械强度和热稳定性等）。在使用黏结煤时，炉内应设置专门的破黏装置。

**（1）Lurgi 气化工艺**

自煤气化技术工业应用以来，制取不含 $N_2$（或氮含量低于 1%）的合成气，一直是人们努力的方向；同时工程界也在不断地探索，以形成可以在加压下连续生产的气化技术，以提高气化炉的生产负荷。Lurgi 气化技术就是这一探索过程的产物。该技术自 1936 年形成以来，开发者 Lurgi Kohle 等一直对其进行不断地优化改进（Rudolph and Herbert，1975；Rudolph，1972），实现了加压（气化压力 3.0MPa）、纯氧、水蒸气连续气化，并成功应用于产业化。其中最典型的是 1954 年应用于南非 Sasolburg 煤制油装置，截至目前 Sasol 公司共有 97 台 Lurgi 气化炉在运行，用于其间接合成油装置（图 5-2）。

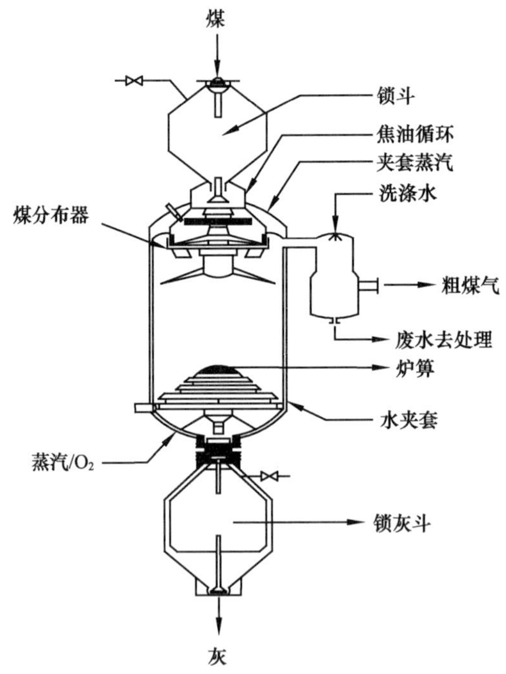


图 5-2 Lurgi 气化炉（谢克昌，1987）

图 5-2 为 Lurgi 加压气化炉示意图（谢克昌，1987）。筛选过的煤通过加压密封料斗加入分布器，通过分布器均匀分布到气化炉燃料床层上部。为了防止黏结性强的煤在煤的脱挥发分过程中形成的黏聚物影响气化炉连续稳定操作，通常在分布器上安装一个搅拌器，以破碎在脱挥发分区形成的黏聚物。燃料床层用旋转炉篦支撑，通过炉篦使气化剂均匀进入气化床层并连续排灰。气化剂一边沿床层上升，一边与煤逆流进行热量、质量传递，并不断进行气化反应。

Lurgi 气化炉出口合成气中 $CH_4$ 的含量随煤种不同在 5% 到 14% 之间变化，与其他气化技术相比，其热值相对较高，比较适合于作工业燃气和城市煤气。如果要用于合成氨、甲醇等大宗化学品的生产，就必须采用天然气蒸汽转化工艺或部分氧化工艺对 $CH_4$ 进行进一步的转化，整个工艺流程就显得冗长而复杂。当然，煤的间接液化（F-T 合成）过程是一个特例。因为在该过程中，合成反应器出口有约 10% 的 $CH_4$，因此，合成气中 $CH_4$ 的存在并不从根本上影响合成反应的进行。

由于气化温度不高，Lurgi 气化炉出口合成气中含有大量的焦油，其合成气的初步净化流程比较复杂，焦油污水的处理也是非常大的难题。

### （2）BGL 气化工艺

BGL 气化工艺是在 Lurgi 气化工艺的基础上发展起来的，其最大的发展是将干法排渣的 Lurgi 气化炉改为熔融态排渣，提高了气化炉的操作温度，从而改进了传统 Lurgi 气化炉的操作性能，提高了生产强度，使之更加适合于灰熔点低的煤和对蒸汽反应活性较低的煤。最早的研究开发工作开始于 20 世纪 50 年代中期，于 60 年代初期完成了中试装置的运行（Hebden and Edge，1958；Hebden et al.，1964），投煤量为 100t/d，气化压力为 2.07MPa。其后，由于北海天然气的勘探和开采，该技术的进一步商业化示范陷于停顿，直到美国 ERDA 在 1976 年对一个产气规模 170 万 $m^3$/d 的 BGL 气化炉的评价、设计与运行进行了报道（Anon，1976）。

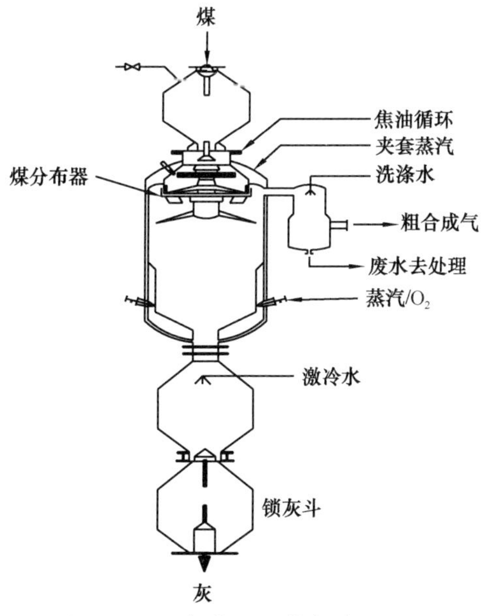


图 5-3　BGL 气化炉（谢克昌，1987）

BGL 气化炉结构示意图如图 5-3 所示（谢克昌，1987），其上部组成与普通的 Lurgi 加压气化炉并无不同，同样包括加压密封煤斗、煤分布器（搅拌器）、煤气出口和煤气激冷。气化炉下部用四周设置气化剂进口的耐火材料炉膛以支撑气化过程的燃料床层。蒸汽和 $O_2$ 从气化剂进口喷入，其配比足以产生高温以使灰渣熔融并聚集在炉膛底部；熔渣从炉膛流入气化炉下部的熔渣室，用水激冷并使其在密封灰斗中沉积，然后排出气化炉。

与普通的 Lurgi 气化炉相比，BGL 气化炉单位截面积的产量增加了 1～2 倍，气化过程中蒸汽耗量仅为前者的 15%～20%，气化效率明显提高。同时还降低了焦油等难处理副产物的生产量。

#### 5. 1. 2. 2　流化床气化工艺

当气体或液体以某种速度通过颗粒床层而足以使颗粒物料悬浮，并能保持连续的随机运动状态时，便出现了颗粒床层的流化。流化床气化就是利用流态化的原理和技术，使煤颗粒通过气化介质达到流态化。流化床的特点在于其有较高的气体与固体之间的传热、传质速率，床层中气、固两相的混合接近于理想混合反应器，其床层固体颗粒分布和温度分布比较均匀。煤的物理和化学性质对流化床气化炉的操作有显著的影响。例如，在脱挥发分过程中煤有黏结的倾向，对于黏结性强的煤尤为严重，从而导致流化不良。这些因素会限制流化床的最高床层温度，从而也会限制生产负荷和碳转化率。因此流化床中的气化速率要低于气流床，但高于固定床，流化床内的平均停留时间通常介于气流床和固定床之间。

对流化床气化过程的研究表明，流化床中煤的气化过程与固定床有很多相似之处，流化床层内同样存在氧化层和还原层。当床层流化不均匀时，会产生局部高温，甚至导致局部结渣，影响流化床的稳定操作。为了避免结渣，一般流化床的气化温度经常控制在 950℃。

流化床气化技术由于适应于劣质煤种的气化、气化强度高于一般的固定床气化炉、产品气中不含焦油和酚类等特点，而受到人们的关注。世界上许多国家都积极开展流化床煤气化技术的研发工作。

**（1）Winkler 气化工艺**

Winkler 流化床气化工艺最早的专利形成于 1922 年，1925 年首个气化装置投入运转。此后有 70 余台在世界各地运转（Bögner and Wintrup，1984）。但由于各种原因，大多数 Winkler 气化炉都先后停产。

Winkler 气化炉要求进入气化炉的煤颗粒粒径要小于 10mm，如果煤中含水量低于 10%，可以不对原料煤进行干燥。Winkler 气化炉一般在低于灰的熔化温度下操作，随煤种不同，其床层温度一般在 950～1050℃；为了保证细颗粒的气化，在气化炉的上部加入部分气化剂，同时也提高了床层上部的温度，有利于减少合成气中的焦油含量。Winkler 气化工艺流程简图如图 5-4 所示（钱笑公，1985），在气化炉后设有废热锅炉以回收合成气的热量，设有旋风分离器以分离合成气中的飞灰。由于飞灰中含有大量未反应的碳，一般将其作为工厂公用工程的锅炉燃料；除灰后的合成气再进行洗涤。

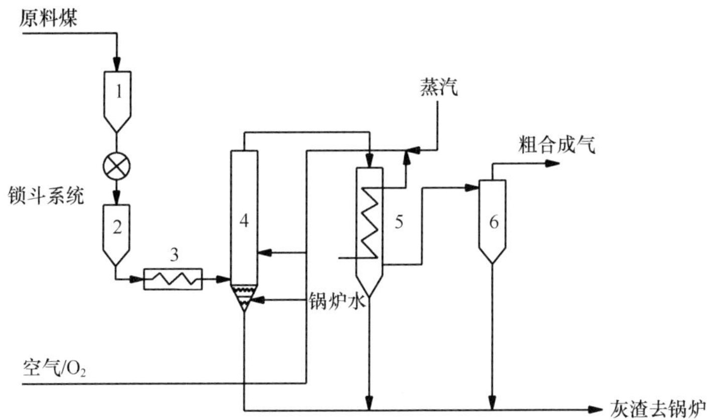


图5-4 Winkler气化工艺流程简图（钱笑公，1985）

### （2）高温Winkler气化工艺

所谓的高温Winkler（high temperature winkler，HTW）气化炉是Rheinbraun公司为气化褐煤而对常规Winkler气化炉作了优化改进形成的新工艺。其特点是提高了气化压力，同时也进一步提高了气化温度，并将旋风分离器分离的细灰循环进入气化炉，碳转化率得到了显著提高（Teggers et al.，1980），压力最高达到3.0MPa。因此确切地说应该称为加压高温Winkler气化炉。

图5-5为HTW气化炉示意图（陈绳武，1987）。进料系统包括加压料仓和螺旋给料机，以使煤粉在加压状态下进入气化炉；气化剂由设于气化炉下部的喷口进入；灰渣通过气化炉下部的螺旋机和料斗排出气化炉；合成气经回收热量后，用陶瓷过滤器除去飞

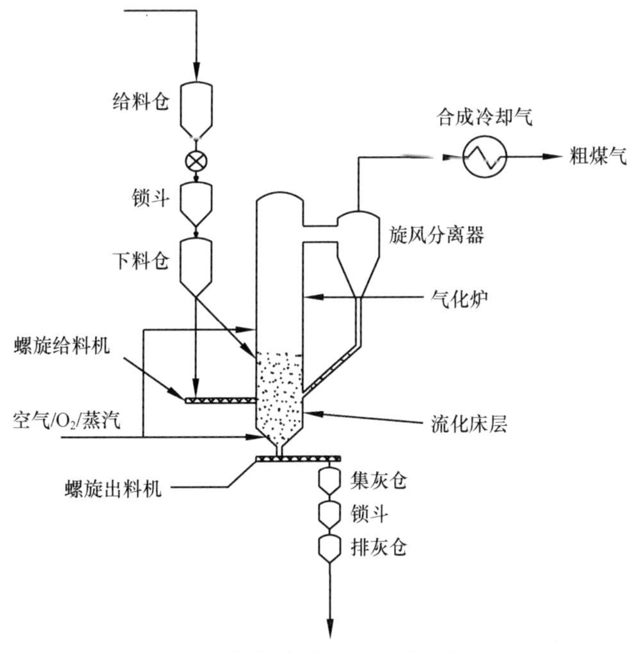


图5-5 HTW气化炉示意图（陈绳武，1987）

灰，然后洗涤。HTW 气化工艺最典型的是建于 Berrenrath 的示范装置。配套 15 万 t/a 甲醇合成装置。该装置单炉能力为 600t 煤/d，气化压力为 1.0MPa。该装置运行时间达 12 年，装置运行率为 84%。

**（3）CFB 气化工艺**

近年来，流化床气化技术正在由低速的鼓泡床向高速的循环床或输运床发展。CFB 气化炉同时具备固定流化床和输运床的特点，较高的滑移速度保证了气、固两相的充分混合，促进了气化炉内的热量质量（以下简称热质）传递。与传统的固定流化床相比，CFB 具有很高的循环率，有利于原料的快速升温，减少了焦油的生成。CFB 另一个重要的特点是，它对煤颗粒的大小和形状无特殊的要求，因此这种形式的流化床气化炉也适合于生物质与固体废弃物的气化。

Lurgi 公司和 FW 公司分别开发出了各自的 CFB 气化工艺。图 5-6 为 Lurgi 公司 CFB 气化炉示意图（张和照，2002）。CFB 炉中的较高气速（5～8m/s）能保证较大的颗粒也能流化并从反应器顶部离开（Geril et al.，2002）。

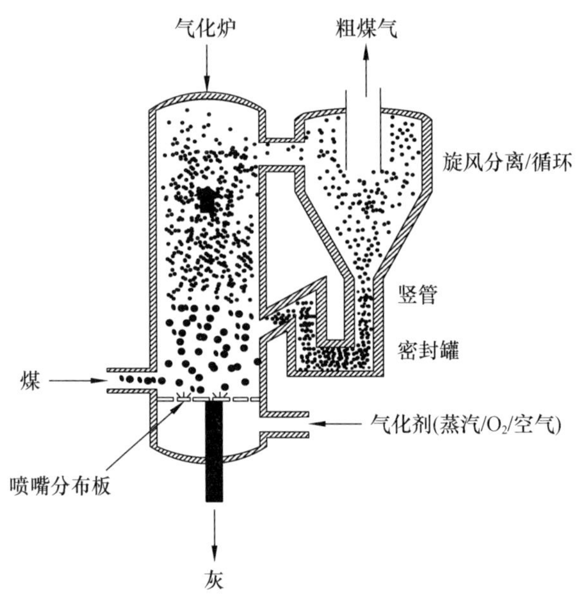


图 5-6　CFB 气化炉（张和照，2002）

**（4）KBR 输运床气化工艺**

与 CFB 相比，输运床流化气速更高，达到 11～13m/s，其目的在于使流化床气化炉可以在高循环率、高气速、高密度下操作，以获得更好的炉内混合效果，强化热质传递，提高生产负荷（Smith et al.，2002）。

典型的输运床气化炉当属 Kellogg Brown 公司和 Root 公司开发的 KBR 气化工艺，气化炉简图示于图 5-7（Smith et al.，2002）。原料煤（可以含石灰等脱硫剂）通过料斗加入气化炉，在气化炉混合区与由竖管循环进入炉内的未反应完全的煤进行混合；气体携带固体颗粒由混合区进入上升段，上升段出口与提升器上部料斗相连；大颗粒可以通过重力作用在提升器上部料斗中分离，而较小的颗粒则通过后面的旋风分离器与气体分离。由提升器和旋风分离器分离出来的颗粒经竖管和J型管循环进入气化炉混合区。

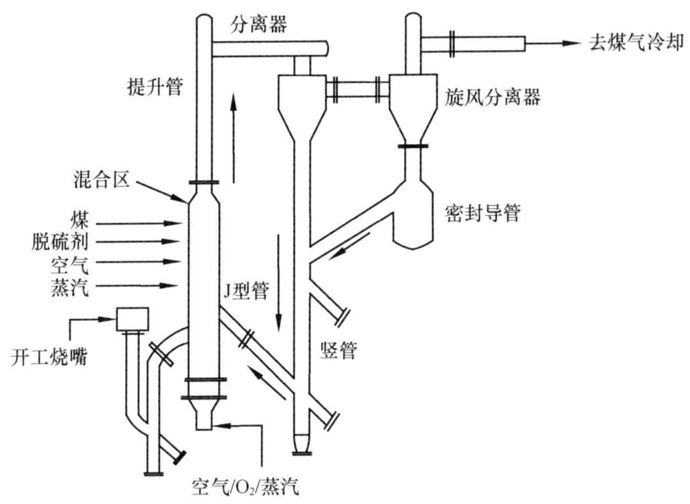


图5-7　KBR气化炉（Smith et al.，2002）

KBR输运床曾在1997~1999年用于燃烧；在1999~2002年作为气化装置运行达3000h，气化温度900~1000℃，气化压力为1.1~1.8MPa，碳转化率达到95%。

（5）灰熔聚气化工艺

一般的流化床气化炉为了保持床层中有较高的碳灰比，维持稳定的不结渣操作，排渣的组成与床层中固相反应物料的组成相同，一般排出的灰渣中含碳量比较高。为了解决这一问题，提出了灰熔聚气化工艺。在流化床气化炉气化过程中，炉内高温区灰分会软化变形并进一步熔化。灰熔聚气化的原理就是允许熔化的灰分进行有限度的团聚，结成含碳量较低的球状灰渣。当团聚后颗粒体积增大到一定值后，就会自动离开气化炉底部。因此灰熔聚技术与传统的流化床相比，有较高的碳转化率。灰熔聚气化技术有鲜明的特点，床层内气、固两相混合充分，煤在床层内一次实现破黏、脱挥发分、气化、灰团聚与分离、焦油与酚类的裂解等过程（Jequier et al.，1960）。

国外灰熔聚气化技术主要是由美国煤气工艺研究所（institute of gas technology，IGT）开发的U-Gas技术（Patel et al.，1984）和由Kellogg Rust Westing House开发的KRW工艺。20世纪90年代U-Gas气化技术曾被上海焦化厂引进，并建了8台直径为2600mm气化炉，设计单台产气量20 800m$^3$/h。但因工艺不成熟，该装置建成后一直未能正常运转。而由美国能源部资助，应用KRW气化工艺在美国内华达州的里诺建立了一个100MW的IGCC工厂。但该工厂至今也未能成功运行，据说主要原因是高温气体过滤单元存在问题（Patel and Wheeler，1984）。图5-8为U-Gas灰熔聚气化炉示意图（武小芳，2010）。

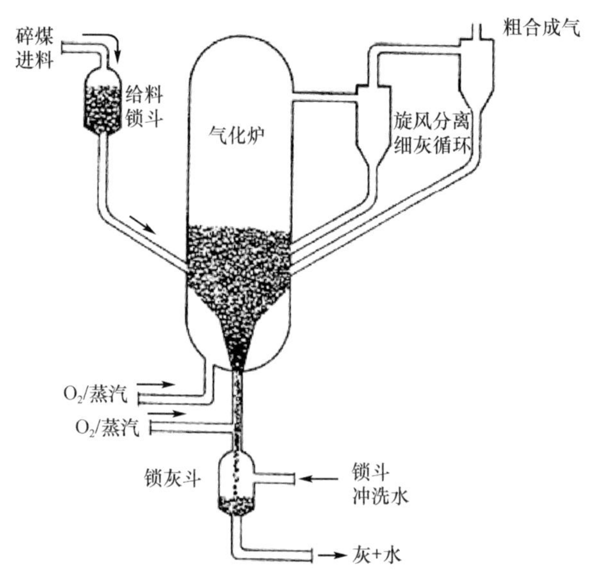


图 5-8　U-Gas 灰熔聚气化炉示意图（武小芳，2010）

#### 5.1.2.3　气流床气化工艺

**（1）气流床气化过程的工艺特点**

气流床又称射流携带床（entrained bed）。它是利用流体力学中射流卷吸的原理，将煤浆或煤粉颗粒与气化介质通过喷嘴高速喷入气化炉内，射流引起卷吸，并高度湍流，从而强化了气化炉内的混合，有利于气化反应的充分进行。

气流床气化炉的高温、高压、混合较好的特点决定了它有在单位时间、单位体积内提高生产负荷的最大潜能，符合大型化工装置单系列、大型化的发展趋势，代表了煤气化技术发展的主流方向。迄今为止，已广泛应用于大规模工业生产的日处理煤 1000t 以上的气化炉几乎全为气流床气化炉，就是一个明显的例证。

气流床气化炉煤种适应性强，除了采用耐火砖形式的水煤浆气化炉受制于煤的成浆性和灰熔点不超过 1400℃ 的限制外，几乎可以适应所有煤种。与固定床和流化床相比，其碳转化率高，合成气中不含焦油等产物。当然，由于其操作温度高，相对而言，其比氧耗［生产 1000$Nm^3$有效气（$CO+H_2$）的氧耗量］要高于固定床和流化床。

气流床煤气化炉从进料方式讲，有干煤粉进料（Shell、GSP、Prenflo 等）和水煤浆进料（Texaco、E-Gas、多喷嘴对置气化炉等）两种方式；从喷嘴设置看，有上部进料的单喷嘴气化炉、上部进料的多喷嘴气化炉以及下部进料的多喷嘴气化炉。由于原料不同，进料位置各异，就炉内温度分布而言，有明显的不同。

国外已产业化或文献报道已完成中试的气流床煤气化炉主要有 K-T、Shell、Prenflo、GSP、Texaco、E-Gas、日立（Eagle）等技术（Higman and vander Burgt，2003）。

**（2）K-T 气化工艺**

1952 年，K-T 气流床气化工艺（Ingenhoff，1974；Franzen and Goeke，1974）实现

工业化，其后在14个国家和地区约有50台K-T气化炉在运行。K-T气化炉是世界上最早的气流床煤气化炉。与固定床和流化床气化炉一样，早期的K-T煤气化炉也是在常压下操作的。20世纪70年代开始Koppers-Totzek与Shell公司合作开发加压的K-T气化炉如图5-9所示（Ingenhoff，1974）。因此从技术发展的源流看，Shell加压粉煤气化工艺是在K-T气化工艺上演变出来的。70年代Koppers-Totzek还开发了六炉头的气化炉，其生产负荷是四炉头气化炉的两倍。据报道，1996年在南非运行的K-T气化炉装置运行率高达95%（Koppers-Totzek，1996）。自90年代中期以来，未见有关K-T气化炉新装置建设的文献报道。

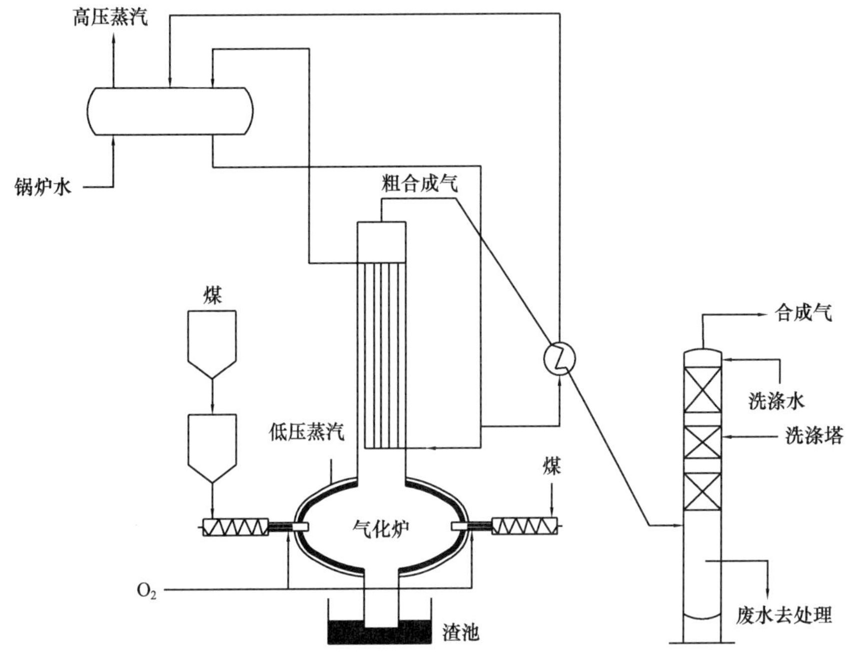


图5-9 K-T气化炉（Ingenhoff，1974）

### （3）GE（Texaco）气化工艺

Texaco气流床气化技术的开发始于20世纪40年代，1950年首先在天然气非催化部分氧化上取得成功，1956年又应用于渣油气化（DuBois，1956）。在50年代Texaco公司就有将其技术应用于煤气化的计划，并进行了部分研究工作。70年代的石油危机促使Texaco公司将目光再一次投向煤气化技术。70年代末建设了两套示范装置，分别为德国的RAG和美国加州的Cool Water；1983～1985年分别在日本的UBE公司和美国的Eastman公司建设了3套商业化装置。90年代Texaco煤气化技术共有9套装置投入运转，5套在中国，4套在美国。其中采用Texaco煤气化技术的美国佛罗里达Tampa 250MW的IGCC电站最引人瞩目，该电站于1996年投入运转（Weissman and Thone，1995；Curran and Tyree，1998）。

图5-10为激冷流程Texaco水煤浆气化工艺流程示意图，图5-11为废锅流程Texaco水煤浆气化工艺流程示意图。

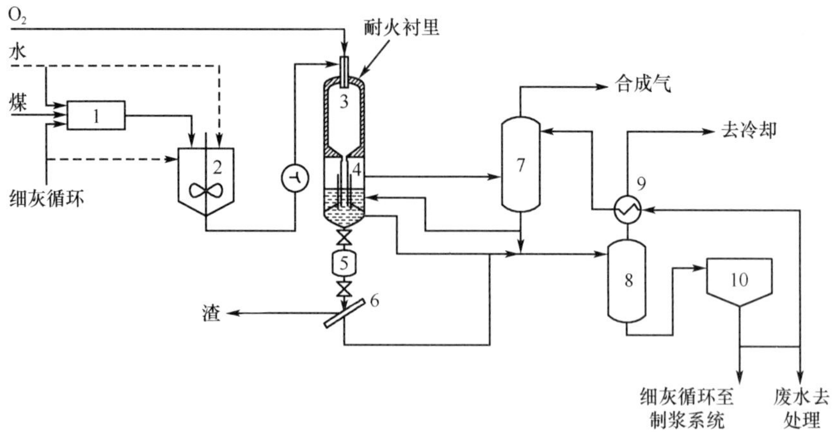


图 5-10　激冷流程 Texaco 水煤浆气化工艺流程图

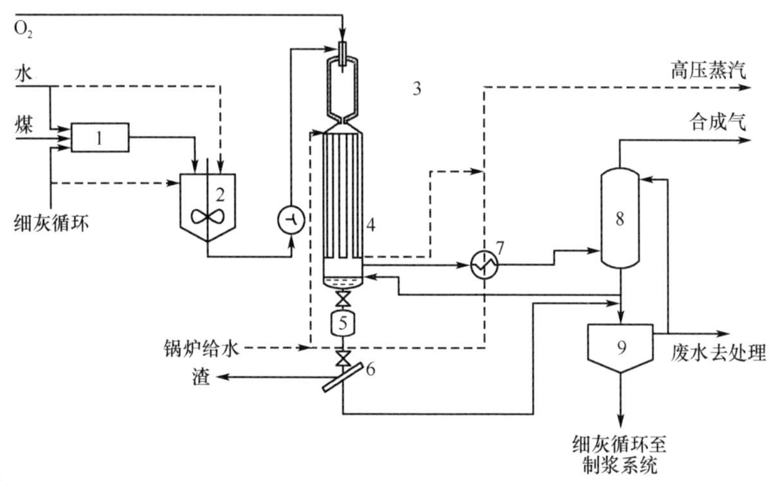


图 5-11　废锅流程 Texaco 水煤浆气化工艺流程图

### （4）E-Gas 气化工艺

E-Gas 气化技术（Amick，2006）最早由 Destec 公司开发，采用水煤浆原料，两段气化，后被 Dow 公司收购。E-Gas 气化技术的开发始于 1978 年，在美国路易斯安那州的 Plaguemine 建立了日处理 15t 煤的中试装置；其后于 1983 年建立了单炉日处理 550t 煤的示范装置，于 1987 年建设了单炉日处理 1600t 煤的气化装置，配套 165MW IGCC 电站。这两套装置均位于 Plaguemine。基于这两套装置的经验，在路易斯安那州的 Terra Haute 建立了单炉日处理 2500t 煤的气化装置，配套 Wabash River 的 260MW 的 IGCC 电站。该电站于 1996 年投入运行，发电效率 40%。

图 5-12 为 E-Gas 气化炉示意图（王辅臣等，2009）。气化炉内衬采用耐火砖，约 85% 的煤浆与 $O_2$ 通过喷嘴射流进入气化炉第一段，进行高温气化反应；15% 左右的煤浆从气化炉第二段加入，与一段的高温气体进行热质交换，煤在高温下蒸发、热解，残碳与 $CO_2$ 和 $H_2O$ 进行吸热反应，可以使上段出口温度降低到 1040℃左右。1040℃的合

成气通过一个火管锅炉（合成气走管程）进行降温。降温后的合成气进入陶瓷过滤器，分离灰渣。过滤器分离出的灰渣循环进入气化炉一段。

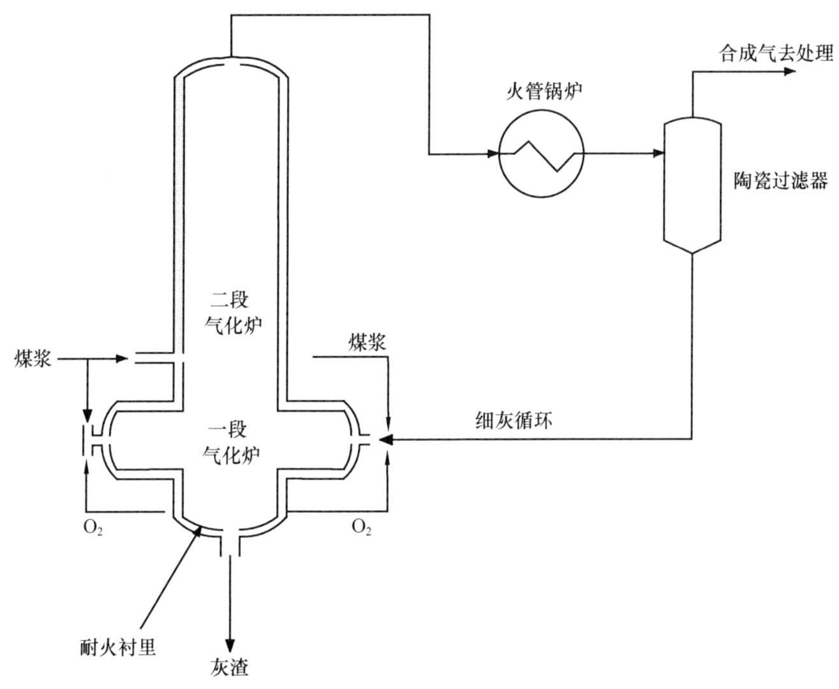


图 5-12 E-Gas 气化炉示意图（王辅臣等，2009）

### （5）GSP 气化工艺

GSP 气化工艺（Lorson et al.，1995）又称 Noell 气化工艺，最早是由东德燃料研究所于 1975 年开发的。Noell 公司在 1991 年对该技术进行了进一步开发，以适应气化废弃物和液体残渣的需要。2005 年该技术被西门子公司收购。图 5-13 为 GSP 气化炉示意图（唐宏青，2005）。GSP 气化炉采用单喷嘴顶部进料方式，以干煤粉为原料，采用激冷流程。

GSP 气化工艺流程主要由煤粉给料系统、气化炉、粗煤激冷洗涤、灰渣处理、黑水处理等单元构成。原料煤经过破碎、研磨、干燥后，粉煤粒度达到有 70%~80% 通过 200 目的筛孔，由自动闸门储料器系统将粉煤自旋风过滤器送至常压进料斗，粉煤在常压进料斗内通过 $N_2$ 输送，与氧、蒸汽一起送入气化炉喷嘴，然后在高温（1200~1700℃）、高压（2.5~3.0MPa）下进行快速反应。气化炉内衬采用盘管式水冷壁结构，煤中灰渣形成稳定遮蔽层保护水冷盘管。粗合成气携带熔渣进入气化炉下部的激冷室，进行洗涤冷却。出激冷室的粗合成气去洗涤塔进行进一步洗涤，以保证后续工段对合成气灰含量的要求。激冷后的灰渣经气化炉下部的渣斗排除，激冷水去黑水处理工段澄清。

### （6）Shell 气化工艺

早在 20 世纪 50 年代初，几乎与 Texaco 公司同期，Shell 公司也成功开发了渣油气

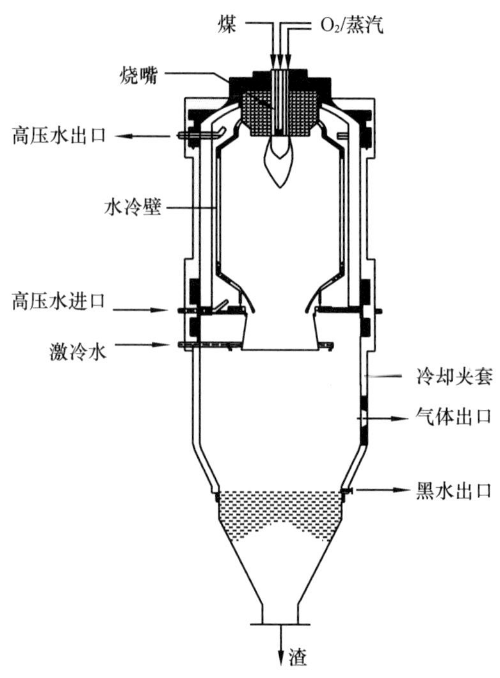


图 5-13 GSP 气化炉示意图（唐宏青，2005）

化炉。与 Texaco 气化炉从天然气、渣油到水煤浆均采用单烧嘴顶部进料不同，Shell 煤气化技术（Shell coal gasification process，SCGP）（Van der Burgt and Naber，1983；Anon，1990）脱胎于 K-T 气流床煤气化技术，或者说其源头是 K-T 煤气化技术。1978 年 Shell 与 Koppers 合作在德国汉堡建立了一套规模 150t 煤/d 的中试装置。但是由于 Shell 与 Koppers 各自的目标并不一致，在汉堡装置试验完成后双方分手。其后 Shell 在美国休斯敦建立了一套 250t 煤/d 的示范装置。1994 年 Shell 公司在荷兰 Buggenum 建立了单炉 2000t 煤/d 的 Shell 煤气化装置，配套 253MW 的 IGCC 发电装置。图 5-14 为 Shell 煤气化工艺流程简图（侯国良，1998）。

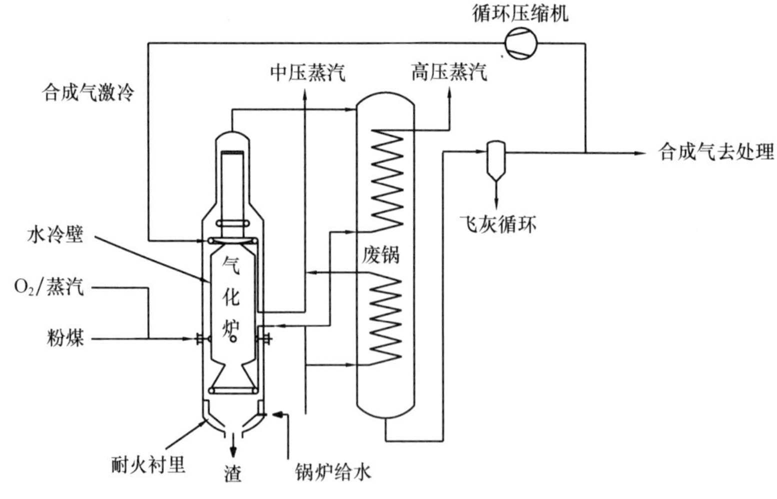


图 5-14 Shell 煤气化工艺流程简图（侯国良，1998）

### （7）Prenflo 气化工艺

从技术源头上看，Prenflo 煤气化技术（Pruschek，1998；Schellberg，1995；Campbell et al.，2000）同样脱胎于 K-T 气流床煤气化技术。1978 年 Shell 与 Koppers 分手后，Krupp-Koppers 在德国的 Fürstenhansen 建立了一套 48t 煤/d 的中试装置；1997 年 Krupp-Koppers 在西班牙 Puertollano 建成了单炉 3000t 煤/d 的气化装置，配套 300MW 的 IGCC 发电系统。图 5-15 为 Prenflo 气化示意图（Schellberg，1995）。气化炉分为两部分，下部为气化室，上部为废热锅炉，副产高压蒸汽。两者的交界处为激冷煤气入口。气化室中有 4 个喷嘴，在同一水平面上对称布置。气化炉内衬循环锅炉水管（此点与 Shell 气化炉相似）并副产中压蒸汽，气化炉的下部为排渣口。

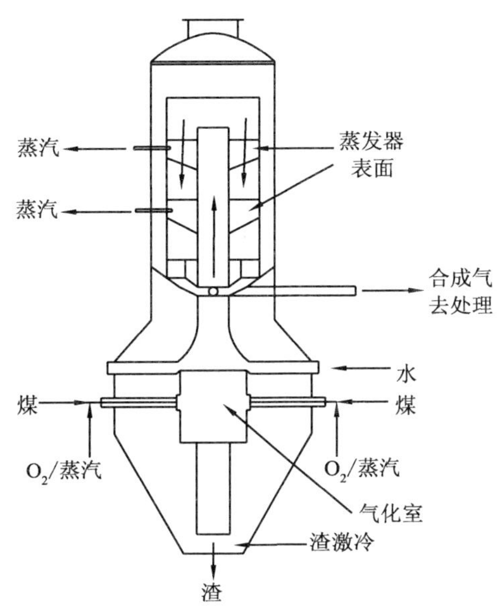


图 5-15　Prenflo 气化示意图（Schellberg，1995）

原料煤经过破碎、研磨、干燥后，粉煤粒度达到有 70%~80% 通过 200 目的筛孔，由自动闸门储料器系统将粉煤自旋风过滤器送至常压进料斗，粉煤在常压进料斗内通过 $N_2$ 输送，与氧、蒸汽一起送入气化炉喷嘴。炉膛内火焰温度达 2000℃，气化炉内衬循环锅炉水管，煤中灰渣形成遮蔽层保护气化炉外壳，冷却管内产生饱和蒸汽。自炉中排出的液态渣在集渣器中冷却成固体。集渣器中有破渣机，可将较大的渣块破碎。灰渣临时收集在灰锁斗内，并定期将渣排出系统。反应生成的粗煤气进入废热锅炉，在此处与经激冷气循环压缩机输送到废热锅炉的激冷煤气激冷后混合，煤气温度约为 900℃，粗煤气夹带的熔渣变成固体，废热锅炉产生高压蒸汽，混合煤气出废热锅炉经过滤器除尘分离后大部分进入洗涤塔，经洗涤塔除尘后含尘量为 $1mg/m^3$的煤气送往后面工序。飞灰经闸式料斗循环返回气化室的喷嘴。

### （8）Eagle 气化炉

日立气化炉由日本电力公司开发，采用干粉煤两段气化，气化剂为纯氧。2002 年 3

月处理能力 150 t 煤/d 的中试装置，建成并完成了运转（Tajima and Tsunoda，2002）。该气化炉第一段为在富氧状态下操作，温度为 1600℃左右；第二段在贫氧状态下操作，使氧与部分煤及循环细灰反应，温度为 1150℃左右。为了保证颗粒具有较长的停留时间，以促进气化反应，气化炉采用旋流进料（图 5-16）。

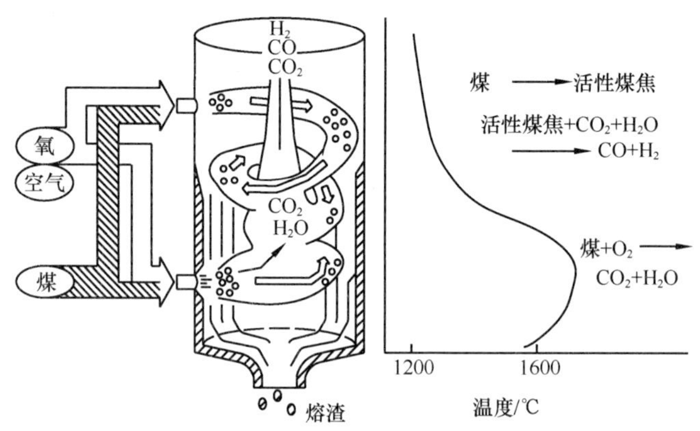


图 5-16　Eagle 气化炉气化原理示意图（Tajima and Tsunoda，2002）

**（9）CCP 空气气化炉**

针对纯氧气化需要空分装置，投资比较大，日本中央电力研究所和三菱重工合作，开发了空气两段气化技术，简称 CCP 气化。该技术于 1983 年开始研究，建立了日处理 2t 煤的试验装置；1991 年建设了 200 t 煤/d 的中试装置，气化炉操作压力 2.5MPa，气化温度 1300~1600℃。其后在日本建设了 1700 t 煤/d 的示范装置，配套 250MW 级 IGCC 发电系统，该系统于 2007 年开始试运转（Ishibashi and Shinada，2008）。设计供电净效率 43%，实际运行净效率为 42.4%。气化炉如图 5-17 所示（于新娜和袁益超，2009）。

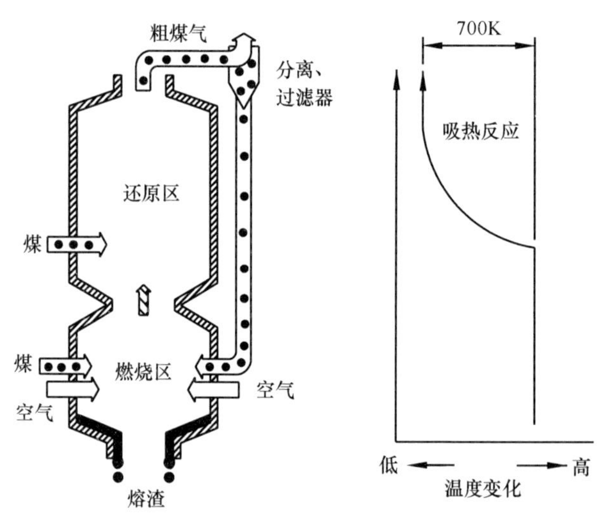


图 5-17　CCP 两段空气气化技术原理示意图（于新娜和袁益超，2009）

## 5.1.3 国内煤气化技术的发展现状

### 5.1.3.1 国内煤气化技术的引进

1978 年后，随着经济的发展，国外不同的煤气化技术先后被引进到国内，目前有 30 余台 Lurgi 气化炉在建设或运行，60 余台 GE（Texaco）气化炉在运转或建设，有 19 套 Shell 气化装置在建设（其中 15 套在试运转），与 GSP 签订引进合同的有两家企业。煤气化技术早期的引进，的确对我国经济的发展起到了推动作用。但由于引进的煤气化技术并不都是完善的技术，而且重复引进严重，已使我国成为国外气化技术的“试验场”。目前，世界上只有我国使用如此众多种类的煤气化技术，许多盲目和不成熟的引进令我国付出了惨重代价（王辅臣等，2009）。

### 5.1.3.2 国内大型煤气化技术的研究与开发历程

国内煤气化技术的研发始于 20 世纪 50 年代末，“文化大革命”期间因动乱而中止。

近 40 年来，在国家的支持下，国内在研究与开发、消化引进技术方面进行了大量工作。其中有代表性的有：20 世纪 70 年代起西北化工研究院研究开发水煤浆气化技术并建设了中试装置，为此后 4 厂家引进 Texaco 水煤浆气化技术提供了丰富的经验；“九五”期间就“IGCC 关键技术（含高温净化）”立项，有 10 余个单位参加攻关；1999 年科技部立项的“973”项目“煤的热解、气化及高温净化过程的基础研究”已完成；2004 年科技部立项“973”项目“大规模高效气流床煤气化技术的基础研究”也已完成。

“九五”期间华东理工大学、兖矿鲁南化肥厂、中国天辰化学工程公司承担了国家重点科技攻关项目“新型（多喷嘴对置）水煤浆气化炉开发”（22 t 煤/d 装置），2000 年完成了中试装置的运转，通过国家验收和鉴定。

华东理工大学等共同承担国家“十五”科技攻关计划课题“粉煤加压气化制备合成气新技术研究与开发”。2004 年完成了热壁式气化炉中试装置运行考核。2007 年完成了水冷壁式气化炉中试装置的运行考核。该技术填补了国内空白，中试工艺指标达到国际先进水平。该技术的产业化被列入国家“十一五”“863”重点项目，在贵州建设单炉 1000t 煤/d 的工业示范装置。

“十五”期间，国电热工研究院等承担“863”课题，进行具有自主知识产权的干煤粉气化工艺的开发，建设中试装置，并通过了科技部验收。在国家“十一五”“863”重大项目支持下建设了单炉 2000t 煤/d 的工业示范装置，配套 200MWe 级 IGCC 发电。中国科学院山西煤炭化学研究所在中试的基础上进行了流化床鼓风制合成气的工业示范装置开发，烟煤处理能力为 100t/d，常压，目前已投入生产运转。清华大学建立了富氧气流床分级煤气化实验装置。

#### （1）熔聚气化技术的研究与开发

从 20 世纪 80 年代初开始，中国科学院山西煤炭化学研究所（institute of coal chemistry，ICC）进行了灰熔聚流化床煤气化过程的一系列研究和开发工作（王洋和吴晋沪，

2005；房倚天等，2007），形成了具有自主知识产权的灰熔聚流化床气化工艺，气化炉示意图如图5-18所示（陈寒石和徐奕丰，2005）。

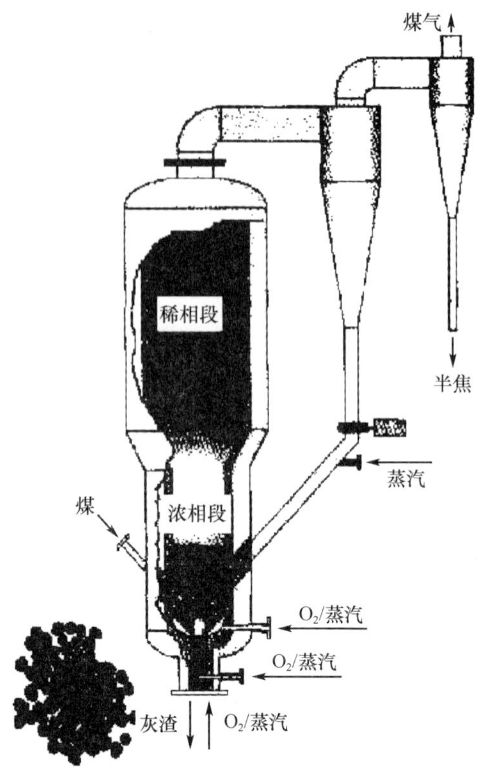


图5-18 ICC灰熔聚流化床气化炉（陈寒石和徐奕丰，2005）

灰熔聚流化床气化工艺是在传统流化床技术基础上发展而来的。除保留了原有流化床技术的优点外，在气化炉底部设计了中心射流管和环管，在床层中形成了局部射流区，建立了选择性灰分离系统。通过中心射流管进入的高浓度氧形成局部高温使灰熔聚成球，并在此过程中逐渐变大、变重，最终从床层中与半焦分离并通过环管排出。这样的设计使流化床在操作中床层保持高浓度的碳成为可能，并减少了结渣以及床层失流化的危险。因此灰熔聚气化炉可以在较高的温度下进行操作（1000～1100℃），且煤种的适用范围能够扩展到烟煤和无烟煤（王洋和吴晋沪，2005）。

该工艺过程目前存在的缺点主要包括两个方面。一方面是操作压力低，因而处理能力低。中科院山西煤化所正在进行加压（设计压力：2.5MPa）气化技术研发，希望获得更多加压条件下的工程数据和操作经验，将气化炉处理量提高到500～1000t煤/d。另一方面是由于飞灰损失，总碳转化率仍较低。计划通过与一些燃烧过程（如CFB、粉煤炉）或高温气化（气流床气化）耦合集成，使总碳转化率达到95%以上，提高整个系统的效率。加压灰熔聚气化技术已列入国家“十一五”“863”重点项目。

**（2）TPRI两段干煤粉气化炉**

无论Shell气化炉还是Prenflo气化炉，均采用一段气化的方式；为了让高温煤气中携带的熔融态灰渣凝固，以免煤气冷却器堵塞，都采取后续工段冷煤气循环激冷，将高温煤气冷却到 900℃左右再进煤气冷却器。激冷过程高位能量损失较大。为了解决这一问题，借鉴 E-Gas 气化炉热化学法回收高温煤气显热的原理，国电热工研究院提出了一种两段式干煤粉气化工艺（TPRI 气化工艺）（任永强和许世森，2004）。其气化炉结构如图 5-19 所示（韩启元和许世森，2008）。

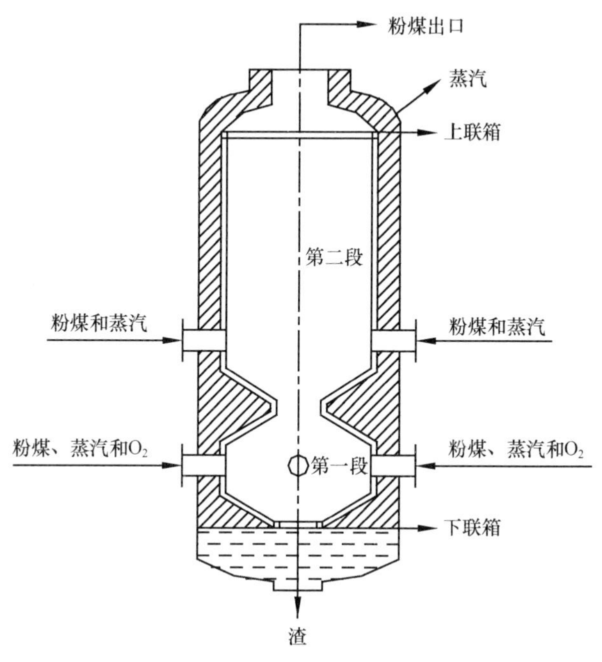


图 5-19　TPRI 气化炉结构示意图（韩启元和许世森，2008）

在国家“十五”“863”计划的支持下，该工艺于 2006 年完成了 45t 煤/d 的中试装置运行，并通过了科技部组织的验收。此后在国家“十一五”“863”计划的支持下，由中国华能集团投资建立规模为 2000 t 煤/d 的工业示范装置，配套 250MWe 级 IGCC 电站。

#### （3）两段分级给氧气化技术

清华大学岳光溪等通过将燃烧领域的分级送风概念引进水煤浆气化技术，改进火焰结构，降低喷嘴壁温，提高碳转化率，形成了分级给氧两段气化技术（张建胜等，2007）（图 5-20）。并在山西丰喜化肥股份公司进行了日处理 500t 煤的工业示范。2007 年 10 月通过了石油化工协会组织的专家现场考核，同年 12 月通过了石油化工协会的科技成果鉴定。目前采用该技术的大唐集团呼伦贝尔化肥有限公司、上海惠生控股（集团）有限公司 5 家大型煤化工企业已开工建设。

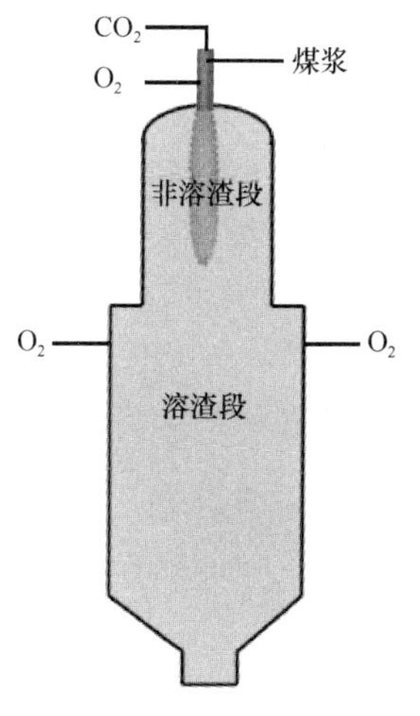


图 5-20　分级给氧气流床水煤浆气化炉结构示意图

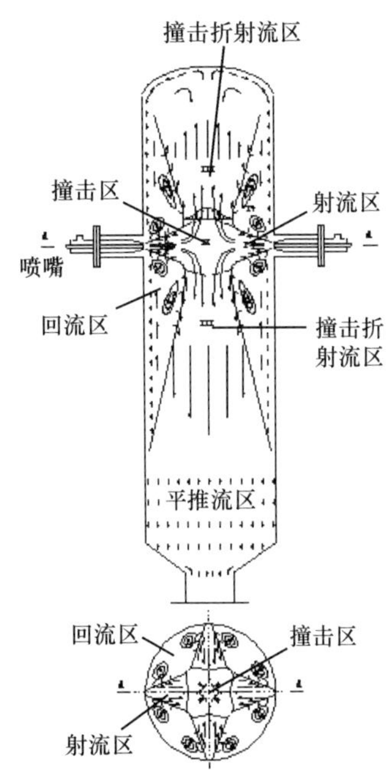


图 5-21 四喷嘴对置撞击流气化炉流场结构（龚欣等，2001）

**（4）新型多喷嘴对置气化技术（于遵宏等，1998；刘海峰等，1999）**

华东理工大学洁净煤技术研究所长期研究煤气化技术，基于对置撞击射流强化混合的原理，提出了多喷嘴对置的水煤浆或粉煤气化炉技术方案，在气流床煤气化技术的应用基础研究和产业化方面取得了重要进展，先后完成了多喷嘴对置水煤浆和粉煤中间试验，在国家“十五”863 计划的支持下，建设了多喷嘴对置水煤浆气化工业装置，实践表明，开发的多喷嘴对置式水煤浆气化技术有明显的优势。图 5-21 为气化炉流场结构示意图（龚欣等，2001）。

截至 2012 年 12 月，多喷嘴对置式气化技术在国内已推广到山东滕州凤凰甲醇、江苏灵谷合成氨、江苏索普甲醇及乙酸、兖矿鲁南化肥厂改造、兖矿国泰第三套气化炉、神华宁煤 60 万 t/a 甲醇项目、宁波万华 60 万 t/a 甲醇项目、山东久泰 180 万 t/a 甲醇项目、山东盛大 60 万 t/a 甲醇项目、上海华谊 60 万 t/a 甲醇项目、兖矿榆林 100 万 t/a 煤制油和华电 IGCC 发电项目等 31 家企业应用。运转和在建的气化炉 88 台（其中运行气化炉 25 台，单炉最大规模日处理煤 2000t），合计日处理煤量约 11 万 t，占到国内大型煤气化装置市场的 1/3 左右。在国外已与美国 Valero 公司（世界 500 强、全球最大炼油企业）签定技术许可合同，建设 5 台单炉日处理 2500t 石油焦的气化装置（王辅臣等，2009）。

2004 年底，在华东理工大学、兖矿鲁南化肥厂（水煤浆气化及煤化工国家工程研究中心）、中国天辰化学工程公司 3 家单位通力合作下，建于兖矿鲁南化肥厂的国内首套具有自主知识产权的粉煤加压气化中试装置顺利通过 72h 专家现场考核，率先在国内展示了气流床粉煤加压气化技术的优越性能。

中试装置气化温度为 1300~1400℃，气化压力为 2.0~3.0MPa；根据一对喷嘴或 4 个喷嘴运行情况不同，装置操作负荷可调范围较大，为 15~45t 煤/d。氧煤比主要操作范围为 0.5~0.6$Nm^3$/kg，蒸汽煤比操作范围为 0~0.3kg/kg。

2005 年以 $CO_2$ 为输送载气进行气流床粉煤加压气化的中试装置的运行，运行数据在国际上还未见报道。显然，采用 $CO_2$ 为输送载气后，合成气中的 $N_2$ 含量明显降低。这对于粉煤加压气化技术更好地应用于生产甲醇、二甲醚、乙酸、烯烃、F-T 合成等具有重要意义。试验结果表明，该气化技术的合成气中有效气成分较水煤浆气化高出 6~10 个百分点，而和 Shell、GSP 技术基本一致。

2007 年，在华东理工大学、兖矿鲁南化肥厂（水煤浆气化及煤化工国家工程研究中心）、中国天辰化学工程公司 3 家单位通力合作下，水冷壁式粉煤加压气化中试装置又顺利通过 72h 专家现场考核。

目前该技术的产业化已在加紧进程中，将在贵州建设单炉1000t/d的工业示范装置，配套生产合成氨。

**(5) 其他气化技术**

1) 赛鼎炉由赛鼎工程公司（原化工部第三设计院）在Lurgi炉的基础上开发成功。其特点一是处理负荷提高，二是装置全部实现国产化。

2) 五环炉由五环工程科技有限公司（原化工部第四设计院）在Shell气化技术的基础上改进而成，采用激冷流程，示范装置正在建设之中。

#### 5.1.3.3 煤气化技术发展的经验

纵观国内外煤气化技术发展的历史，以下的经验值得汲取。

1) 社会发展和产业需求是推动煤气化技术发展的最大动力。

2) 煤气化技术涉及的物理、化学过程复杂，条件苛刻，大量的基础研究和扎实的中试基础是煤气化技术产业化成功的保证。

3) 所有的煤气化技术都是针对特殊需求和煤种限制而开发的，没有一种煤气化技术可以适应所有的煤种，也没有一种煤气化技术可以适应所有的下游工艺。

4) 煤气化技术在飞速发展，相关的科学研究工作也在不断深入。也许现在由于某种因素无法实现产业化和大规模应用的技术，若干年后，随着科学的发展和学科的交叉融合，理论会有新的发展，原有的技术瓶颈也会突破。现在冷门的技术，今后也许会焕发出勃勃生机。

## 5.2 存在的突出瓶颈问题及解决方案

### 5.2.1 与国外先进技术差距分析

与国外先进煤气化技术相比，我国煤气化技术发展存在的问题和差距主要在于3个方面。

1) 对煤气化技术的前期研发投入不够，大量的基础科学问题和工程问题需要进一步加大研究力度。

2) 煤气化技术是应用背景非常强的技术，国外煤气化技术从基础研究、中试和产业化阶段基本都由大型企业作主导，如Texaco、Shell、西门子、Dow等均在煤气化技术研究开发中投入巨资。而国内往往由国家主导，投入力度不够，知识产权归属不明晰，产学研用脱节严重。

3) 与国外相比，原创性技术不多。目前国内产业化的技术除多喷嘴气化技术在美国具有专利，为国际所承认外，其他煤气化技术均是集成创新的结果，甚至就是仿造的技术。这是我国与国外气化技术相比最大的差距。

### 5.2.2 突出的瓶颈问题

近年来，国内煤气化技术产业化进展迅速，研究开发投入力度在逐渐加大（这主要得益于国内煤化工行业的快速发展）；但也存在一些突出的瓶颈问题（王辅臣等，2009）。

**（1）大型化——煤气化技术发展的首要问题**

现代过程工业（化工、发电、多联产、制氢等）发展的一个显著标志就是大型化、单系列。这就对作为龙头的煤气化技术提出了更高的要求：必须向大规模高效的方向发展。以煤间接液化为例，生产规模为 500 万 t 煤/a 的生产装置，气化用煤在 2200 万～2500 万 t/a，需 3000t/d 的气化装置 25 台左右，需求十分惊人。可见，大型化既是技术本身发展的要求，也是相关行业发展的现实需要。

**（2）实现能量的高效转化与合理回收——煤气化过程需要解决的迫切问题**

煤气化是在高温下进行的，合理回收煤气高温显热是提高煤气化整体效率的重要环节。特别是对 IGCC 系统，合理高效的能量回收可显著提高整体发电效率，降低发电成本。相对于煤化工行业，发电用煤十分巨大，合理回收高温煤气显热关系到煤气化技术能否在发电行业立足，是必须要解决的迫切技术问题。

回收煤气显热的技术有两种，即激冷工艺和废热锅炉工艺；前者特别适合于煤基化学品的生产，后者更适合于 IGCC 发电。激冷工艺设备简单，投资省，但能量回收效率低。废热锅炉热量回收效率高，但设备庞大，投资巨大。以 Shell 技术为例，日处理 1000t 煤气化炉废锅高达 50m 余，投资 1.5 亿元以上。因此开发新的热量回收技术势在必行。

**（3）提高煤种适应性——煤气化技术面临的复杂问题**

相对于石油和天然气，煤炭是一种结构非常复杂、杂质（灰分、有害元素等）比较高的原料。原料煤的性质如水分、挥发分、灰分、黏结性、化学活性、成浆性能、灰熔点、成渣特性、机械强度和热稳定性等都会影响气化结果。

煤气化技术从固定（移动）床到流化床再到气流床，一方面是适应大型化的要求，更重要的是为了拓展气化技术对煤种的适应性。开发一种能够适应各种煤种的气化技术一直是研发人员梦寐以求的愿望，也是煤气化技术发展过程中必须解决的问题。

**（4）掌握煤气化过程中污染物的迁移转化机理，实现煤气化技术的近零排放——大型煤气化技术发展的新问题**

我国地域辽阔，不同产煤区煤中 As、Hg、P 及其他痕量重金属元素的含量和组成完全不同。深入研究煤气化过程中这些有害元素的迁移转化规律，对拓展气化原料煤种类，控制煤气化过程中微量元素对大气和水环境的污染，实现近零排放，促进煤化工行业废水资源的循环利用，意义重大。

### 5.2.3 解决方法与潜力

**（1）基础研究方面需要解决的问题（王辅臣等，2009）**

1）我国自主知识产权的水煤浆气化技术取得了重要突破，其他煤气化技术的开发与产业化也在积极推进，亟须加强相关的基础研究工作，支撑大规模高效清洁气化技术在国内的研究与发展。

2）气化炉内的湍流多相混合及其与复杂化学反应之间的相互作用、高温下熔渣的流动特性及相变特征等是大规模高效气化过程的核心，国内外研究虽有一定进展，但还需要进一步深化。

3）我国低阶煤储量丰富，将其改性作为气化原料国内外已开始部分研究工作，但离工程化应用尚有相当的距离。进一步加强低阶煤气化方面的基础研究工作，探索其与高硫石油焦、污泥、生物质等其他固体含碳物质的共气化，对拓展大规模高效气化技术的原料适应性、开发灵活原料的气化技术具有重要推动作用。

4）清洁气化是煤气化技术发展的必然要求。国内外对气化条件下煤和其他含碳物质中S和N的迁移转化研究已有一定的基础，但对微量有害元素的迁移转化机理的研究基本处于空白，制约了煤气化过程向近零排放的方向发展，相关的基础研究工作必须加强。

5）煤气化过程及后续系统产生的$CO_2$的减排和利用是非常重要的技术问题。将后系统$CO_2$循环回用，作为加压粉煤输送的载气和气化剂，由于$CO_2$在气化中可与焦炭进行反应，是解决煤气化中$CO_2$问题的有效途径，因此可以在一定程度上解决$CO_2$的减排问题。但$CO_2$在某些条件下会达到超临界状态，影响粉煤的稳定、可控输送，相关的基础数据缺乏，基础研究工作亟待开展。

6）大规模气化过程的模拟、集成和优化是形成成套气化技术、实现气化装置高效清洁生产的关键之一，但国内外从过程系统工程的角度研究煤气化过程系统的相关报道甚少。在灵活原料和多联产系统的条件下，必须对煤气化过程系统进行针对性研究，实现气化装置的投资、消耗和污染物排放均达到最优。

**（2）工程技术方面需要解决的问题**

1）大型化的技术途径。由于受制造、运输、安装等客观因素的限制，必须在有限的设备尺寸上，通过提高单位时间单位体积的处理能力和处理效率实现大规模高效，其途径只能是提高温度、增加压力、强化混合。因此大规模高效煤气化过程必须在极为苛刻的高温（1300~1700℃）、高压（3.0~8.5MPa）和多相流动条件下进行，由此产生了一系列需要解决的技术问题。

气流床的特点决定了其有提高温度、增加压力、强化混合的最大潜力，是大型化的必选技术。已工业化的煤气化技术主要有固定床、流化床和气流床，而目前规模1000t煤/d以上的煤气化装置均采用高压气流床技术，就是一个明显的例证，可见其优势所在。

2）高温煤气显热回收的技术途径。为了避免激冷工艺热效率不高、废锅工艺设备复杂、投资巨大的缺陷，提出了化学法回收高温煤气显热的技术思想及工艺方案。其基本原理：利用一段大型气流床水煤浆气化产生的高温煤气（1300℃以上）中含有约20% $H_2O$和约20% $CO_2$这一特点，将其通入二段固定床气化炉内与煤进行如下反应。

$$C+H_2O \xlongequal{} CO+H_2 \tag{5-1}$$

$$C+CO_2 \xlongequal{} 2CO \tag{5-2}$$

由于以上反应为吸热反应，从而可降低一段炉出口的温度，有效回收气体显热。初步研究表明，冷煤气效率与水煤浆气化相比可以提高约 8 个百分点，与 Shell 干煤粉气化相比可以提高约 2 个百分点。

3）提高煤种适应性的技术途径。最早的固定床只能用活性较高、挥发分较低的无烟块煤，而且煤的灰熔点不可太低。流化床与固定床相比，有了一定的进步，活性较好的其他煤种也可适应，但煤的灰熔点同样不可太低。由于固定床和流化床气化温度较低，煤中的碳转化率一般都低于 90%，而它们的特点也决定了难以大幅度提高气化压力，大型化有一定的困难。与固定床和流化床相比，气流床由于气化温度、压力显著高，煤种适应性上进一步拓宽，特别是一些低活性的煤种也可作为气化原料，单炉日处理能力大幅度增加。

已经工业化的气流床气化炉从原料路线上讲，有水煤浆和干煤粉之分；从气化炉内部结构上讲，有耐火砖和水冷壁之分。水煤浆气化要求煤种的制浆性能要好（煤浆浓度不低于 59%），耐火砖结构要求煤的灰熔点要低（一般不大于 1400℃）。相比较而言，干煤粉气化没有成浆性能的限制，水冷壁结构可适应灰熔点高达 1600~1700℃的煤种。因此从煤种适应性而言，以粉煤为原料、水冷壁式耐火衬里的气化技术最有前景。

拓宽大型煤气化技术煤种适应性的技术途径之一就是开发水冷壁式气化炉，使其既可用于水煤浆气化也可用于干煤粉气化。这样如果后系统为化工合成就选用水煤浆原料的水冷壁气化炉（更易加压），如果用于发电就选用干煤粉原料的水冷壁气化炉（压力要求相对较低）。

4）开发其他煤气化技术。如果撇开过程工业对追求煤气化技术大型化需求，只从物质和能量利用的合理性角度而言，低温温和的气化是最有利的。因此加氢气化和催化气化等技术仍然有研究的必要，煤炭地下气化也是不可忽略的技术。

## 5.3 典型案例分析、关键技术突破与工艺技术途径选择

### 5.3.1 典型案例技术、经济与环境分析

#### 5.3.1.1 典型煤气化技术的主要工艺指标及特性比较

典型煤气化技术的主要工艺指标及特性见表 5-1~表 5-4。

表 5-1 各种固定床气化炉的技术参数

| 煤气化炉型 | 操作温度/℃ | 操作压力/MPa | $CO+H_2$ 含量/% | 碳转化率/% | 冷煤气效率/% |
|---|---|---|---|---|---|
| Lurgi 气化炉 | 900~1050 | 3.0 | >65 | 90 | 93 |
| BGL 气化炉 | 1400~1600 | 2.5~4.0 | >88 | 99.5 | 89 |
| UGI 固定床气化炉 | 950~1250 | 常压 | 68~72 | 59~62 | 41 |

续表

| 煤气化炉型 | 有效气（$CO+H_2$）比氧耗/（$m^3/km^3$） | 有效气（$CO+H_2$）比煤耗/（$kg/km^3$） | 单台炉加煤量/（t/d） | 排渣方式 | 专利商 |
| --- | --- | --- | --- | --- | --- |
| Lurgi 气化炉 | 220 | | 1000 | 固态排渣 | 德国 |
| BGL 气化炉 | 190～230 | 460～480 | 1200 | 固态排渣 | 英国 |
| UGI 固定床气化炉 | | 330 | 60 | 固态排渣 | |

资料来源：赵麦玲，2011

**表 5-2 各种流化床气化炉的技术参数**

| 煤气化炉型 | 操作温度/℃ | 操作压力/MPa | $CO+H_2$ 含量/% | 碳转化率/% | 冷煤气效率/% |
| --- | --- | --- | --- | --- | --- |
| 恩德气化炉 | 1000～1050 | 常压 | >68 | 92 | 76 |
| U-GAS 气化炉 | 950～1050 | 0. 25～1. 0 | 68～74 | 88～95 | 80 |
| 国产灰熔聚气化炉 | 1050～1100 | 0. 3、0. 5、1. 0 | >70 | 86 | 73 |
| **煤气化炉型** | **有效气（$CO+H_2$）比氧耗/（$m^3/km^3$）** | **有效气（$CO+H_2$）比煤耗/（$kg/km^3$）** | **单台炉加煤量/（t/d）** | **排渣方式** | **专利商** |
| 恩德气化炉 | 190～210 | 580 | 500～600 | 固态排渣 | 辽宁恩德公司 |
| U-GAS 气化炉 | 320～360 | 570～640 | 300～1200 | 固态排渣 | SES |
| 国产灰熔聚气化炉 | 367 | 553 | 100～500 | 固-液态排渣 | 中国科学院山西煤化所 |

资料来源：赵麦玲，2011

**表 5-3 各种气流床气化炉的技术参数**

| 煤气化炉型 | 操作温度/℃ | 操作压力/MPa | $CO+H_2$ 含量/% | 碳转化率/% | 冷煤气效率/% |
| --- | --- | --- | --- | --- | --- |
| 德士古气化炉 | 1250～1600 | 4. 0、6. 5、8. 7 | >80 | 98 | 70～76 |
| Shell 气化炉 | 1400～1600 | 4. 0 | >90 | 99 | 80～85 |
| GSP 气化炉 | 1350～1750 | 4. 0 | >80 | 96～98 | 73 |
| 国产四喷嘴水煤浆气化炉 | 1250～1600 | 4. 0、6. 5 | 83～86 | 98 | 80 |
| 多元料浆单喷嘴顶置气化炉 | 1400 | 1. 3～6. 5 | 80～86 | 95～98 | 76 |
| 国产四喷嘴干煤粉加压气化炉 | 1300～1600 | 3. 0、4. 0 | 89～93 | 98～99 | 84 |
| HT-L 航天炉 | 1400～1600 | 2. 0～4. 0 | >90 | 99 | 80～83 |
| 二段干煤粉加压气化炉 | 1400～1700<br>1000～1200 | 3. 0～4. 0 | >90 | 99 | 83 |
| **煤气化炉型** | **有效气（$CO+H_2$）比氧耗/（$m^3/km^3$）** | **有效气（$CO+H_2$）比煤耗/（$kg/km^3$）** | **单台炉加煤量/（t/d）** | **排渣方式** | **专利商** |
| 德士古气化炉 | 420 | 630 | 2000 | 液态排渣 | 美国 GE |
| Shell 气化炉 | 337 | 525 | 2000 | 液态排渣 | 荷兰壳牌 |
| GSP 气化炉 | 360 | 675 | 2000 | 液态排渣 | 北京杰斯菲克 |
| 国产四喷嘴水煤浆气化炉 | 330～380 | 530～600 | 1150 | 液态排渣 | 华东理工大学 |
| 多元料浆单喷嘴顶置气化炉 | 336～410 | 485～620 | 750～1800 | 液态排渣 | 西北化工研究所 |
| 国产四喷嘴干煤粉加压气化炉 | 300～320 | 530～540 | 360～1080 | 液态排渣 | 华东理工大学兖矿集团 |
| HT-L 航天炉 | 330～360 | 490～600 | 2000 | 液态排渣 | 北京航天万源煤化工 |
| 二段干煤粉加压气化炉 | 300～320 | 530～540 | 360～1080 | 液态排渣 | 西安热工院 |

资料来源：赵麦玲，2011

表 5-4 各种气化炉对原料煤的要求和适用的煤种

| 气化炉形式 | 对原料煤的要求 | 适合的煤种 |
| --- | --- | --- |
| Lurgi 气化炉 | 15~50mm 粒煤，灰分小于 25%，抗碎强度大于 65%，热稳定性大于 60% | 褐煤、长焰煤和烟煤 |
| BGL 气化炉 | 煤的灰熔点 1400~1600℃ | 泥煤、褐煤、烟煤、贫煤 |
| UGI 固定床气化炉 | 25~50mm 的煤块或煤球、煤棒 | 无烟煤、不黏结烟煤、焦炭、煤球等 |
| U-GAS 气化炉 | 外水小于 4%，内水无要求，灰分小于 40%，0~6mm 煤料 | 褐煤、长焰煤、不黏结烟煤 |
| 恩德气化炉 | 水分小于 12%，灰分小于 40%，0~10mm 煤料 | 褐煤、长焰煤、不黏结烟煤 |
| 国产灰熔聚气化炉 | 水分小于 7% | 褐煤、长焰煤、烟煤、无烟煤 |
| Texaco 炉 | 灰分小于 8%，内水小于 4.5%，灰熔点一般小于 1350℃，哈氏可磨系数 50~65，黏度 800~1200cP（$1cP=10^{-3}Pa\cdot s$） | 大部分的烟煤（气煤和气肥煤） |
| Shell 炉 | 灰熔点一般小于 1450℃，硫含量小于 2%，灰分小于 15% | 无烟煤、烟煤、褐煤、石油焦等 |
| GSP 炉 | 所有煤种，包括高灰煤、高硫煤，灰熔点一般小于 1500℃ | 泥煤、褐煤、烟煤、贫煤、无烟煤等 |
| 国产新型四喷嘴水煤浆气化炉 | 灰分小于 8%，内水小于 4.5%，灰熔点一般小于 1350℃，哈氏可磨系数 50~65，黏度 800~1200cP，热值 250MJ/kg | 大部分的烟煤（气煤和气肥煤） |
| 多元料浆单喷嘴顶置气化炉 | 料浆灰分小于 8% | 各种煤和石油焦及油料混合物 |
| 国产四喷嘴干煤粉加压气化炉 | 适应性强，灰分小于 25% | 各种煤和石油焦 |
| HT-L 航天炉 | 煤粒度 20~90μm，灰分小于 25% | 褐煤、烟煤、无烟煤等 |
| 国产二段干煤粉加压气化炉 | 煤的灰熔点小于 1350℃，挥发分不大于 25%，内水小于 15% | 泥煤、褐煤、烟煤、贫煤、无烟煤、石油焦等 |

资料来源：赵麦玲，2011

### 5.3.1.2 固定床气化技术

固定床气化技术的代表是 Lurgi 气化技术，目前国内再建和运行的 Lurgi 气化炉有 30 余台。

**（1）技术特性**

从气化效率看，其显著的特点是床层反应温度比较低，煤在炉内的停留时间长，由于合成气中甲烷含量高，在所有气化技术中，其冷煤气效率最高，但用于合成化工产品（氨、甲醇、油品等）和制氢系统时，需要额外增加 $CH_4$转化装置，除非采用焦炭或价格很高的优质无烟煤。

从煤种适应性看，仅从气化本身而言，Lurgi 不太适应低灰熔点和高黏结性煤，这两种煤容易造成气化炉排灰困难。

从装置可用率看，目前 Lurgi 气化炉能满足化工装置年运行 8000h 的要求，从关键设备的寿命看，也不存在明显的薄弱环节。

**（2）经济特性**

以日处理 3000t 煤气化装置为例（配套年生产 60 万 t 甲醇），需要固定床气化炉 6 台，其投资在 2 亿元左右，如用于化工合成，加上后续的 $CH_4$ 转化装置，总投资约 4 亿元。

由于其复杂的水处理系统，其运行成本要高于水煤浆气化炉。

综合来看，如果煤价按 900 元计算，其净化后合成气生产成本约为 0.8 元/$Nm^3$（$CO+H_2$）。

**（3）环境特性**

Lurgi 气化炉由于床层温度低，气化炉合成气含有焦油，废水处理较为困难，主要是含酚废水处理是世界级难题，至今没有理想的解决方法。$H_2S$ 含量取决于煤中硫含量，由于气化过程中煤粒径较大，出口粉尘处理比较容易，废渣排放与气流床气化炉相当。

### 5.3.1.3　流化床气化炉

流化床气化技术的代表是灰融聚气化技术，目前国内具有代表性的是中国科学院山西煤化所开发的灰融聚气化技术。

**（1）技术特性**

从气化效率看，流化床气化炉的特点是床层反应温度比较均匀，煤在炉内的停留时间长于气流床但短于固定床，因此总体而言其碳转化率比较低，冷煤气效率也不高。

从煤种适应性看，从提高碳转化率的角度讲，流化床气化炉只适应于高活性的煤种。但如果不考虑气化本身的碳转化率，而是将其与流化床锅炉相结合，将气化残渣作为锅炉原料，其煤种的适应性就可大为拓展。

从装置可用率看，目前来看，流化床气化炉的装置在线运行率也基本能满足化工装置年运行 8000h 的要求，从关键设备的寿命看，也不存在明显的薄弱环节。

**（2）经济特性**

以日处理 3000t 煤气化装置为例（配套年生产 60 万 t 甲醇），需要流化床气化炉 6 台，其投资在 3.5 亿元左右。

其运行维护成本要高于水煤浆气化炉。综合来看，如果煤价按 900 元计算，其净化后的合成气生产成本约为 0.80 元/$Nm^3$（$CO+H_2$）。

**（3）环境特性**

流化床气化炉由于颗粒在床层中流化，气化炉出口粉尘含量较高，除尘流程较为复杂。$H_2S$ 含量取决于煤中硫含量；由于碳转化率较低，灰渣排放要高于其他气化技术，理想的方法是将气化灰渣作为锅炉燃料。相较而言，耗水量要低于固定床气化技术。

#### 5.3.1.4 气流床气化炉

气流床水煤浆气化技术的代表是GE气化技术和多喷嘴气化技术，粉煤气化技术的代表是Shell气化技术和GSP气化技术。

**(1) 技术特性**

从气化效率看，Shell气化技术和多喷嘴气化技术的碳转化率均在98%以上，居于各种煤气化技术之冠；Shell气化技术冷煤气效率要比水煤浆气化技术高，从工业实践看，Shell粉煤气化的冷煤气效率比多喷嘴水煤浆技术高4个百分点左右，比GE水煤浆气化技术高6个百分点左右，比GSP粉煤气化技术高4个百分点左右。

从煤种适应性看，粉煤气化技术煤种适应性要高于水煤浆气化技术，就水煤浆气化技术而言，一是不适应于灰熔点（FT）温度高于1400℃以上的煤种，二是不适应于内水含量高，成浆浓度低于58%的煤种。

从装置可用率看，目前水煤浆气化炉的装置在线运行率最高，一般都可以满足甚至超过年运行8000h的要求，从关键设备的寿命看，水煤浆气化炉主要是局部耐火砖和烧嘴，粉煤气化炉主要是废热锅炉和陶瓷过滤器。

**(2) 经济特性**

以日处理3000t煤气化装置为例（配套年生产60万t甲醇），需要气流床粉煤气化炉两台，水煤浆气化炉3台（两开一备），粉煤气化装置投资约10亿元，水煤浆气化装置投资约5亿元。

综合来看，如果煤价按900元计算，粉煤气化净化后的合成气生产成本约为0.90元/$Nm^3$（$CO+H_2$）。水煤浆气化净化后的合成气生产成本约为0.80元/$Nm^3$（$CO+H_2$）。

**(3) 环境特性**

从环境特性来看，气流床气化炉最为清洁，废水排放最低，也较易处理，粉尘含量低。$H_2S$含量取决于煤中硫含量；由于碳转化率高，灰渣排放要低于其他气化技术，而且气化灰渣可作为建材加以利用。相较而言，耗水量也要低于其他气化技术。

### 5.3.2 水煤浆气化和粉煤气化制备合成氨原料气的能耗分析

以100 000$Nm^3$/h的$H_2$为基准，分别对水煤浆气化+变换、粉煤气化（激冷）+变换、粉煤气化（废锅）+变换3个流程制备合成氨原料气的能耗进行了分析。

#### 5.3.2.1 工艺流程

水煤浆气化工艺流程如图5-22所示，整个工艺流程分成5个部分即煤浆制备、气化（激冷）、初步净化（洗涤）、渣水处理、变换。粉煤气化（激冷）工艺流程如图5-23所示，整个工艺流程分成6个部分：煤粉制备、煤粉输送、气化（激冷）、初步净化（洗涤）、渣水处理、变换。粉煤气化（废锅）工艺流程如图5-24所示，整个工艺流程分成6个部分：煤粉制备、煤粉输送、气化（废锅）、初步净化（干法除灰+气体净化)、渣水处理、变换，出废锅气体温度设定为 340℃。变换单元均副产 20atm（1atm=1. 013 25×$10^5$Pa）饱和蒸汽。

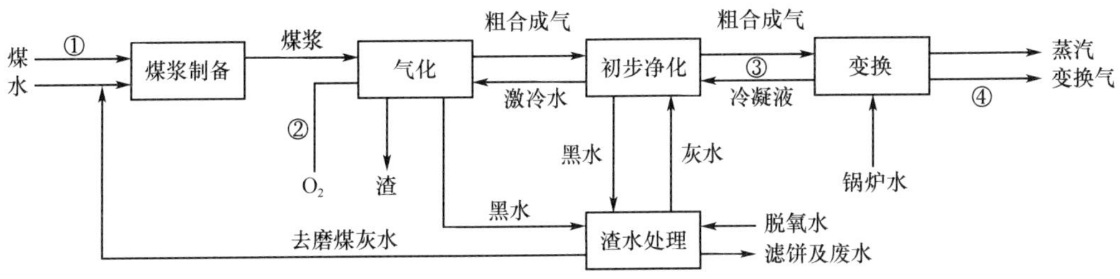


图 5-22　水煤浆气化工艺流程

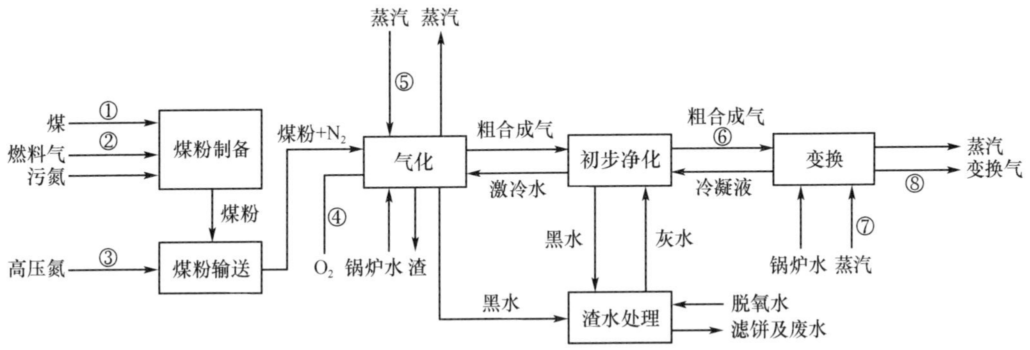


图 5-23　粉煤气化（激冷）工艺流程

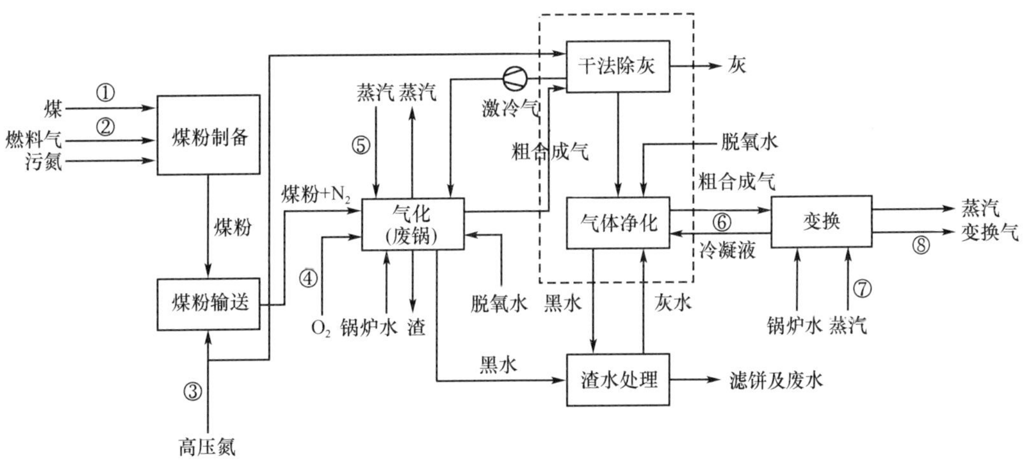


图 5-24　粉煤气化（废锅）工艺流程

### 5. 3. 2. 2　煤质分析及工艺条件

水煤浆气化采用耐火砖衬里，采用低灰熔点的山东北宿精洗煤，气化压力 4. 0MPa，气化温度 1300℃，煤浆浓度为 60%，碳转化率 99%。粉煤气化采用水冷壁耐火衬里，采用高灰熔点的贵州无烟煤，气化压力 4. 0MPa，气化温度 1600℃，入炉粉煤含水量 2%，碳转化率 99%（代正华，2008）。

表 5-5 给出了山东北宿精洗煤和贵州无烟煤煤质分析结果。

表 5-5 煤质分析

| 项目 | | 北宿精洗煤 | 贵州无烟煤 |
|---|---|---|---|
| 工业分析（干基）质量分数/% | 全水分 | 10.4 | 12 |
| | 固定碳 | 42.11 | 59.59 |
| | 挥发分 | 50.57 | 8.5 |
| | 灰分 | 7.32 | 31.91 |
| 元素分析（干基）质量分数/% | 灰 | 7.32 | 31.91 |
| | 碳 | 74.73 | 61.28 |
| | 氢 | 5.13 | 2.04 |
| | 氮 | 1.21 | 0.75 |
| | 氯 | 0.21 | 0.07 |
| | 硫 | 2.63 | 2.66 |
| | 氧 | 8.77 | 1.29 |
| | 灰熔点/℃ | 1230 | 1450 |
| | 低热值/(kJ/kg) | 26 510 | 19 781 |

#### 5.3.2.3 气化工艺指标

表 5-6 给出了水煤浆气化和粉煤气化的工艺指标。水煤浆气化的冷煤气效率较粉煤气化低约 7 个百分点。原因在于水煤浆气化需要通过燃烧提供能量将煤浆中约 40% 的水转化为高温蒸汽，在不考虑水蒸气参与反应的情况下使水气化，该部分能量相当于煤热值的 11%。

表 5-6 气化工艺指标

| 项目 | 水煤浆气化 | 粉煤气化(激冷) | 粉煤气化(废锅) |
|---|---|---|---|
| 有效气成分(干基)体积分数/% | 84.3 | 89.8 | 89.8 |
| 比氧耗/($Nm^3O_2$/1000$Nm^3$)($CO+H_2$) | 357 | 327 | 327 |
| 比煤耗/(kg 煤/1000$Nm^3$)($CO+H_2$) | 551 | 674 | 674 |
| 冷煤气效率/% | 73.2 | 80.2 | 80.2 |

#### 5.3.2.4 能耗分析

从表 5-7 至表 5-9 中可以看出，水煤浆气化的总热效率较粉煤气化仅相差 1~2 个百分点，两者差距较表 5-6 列出的冷煤气效率有了大幅缩小。

表 5-7 水煤浆气化制备合成氨原料气能耗分析表

| 项目 | | 数量 | 能耗/(kJ/h) |
|---|---|---|---|
| 系统输入 | 原煤/(kg/h) | 55 146 | 1 627 963 572 |
| | 磨机电耗/[(°)/h] | 1 379 | 4 963 109 |
| | 空分电耗/[(°)/h] | 46 379 | 166 963 680 |
| 系统输出 | 变换副产蒸汽/(kg/h) | — | 200 178 724 |
| | $H_2$/($Nm^3$/h) | 100 000 | 1 079 488 732 |
| 总热效率/% | | | 71.10 |

**表 5-8　粉煤气化（激冷）制备合成氨原料气能耗分析表**

| 项目 | | 数量 | 能耗/(kJ/h) |
|---|---|---|---|
| 系统输入 | 原煤/(kg/h) | 67 403 | 1 515 112 208 |
| | 磨机电耗/[(°)/h] | 674 | 2 426 508 |
| | 热风炉燃料/($Nm^3$/h) | 3 101 | 34 136 914 |
| | 循环风机电耗/[(°)/h] | 539 | 1 941 206 |
| | 高压氮压缩机功耗/($Nm^3$/h) | 14 444 | 536 362 |
| | 高压氮加热器用蒸汽/(kg/h) | — | 3 778 103 |
| | 空分电耗/[(°)/h] | 42 494 | 152 979 840 |
| | 蒸汽消耗/(kg/h) | 23 430 | 44 517 000 |
| 系统输出 | 水冷壁产蒸汽/(kg/h) | — | 28 309 260 |
| | 变换副产蒸汽/(kg/h) | — | 173 959 756 |
| | $H_2$/($Nm^3$/h) | 100 000 | 1 079 488 732 |
| 总热效率 | | | 73.02 |

**表 5-9　粉煤气化（废锅）制备合成氨原料气能耗分析表**

| 项目 | | 数量 | 能耗/(kJ/h) |
|---|---|---|---|
| 系统输入 | 原煤/(kg/h) | 67 409 | 1 515 247 078 |
| | 磨机电耗/[(°)/h] | 674 | 2 426 724 |
| | 热风炉燃料/($Nm^3$/h) | 3101 | 34 136 914 |
| | 循环风机电耗/[(°)/h] | 539 | 1 941 379 |
| | 高压氮压缩机功耗/($Nm^3$/h) | 18 058 | 670 546 |
| | 高压氮加热器用蒸汽/(kg/h) | — | 4 723 049 |
| | 空分电耗/[(°)/h] | 42 494 | 152 993 880 |
| | 蒸汽消耗/(kg/h) | 132 177 | 251 136 300 |
| 系统输出 | 水冷壁产蒸汽/(kg/h) | — | 28 311 780 |
| | 废锅产蒸汽/(kg/h) | — | 147 625 710 |
| | 变换副产蒸汽/(kg/h) | — | 173 975 241 |
| | $H_2$/($Nm^3$/h) | 100 000 | 1 079 488 732 |
| 总热效率 | | | 72.81 |

## 5.3.3　关键技术的突破点

不同气化技术面临的问题不尽相同，需要突破的关键技术也不尽相同。

1）固定床气化技术。需要解决废水问题和大型化问题。

2）流化床气化技术。需要解决高压（与大型化密切相关）气化问题，同时要开发与流化床锅炉相结合的气化技术，进一步提高碳的综合转化率。

3）气流床气化技术。粉煤气化需要解决高压下粉煤稳定可控输送，以保证装置的长周期稳定运行，同时还要进一步降低投资。水煤浆气化技术主要是解决煤种适应性的问题，进一步拓展煤种适应性。

## 5.3.4 工艺技术途径选择

### 5.3.4.1 各种气化技术的比较

不同类型的煤气化技术是在技术发展的不同阶段，适应不同的工艺要求而发展起来的，离开煤种、煤气化配套的下游转化装置等具体问题，泛泛而谈不同煤气化技术的优劣，是没有意义的。

**(1) 煤种适应性**

1）固定床气化炉。早期的固定床气化炉一般采用活性高、灰熔点高、黏结性低的无烟煤或焦炭。Lurgi 加压固定床气化技术的成功，拓展了固定床对煤种的适应性，一些褐煤也可用于固定床加压气化。BGL 技术的煤种适应性与干法排灰的 Lurgi 加压气化炉相比又进了一步。

2）流化床气化炉。与固定床气化炉类似，早期一般的流化床气化炉为了提高碳转化率，一般采用褐煤、长焰煤等活性比较好的煤种。灰熔聚气化技术的发展拓展了流化床气化技术对煤种的适应性，特别是对一些高灰、高灰熔点的劣质煤有其独特的优势。

3）气流床气化炉。气流床气化炉对煤的活性没有任何要求，从原理上讲几乎可以适应所有的煤种。但是受制于诸多的工程问题，不同的气流床气化炉对煤种还是有所要求的。以水煤浆为原料的耐火砖衬里气化炉，一是要求煤的成浆性要好，制浆浓度一般不要低于 59%；二是灰熔点要低，一般要低于操作温度 50℃，所以灰熔点高于 1400℃的煤一般不适合于采用水煤浆为原料的耐火砖衬里气化炉。褐煤一般灰熔点比较低，但其内水含量高，成浆浓度比较低（一般在 50%），如果用于气流床水煤浆气化，氧耗、煤耗相对较高，因此绝大多数褐煤同样不适合于水煤浆为原料的耐火砖衬里气化炉。尽管从理论上讲，在煤中加入石灰石可以降低灰熔点，但带来后系统特别是灰水系统的堵塞等工程问题难以解决。对于采用干法进料的水冷壁气化炉，由于其操作温度高，对煤的成浆性没有要求，其煤种的适应性无疑是最好的。但 Shell 技术在国内一年多来的运行实践表明，那种认为干粉进料的水冷壁式气流床技术可以适应所有煤种的观点，是站不住脚的。

**(2) 合成气的处理**

从合成气组成看，固定床气化炉由于其床层温度分布的固有特点，出气化炉的粗煤气中含有大量的焦油和酚类，给煤气的初步净化带来了很多困难。而流化床和气流床则没有这一问题。

从气体中携带的灰渣看，固定床相对要低于流化床和气流床；但无论何种气化技术从高温气体中分离细灰都是非常复杂的。

从热量回收来看，固定床和流化床出口粗合成气温度都在 1000℃，可以直接采用废锅回收合成气的热量；而气流床气化炉出口粗合成气温度一般都在 1300℃以上，无法直接进入废热锅炉，必须进行完全激冷，或用循环合成气激冷，降低温度后再进入废锅。

**(3) 原料消耗**

1) 氧耗量。对于采用纯氧气化的工艺，氧耗是一个重要的工艺指标。一般氧耗与气化温度成正比，气化温度越高，氧耗越高。就这一点而言，生产单位体积合成气，气流床气化炉的氧耗无疑要高于固定床和流化床。水煤浆原料的气流床气化炉，由于进料中含有35%以上的水，这些水在气化炉内蒸发需要大量的热量，由燃烧反应来提供，因此水煤浆原料的气化炉氧耗一般要比干煤粉原料的气化炉高15%~20%。

2) 蒸汽耗量。除了水煤浆为原料的气流床气化炉外，其他形式的气化炉在气化过程中都需加入蒸汽。一方面蒸汽是气化介质，另一方面蒸汽是一种温度调节剂，通过蒸汽量与氧气量的匹配，可以调节气化温度。蒸汽耗量与煤种、气化温度等相关，不同的工艺其蒸汽耗量没有什么可比性。

3) 碳转化率。碳转化率的高低是原料煤消耗的一个重要指标。气流床气化炉的碳转化率远远高于固定床和流化床。气流床气化炉的碳转化率既与操作温度和气化炉平均停留时间有关，也与喷嘴的雾化或弥散混合性能密切相关。其中单喷嘴进料的水煤浆气化炉一般碳转化率在95%左右，多喷嘴水煤浆气化炉碳转化率大于98%，而干煤粉进料的气化炉碳转化率据报道在99%以上。

**(4) 生产强度**

生产强度（或气化炉单炉的最大处理能力）是气化炉的重要衡量指标之一。现代化学工业一个重要的发展趋势是单系列、大型化。作为龙头的气化技术尽可能提高单炉能力也是煤气化技术发展的应有之义。气化炉作为一种特殊的反应器，高温、加压无疑有利于提高反应速率和单位体积的处理能力。从这一点而言，气流床气化炉具有提高单炉处理负荷的最大潜力，而固定（移动）床和流化床气化炉要提高压力和温度则有许多工程因素的限制。

### 5.3.4.2 煤气化技术选择的基本原则

煤气化技术是龙头技术，它的运行优劣决定了后系统化工或发电装置能否安全、稳定、长周期、满负荷运行。对于大型的煤化工装置或IGCC发电系统，选择合适的气化技术是极为重要的。人们不断总结现有装置的运行经验，总结出了5条选择气化技术的重要原则（张兴刚，2008）。

1) 先进性原则。工艺技术的先进性决定了产品的市场竞争力。企业在选择气化技术时应充分调研工艺技术的现状，把握发展趋势，选择先进技术，以保证气化技术配套项目的产品竞争力。技术的先进性体现在产品质量性能、工艺水平和装备水平等方面。现代化学工业发展的一个重要趋势就是大型化、单系列，煤气化技术也不例外，大型化是先进性的重要标志之一。从大型化角度看，气流床有优势；从气流床本身的大型化看，多喷嘴比单喷嘴有优势。

2) 适应性原则。适应性表现在两个方面，一是对原料煤的适应性；二是与下游装置的配套性，例如，是发电还是化工产品，是合成氨还是甲醇等。由于我国地域辽阔，煤种千差万别，企业应根据所在地煤资源状况或来源途径、煤的品质（水分、灰分、灰熔点、热质等)、辅助原料的来源等具体情况，选择适合自己的气化技术。可以说，原料煤的性质不仅是选择煤气化技术时的最根本依据，也是影响气化装置能否稳定、高效、长周期运行的关键。从下游产品看，生产合成氨、甲醇、煤间接液化、制氢、发电等不同的工艺，对气化产生的合成气有不同的要求。例如，合成氨和制氢需要对合成气进行全部变换，这时激冷流程就优于废锅流程；甲醇和间接液化需要部分变换，某种角度看，废锅与激冷结合的流程更为合理；IGCC 发电需要最大限度地利用能量，这时废锅流程又优于激冷流程。总之，企业在选择气化技术时，应从规划生产的产品和规模选择适合于自己的气化技术。

3）可靠性原则。可靠性的体现是气化装置能够安全、稳定、长周期、满负荷运行。没有长周期、满负荷、稳定运行，先进的工艺指标无从谈起，稳定、可靠应是选择气化技术的重要条件。一般应该采用已经充分验证并有商业化运行业绩的技术。当然对于新技术、新工艺，也要在充分试验成功的基础上大胆采用，但前提是对可能的风险要有分析和应对措施。对于尚在试验阶段的新工艺、新设备等要采取积极和慎重的态度。

4）安全环保原则。煤的固有特性决定了煤气化过程必然会产生废渣、废水和废气，有些处理难度比较大，如固定床气化过程中的含酚废水，又如 Hg、Cr 等微量重金属元素等。因此企业在选择煤气化技术时还要结合当地的环境状况（如水资源、大气污染物的环境容量等)，选择清洁高效的煤气化技术，保证清洁生产。

5）知识产权安全原则。要注意保护工艺技术来源和所有者的权益，对于专利技术要研究其产权问题，包括其使用范围和有效期限。不要为了贪图小利，而侵犯别人的知识产权。

上述原则是相辅相成、密切相关的，不能割裂开来看。

### 5.3.5 国内研究机构、工程公司、企业（用户）对煤气化技术的总体认识

针对煤气化技术的发展情况，特面向本领域知名专家做了问卷调查。专家分别来自国内研究机构、工程公司和企业，从事的工作包括技术开发、工程设计、技术管理和技术咨询，问卷调查内容集中在以下几个方面：①目前煤气化技术发展应该重点关注什么。②对于具体的煤气化技术（如气流床、流化床、固定床等)，在选择时应该优先考虑的是什么。③对于水煤浆气化技术和粉煤加压气化技术，倾向于选择哪一种。④对典型的煤气化技术分别从气化规模、煤种适应性、气化效率、碳转化率、投资、运行成本、技术成熟度、环境友好度等方面进行综合评价。⑤对催化气化技术怎么看。⑥对地下气化技术怎么看。

调查结果显示，认为目前煤气化技术发展应该重点关注的方面是大型化、高效率和环境友好，其中对大型化和高效率的关注度要大于环境友好。在选择具体的煤气化技术时，应该优先考虑的因素涉及技术的先进性、投资、煤种适应性、操作的可靠性、消耗指标和环保，但诸因素中排在前 3 位的是煤种适应性、操作的可靠性和环保。对水煤浆气化技术和粉煤加压气化技术，有 68% 的专家倾向于选择水煤浆气化技术，有 32% 的专家倾向于选择粉煤加压气化技术。对典型气化技术综合评价结果（图 5-25）显示，气流床气化技术综合得分高于固定床气化技术，气流床气化技术中水煤浆气化技术综合得

分高于粉煤加压气化技术。对催化气化技术，有 63% 的专家认为可以做研究，37% 的专家认为其有工程化前景。对地下气化技术，有 79% 的专家认为可以做研究，只有 11% 的专家认为其有工程化前景。

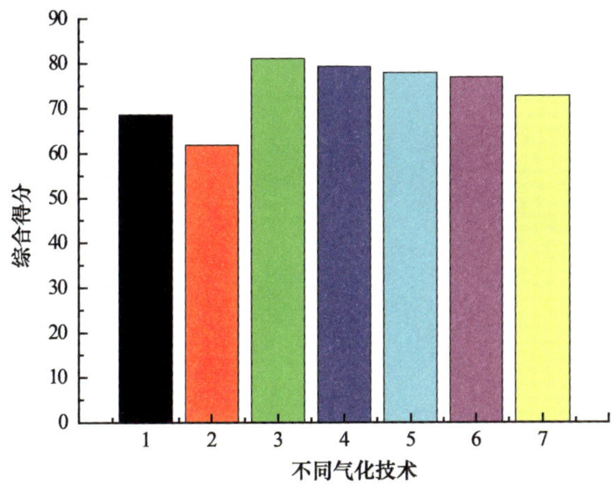


图 5-25 典型气化技术综合评价

1. Lurgi 气化技术；2. 灰熔聚气化技术；3. OMB 气化技术；4. GE 气化技术；5. Shell 气化技术；6. GSP 气化技术；7. HT-L 气化技术。

# 5.4 知识产权分析

## 5.4.1 专利情况

截至 2011 年 9 月，在煤气化领域授权和公开的中国专利总计 2140 件，其中发明专利 1254 件，实用新型专利 836 件；国外煤气化领域授权和公开的专利 2496 件。主要专利商在中国的专利情况列于表 5-10。

表 5-10 气化主要专利商在中国申请专利情况

| 主要专利商 | 授权中国发明专利 | 授权中国实用新型专利 | 公开专利 | 授权专利合计 |
|---|---|---|---|---|
| 华东理工大学 | 34 | 26 | 13 | 60 |
| 清华大学 | 23 | 2 | 13 | 25 |
| 山西煤炭化学研究所 | 21 | 0 | 13 | 21 |
| 西北化工研究院 | 19 | 2 | 11 | 21 |
| 北京航天万源煤化工工程技术有限公司 | 3 | 1 | 2 | 4 |
| 壳牌 | 58 | 0 | 47 | 58 |
| GE | 69 | 4 | 54 | 73 |
| 鲁奇 | 6 | 0 | 6 | 6 |
| 科林 | 6 | 1 | 5 | 7 |

### 5.4.2 我国专利申请与利用分布图

申请专利按气化炉类型的分布如图 5-26 所示。授权专利中实用新型专利和发明专利的分布如图 5-27 所示。

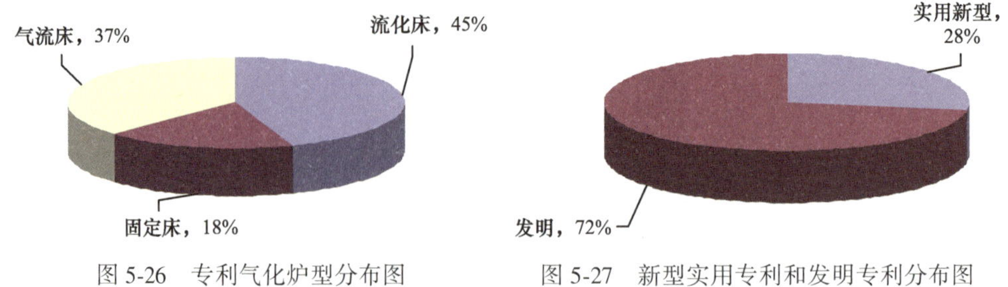


图 5-26 专利气化炉型分布图　　图 5-27 新型实用专利和发明专利分布图

### 5.4.3 其他国家专利情况

通过查阅大量的专利公开数据，目前在欧洲和美国等主要经济体申请的有关煤气化技术的有效专利 140 件左右，按主要国家的分布如图 5-28 所示。

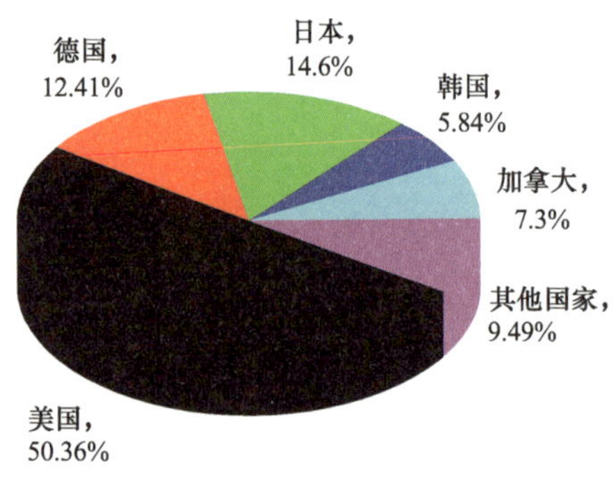


图 5-28 其他国家气化专利分布图

## 5.5 新型技术未来发展趋势

### 5.5.1 潜在技术简介

#### 5.5.1.1 部分气化分级转化技术

由于煤的组成、结构以及固体形态等的特点，煤转化过程特别是煤气化过程的固体颗粒反应速度随转化程度增加而减慢。如果要在单一气化过程中获得完全或很高的转化率，则需要采用高温、高压、长停留时间来获得，从而增加技术难度，生产成本也增加。碳的燃烧反应速度要远高于其气化速度，如果采用燃烧的方法处理煤中“低活性组分”则可以简化气化要求，不需要追求很高的碳转化率，从而降低生产成本。针对煤中不同组分在化学反应性上差别巨大的特点，依据煤不同组分和不同转化阶段的反应性不同的特点，实施煤热解、气化、燃烧的分级转化，则可使煤炭气化技术简化从而减少投资，降低成本，也有可能用最经济的方法解决煤中污染物的脱除问题。

煤部分气化分级转化技术正是基于上述思路发展起来的。其核心思想是针对煤中不同组分实现分级转化；将煤部分气化后所得的煤气用作燃料或者化学工业原料，剩下的半焦通过燃烧加以利用，如图 5-29 所示。

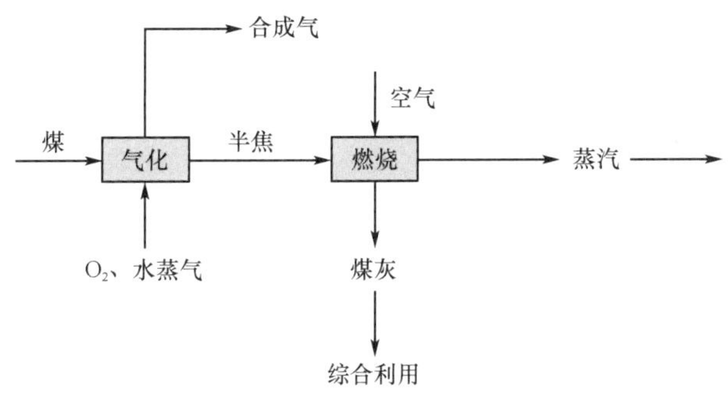


图 5-29　部分气化分级转化技术

部分气化分级转化技术除了具备传统的煤气化技术的优点之外，还具有如下优点。

1）不追求气化过程的高转化率，实现煤炭的分级转化利用，对煤气化技术与设备要求较低，从而降低系统的投资和运行成本。

2）由于部分气化技术可以采用较低的气化温度，可以与目前相对成熟的煤气中低温净化技术直接集成。

3）煤炭中的 S、N 主要在气化炉中被转化成相对容易脱除的 $H_2S$、$NH_3$ 等，在气化炉内或煤气净化过程中脱除；半焦中残余的 S、N、P、Cl、碱金属等污染物相对于原煤大大降低，燃烧起来相对清洁。系统污染物控制成本降低。

以煤的部分气化为基础的洁净煤转化技术，主要是把煤先在气化炉内进行部分气化产生煤气，没有被气化的半焦则进入燃烧炉燃烧利用产生蒸汽以发电、供热，而产生的煤气则有多种用途，如燃气-蒸汽联合循环发电、燃料气、其他化工产品的生产等。部分气化单元由于不追求煤炭的很高转化率，所以目前所发展的技术常采用气化参数较低的流化床气化技术。这样，煤可以在要求相对低的气化炉仅实现部分气化；没有被气化的半焦则被直接送入 CFB 燃烧炉燃烧利用，产生蒸汽用于发电、供热。

经过多年的发展，目前在国外主要表现为气化燃烧集成利用技术与联合循环技术相结合的先进燃煤发电技术和多联产技术。与其他先进技术相比（IGCC 等），这类技术具有系统简单、投资小、煤种适用性广的优点，受到了各国政府和学者的重视。以部分气化为基础的煤炭利用技术主要代表有美国 Foster Wheeler 公司开发的第二代增压循环流化床联合循环（the advanced Pressurized fluidized bed combined cycle，APFBC）和英国 Babcock 公司开发的空气鼓风气化循环（air' blown Gasification cycle，ABGC）。此外，还有 Foster Wheeler 公司的燃煤高性能发电系统（high performance power' system，HIPPS），日本自行开发的 APFBC 和增压内部循环流化床联合循环（pressurized internally circulating fluidized bedgasifire，PICFG）等。

国内在煤的部分气化技术方面已有一定的研究基础。在国家重点基础研究发展规划项目“煤热解、气化和高温净化过程的基础性研究”的资助下，浙江大学、中国科学院山西煤化所和东南大学分别开展了常压部分气化燃烧、加压部分气化常压燃烧和加压气化常压燃烧分级转化技术的研究开发。

浙江大学设计并建造了1MWe级的煤部分气化燃烧分级转化试验装置，并完成了常压下煤的部分气化半焦燃烧的试验运行。中国科学院山西煤化所完成了加压煤部分气化与半焦燃烧试验系统的试验运行。东南大学开展了加压流化床部分气化和半焦加压流化床燃烧的试验研究。这些研究工作验证了煤部分气化分级转化技术的可行性，为下一步部分气化技术的技术开发和应用打下了良好基础。

煤的部分气化技术由于可以降低气化技术的要求，有机地将气化和燃烧转化结合在一起，可以有效降低煤炭转化过程能耗。美国能源部对IGCC、部分流化床气化联合循环（part of the fluidized bed gasification combined cycle，PFBC）、天然气联合循环和超临界煤粉燃烧（supercritical PC）几种煤炭发电技术进行了技术指标评价，各类技术机组的配置以现存商业规模电站或商业规模概念电站为依据。表5-11给出了技术指标评价结果。由表可见，基于煤炭部分气化技术的发电机组效率高达47.4%，比基于纯氧完全气化技术的IGCC和常规超临界发电机组具有更高的转化效率。

**表5-11　部分气化发电机组与其他类型发电机组的比较**

| 项目 | 氧气型IGCC | 效率型CPFBC | NGCC | 超临界PC |
|---|---|---|---|---|
| 燃气轮机(总)/MWe | 262.6 | 206.7 | 223.2 | |
| 蒸汽轮机(总)/MWe | 139.4 | 195.0 | 107.7 | 427.1 |
| 厂用电耗/MWe | 53.8 | 22.8 | 7.5 | 23.0 |
| 净发电量/MWe | 348.2 | 378.9 | 323.4 | 404.1 |
| 热耗率(HHV)/[kJ/(kW·h)] | 7940 | 7673 | 7202 | 8989 |
| 效率(HHV)/% | 45.4 | 47.0 | 50.0 | 40.1 |
| 热耗率(LHV)/[kJ/(kW·h)] | 7861 | 7596 | 6486 | 8899 |
| 效率(LHV)/% | 45.8 | 47.4 | 55.6 | 40.5 |

注：CPFBC——循环增压流化床燃烧炉；NGCC——天然气联合循环发电；HHV——high heat valve；LHV——low heat valve。

### 5.5.1.2　热解气化分级转化技术

对于富含挥发分和焦油的煤炭来说，采用中低温热解方法析出固体燃料中所含活性较好的富氢的挥发分并获得焦油和热解煤气，然后将所产生的半焦作为原料经气化制取合成气，从而实现煤的热解气化分级转化，具有较大的应用前景。热解气化分级转化技术通过中温热解过程获得的煤焦油具有较高的利用价值。除可以从煤焦油中提取高价值的化学品外，以煤焦油为原料通过加氢工艺制取高品质液体燃料的能耗和成本与合成气合成液体燃料比有大幅降低，而热解所获得的煤气则可以半焦气化生成的合成气一起用于后续化工合成。另外，煤的热解气化分级转化技术可以有效利用目前较难利用的水分含量高的褐煤资源，即通过将褐煤预先热解后，所生成的半焦可以作为气化过程的优质原料。因此，与目前常规的完全气化或直接液化相比，不仅具有降低转化成本的优势，同时还可以较好地利用劣质褐煤资源。

目前，热解气化分级转化技术可以分为热解和半焦气化相对独立的工艺过程和热解气化有机集成的工艺过程两大类。热解和半焦气化相对独立的分级转化过程是煤在热解工艺过程中产生焦油、煤气和热解半焦，所产生的热解半焦以产品形式用于下一转化过程的原料，可以用于异地的气化或燃烧转化。这类工艺的特点是将煤炭转化分解成热解和半焦利用两个环节，在热解过程析出煤中所含的大部分挥发分，获得焦油和煤气（煤气可作为热解热源），而所获半焦可以作为气化或燃烧利用的原料。该类技术常被用于高水分高挥发分煤炭的提质，在获得焦油的同时，可以获得较高质量的半焦燃料，便于运输及后续利用如气化、燃烧等。典型的工艺有大连理工大学开发的褐煤提质技术（张秋民，2010）、美国 Encoal 褐煤提质技术（LFC）（关珺等，2011）等。

热解气化有机集成的热解气化分级转化工艺的原理如图 5-30 所示，即煤在热解反应器中与来自 CFB 气化炉的高温固体颗粒（灰和半焦）混合析出挥发分，所获得的挥发分经后续冷却净化后获得焦油与煤气；而热解产生的半焦颗粒被直接送入 CFB 气化反应器与气化剂（$O_2$、水蒸气等）发生气化反应产生合成气，从而在一套装置内实现焦油和煤气的联产。该工艺主要特点是将热解和半焦气化有机集成，以 CFB 气化反应器的高温颗粒为固体热载体，在热解过程获得焦油和煤气，而高温半焦则直接被送入气化反应器气化生产合成气。该技术适用于焦油含量较高的高挥发分煤种，可以有效降低以煤为原料的液体燃料制取的成本。目前，浙江大学、中国科学院过程工程研究所等研究单位开展该类技术的研究与开发。

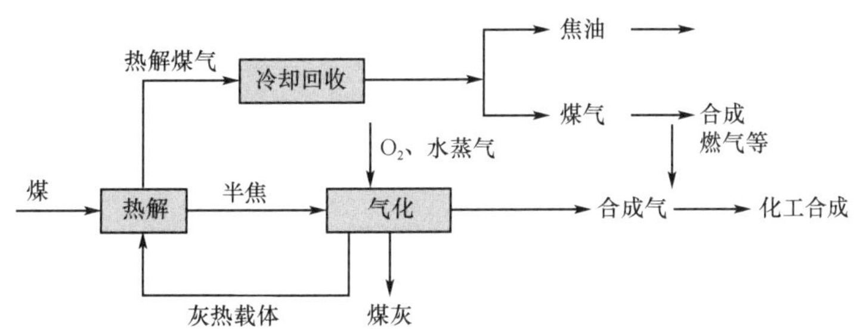


图 5-30　浙江大学热解气化分级转化工艺原理图

热解气化分级转化技术将煤的热解和半焦气化过程的分解开来，在热解过程中获得煤焦油和热解煤气，半焦气化过程生产合成气，从而实现煤炭的分级气化。煤炭的分级气化不仅可以有效降低煤制液体燃料的成本，而且可以实现高水分劣质褐煤的提质利用，具有较大的应用前景。近几年，褐煤提质利用技术得到普遍关注，而且已经有多个工程项目正在建设或调试运行中。

### 5.5.1.3　催化气化技术

催化气化主要指煤与气化剂在有催化剂存在条件下进行气化反应的过程。通过在煤粉或煤浆中加入催化剂，可以降低气化参数要求（如温度和压力），提高气化效率，也可以提高某一指定成分的含量。

催化气化技术具有如下特点：①降低反应温度，降低了对气化设备的要求，同时也降低了气化运行成本。②提高反应速率。③改善煤气组成。例如，可在催化剂作用下生

成 $CH_4$、甲醇、氨等化工原料，缩短工艺流程。

由于气化过程的催化剂使用，带来了相应的问题：①催化剂难以回收。气化完后煤灰和催化剂混合，很难分离。即便分离，由于气化的高温过程不可避免的会导致催化剂变性，催化剂再生也是难题。②催化剂成本难以控制。一般对气化作用明显的都是碱金属盐类，其不但难以回收也容易高温分解，导致成本较高。③催化剂可能对气化炉炉壁及耐火砖有腐蚀作用（主要指水煤浆气化）。④碱金属盐类会导致灰水呈碱性，引起结垢堵塞管道。

催化剂的价格与回收以及产生二次污染等问题一直制约着煤催化气化的工业化进程，相应地催化气化研究重点就在于开发合适的催化剂。

目前催化气化剂主要有两种分类法。

**（1）第一种分类：碱金属（alkali），碱土金属（alkali earth），铁系金属（irongroup metals）**

各种催化剂的主要性质见表 5-12（Nishiyama，1991）。

**表 5-12　碱金属、碱土金属和铁系金属催化剂的主要性质比较**

| 项目 | 碱金属 | 碱土金属 | 铁系金属 |
|---|---|---|---|
| 碳表面积对催化剂的影响 | 小 | 大 | 大 |
| 碳表面性质对催化剂的影响 | 灵敏 | 不灵敏 | 灵敏 |
| 矿物质对催化剂的影响 | 易中毒 | 尚不清楚 | 不太灵敏 |
| 催化剂总量对气化效率的影响 | 近似成比例 | 易达到平衡 | 成比例 |
| 蒸汽气化时主要 C1 产物 | $CO_2$ | $CO_2$ | 与无催化剂相同 |

资料来源：Nishiyama，1991

**（2）第二种分类：单体金属盐或氧化物催化剂，复合催化剂，可弃催化剂（包括煤种的矿物质、工业废液、废碱等）**

1）单体金属盐或氧化物催化剂。单体催化剂主要在早期进行研究。在这些研究中，除了钾盐催化剂外，其他的研究实用性不是太强。例如，稀有金属 Ni 和 Mo 作为煤气化催化剂，如果催化剂回收率不高且回收成本高，那么他们作为催化剂在工业应用中的经济性难以保证。单体催化剂在催化气化反应时催化剂与煤的接触受添加方式影响很大。单体催化剂在进行催化气化时反应温度较高，很容易在高温下蒸发进入气相而流失。目前研究得最多的单体催化剂是 $K_2CO_3$。用 $K_2CO_3$ 作为催化剂，成本低，制备方法简单，稳定性也较好。$K_2CO_3$ 也是目前唯一一种工业应用的单体催化剂煤催化气化催化剂。

2）复合催化剂。Akyurtlu 等（1995）发现以 $K_2SO_4$ 和 $FeSO_4$ 的混合物为催化剂对匹兹堡 HVA 煤焦进行蒸汽气化时能够使煤焦的转化率达到很高的值。Yeboah 等（2003）分别对 50 种二元和 12 种三元熔融碱金属催化剂进行了研究，结果表明三元熔融金属催化剂 $Li_2CO_3$-$Na_2CO_3$-$K_2CO_3$ 中，3 种组分按质量分数 43. 5%、31. 5%、25% 配比时，催化活性较高；$Li_2CO_3$-$Na_2CO_3$-$Rb_2CO_3$ 按质量分数 39%、38. 5%、22. 5% 配比时催化活性较高；在二元催化剂 $Na_2CO_3$-$K_2CO_3$ 中，两种组分按质量分数分别为 29%、71% 配比时较理想，但是二元催化剂活性没有三元催化剂高。

3）可弃催化剂。可弃催化剂是指一种经工业催化应用后无须回收而直接废弃的催化剂。煤催化气化的可弃催化剂主要包括生物质灰、工业废碱、工业废固碱、硫铁矿渣、转炉赤泥等。Brown 等（2000）在热天平上研究了裂解柳枝所得生物质灰催化剂对伊利诺伊 6 号煤催化气化的影响，结果表明在 895℃下，煤焦与生物质灰质量之比为1：9时，可使煤焦气化率提高 8 倍左右。陈欣等利用无烟粉煤分别在工业固碱和黏胶废碱液两种工业催化剂作用下，在内径为 28mm 的流化床中进行气化，结果表明，无论是煤气热值还是煤气产率，使用黏胶工业废碱液催化剂的值均大于使用工业固碱的值。

#### 5.5.1.4　加氢气化技术

煤加氢气化能使产生的粗煤气中含有高浓度的 $CH_4$，有利于生产代用天然气。与传统煤制天然气方法——合成气催化甲烷化过程相比，煤加氢气化制代用天然气流程简单、效率更高、成本更低。

然而，传统加氢气化反应存在一些明显的不足，如反应条件苛刻、反应碳转化率低等问题。为了增加加氢气化的反应活性，降低气化反应的温度，提高反应的碳转化率，对含碳物质的催化加氢研究十分必要。一般来说，过渡金属对加氢气化反应有较好的催化效果，但过渡金属容易因高温烧结和硫中毒而失活。碱金属对煤（尤其是低阶煤）加氢气化也有良好的催化效果，但目前国内关于碱金属用于催化煤加氢气化的报道不多。通过探讨催化剂对煤表面形态和孔结构的影响规律，开发催化加氢气化工艺及高效低成本的催化剂回收工艺。

#### 5.5.1.5　适用燃气行业的分散式小型气化技术

我国天然气资源有限，分布广泛的建筑、建材、交通等行业需要大量的工业燃气，采用储量丰富的煤炭通过气化技术制备燃气成为一条重要途径。但现在主要采用传统的常压固定（移动）床气化炉制备，技术落后，煤种和粒度要求高，环境污染严重。中大规模纯氧气流床煤气化技术先进洁净，但设备投资高，不适合于小规模低压燃气制备。当前迫切需要针对这些行业的特点，结合气流床煤种适应性强、洁净高效的特点，开发相应的低成本、小规模、高效洁净的燃气制备技术。

### 5.5.2　主要难点

#### 5.5.2.1　分级气化技术

部分气化技术在技术上是可行的。但目前部分气化分级转化技术的研究和开发有待于进一步开展，包括部分气化技术的研究、部分气化反应器和燃烧反应器的有机集成系统的运行和管理以及工业示范装置的建设和运行。

#### 5.5.2.2　催化气化技术

单组分催化剂对煤的催化气化影响相对较小。复合催化剂的催化效率比较高而且选择性好，但是价格较高。可弃催化剂价格低廉，但是催化效率不如复合催化剂。如果没有高效廉价催化剂，催化气化很难和普通气化相媲美。催化气化剂的研究需要在如下几个方面开展进一步的工作：①开发合适的可弃催化剂，如生物质与煤共气化的特性和工业化的可行性。②把复合催化剂和可弃催化剂结合起来研究，寻找高效廉价的催化剂。③研究催化剂对产品气组成以及对产品气中 $SO_x$、$NO_x$ 的影响，进一步研究催化剂失活和损失的原因及其防止办法。

#### 5.5.2.3 加氢气化技术

加氢气化技术主要解决的问题是提高气化过程中煤炭与氢的反应性。目前，主要从如下几个方面开展深入研究以获得解决方法：①加入催化剂提高煤与 $H_2$ 的反应活性。②选择合适的气化温度和压力。③选择反应性较强的煤种。

#### 5.5.2.4 热解气化技术

目前，热解气化分级转化技术主要的技术难点在于热解过程所生产焦油含灰量控制和热解过程所生产的废水处理。这些问题有望通过下一阶段的研究和工程运行中得到有效解决。

# 第 6 章　以发电为主的煤热解气化半焦燃烧分级转化及灰渣综合利用技术

基于煤炭各组分具有的不同性质和转化特性，以煤炭同时作为资源和燃料，将煤的热解、气化、燃烧等各过程有机结合，实现煤炭分级转化梯级利用，在同一系统获得低成本的煤气、焦油产品和蒸汽产品；所生产的煤气可用于化工合成或燃料气，焦油可分馏出各种芳香烃、烷烃、酚类等，也可经加氢制得汽油、柴油等产品；蒸汽则用于电力生产和供热，从而有效降低煤炭转化工艺过程的复杂程度和成本，提高煤炭利用效率和效益。依据目前50%煤炭用于电力生产及其主要燃烧方式，基于循环流化床燃烧技术和煤粉燃烧技术的煤炭热解气化燃烧分级转化技术将是主要的发展方向。在充分综述目前煤炭热解气化燃烧分级转化技术及灰渣综合利用技术发展现状的基础上，以浙江大学开发的基于循环流化床燃烧技术的煤炭热解气化燃烧分级转化技术为典型案例，开展了该类技术的技术经济分析和全生命周期分析，并与现有典型燃烧技术和气化技术进行比较。结果表明，煤炭热解气化燃烧分级转化技术与现有常规燃烧技术相比，在保证燃烧转化环节具有同样的性能参数前提下，以半焦为燃料的燃烧过程可以大幅度降低 $SO_2$ 和 $NO_x$ 的排放；而与目前先进的煤气化技术相比，煤气焦油生产的过程效率得到大幅度提高，同时大幅度提高了煤炭利用的经济效益。表明了该类技术在能耗、环保以及经济性方面的优越性。最后，本章在总结了该类技术进一步发展和应用所需解决的关键技术问题和政策问题的基础上，给出了以发电为主的煤热解气化半焦燃烧分级转化及灰渣综合利用技术发展建议。

## 6.1　背景和意义

### 6.1.1　导言

煤炭由不同组分组成，各组分具有不同性质和反应活性。例如，煤炭中所含挥发分是富氢组分，反应活性很高；而固定碳部分则反应活性相对较差。另外，煤炭组分在燃烧和气化两种反应过程中表现出的反应特性相差较大；一般情况下，燃烧反应要比气化反应要容易得多，反应条件也要低得多。利用煤炭组分的不同转化特性和要求的煤炭热解气化分级转化利用技术可以降低煤炭转化过程的要求，简化工艺，可以获得低成本的煤气和焦油产品。所生产的煤气可用于化工合成或燃料气；焦油可分馏出各种芳香烃、烷烃、酚类等，也可经加氢制得汽油、柴油等产品。以焦油为原料的燃料油制备工艺与目前常规的间接液化和直接液化技术相比，可以有效降低工艺复杂程度和成本。因此热解气化分级转化利用技术可以提高煤炭利用效率和效益。该技术的发展与应用对于我国富煤少油、煤种特性复杂的具体国情尤其具有重要应用意义。

目前，国内外对煤的热解气化分级转化技术的研究与开发方兴未艾，需要进一步的技术研究开发和商业化技术推广。通过本子课题的研究与分析，可以促进煤炭热解气化分级转化利用技术的研发及应用，提高我国煤炭利用技术水平。

### 6.1.2 研究背景

我国是一个富煤、贫油、少气的国家，即是一个以煤炭为主要能源资源的国家。2008 年，我国煤炭产量已达 28 亿 t，占一次能源消费量的 65% 左右。虽然在未来几十年内我国煤炭能源的比例将逐步下降，但煤炭在我国能源结构中的主导地位不会发生根本的改变，我国仍然是一个以煤为主要能源的国家。

我国长期以来以煤炭为主要能源资源，但我国煤炭利用一直处于一种单一发展煤炭生产、不注重煤炭综合利用的不合理产业布局。我国煤炭消费的结构中，煤炭在发电、工业应用、炼焦和气化等方面占有很大比例。电力、化工和其他行业在技术工艺、设备设施上的不足以及产品结构上的不合理，致使我国的单位产值能耗是发达国家的 3 ~4 倍，可见我国的煤炭利用效率低下。同时我国在煤炭利用过程中对污染物排放控制措施实施得很差，煤炭的开发和加工利用成为我国环境污染物排放的主要来源。这使得我国环境污染成为典型的煤烟型污染，随着煤炭消耗的增加，面临的环境问题越来越多，环境恶化也会越严重。煤炭利用导致的环境污染已严重影响了我国的可持续发展。

目前，我国煤炭的主要利用方式是直接燃烧，占煤炭总量的 80%。煤炭的直接燃烧虽然简单廉价，但效率较低，利用价值较低，污染严重。我国火力发电的单位能耗较高，而工业窑炉能耗更高。这种状况不仅造成了资源的极大浪费，而且加剧了包括 $CO_2$ 在内的污染物的排放。粗放单一的煤的利用方式加大了污染物排放的治理难度，并导致温室气体的大量排放，浪费了煤中具有高附加值的油、气和化学品。

我国石油资源严重不足，电力供应紧张，煤炭资源利用效率低、污染重等能源问题已成为国民经济发展的瓶颈之一。我国的能源资源和煤炭利用现状决定了以提高煤炭利用的综合能效、控制煤转化过程中的污染排放、解决短缺能源需求为近中期能源领域的首要任务。

近几年来，国际煤炭能源领域的重要发展标志是多联产概念的明确化。研究表明，虽然国际上在煤炭燃烧和转化等各个单元技术方面均取得了重要的进展，但进一步大幅度提高煤炭利用效率、降低环境污染已比较困难，难以同时满足 21 世纪对效率、环境和经济的要求。其根本原因在于现有的这些过程均是单一过程，仅产生单一产品如电、燃料、化学品等，而煤炭能源过程体量巨大，过程复杂，例如，完全气化就存在操作条件高、设备投资大以及煤质要求严格等问题。另外，对污染物排放控制而言，最经济适宜的方式也不一定是尾部治理，而可能是在利用之前或在加工之中进行处理。

煤炭的多联产系统从煤炭同时是电力、化工、冶金等行业的资源这一角度出发，将煤的热解、气化、燃烧、合成等各过程有机结合，在同一系统中生产多种具有高附加值的化工产品、液体燃料以及用于工艺过程的热和电力等产品。这样，多联产系统可以从系统的高度出发，结合各种生产技术路线的优越性，使生产过程耦合在一起，彼此取长补短，达到能源利用效率最高、能耗最低、投资和运行成本最节约。此外，煤的多联产技术将煤的热解、气化、燃烧、合成等各过程有机结合，实现污染物的耦合抑制和有效脱除，从而可能用最经济的方法解决煤利用过程中污染物的控制问题。

因此煤基多联产技术是跨越式提高煤炭利用效率、环境效益和经济性，真正解决我国煤炭的高效洁净利用问题，满足我国国民经济发展的重大需求。

煤炭用于发电、气化、炼焦、化工合成等方面已经有上百年的历史，可以说多联产系统所涉及的各个单元技术都已经存在，并有相当成熟的工艺。但将现有各个单元技术的简单组合，并不能实现真正意义上的多联产。因此，到目前为止，还没有真正工业成熟的多联产系统出现。多联产技术发展主要有如下问题。

1）基于现有的煤转化的工艺路线，结合当今社会经济的发展趋势和对煤炭利用效率、环境保护和经济性的要求，国内外专家提出了各种多联产系统如以化工产品为主的多联产系统、以发电为主的多联产系统、以炼焦为主的多联产系统、以产氢为主的多联产系统等。但是，什么样的多联产系统真正解决国家的重大需求？鉴于我国每年50%以上煤炭用于电力生产和少油缺气的现状，我们认为优先发展的多联产技术应以发电和生产清洁液体燃料为主，兼顾其他化学品和副产品，走综合利用的道路，这样才能满足我国国民经济发展的重大需求。

2）现有煤的燃烧和气化技术都是将煤视为单一物质加以转化。燃烧把煤中所含的各种组分作为燃料来利用，没有利用其中更高利用价值的组分挥发分等。气化虽然可以高效低污染地利用固体燃料，但气化过程中固定碳反应速度随转化程度增加而减慢；如果要在单一气化过程中获得完全或很高的转化率，则需要采用高温、高压、长停留时间来获得，导致气化设备庞大，成本增加，而且对煤质要求很高。实际上我国的很大一部分煤炭都不适合完全气化。由于碳的燃烧反应速度要远高于其气化速度，所以如采用燃烧的方法处理煤中“低活性组分”则可以简化气化要求，不需要追求很高的碳转化率，从而降低生产成本。针对煤中不同组分在化学反应性上差别巨大的特点，依据煤不同组分和不同转化阶段的反应性不同的特点，实施煤热解、气化、燃烧的分级转化，则可使煤炭气化技术简化从而减少投资，降低成本，也有可能用最经济的方法解决煤中污染物的脱除问题。实际上，煤的多联产就是针对单一过程存在的问题及煤结构组成的复杂性而提出的。

挥发分是煤组成中最活跃的组分，通常在较低的温度下就会析出；同时挥发分也是煤中比较容易进行利用的组分。以煤热解气化或部分气化为基础的热电气多联产技术针对这个特点，将煤的热解气化、燃烧、合成等各过程有机结合，将煤中容易热解、气化的部分在气化炉中转化为煤气和焦油，所产生的煤气作为后续合成工艺的原料生产具有高附加值的化工产品，所产生的焦油可作为燃料直接使用或先提取高附加值产品，然后通过加氢以制取燃料油；难热解气化的富碳半焦去燃烧提供热电，灰渣进行综合利用（图6-1）。通过上述生产过程在系统中的有机耦合集成，简化工艺流程，减少基本投资和运行费用。通过调节系统中各产品的比例，可实现多联产系统的优化运行，降低各产品价格，从而真正实现了煤的分级综合利用，提高了煤转化效率和利用效率，降低污染排放，实现系统整体效益最优化。使多联产系统可适用于我国十多亿吨不同品质的煤炭资源，可用于新建工厂和大量旧电厂的改造，从而使多联产系统有广阔的应用前景。

目前，我国的燃煤电厂以煤粉燃烧和循环流化床燃烧技术为主，因此基于循环流化

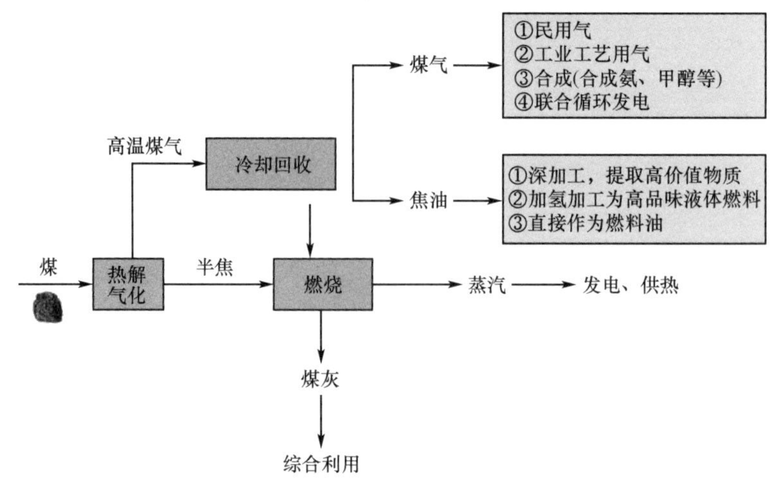


图 6-1　煤的热解气化燃烧分级转化综合利用技术（岑可法等，2004）

床燃烧技术和煤粉燃烧技术的煤热解气化燃烧分级转化技术应该是以发电为主的煤炭分级转化技术的主要发展方向。

## 6.2　煤热解气化燃烧分级转化技术

煤热解是将煤内部高价值部分提取出来并用于合成液体燃料和化工产品的工艺，其重要性已逐渐被认识和接受。其中，日本通产省和美国能源部都将煤热解视为煤炭利用工艺中的重要内容。

煤热解工艺按照加热终温、加热速度、加热方式、热载体类型、气氛、压力等工艺条件分为不同类型。按加热终温可分为低温（500~650℃）、中温（700~800℃）、高温（950~1050℃）和超高温（>1200℃）褐煤热解工艺；按加热速度可分为慢速（3~5℃/min）、中速（5~100℃/s）、快速（500~10 000℃/s）、闪裂解（>10 000℃/s）褐煤热解工艺；按加热方式可分为外热式、内热式、内外并热式褐煤热解工艺；按热载体类型可分为固体热载体、气体热载体、固—气配合热载体褐煤热解工艺；按气氛可分为 $H_2$、$N_2$、水蒸气、隔绝空气煤热解工艺；按压力可分为常压、加压煤热解工艺。

国内外各研究机构在该领域已开展了较多的研究开发工作，开发了各种不同的煤热解工艺。国外主要的煤加工技术：德国的 Lurgi 三段炉（L-S）低温提质工艺、Lurgi-Ruhrgas（L-R）提质技术，原苏联的褐煤固体热载体提质（ETCH-175）工艺，美国的温和气化（Encoal）技术、Toscoal 工艺、西方提质（Garrett）法、COED（coal oil energy development）法、CCTI，澳大利亚的流化床快速热解工艺，日本的煤炭快速提质技术。国内的褐煤热解工艺目前主要可以分为以获得半焦和焦油为目的与热解和半焦燃烧相结合的煤气、焦油和蒸汽联产为目的两大类。其中，以获得半焦和焦油为目的的典型技术有大连理工大学开发的褐煤固体热载体干馏多联产（DG）工艺、北京煤化工分院开发的多段回转炉（MRF）提质工艺等；将煤的热解、气化、燃烧相结合的典型的多联产技术有浙江大学循环流化床热电多联产工艺、北京动力经济研究所和中国科学院工程热物理研究所以及中国科学院山西煤化所提出的以移动床热解为基础的固体热载体热电气三联产技术、中国科学院过程所基于下行床的多联产工艺、清华大学基于流化床的多联产工艺。

按照热量的不同来源，我们将国内外现有的热解燃烧多联产技术分为固体载热体供热、气体热载体供热、外热源供热和部分气化供热四大类，并对其代表性的技术作相关介绍。

## 6.2.1　固体热载体供热

热载体供热是指用煤或焦炭与空气燃烧加热热载体，再以热载体来给煤粉热解供热的一种方法。常见的热载体有固体和气体，固体如流化床循环物料、热灰和热半焦等，气体则主要指热烟气。典型的固体热载体供热热解技术主要分为以流化床煤热解为基础、以移动床热解为基础和以焦载热体煤热解为基础的多联产技术（张宗飞等，2010）。

### 6.2.1.1　以流化床煤热解为基础的热电气多联产技术

循环流化床热电气多联产技术以流化床热解为基础并利用循环流化床锅炉的循环热灰或者半焦作为煤热解的热源。煤首先在流化床热解炉中热解产生煤气、焦油和半焦，煤气经除尘、冷却和净化后输出，半焦则与循环灰一道送入循环流化床锅炉燃烧，产生过热蒸汽用于发电、供热。此多联产技术原理图如图 6-2 所示（岑可法等，2004）。

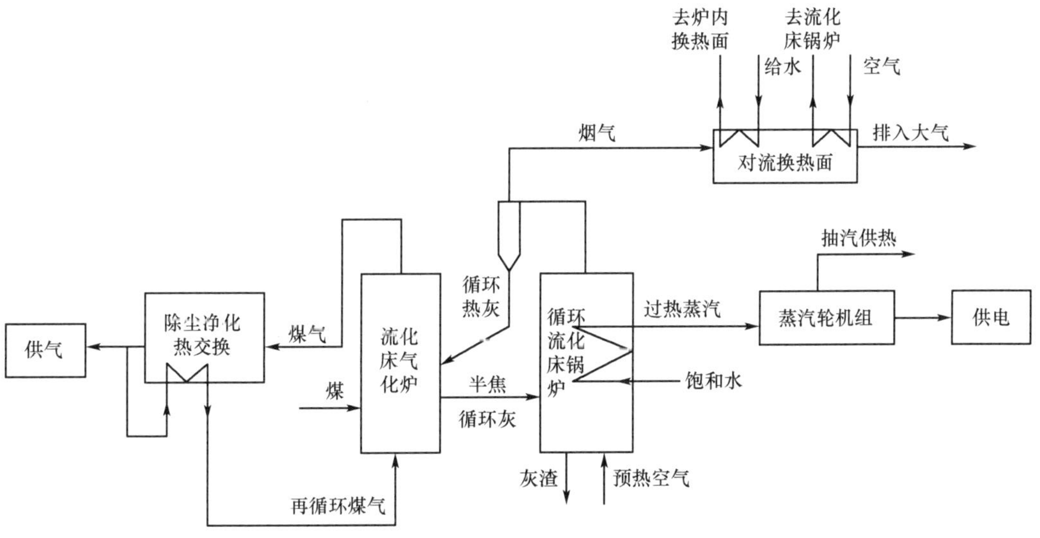


图 6-2　浙江大学开发的循环流化床多联产技术原理图（岑可法等，2004）

#### （1）浙江大学开发的热电气多联产工艺

浙江大学所提出的循环流化床热电气多联产技术是将循环流化床锅炉和热解炉紧密结合，在一套系统中实现热、电、气和焦油的联合生产。图 6-3 为多联产技术的基本工艺流程图，其工艺流程（岑建孟等，2011）：①循环流化床锅炉温度为 850～900℃，大量热灰离开炉膛被旋风分离器分离，其中部分热灰被送入流化床热解炉；②煤炭通过给料机被送入热解炉，并与热灰混合并被加热至 550~800℃；③煤在热解炉中发生热解反应，热解产生的粗煤气经过分离器分离粉尘颗粒后进入煤气冷却净化系统进行净化；④部分煤气再循环送回热解作为流化介质，其余煤气则经净化后供民用或通过 F-T 合成等工艺合成化工产品；⑤冷凝收集的焦油可提取高附加值产品或通过加氢提质生产燃料油；⑥热解产生的半焦、循环灰及细灰则一起被送入循环流化床锅炉中燃烧加热固体热载体，同时用于发电、供热及制冷等。

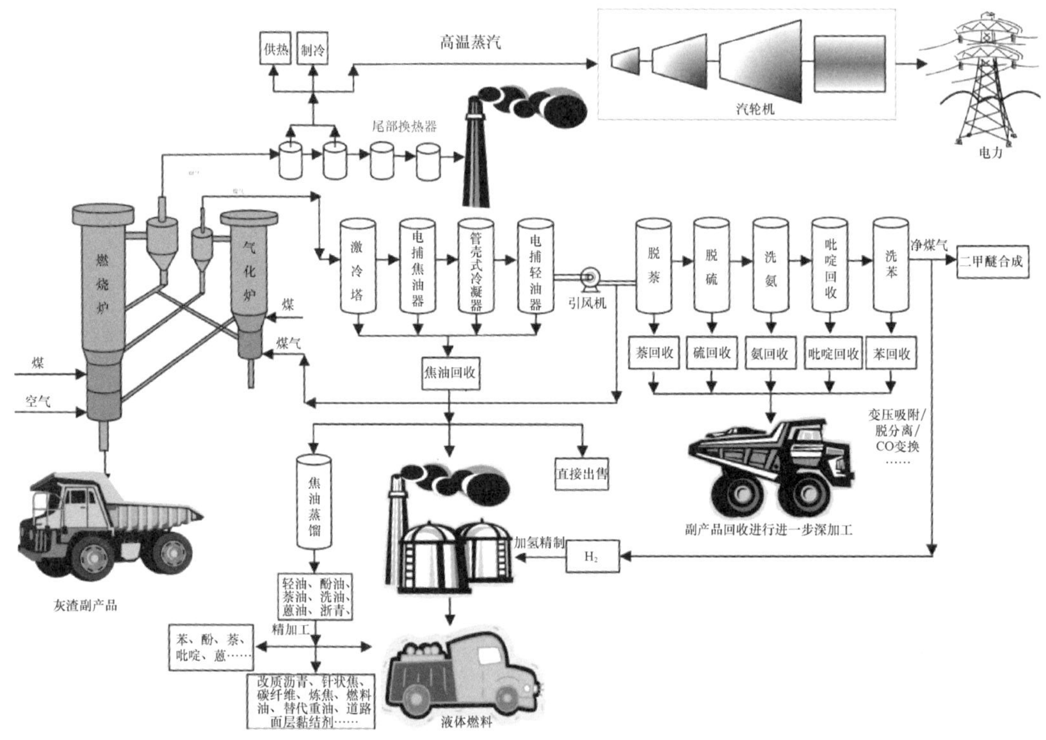


图 6-3　浙江大学开发的煤循环流化床热电气多联产工艺流程

早在 20 世纪 80 年代，浙江大学就提出了煤气—蒸汽联产的相关设想。浙江大学在国家教委博士点基金和省自然科学基金的大力资助下，通过大量理论和试验研究，论证了该方案的可行性。1991 年，浙江大学承担了浙江省“八五”重点攻关项目，建立了 1MWe 燃气蒸汽试验装置，并在此基础上开展了大量试验。试验结果表明该方案具有高燃料利用率、低污染、高煤气热值、结构简单以及低投资等特点。该方案也得到了国家发明专利授权（专利号为 92100505.2）。1999 年，浙江大学在“973”计划项目的资助下，进行了大量的理论研究和试验工作。

浙江大学和淮南矿业集团在完成了 1MWe 循环流化床热电气焦油多联产实验装置的试验的基础上，共同合作将 1 台 75t/h 循环流化床锅炉改造为 12MWe 循环流化床热电气焦油多联产示范装置。该装置利用循环流化床锅炉高温循环灰作为热载体来热解原煤，产生焦油、煤气和半焦。半焦送回锅炉燃烧供热和发电，燃烧后的灰渣可制水泥或建筑材料；经煤气净化系统回收的焦油可直接销售或进一步深加工提取高附加值产品；净化后的煤气部分送回气化炉作气化介质，其余送锅炉燃烧发电或煤气用户。

浙江大学所建 $12MW_e$ 循环流化床热电气焦油多联产示范装置于 2007 年 6 月完成安装，2007 年 8 月完成 72h 试运行，2008 年上半年完成性能优化试验，2008 年 10 月系统投入试生产运行。75t/h 循环流化床热电气焦油多联产装置的热态调试运行表明，多联系统运行稳定，调节方便，运行安全可靠，焦油和煤气的生产稳定，实现了以煤为资源在一个有机集成的系统中生产多种高价值的产品。

该技术可以充分利用淮南煤的各种有用成分，实现煤炭利用价值最大化和煤炭的清洁综合利用，并被列入国家“863”计划的科技攻关项目——“循环流化床热电气焦油联产技术开发项目”。12MWe 循环流化床热电气工业示范装置于 2009 年 1 月通过了安徽省科技厅的验收和鉴定，鉴定意见为“该循环流化床热电气焦油多联产分级转化利用技术及装置属国内外首创，成功解决了循环流化床燃烧炉和流化床气化炉协调联合运行、高温循环物料控制、循环流化床锅炉完全燃烧半焦、煤气和低温焦油回收以及多联产系统控制等多项关键技术”“鉴定委员会一致认为该技术可实现煤的分级转化和梯级利用，具有重大的经济和社会效益，应用前景广阔”。

2009 年国电小龙潭电厂、小龙潭矿务局和浙江大学合作以云南小龙潭褐煤为原料，在浙江大学 1MWe（每小时 150kg 给煤量）循环流化床热电气多联产试验台进行试验研究。试验研究结果成功地验证了以褐煤为原料的循环流化床热电气多联产技术的可行性；所获得热解煤气不仅产率较高，而且煤气的有效组分含量高，同时还可以获得一定量的焦油产品，都具有后续加工的价值。

在试验研究结果基础上，结合小龙潭电厂现有 300MWe 褐煤循环流化床锅炉的结构和现状，把 300MWe 褐煤循环流化床锅炉改造为以干燥后褐煤为原料的 300MWe 循环流化床热电气多联产装置（图 6-4），目前改造工程已完成试运行及性能参数测试。运行结果表明，系统运行稳定，操作方便，以未干燥褐煤为原料，气化炉给煤量达到设计的 40t/h，煤气产率及组分、焦油产率达到设计要求。

图 6-4 浙江大学在 300MWe 循环流化床锅炉上改建开发的 40t/h 褐煤循环流化床热电气多联产工业试验装置

### (2) 清华大学开发的热电气多联产工艺

清华大学也是国内较早进行“多联产”工艺研究的单位之一，其“多联产”工艺小型热态试验项目，也是国家“八五”重点科技攻关计划的一部分（李定凯等，1995）。此多联产工艺流程：循环流化床锅炉的运行温度为950℃左右；在运行时，燃烧室内大量高温物料被烟气夹带进入锅炉的卧式旋涡分离器，循环物料分离后进入气化室；在气化室内，煤与循环物料混合并快速升温至750℃同时发生热解反应，同时半焦中少量的碳则与水蒸气等气化介质发生气化反应，热解气化生成中热值煤气，经净化后可供民用；半焦与循环物料在重力及压差作用下流入燃烧室；在燃烧室内，半焦、循环物料中的可燃成分和用于调节负荷的煤炭发生燃烧反应，生成蒸汽用于发电和供热。清华大学在“八五”科技攻关项目的支持下建立了小型试验台，如图6-5所示，并在此试验台上进行了多次的试验。

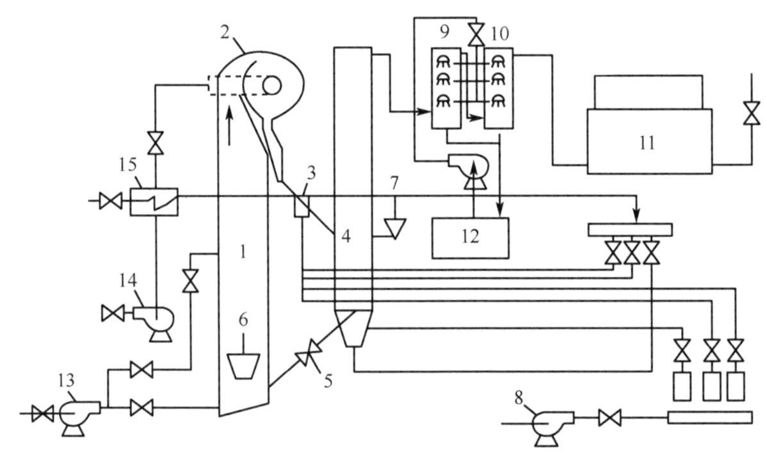


图6-5　清华大学开发的热态实验台系统（徐秀清和沈幼庭，1996）

1. 燃烧室；2. 分离器；3. 送料阀；4. 气化室；5. 回料阀；6. 燃烧室给煤机；7. 气化室给煤机；8. 高压头风机；9. 一级冷却器；10. 二级冷却器；11. 储气罐；12. 冷却水；13. 送风机；14. 引风机；15. 过热器

清华大学热能系已与北京锅炉厂联合开发出蒸汽产量为35t/h的多联产系统，也准备与郑州锅炉厂、江西锅炉厂、天津锅炉厂共同开发10t/h和20t/h多联产系统。

### (3) 中国科学院过程工程研究所拔头工艺

“拔头”原为石油化工术语，意指从石油中蒸馏出轻油成分。后来中国科学院郭慕孙院士在20世纪90年代提出了“煤拔头”的概念，其核心为在常压、中低温（550~700℃）、无催化剂和$H_2$的条件下，用温和热解的方式提取出煤中的气体、液体和其他精细化学品，同时进行脱硫脱硝，从而实现油、煤气、热、电的多联产。该工艺主要由中国科学院过程工程研究所和哈尔滨工业大学进行研究，并获得国家“863”计划的支持。

该工艺以循环流化床的循环热灰为热载体，使煤在极短时间内发生快速热解，其工艺流程图如图6-6所示。原煤从给料器进入后在固固混合器内与来自流化床的热循环灰强烈混合，随后煤灰混合物在下行管中下行热解，产物进入气固快速分离器，分离出的气体经急冷器中的丙酮迅速冷却后得到液体产品，不可冷却气体则成为气相燃料；而气固分离器出来的半焦和循环灰则通过返料装置进入流化床锅炉，半焦燃烧，重新加热循环灰，热灰随着热烟气被带出炉膛，由旋风分离器分离落入热载体料仓存储，并通过料阀控制进入混合器开始新的循环。

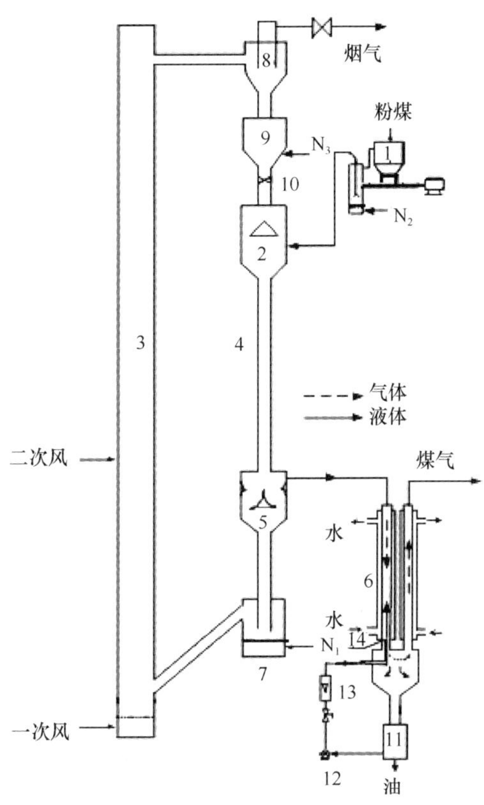


图 6-6　煤拔头工艺流程图（王杰广等，2005）

1. 给煤机；2. 快速固-固混合器；3. 煤烧器；4. 热解器；5. 快速气-固分离器；6. 急冷塔；7. U 型阀；8. 旋风分离器；9. 热载体斗；10. 高温阀；11. 油罐；12. 循环泵；13. 流量计；14. 液体喷嘴；$N_1$：流化床；$N_2$：载气；$N_3$：吹扫气

目前对拔头工艺的研究已经有大量成果，包括煤粉的快速热解机理、拔头工艺过程的设计、快速热解和快速分离及快速冷却等关键技术的研究等，并证明了循环流化床燃烧器耦合匹配利用移动床、流化床和下行床 3 种不同反应器的技术可行性。中国科学院过程所建立了 3 套煤处理量每年万吨以上的载体煤热解与燃烧耦合集成的工业性试验装置，在确保燃烧器正常运行的前提下，热解—燃烧集成系统可以连续稳定试运行。

除此之外，国内还有其他一些大学及科研院所提出了基于流化床热解的多联产工艺，如华中科技大学开发的双室内循环多联产工艺、浙江大学开发的内循环双流化床热电气多联产工艺和中国科学院工程热物理研究所提出的双循环流化床多联产技术等。

国外对流化床热解多联产技术的研究较少，主要有英国 Cranfield 大学和韩国科学技术高等学院开发的多联产技术。

**(4) 英国 Cranfield 大学设计的多联产系统**

英国 Cranfield 大学设计的多联产系统是用来处理油页岩的（Jaber and Probert, 1999）。当初有两种主要的油页岩发电系统：其一是基于传统的蒸汽发电系统；其二是燃气轮机联合循环发电系统。但是，不包含烟气净化系统的传统的燃烧系统平均热效率还不到 30%，而且系统利用率低（不到 50%）。油页岩在世界上有十分巨大的储量，而这两种方法都不是高效的利用方法。英国 Cranfield 大学设计的油页岩多联产系统，利用油页岩可同时获得电能与燃料气，并可产生回收硫与其他的一些有价值的产品，具有很好的工业应用价值。

油页岩多联产系统工艺（图 6-7）：①首先分别将油页岩送到气化炉和干馏炉，油页岩在气化炉中被空气气化产生低热值煤气；②煤气经旋风分离器（或高温陶瓷过滤器）除尘后，通过气体冷却器将余热传给锅炉给水，同时减少气体体积；③最后通过脱硫装置，除去酸性气体 $SO_2$，将净煤气送往燃气轮机做功，如图 6-8 所示。与此同时，残余的半焦以及未气化和粒径小于 6mm 的页岩一起被送到循环流化床里燃烧发电。循环流化床的循环灰提供干馏炉所需的热量，循环灰的比率与页岩的特性和干馏温度有关。干馏炉产生的热值介于 20MJ/kg 和 24MJ/kg 之间的煤气可用于发电、合成气、工业燃料（如燃油锅炉的燃料等）以及合成化工产品（如甲醇等）。最后，干馏炉残余半焦送到循环流化床锅炉燃烧。干馏炉生成的页岩油经净化、加氢以及浓缩等工艺可制取燃料油。利用该工艺从美国科罗拉州的油页岩提取的页岩油制取的商用原油已被证实可作为石油替代品。

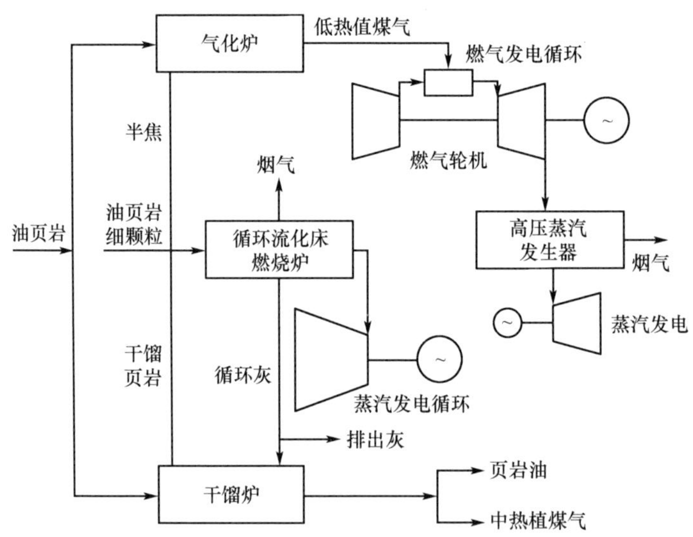


图 6-7　油页岩多联产系统示意图（Jaber and Probert, 1999）

多联产系统在处理等量的油页岩时，能比其他的油页岩利用系统产生更多的最终产物并提高油页岩的利用效率。和传统的发电技术相比，采用两个独立的发电机单元（包括循环流化床锅炉系统的蒸汽轮机与燃烧低热值燃气的燃气轮机系统），减少了汽轮机给水量；并且由于采用了燃气轮机，因而降低了电能的成本。系统主要运行参数见表

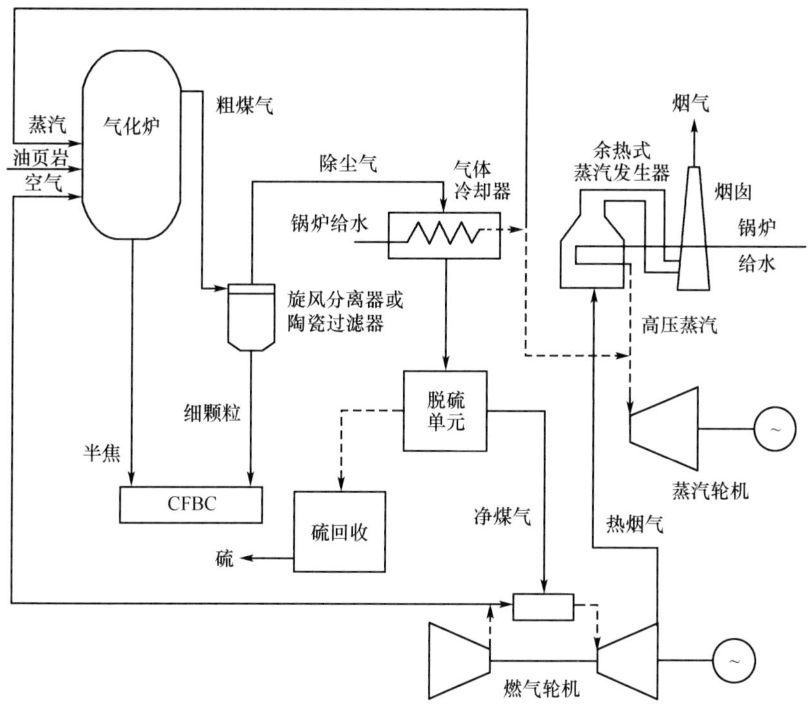


图 6-8　气化联合循环发电系统（Jaber and Probert，1999）

6-1。除此之外，油页岩中的硫通过热解气化大部分转化为 $H_2S$，与燃烧产生 $SO_2$ 相比，易于脱除，因此实现了低污染排放。将多个过程集成在一个系统中，不同过程的废弃物在其他过程中得到充分利用，较大程度地提高了利用效率。

**表 6-1　系统主要运行参数**

| 项目 | 运行参数 | 平均值 |
|---|---|---|
| 燃气循环 | 压缩机压缩比 | 15 |
| | 燃气轮机入口温度 | 1225℃ |
| | 燃烧效率 | 99% |
| | 机械效率 | 99% |
| | 压缩机绝热效率 | 88% |
| | 燃气轮机绝热效率 | 88% |
| 蒸汽循环 | 蒸汽压力 | 70~90bar |
| | 汽轮机绝热效率 | 80% |
| | 给水泵效率 | 75% |
| | 冷凝器压力 | 0.1bar |
| | 给水温度 | 45℃ |
| | 排烟温度 | 160℃ |

### 6.2.1.2 以移动床热解为基础的热电气多联产技术

以移动床热解为基础的循环流化床热电气多联产技术与以流化床为基础的热电气多联产技术主要差别在于前者采用移动床热解炉，而后者采用流化床热解炉（岑可法等，2004）。

#### (1) 北京动力经济研究所的热电气多联产工艺

北京动力经济研究所较早就开展了多联产系统的研究工作（梁鹏等，2007）。北京动力经济研究所开发的三联产工艺采用移动床干馏装置，将煤炭分别给入锅炉和干馏器中，煤炭在干馏装置内与流化床锅炉的循环热灰混合加热，干馏产生挥发分，热解剩下的半焦和循环灰送回循环流化床锅炉燃烧发电。

在国家“八五”重点科技攻关计划支撑下，北京动力经济研究所与济南锅炉厂合作，于1992年初在济南锅炉厂内搭建了150kg/h规模的煤气伴生工艺热态试验装置。在此基础上济南锅炉厂与北京水利电力经济研究所等单位合作于1995年在辽源市进行了工业性试验，用35t/h循环流化床锅炉与6.5t/h移动床干馏炉匹配。该试验装置是由循环流化床锅炉系统和干馏器制煤气系统两部分组成，目的是验证循环流化床燃烧系统和煤的干馏系统的运行过程以及参数匹配。为此，北京动力经济研究所对试验装置的锅炉汽水系统作了必要的简化，简化后系统如图6-9所示。

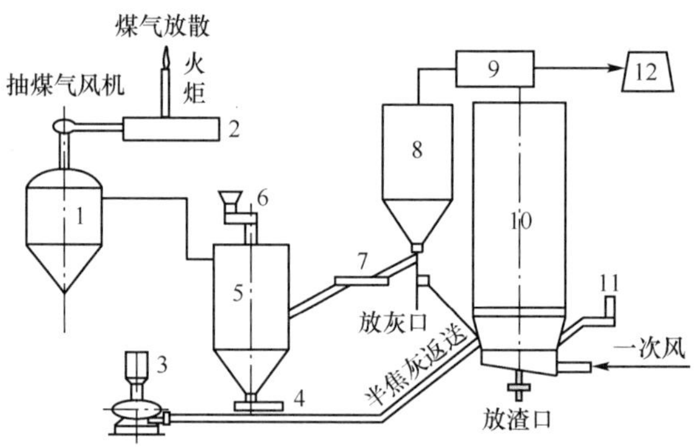


图6-9 北京动力经济研究所三联产试验装置工艺流程（王新雷，1998）

1. 间接冷却器；2. 煤气计量；3. 罗茨鼓风机；4. 半焦输送阀；5. 干馏器；6. 干馏给煤；7. 热灰输送器；8. 旋风分离器；9. 冷却器；10. 锅炉流化床燃烧室；11. 锅炉输煤机；12. 烟囱

试验装置的工艺流程：①20%煤送入循环流化床锅炉，剩余的煤炭则与热灰混合一起送入干馏器。在干馏器内热解，产生的半焦由返料系统送回锅炉内与煤一起燃烧发电。②锅炉的旋风分离器分离的热灰一部分经返料器送回锅炉炉膛，另一部分进入干馏器与原煤混合并加热原煤后与半焦一起返回炉膛，形成炉膛、分离器、干馏器、返料系统组成的大循环系统。该工艺采用双回路灰循环系统，当干馏器停用时锅炉可实现正常运行，同时可调节进入干馏器的灰量，以满足干馏原煤时所需的热量。③煤气从干馏装置上部引出，经净化冷却计量后燃烧排至大气。

该实验台共进行过包括烟煤、长焰煤和褐煤在内的5个煤种的试验。实验结果表明，该工艺系统能够稳定连续运行，在技术上是可行的；煤气热值大于 15 884kJ/Nm$^3$，可作为城市民用煤气，CO 含量小于 10%，煤气质量稳定；煤种适应性较广，循环流化床锅炉、干馏器可用同一煤种，且煤粒度也可统一，简化制煤系统。

**(2) 中国科学院工程热物理研究所的热电气多联产工艺**

中国科学院工程热物理研究所开发的多联产工艺流程如图 6-10 所示（岑可法等，2004；张宗飞等，2010）。干燥器利用锅炉烟气加热干燥煤炭，在分离器（图 6-10 中 2）中分离后，干煤进入混合器，与来自锅炉 900℃的固体热载体——热灰混合，一起进入反应器。干煤受热灰的加热，迅速升至指定温度并发生干馏，产生气态产物——煤气、焦油和水蒸气以及固态残渣——半焦，固体与气体在分离器（图 6-10 中 5）中分离。煤气经净化后即可供民用。半焦与灰的混合物进入循环流化床锅炉燃烧发电。

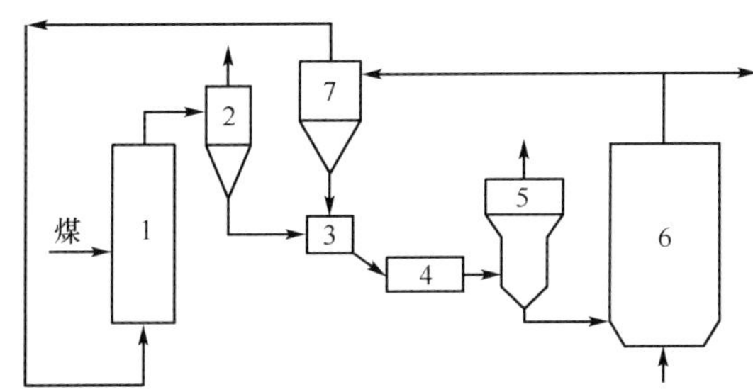


图 6-10　中国科学院工程热物理研究所“三联产”试验装置工艺流程（张宗飞等，2010）

1. 煤干燥器；2. 分离器；3. 混合器；4. 反应器；5. 分离器；6. 循环流化床锅炉；7. 干灰储仓

**(3) 中国科学院山西煤炭化学研究所的热电气多联产工艺**

在陕西府谷恒源电厂的资助下，煤处理量为 5t/h 的干馏系统与蒸发量 75t/h 的 CFB 锅炉系统的中试联合运行试验正在进行，并已取得了初步的试验结果，其工艺流程（Qu et al.，2011）如图 6-11 所示。该系统由 75t/h 的循环流化床锅炉、组合式返料器、固固混合器、最大处理量为 5t/h 的移动床热解炉、移动颗粒床过滤器、冷却模块以及其他辅助设备构成。

实验的操作流程：①实验开始之前，先将循环流化床锅炉启动；然后，利用电加热将移动床过滤器加热至一定温度，以防热解炉产生的焦油冷凝；②将循环流化床锅炉内 900℃的灰通过 Loop Seal 返料器送至热解炉中，同时热解炉给煤启动；③煤与高温灰迅速混合，并发生快速热解，产生焦油、半焦与煤气；热解的温度由热灰/煤质量比来控制；④热解炉中的灰与热解产生的半焦通过螺旋给料机送回至燃烧炉内燃烧。

热解生成的煤气与气态焦油通过移动床过滤器除去气体中携带的细粉尘。除尘后的煤气与焦油通过间壁式冷凝器分离，并用储油罐收集焦油，剩余的净煤气采用孔板流量计测量流量。分离器出口的煤气成分用气相色谱分析。

**(4) 北京蓝天新源科技有限公司的多联产工艺**

北京蓝天新源科技有限公司研发的多联产煤制气工艺流程（张宗飞等，2010）如图

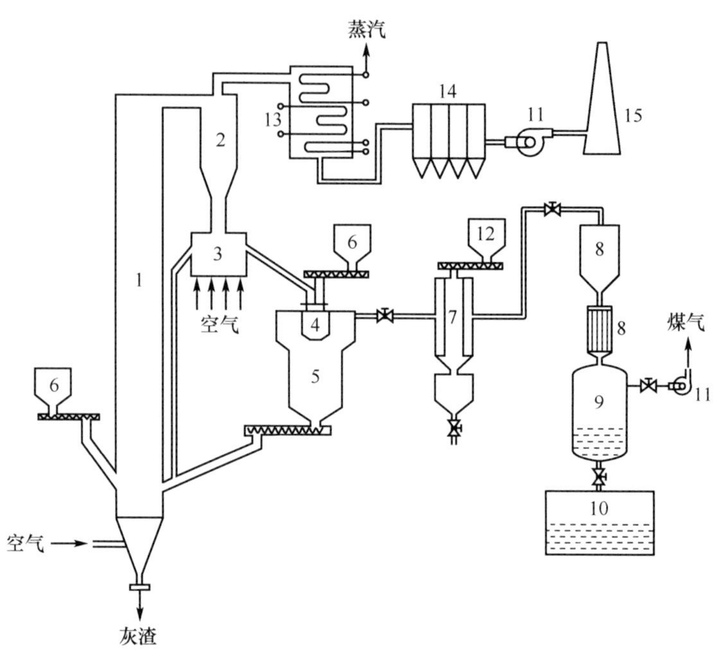


图 6-11　CFB 燃烧/煤热解多联产工艺流程示意图（Qu et al.，2011）

1. CFB 锅炉；2. 旋风分离器；3. 组合式 Loop Seal；4. 混合器；5. 热解炉；6. 煤斗；7. 过滤器；8. 间壁式冷却器；9. 气-液分离器；10. 储油罐；11. 风机；12. 半焦斗；13. 换热器；14. 静电除尘器；15. 烟囱

6-12所示。固体褐煤送入粉煤热解装置，与 820～900℃的循环流化床锅炉的循环热灰在干馏器内均匀掺混并进行热解，获取煤气、焦油及其他产品。改变进入干馏器热灰量，可方便地调节热解（干馏）温度，可以满足不同用户对煤气和焦油的产量及品质的要求。

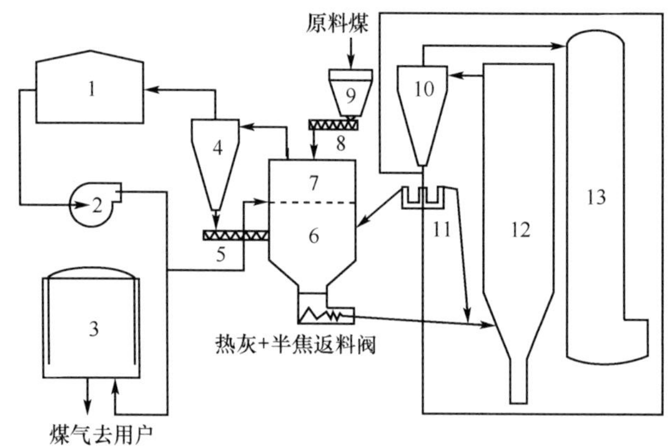


图 6-12　北京蓝天新源科技有限公司三联产煤制气工艺流程（张宗飞等，2010）

1. 煤气净化系统；2. 加压风机；3. 气柜；4. 焦煤气分离器；5. 返灰螺旋；6. 干馏器；7. 局部流化器；8. 给煤螺旋；9. 煤斗；10. 锅炉分离器；11. 锅炉返料器；12. 锅炉炉膛；13. 锅炉尾部

干馏器床层采用鼓泡流化床和移动床混合式的形式，采用净化的低温煤气作为流化介质并采用独特的煤气流化装置。这种结构既能有效减少由于流化介质带来的煤气品质降低效应，又能增强煤与固体热载体的掺混效果并有效地延长干馏的时间。

### 6.2.1.3　以焦载热体煤热解为基础的多联产技术

以焦载热体煤热解为基础的多联产工艺的技术核心是以煤半焦作为固体热载体，用固体热载体与煤直接接触热解制气，煤被固体热载体加热后析出煤气。国内外有大连理工大学、浙江大学、清华大学、原苏联、鲁奇-鲁尔气体公司等对这种多联产技术进行了研究。

#### (1) 大连理工大学开发的褐煤固体热载体干馏多联产工艺

大连理工大学褐煤新法干馏工艺以热半焦为载热体。与其相类似的有苏联的 ETCH 工艺，德国的鲁奇鲁尔工艺，它们都是以热半焦为载热体进行干馏。其工业试验流程（周颖等，1998；郭树才，2000）如图 6-13 所示，主要由备煤、煤干燥、流化提升加热焦粉、冷粉煤与热粉焦混合换热、煤干馏、流化燃烧、煤气冷却输送净化等部分组成。热煤粉碎到颗粒小于 6mm 后送入原料煤槽，湿的原料煤由给料机送入干燥提升管。干燥提升管下部设置沸腾段，热烟气由下部进入，湿煤被 550℃左右的烟气提升并加热干燥。旋风分离器将干煤与烟气分离，干煤入干煤槽，除尘后烟气经引风机排入大气。干煤经给料机送去混合器。来自热半焦槽的 800℃热粉焦在混合器与干煤相混合，并将干煤加热至 550~650℃，此后进入反应器，快速热解析出干馏气态产物。煤或焦粉在流化燃烧炉燃烧生成 800℃的含氧烟气，在加热提升管下部与来自反应器的 600℃半焦发生部分燃烧并被加热至 800~850℃，提升到热半焦槽，作为热载体循环使用。由半焦槽出来的 550℃热烟气去干燥提升管干燥湿原煤至水分小于 5%，温度为 120℃左右，而此时烟气温度降至 200℃左右。产品粉焦经过反应器下部冷却后作为半焦产品。来自反应器的荒煤气经过除尘去洗气管，冷却洗涤后于气液分离器分离。水和重焦油去分离槽。煤气经间冷器冷却，分出轻焦油。煤气经鼓风机加压、除焦油和脱硫后去煤气柜。

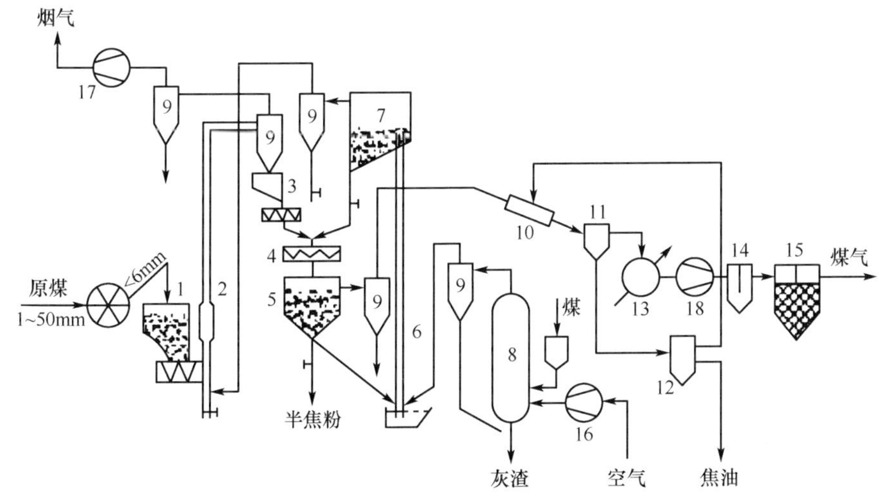


图 6-13　DG 工艺流程（郭树才，2000）

1. 煤槽；2. 干燥管；3. 干煤槽；4. 混合器；5. 反应器；6. 加热提升管；7. 热焦粉槽；8. 流化燃烧炉；9. 旋风分离器；10. 洗气管；11. 气液分离器；12. 分离槽；13. 间冷器；14. 除焦油器；15. 脱硫箱；16. 空气鼓风机；17. 引风机；18. 煤气鼓风机

大连理工大学是国内最早进行褐煤固体热载体干馏技术研究的单位，早在 1992 年就在内蒙古平庄建设了一套日处理 150t 褐煤固体热载体干馏新技术工业性试验装置，用于开展相关研究。但由于气固分离装置容易存在堵塞问题及煤与半焦混合器在高温下运转不畅的问题，该技术的推广不是很成功。最近有报道说国内陕西某公司运用该工艺建设了两套 60 万 t/a 的煤固体快速热解装置，目前处于试运行阶段。

**(2) 原苏联开发的粉煤干馏多联产工艺**

原苏联针对多种固体热载体粉煤干馏工艺开展过大量的研究和开发工作（郭树才，2001）。其中综合利用动力用煤的 ETCH 方法有 4~6t/h 试验装置，4t/h 处理量的干馏装置目前还运行在加里宁工厂里。该工艺采用高温烟气作为气体热载体加热煤粉，可实现煤粉的快速加热；但同时也降低了煤气的质量，增大了粗煤气的分离净化设备和动力消耗。原苏联曾在试验装置上进行了坎阿褐煤试验：0.15mm 和 0.06mm 煤粒的最大焦油产率分别为 15% 和 19%，干馏温度为 635℃，在反应区的停留时间为 0.4s；另一干馏条件是温度为 700℃，在反应区的停留时间为 0.23s。上述快速热解方法获得焦油虽多，但焦油比较重。快速热解工艺也可以采用气体和固体联合热载体的方法，煤干燥预热阶段之前，采用气体热载体；由热解开始温度到 600~650℃，则采用固体热载体。

在此基础上，原苏联开展了 ETCH 4~6 试验和 ETCH-175 试验。ETCH 4~6 和 ETCH-175 试验装置原理流程图分别如图 6-14 和图 6-15 所示。ETCH-175 工业试验装置建在克拉斯诺雅尔斯电厂，处理能力为 175t/h 煤。

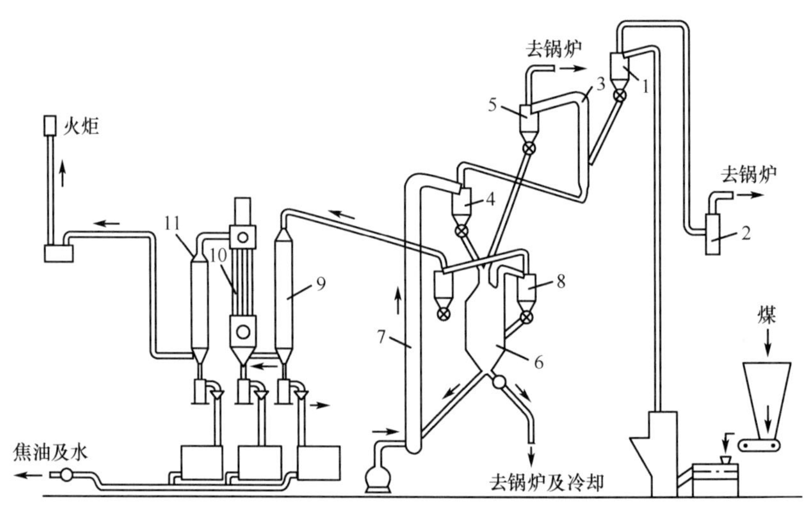


图 6-14　ETCH 4~6 试验装置原理流程图（郭树才，2001）
1. 旋风分离器；2. 风机；3. 煤加热器；4. 热焦旋风器；5. 热粉煤旋风器；6. 热解室；7. 加热提升管；8. 旋风初净器；9. 冷洗器；10. 电除焦油器；11. 管式换热器

ETCH 工艺中，原料煤由煤槽经给料机送至粉煤机，通入约 550℃的热烟气，加热粉煤到 100~120℃的同时输送到干煤旋风器。干煤经热烟气干燥后水分小于 4%。干煤由旋风器去加热器，与来自加热提升管的热粉焦混合，在干馏槽内发生热解反应，热解产物经冷却冷凝系统分离为焦油和煤气以及冷凝水。干馏槽下部的半焦和热载体半焦，部分去提升管燃烧升温，作为热载体循环使用，剩余的半焦则作为半焦产品。

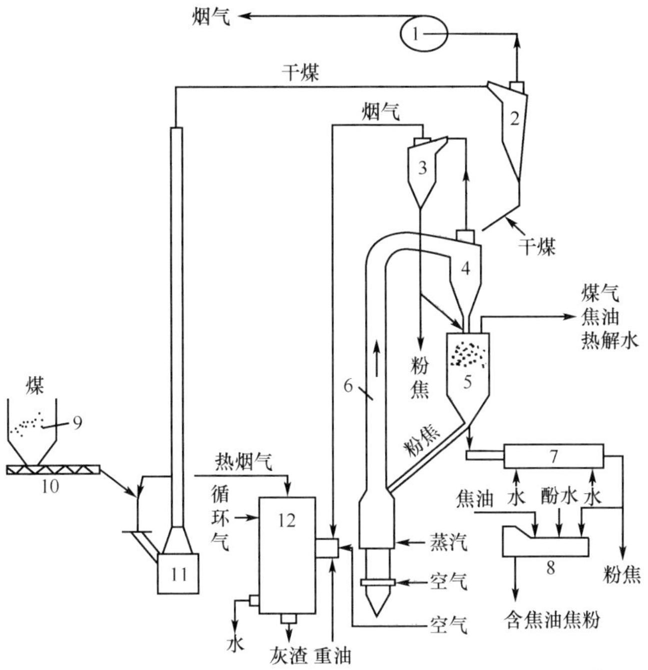


图 6-15　ETCH-175 试验工艺流程图（郭树才，2001）

1. 风机；2. 干煤旋风器；3. 烟气分离器；4. 粉焦分离器；5. 干馏槽；6. 粉焦加热提升管；7. 冷却器；8. 冷却塔；9. 煤斗；10. 给料机；11. 煤干燥管；12. 燃烧炉

### (3) 鲁奇-鲁尔公司的煤热解多联产工艺

鲁奇-鲁尔煤干馏工艺采用热半焦作为热载体（郭树才，2001）。鲁奇-鲁尔公司于 1963 年在前南斯拉夫建有两个单元生产能力为 800t/d 的煤干馏系列厂。产品半焦用途是炼焦配煤原料。工艺流程如图 6-16 所示。

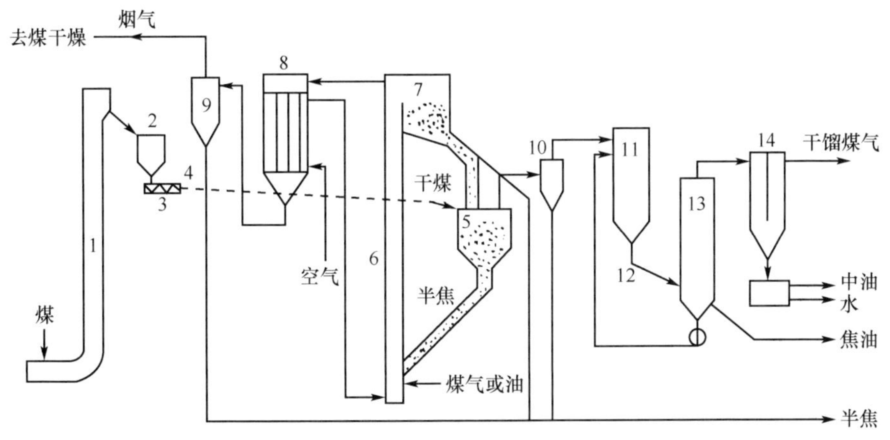


图 6-16　鲁奇-鲁尔公司煤干馏多联产工艺（郭树才，2001）

1. 煤干燥管；2. 干煤旋风器；3. 热粉焦输送器；4. 加热器；5. 干馏槽；6. 粉焦加热提升管；7. 粉焦分离器；8. 冷却器；9. 烟气分离器；10. 煤气分离器；11. 冷却塔；12. 输送管；13. 焦油分离器；14. 机除焦油器

煤依次经螺旋给料器和导管进入干馏槽。低温干馏煤气送入导管中带动煤颗粒以喷射状进入干馏槽，并与来自集合槽的热半焦相混合后发生热解反应。将提前预热到390℃的空气送入提升管，使煤气、油或部分半焦燃烧，将半焦温度提高到所需的热载体温度。

将含水分36%的原料褐煤煤粒径粉碎至0~5mm，褐煤经气流干燥后水分降至6%~12%。

每吨煤的中油产率为13~18kg，煤气73~83kg；按煤的热值计，转化成热解产品的热效率为86.6%~89.0%。根据该公司报道，褐煤或烟煤在800~900℃下干馏所产城市煤气的高热值为17.57~19.25MJ/m$^3$；干馏每吨煤耗电11~13kW·h，耗蒸汽(0.25MPa) 10~15kg。

#### (4) 托斯考（Toscoal）工艺

Toscoal工艺是由美国油页岩公司（Oil Shale Corp.）和Rocky Flats开发的煤炭低温热解方法。该工艺采用陶瓷球作为热载体，其工艺流程（郭树才，2001；梁鹏等，2007；张宗飞等，2010）如图6-17所示。

利用提升管中的热烟气预热粒径为6mm以下的粉煤到260~320℃。预热后，粉煤送入旋转滚筒与已被加热的高温瓷球混合，粉煤被加热至427~510℃并发生热解反应。热解产生的煤气携带气态焦油从分离器的顶部进入气液分离器，并在其中分离；热球与半焦经转鼓分离后，细焦渣落下，而斗式提升机则将瓷球送入球加热器以便循环使用。美国油页岩公司和Rocky Flats于20世纪70年代建成日处理量为25t的中试装置。但试验中发现，瓷球由于在600℃以上被反复使用而出现磨损严重；此外，在应用黏结性煤时，会出现黏附于瓷球的情况，因此该工艺仅适用于非黏结性煤和弱黏结性煤。

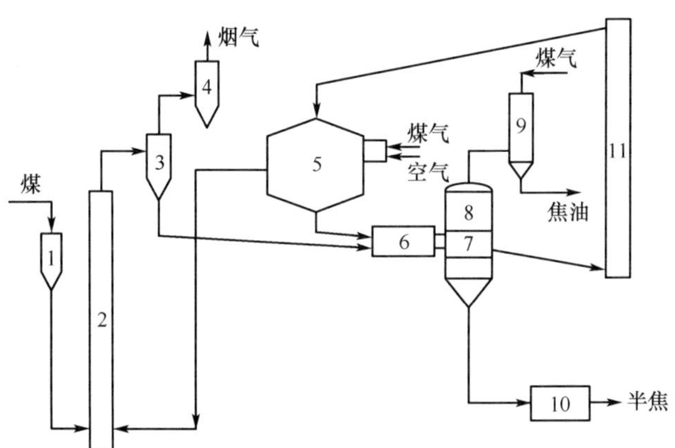


图6-17 Toscoal工艺流程示意图（郭树才，2001）

1. 煤仓；2. 煤提升管；3. 旋风分离器；4. 洗涤器；5. 热载体加热器；6. 热解反应器；7. 转鼓；8. 分离器；9. 气-液分离器；10. 半焦冷却器；11. 热载体提升管

#### (5) Garrett工艺

Garrett工艺是美国西方研究公司研究开发的（Sass，1974），将粉碎至0.1mm的煤粉，在常压气流床反应器中进行热解，工艺流程图如图6-18所示。

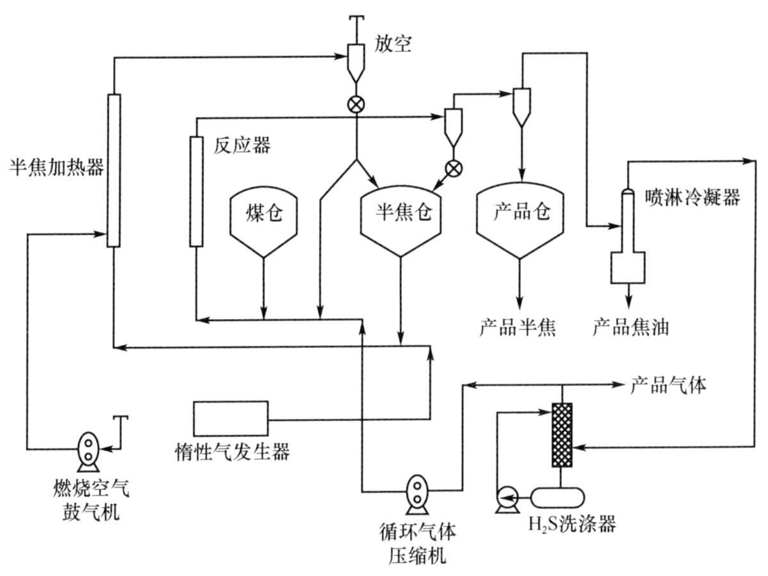


图 6-18　Garrett 法煤热解多联产工艺（Sass，1974）

该工艺是为生产液体和气体燃料以及适于作动力锅炉的燃料设计的。其依据是短停留时间快速干馏能获得较高的焦油产率。热载体是用经空气加热的自产循环半焦。热解在几分之一秒内发生，停留时间小于 2s，因而挥发物二次裂解最小，液体产率高。在 577℃，焦油质量产率高达 35%。在气流床反应器中，流化介质是利用炭化后的煤气，经分离出热解半焦和液体产品之后返回到循环系统中。液体产品进行加氢制成煤基原油。此外还得到半焦和发热量 22~24MJ/$m^3$的中热值煤气。

**（6）日本煤炭快速热解多联产技术**

为了实现煤炭的洁净高效利用，并从煤中提取多种不同的化工产品以提高煤炭产品的附加值，日本开发了独特的煤炭快速热解技术，并先后建立了两个处理量分别为 7t/d 和 100t/d 的工艺开发和中间试验装置（徐振刚，2001）。

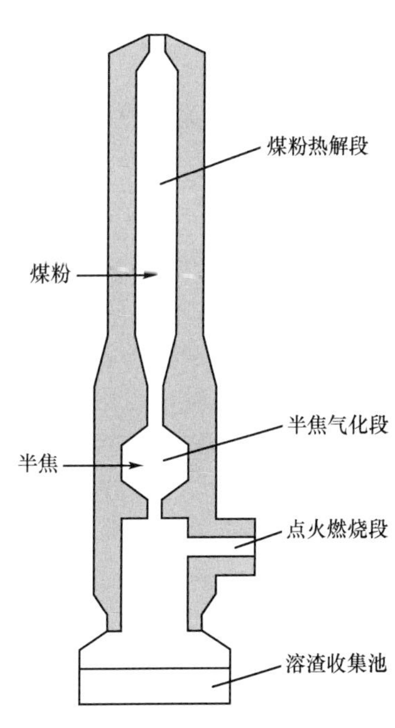


图 6-19　日本煤炭快速热解反应器示意图（徐振刚，2001）

该技术采用两段式气流床反应器，反应器上段用于干馏煤粉，而下段用于气化半焦。下部设置半焦气化段主要有两种作用：一是提供热量给上部的煤粉热解段；二是将半焦与灰渣分离并排出灰渣。该两段气流床反应器的结构示意图如图 6-19 所示。

该技术采取中温加压方式进行煤的热解；采用煤粉作为热解燃料，粒径小于 740 μm 的颗粒占 80%。热解段温度为 600~950℃、压力 0.3MPa，煤粉在数秒内完成热解。在半焦气化段，一部分热解半焦在 1500~1650℃ 和 0.3MPa 的高温、高压条件下发生

$H_2O/O_2$气化反应，为上部热解段提供热量。其余半焦经余热回收后作为固体半焦产品。同时含有气、液两种物质的高温气体分别经除尘、余热回收、脱苯、脱硫、脱氨以及其他净化处理后，作为气态产品。余热回收采用油作为换热介质，余热则用来产生蒸汽。煤气冷却过程中产生的焦油和净化过程中产生的苯类作为主要液态产品。日本快速热解工艺流程如图 6-20 所示。

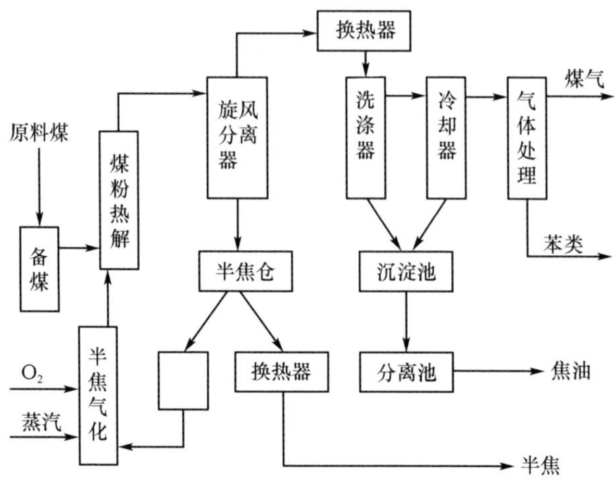


图 6-20　日本快速热解工艺流程（徐振刚，2001）

根据两种褐煤的热解试验结果，其半焦产率为 45%~65%，煤气产率为 25%~40%，含水焦油产率为 10%~15%。该工艺中将热解与气化反应集中在同一反应器中的不同阶段，它可以从高挥发分原料煤最大限度地获得气态（煤气）和液态（焦油和苯类）产品；同时，节约了空间，使设备结构紧凑，但加压条件需要额外附加设备和成本。

**（7）COED 快速热解多联产工艺**

COED 快速热解多联产工艺显著特点为分级热解和负压运行，如图 6-21 所示（吴永宽，1995）。该工艺流程：①破碎至 3.2mm 以下的煤颗粒进入一级反应器中，并被来自于工艺末端产生的不含氧废气加热至 320℃，煤颗粒在其中完成脱水过程，并产生一部分焦油；②经过初步热解的煤颗粒进入二级反应器，被来自三级反应器的热解煤气与部分循环焦加热至 450℃，进一步热解并析出主要的热解产物，即大部分焦油蒸气与部分煤气；热解产物经过冷却分离得到煤气与焦油，煤气经过净化后得到 $H_2S$ 和产品气（部分煤气经过蒸汽重整得到 $H_2$），焦油经过过滤后经过加氢重整得到原油；③热解后的半焦进入三级反应器并被四级反应器产生的高温气体加热至 540℃，半焦在此进一步热解，析出大部分煤气与部分焦油蒸气；④剩余的半焦进入第四级反应器，与吹入的氧和水蒸气发生气化燃烧反应，产生高温煤气，用于提供整个工艺所需热量；未反应的半焦作为产物从四级反应器排出。反应器内处于低压环境，压力仅为 42.7~70.9kPa。反应器数目需要根据煤种的黏结性进行增减。该工艺的煤炭综合利用率非常高。对原料煤而言，其半焦的收率为 50%~60%，焦油 20%~25%，煤气 15%~30%。

该工艺中，反应器采用流化床形式，煤的加热速率较快，减弱了热解产物二次反应的程度；低压环境使得热解产物二次反应进一步减弱，挥发分与热解碎片从煤颗粒表面

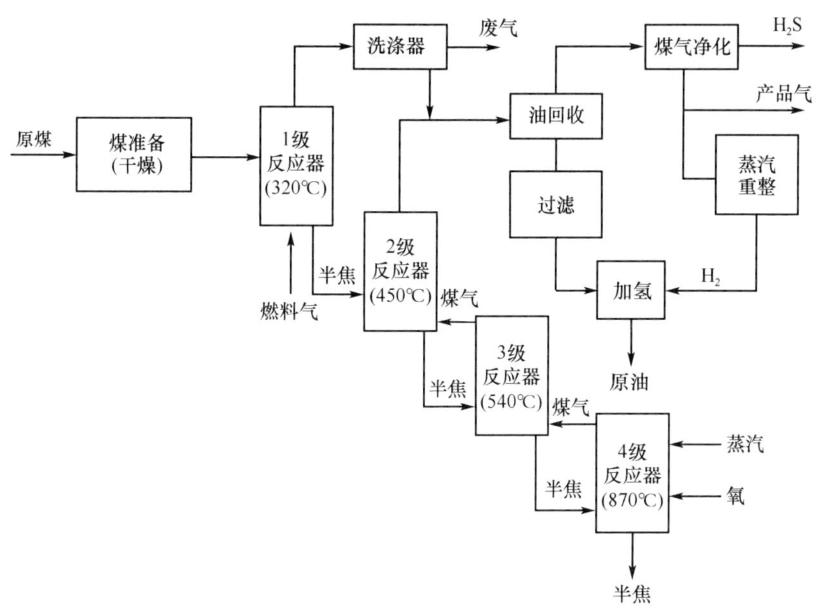


图 6-21　COED 快速热解多联产工艺流程图（吴永宽，1995）

的析出也更加容易。同时，多级的反应器结构使得前一级的热解产物能够及时排出，热解产物排出后进入更低温的反应器内，最大限度减弱了热解产物与半焦发生交联反应的程度，因而该工艺的焦油产率明显高于其他常压热解工艺。但过于复杂的流程也使工艺放大的难度增加，并且整个系统的稳定运行需要兼顾温度、压力、流化状态和半焦的排出等因素，实际运转操作的难度大、要求很高。

## 6.2.2　气体热载体供热

除了上述的固体热载体热解方式外，还有以气体作为热载体的热解方式，以热烟气为热载体的美国 ENCOAL 公司的“温和煤气化”工艺为代表。该工艺主要以低阶煤为原料，利用 SGI International 公司开发的 LFC（liquids from coal）技术把煤转化为两种新燃料，即固体燃料（process derived fuel，PDF）和液体燃料（coal derived liquids，CDL）。PDF 相对于原先的低阶煤性质稳定易于存储，而且含硫量更低、热量更高，非常符合电厂低硫排放的目标；另外 PDF 的高碳性和低挥发性也使其适合于炼钢厂的应用。CDL 主要成分是低硫、高芳烃含量的重油，经过后续加工后可以作为汽油替代品。

其工艺流程如图 6-22 所示（ENCOAL，1997；李青松等，2010）：原煤经破碎、筛分后，送入旋转的篦式干燥器，由 300℃左右的热气干燥至水分几乎为零；然后进入温度大约为 540℃的主旋转篦式热解器，被循环的高温气流加热；剩余水分全部脱除，同时发生热解反应，脱除一部分挥发分；从热解器出来的固体，在激冷盘中用工艺水迅速冷却以终止热解反应，进入钝化循环中，暴露于气流中，通过严格控制气流的温度和 $O_2$ 含量，使部分固体被流化；从热解器出来的热气体，经旋风除尘器分离出夹带的煤粉，然后进入 CDL 激冷塔中冷却至 70%左右，得到所需的碳氢化合物；气体温度控制在水的露点温度以上，以使 CDL 冷凝，水分留在气相中；冷却后的气体进入 CDL 静电捕集器（electrostatic precipitator，ESP），收集得到副产品 CDL；经捕集器后的大部分气体，一部分在热解燃烧器中进行燃烧，剩余的进入干燥燃烧器中燃烧。

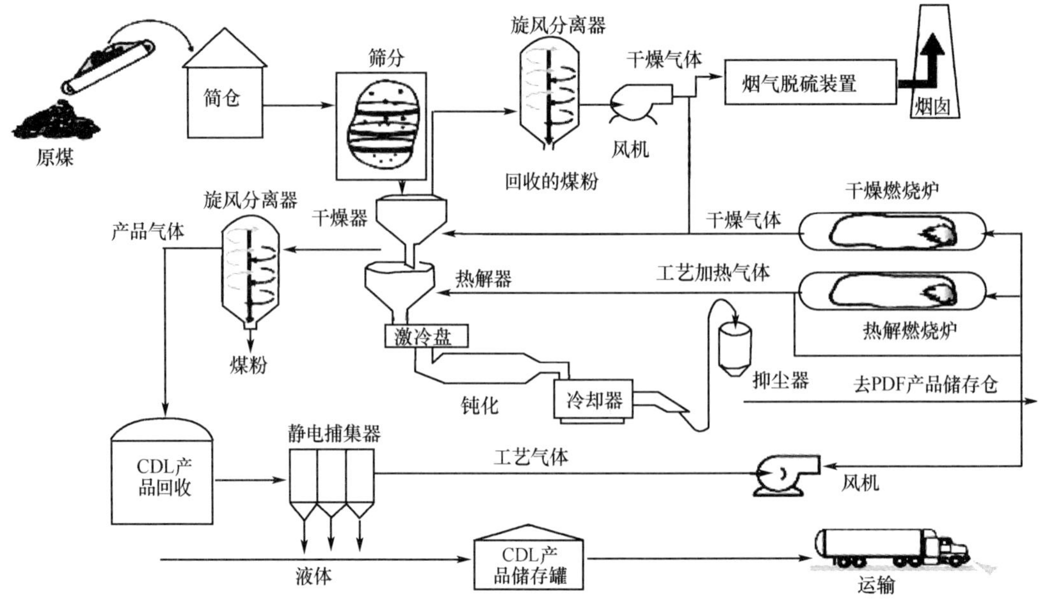


图 6-22　“温和煤气化”工艺流程（ENCOAL，1997）

在美国能源部的支持下，ENCOAL 公司在美国怀俄明州的 Gilette 建成了一套 1000t/d 的示范装置，以当地的一种含硫 0.4%~0.9% 的次烟煤为原料。从 1992 年 7 月到 1997 年 7 月，经过 5 年的示范运行，总计消耗掉约 26 万 t 原煤，产出 12 万 tPDF 燃料和 510 万 gal① 的 CDL 燃料，由此证明该工艺用于 5000t/d 的商业装置也是完全可行的。国内大唐公司在 2008 年 7 月采用该工艺，在额吉煤矿“井工区”工业广场内建设 1×1000t/d 和 2×5000t/d 原煤加工生产线，目前一期 1×1000t/d 的示范装置已通过性能考核，二期工程已启动建设。

## 6.2.3　外热源供热

利用外界燃料燃烧的热量通过间接换热的方式来加热热解炉，使炉内煤粉发生热解的方法叫做外热式热解。该方法没有载热体，热源不需要直接接触热解产物，避免了对热解产物成分的影响；但受制于间接换热的影响，系统热效率不高，而且加热不均，挥发产物的二次分解严重。常见的外热源供热技术有北京煤化研究所的多段回转炉（multistage rotary furnace，MRF）年轻煤温和气化工艺和澳大利亚的流化床快速热解工艺。

### 6.2.3.1　多段回转炉热解工艺

MRF 工艺是针对我国年青煤的综合利用而开发的一项技术，通过多段串联回转炉，对年青煤进行干燥、热解、增炭等不同阶段的热加工，最终获得较高产率的焦油、中热值煤气及优质半焦。该工艺主体是 3 台串联的卧式回转炉，其工艺流程如图 6-23 所示

①1gal = 4.546 09L。

（戴秋菊等，1999）。制备好的煤料（粒径 6~30mm）首先进入内热式回转炉，在此与调整至 300℃以下的热烟道气直接换热并蒸发大部分水分，脱水率不小于 70%；然后进入外热式回转热解炉发生热解，炉外高温烟气通过对流换热把热量传入炉内，炉内温度通过烟气量调节，控制在 550~750℃；热解挥发产物从专设的管道导出，经冷凝回收焦油，热半焦在三段熄焦回转炉中用水冷却排出送往存储库房；加热炉出来的烟道气用来干燥煤料，由于烟道气温度较高，可通过换热气（与冷空气）换热或混入从干燥炉出来的除尘低温烟道气来调整温度；热解加热炉既可使用固定燃料，又可使用气体燃料，或二者同时燃用，当使用低热值煤气加热时，发热量较高的热解煤气经净化后可外供民用或工业燃气。除以上主体工艺外，还包括原料煤储备、焦油分离及储存、煤气净化、半焦筛分及储存等生产单元（杜铭华等，1995）。

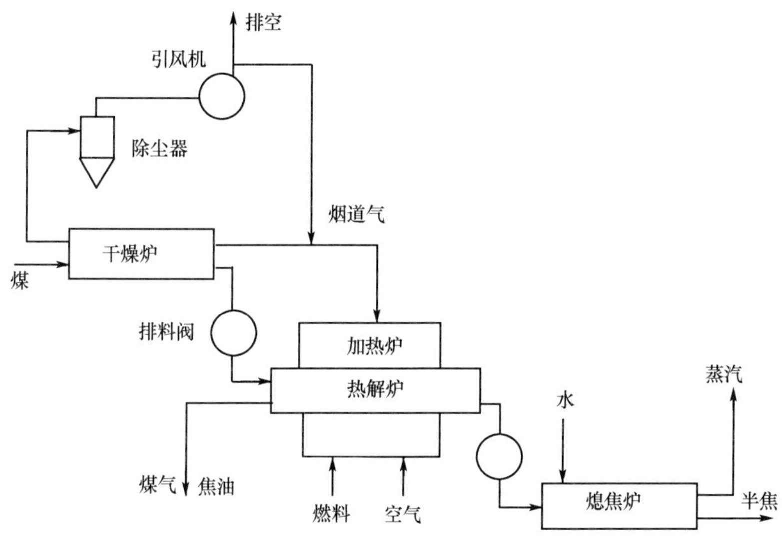


图 6-23 MRF 工艺流程（戴秋菊等，1999）

MRF 工艺的目标产品是优质半焦。煤料在热解炉里最终热解温度为 750℃；半焦产率为湿原料煤的 42.3%，是干煤的 69.3%；产油率为干热解煤的 2.5%，约为该煤格金焦油产率的 44%。用该工艺分别对先锋、大雁、神木、天祝各煤种进行了测试，并研究了干馏的半焦特性数据。目前该工艺规模已经达到 60t/d，达到工业试验规模设计，并且在内蒙古海拉尔市建有 5.5 万 t/a 的工业示范厂。

### 6.2.3.2 澳大利亚流化床快速热解工艺

澳大利亚联邦科学与工业研究院（Commonwealth Scienceand Industries Research Organization，CSIRO）自 20 世纪 70 年代开始研究开发了流化床快速热解工艺，对多种烟煤、褐煤进行了热解研究。其工艺流程如图 6-24 所示（戴和武和谢可玉，1999；邵俊杰，2009）。

煤粉用 $N_2$ 从加煤器通过管道喷入流化床热反应器，反应器床层由粒径 0.3~1mm 的砂粒组成；液化石油气和空气燃烧形成的烟气和电加热器预热的 $N_2$ 通过反应器底部的分布板进入流化床；煤粉在热解反应器中快速热解（停留时间小于 0.5s），离开反应

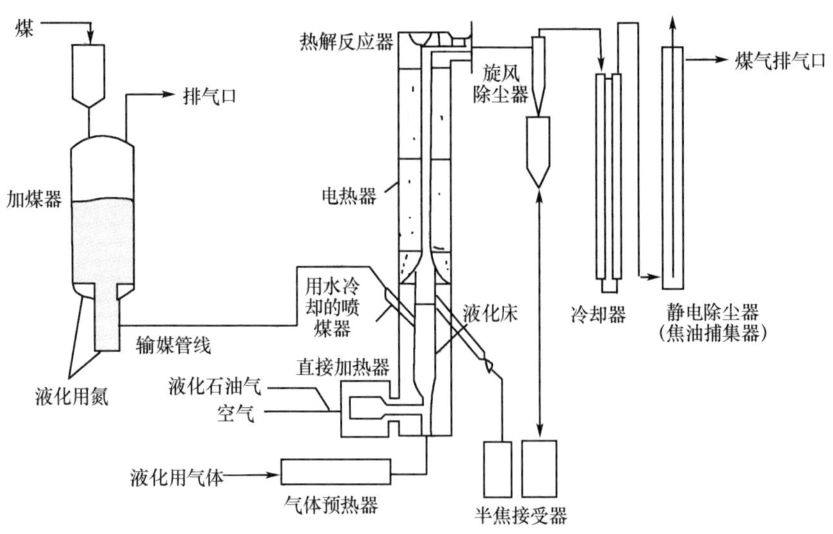


图 6-24　澳大利亚流化床快速热解装置（戴和武和谢可玉，1999）

器的气体通过温度约 350℃的高效旋风分离器使大量半焦分离出来；气体则经过冷却器进入约 80℃的电捕焦油器，分离出焦油并收集。

## 6.2.4　部分气化供热

气化供热方式是往热解炉内通入部分空气或 $O_2$，使部分煤热解产物进一步氧化放热，以促使煤的整体热解的发生。由于反应是在含氧气氛下进行，与传统的还原性气氛干馏不同，因此把该工艺称为部分气化更加合适。国外研究部分气化的技术主要表现为部分气化与联合循环相结合的先进燃煤发电技术，如美国 FW 公司的 APFBC 和 HIPPS、“展望 21”计划中的部分气化模块、英国 Mitsui Babcock 公司的 ABGC 技术、日本煤炭利用中心的 APFBC 技术等；国内研究方向主要是部分气化和流化床燃烧相结合以达到多联产目标，主要机构有清华大学（以循环灰、焦为载热体的气化多联产工艺）、浙江大学（再循环煤气热、电、气三联产技术）、中国科学院山西煤化所（加压流化床部分气化）等。其中，APFBC 技术的效率最高，这里将重点介绍该技术。

### 6.2.4.1　FW 公司的 APFBC 技术

APFBC 是一种基于增压部分气化燃烧的先进燃煤联合循环发电技术，典型的 APFBC 系统图如图 6-25 所示。煤和固硫剂（石灰石或白云石）被投入 900℃左右的增压气化炉，同时提供不足的空气使炉内发生部分气化生成低热值煤气和焦炭。其中，焦炭送入增压流化床锅炉中燃烧，生成主燃气以及蒸汽动力循环所需的主蒸汽；低热值煤气经除尘后送到特别设计的顶置燃烧室，与从锅炉中出来的同样经过除尘的主燃气混合燃烧，产生高温烟气驱动燃气轮机。燃气轮机做功不仅发电，还带动空气压缩机工作，被压缩的空气按比例分别送入气化炉和燃烧室。最后从燃气轮机出来的尾气经过余热锅炉回收部分热量，产生的蒸汽送入蒸汽轮机发电。部分气化后产生的煤气中含有 $H_2S$ 和含硫焦油蒸汽，因此在气化炉中喷入石灰石等固硫剂，在还原性气氛中将 $H_2S$ 固化为

CaS，并有利于焦油的裂解。

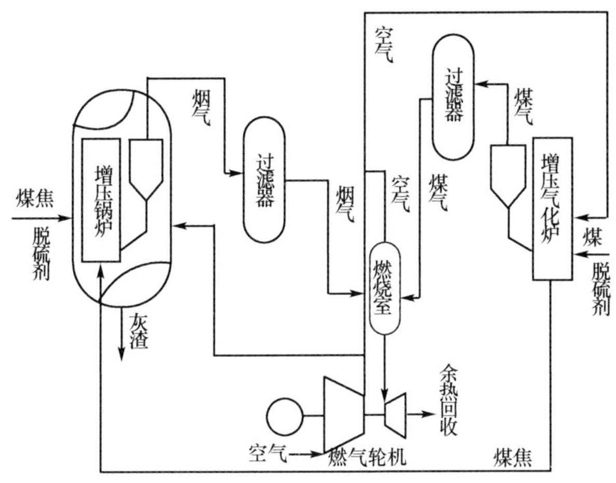


图 6-25　APFBC 工艺流程

美国能源部和其合作伙伴 FW 公司从 20 世纪 90 年代开始对 APFBC 技术进行研究开发，建立了一些中试装置，测试了主要设备如气化炉、增压锅炉等单独和联合工作时的稳定性，并由此对原先系统参数作出调整改进，目前已基本完成商业规模的具体设计。国内东南大学肖睿等对原有的增压流化床燃烧炉进行改造，构建了 2MW 的加压喷动流化床部分气化炉，以此为基础对 APFBC 工艺的可行性和先进性进行了验证。

### 6.2.4.2　“展望 21”计划中的部分气化模块

美国能源部 1999 年推出的“展望 21”计划（Vision 21Energy Piex），是继洁净煤技术计划之后的一项新的大型创新计划（Robertson，2001；王庆一，2001）。该计划由政府、产业界和科技界共同研究开发以煤为基础的综合能源工厂；可用多种燃料，联产多种产品，转换效率很高，污染物和 $CO_2$ 可实现零排放。“展望 21”计划其中的一个目标是发展效率高于 60%、污染物接近零排放的燃煤发电厂，途径之一是发展基于煤气化的联合循环系统。为了降低煤炭气化温度，减少煤气中污染物的腐蚀性，同时匹配蒸汽发电系统（蒸汽温度为 700℃左右），FW 公司提出了部分气化模块（partial gasification module，PGM）。为了使煤中污染物的排放减小，PGM 气化温度可以相对较低，气化剂可以是空气、富氧空气，也可以是 $O_2$。使用 $O_2$ 作为气化剂时为控制 PGM 的温度可以添加适量水蒸气或者采用循环煤气；纯氧的使用使烟气中 $N_2$ 的含量大大减少，可直接应用 $CO_2$ 封存技术控制其排放。PGM 除了发电以外，一部分煤气还可以用来获得副产品，如液体燃料和化学产品等。

PGM 由加压循环流化床（pressurized cir'culating fluidized bed，PCFB）、旋风分离器和除尘器组成。煤、空气和蒸汽，或许还有沙子，从 PCFB 反应器的底部加入，反应生成的煤气携带部分固体颗粒进入旋风分离器；旋风分离器将煤气中大部分的固体颗粒收集，并通过下降管重新返回反应器。经过旋风分离器的煤气中仍含有焦油、碱蒸气和 $H_2S$，假如下游的用户能允许煤气中焦油和 $H_2S$ 的存在，那么只要将煤气冷却到一定温度，使碱蒸气冷凝在除尘器收集的固体颗粒上即可。尽管这是解决碱蒸气问题的一个比较简单的方法，煤气的冷却还是会影响电厂效率。

为了获得最大的效率，应该在不冷却煤气的情况下净化煤气。因此，在 PCFB 反应器中投入石灰石吸附剂，起到促进焦油裂解和脱硫的作用。对于高硫燃料（硫含量大于 3%），一般可将 95%~98% 的硫分脱除，视吸附剂的供入速度和气体停留时间而定（王俊琪，2009）。对碱蒸气的脱除可以在旋风分离器后喷入细磨吸收剂如白土、矾土等加以吸收。这些碱蒸气吸收剂和旋风分离器未分离的细颗粒一起被煤气气流带入除尘器。除尘器由很多多孔过滤部件组成，带入除尘器的固体颗粒被吸附在多孔过滤部件的内侧，形成了一层具有一定厚度的可渗透的粉尘团。当煤气流流过粉尘团时，碱蒸气就被吸收了。随着粉尘团的增厚，除尘过滤器的压降也随之增加了，当压降超过预先设定值时，就利用一股洁净高压气流的反脉冲将粉尘团吹落。当对脱硫效率要求进一步提高时，可以在喷入碱蒸气吸收剂的同时喷入脱硫吸附剂，这样，吸附在多孔过滤部件一侧的粉尘团又增加了脱硫剂的功能。因此，除尘器不仅可以将煤气中粉尘含量控制在 1mg/kg 以下，同时，也可以作为碱蒸气脱除装置和二次脱硫装置。

FW 公司的 PGM 作为一个核心模块与其他先进的模块相结合可组成完整的“展望 21”电厂（图 6-26），PGM 的主要任务是将燃料（煤、半焦、生物质或其他燃料）转化成为各种有用的产品（电力、蒸汽、化学产品或交通运输燃料）。例如，PGM 后连接超临界 CFB 锅炉，可组成气化流化床联合循环（gasification fluidized bed combined cycle，GFBCC）；PGM 与煤粉锅炉连接，可建立气化煤粉联合循环（gasification pulverized coal combined cycle，GPCCC）。

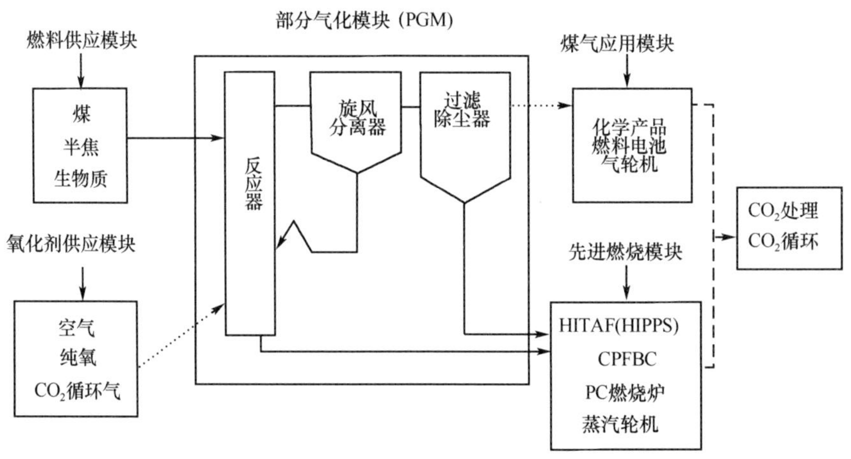


图 6-26　基于部分气化模块的“展望 21”电厂（Robertson，2001）

### 6.2.4.3　东南大学煤部分气化利用技术

中国的增压流化床联合循环（pressurized fluidized bed combustion combined cycl，PFBC-CC）研究起步较早，20 世纪 80 年代初期由东南大学开始进行较全面的试验研究工作。1984 年建成热输入为 1MW 的实验室规模试验装置（SEU PFBC），1986~1990 年完成了 PFBC 的试验室试验阶段，进行了累计超过 700h 的长期考核性试验。为此，1991 年国家计委正式将 PFBC-CC 列为我国“八五”攻关的重点科研项目之一，由东南大学协同徐州贾汪电厂、哈尔滨锅炉厂等20多个单位，在贾汪电厂建造一座15MW的PFBC-CC中试电站，电站系统图如图6-27所示（许红胜和钟史明，1995）。

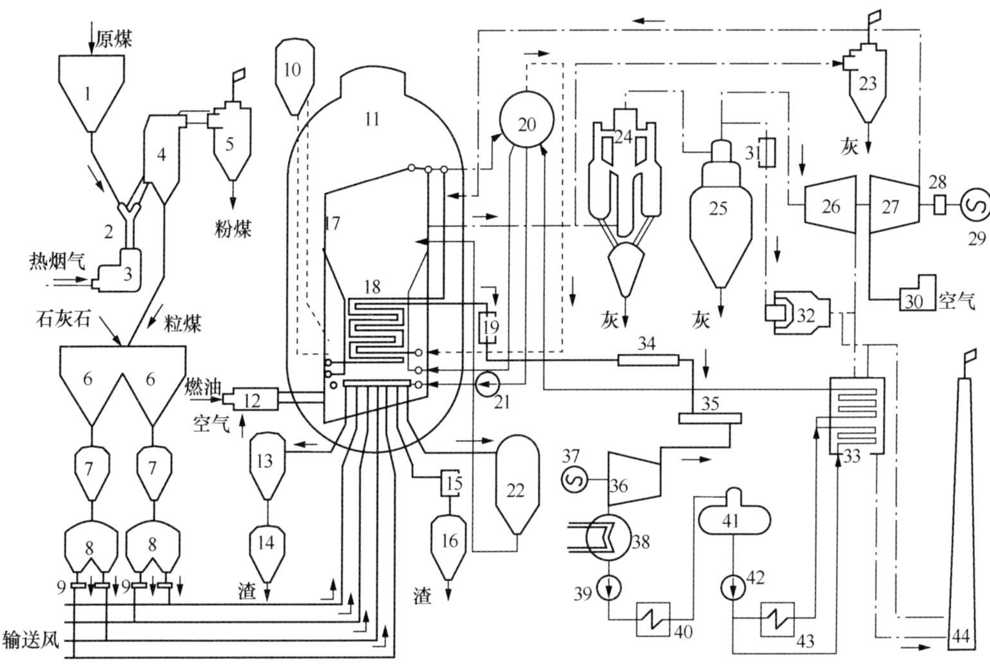


图6-27 15MW的PFBC-CC中试电站系统图（许红胜和钟史明，1995）

1. 原煤斗；2. 干燥风选管；3. 破碎机；4. 粒煤分离器；5. 粉煤分离器；6. 常压仓；7. 变压斗；8. 压力斗；9. 给料机；10. 快加、排料斗；11. PFB锅炉外壳；12. 启动燃烧室；13. 冷渣器；14. 变压渣斗；15. 调节器；16. 变压渣斗；17. 膜式水冷壁；18. 蒸发及过热埋管；19. 喷水调温器；20. 汽包；21. 强制循环泵；22. 加、排料装置；23. 启动旁路除尘器；24. 一级高温除尘器；25. 二级高温除尘器；26. 燃气轮机；27. 轴流式压气机；28. 齿轮箱；29. 电动/发动机；30. 空气过滤器；31. 喷水降温器；32. 降压装置；33. 余热锅炉；34. 过热蒸汽联箱；35. 原主蒸汽母管；36. 蒸汽轮机；37. 发电机；38. 凝气器；39. 凝结水泵；40. 低压加热器；41. 除氧器；42. 给水泵；43. 高压加热器；44. 烟囱

该中试电站于1998年建成，2000年完成了全部调试和试运行。全系统经过近1000h的累计试验运行（其中连续运行最长为132h），在技术上取得了成功。除燃气轮机以外，全部技术指标均已达到设计要求。东南大学在综合IGCC、PFBC及CFB 3种洁净煤发电技术以及APFBC的特点，提出适合我国国情的具有自主知识产权的增压部分气化联合循环（pressurized partial gasification combined cycle，PPG-CC）技术路线，其系统流程如图6-28所示（肖军蔡等，2002）。

煤在增压部分气化炉中实现部分气化，煤气在高温旋风除尘器进行第一级除尘后，进入空气冷却的煤气冷却器，温度降到600℃以下，再经过中温过滤式除尘器除尘，净化后的煤气在前置燃烧室燃烧，进入燃气轮机发电（肖睿，2005）。来自压气机的压缩空气在煤气冷却器中吸收高温煤气的热量，温度提高到700℃左右，作为气化介质进入部分气化炉。本系统吸取了FW在增压喷动流化床（pressurized spouted fluidized bed，PSFB）中试过程中高温除尘的困难，选取了中温除尘方式以避开了因部分气化所产生的煤气中所含微量金属元素化合物对过滤式高温除尘器工作造成的问题，降低了陶瓷过

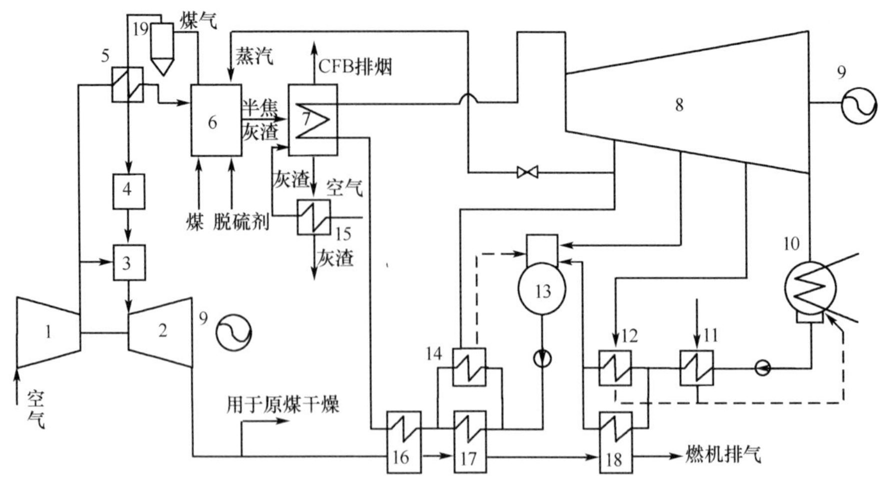


图 6-28 东南大学增压部分气化联合循环（PPG-CC）系统流程图（肖军蔡等，2002）

1. 轴流压缩机；2. 燃气轮机；3. 前置燃烧室；4. 中温过滤器；5. 空冷煤气冷却器；6. 增压部分气化炉；7. CFB 锅炉；8. 汽轮机；9. 发电机；10. 凝气器；11. 轴封加热器；12. 低压加热器；13. 除氧器；14. 高压加热器；15. 灰渣冷却器；16. 前置省煤器；17. 高温省煤器；18. 低温省煤器；19. 高温除尘器

滤器的技术难度。气化产生的半焦进入 CFB 锅炉燃烧，产生的烟气不进入燃气透平参与燃烧，既避开了采用高温过滤式除尘器净化烟气的难题，又减轻了半焦燃烧锅炉的制造成本和运行难度。这条技术路线可以较大幅度缩短实现商业化目标的时间。它的电站整体效率明显高于目前 PFBC-CC 电站的效率，具有技术优势。如果采用 PFB 燃烧部分气化产生的半焦，同样采用中温陶瓷过滤器对 PFB 锅炉的烟气降温后进行除尘，可以使系统的循环效率再提高 1.5%~2%。

## 6.3 灰渣综合利用技术

灰渣是煤炭在煤粉炉中高温燃烧后产生的固体物质；由除尘器收集下来的飞灰称为粉煤灰，而从炉底排出的废渣称为炉渣（郝艳红，2008）。灰渣是我国当前排量较大的工业废渣之一，2005~2010 年我国燃煤电力、热力的生产和供应业固体废物产生及处理利用情况见表 6-2。综合利用灰渣能实现灰渣变废为宝、节能减排的目标。

**表 6-2 2005~2010 年我国燃煤电力、热力产生的固体废弃物及其处理利用情况**（单位：万吨）

| 年份 | 工业固体废物产生量 | 危险废物产生量 | 工业固体废物综合利用量 | 工业固体废物储存量 | 工业固体废物处置量 | 工业固体废物排放量 |
|---|---|---|---|---|---|---|
| 2005 | 25 638.0 | 67.62 | 18 721.0 | 5136.0 | 3041.0 | 49.00 |
| 2006 | 29 135.0 | 21.23 | 22 153.0 | 5229.0 | 2905.0 | 54.78 |
| 2007 | 37 585.5 | 21.60 | 29 211.8 | 4987.2 | 4302.6 | 71.66 |
| 2008 | 41 726.0 | 51.96 | 32 590.0 | 5004.0 | 4802.0 | 95.00 |
| 2009 | 45 131.2 | 15.67 | 36 963.8 | 4975.6 | 3798.0 | 45.17 |
| 2010 | 53 823.1 | 16.79 | 44 819.5 | 5493.6 | 4040.3 | 44.86 |

资料来源：国家统计局和环境保护部，2012

### 6.3.1 灰渣分类和性能

灰渣根据类型可分为普通灰渣（包括粉煤灰和炉渣）和脱硫灰渣。对粉煤灰还可细分：按化学组成分为高钙型和低钙型；按煤种情况分为C类煤灰和F类煤灰；按粉煤灰的烧失量和细度情况分为I级、II级和III级粉煤灰；按粉煤灰的状态分为改性粉煤灰和陈灰。脱硫灰渣按脱硫工艺和产物，可分为循环流化床脱硫灰渣、干法脱硫灰渣和湿法脱硫灰渣（郝艳红，2008）。

粉煤灰根据其含碳量多少，颜色从乳白色到灰黑色。决定粉煤灰物理性能的还有粉煤灰的密度、孔隙率、细度、需水量比、含水率、安定性和强度活性系数等。其主要化学成分为$SiO_2$、$Al_2O_3$、$Fe_2O_3$和CaO等。组成粉煤灰的矿物有石英、莫来石、石灰等结晶矿物和无定形矿物。粉煤灰属于火山灰质材料，具有良好的物化特性、颗粒细、矿物稳定等优点。炉渣的化学成分与粉煤灰相似，其矿物组成包括海绵状玻璃体、玻璃微珠、石英、硫酸盐等。脱硫灰渣则是由于加入脱硫剂而与传统粉煤灰有区别。CFB脱硫灰渣与干法脱硫灰渣主要有亚硫酸钙、硫酸钙和剩余的脱硫剂等组成。湿法脱硫灰渣则还有石膏等物质（郝艳红，2008）。我国典型灰渣的化学组成见表6-3。

**表6-3　我国典型灰渣的化学组成**　（单位：%）

| 灰渣名称 | 烧失量（LOI） | $SiO_2$ | $Al_2O_3$ | $Fe_2O_3$ | CaO | MgO | $SO_3$ | $R_2O$ （$Na_2O+K_2O$） |
|---|---|---|---|---|---|---|---|---|
| 下关电厂粉煤灰 | 1.47 | 58.90 | 25.10 | 7.35 | 4.10 | 1.40 | 0.83 | — |
| 金陵电厂粉煤灰 | 6.74 | 53.96 | 25.90 | 6.55 | 3.62 | 1.89 | 0.60 | — |
| 焦作电厂粉煤灰 | 9.46 | 49.54 | 31.19 | 5.46 | 4.53 | 1.27 | 0.38 | 1.80 |
| 伊川电厂粉煤灰 | 4.58 | 52.33 | 26.55 | 7.01 | 1.28 | — | 1.11 | — |
| 武汉青山电厂粉煤灰 | 6.12 | 55.94 | 25.92 | 6.15 | 3.54 | — | 0.36 | — |
| 中煤龙化造气炉渣 | — | 54.53 | 37.08 | 4.80 | 0.24 | 1.14 | 0.19 | 0.57 |
| 中煤龙化CFB炉渣 | — | 46.91 | 38.68 | 5.26 | 0.25 | 1.12 | 0.26 | 2.81 |
| 中煤龙化煤矸石灰 | — | 49.68 | 32.61 | 5.32 | 0.23 | 0.90 | 0.19 | 0.88 |

### 6.3.2 国内外灰渣利用现状

国外在20世纪20年代就开始对灰渣进行综合利用，粉煤灰已被应用于建工、建材、化工、农业、冶金和交通等行业。尤其在生产水泥、混凝土上面，目前美国利用量达39%，荷兰达59%，日本达76%。德国、丹麦、瑞典、挪威、比利时等国，波特兰水泥已部分或全部被粉煤灰水泥所取代。英国发展了适用于钢筋混凝土的优质商品粉煤灰“普浊兰”。波兰将粉煤灰应用于建材产品中。法国利用粉煤灰在水泥、混凝土方面的应用技术研究有较深的基础。澳大利亚非常重视粉煤灰混凝土工业质量控制体系，有专门经营优质粉煤灰产品的公司（郝艳红，2008）。

我国利用灰渣始于20世纪20年代末30年代初。到20世纪80年代，我国把资源综合利用作为经济建设中一项重大经济技术政策，在灰渣利用上积累了大量的技术。在粉煤灰的应用上，我国采用浮选、电选、磁选等方法对其含有的C、Al、Fe、空心微珠等有用组分进行分选和利用；用粉煤灰制造粉煤灰水泥、普通水泥、烧结陶粒、蒸压砖、装饰砖等建材；用于地基层和路基层的建造，路面、路堤的建造及灌浆、回填料等筑路方面；用于覆土造田、制作复合肥料和改良土壤等农业上；作为制取粉煤灰分子筛的原料应用于环境工程中；粉煤灰还可以制钛白粉、铝系产品、硅系产品、造纸等，以及提取 V、Ga、Ge、Al、玻璃微珠等有用物质。在炉渣的应用上，可用于制砖内燃料、保温材料；作为水泥活性混合材，还可制备砌筑水泥、无熟料水泥等建材，以及用于烟气净化方面。在脱硫灰渣的应用上，作水泥混合材、混凝土掺和料，制作建筑砌块或作为砖瓦材料使用；填埋矿井、路基回填；铺路、筑坝；提取 V、Al 等化工、冶金产品及稀有金属；作聚合物的填充料；用于生产化肥或改良土壤；制造烧结砖、轻骨料；水化处理；作路基材料等；用于生产建筑石膏、高强石膏等建材（王文龙等，2002；郝艳红，2008）。

浙江大学科研团队从 20 世纪 70 年代开始对灰渣进行资源化综合利用研究，在灰渣中提取有价元素和建材上，探索了相关新的工艺技术。

#### 6.3.2.1 灰渣提 V 工艺

V 具有优异的物理化学性质，在国防、冶金、化工和医学等行业有着广泛的应用，但游离的 V 不单独存在于自然界中，而品位高的 V 矿又很少。我国有的石煤中含有一定品位的 V，石煤经 CFB 燃烧后产生的灰渣可以作为提 V 原料，浙江大学对含 V 石煤灰渣进行了中间盐法酸浸提 V、二次焙烧酸浸提 V 等研究。

**(1) 灰渣中间盐法酸浸提 V 工艺**

浙江大学热能工程研究所与上海中电绿科合作，利用含 V 石煤经 CFB 燃烧后的灰渣，进行中间盐法灰渣酸浸提 V 研究。其主要工艺原理：灰渣硫酸浸取，V 生成可溶性的化合物进入浸出液中，酸浸液提取铵明矾，将 V 与过剩酸有效分离，过剩酸返回酸浸阶段循环使用，中间盐结晶，中间盐溶解液经还原、调整 pH 后，进行萃取、反萃取，贫有机相经再生后循环使用；反萃液经氧化后利用氨水沉 V，红 V 热解脱氨后得到 $V_2O_5$产品等阶段，以及残渣，残渣作为水泥原料用于水泥生产。该工艺为全液相操作，工艺过程无有害气体排放，工艺废水基本可全部循环利用，是一种环境友好型提 V 工艺。该工艺不仅具有较高的酸浸效率和 V 总回收率，还可高效回收灰渣中的 Al 资源成为铵明矾副产品（徐耀兵，2009；周宛瑜，2010）。中间盐法灰渣酸浸提钒工艺流程如图 6-29 所示。该工艺获得两项国家发明专利授权（专利号分别为 ZL 2008 1 0121444. 5 和 ZL 2008 1 0121161. 0）。

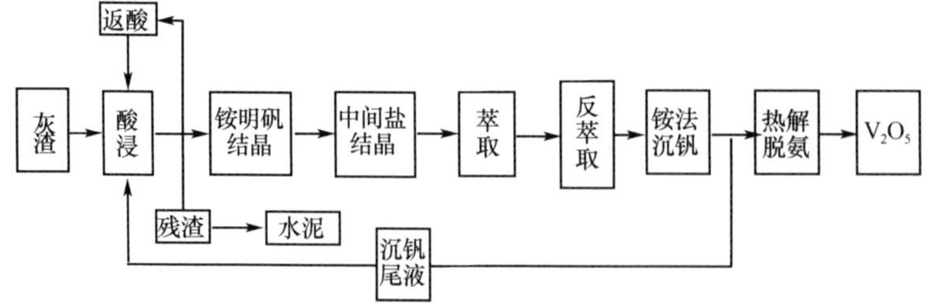


图 6-29 浙江大学开发的中间盐法灰渣酸浸提钒工艺流程图（徐耀兵，2009）

**(2) 灰渣二次焙烧酸浸提 V 工艺**

浙江大学热能工程研究所在灰渣中间盐法酸浸提 V 技术的基础上，针对用酸量大、难以破坏浸出矿物的晶格结构等技术问题，为提高浸出过程的浸出率，提出了灰渣二次焙烧酸浸提 V 工艺。主要工艺过程包括生料制备、生料二次焙烧、二次焙烧废气处理、熟料酸浸、酸浸液离子交换吸附、离子交换废水处理、含 V 溶液净化、铵法沉 V、热解脱氨等，其工艺流程图如图 6-30 所示（余德麒，2011；余德麒等，2010）。该工艺也获得一项国家发明专利授权（专利号 ZL 2009 1 0100872. 4）。

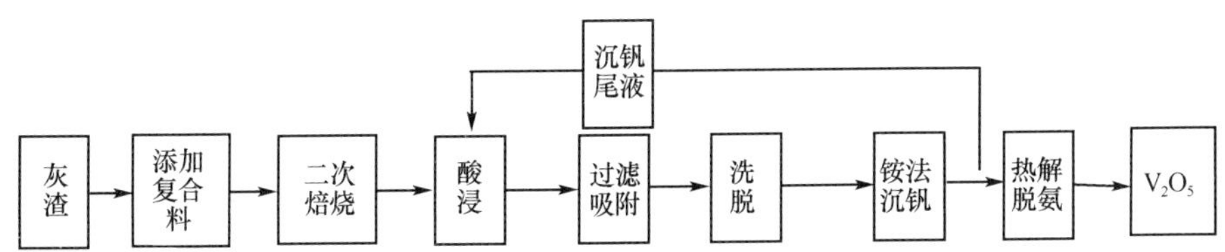


图 6-30　浙江大学开发的灰渣二次焙烧酸浸提 V 工艺流程图（余德麒等，2010）

### 6. 3. 2. 2　灰渣制水泥熟料、水泥混合材和 Q 相水泥的工艺

灰渣可以作为水泥生产的原料组分，应用于水泥混合材、煅烧水泥熟料。当前我国水泥生产大部分采用回转窑技术，1000～10 000t/d 的回转窑需要大量的生料。如果能把灰渣作为水泥生料组分，既能使灰渣得到大量的利用，又能拓展水泥原料来源。

浙江大学热能工程研究所结合浙江省重大科技计划项目“石煤洁净燃烧高效综合利用技术研究”，通过分析 CFB 锅炉粉煤灰和炉渣的特性，提出用细灰代替黏土作为水泥生料组分，而将炉渣用作水泥混合材，以实现灰渣全部利用的方法。该方法在 35t/h 石煤循环流化床锅炉使用，效果显著（施正伦等，2002）。

浙江大学热能工程研究所结合国家“863”课题子课题“气化飞灰、排渣的综合利用”，对无烟煤经加压灰熔聚流化床气化后所得的飞灰代黏土作水泥生料组分煅烧水泥熟料进行研究，提出了气化飞灰煅烧水泥的优化配方；而对无烟煤经加压灰熔聚流化床气化后所得的排渣，与劣质无烟煤按一定比例混合后经循环流化床燃烧所排出的底渣，作为水泥混合材原料之一，进行底渣作水泥混合材的经济合理掺量研究（周宛瑜，2010）。

煤矸石具有高灰分和低热值等特点，浙江大学结合“十一五”国家科技支撑计划课题“煤矸石资源化关键技术研究”，利用煤矸石代替部分黏土与石灰石和硫酸渣等配料，在 2500t/d 和 5000t/d 新型干法回转窑进行煅烧试验（煤矸石作水泥生料组分配方煅烧水泥熟料生产工艺流程如图 6-31 所示）。结果表明具有一定热值的煤矸石既能促进水泥熟料的煅烧，还能降低熟料烧成热耗；煤矸石的灰渣又能进入水泥熟料中去，使水泥的抗压、抗折强度得到提高（Qiu et al.，2010）；实现煤矸石代黏土配料在新型干法回转窑上资源化大规模工业化高效应用技术，并获得两项国家发明专利授权（专利号分别为 ZL 2008 1 0162346. 6 和 ZL 2008 1 0162345. 1）。

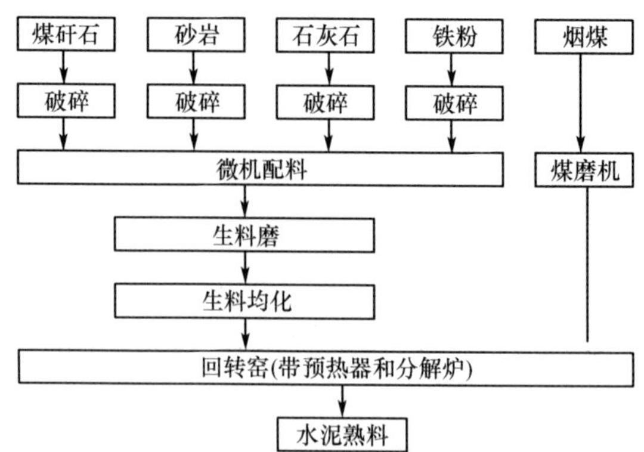


图 6-31　浙江大学开发的煤矸石作水泥生料组分配方煅烧水泥熟料生产工艺流程图（施正伦等，2002）

浙江大学热能工程研究所把燃煤电力工业与水泥工业纳入循环经济的环节，既进行燃煤电力的生产，又实现对粉煤灰的利用，缓解环境生态压力。在两段多相反应实验台上（图 6-32）开展煤粉炉联产 Q 相（Quatemay Phase，其分子式为 $6CaO \cdot 4Al_2O_3 \cdot MgO \cdot SiO_2$ 或 $Ca_2OAl_6Mg_3Si_3O_{68}$）水泥熟料研究，实验室试验研究表明可以用煤粉炉联产 Q 相水泥熟料（焦有宙，2008）。

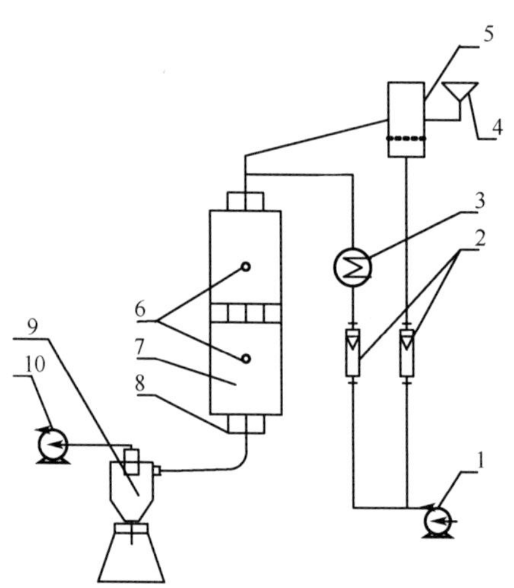


图 6-32　浙江大学两段多相反应实验工艺流程图（焦有宙，2008）

1. 空压机；2. 转子流量计；3. 空预器；4. 料斗；5. 流化床给料机；6. 热电偶；7. 炉体；8. 水冷套；9. 旋风灰渣收集器；10. 引风机

### 6.3.2.3　煤矸石（灰渣）制高岭土工艺

浙江大学利用煤矸石（灰渣）制备煅烧高岭土研究。当煤矸石铁含量较低时，添加助白剂进行增白煅烧；进行热力发电同时，对灰渣进行超微细磨，并进行分级；对于细度在 2μm 以内达 90% 以上的灰渣进行酸浸，然后进行洗涤和脱水干燥，获得高岭土。煤矸石（灰渣）制高岭土工艺流程如图 6-33 所示。

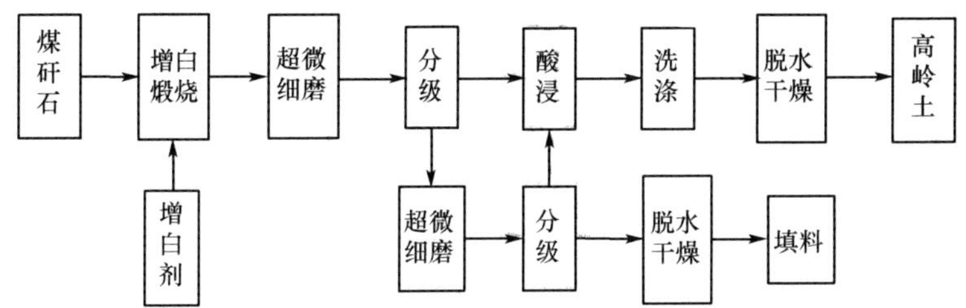


图 6-33　浙江大学开发的煤矸石（灰渣）制高岭土工艺流程图

# 6.4　裂解产物深加工技术

## 6.4.1　煤气深加工

煤气经过系列的净化和转化工艺后，达到合成工艺要求的合成气，可应用于多种燃料和化工品的合成中，如，二甲醚、乙二醇等。

### 6.4.1.1　合成气合成二甲醚

目前合成气合成二甲醚（Dimethyl Ether，DME）的生产工艺主要有两步法和一步法两种（Mills，1994）。两步法是经过甲醇合成和甲醇脱水两步过程得到DME；一步法是合成气直接生产DME。

**（1）两步法合成气制DME**

两步法制DME是以合成气为原料由低压法制得甲醇后，甲醇再经脱水制得DME，其主要过程如图6-34所示。

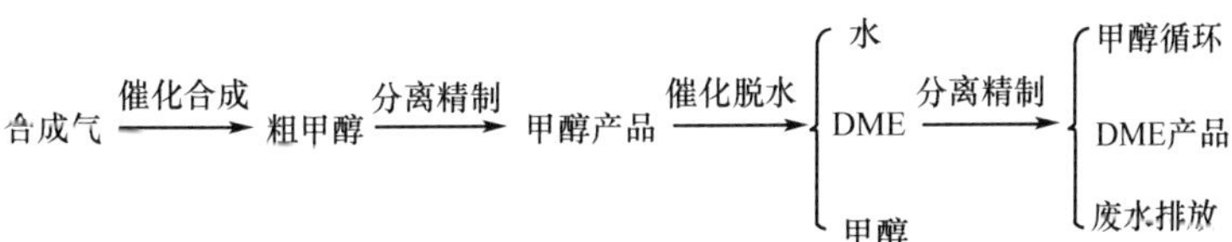


图 6-34　两步法合成DME流程简图

两步法制DME的反应条件温和，副反应少，DME的选择性和产品的纯度高。但是由于需要从合成气开始生产甲醇，导致合成气的转化率低，生产流程长，并且需要经过甲醇分离精制过程，使得整个工艺的成本增加。即使购买成品甲醇直接脱水制得DME，也容易受到甲醇价格的影响，而使成本难以控制。

基于两步法DME的合成反应机理，目前常用催化剂主要是由甲醇合成催化剂和甲醇脱水催化剂组合而成的。工业化应用的甲醇合成催化剂主要有锌铬催化剂（$ZnO/Cr_2O_3$催化剂）和铜锌铝催化剂（$CuO/ZnO/Al_2O_3$催化剂）两种。

**（2）一步法合成DME**

合成气直接制DME被称为“一步法”。在反应器内同时完成甲醇合成与甲醇脱水两个反应过程，产物为甲醇与二甲醚的混合物；混合物经蒸馏装置分离得 DME，未反应的甲醇返回合成反应器。由合成气一步法合成 DME，采用具有合成甲醇和甲醇脱水两种功能的复合催化剂；由于催化剂的协同效应，反应系统内各个反应相互耦合，生成的甲醇不断转化为 DME，合成甲醇不再受热力学的限制（Aguayo et al.，2007；Xia et al.，2004）。与传统的经甲醇合成和甲醇脱水两步得到 DME 的“两步法”相比，一步法具有流程短、操作压力低、设备规模小、单程转化率高等优点，经济上更加合理。其缺点在于二甲醚的选择性低，产物的纯度不高。典型的合成气一步法生产 DME 的流程如图 6-35 所示。

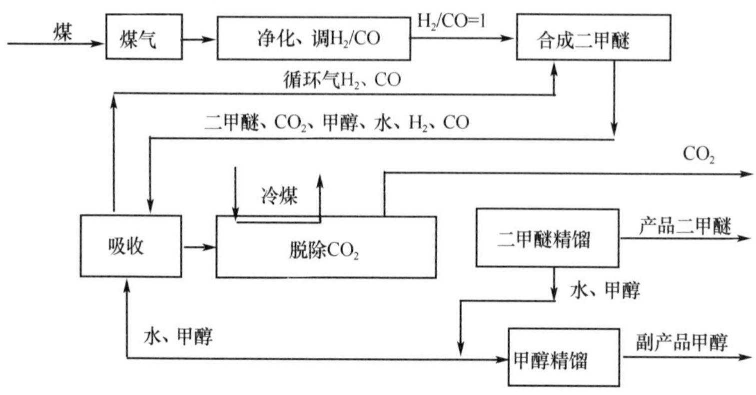


图 6-35　典型的合成气一步法生产二甲醚流程

目前国内外一步法合成 DME 的反应工艺主要包括以下几种。

a. 固定床工艺

该工艺采用固定床作为合成 DME 的反应器，合成反应在固体催化剂表面进行。固定床一步法制取 DME 的优点是具有较高的 CO 转化率，该方法具有简单高效的优点。

典型的两相法固定床技术是丹麦 TopsΦe 公司的合成气一步法工艺，如图 6-36 所示（Rouhi and Amoco，1995）。该工艺主要是针对天然气原料开发的一项新技术，DME 合成采用的是内置级间冷却的多极绝热反应器以获得高的原料气转化率。催化剂用甲醇合成和脱水制二甲醚的混合双功能催化剂。主反应器采用球形反应器，单套产能可达到 7200t/d。

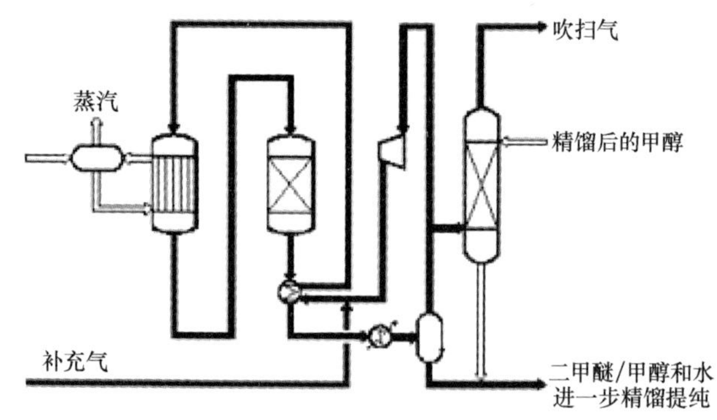


图 6-36　丹麦 TopsΦe 公司的合成气一步法工艺（Rouhi and Amoco，1995）

b. 浆态床工艺

浆态床或三相床工艺是指双功能催化剂悬浮在惰性溶剂中，在一定条件下通入合成气进行反应。由于惰性介质的存在，使反应器具有良好的传热性能，反应可在恒温下进行，易实现恒温操作，从而使催化剂积碳现象得到缓解；而且氢气在惰性溶剂中的溶解度大于 CO 的溶解度，因而可利用贫氢合成气作为原料气。

典型的三相法浆态床反应技术有美国空气产品公司（Air products）的液相二甲醚（liquid phase Dimethyl Ether，LPDME™）工艺（Air Products Liquid Phase Conversion Company，2003）和日本 NKK 公司的液相一步法工艺（Ogawa et al.，2003）。

美国空气化学品公司开发的 LPDME™工艺流程如图 6-37 所示。该工艺主要特点是使用了浆液鼓泡塔反应器，放弃了传统的气相固定床反应器。以细粉状的催化剂颗粒与惰性矿物油形成浆液；而高压反应气体从塔底进入并鼓泡，原料气与催化剂在矿物油的作用下混合得非常充分，从而实现了等温操作，容易进行温度控制，有效避免了催化剂的飞温。

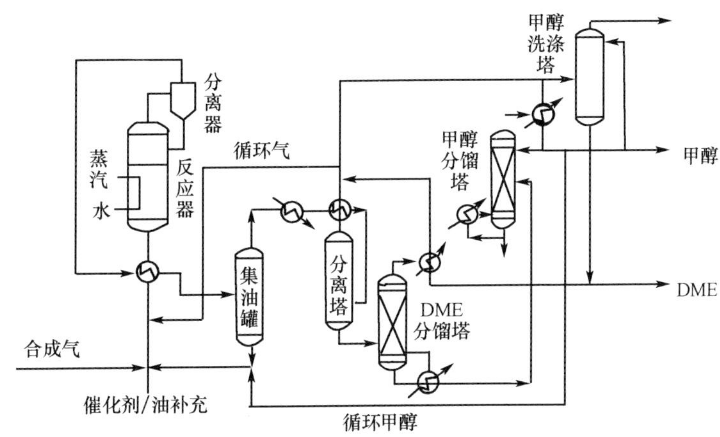


图 6-37 美国空气化学品公司开发的 LPDME™工艺流程（Ogawa et al.，2003）

图 6-38 为日本 NKK 公司的浆态床 DME 合成工艺流程。从该流程图中看出，在浆态床反应后的产物经冷却、分馏后，部分未反应的合成气循环回反应器；从塔顶得到的 DME 产品的纯度可以达到 95%~99%，从塔底可以得到 DME、甲醇和水的粗产品。国内清华大学、中国科学院山西煤炭化学研究所、华东理工大学等单位都进行了浆态床一步法合成 DME 的相关研究（左宜赞等，2010；王东升等，2008；许庆利等，2008）。

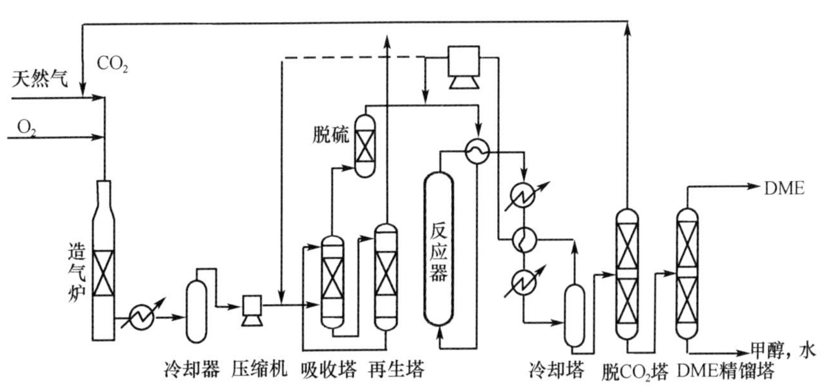


图 6-38 日本 NKK 公司的浆态床 DME 合成工艺流程（许庆利等，2008）

c. 清华大学的气相法甲醇脱水生产 DME 技术（图 6-39）

原料甲醇经由泵 P101 加压计量后，先经过换热器 E101 预热，再进入甲醇汽化器 H101 汽化；汽化后的甲醇蒸气进入换热器 E102 与高温反应产物换热，进一步提升甲醇蒸气的温度，使其达到反应器要求的温度后进入合成反应器 R101。经过催化反应后离开反应器的反应产物，首先进入换热器 E102，再经过后续的 DME 分离过程。分离过程采用高压封闭精馏分离和提纯 DME 产品，低压精馏回收分离甲醇原料。

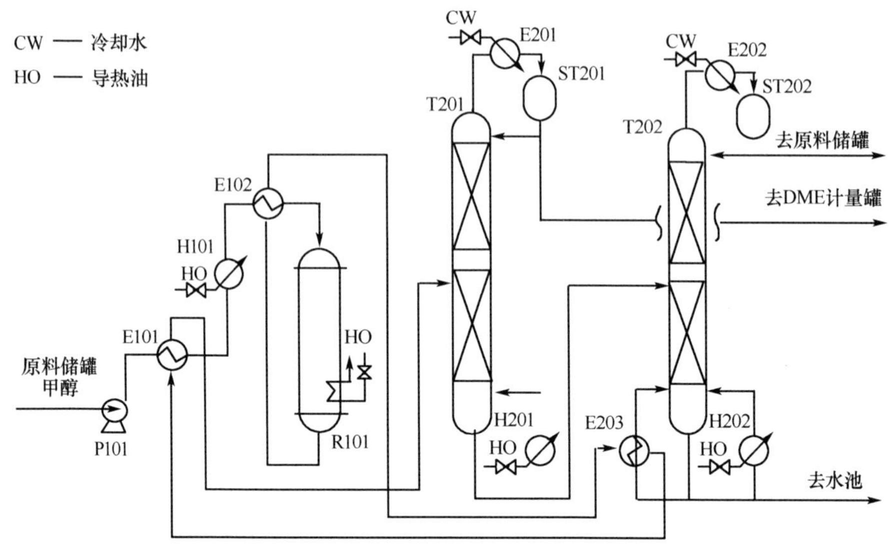


图 6-39　气相法甲醇脱水合成 DME 工艺流程简图

P：泵；E：换热器；H：汽化器；R：反应器；S：分离器；T：精馏塔

d. 浙江大学的准一步法合成 DME

针对目前 DME 生产工艺中存在的问题，浙江大学提出了“准一步法”反应器的概念，即把甲醇合成与 DME 合成组合在同一个反应器中，反应器分为上、下两段，中间填装惰性填料，对反应器实行分段控制反应温度的方式，并自行设计搭建了准一步法反应系统。发明专利“一种合成气合成二甲醚的方法和装置”已于 2010 年获得授权。

准一步法合成 DME 流程如图 6-40 所示。原料气首先经预热器加热，预热后的合成气首先通入上段床层，经过合成反应后生成的甲醇进入下段床层进行脱水反应，生成最终产物 DME；利用两个控温仪对上、下段床层实行分段控温，以便使催化剂各自处于不同的温度进行反应；反应后的气体经背压阀减至常压，经保温后进入气相色谱进行成分分析。

在上述准一步法合成 DME 试验台上（图 6-41），选用商业化的甲醇合成和甲醇脱水催化剂分别研究了反应器上下段温度、压力、$H_2/CO$ 以及空速对 CO 转化率和 DME 产率的影响。发现反应器上、下两段分别控温的方式可以有效提高催化剂的活性和 DME 的产率，从而验证了准一步法合成 DME 工艺的先进性。同时为了考察催化剂在准一步法反应中的稳定性，在优化的反应条件下进行了 100h 的稳定性试验（图 6-42），证明甲醇合成催化剂和甲醇脱水催化剂均保持了良好的活性。

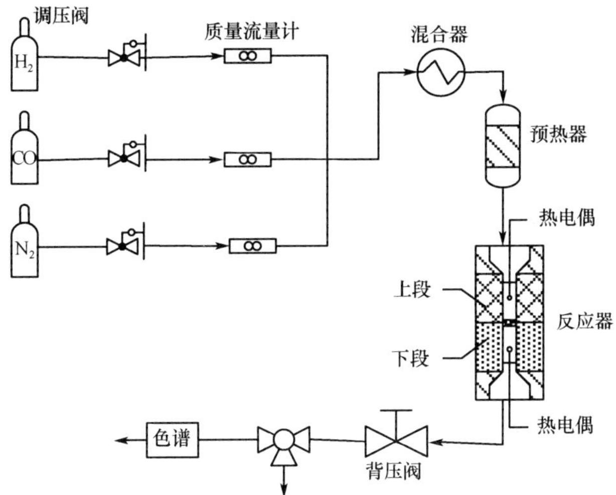


图 6-40　浙江大学的合成气准一步法合成 DME 流程图

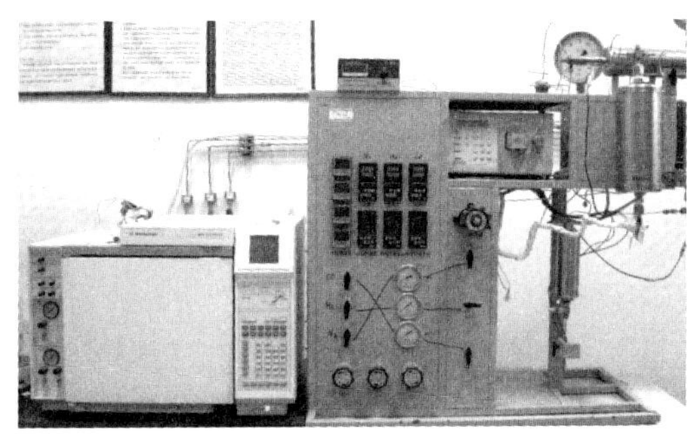

图 6-41　浙江大学合成气准一步法合成 DME 试验系统本体图

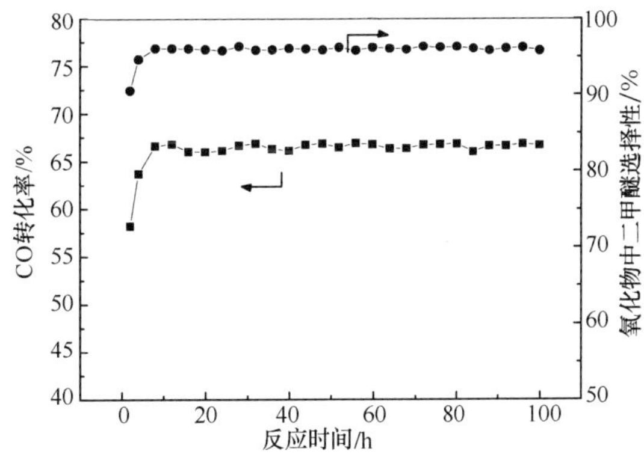


图 6-42　催化剂的稳定性试验结果

### 6.4.1.2　合成气合成乙二醇

乙二醇的制备方法可以分为石油路线和非石油路线，两类工艺路线如图 6-43 所示（汪家铭，2009）。其中，石油路线是以乙烯为原料，经环氧乙烷制取乙二醇；非石油路线以合成气为原料，直接或者间接合成乙二醇。

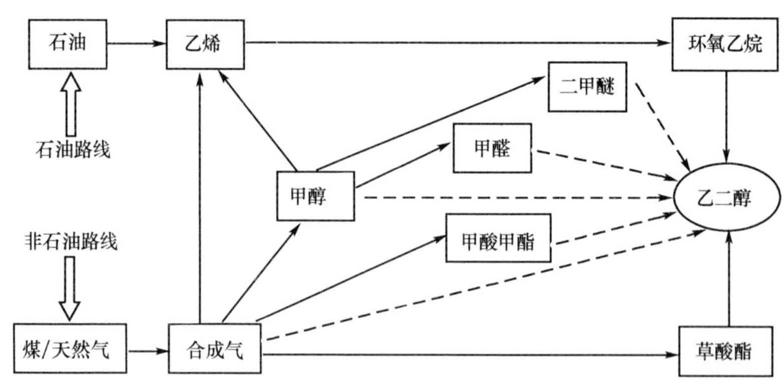


图 6-43　乙二醇制取工艺路线图（汪家铭，2009）

### (1) 石油路线制备乙二醇工艺

目前乙二醇工业化生产的传统方法是以石油为基础原料，即由石油加工得到乙烯，然后将乙烯催化氧化合成环氧乙烷，再由环氧乙烷水合生成乙二醇。这种方法称为环氧乙烷水合法。水合过程分为直接水合法和催化水合法两种。其中环氧乙烷直接水合法是目前工业化规模生产乙二醇的最主要的方法。

目前环氧乙烷直接水合法基本上由壳牌（Shell）、美国联合碳化物（UCC）和美国Halcon-SD公司垄断。在直接法生产乙二醇反应的过程中，添加反应物水会显著提高乙二醇的选择性。但是如果水的比例过高，会使得生成物中的乙二醇浓度很低，导致后续的产物分离装置的能耗增加，成为该工艺的劣势所在。同时乙二醇环氧乙烷水合装置产物分离提纯的后处理装置复杂，流程长，装置总能耗也很大。

### (2) 合成气合成乙二醇工艺介绍

非石油路线可以采用煤、天然气和生物质等为原料，先制取合成气，再由合成气直接或者间接合成乙二醇（Ishino et al.，1992；Celik et al.，2008）。其中，间接合成法根据中间产物的不同，分为甲醇甲醛合成法和氧化偶联法（草酸酯法）等。

a. 合成气直接合成乙二醇

该工艺是以合成气为原料时合成乙二醇最直接的方法。但是从热力学上看，该反应需要在高温、高压和催化剂存在下进行，反应比较困难（Kollar，1984）。

美国DuPont公司于20世纪50年代初首先开发出由合成气制乙二醇技术，采用羰基钴为催化剂，反应条件很苛刻，反应在高压（340MPa）下进行，乙二醇回收率低。后来美国UCC公司用三烷基膦和胺改性的铑取代钴作催化剂，并使用添加剂或促进剂，结果显示其活性和选择性明显优于钴催化剂。实验中在56MPa、240℃、$n(H_2)/n(CO)$为1的条件下，乙二醇选择性为70%~85%，时空收率为280 g/（L·h），副产物大多为丙二醇、甘油等（王克冰和王公应，2005）。

b. 甲醇甲醛合成法

甲醇甲醛路线合成乙二醇的研究主要分为甲醇脱氢二聚法、羟基乙酸法、二甲醚氧化偶联法、甲醛缩合法、甲醛氢甲酰化法、甲醛与甲酸甲酯偶联法等方向。其中甲醛和甲酸甲酯偶联法合成乙二醇具有原料易得、无需贵金属催化剂、产品品种多等明显的技术经济优势。

c. 氧化偶联（草酸酯）法合成乙二醇

从合成气出发通过氧化偶联法合成乙二醇的工艺路线，越来越受到人们的关注。该合成路线主要包括两步：第一步是 CO 与亚硝酸酯氧化偶联制取草酸酯；第二步是草酸酯加氢合成乙二醇（Miyazaki et al.，1986）。

中国科学院福建物质结构研究所在 1990 年申请了气相催化合成草酸酯连续工艺的专利，并提出如图 6-44 的工艺流程（陈贻盾，1990）。草酸酯合成的主要过程包括 CO 原料气的再净化处理、草酸酯的合成、尾气再生、亚硝酸酯的回收以及非反应气体的排放五大步骤。

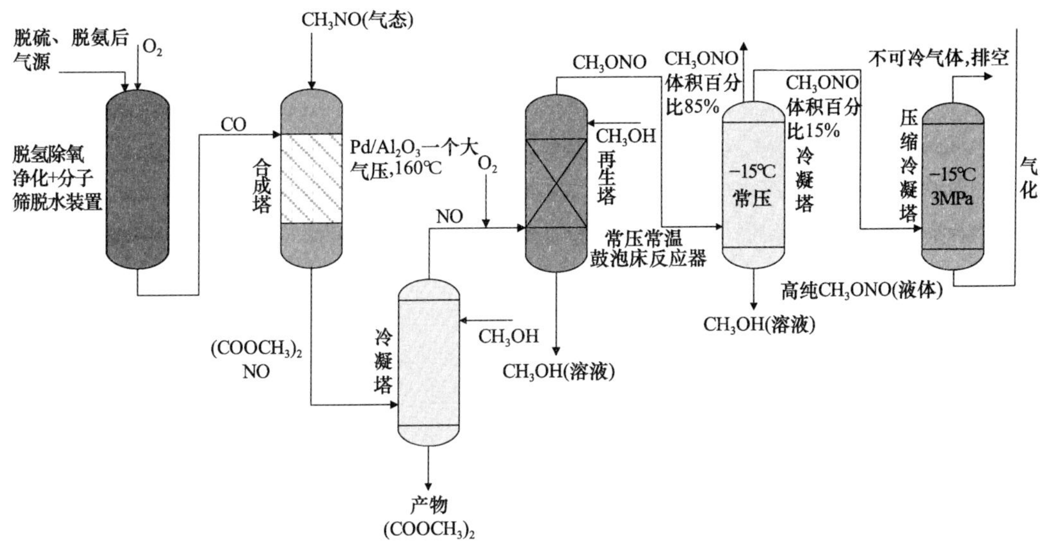


图 6-44　福建物质结构研究所气相催化合成草酸酯工艺流程（陈贻盾，1990）

目前酯加氢合成乙二醇的反应也取得了重要进展。1986 年美国 ARCO 公司首先申请了草酸酯加氢制乙二醇专利，并发了含铬的铜基催化剂，乙二醇收率可以达到 95%（孟宪申，1996）。日本宇部兴产与 UCC 公司也联合开发了 $Cu/SiO_2$催化剂，乙二醇收率提高到 97%。安格公司（Engelhard Corporation）1994 年的专利则主要采用了 Cu-Zn 的氧化物和少量 $Al_2O_3$，也取得了不错的效果。

由于合成气氧化偶联法制乙二醇的反应工艺条件温和，对设备的腐蚀小，工艺要求不高，是目前最有希望大规模工业化生产的非石油路线合成乙二醇工艺路线。

d. 浙江大学 CO 氧化偶联（草酸酯）合成乙二醇工艺

浙江大学热能工程研究所在合成气氧化偶联法制取乙二醇方面做了大量研究，打通了从氧化偶联制备草酸二甲酯到催化加氢制备乙二醇的工艺流程。尤其是在催化剂的研发制备上做了很多研究，2012 年获得发明专利“用于草酸二甲酯加氢制取乙二醇的铜硅催化剂及制备方法”的授权。

CO 偶联反应制备草酸二甲酯的反应工艺流程如图 6-45 所示。反应流程简述如下：$N_2$ 经过流量计计量后进入自行制得的亚硝酸甲酯液体中，$N_2$ 会携带一部分挥发的亚硝酸甲酯气体；混合气体经过转子流量计计量后，与 CO 在混合器中混合，进入气-固相的氧化偶联反应器。原料气从顶端进入反应器，在反应器中与催化剂接触并发生反应，反应后的产物从反应器底部引出。

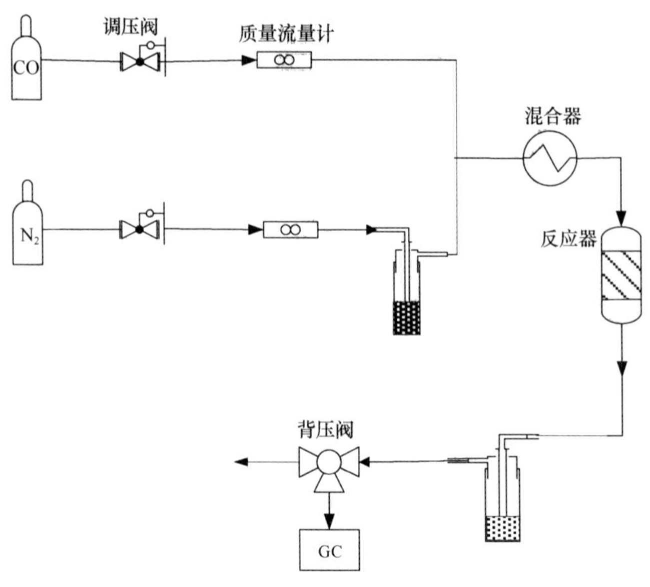


图 6-45 浙江大学 CO 偶联反应制备草酸二甲酯的反应工艺流程

草酸二甲酯加氢制取乙二醇的试验在固定床反应器上进行（图 6-46）。分别采用浸渍法和沉淀法制备了草酸二甲酯加氢的 $Cu/SiO_2$ 催化剂，考察了不同催化剂制备方法对

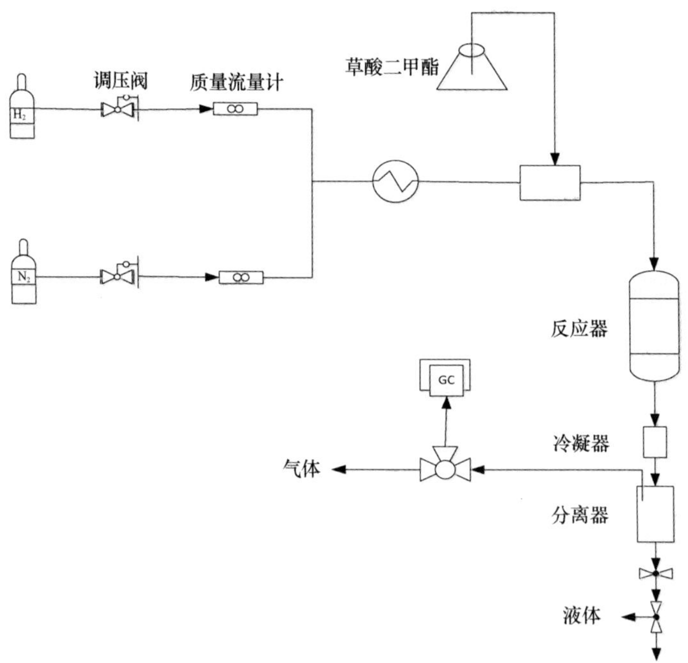


图 6-46 浙江大学的草酸二甲酯加氢制取乙二醇工艺

$Cu/SiO_2$催化剂催化草酸二甲酯加氢反应性能的影响。在沉淀法制备的 $Cu/SiO_2$催化剂上达到了草酸二甲酯 100% 的转化率和目标产物乙二醇 94.1% 的选择性（表 6-4）。并且研究了反应工艺条件对催化剂性能的影响：反应温度和氢气/草酸二甲酯值都存在最佳值，合理控制反应工艺条件可以获得高的乙二醇产率。

**表 6-4 制备方法对 $Cu/SiO_2$催化剂催化草酸二甲酯加氢反应性能的影响**

| 催化剂 | 草酸二甲酯轻化率/% | 选择性/% | | | |
|---|---|---|---|---|---|
| | | 乙二醇 | 乙醇酸甲酯 | 乙醇 | 1,2-丁二醇 |
| $Cu/SiO_2$(浸渍法) | 100 | 62.5 | 9.8 | 25.6 | 2.1 |
| $Cu/SiO_2$(沉淀法) | 100 | 94.1 | 1.2 | 2.0 | 2.7 |

同时，还进行了以正硅酸乙酯（Tetraethoxysilane，TEOS）为硅源制备的 $Cu/SiO_2$催化剂不同负载量和制备工艺的系统考察以及催化剂的详细表征。以 TEOS 为硅源制备的催化剂表现出很好的催化剂活性和乙二醇的选择性，适宜铜含量在 20%~25%，25% 时活性效果最佳，草酸二甲酯（DMO）的转化率为 100%，乙二醇的选择性可达 95%；随着负载量的增大，催化剂达到最好活性效果的最佳温度有所降低，见表 6-5。

**表 6-5 Cu-TEOS 催化剂草酸二甲酯加氢合成乙二醇的活性**

（$H_2$/DMO = 260mol/mol，2MPa，220℃，LHSV = 0.8$h^{-1}$）

| 催化剂 | DMO 转化率/% | 选择性/% | | | |
|---|---|---|---|---|---|
| | | 乙二醇 | 乙醇 | 乙醇酸甲酯 | 1,2-丁二醇 |
| 0.10-Cu-TEOS | 44 | 88 | 0 | 11 | 0 |
| 0.15-Cu-TEOS | 99 | 94 | 2 | 2 | 2 |
| 0.20-Cu-TEOS | 99 | 95 | 1 | 1 | 1 |
| 0.25-Cu-TEOS | 100 | 95 | 1 | 1 | 2 |
| 0.3-Cu-TEOS | 100 | 88 | 1 | 0 | 4 |
| 0.35-Cu-TEOS | 100 | 83 | 5 | 0 | 5 |

### 6.4.2 热解煤焦油深加工

在煤基多联产工艺过程中，煤热解可以生产众多产品，其中一种重要产品便是煤焦油。煤焦油深加工包括焦油蒸馏、馏分油加氢和沥青利用等工艺。

#### 6.4.2.1 煤焦油的性质

煤焦油是一种具有刺激性臭味的黑色或黑褐色的黏稠状液体。按照热解温度的不同，可以把煤焦油大致分为 3 类：低温煤焦油（500~700℃）、中温煤焦油（700~900℃）、高温煤焦油（900~1100℃）。多联产工艺中，气化炉温度一般控制在 650℃左右，因此获得的焦油是低温煤焦油。由于热解温度的不同，低温煤焦油和高、中温煤焦油的性质有很大不同。

煤焦油的组分繁多，成分复杂，其有机物组分估计有上万种，已被鉴定的约有500种，但大多数含量很少。煤焦油中含量超过1%质量分数的组分只有10余种，分别为萘、甲基萘、氧芴、芴、苊、蒽、菲、咔唑、荧蒽、芘、䓛以及甲酚的三种异构体。

焦油的主要组分可分为芳香烃、酚类、杂环氮化合物、杂环硫化合物、杂环氧化合物和复杂的高分子环状烃。其中芳香烃主要是两个环以上的稠环芳香烃化合物；酚类主要是甲酚等；杂环氮化合物主要有吡啶、喹啉、吲哚和咔唑及它们的衍生物，还包括一些胺类和腈类；杂环硫化物主要是噻吩、硫酚、硫杂茚等；杂环氧化物除了酚类，主要是古马隆、氧芴等。

按照实沸点划分，将煤焦油馏分划分为7段，见表6-6。

**表6-6　煤焦油馏分**

| 馏分 | 温度范围 | 含有物质 |
| --- | --- | --- |
| 轻油 | 170℃之前 | 苯族烃等 |
| 酚油 | 170~210℃ | 酚、甲酚较多，也含有大量的萘类物质 |
| 萘油 | 210~230℃ | 主要有萘，也含有大量的酚 |
| 洗油 | 230~300℃ | 含萘类、酚类以及少量的苊、芴、氧芴等 |
| 一蒽油 | 300~330℃ | 主要有蒽、菲、咔唑等 |
| 二蒽油 | 330~360℃ | 主要有苯茎萘、荧蒽、芘等 |
| 沥青 | 煤焦油蒸馏残液 | 稠环芳烃等 |

### 6.4.2.2　煤焦油蒸馏工艺

蒸馏是利用混合物中不同组分的沸点差异来实现分离的一种在工业上广泛运用的单元操作。煤焦油组成极为复杂，且单种化合物含量很低，难以通过直接提纯获取需要的化工品，因此需要通过蒸馏的方法实现初步分离。根据馏分沸点变化，煤焦油主要被划分为轻油、酚油、萘油、洗油、一蒽油、二蒽油和沥青7个馏分段（郭树才，2006）。

煤焦油蒸馏前需要对原料进行脱水、脱盐的预处理。通过静置、加热、闪蒸等方法可将焦油含水量降至0.5%以下。利用碳酸钠溶液，可以使煤焦油中的固定铵盐稳定，避免其对蒸馏设备的损害。

煤焦油的连续蒸馏工艺按压力可分为常压蒸馏、减压蒸馏以及常压减压蒸馏。

#### （1）常压焦油蒸馏工艺

典型的常压焦油蒸馏工艺为二塔式焦油蒸馏工艺，如图6-47所示。经过预处理的煤焦油用泵送往管式炉的对流段，加热到120~130℃，再进入一段蒸发器进行最终脱水。然后焦油物料从蒸发器底部流出，再送往管式炉辐射段加热至400~410℃，再送入二段蒸发器，在这里各馏分和沥青实现分离。沥青从蒸发器底部排出，接下来进行冷却和后续加工与改性。各馏分从蒸发器顶部以气相形式采出，而后进入系统的主体——蒸馏系统进行进一步分离。馏分首先进入蒽塔，蒽塔顶部用洗油馏分进行回流，二蒽油从底部排出，侧线切取一蒽油，其余馏分从蒽塔顶部以气相通入馏分塔。馏分塔顶部用轻油回流，轻油蒸汽从塔顶逸出，后经冷凝器和油水分离操作得到轻油和酚水。顶部出洗油馏分，侧线出萘油馏分和酚油馏分。

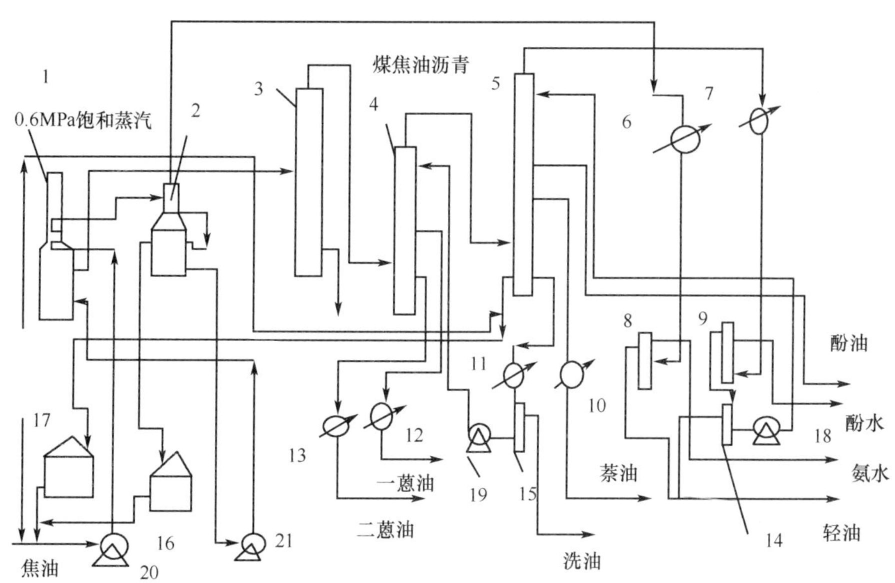


图 6-47　二塔式焦油蒸馏工艺流程（郭树才，2006）

1. 管式炉；2. 一段蒸发器；3. 二段蒸发器；4. 蒽塔；5. 馏分塔；6. 一段轻油冷凝冷却器；7. 馏分塔轻油冷凝冷却器；8. 一段轻油油水分离器；9. 馏分塔轻油油水分离器；10. 萘油冷却器；11. 洗油冷却器；12. 蒽油冷却器；13. 二蒽油冷却器；14. 轻油回流槽；15. 洗油回流槽；16. 无水焦油满流槽；17. 焦油循环槽；18. 轻油回流槽；19. 洗油回流泵；20. 一段焦油泵；21. 二段焦油泵

除了二塔式焦油蒸馏工艺，还有去除了蒽塔的一塔式焦油蒸馏工艺。目前国内大多数煤焦油加工企业都采用一塔式或二塔式焦油蒸馏工艺，只是有时因为需要产品不同，对流程稍加改动，以获取二混甚至三混馏分。

#### （2）减压焦油蒸馏工艺

减压焦油蒸馏工艺的一个鲜明的特点是能耗少，而且能够防止焦油在管式炉中因高温而结焦。减压蒸馏工艺主要用于生产规模中等、年处理焦油量约为 10 万 t 的焦油加工企业。

#### （3）常压减压焦油蒸馏工艺

煤焦油减压蒸馏具有较高的优越性，但该工艺最大的问题是轻油损失较多。而常压减压相结合的煤焦油蒸馏工艺既可以充分体现减压蒸馏的优点，又可以避免轻油的损失，在德国的煤焦油加工企业得到广泛应用。其中最著名的就是吕特格式逐塔加热焦油蒸馏工艺。

如图 6-48 所示，焦油首先进入分凝热交换器，然后经蒸汽预热器被加热到 105℃入脱水塔。脱水塔底部的无水焦油一部分经管式炉循环加热到 150℃入塔，其余的无水焦油经无水焦油槽用泵送至分凝热交换器和沥青换热器后温度达 250℃入酚塔。酚塔顶部温度用部分冷凝和回流调节，回流比 16。酚塔侧线引出的萘馏分到萘柱。酚塔底部产品一部分经管式炉加热到300℃回塔，另一部分经换热器温度降至200℃入甲基萘塔。甲基萘塔侧线引出的洗油馏分入洗油柱。甲基萘塔底部产品一部分经管式炉加热到300℃回塔，另一部分经换热器温度降至200℃入蒽塔。蒽塔底部产品一部分经管式炉加热到300℃入塔，另一部分作产品沥青排出。甲基萘塔塔顶绝对压力为26.6kPa，回流比17。蒽塔塔顶绝对压力9.33kPa，回流比15。

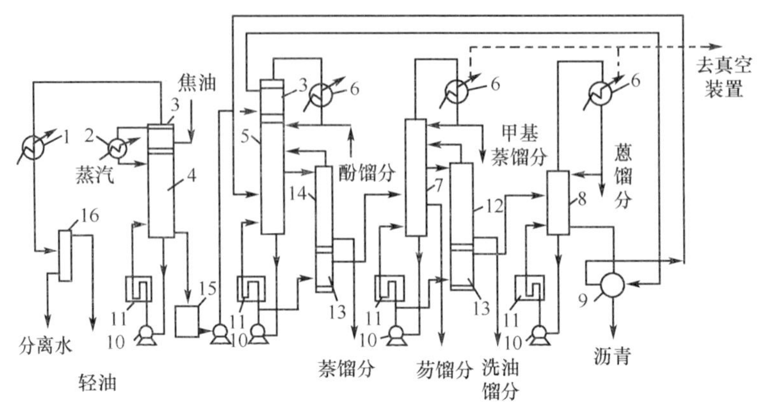


图6-48 吕特格式典型逐塔加热焦油蒸馏工艺流程（郭树才，2006）

1. 冷凝冷却器；2. 蒸汽预热器；3. 分凝换热器；4. 脱水塔；5. 酚塔；6. 冷凝器；7. 甲基萘塔；8. 蒽塔；9，13. 热交换器；10. 泵；11. 管式炉；12. 洗油柱；14. 萘油柱；15. 无水焦油槽；16. 分离器

该工艺流程的特点是常、减压结合，逐渐加热焦油使组分蒸发而分离的多塔工艺。各塔采用大回流比操作，因此，可将焦油很精细地分成各种馏分；关键组分集中度高，萘资源95%转到萘馏分中，萘的质量分数达85%。另外，该流程注意利用二次热源，如沥青显热和塔顶馏出物的潜热等。

**（4）带沥青循环的焦油蒸馏工艺**

除了常压、减压、常压减压焦油蒸馏工艺，还有一种带沥青循环的焦油蒸馏工艺。这种工艺的特点在于由于沥青循环，馏分产率可以较大提高，焦油废水量大大减少。目前，浙江大学正在进行该工艺的开发。

### 6.4.2.3 煤焦油加氢工艺

煤焦油加氢改质的目的，是将其中所含的多环芳烃、含氮杂环有机物、含硫杂环有机物及酚类化合物等在高温、高压和催化剂作用下转化为较低分子的液体燃料，如液化气、汽油、柴油和燃料油等。

根据加氢原料油的成分、反应器种类不同，煤焦油加氢技术主要分为4种技术路线即固体热载体热解-全馏分加氢工艺路线、煤气化焦油-宽馏分加氢路线、块煤干馏-延迟焦化-焦油加氢技术路线、浆态床/悬浮床加氢裂化技术。

**（1）固体热载体热解-全馏分加氢工艺路线**

该技术将煤热解技术与焦油加氢工艺结合。首先将煤粉通过固体热载体热解炉进行热解，将得到的煤焦油通过物理方法进行预处理，然后与通过焦炉气转化得到的氢气进行加氢反应，加氢产物经分馏得轻质燃料油以及 $C_1 \sim C_4$烯烃烷烃类气体和尾油。

该技术的主要特点：采用固体热载体技术可利用粒径为 6mm 的粉煤做热解原料，为粉煤提供了一条合理的利用途径；固体热载体技术可以提高焦油和氢气的产量；实现了全馏分加氢技术，即热解得到的煤焦油经过简单物理方法处理后，全转变为轻质油，汽柴油收率高达 90% 以上。但由于煤焦油中的沥青馏分也进行加氢，系统的稳定性还有待进一步测试。目前神木富油能源科技有限公司采用该技术。

#### （2）煤气化焦油-宽馏分加氢路线

由于煤焦油中的沥青部分难于加氢且会对系统设备造成不利影响，便出现了宽馏分加氢技术。煤气化焦油-宽馏分加氢工艺路线主要采用煤气化的副产物煤焦油作为原料。该技术的加氢部分与固体热载体热解-全馏分加氢工艺路线中的加氢部分基本相同，最大的区别是将大于 360℃馏分分离，没有进入加氢系统。该技术的主要问题是在加氢前将大于 360℃的馏分分离出来，做不到煤焦油的全馏分加氢，汽柴油收率也会因此有所降低。云南驻昆解放军化肥厂、哈尔滨气化厂、上海盛邦和七台河宝泰隆等企业单位曾采用这种技术路线。

#### （3）块煤干馏-延迟焦化-焦油加氢技术路线

该工艺技术以块煤为原料，通过传统的内热式直立炭化炉进行热解。将热解得到的煤焦油进行延迟焦化，延迟焦化后的焦油再进行加氢精制和裂化，得到石脑油和柴油产品。块煤干馏-延迟焦化-焦油加氢技术由于加入了延迟焦化工艺，煤焦油除了转化为轻质的汽柴油馏分，还得到了石油焦。而且延迟焦化技术成熟，因此该技术路线工业化较早。但因为石油焦的生成，轻质燃料油的收率随之降低。

#### （4）浆态床/悬浮床加氢裂化技术

煤炭科学总院提出的浆态床/悬浮床加氢工艺是近年提出的新工艺，它受到了美国 KBR 公司的悬浮床加氢裂化技术（veba-combi-cracking，VCC）的启发。VCC 技术原理：原料与添加剂和氢气混合后进入悬浮床反应器，发生热裂化反应，并在高压临氢状态下加氢饱和。其中进料中残炭、胶质、沥青质在特定的添加剂作用下发生热裂化和加氢饱和的过程，基本没有焦炭的产生。悬浮床热裂化的产物进入热高压分离器中分离，清洁的气体产物去固定床反应器再进一步加氢裂化和加氢精制，生产出优质的石脑油和轻柴油。分离出的固体物质主要是焦炭。该技术流程如图 6-49 所示。

该技术最大的特点是在煤焦油预处理工艺中，采用了悬浮床技术，可使焦油轻质化，能有效防止加氢工段催化剂结焦；同时收率在相关报道中最高。但该技术还处于技术开发阶段，没有工业化装置。

以上为主要的煤焦油燃料型加氢技术。截至 2011 年年底，我国投产的和筹建、在建的煤焦油加氢装置见表 6-7（李珍等，2012）。

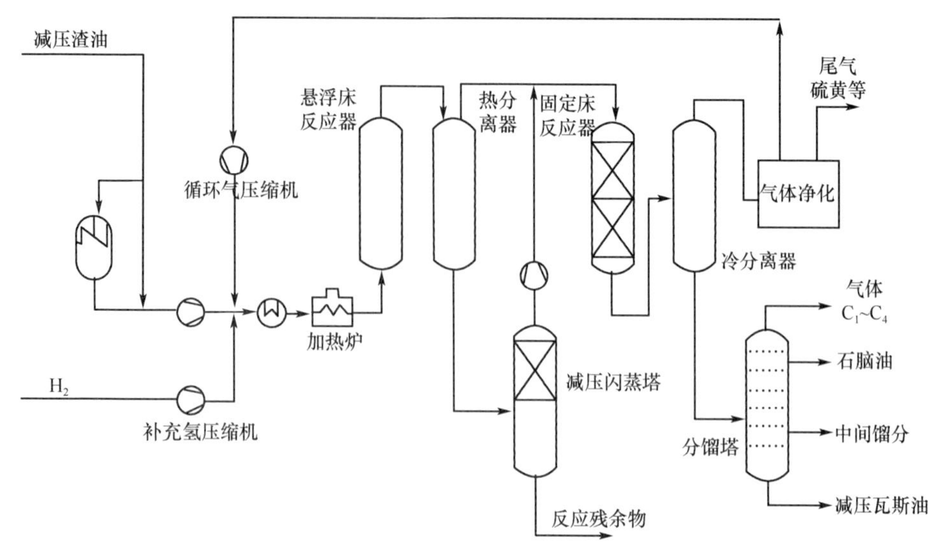


图 6-49　VCC 技术流程（李珍等，2012）

**表 6-7　煤焦油加氢投产及筹建、在建装置**

| 项目 | 序号 | 企业名称 | 规模/(万 t/a) | 建成年份 |
|---|---|---|---|---|
| 已投产运行装置 | 1 | 云南驻昆解放军化肥厂 | 1 | 1994 |
| | 2 | 哈尔滨气化厂科技实业总公司 | 5 | 2003 |
| | 3 | 神木锦界天元化工有限公司 | 25 | 2010 |
| | 4 | 七台河宝泰隆圣迈煤化工有限公司 | 10 | 2009 |
| | 5 | 辽宁博达化工公司 | 5 | 2009 |
| 筹建和在建装置 | 1 | 神木富油能源科技有限公司 | 12 | — |
| | 2 | 陕西东鑫垣化工有限公司 | 50 | — |
| | 3 | 榆林市基泰能源化工有限公司 | 20+30 | — |
| | 4 | 神木安源化工有限公司 | 26 | — |
| | 5 | 内蒙古庆华集团有限公司 | 16 | — |
| | 6 | 内蒙古开滦化工有限公司 | 40 | — |
| | 7 | 河南义马海新能源科技有限公司 | 50 | — |
| | 8 | 内蒙古赤峰国能化工科技有限公司 | 45 | — |
| | 9 | 山西振东集团 | 30 | — |
| 总生产能力 | | | 319 | |

#### 6.4.2.4　沥青的利用

煤焦油沥青，又叫煤沥青，是煤焦油蒸馏提取馏分（如轻油、酚油、萘油、洗油和蒽油等）后的残留物。煤焦油沥青的组成极为复杂，大多数为三环以上的多环芳烃，还含有 O、N、S 等元素的杂环化合物和少量直径很小的炭粒。根据表 6-8 馏分分布可以看出，无论是低温煤焦油还是高温煤焦油，沥青都是最大的馏分，利用好沥青对于煤焦油的利用有重大意义。

表 6-8　低温煤焦油和高温煤焦油馏分分布

| 馏分 wt/% 煤焦油种类 | 轻油 | 酚油 | 萘油 | 洗油 | 蒽油 | 沥青 |
|---|---|---|---|---|---|---|
| 低温煤焦油 | 7.2 | 10.3 | 11.5 | 11.5 | 16.5 | 40.2 |
| 高温煤焦油 | 0.5 | 1.5 | 9.0 | 9.0 | 23.0 | 56.0 |

沥青按其软化点高低分为低温、中温和高温沥青。低温沥青用于建筑、铺路、电极碳素材料和炉衬黏结剂，也可用于制作炭黑和作为燃料用。中温沥青用于生产油毡、建筑物防水层、高级沥青漆、改质沥青和沥青焦等产品，经过特殊处理还可用来制取针状焦和沥青炭纤维等新型碳素材料。高温沥青主要用来生产电极焦及各种碳素材料的黏结剂等。例如，德国吕特格公司有一套40万t/a的电极沥青生产装置；日本新日化公司则利用沥青深加工生产针状焦和碳纤维。

### 6.4.2.5　浙江大学进行的煤焦油深加工研究

依据自主提出的循环流化床煤解热气化热电气焦油多联产技术，浙江大学在煤焦油深加工方面进行了煤焦油特性分析、煤焦油脱水、煤焦油流动性、煤焦油蒸馏和煤焦油加氢研究的工作。

#### （1）煤焦油特性分析

浙江大学在12MWe热电气焦油多联产系统上进行试验，分析了不同煤种、不同煤热解温度对煤焦油产率、密度、成分性质的影响规律。分析了顾桥煤和李嘴孜煤在3种不同温度下热解产生焦油的主要性质（表6-9）。从表6-9中可以看出，不同煤种在不同温度下热解生成焦油的密度虽然有一定差异，但相差不大。对焦油的元素分析表明，焦油中的C/H值增大，说明焦油中二次裂解生成的重质芳香族比例增大，焦油品质下降。层析结果可以看出，随着热解温度的升高，焦油中饱和烃、芳香烃和非烃的比例降低，沥青质的比例增大。

表 6-9　两种煤种不同温度下热解焦油主要性质

| 项目 | | 顾桥煤 | | | 李嘴孜煤 | | |
|---|---|---|---|---|---|---|---|
| 热解温度/℃ | | 552 | 595 | 647 | 544 | 574 | 634 |
| 密度/(kg/m³) | | 1.16 | 1.126 | 1.165 | 1.037 | 0.99 | 1.032 |
| 元素分析 wt/% | C | 80.63 | 79.32 | 77.02 | 79.97 | 77.74 | 74.42 |
| | H | 6.98 | 6.55 | 5.62 | 6.98 | 6.63 | 5.54 |
| | N | 1.45 | 1.48 | 1.51 | 1.41 | 1.45 | 1.44 |
| | S | 0.2 | 0.16 | 0.12 | 0.20 | 0.18 | 0.18 |
| | O | 10.74 | 12.49 | 15.73 | 11.44 | 14.00 | 18.42 |
| | C/H | 11.55 | 12.11 | 13.70 | 11.46 | 11.72 | 13.43 |

续表

| 项目 | | 顾桥煤 | | | 李嘴孜煤 | | |
|---|---|---|---|---|---|---|---|
| 层析 wt/% | 饱和烃 | 15.12 | 3.47 | 0.72 | 4.00 | 4.07 | 0.00 |
| | 芳香烃 | 13.59 | 13.49 | 10.36 | 15.57 | 11.35 | 10.73 |
| | 非烃 | 17.48 | 15.22 | 9.78 | 20.14 | 15.43 | 11.44 |
| | 沥青质 | 52.84 | 52.60 | 69.07 | 50.72 | 58.08 | 67.10 |
| 收率 | | 99.03 | 84.78 | 89.93 | 90.43 | 88.93 | 89.27 |

**（2）煤焦油脱水研究**

12MW 多联产系统产生的煤焦油含水量在 20%~30%，即使在 90℃连续烘 10h，含水量仍在 10%左右；而煤焦油在蒸馏前要求含水量在 0.5%，因此必须对煤焦油进行脱水，否则煤焦油中含有的过量水会增大蒸馏系统能耗，提高蒸馏系统阻力，甚至腐蚀设备。

为了提高脱水性能，在煤焦油中加入适当破乳剂来打破油包水的乳化液结构，也是一种常用的脱水方法。首先对破乳剂进行筛选，发现有机胺类破乳剂显示出了最好的破乳脱水效果。因此选用这种破乳剂进行了破乳条件对脱水效果影响的研究。研究表明，脱水量会随搅拌时间、搅拌速率、脱水温度、破乳剂浓度和静置时间的提高而增大。其中，搅拌时间和脱水温度的影响较大，搅拌速率、破乳剂浓度和静置时间的影响有限。较合适的破乳温度为 80~90℃。在 80℃，加入 400ppm 破乳剂，240 转/h 的搅拌速率搅拌 30min 后静置 4h 以上的条件下，煤焦油中的含水量可以降至 2%以下。进一步提高破乳条件，焦油含水量的下降已经很微弱。

**（3）提高焦油流动性的研究**

在煤焦油加工中，焦油的流动性差，在输送管道中流动困难，这不仅增加了泵的负荷，影响生产效率，严重的时候甚至影响操作运行的连续性。而焦油黏度大是造成其流动性差的主要原因。因此，寻找较好的方法有效降低煤焦油黏度，是提高焦油流动性能研究的重点。

我们利用煤焦油不同馏分油来降低煤焦油的黏度。馏程小于 270℃馏分油的降黏效果最高，在低温下更为明显。60℃时，降黏幅度达 66.3%；随着温度提高，降黏幅度不断下降。温度高于 90℃时，由于煤焦油的黏度已很低，馏分油的降黏效果并不明显。在对 4 种馏分油进行气相色谱-质谱（gas chromatography-mass spectrometry，GC-MS）分析成分组成后发现，降黏效果最好的馏程为 210~230℃和小于 270℃馏分油中的酚类物质含量很高，均超过了 30%。其他两种馏分油的酚类含量则低于 25%。可以认为酚类对降黏起到了促进作用。

**（4）煤焦油蒸馏研究**

煤焦油蒸馏是煤焦油加工流程中的关键环节，很多研究者都做过相关的研究。浙江大学进行的工作主要分析了不同煤热解温度对焦油馏程分布的影响以及实沸点蒸馏与气相色谱模拟蒸馏的初步对比研究。

运用常压、减压结合的实沸点蒸馏方法对两种煤种在不同热解温度下的馏程分布进行了研究。从表6-10中可以看出，焦油灰分含量随热解温度升高而增大。两种煤种热解生成焦油的重质组分含量较大，360℃以上的馏分占到了50%以上。

**表6-10 两种煤种不同温度热解生成焦油的馏程分布**

| 项目 | | 顾桥煤 | | | 李嘴孜煤 | | |
|---|---|---|---|---|---|---|---|
| 热解温度/℃ | | 552 | 595 | 647 | 544 | 574 | 634 |
| 灰分/% | | 2.67 | 5.46 | 6.1 | 3.96 | 6.58 | 8.98 |
| 各馏程所占百分比/% | <170℃ | 9.8 | 17.4 | 17.0 | 16.3 | 6.9 | 15.7 |
| | 170~300℃ | 11.6 | 3.9 | 3.5 | 5.3 | 7.3 | 5.9 |
| | 300~360℃ | 19.9 | 16.6 | 14.5 | 13.0 | 13.0 | 16.4 |
| | >360℃ | 51.0 | 56.8 | 59.3 | 59.1 | 68.2 | 50.9 |
| 回收率/% | | 92.3 | 94.7 | 94.3 | 93.7 | 95.4 | 88.9 |

在对各馏分进行GC-MS分析后发现，小于170℃馏分主要以苯系物为主，另外还含有少量的烷烃和烯烃。170~230℃焦油馏分中的主要物质是苯酚、邻甲酚、对甲酚等低级酚。230~280℃馏分含有的主要物质是甲基萘和二甲基萘的同分异构体，同时也含有部分酚类物质。

#### (5) 煤焦油加氢研究

以淮南矿业煤焦油小于480℃馏分为原料，在总压15.8MPa、反应温度380℃、氢油体积比1200∶1、体积空速0.5$h^{-1}$的工艺条件下，采用中石化抚顺石化研究院（FRIPP）高性能加氢催化剂进行加氢精制试验，得到的小于160℃石脑油馏分S、N含量很低，辛烷值（RON）为68.2，芳烃含量为11.36%；芳潜为56.46%；由于辛烷值较低，芳潜相对较高，可以作为催化重整原料或溶剂油产品。160~360℃加氢精制柴油馏分的十六烷值31、S含量6.4μg/g、N含量15.1μg/g、凝点-32℃，20℃密度为0.899g/$cm^3$，除了十六烷值和密度外，其他指标均达到CB/T 19147—2003车用柴油的要求，可作为0号柴油的调和组分。大于360℃加氢精制尾油可进一步加氢裂化工艺，提高目的产品柴油的收率和十六烷值；也可直接作为燃料油。

## 6.5 基于循环流化床燃烧技术的煤热解气化燃烧分级转化利用的技术与经济分析

本节以浙江大学所开发的基于循环流化床燃烧技术的煤的热解气化燃烧分级转化技术开展技术及经济分析，以说明热解气化燃烧分级转化技术的技术特点及其优势。本节首先对现有的300MWe级循环流化床热电气多联产技术进行技术与经济分析，以阐述对现有电厂改造的技术与经济的可行性。

依据浙江大学已完成的40t/h给煤量的循环流化床热电气多联产工业试验装置运行测试所获得的性能参数和运行特性，以测试煤种和测试数据为设计依据，提出了基于循环流化床燃烧技术的 300MWe 级循环流化床热电气多联产装置的方案。

以表 6-11 所给出的煤质为设计燃料开展 300MWe 级循环流化床热电气多联产装置的方案研究。

**表 6-11　干燥后褐煤煤质分析计算**

| 项目 | 分析值 | |
|---|---|---|
| 工业分析 | $M_{ar}$/% | 10 |
| | $A_{ar}$/% | 29.35 |
| | $V_{ar}$/% | 36.89 |
| | $FC_{ar}$/% | 23.76 |
| 元素分析 | $C_{ar}$/% | 39.94 |
| | $H_{ar}$/% | 4.53 |
| | $O_{ar}$/% | 12.65 |
| | $N_{ar}$/% | 1.08 |
| | $S_{ar}$/% | 2.46 |
| 热值 | 低位热值 $Q_{net,ar}$/(kJ/kg) | 16 448 |
| | 高位热值 $Q_{gr,ar}$/(kJ/kg) | 17 717 |
| 格金干馏焦油含量 $Tar_{ar}$/% | | 4.8 |
| 合成水量/% | | 5.1 |

300MWe 循环流化床煤的热解燃烧分级转化装置由 1 台 300MWe 循环流化床锅炉和 4 台热解气化炉组成。其中 300MWe 循环流化床锅炉为亚临界中间再热、单锅筒自然循环锅炉。采用岛式半露天布置、全钢构架、支吊结合的固定方式，锅炉采用单锅筒自然循环、集中下降管、平衡通风、绝热式旋风气固分离器、循环流化床燃烧方式，后烟井内布置对流受热面。锅炉主要技术参数见表 6-12。

**表 6-12　300MWe 循环流化床锅炉主要技术参数**

| 名称 | BMCR | BECR | ECR |
|---|---|---|---|
| 过热蒸汽流量/(t/h) | 1025 | 943.8 | 897.3 |
| 过热蒸汽出口压力/MPa | 17.40 | 17.28 | 17.20 |
| 过热蒸汽出口温度/℃ | 540 | 540 | 540 |
| 再热蒸汽流量/(t/h) | 846 | 783.3 | 747 |
| 再热蒸汽进口压力/MPa | 3.99 | 3.70 | 3.53 |
| 再热蒸汽出口压力/MPa | 3.80 | 3.52 | 3.36 |
| 再热蒸汽进口温度/℃ | 327 | 320 | 315 |
| 再热蒸汽出口温度/℃ | 540 | 540 | 540 |
| 给水温度/℃ | 282 | 277 | 274 |

多联产装置能实现 3 种模式下的运行：①多联产装置系统的正常运行，所有给煤全部投入气化炉，锅炉不投煤。②气化炉停运，单独运行 300MWe 循环流化床锅炉。此

时，全部燃料直接通过锅炉给煤口加入，返料装置的运行介质为空气。在两种运行模式下，锅炉都能在保证的额定蒸汽参数下运行，仅锅炉的运行温度有不同。③气化炉部分负荷运行，即部分煤进入气化炉，同时部分煤直接送入锅炉。

表6-13给出了以设计煤种为原料时，300MWe热电气多联产装置热力特性计算结果。由表6-13可见，气化炉给煤量为262t/h时，可以在锅炉不再加煤的情况下实现满负荷运行，热灰进入量约1000t/h，因此可以实现系统给煤全部给入气化炉。该工况下系统产生低位热值约13.8MJ/$Nm^3$的煤气7万$m^3$，焦油约8.4t/h，此时送到燃烧炉的半焦量约150t/h。

在多联产系统中，由于煤在气化炉内被加热干燥并热解，所以给煤中所含水分在气化炉中析出，然后随释放的挥发分一起由气化炉带出，而进入锅炉的半焦则基本不再含有水分；同时由于热解过程中煤所含的H元素相当一部分以$H_2$和其他碳氢化合物形式析出，所以锅炉燃烧半焦所产生的烟气中含水蒸气量与直接燃烧褐煤相比，差别很大。因此，为了能较正确反映多联产系统热量利用情况，在计算时以高位发热量为基准，同时所产出的煤气和焦油所含热量则作为有效热量考虑（即假设与蒸汽吸热同等对待），则多联产系统把回收的高温煤气余热计算在内的系统效率为88.6%，比直接燃烧干燥褐煤的锅炉效率84.9%要高4%左右；即使不考虑高温煤气的余热回收，多联产系统的热效率也可以达到86.4%，比直接燃烧干燥褐煤的锅炉热效率高1.4%左右。

褐煤热电气多联产技术是将热解气化过程和半焦燃烧过程有机结合的转化过程，其节能减排效果并没有类似的工艺可以相比较。为了对多联产系统的节能减排进行分析计算，把燃烧系统和热解气化系统分成两个系统分析，通过把燃烧系统和热解系统分别和燃用褐煤的循环流化床锅炉和以褐煤为原料的气化系统进行对比，以比较褐煤热电气多联产系统和现有褐煤利用技术在能源利用效率和环保方面的特性。

**表6-13　300MWe褐煤循环流化床热电气多联产装置热力参数**

| 参数名称 | 参数值 | |
|---|---|---|
| | 气化炉投运 | 气化炉停运 |
| 主蒸汽蒸发量/(t/h) | 1025 | 1025 |
| 主蒸汽压力/MPa | 17.4 | 17.4 |
| 过热蒸汽温度/℃ | 540 | 540 |
| 再热蒸汽流量/(t/h) | 846 | 846 |
| 再热蒸汽进口压力/MPa | 3.99 | 3.99 |
| 再热蒸汽进口温度/℃ | 327 | 327 |
| 再热蒸汽出口压力/MPa | 3.8 | 3.8 |
| 再热蒸汽出口温度/℃ | 540 | 540 |
| 锅炉给水温度/℃ | 282 | 282 |
| 锅炉蒸汽侧吸热量/(kJ/h) | 2 634 607 646 | 2 634 607 646 |
| 系统褐煤消耗量/(t/h) | 261.97 | 174.20 |

续表

| 参数名称 | 参数值 | |
|---|---|---|
| | 气化炉投运 | 气化炉停运 |
| 年耗褐煤量(年运行小时数 7200h)/(万 t/a) | 188.62 | 125.42 |
| 总燃烧风量/($Nm^3$/h) | 918 422 | 885 785 |
| 燃烧炉总烟量/($Nm^3$/h) | 1 021 181 | 1 072 217 |
| 燃烧炉烟气含硫量/(mg/$Nm^3$) | 100 | <250 |
| 燃烧炉烟气 $NO_x$ 含量/(mg/$Nm^3$) | <100 | <200 |
| 石灰石加入量/(kg/h) | 16 081 | 30 860 |
| 锅炉底渣量/(kg/h) | 13 936 | 12 214 |
| 锅炉飞灰量/(kg/h) | 80 995 | 69 212 |
| 气化炉数量 | 4 | — |
| 总净煤气量/($Nm^3$/h) | 70 203 | — |
| 粗净化煤气低位热值/(kJ/$Nm^3$) | 13 791 | — |
| 粗净化煤气高位热值/(kJ/$Nm^3$) | 15 357 | — |
| 焦油产量/(t/h) | 8.38 | — |
| 焦油产量/(万 t/a) | 6.04 | — |
| 焦油热值/(kJ/kg) | 约 30 500 | — |
| 基于高位发热量的系统热效率(考虑煤气余热回收)/% | 88.56 | 84.87 |
| 煤气冷却余热回收蒸汽产量(3.82MPa,450℃)/(t/h) | 36.77 | — |
| 产生含酚废水量/(t/h) | 39.30 | — |

## 6.5.1 300MWe 循环流化床半焦燃烧锅炉性能参数及其比较

多联产系统中燃烧炉部分是以流化床热解气化炉中产生的半焦为原料的，而现有300MWe 循环流化床锅炉是以褐煤直接作为燃料的。因此，在锅炉系统的能源利用率的比较方面主要对燃用半焦和燃用褐煤原煤时各自的锅炉热效率、辅机能耗以及污染物控制等方面进行计算分析。鉴于小龙潭电厂的多联产建设将以干燥后褐煤作为原料，所以在计算分析时也对以干燥后褐煤为原料时 300MWe 循环流化床锅炉的锅炉性能参数进行计算分析。

### 6.5.1.1 锅炉热效率计算分析

为了能较正确反映锅炉在燃用半焦和直接燃烧时的热量利用情况，以燃料的高位发热值计算系统的热平衡和热效率计算才具有较好的可比性。以燃料高位发热量为基准的热效率计算方法常用的是 ASME 计算方法。

表 6-14 给出了 300MWe 循环流化床锅炉燃用半焦和直接燃烧的热效率计算结果，其中，锅炉燃烧半焦的效率计算时不考虑气化炉吸热份额。300MWe 循环流化床锅炉燃用半焦和直接燃烧时，锅炉效率存在较大差别。以来自气化炉半焦为原料时锅炉热效率为 89%，而直接燃烧时锅炉效率 84.9%，可见锅炉在燃用半焦时热效率高于直接燃烧时

的效率约 4%。

**表 6-14　300MWe 循环流化床锅炉燃用不同燃料时的热效率**

| 项目 | | 半焦燃烧 | 直接燃烧 |
|---|---|---|---|
| | 锅炉容量 $D_0$/(t/h) | 1025 | 1025 |
| | 外来饱和蒸汽量 $D_{bq}$/(t/h) | 0 | 0 |
| | 负荷率 $X_{LOAD}$/% | 100 | 100 |
| | 自用蒸汽量 DZY/(t/h) | 0 | 0 |
| | 主蒸汽压力 $P_0$/MPa | 17. 4 | 17. 4 |
| | 过热蒸汽温度 $T_{GR}$/℃ | 540 | 540 |
| | 锅炉给水温度 $T_{GS}$/℃ | 282 | 282 |
| | 再热蒸汽流量 $D_{zr}$/(t/h) | 846 | 846 |
| | 再热蒸汽进口压力 $P_{izr}$/MPa | 3. 99 | 3. 99 |
| | 再热蒸汽进口温度 $T_{izr}$/℃ | 327 | 327 |
| | 再热蒸汽出口压力 $P_{ozr}$/MPa | 3. 8 | 3. 8 |
| | 再热蒸汽出口温度 $T_{ozr}$/℃ | 540 | 540 |
| | 排污率/% | 1 | 1 |
| 燃料特性 | 燃料收到基含碳 $C_{ar}$/% | 47. 04 | 39. 94 |
| | 燃料收到基氢 $H_{ar}$/% | 2. 99 | 4. 53 |
| | 燃料收到基氧 $O_{ar}$/% | 0. 78 | 12. 65 |
| | 燃料收到基氮 $N_{ar}$/% | 0. 52 | 1. 08 |
| | 燃料收到基硫 $S_{ar}$/% | 1. 20 | 2. 46 |
| | 燃料收到基水分 $M_{ar}$/% | 0. 00 | 10. 00 |
| | 燃料收到基灰分 $A_{ar}$/% | 47. 47 | 29. 35 |
| | 燃料低位发热值 $Q_{dw,ar}$/(kJ/kg) | 19 068. 6 | 16 448. 3 |
| 锅炉输入热量 | 显热/(kJ/kg) | 27. 84 | 29. 75 |
| | 高位发热量的计算基准 $Q_{gw,ar}$/(kJ/kg) | 19 857. 7 | 17 821. 4 |
| | 空气水蒸气带入热量/(kJ/kg) | 3. 63 | 3. 23 |
| 热损失汇总 | 干灰渣中的可燃物导致的热损失 $l_{u_c}$/% | 2. 05 | 2. 11 |
| | 干烟气热损失 $L_G$/% | 4. 61 | 4. 98 |
| | 燃料中水分导致的热损失 $L_{mf}$/% | 0. 00 | 1. 49 |
| | 燃料中 H 生成水的损失 $L_H$/% | 3. 58 | 6. 05 |
| | 辐射损失 $L_r$/% | 0. 10 | 0. 10 |
| | 空气中水导致的热损失 $L_{H_2O,A}$/% | 0. 14 | 0. 14 |
| | 干灰渣显热损失 $L_a$/% | 0. 56 | 0. 47 |
| | 可燃气体的热损失 $L_{co}$/% | 0. 00 | 0. 00 |
| | 脱硫热损失 $L_{SO_2}$/% | −0. 10 | −0. 24 |
| | 基于高位发热值的 ASME 锅炉效率 Eff/% | 89. 13 | 84. 87 |

#### 6.5.1.2 半焦燃烧的锅炉辅机及其与直接燃烧的对比

300MWe 多联产装置的循环流化床燃烧炉在燃用不同燃料时除对锅炉热效率产生直接影响外，由于所需的燃料量、燃烧空气量以及烟气量不同，锅炉运行时的鼓引风机的运行功率也是不同的。

表 6-15 给出了以干燥褐煤为原料时全部煤进入气化炉工况下，以气化炉不运行时循环流化床锅炉的烟风平衡计算结果。由表 6-15 可见，多联产工况下锅炉虽然需要向气化炉提供一定的热量，但由于燃用半焦燃料时热值高、锅炉效率高，因此燃用半焦的多联产工况比直接燃用未干燥褐煤时的所需空气总量相差不大。同时，由于燃用半焦时水蒸气量大幅度减少，因此多联产装置燃烧锅炉产生的烟气量反而比直接燃烧时要低。综合鼓风机和引风机的电耗，两种情况下相差不大，由直接燃烧时的 8710kW 增加到 8870kW。

**表 6-15 300MWe 循环流化床锅炉燃用不同燃料时的辅机运行参数**

| 项目 | 半焦燃烧 | 直接燃烧 |
|---|---|---|
| 锅炉容量/(t/h) | 1 025 | 1 025 |
| 锅炉蒸汽侧吸热量/(kJ/h) | 2 634 607 646 | 2 634 607 646 |
| 耗燃料量/(kg/h) | 160 624 | 174 197 |
| 石灰石耗量/(kg/h) | 16 081 | 30 860 |
| 灰渣总量/(kg/h) | 92 906 | 81 426 |
| 锅炉燃烧燃料所需空气量/($Nm^3$/h) | 916 904.39 | 885 785.23 |
| 燃烧产生的烟气量/($Nm^3$/h) | 1 040 292.91 | 1 072 217.31 |
| 烟气 $NO_x$ 排放浓度/(mg/$Nm^3$) | 80 | 140.56 |
| 一次风机运行功率/kW | 4 781.71 | 4 619.43 |
| 二次风机运行功率/kW | 1 912.69 | 1 847.77 |
| 鼓风机运行功率/kW | 6 694.40 | 6 467.20 |
| 引风机运行功率/kW | 2 176.40 | 2 243.19 |
| 鼓引风机运行功率/kW | 8 870.80 | 8 710.39 |

#### 6.5.1.3 烟气污染物排放控制

现有 300MWe 循环流化床锅炉采用炉内石灰石进行脱硫，以控制锅炉排烟中的 $SO_2$ 浓度。在循环流化床热电气多联产工艺中，煤在气化炉中热解过程中，接近 70% 的 S 以 $H_2S$ 形式析出，仅 30% 左右的 S 随半焦进入燃烧炉。由于燃烧炉燃烧不同燃料时释放的 $SO_2$ 不同，所以锅炉运行时所需的石灰石量相差较大。当锅炉 Ca/S 摩尔比为 2.3 时，锅炉燃用气化炉半焦时，石灰石加入量 13t/h 左右；燃用未干燥褐煤时石灰石耗量 33t/h 左右，比多联产工况下多 20t/h 左右；而燃用干燥后褐煤时由于锅炉效率的提高石灰石耗量有所降低，约降低 2t/h。虽然燃烧的半焦含灰量大，但由于石灰石耗量较低，所以最终燃用各种燃料时的灰渣总量相差不大。

循环流化床锅炉 $NO_x$ 的控制主要通过分级燃烧手段控制，但燃料的含 N 量对烟气$NO_x$浓度还是有所影响。假设锅炉燃烧组织基本一致，燃料中含 N 转化为 $NO_x$ 的比例相同，则估算的 $NO_x$ 排放浓度在燃用半焦时约 80mg/Nm$^3$，而燃用褐煤时约 150mg/Nm$^3$。可见，多联产工艺的采用同样可以明显降低 $NO_x$ 的排放浓度 45%左右。

## 6.5.2　热解气化过程性能参数及其对比

多联产工艺是有机耦合燃烧和热解气化过程的工艺。为了与锅炉和气化进行比较，可以分解为半焦燃烧锅炉和热解气化两个单元。前面的计算分析表明半焦锅炉燃烧单元与现有锅炉的比较，在保持锅炉输出参数不变的前提下，其性能参数基本不变，同时在 S、N 排放上可以有较大幅度的降低。下面就热解气化单元与现有气化技术进行一定的比较。

目前商业化移动床气化和气流床气化技术中具有较好技术性参数的气化技术是鲁奇纯氧加压气化、BGL 气化技术和 Shell 气化炉。

现有气化技术在表征气化过程能量转化性能参数时有 3 个参数，即冷煤气效率、气化过程效率、气化热效率。气化过程效率是比较各种气化工艺的能耗水平的一个较合理指标，而冷煤气效率和气化热效率则可以作为参考指标。

表 6-16 给出了 300MWe 循环流化床热解气化燃烧分级转化装置的冷煤气效率、气化过程效率和气化热效率。计算时，以多联产运行时的耗煤量和单独运行锅炉时的耗煤量的差值即多联产运行增加的耗煤量作为热解气化单元所消耗的原料所含热量，而把产生的煤气和焦油作为有效产品。如表 6-16 所示，多联产工艺的热解气化单元的冷煤气效率为 87.3%、气化过程效率为 86.6%，而考虑热煤气余热回收后的气化热效率则高达 93.4%。同样以干燥后褐煤为原料的 BGL 气化技术，依据其相关资料，冷煤气效率约为 90%，而气化过程效率为 70%左右。可见，虽然多联产工艺的热解气化单元的冷煤气效率与 BGL 气化技术差不多，但其过程效率则远高于 BGL。主要原因：多联产工艺的热解气化单元不需要以纯氧和水蒸气作为气化剂，过程的额外能源消耗主要是热解气化单元辅机的电能消耗；而 BGL 气化技术需要纯氧和水蒸气作为气化剂，因此，气化过程除了直接气化炉给煤外，生产水蒸气气化剂和纯氧还消耗大量的燃料（煤等）或电力，因此大幅度降低了气化过程效率。

**表 6-16　300MWe 褐煤多联产装置过程效率计算表**

| 项目 | 多联产工艺 | BGL | Shell 气化 |
|---|---|---|---|
| 原料 | 干燥后碎褐煤 | 干燥后块煤 | 优质烟煤粉煤 |
| 多联产投运时煤耗量/(t/h) | 261 969 | — | — |
| 气化炉停运时煤/(t/h) | 174 197 | — | — |
| 多联产运行化增加的煤量/(t/h) | 87 772 | — | — |
| 煤的热值/(kJ/kg) | 16 448 | — | — |
| 增加煤的热值/(kJ/h) | 1 443 706 438 | — | — |
| 煤气产量/(Nm$^3$/h) | 70 203 | — | — |
| 煤气热值/(kJ/h) | 13 791 | — | — |
| 焦油产率/(kg/h) | 8 383 | — | — |

续表

| 项目 | 多联产工艺 | BGL | Shell 气化 |
|---|---|---|---|
| 焦油热值/(kJ/kg) | 34 792 | — | — |
| 冷煤气效率/% | 87.3 | 约 90 | 约 80 |
| 辅机能耗/(kJ/h) | 11 520 000 | — | — |
| 多联产热解气化的过程效率/% | 86.6 | 约 70 | 约 70 |
| 煤气余热回收后的气化热效率/% | 93.4 | — | — |

目前，大规模气化技术中 Shell 干煤粉气流床气化技术具有较先进的技术指标，其冷煤气效率、气化过程效率都相对较高。对于以优质烟煤为原料的 Shell 气流床干煤粉气化技术，其公布的冷煤气效率约 80%，气化过程效率则在 70%左右，同样是由于水蒸气和纯氧气化剂耗能所致。

可见，多联产工艺的热解气化单元无论在冷煤气效率和气化过程效率方面都比现有常规气化技术具有优势，尤其是气化过程效率高很多，因此，热解气化单元在能耗方面具有明显优势。

### 6.5.3 与常规 300MWe 循环流化床燃烧发电机组的经济效益比较

对比 300MWe 循环流化床发电机组和基于循环流化床燃烧技术的 300MWe 煤热解燃烧分级转化机组的经济效益，由于分级转化机组的燃烧锅炉电力生产规模和性能与现有 300MWe 发电机组一样，因此其主要差别是多联产机组多消耗的燃料和运行成本所产生的效益，即所获得的煤气和焦油产品的效益。表 6-17 给出了煤热解气化燃烧分级转化机组的经济效益估算。计算时，所消耗的给煤和电力分别按 400 元/t 和 0.3 元/kW（依据现有一坑口电厂的实际价格）计算，而所生产的煤气和焦油据目前市场价格分别按 0.8 元/$Nm^3$ 和 2000 元/t 进行计算。由表 6-17 可见，现有 300MWe 循环流化床发电机组和基于循环流化床燃烧技术的 300MWe 煤热解气化燃烧分级转化机组对比，如果只获得煤气和焦油（即煤气和焦油最为产品外送），其建设成本增加 1.8 亿元；同时如按年运行 6000h 计，在扣除多增加的燃料成本、运行消耗的电力成本、工人工资和废水处理成本后，每年可以增加毛利约 2.1 亿元，效益可观，即一年左右可以回收增加的建设成本。

**表 6-17　2×300MWe 褐煤多联产装置的运行成本与收入计算表**

| 项目 | 数值 |
|---|---|
| 多联产投运时煤耗量/(kg/h) | 261 969 |
| 气化炉停运时煤耗量/(kg/h) | 174 197 |
| 多联产运行化增加的煤量/(kg/h) | 87 772 |
| 年多耗煤量/(t/a) | 526 634.0 |
| 煤气产量/($Nm^3$/h) | 70 203 |

续表

| 项目 | 数值 |
| --- | --- |
| 年运行小时数/h | 6 000 |
| 年煤气产量/(亿 $Nm^3$/a) | 4.212 |
| 焦油产率/(kg/h) | 8 383 |
| 年焦油产量/(t/a) | 50 298.1 |
| 辅机功率/kW | 3 200 |
| 年耗电量/(kW/a) | 19 200 000 |
| 焦油价格/(元/t) | 2 000 |
| 煤气价格/(元/$Nm^3$) | 0.80 |
| 干燥后煤价格/(元/t) | 400 |
| 电价/(元/kW) | 0.30 |
| 煤成本/(万元/a) | 21 065.4 |
| 电成本/(万元/a) | 576.0 |
| 煤气收入/(万元/a) | 33 697.376 |
| 焦油收入/(万元/a) | 10 060 |
| 年废水量/(t/a) | 235 773 |
| 废水处理成本/(元/t) | 15 |
| 年废水处理成本/(万元/a) | 354 |
| 运行工人工资/(万元/a) | 400 |
| 总运行成本/(万元/a) | 22 395.0 |
| 总收入/(万元/a) | 43 757.003 |
| 单套 300MWe 多联产增加的毛利/(万元/a) | 21 362.0 |
| 热解气化及冷却回收装置建设费用/万元 | 18 000 |

### 6.5.4　小结

通过以上分析比较，煤的热解气化燃烧分级转化通过有机集成燃烧和热解气化过程，简化了工艺流程，减少了基本投资和运行费用，降低了各产品成本，提高了煤的转化效率和利用效率，降低了污染排放，实现了系统整体效益的提升，具有如下特点。

1）工艺简单先进。将循环流化床锅炉和热解气化炉紧密结合，通过简单而先进的工艺在一套系统中实现热、电、焦油、煤气的联合生产。在产生蒸汽发电的同时，还生产优质煤气和焦油。所产煤气品质高，是生产合成氨、甲醇、合成天然气等多种化工产品的优质原料，也可以作为燃气蒸汽联合循环发电的燃料气；所生产的焦油可以在提取高价值的化学品同时加氢制取液体燃料，从而有效利用了褐煤中的各种组分，实现了以褐煤为原料的分级转化梯级利用的多联产综合利用。

2）燃料适应性广。收到基挥发分在 20% 以上的各种褐煤、烟煤都适用于这种工艺。同时煤的颗粒粒度与现有循环流化床锅炉同样要求，避免了现有煤气化和干馏工艺对煤种和煤粒度有较严格的限制的缺点。

3）工艺参数要求低，设备投资低。煤在常压低温无氧条件下热解气化，对反应器及相关设备的材质要求低（常规气化炉操作温度为1300~1700℃，压力2~4MPa），设备制造成本低；同时热解气化过程不耗 $O_2$ 和蒸汽，避免了常规气化炉所需的氧制备装置和蒸汽锅炉，大幅度降低气化系统的设备建设成本。

4）运行成本低。褐煤热解气化单元不需要 $O_2$、蒸汽作为气化剂，系统能量损耗低；与常规气化技术相比，气化过程热效率大幅度提高，因此运行成本也得到大幅度降低。

5）高温半焦直接燃烧利用。原煤热解气化后的半焦直接送锅炉燃烧发电，避免了散热损失，使能源得到充分利用；而锅炉燃用不含水分的半焦，锅炉烟气量大幅度减少，从而降低了引风机的电耗，装置能耗降低，锅炉系统效率也有所提高，避免了以半焦为产品的工艺过程存在的需要半焦冷却过程及所产生的细半焦颗粒存在运输和利用困难的问题。

6）易实现大型化。所采用的流化床热解炉具有热灰和入煤混合剧烈、传热与传质过程好、温度场均匀的特点，有利于给煤在炉内的热解气化；同时流化床热解炉易于大型化，而且布置上易与循环流化床锅炉匹配，实现与循环流化床锅炉有机集成，从而避免固定床或移动床热解反应器的不易放大和布置的问题。

7）煤气产率高，品质好，实现煤气的高值利用。循环流化床热电气多联产工艺的热解过程以循环灰为热载体，热解所产出的煤气有效组分高，而且所产出的煤气全部用于后续利用，从而保证后续煤气合成工艺的煤气量，避免燃烧热解煤气提供热解热源使得外供煤气量小的问题。

8）具有很好的污染物排放控制特性。煤中所含 S 大部分在热解气化炉内的热解过程中以 $H_2S$ 形式析出，并与所产生的煤气进入煤气净化系统进行脱硫，而仅有少量的 S 进入循环流化床燃烧炉以 $SO_2$ 形式释放。同时，与煤直接燃烧后烟气脱硫相比，从煤气中脱除 $H_2S$ 具有较大的优势：①所处理气体量大大减少，因此脱硫设备的体积、投资及运行成本较小；②目前煤气脱硫的副产品一般是硫黄，其利用价值较大。煤中所含的 N 大部分在热解过程中主要以 $N_2$ 和氨的形式析出；同时由于循环流化床燃烧过程是中温燃烧，几乎不产生热力 $NO_x$。因此多联产工艺中进一步降低循环流化床燃烧炉所产生的烟气中的 $NO_x$ 排放浓度。同样从体积流量较小的煤气中脱出少量的氨是相对比较容易且成本较低的。

## 6.6 热解气化燃烧分级转化技术的关键技术及瓶颈问题

煤的热解气化燃烧分级转化技术是近年来得到充分关注的技术，经国内外各研究机构的研究和开发，目前部分技术如浙江大学所开发的循环流化床热电气多联产技术已进入工业化示范应用阶段。但是，目前该类技术仍存在部分关键技术问题有待进一步解决和完善，包括煤的热解特性、运行特性以及含焦油高温煤气的除尘、冷却和焦油回收等问题。

### 6.6.1 煤的热解特性及影响因素

煤热解是指煤在隔绝空气或惰性气氛的条件下加热至较高温度而发生的包括一系列

物理现象和化学反应的复杂过程。在这一过程中将发生交联键的断裂以及重质组分的二次反应，最终生成气体（煤气）、液体（焦油）、固体（半焦或焦炭）等产物。煤气化主要由煤的热解和焦的气化过程组成，热解作为气化的初级阶段，热解条件对煤焦的产量与物化特性有重要的影响，进而影响煤焦的气化活性，是煤化工转化的重要基础。

#### 6.6.1.1　煤阶对煤热解的影响

煤阶对热解产物的影响是由于不同煤种具有的不同结构特征和 C、N、O 元素组成以及在热解过程中表现出来的不同塑性行为对二次反应的影响。随煤阶的增加，O 含量降低，使热解生成的水和碳氧化物也随煤阶的升高而降低；$H_2$ 的产率随煤阶的增加而增加；中等煤化程度煤热解有较高的甲烷收率；黏结性烟煤比褐煤和无烟煤有较高的焦油收率（崔银萍，2007）。朱学栋等（1999）利用非等温热重法考察了 8 种煤的热解过程，结果表明煤的最大失重速率温度与 O 含量以及最终失重与煤的挥发分有良好的相关性，这反映了变质程度对煤热解过程的影响。王俊琪等（2007）研究表明，随着煤的变质程度提高，煤的挥发分减少，热解最大失重速率有所降低，最终失重量有所降低；煤化程度越高，半焦产率越高。王鹏等（2005）对大雁、协庄和昔阳 3 种不同煤化程度的煤样进行了热解研究，发现油和气产率一般随煤中挥发分增加而增加，但又与煤的大分子结构、热解温度和加热速率等有密切关系；在干馏气组成方面，随煤化程度加深，协庄煤样 $H_2$ 和 $CH_4$ 含量最高，$CO+CO_2$ 含量因煤中 O 含量的降低而下降。

#### 6.6.1.2　煤岩显微组分对煤热解的影响

按照煤岩学的观点，煤的显微组分包括镜质组、壳质组和惰质组，它们的物理和化学性质各不相同。壳质组的特点是含 H 量、挥发分量及发热量都最高，而惰质组的这 3 个参数均最低；惰质组比重最高，芳香度也最大，而壳质组的这两者性质均最低。镜质组是这 3 类显微组分中最多的一个组分，其化学性质和物理性质介于其他两类之间。孙庆雷等对神木煤显微组分的热解特性进行了一定的研究，发现温度对镜质组和惰质组热解的影响各不相同，且表现出一定的递变规律。Das（2001）研究了不同煤阶煤显微组分的热重行为和热解气体的逸出行为，实验表明，镜质组相对惰质组有较高的挥发分收率，并随着煤阶增加，挥发分收率的差额减小；同时，镜质组比惰质组具有较高的 $CH_4$ 收率和较低的 CO 收率。Duxbury（1997）等对比了 5 种显微组分的热解实验，结果表明，显微组分脱挥发分的量随镜质组含量的增加而增加，随惰质组含量的增加而减少；对不同煤种，相同量的镜质组或惰质组脱挥发分的量相差不大，但壳质组的量却有较大差别，从而造成了相同量的不同煤种脱挥发分量的不同。Alonso 等（2001）在烟煤热解实验中也得到相似的结论，经过相同的热解条件，富镜质组煤焦的气化反应活性要好于富惰质组煤焦。

#### 6.6.1.3　温度对煤热解的影响

温度是影响煤热解特性的最重要的外在因素之一。煤热解时，挥发分会从煤基体中挥发出来生成初始热解产物，这些挥发物在常温下为气体或液体（焦油、轻质液态烃）。初始热解产物受热时能够发生分解、加氢、脱氢、缩聚等反应，这些反应均称为二次反应。一般来说，在 600℃以下，基本不发生气相的二次反应；随裂解温度的升高，气体产品的产率上升而液体产品的产率下降。煤气、焦油及半焦是煤热解过程中产生的 3 种主要产物，产物以半焦为主，同时形成一定量的焦油和气体，其中热解气体组成主要有 $H_2$、CO、$CO_2$ 以及高热值的轻质烃类气体等（王俊宏，2010）。杨海平等（2008）研究表明，随着热解终温的升高，挥发分的析出量快速增加；而当热解温度大于 800℃，热解基本结束，温度的变化对煤颗粒热解无明显作用，终温为 800℃和 1000℃的热解失重曲线基本重合。这可能是因为在低温下（<800℃），动力学是控制热解的主要因素，终温对煤粉颗粒的热解起着关键的作用。徐朝芬等也得到相同的结论。发现随热解温度升高，干馏气产率增加；油产率在一定温度范围内一般是先增后降；惰性气体中随温度升高，干馏气 $H_2$ 含量增加，$CH_4$ 含量下降，CO 略有增加，煤气热值下降（徐朝芬，2005）。

#### 6.6.1.4 升温速率对煤热解的影响

升温速率是影响煤热解的重要因素。升温速率增加，样品颗粒达到热解温度所需时间变短，有利于热解；但同时颗粒内外的温差变大，产生传热滞后效应，影响内部热解的进行。王晋伟（2010）研究表明，随着升温速率的升高，其初始热解的温度、最大热分解速率、最大热分解速率对应的温度和失重率基本呈现出增加的趋势，升温速率对热解参数均有一定的影响。王俊宏（2009）采用热重和红外分析法对煤的热解特性进行研究，发现升温速率对煤热解过程的作用主要是通过影响反应的活化能和频率因子实现的，随升温速率增大，热解活化能和频率因子呈现出先增大后减小的趋势；在慢速升温阶段，活化能随升温速率的增大而增大，在快速升温阶段，活化能则随升温速率的增大而减小。王俊宏认为热解过程中慢速加热与快速加热相比，延缓了反应组分从颗粒逸出，从而增加了颗粒的浓度、反应速率和停留时间，使二次反应深度增加，从而对活化能的变化产生影响。

#### 6.6.1.5 气氛对煤热解的影响

煤热解气氛主要有 3 种类型：惰性气氛，还原性气氛，氧化性气氛。惰性气氛下的热解主要是在如 $N_2$ 和 Ar 气氛下的热解；还原性气氛是指还有还原性气体如 $H_2$、CO 和 $CH_4$ 等气氛下的热解；氧化性气氛热解是指在含有 $O_2$ 气体如空气中的热解。不同气氛对煤热解过程中气相产物的组分有着一定的影响（崔银萍，2007a）。段伦博等通过对比在 Ar、$N_2$ 和 $CO_2$ 气氛下的热解实验发现，徐州烟煤在 $N_2$ 和 Ar 气氛中的热解失重非常相似；$CO_2$ 气氛对煤热解的影响主要在高温区，主要表现为抑制煤中碳酸盐的分解和对煤焦的气化。480℃时，不同气氛烟煤的热解产物基本相似；760℃时，$CO_2$ 气氛下 $CO_2$ 析出速率较 Ar 和 $N_2$ 气氛下慢，CO 析出速率较 Ar 和 $N_2$ 气氛下快，证明了此时气化反应的存在。在相同温度和升温速率下，$CO_2$ 气氛下 $CH_4$ 和 $C_2H_6$ 的析出量较 Ar 和 $N_2$ 气氛下析出量小，而 CO 析出量较其他两种气氛下大（段伦博等，2010）。杨会民等研究表明，不同气氛下煤样热解过程中气相产物的释放特征不同，这与煤样的还原性强弱有关。相对于 $N_2$ 气氛，在 200~600℃范围内，$CO_2$ 气氛使宁夏灵武煤 $H_2$ 的累积产率降低，$CH_4$ 的累积产率增加，却使山西平朔煤 $CH_4$ 的累积产率显著下降；$O_2$ 气氛降低了两种煤的初始热解温度，改变了气相产物的组成，从而使气相产物累积产率均大幅度增加。同条件下 $CO_2$ 对山西平朔煤的影响作用明显，而对宁夏灵武煤的影响较小；$O_2$ 对煤的热解活性与煤的还原程度有关，对弱还原性煤具有更强的影响作用（杨会民等，2010）。为了使煤能完全热解，现在许多研究者对煤进行还原性气氛下的热解，如 $CH_4$ 气氛、水蒸气气氛、焦炉煤气和 $H_2$ 气氛下的热解，尤其加氢热解成为热解研究的一个热点。何涛等对比了煤粉在 $N_2$ 和 $H_2$ 下的热解行为，研究发现 $H_2$ 气氛下有利于铜川煤的热解转化率的提高及热解峰峰温的降低。这是由于在较高的温度下 $H_2$ 解离成氢自由基，部分氢自由基进攻煤分子中的弱键，促使其断裂，从而使热解温度提前（何涛，2008）。

#### 6.6.1.6　矿物质的组分对煤热解的影响

煤中矿物质主要由以 Si、Al 为主而以 Fe、Ca、Mg、Na、K 等元素为辅的化合物组成，来源于原始成煤植物含有的原生矿物质、成煤过程中进入煤层的次生矿物质和为了达到特殊目的而通过特殊方法负载到煤上的添加矿物质（景晓霞和常丽萍，2004）。长期以来，人们在对煤进行热解、气化的研究中发现这些矿物质或添加的一些无机物对热解、气化过程具有明显的催化作用。碱金属和碱土金属盐、Ni 和 Fe 的氧化物被认为是最有效的催化剂。熊杰等（2001b）研究表明，热解过程中碱金属的存在抑制了煤焦的石墨化进程，减缓了煤焦碳晶结构更加有序化的趋势，从而使得煤焦的反应活性更好，热解活化能降低，热解的 DTG 曲线向低温区移动，促进了热解反应的进行。王美君等（2001）利用 HCl/HF 混酸对原煤进行矿物质的脱除，由过量浸渍法对脱矿物质煤负载 $FeCl_3$，实验结果发现，载 Fe 煤的气相产物累积释放量远大于脱矿煤和原煤，表明氧化铁具有催化一次热解产物中重质组分的作用。另外，Fe 对煤热解过程中 $H_2$ 的生成具有催化作用，而该作用与煤变质程度有关；载 Fe 神东煤的 $H_2$ 释放量明显大于神东原煤，载 Fe 新疆煤的 $H_2$ 释放量与新疆原煤的 $H_2$ 释放量相差不大。Wu 等（2005）的热解实验结果认为，煤中 NaCl 的添加对 C 的反应性具有催化作用，并认为 Na 的催化活性与 C 结构有关。Öztas 和 Yürüm 通过对比原煤和脱灰煤在 300~500℃的热解，发现 Ca、Mg、Fe 离子对煤的热解有明显的催化作用，并且当矿物质内含有高岭土、伊利石和石英时煤的转化率也会提高。Liu 等（2004）认为碱性氧化物与羧基和酚羟基官能团的相互作用可能导致 K-oxygen 表面官能团的生成，这些表面官能团被看作是煤表面的活性基点，这些活性基点的产生较大地提高了煤的裂解活性。

### 6.6.2　热半焦的燃烧特性

半焦是煤热解所得的可燃固体产物，色黑多孔，挥发分含量低，灰分含量高；挥发分质量含量为 5%~20%，其灰分含量取决于原料煤质和热解情况。与焦炭相比，半焦挥发分含量高，孔隙率大而机械度低。

半焦燃烧特性包括许多方面，有着火特性、挥发分释放特性、燃尽特性、热解特性、表面及孔隙特性、膨胀特性、积灰及磨损特性、结渣特性及污染物排放特性等。近年来，国内外学者对半焦的燃烧特性进行了大量理论和试验研究，研究所用半焦多为煤高度气化半焦、石油焦或油页岩焦，研究手段以热天平分析、孔径分析、小型反应器燃烧为主，研究内容主要集中于半焦的着火特性、挥发分释放特性、燃尽特性、表面及孔径特性、污染物排放特性方面（余斌，2010）。韩向新等（2007）利用热分析法研究了油页岩半焦的燃烧特性，发现升温速率低有利于颗粒的燃尽；半焦着火温度随着挥发分含量的降低而明显升高，但升温速率对半焦的着火温度影响不大。陈晓平等（2005）利用加压热重分析仪对气化半焦的加压燃烧特性进行了研究。研究表明，随压力升高，最大失重速率增加；在0.7MPa之前，增加量最多。刘典福等（2007）利用热重分析的方法对半焦的燃烧特性进行了研究，发现煤种不同，所制取的半焦燃烧特性也不同；相同煤种制取的半焦随着制备温度的升高，半焦着火温度上升，燃烧活化能增加，燃烧反应活性降低。

### 6.6.3 含焦油高温煤气的余热回收、除尘及焦油捕集

煤的热解气化过程中，从气化炉获得的是含焦油、固体颗粒的高温煤气。该高温煤气的余热回收、除尘和焦油回收是影响系统稳定运行、系统热效率及焦油品质的关键问题。目前对焦炉荒煤气的净化工艺进行了相关研究，电捕焦油器、喷淋塔、洗苯塔以及脱硫塔等工艺结合可达到一定的净化效果。然而，目前在热解气化多联产系统产生的含焦油煤气的除尘、余热回收和焦油回收等方面还没有形成有效可靠的工艺和装置，也是目前煤热解气化燃烧分级转化技术进一步发展和应用的瓶颈问题，需要进一步的研究与开发工作。

### 6.6.4 热解气化炉和半焦燃烧过程的有机集成及其联合运行特性

由于热解气化炉需要锅炉的高温循环灰来提供热量，因此，锅炉与气化炉之间的高温循环灰量的控制将决定热解气化炉的热解温度的稳定性。循环灰量的不足将导致热解气化炉无法达到额定的热解温度，对焦油和煤气的产率影响较大。另外，在电厂正常运行中，锅炉负荷需保持不变，这也要求热解炉送至锅炉的半焦量稳定而可控。半焦量的不足将导致锅炉出力不足，对电厂实际效益造成较大的影响。综上所述，煤的热解气化过程和后续半焦燃烧过程的有机集成及联合运行特性是关系到热解气化燃烧分级转化系统稳定、经济运行的另一关键技术问题。

### 6.6.5 焦油的品质提升和深加工技术

热解焦油的成分非常复杂，其中含有的有机物估计在1000种以上，主要是芳香族化合物，烷烃、烯烃化合物较少，有少量含O、含N和含S的化合物。含氧化合物主要是相应烃的烃基衍生物，即各种酚类，具有弱酸性，还有一些中性含氧化合物，如古马隆、氧芴等；含氮化合物主要是具有弱碱性的吡啶、喹啉及它们的衍生物，还有吡咯类化合物以及少量的胺类和腈类；含硫化合物主要是噻吩、硫酚、硫杂茚等（贾永斌等，2004）。目前，工业上的焦油提质方法仍不成熟。因此，如何对此复杂混合物进行品位提升，提取高附加值产品和变成燃料油等也是需要解决的技术难点。

### 6.6.6 系统废水的产生及处理技术

煤的热解气化过程很可能产生一定的有机废水。这些废水一般含有较多的酚类及其

他有机物质，是属于难处理废水，处理技术难度大，且成本高。目前工业上，针对含酚废水的处理工艺有化学氧化法、焚烧法、蒸汽法、吸附法、生化法、溶剂萃取法等。在多联产系统中采取何种处理工艺仍需进一步研究。该问题的解决直接影响分级转化技术的环境效益和经济效益。因此热解气化过程少产生废水和低成本高效废水处理技术同样是需要解决的关键技术问题。

### 6.6.7　灰渣综合利用技术

煤炭中含有大量的灰渣，如不能把灰渣作为废料处理，则灰渣的处理问题会成为煤炭利用过程的一个难以解决的问题。所以灰渣综合利用是煤多联产系统的关键技术之一。

由于循环流化床锅炉属于低温燃烧，一般底渣含碳量均在3%以下，以烧黏土质混合材料为主，化学成分 $SiO_2$、$Al_2O_3$、$Fe_2O_3$、CaO、MgO 等占90%以上，矿物组成主要为占原煤中50%以上的高岭石在1000℃以下燃烧形成的具有活性的无定形偏高岭石。目前，煤灰渣的主要用途是作为建材原料，如水泥掺和料、陶瓷原料、混凝土混合料、砖、活性炭等。另外，灰渣还可用于农业种植、土壤改良、提取矿物、填料、黏结剂、玻璃等。

应用于多联产系统，还有下述问题有待解决：①大掺量煤灰渣制品的开发。这可以更好利用所产生的大量灰渣。②煤灰渣污染物如重金属等对灰渣利用的影响及解决方法。③煤灰渣提取高价值材料，如铝、高岭土等。

### 6.6.8　行业分割及产业政策扶持

煤的热解气化燃烧分级转化技术是一种新型跨行业技术，涉及电力、化工等行业。由于我国长期的行业分割，因此目前无论电力或化工领域的管理、技术人员对热解气化分级转化技术的认识都不够全面；电力行业技术人员对煤炭气化工艺不熟悉，化工领域专家对发电系统尚无系统化的知识。这限制了该技术的推广和完善。同时由于该技术系近几年提出并开发的一种新型煤炭利用技术，因此目前管理部门对该类技术还没有相应的管理政策、扶持政策，这限制了煤热解气化分级转化技术的产业化应用。

## 6.7　知识产权分析

### 6.7.1　国内专利申请及利用情况

随着国内各研究机构对煤炭热解技术研究的不断深入，以煤炭热解气化为核心的分级转化技术也得到了快速发展。自20世纪90年代至今，国内对煤炭热解气化分级转化技术开展研究的高等院校及研究机构逐年增加，关于煤炭热解气化分级转化技术的专利不胜枚举。其中，以浙江大学、清华大学、中国科学院工程热物理研究所、大连理工大学等所申请的基于煤炭热解的多联产技术专利为代表。

#### 6.7.1.1　浙江大学的循环流化床煤分级转化煤气焦油半焦多联产装置

浙江大学是我国较早进行煤炭分级转化研究的院校之一。浙江大学早在20世纪80

年代就提出了煤气—蒸汽联产工艺的设想，在国家教委博士点基金、省自然科学基金的资助下，进行大量理论和试验研究，表明了方案的可行性。在 90 年代初，浙江大学就申请了基于循环流化床的煤炭分级转化多联产装置及方法的一系列专利（骆仲泱等，2007；方梦祥等，2010a；方梦祥等，2010b；王勤辉等，2011）。

专利主要公开了浙江大学自主开发的将循环流化床气化炉与流化床干馏炉紧密结合的多联产装置，如图 6-50 所示。其中，干馏炉为常压流化床，用在循环煤气作流化介质。燃料在干馏炉首先受热裂解，生成高热值挥发分包括煤气与焦油。干馏炉热解所需热量由循环流化床燃烧炉的高温热循环物料来提供。煤炭干馏后，半焦经返料器送至循环流化床燃烧炉内进行燃烧，产生蒸汽提供动力。从干馏炉出来的中温煤气经除尘、煤气净化系统冷却、回收焦油后，净化后的煤气输出供工业及民用。由此，实现了煤气、焦油和半焦的联产，从而实现了煤炭的分级转化和高效利用。

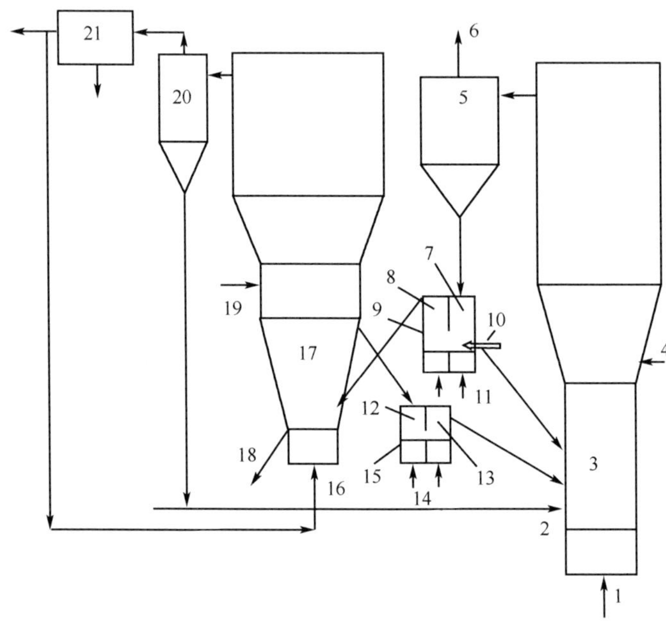


图 6-50 浙江大学的循环流化床煤分级转化综合利用装置（骆仲泱等，2007）

1. 流化床；2. 粉尘入口；3. 循环流化床气化炉；4. 第一给煤口；5. 高温分离器；6. 合成气；7~9. 返料装置；10. 返料风；11. 松动床；12、13、15. 返料装置；14. 松动床；16. 循环煤气；17. 流化床干馏炉；18. 排渣；19. 批二给煤口；20. 旋床分离器；21. 气液分离装置

在此专利的基础上，浙江大学和淮南矿业集团于 2007 年 6 月完成将 1 台 75t/h 循环流化床锅炉改造为 12MWe 循环流化床热电气焦油多联产示范装置的工作，并于 2007 年 8 月完成 72h 试运行，2008 年上半年完成性能优化试验，2008 年 10 月系统投入试生产运行，于 2009 年 1 月通过了安徽省科技厅的验收和鉴定。本技术被列入国家“863”计划的科技攻关项目——“循环流化床热电气焦油联产技术开发项目”。

在浙江大学 1MWe（每小时 150kg 给煤量）循环流化床热电气多联产试验台试验研究结果基础上，浙江大学与国电小龙潭电厂、小龙潭矿务局合作，结合国电小龙潭电厂现有 300MWe 褐煤循环流化床锅炉的结构和现状，把 300MWe 褐煤循环流化床锅炉改造为以干燥后褐煤为原料的 300MWe 循环流化床热电气多联产装置。目前改造工程已完成试运行及性能参数测试，系统运行稳定，操作方便，以未干燥褐煤为原料，气化炉给煤量达到设计的 40t/h，煤气产率及组分、焦油产率达到设计要求。

### 6.7.1.2　清华大学的循环床煤气—蒸汽联产工艺及装置

清华大学也是国内较早进行“多联产”工艺研究的单位之一，其“多联产”工艺小型热态试验项目也是国家“八五”重点科技攻关计划的一部分。清华大学于 1991 年申请了关于循环床煤气—蒸汽联产工艺及装置的发明专利（李定凯等，1991）。在该专利中，采用两个常压流化床，使物料在两床之间循环，流化床锅炉产生蒸汽，流化床煤裂解炉用来热解粉煤，产生中热值煤气；热灰作为热载体提供煤热解所需的热量。其装置如图 6-51 所示，包括流化床锅炉、煤热解炉、三漩涡分离器、热载体储存室、料腿及 L 型阀和砂阀等。

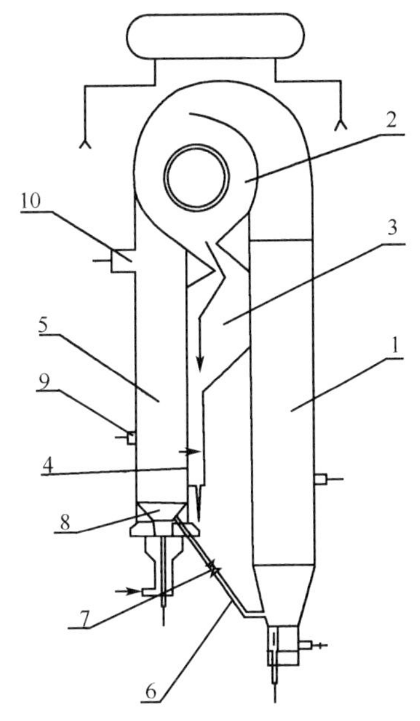


图 6-51　清华大学循环床煤气—蒸汽联产装置（李定凯等，1991）

1. 流化床锅炉；2. 施涡分离器；3. 热载体储存室；4. L 型阀；5. 流化床裂解炉；6. 料腿；7. 砂阀；8. 内室；9. 给煤口；10. 煤气出口

清华大学在“八五”科技攻关项目的支持下建立了小型试验台，并进行了多次的试验。目前，已与北京锅炉厂联合开发出蒸汽产量为 35t/h 的多联产系统，也准备与郑州锅炉厂、江西锅炉厂、天津锅炉厂共同开发 10t/h 和 20t/h 多联产系统。

### 6.7.1.3　中国科学院工程热物理研究所的炉前煤拔头方法

中国科学院工程热物理研究所分别申请了用于煤粉锅炉和用于循环流化床锅炉的炉前煤拔头方法的发明专利（吕清刚等，2009a；吕清刚等，2009b）。该方法在循环流化床锅炉或煤粉锅炉前设置固体热载体热解气化装置，进行煤拔头，产生半焦和含焦油的热解气。在固体热载体热解气化装置中加入粒径为 0.2～1mm 的颗粒作为固体热载体，热解气从热解室上部排出，半焦从热解室底部排出。在用于循环流化锅炉时，半焦部分送至煤拔头燃烧室，部分送至循环流化床锅炉；在用于煤粉锅炉时，半焦全部送入煤拔头燃烧室燃烧。煤拔头燃烧室产生的烟气经分离器分离出固体热载体后，通入锅炉炉膛；分离出的固体热载体送入热解室为热解反应提供热量。目前，该专利尚未有工业上的应用。

### 6.7.1.4　大连理工大学的煤热解制取半焦、焦油与煤气工艺

大连理工大学提出了一种新型煤热解制取半焦、焦油和煤气的方法（徐绍平等，2011）。该方法主要特征是采用固体热载体加热方式，通过粒度分级方法将热解产生的半焦与热载体混合物中的大颗粒的半焦作为产品分离出来，同时副产焦油和中热值煤

气。该热解系统主要由热载体料仓、混合器、热解反应器、固体分级分离器和提升管燃烧反应器构成，其工艺如图 6-52 所示。

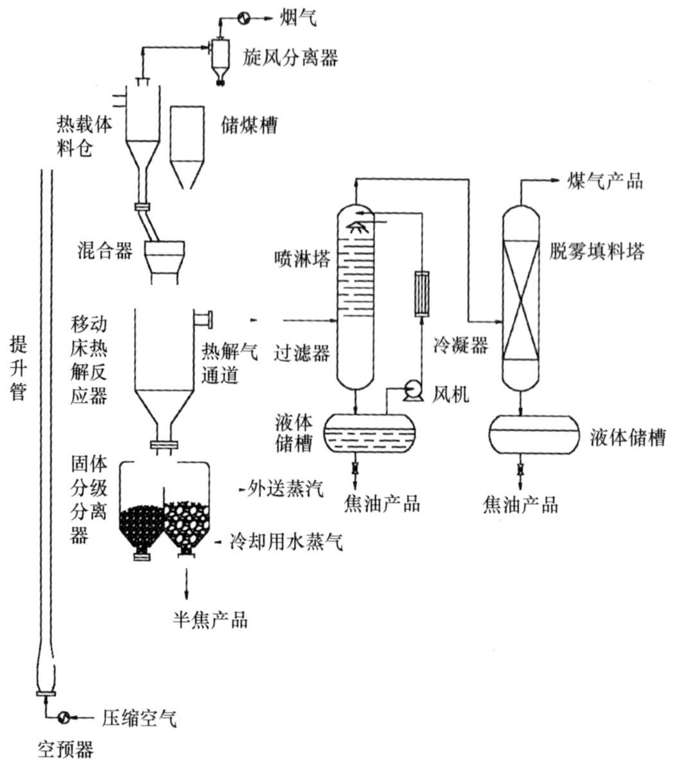


图 6-52　大连理工大学煤热解工艺（徐绍平等，2011）

1992 年，大连理工大学在内蒙古平庄建设了一套日处理 150t 褐煤固体热载体干馏新技术工业性试验装置，并且运行成功。目前据报道，大连理工大学对陕西某公司运用该工艺建设了两套 60 万 t/a 的煤固体快速热解装置，目前处于试运行阶段。另外，山西煤业化工集团神木富油能源科技有限公司的 12 万 t/a 中低温煤焦油综合利用工程项目于 2010 年 10 月已安装完成并开始调试，于 2011 年 1 月煤热解系统打通流程，该项目采用大连理工大学提出的煤热解工艺。

#### 6.7.1.5　中国科学院过程工程研究所的四联产装置

中国科学院过程工程研究所在中国科学院郭慕孙院士提出的“煤炭拔头工艺”的理论基础上研究开发了循环流态化碳氢固体燃料的四联产装置（郭慕孙等，2002），如图 6-53 所示。这套四联产装置包括固固混合器、可调固体料阀、快速下行管、快速气固分离器、快速冷凝器、快速流化床燃烧器、粉料加料器、烟气分离器、存灰料斗和返料 U 阀。在该工艺中，固体燃料经粉碎、筛分成粉状物料并进行干燥处理后，送入一个常压的固固混合器，在固固混合器中，粉状物料与来自循环流化床锅炉的热灰迅速混合并升温。之后，粉状物料被送入快速下行管发生热解反应，反应产物被送入快速气固分离器，挥发分被分离并送入快速冷凝器，以分离并收集焦油。

快速气固分离器分离出的半焦和循环热灰通过返料机构送入快速循环流化床锅炉下部并发生燃烧，提供蒸汽所需的热量。燃烧后的热灰与烟气一起上升至炉顶，并进行气固分离，高温循环热灰进入存灰斗，并定量加入固固混合器。该装置可同时获得油、气、热、电，实现四联产。

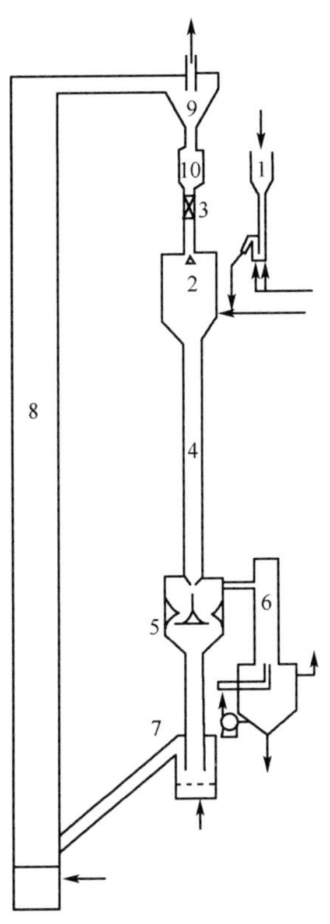


图 6-53　中国科学院过程工程研究所的四联产装置（郭慕孙等，2002）

1. 粉料加料器；2. 固固混合器；3. 可调固体料阀；4. 快速下行管；5. 快速气固分离器；6. 快速冷凝器；7. 返料 U 阀；8. 快速流化床燃烧器；9. 烟气分离器；10. 存灰料斗

目前，冀州中科能源有限公司以中国科学院过程工程研究所提出的四联产装置技术改造传统燃煤发电企业。该公司实施的“煤拔头”项目是“煤拔头”技术在全国范围内的第一个推广应用项目。“煤拔头”示范项目即将进入施工建设阶段，计划 2012 年 10 月竣工运行。

### 6.7.1.6　陕西省三江煤化工有限责任公司的低温煤干馏生产工艺

陕西省神木县三江煤化工有限责任公司提出了 SJ 低温煤干馏工艺并申请了相关的发明专利（尚文忠等，2007）。该工艺的步骤：选取原料煤；原料煤经煤斗、放料滚筒、辅助煤箱，进入炉顶部集气阵伞进行分料，然后进入干燥段；经干燥段预加热后进入干馏段，运行温度 100～500℃，运行约 4h，加热区温度调控在 700～800℃，使半焦挥发分降至 6% 以下；之后，半焦进入冷却段，并通过水冷夹套冷却降温。该工艺可将焦油产率提高，由原回收率 50% 以下提高至 80% 以上。该装置如图 6-54 所示。

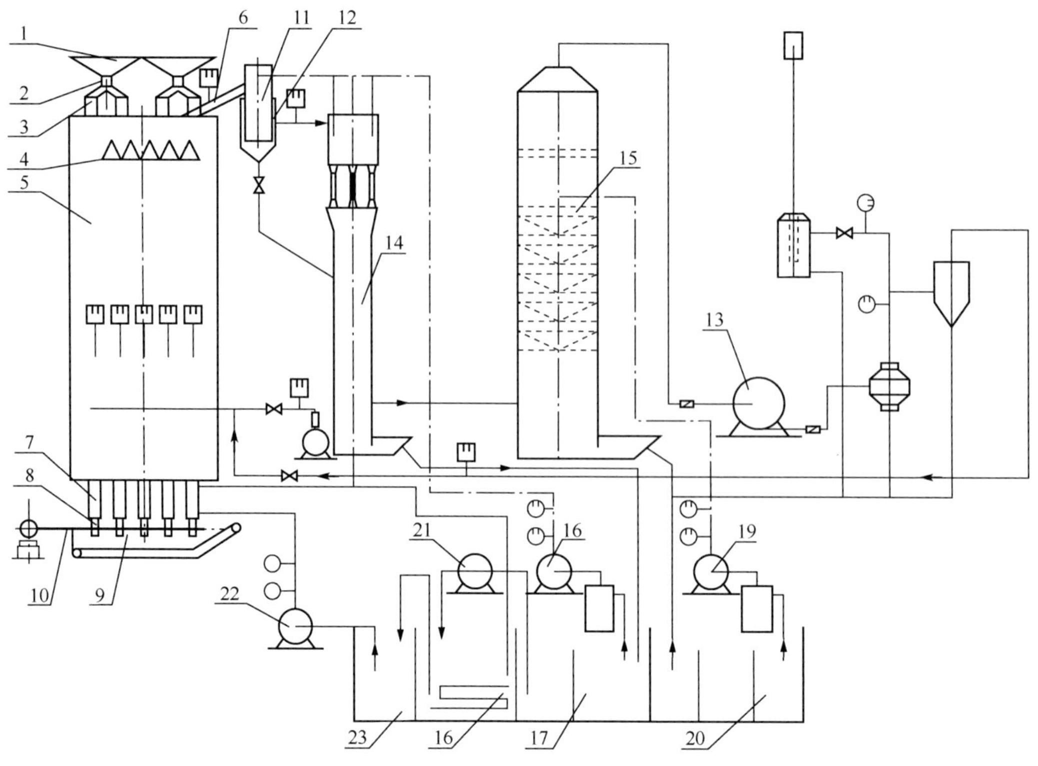


图 6-54　三江煤化工有限责任公司的低温煤干馏工艺（尚文忠等，2007）

1. 炉顶煤斗；2. 放料滚筒；3. 辅助煤箱；4. 集气阵伞；5. 干馏炉；6. 上升管；7. 水冷夹套排焦箱；8. 导焦槽；9. 水封槽；10. 推焦机；11. 桥管；12. 煤气水封箱；13. 煤气风机；14. 文氏管初冷塔；15. 旋流板塔；16. 热环泵；17. 热循环水池；18. 焦油池；19. 冷环泵；20. 冷循环水池；21. 焦油泵；22. 清水泵；23. 清水池

目前，该公司设计的 SJ 低温干馏方炉技术已被哈萨克斯坦共和国欧亚工业财团引进。另外，由神木县三江煤化工有限责任公司自行设计的一期 30 万 t 洁净兰炭生产线已于 2007 年 5 月 31 日建成，二期工程已于 2008 年完工。

除了以上这些研究机构所申请的煤热解气化分级转化技术的相关专利，国内还有煤炭科学总院北京煤化学研究所、中国石油化工股份有限公司、中国海洋石油总公司、西安建筑科技大学、山东科技大学等许多研究机构及大型企业申请了关于煤干馏工艺的专利。

## 6.7.2　其他国家专利申请情况

国外比我国更早开展煤热解技术的研究，并且曾经一度由于石油危机的缘故，掀起了一股煤热解气化分级转化技术开发热潮。但是，之后随原油价格的下降国外研究机构中断了对煤热解多联产技术的研究。而自 20 世纪 90 年代至今，我国的煤热解气化分级转化技术发展迅速。相比之下，国外的煤热解多联产技术近年发展情况不如我国，相关的专利主要集中于 80 年代。国外主要有美国西方石油公司、雪佛龙研究公司、标准石油发展公司、Ormat 工业有限公司等申请的关于油页岩或煤热解技术的专利。

### 6.7.2.1　美国西方石油公司的煤热解工艺

美国西方石油公司（Occidental Petroleum Corporation）于 1982 年申请了煤制取挥发分和 $H_2$ 工艺专利。该专利是在 Garrett 研究与发展公司开发的 Garrett 热解技术基础上设计的，该工艺如图 6-55 所示。在该工艺中，煤仓内的煤通过惰性气体送入反应器中发生热解反应，生成的挥发分和半焦在分离器和静电除尘器内分离；分离出来的半焦收集到半焦仓内，挥发分则先通入冷凝器分离并收集焦油，紧接着通过轻油冷凝器分离轻油；剩余的煤气经过脱硫器除去酸性气体后，部分作为产品气，部分作为循环气。另外，半焦仓内的半焦部分送至半焦脱氧器内产生 $H_2$，剩余的半焦则作为产品收集。

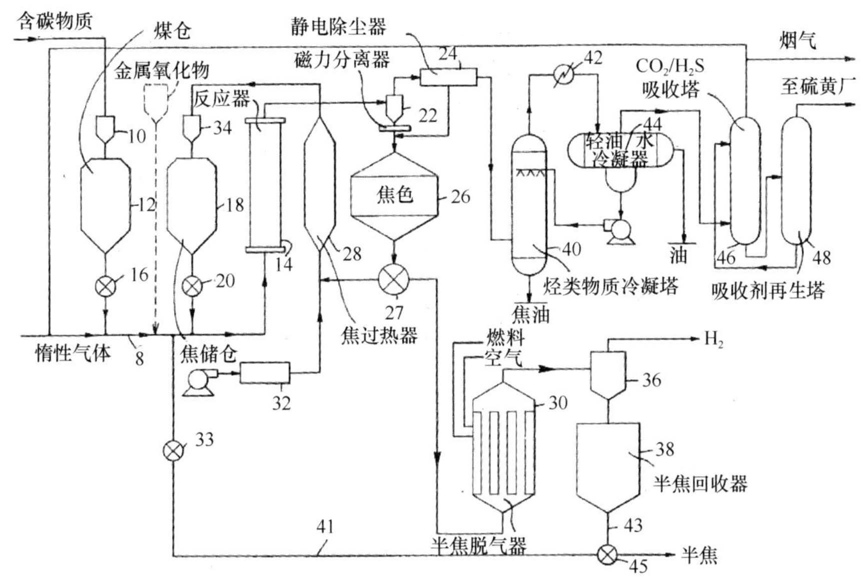


图 6-55　美国西方石油公司的煤热解工艺

10. 旋风分离器；12. 煤仓；14. 反应器；16. 阀门；18. 焦储仓；20. 阀门；22. 旋风分离器；24. 静电除尘器；26. 焦仓；28. 焦过热器；30. 半焦脱仓器；32. 预热器；34. 旋风分离器；36. 料仓；38. 半焦版焦装置；40. 烃类冷凝器；42. 换热器；43. 管道；45. 阀门；46. 吸收塔；48. 再生塔

### 6.7.2.2　雪弗兰研究公司的油页岩热解技术

自 20 世纪以来，美国在科罗拉多州不断发现大量的油页岩，这也推动了美国的石油公司对油页岩制油、制气技术的开发。从 60 年代起，大量的美国公司如谢尔石油公司、联合石油公司和雪弗兰研究公司等申请了大量关于油页岩开发利用的技术专利。以下以雪弗兰研究公司为例。该公司于 1980 年开发并申请了适用于油页岩及其他碳氢化合物的间热式热解工艺专利。在该专利中（图 6-56），油页岩由干馏炉中部给入，并与高温循环物料混合后在循环煤气的推动作用下发生热解反应；反应产生的挥发分与热解后的油页岩在分离器内分离，其中，挥发分进入冷凝器，分离出煤气和油页岩油，部分煤气返回热解炉下部。分离器分离下来的油页岩与热解炉下部的油页岩混合后送入燃烧炉内，在空气气氛下边上升边燃烧。燃烧炉内的携带燃烧后的油页岩的烟气经分离器分离后离开系统，分离下来的循环物料送至热解炉内，提供热解炉所需的热量。

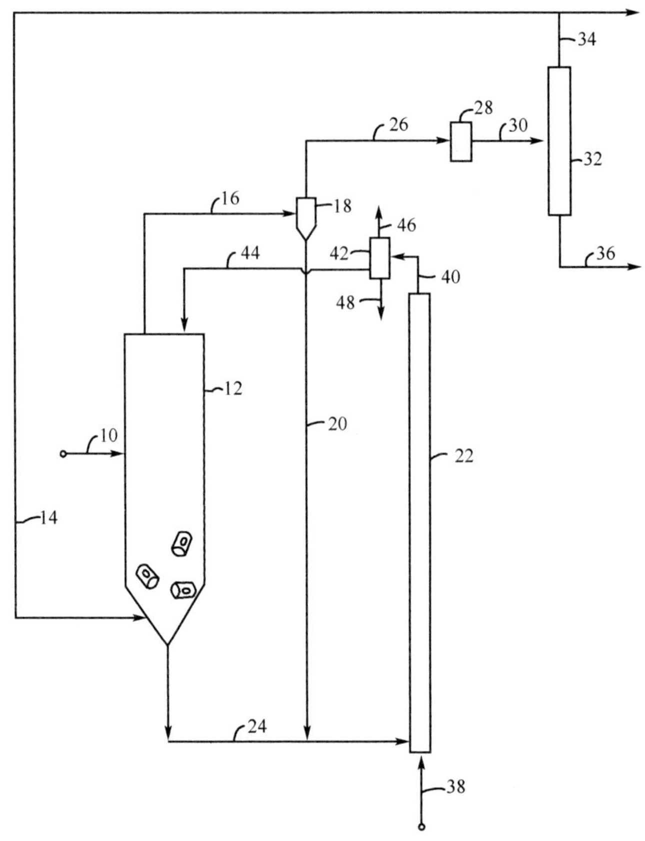


图 6-56 雪弗兰公司的油页岩热解技术

10. 给料口；12. 反应器；14. 循环气；18. 分离器；20. 灰渣；22. 燃烧器；24. 返料灰和过焦；26、30. 合成气；28. 冷却装置；32. 精馏塔；34. 气体产物；36. 液体产物；38. 空气；40. 烟气；42. 分离器；44. 细小页岩颗粒；46. 烟气；48. 固体颗粒

# 第 7 章 富氧燃烧及 $CO_2$ 回收减排技术

## 7.1 技术发展现状

采用纯氧代替空气进行助燃的 $O_2/CO_2$ 循环燃烧方式——富氧燃烧（Oxyfuel 或 Oxy-Combustion），是一种既能直接获得高浓度 $CO_2$ 又能综合控制燃煤污染排放的新一代技术，近些年来已引起了学术界和技术界的广泛高度关注。富氧燃烧的主要特点是采用烟气再循环，以烟气来替代助燃空气中的 $N_2$，与 $O_2$ 混合后参与燃烧，从而提高排烟中的 $CO_2$ 浓度（80%以上），最终使得排烟中的 $CO_2$ 无须分离即可利用和处理，从而有效降低燃煤产生的 $CO_2$ 向大气的排放。同时烟气再循环可以大量减少装置的排烟（仅为传统方式的 1/5），从而大大减少排烟损失，显著提高锅炉热效率。此外，这种新型燃烧方式还能够高效脱硫和脱硝。

### 7.1.1 国际富氧燃烧技术发展现状

自 20 世纪 80 年代末美国 Argonne 国家实验室首次开展富氧燃烧技术验证试验以来，富氧燃烧技术已引起美、加、日、澳、德、英、韩、意等 10 余个国家的大学、大型发电企业、大型设备供应商的广泛关注，纷纷开展相关的中试和基础研究。为促进相关基础和技术研究的交流，国际能源署（International Energy Agency，IEA）、亚太伙伴计划（Asia-Pacific Partnership Program，APP）分别就该技术成立了工作组。近年来，国际上针对该技术的研发非常活跃，是近年来本学科顶级的国际综述刊物（能源燃烧科学进展）与国际会议（国际燃烧大会）的热点。

图 7-1 汇总了富氧燃烧概念提出以来国内外相关设备投入运行的情况，目前国际上相关的 10~15MWe 的试验台架已经不下 20 台套。表 7-1 则列举了已建成和已计划的大于 10MWe 装机容量（蒸发量 40t/h）的富氧燃烧项目的详情。富氧燃烧技术在不少国家已经进入工程示范阶段。例如，2008 年在德国 Schwartz Pump 和法国 Lacq 分别建成了燃煤和燃气的富氧燃烧 30MW · th（$1th = 1.05506\times10^8J$）工业示范装置，其后续碳埋存示范系统完成后，即可望实现 200kt/a 的大规模 $CO_2$ 减排。目前，商业规模（300~600MWe）的富氧燃烧的工业示范也已提上议事日程。仅在 2008~2010 年，全世界范围内已有 8 套 30~300MWe 的富氧燃烧示范电站投入运行。在 2009 年 12 月哥本哈根会议前夕，欧盟、美国、英国等已宣布将在 2015 年前后对多座电厂进行富氧燃烧商业示范。仅以已建成的德国 Schwartz Pump 燃煤富氧燃烧示范装置和法国 Lacq 天然气富氧燃烧示范装置为例，其已分别具备了 70kt/a 和 40kt/a $CO_2$ 捕获能力，远大于目前已经示范的各种燃烧后捕获方式。在 2015 年之前，富氧燃烧将很快完成从 30MWe 到 565MWe 的全尺

寸工业示范，例如，阿尔斯通集团、斗山巴布科克能源有限公司等均计划在 2020 年前推进其进行大规模商业应用，商业应用的规模包括 1000MWe 级燃煤发电机组。富氧燃烧技术向大型化发展及实现大规模 $CO_2$减排的前景是明确的。

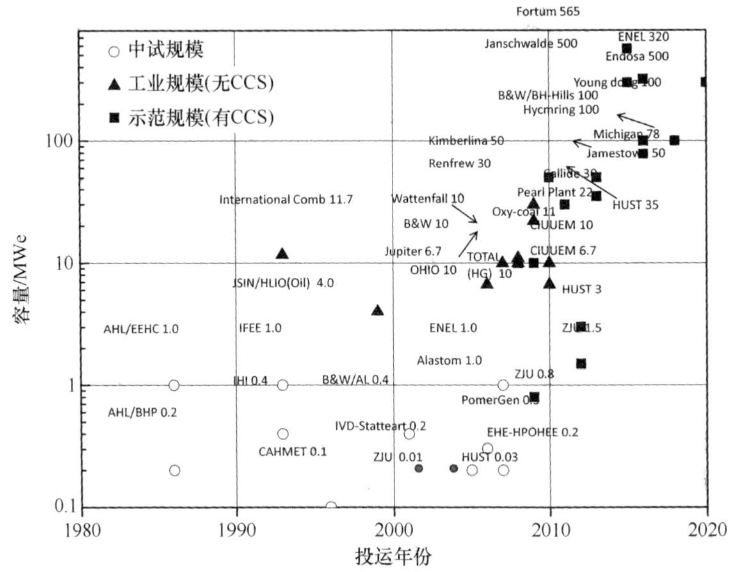


图 7-1　国内外已建成和已计划的富氧燃烧设备

注：红点为华中科技大学的富氧燃烧台架，粉点为浙江大学富氧燃烧试验台架。

**表 7-1　已建成和已计划的富氧燃烧工业示范项目**（>10MWe）*

| 国别 | 示范/试验电厂名称 | 性质 | 规模/MWe | 新建/改造 | 启动年份 | 主要燃料 | 是否发电 | $CO_2$是否浓缩 | $CO_2$是否分离利用 |
|---|---|---|---|---|---|---|---|---|---|
| 德国 | Shwartz Pumpe | 中试 | 10 | 新建 | 2008 | 煤 | 否 | 是 | 是 |
| 美国 | B&W-Alliance | 中试 | 10 | 改造 | 2008 | 煤 | 否 | — | 否 |
| 法国 | TOTAL-Lacq | 中试 | 10 | 改造 | 2009 | 天然气 | 是 | 是 | 是 |
| 西班牙 | Endesa-CIUDEN | 中试 | 10 | 新建 | 2010 | 煤 |  | 是 | 否 |
| 中国 | 湖北 | 中试 | 12 | 新建 | 2014 | 煤 | 是 | 否 | 否 |
| 意大利 | ENEL-Brindisi | 中试 | 16 | — | 2011 | — | — | — | — |
| 美国 | Jupiter Pearl 电厂 | 中试 | 22 | 改造 | 2009 | 煤 | 否 | 否 | — |
| 澳大利亚 | CS Energy-Callide | 中试 | 30 | 改造 | 2010 | 煤 | 是 | 是 | 否 |
| 英国 | Ds Babcock-Renfrew | 中试 | 30 | 新建 | 2009 | 煤 | 否 | — | 否 |
| 美国 | Orrville | 中试 | 30 | — | 可研 | — | 是 | — | — |
| 美国 | Jamestown | 中试 | 50 | 新建 | 2013 | 煤 | 否 | 否 | — |
| 美国 | B&W-Campbell | 示范 | 100 | 新建 | 2016 | 煤 | 是 | 是 | 是 |
| 韩国 | Youngdong | 示范 | 125 | 改造 | 2016 | 煤 | 是 | — | 是 |
| 意大利 | ENEL | 商业 | 320 | — | 2017 | — | — | — | — |
| 西班牙 | Endosa-Compostilla | 商业 | 500 | 新建 | 2015 | 煤 | — | — | — |

续表

| 国别 | 示范/试验电厂名称 | 性质 | 规模/MWe | 新建/改造 | 启动年份 | 主要燃料 | 是否发电 | $CO_2$是否浓缩 | $CO_2$是否分离利用 |
|---|---|---|---|---|---|---|---|---|---|
| 德国 | Janschwalde | 商业 | 500 | 改造 | 2015 | 煤 | 是 | 是 | 是 |
| 芬兰 | Fortum-Meri-Pori | 商业 | 565 | 改建 | 2015 | 煤 | 是 | 是 | 是 |

* 非发电系统规模均折算为发电容量，折算系数0.33，10MWe=40t/h蒸发量；100MWe及以上视作示范规模，其下视作中试规模，300MWe及以上视做商业规模。

2010年8月，美国能源部宣布了Future Gen2.0计划（未来电力2.0），投资10亿美元建设200MW商业规模的富氧燃烧电站，其目标是获得90%的碳捕获率，并将脱除绝大部分的$SO_x$、$NO_x$，Hg和颗粒物等污染物。美国能源部国家能源技术实验室（National Energy Technology Laboratory，NETL）认为，富氧燃烧有可能是对现有燃煤发电机组清洁化改造、捕获$CO_2$以实现地理埋存的最低成本途径。

### 7.1.2　国内富氧燃烧技术发展现状

国内于20世纪90年代中期开始富氧燃烧技术的自主研究，主要研究单位包括华中科学技大学、浙江大学、清华大学、华北电力大学、上海交通大学、哈尔滨工业大学、中国科学院工程热物理研究所等。这些研究单位从基础研究、小试到中试，形成了较系统的研究开发能力。

早在20世纪90年代中期，华中科技大学、浙江大学、华北电力大学等在国内第一批开始关注富氧燃烧的脱硫机理、燃烧特性等。2005年以后，随着国际社会对于温室气体减排的关注和国内日益增长的$CO_2$减排压力，科技部、教育部、环保部先后支持了碳减排相关的科技项目。华中科技大学由郑楚光教授领头，2006年获得了国内第一个碳减排国家高技术发展计划（“863”计划）项目和第一个碳减排的国家重大基础研究规划（“973”计划）项目，启动了国内对于$CO_2$捕获的系统的研发和试验工作。从2008年开始，浙江大学和世界500强企业液化空气集团就富氧燃烧的技术研究和应用推广进行合作，于2010年建成2MW·th的富氧燃烧中试试验台，开展更深入的科研工作。到2009年以后，$CO_2$捕获已经成为历次国内外政治谈判和国际合作的核心，以及国内各有关高校和主要能源供应商的研发重点。

表7-2汇总列出了国内已经建成和计划建造的富氧燃烧中试试验系统（>10kW·th）的概况。总体而言，围绕煤燃烧的两种主要类型：煤粉燃烧、流化床燃烧的富氧燃烧的研究和平台建设都十分活跃。

**表7-2　国内富氧燃烧试验系统（>10kW·th）一览表**

| 单位 | 热功率/（MW·th） | 炉型及燃料 | 建成年份 |
|---|---|---|---|
| 华中科技大学 | 0.3 | 竖直，煤粉 | 2006 |
| 华中科技大学 | 3 | 前墙/对冲，煤粉 | 2011 |
| 华中科技大学 | 35 | 四角切圆，煤粉 | 在建 |
| 浙江大学 | 0.025 | 流化床，烟气未循环 | 2004 |
| 浙江大学 | 2 | 水平卧式，煤粉 | 2010 |

续表

| 单位 | 热功率/（MW·th） | 炉型及燃料 | 建成年份 |
|---|---|---|---|
| 清华大学 | 0.025 | 竖直，一维炉，煤粉 | 2008 |
| 华北电力大学 | 0.025 | 增压，鼓泡床，煤 | 在建 |
| 东南大学 | 0.050 | 流化床 | 2010 |
| 东南大学 | 2.5 | 流化床 | 2012 |
| 中科院工程热物理所 | 0.15 | 流化床，污泥，烟气未循环 | 改造 |

#### 7.1.2.1 华中科技大学

华中科技大学煤燃烧国家重点实验室是国内最早开展 $O_2/CO_2$循环燃烧方式研究的单位之一，早在 20 世纪 90 年代即已开展了富氧燃烧方式的研究。在半工业实验装置上业已开展了富有成效的研发工作，建成了国内首套 300kW · th 规模的富氧燃烧与污染物联合脱除的半工业规模的综合试验台（图 7-2），实现了 $CO_2$的高浓度（95%）富集、脱除 85% $NO_x$和脱除 90% $SO_2$的目标。这项工作是富氧燃烧系统研究的一个突破。华中科技大学除承担的 973 计划项目外，还完成或正承担两项 863 计划重点项目和一项国家自然科学基金重点项目，不仅取得了不少阶段性成果，而且还产生了许多具有自身特色的创新性的理念、工艺和方法，为工程示范奠定了坚实的理论和技术基础。

这个中试规模 $O_2/CO_2$循环燃烧装置系统 300kW · th 中试规模 $O_2/CO_2$循环燃烧装置主体是一个竖直燃烧炉，其顶部安装有给粉装置和燃烧器，含有空气和 $CO_2$ 的一次风携带煤粉从竖直燃烧炉的顶部进入，火焰自上而下燃烧，产生的烟气从底部的排烟段排出；沿炉膛开设有用于观察火焰的观测孔和用于测量的测量孔。为了避免漏风，炉膛内采用微正压运行，烟气由引风机排出炉膛外（初琨等，2008）。

图 7-2 300kW · th 富氧燃烧多污染物协同脱除综合试验台现场图

华中科技大学建设了热功率 3MW 的全流程富氧燃烧 $CO_2$捕捉中试试验平台。该试验平台依托华中科技大学建设的国家能源局“国家能源煤炭清洁低碳发电技术研发（实验）中心”和武汉市“武汉新能源研究院碳减排与资源化利用研究中心”的主要研发平台，是富氧燃烧技术从中试实验走向产业开发的重要环节，主要解决其产业化过程中急需的关键技术、工艺流程、工业放大规律及工程实现的可行性和有效性等重大问题。试验平台的任务是建设 3MW · th 的全流程富氧燃烧半工业示范/试验系统，包括空分（air separation unit，ASU）-氧燃烧炉-烟气净化（flue gas cleaning，FGC）-$CO_2$压缩纯化（compression and purification unit，CPU）等完整的工艺流程，在该系统上获得可工业放大的燃烧器设计、受热面布置、流程工艺、系统热耦合、系统优化运行等经验，为富氧燃烧的工业示范奠定基础。

该项目不仅是国内首套3MW · th富氧燃烧全流程中试试验系统，也是世界上第三套类似中试系统。它完成空分-富氧燃烧-烟气净化-碳分离与压缩的全流程构建和系统验证。华中科技大学自主开发完成关键技术，具体包括专用富氧燃烧器设计、炉内传热及受热面布置、中试装置的数据收集及分析、脱硫-除尘-脱水等烟气净化系统开发、空分-压缩-发电过程热耦合等；年$CO_2$可捕获量7000t。项目投资3000万元，合作单位是华中科技大学、四川空分设备（集团）股份有限责任公司等。

该系统已经在2011年建设完成（图7-3），并在2012年完成调试，目前已经能够稳定地实现烟气中$CO_2$浓度80%~85%富集（干基），并研究了空气-富氧燃烧切换、富氧燃烧下传热特性、火焰特征、污染物生成和控制、干循环和湿循环、烟气注入器、富氧燃烧器、稳态和动态仿真等核心难题，取得了世界水平的研究成果。

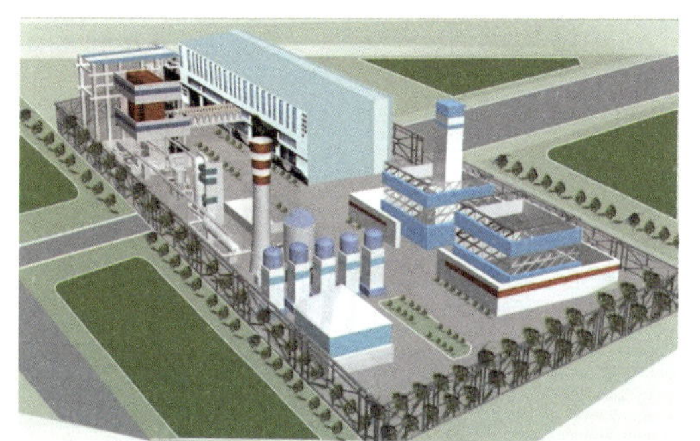

(a) 3 MW•th富氧燃烧全流程试验平台外观效果图

(b) 3 MW•th富氧燃烧全流程试验平台现场图

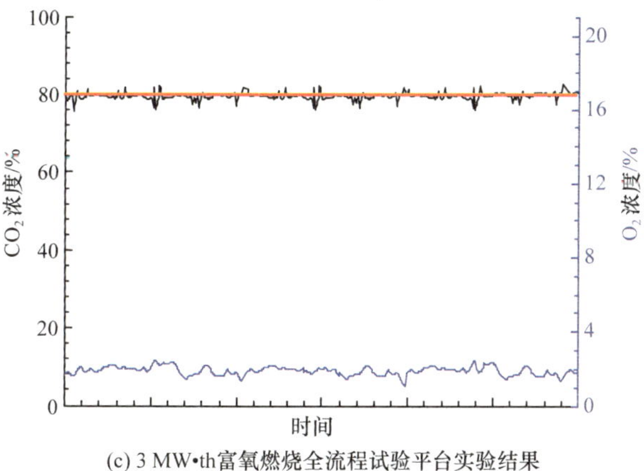


(c) 3 MW•th富氧燃烧全流程试验平台实验结果

图7-3　3MW · th 富氧燃烧全流程试验平台

华中科技大学也正在进行35MW · th 富氧燃烧锅炉工业示范系统方面的工作，该项目为“十二五”国家支撑计划项目“35MW · th 富氧燃烧碳捕获关键技术、装备研发及工程示范”的研发任务，将针对我国电力行业低碳发展的需求，自主研发富氧燃烧的重大关键技术和装备，开展基于富氧燃烧技术的燃煤锅炉大规模碳捕获技术开发和先导性工程示范。项目完成后将建成我国第一台100kt/a级碳捕获的富氧燃烧锅炉，对于我国先进煤电重大装备制造核心技术重大工程和装备方向具有直接的示范和推动作用。项目选址湖北省应城市久大（应城）制盐有限公司。

项目目标与特色：建设一套35MW·th富氧燃烧锅炉工业示范系统（图7-4），包括$CO_2$捕获、储存和利用单元在内的完整系统；完成富氧燃烧、低成本富氧燃烧用新型空分装置的关键技术与装备研发；$CO_2$年捕获量100kt级，并可储存于盐矿（二期）；富氧燃烧锅炉的工程放大规律。

项目投资：8500万元（一期），建设时间为2011~2014年，合作单位有华中科技大学、东方电气集团东方锅炉有限股份公司、四川空分设备（集团）有限责任公司、久大（应城）制盐有限公司、神华国华（北京）电力研究院有限公司。

### 7.1.2.2 浙江大学

浙江大学搭建的小型流化床富氧燃烧试验台架，是由耐高温不锈钢管组成，内径小于77mm，高度为2.8m；采用倒锥形多孔结构的布风装置，其中心可做排渣口。采用两级高温旋风分离器，第一级分离下来的细灰通过立管和J阀返料机构再送回流化床反应器中，第二级分离下来的细灰可以收集起来。系统采用外部加热的方式，并采用一小型鼓泡流化床装置对气体进行预热。试验用的$O_2$、$CO_2$和$N_2$使用压缩钢瓶；给料量、气体流量、温度和压力等表征参数可以实时显示和自动控制（侯伟军，2009）。

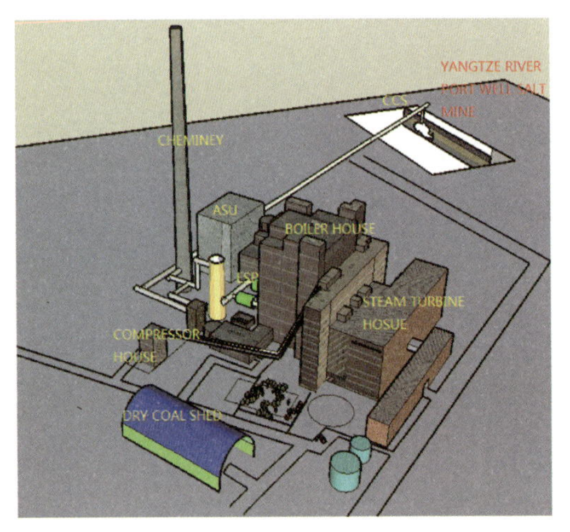

图7-4　35MW·th富氧燃烧锅炉效果图

图7-5　浙江大学-液空集团2MW富氧燃烧试验台现场图（侯伟军，2009）

浙江大学和全球500强企业液化空气集团成立了以浙江大学能源清洁利用国家重点实验室为依托的富氧燃烧联合实验室，建立了一套针对燃烧及其控制的2MWe富氧燃烧中试试验台，如图7-5所示。该试验台可进行固体、气体燃料的富纯氧燃烧和传统空气助燃的燃烧测试，并可在空气燃烧和富氧燃烧条件下进行切换；使用10m$^3$的液氧储罐作为$O_2$供应源，用再循环方式调节参与燃烧的有效$O_2$浓度。试验台炉本体采用模块化的换热组件，可对炉内的换热面积进行调节；燃烧后的烟气经冷却、除尘后排空。该试验台可进行的研究包括以下内容。

1）燃烧器开发。利用富氧燃烧的纯氧、再循环风等特点，研究开发着火稳定、燃烧效率高、负荷适应范围广、可控性强并且污染物生成少的燃烧组织方式及燃烧器。浙江大学富氧燃烧试验台采用模块化设计，可方便地更换燃烧器。

2）燃烧过程控制。采用一体化的智能控制系统研究富氧燃烧和传统燃烧间的平稳切换方式，为富氧燃烧在改造传统燃烧锅炉上的推广运用积累经验。

3）污染物控制。富氧燃烧已经被证明能降低燃烧过程中的 $NO_x$、$SO_x$ 的排放，如何在富氧燃烧方式下对 $NO_x$、$SO_x$ 污染物进行更严格的控制以及其他污染物如痕量元素、可吸入颗粒物受到富氧燃烧方式的影响与控制手段需要进一步研究。

4）炉膛换热。浙江大学富氧燃烧试验台采用模块化的换热组件设计，可以方便地研究富氧燃烧和传统燃烧方式在锅炉换热表现上的差异。

5）氧燃烧时在燃料过量的还原性气氛区域可能会生成大量的 CO，但是氧化剂充足时，燃烧气氛中的大量 $CO_2$ 并不会产生较多的未燃 CO，这表明富氧燃烧能保证锅炉的燃烧效率和安全性。同时还能发现，还原性氛围下的 $NO_x$ 排放较正常燃烧时小得多，富氧燃烧 $NO_x$ 控制上有较大潜力（表 7-3）。空气的引入会造成富氧燃烧时的 $NO_x$ 大量生成，控制锅炉及辅机系统的漏风将会是未来控制富氧燃烧过程中 $NO_x$ 排放的关键步骤。

**表 7-3　富氧燃烧时烟气成分与气态污染物**

| 项目 | $O_2$ 体积分数/% | $CO_2$ 体积分数/% | CO/ppm | NO/ppm① | $NO_2$/ppm | $SO_2$/ppm |
|---|---|---|---|---|---|---|
| 工况 1 | 7.3 | 76.4 | 0.0 | 305.9 | 15.4 | 270.1 |
| 工况 2 | 0.3 | 60.2 | 32769.6 | 111.9 | 11.1 | 685.5 |
| 工况 3 | 21.6 | 7.6 | 29.8 | 936.7 | 65.4 | 18.0 |

注：工况 1：$O_2$ 过量；工况 2：燃料过量；工况 3：$O_2$ 过量且引入大量空气。

减少漏风使 $NO_x$ 的生成降低，如图 7-6 所示，风的改善将有利于降低 $NO_x$ 排放。以不同基准折算的 $NO_x$ 浓度见表 7-4。改善炉膛漏风明显降低 $NO_x$ 排放，并使之远低于 200mg/m$^3$ 的国家标准。

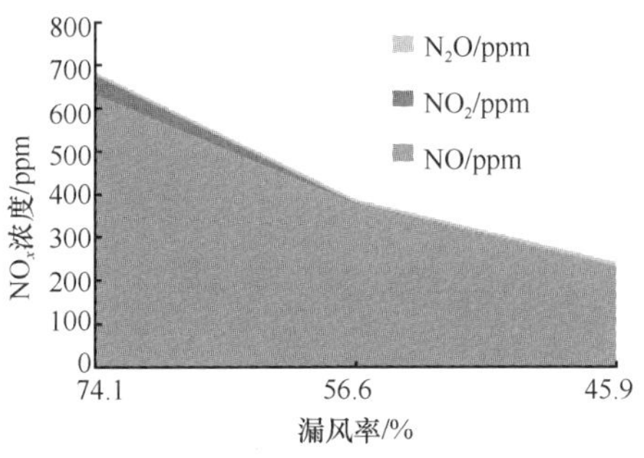


图 7-6　$NO_x$ 排放与漏风率关系

①1ppm = $1\times10^{-6}$。

**表 7-4　不同的换算基准下漏风对 $NO_x$ 的影响**

| 漏风率/% <br> $NO_x$ 浓度 <br> 基准 | 74.1 | 56.6 | 45.9 |
|---|---|---|---|
| 基准 1/（mg/g） | 5.5 | 1.8 | 0.9 |
| 基准 2/（mg/MJ） | 127 | 43 | 20 |
| 基准 3/（$mg/m^3$） | 324 | 109 | 50 |

浙江大学采用自主开发的锅炉热力计算程序以一 600MWe 机组为例研究了在传统锅炉上改造富氧燃烧以及新建富氧燃烧锅炉的热力特性，开展富氧燃烧大型化应用的研究。结果表明，在适当的再循环风比例下，富氧燃烧锅炉和传统锅炉的热力特征很相似，证明传统燃烧可以改造为富氧燃烧而不影响锅炉的工作性能。然而在未来，减少烟气量、提高燃烧时的净 $O_2$ 浓度，可减少锅炉的排烟热损失、缩小设备体积，此时的锅炉换热特性将和传统锅炉发生显著变化，需要对锅炉的换热面及其布置进行重新的设计。浙江大学的 2MW · th 富氧燃烧实验台由于采用模块化的换热组件设计，便于针对不同工况进行锅炉换热方面的研究工作，如图 7-7 至图 7-11 所示。

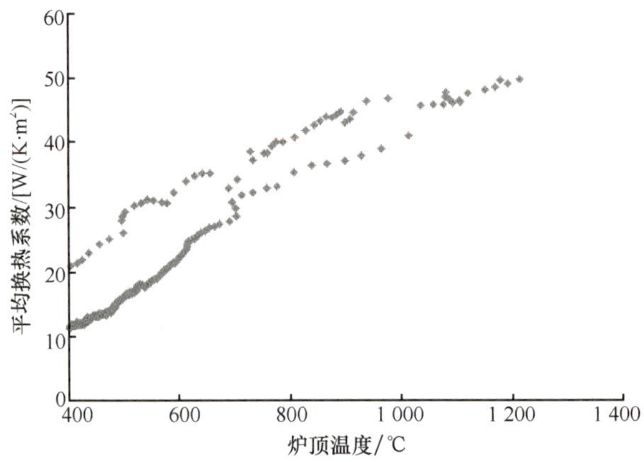


图 7-7　炉内换热模块的有效导热系数随炉温的变化

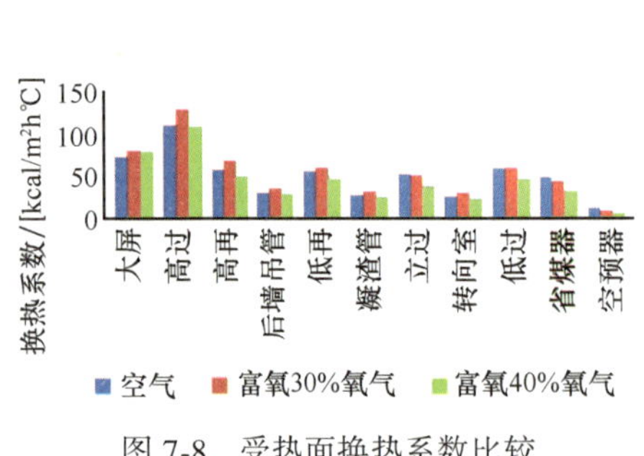


图 7-8　受热面换热系数比较

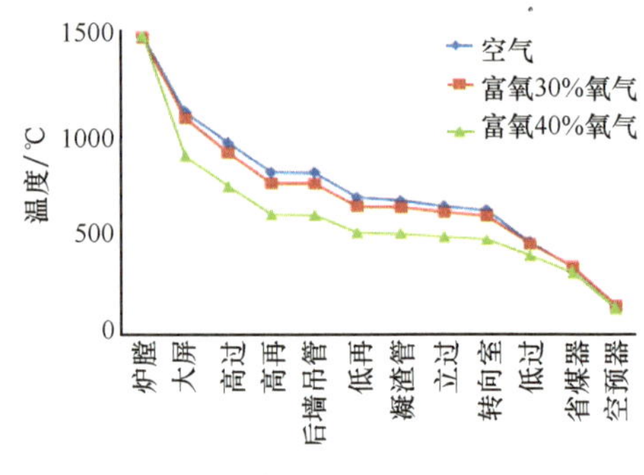


图 7-9　受热面出口烟温对比

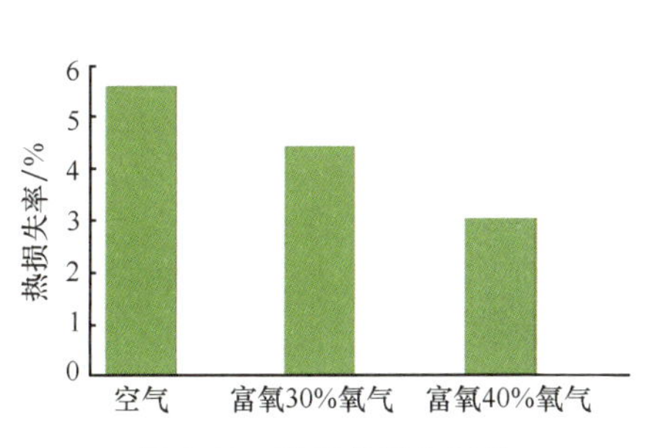

图 7-10　排烟热损失对比

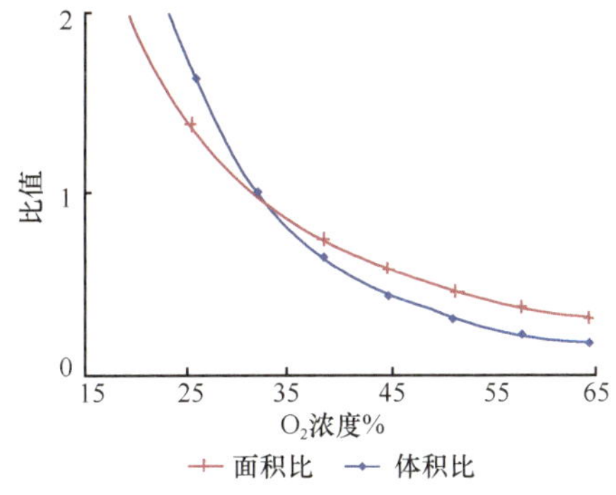


图 7-11　换热面积和锅炉容积对比（富氧/传统）

结合已经进行的实验，下一步计划如下。

1）进行煤粉及其他粉状颗粒的纯氧燃烧器开发及实验工作。配合试验台送粉系统和连续称重的失重式精确给料系统，开发不同燃料种类、不同燃烧工况、针对各种工业锅炉及窑炉的富氧燃烧器。其中主要计划开发的燃烧器包括煤粉燃烧器、石油焦燃烧器等。针对无烟煤、烟煤、褐煤等不同煤种的特点，开发相应的富氧燃烧器。目标是提高燃烧效率、降低点火难度、提高燃料燃尽率。同时针对石油焦粉进行石油焦富氧燃烧器的开发，使用石油焦作为燃料，针对玻璃窑炉特点设计。目的是实现高品质玻璃窑炉的石油焦燃烧器应用，使其可以完美替代现有的天然气纯氧燃烧系统。

2）进行纯氧煤粉无油直接点火燃烧器的开发。现阶段我国电站锅炉在起炉过程中普遍采用的是燃油点火技术。随着燃油成本的不断上涨，电站锅炉的起炉运行成本也不断增加。因此在现有的微油点火技术及富氧点火技术等的研究基础上，希望在该试验台对煤粉纯氧无油直接点火技术进行研发，开发出使用纯氧及煤粉、在常温下能够直接点火并在锅炉低负荷状态下稳定燃烧的无忧直接点火燃烧器。并在技术成熟后推广应用，为我国的节能减排工作做出贡献。

3）结合烟气再循环系统，进行烟气 $CO_2$ 脱除实验。试验台试运行可以看出，炉内 $CO_2$ 浓度可以达到 80% 以上，$O_2$ 浓度可以达到 5% 以下。通过进一步的炉膛漏风的改进措施进一步提高烟气中的 $CO_2$ 浓度。在此实验平台上进行各种烟气 $CO_2$ 脱除方法的实验，寻找高效低能耗的烟气 $CO_2$ 脱除技术。对工业窑炉，如玻璃窑等进行富氧燃烧改造后，烟气中各污染物及 $CO_2$ 的成分与试验台运行的烟气情况相似，即试验台可以很好地模拟工业炉富氧燃烧条件下的污染物及 $CO_2$ 排放情况。由于工业窑炉普遍容量较小，对工业窑炉采用 $CO_2$ 压缩液化装置进行 $CO_2$ 捕集的运行能耗太大，并不适应工业窑炉的现状。因此希望以该实验台为依托，开发一套适用于工业窑炉系统的污染物及 $CO_2$ 联合脱除系统。目的是在综合考虑工业锅炉及工业窑炉的应用环境后，开发出一套低投资低运行成本低能耗的污染物及 $CO_2$ 脱除系统，从而有效降低工业窑炉及工业锅炉的大气污染物及 $CO_2$ 的排放。最终目的是在我国的工业窑炉和工业锅炉上大范围推广使用，从而为我国的节能减排和 $CO_2$ 排放控制做出贡献。

### 7.1.2.3　清华大学

清华大学富氧燃烧下行一维炉基本参数：总高 3.2m，内径 150mm，外径 700mm，最高耐温 1600℃，额定功率 15kW，烟气速度约 2m/s，炉体表面温度（通过炉体保温）小于 50℃。整个系统分成辅燃空气系统、多燃料组合式燃烧器、给料系统、烟气系统、冷却水系统、取样系统、金属溶液喷射系统以及仪控系统等 8 个部分，如图 7-12 所示。煤粉经刮板给料机实时定量给入后，经过两级锁气器，通过风粉混合器由一次风输送进入燃烧器。燃料进入炉膛后，接受来自高温炉壁的辐射加热，开始燃烧，烟气自上而下流动。为了对燃烧过程中的固体和气体取样，在每段炉体上布置有大小不同的取样孔和测温孔。燃烧后的烟气通过一维炉底部转弯烟道，进入烟气冷却器；冷却后烟气经过氧化锆分析仪，进入布袋除尘器，经引风机排入到大气中。实验时一次风全部为循环烟气，二次风为烟气和来自液氧罐的纯氧的混合气体；烟气循环之前经过袋式除尘器、两级冷凝器和加热器，以除去烟气中的灰尘和水分，从而起到保护风机和阀门等设备的作用。张利琴和宋蔷（2009）在该系统上，系统研究了污染物尤其是颗粒物的生成特性。

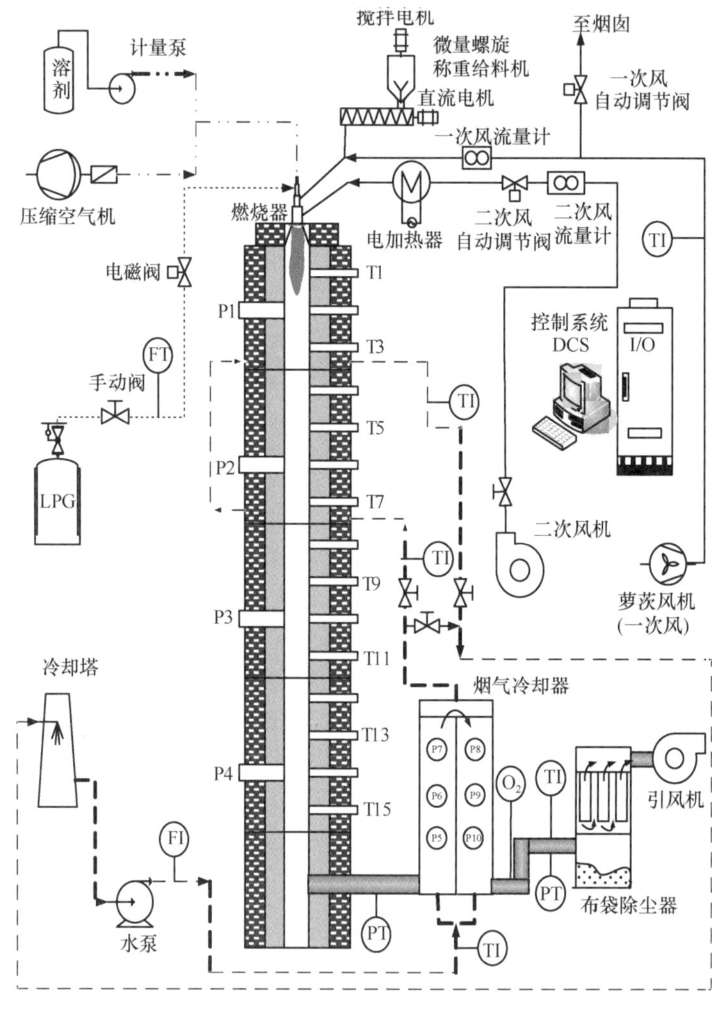


图 7-12　清华大学一维炉实验系统示意图（张利琴和宋蔷，2009）

#### 7.1.2.4　华北电力大学

在国家"863"课题探索项目资助下，正在建设 25kW 小型增压富氧燃烧鼓泡床试验台。该试验台由鼓泡床燃烧室、埋管、压力壳体、压缩机、物料输送系统、灰渣排放系统等组成。在燃烧室内，布置压力、温度等测点；在燃烧室出口，布置烟气成分检测装置，实现炉内不同压力、温度、气氛等工况下的传热特性测量；研究不同煤种在不同工况（压力、温度、燃烧气氛下）的燃烧特性、床内辐射和对流传热特性和污染物 $SO_x$、$NO_x$ 生成特性。

实验装置如图 7-13 所示，装置的组成包括流化床、空气压缩机、储气罐、压力仓、热电瓦加热器以及测温测压装置。由于床体的排气管直接和压力仓的出气阀相连，当出气阀开启时，压力仓内的高压气体只能由流化床的布风板进入（压力仓和床体的其余部分密封良好），通过排气管流出，从而实现床中物料的流化。压力仓直径 500mm，有效高度约 1500mm，最高操作压力为 6MPa。流化床由截面直径为 80mm 的厚壁铸钢圆筒制成，高度为 600mm，采用风帽型布风板，外部包有带热电瓦加热器的硅酸铝保温棉，炉内最高温度可达 800℃（李皓宇和阎维平，2011）。距布风板 140mm、200mm 处布置两个热电偶，上面的热电偶接可控硅温控仪，控制电加热器，下面的用于监测密相区温度。在密相和稀相区之间布置 1 个差压传感器，用于记录床层压降，量程为 0~3kPa。实验所需的高压空气由两个 7MPa、$1m^3$ 的储气罐提供，罐中的压力靠空气压缩机来维持。压力仓的进气量是通过调节阀来控制，而仓内的压力则通过阀门来控制。

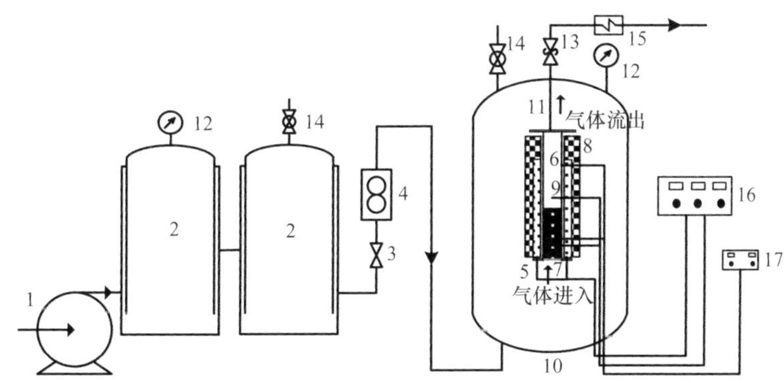


图 7-13　华北电力大学增压流化床富氧燃烧实验工艺流程（李皓宇和阎维平，2011）

1. 空气压缩机；2. 储气罐；3. 调节阀；4. 高压转子流量计；5. 电加热器；6. 流化床；7. 布风板；8. 保温棉；9. 热电偶；10. 压力仓；11. 排气管；12. 压力表；13. 出气阀；14. 安全门；15. 冷凝器；16. 温控仪；17. 差压传感器

#### 7.1.2.5　东南大学

在国家"973"项目（华中科技大学为主要承担单位）等资助下，东南大学围绕流化床富氧燃烧开展了相应的基础研究，并建设了一套 50kW 循环燃烧试验系统，如图 7-14（a）所示，提升段高度为 4200mm。其中，密相区高 800mm，内径为 122mm；稀相区高度为 3200mm，内径为 150mm；过渡段高度为 200mm。螺旋加料器将煤和石灰石送入炉内，罗茨风机送风来满足空气燃烧工况，由 $O_2$气瓶和 $CO_2$气瓶经气体母管充分混合后送入炉膛燃烧来满足 $O_2/CO_2$燃烧工况，通过空预器和布袋除尘器将所产生的烟气排入烟囱（段伦博和周骛，2011）。

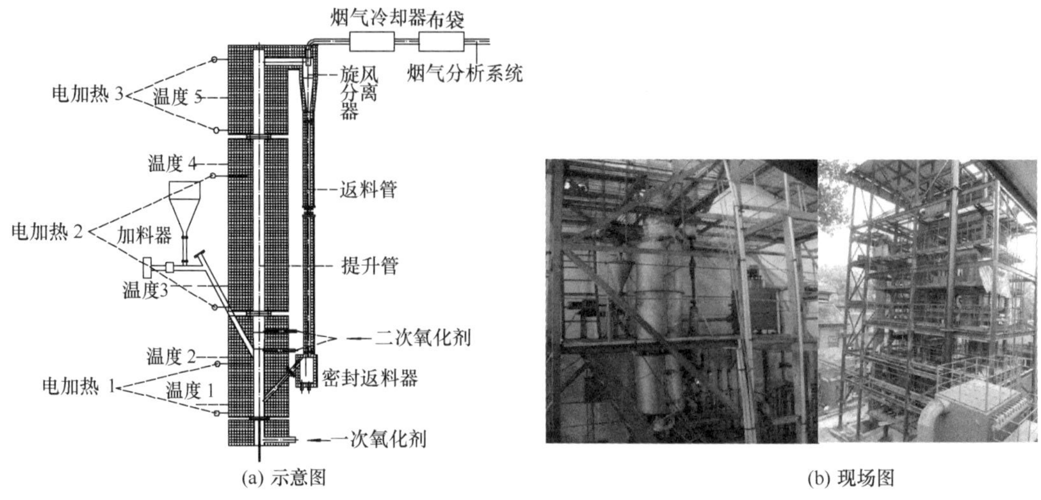

(a) 示意图　　(b) 现场图

图 7-14　东南大学流化床富氧燃烧实验台（段伦博和周骛，2011）

目前东南大学与美国 B&W 公司合作的 2.5MW 循环流化床富氧燃烧实验系统已初步建成［图 7-14（b）］。需要特别指出的是，由 B&W 公司设计的并行床换热器突破了传统循环流化床外置床紧靠循环灰作为热载体的局限，引入部分未燃碳燃烧放热，在鼓泡床方式下运行，传热系数高；通过供风调节循环量，调节方便；换热量可达整个锅炉热负荷的 15% 以上，从而实现了通过在并行床布置受热面解决高 $O_2$ 浓度条件下受热面布置受限的问题，极大地减小了锅炉的体积并且使富氧燃烧技术更加成熟，满足了高浓度 $O_2$ 条件下的锅炉运行的要求，从而将大大减小锅炉尺寸并且使富氧燃烧技术更加成熟。这些研究成果让富氧燃烧技术在未来电厂的商业化应用又进了一大步。

#### 7.1.2.6　工程热物理研究所

中国科学院工程热物理研究所建立了燃烧室高度 6000mm、直径 140mm、热功率 0.15MW 的循环流化床燃烧试验系统，研究煤在 40% 以上 $O_2$ 浓度的燃烧特性，为高 $O_2$ 浓度下更大型的循环流化床 $O_2/CO_2$燃烧系统的设计提供参考。0.15MW 循环流化床富氧燃烧试验系统如图 7-15 所示。煤在高度 600mm 处加入燃烧室、预热后的一次风从燃烧室底部的风帽加入燃烧室，预热后的二次风从二次风口加入燃烧室。经燃烧室燃烧后的煤进入旋风分离器，旋风分离器分离下的物料返回燃烧室循环燃烧，排渣管排出燃烧室的底渣；从旋风分离器顶部排出烟气和飞灰，经烟气冷却器冷却后进入布袋除尘器，而后排入大气。

循环流化床燃烧室高度 6000mm。燃烧室预留两个二次风口，风口距布风板高度分别为 1500mm、2000mm。燃烧室和旋风分离器内侧采用耐火耐磨浇注料浇注而成。燃烧室 0~2000mm 高度段的直径 100mm，2000~6000mm 高度段燃烧室的直径 140mm（赵科和段翠九，2012）。返料器为气动 U 型阀结构，采用风帽布风。返料器 4 个侧面均水套

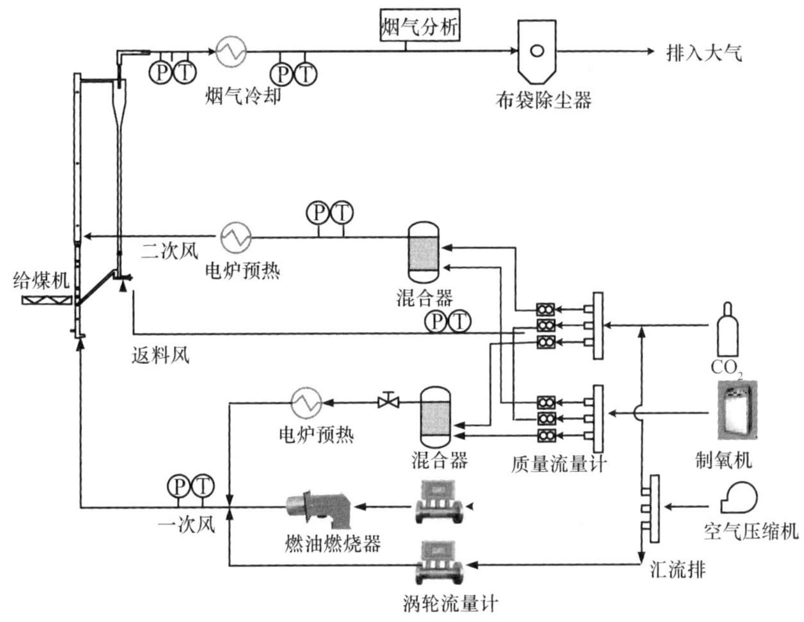


图 7-15　0.15MW 循环流化床富氧燃烧试验系统示意图（赵科和段翠九，2012）

结构，侧壁材料为高温合金钢；试验中根据要求，可以选择水冷却或无冷却绝热。旋风分离器内布置冷却管，可以选择水冷却或空气冷却。一次风、二次风采用电炉预热。预热后的一次风通过风帽进入燃烧室底部，煤通过水平螺旋给料机送入燃烧室。

辅助系统包括点火系统、给料系统、供风系统、冷却水系统和气体除尘系统。点火系统为燃油燃烧器，燃烧生成的烟气通过风帽进入燃烧室，预热床料到煤的着火温度以上。给料系统为密封煤斗和水平螺旋给料机。试验系统配有 $O_2$、$N_2$、$CO_2$风源，根据试验需要选择燃烧气氛。

# 7.2　技术存在的突出瓶颈问题及解决方案

## 7.2.1　与国外先进技术差距分析

目前国内有诸多单位在开展富氧燃烧技术的基础研究（着火和燃烧特性、炉内对流辐射传热、污染物生成机理和抑制技术、系统优化等）、技术开发（燃烧器研发、烟气循环系统、$O_2$ 注入方法和烟气氧气混合方式、受热面布置和优化、烟气冷凝、制氧技术等）和工程放大及示范研究。

与传统燃烧相比，富氧燃烧具有以下特点：①所需的理论空气量少。由于参与燃烧的富氧空气中的含氧量提高，理论空气所需量减少，相应的烟气排放量减少。②火焰温度高。随着富氧空气中氧浓度的增加，理论火焰温度相应升高，但是提升的幅度逐渐地减小，一般 26%～31% 为最佳氧浓度。③燃烧速度快。采用富氧空气助燃，不仅能够使得燃烧强度增强，燃烧速度加快，同时也能够促进反应的完全。④污染排放低。富氧燃烧所排放的烟气量少，可降低污染物的总排放量。与此同时，由于助燃气中 $N_2$浓度降低，燃烧废气中的 CO、$CO_2$、$SO_x$、$NO_x$浓度增加，从而可提高 $CO_2$捕捉、排烟脱硝等废气处理的效率（姚燕强，2009）。

目前，对 $O_2/CO_2$气氛下煤粉燃烧特性的研究主要集中在着火特性、燃烧速率、火焰传播速度、燃烧稳定性、燃尽特性以及动力学特性等方面。$CO_2$的比定压热容高于 $N_2$，在锅炉炉膛内的燃烧温度下 $CO_2$的比定压热容大约是 $N_2$的 1.6 倍。另外，$O_2$在 $CO_2$中的扩散率低于在 $N_2$中的扩散率，而这将影响高温下煤粉燃烧的反应速率。因此，$O_2/CO_2$气氛下煤粉的燃烧特性与传统燃烧不同。国外已有研究表明，由于 $CO_2$比热容较大，仅用 $CO_2$代替 $N_2$会造成火焰燃烧温度明显降低，在 $O_2/CO_2$气氛下 $O_2$浓度增至 30% 时能达到空气气氛下的火焰燃烧温度。但是，同样 $O_2$浓度下，$O_2/CO_2$气氛较空气气氛的煤粉着火时间延迟，这主要是由于 $CO_2$的摩尔比热容比 $N_2$的大。在 $O_2/CO_2$燃烧试验中发现火焰的着火点模糊且不稳定，未燃尽碳含量高，通过减少循环烟气量和提高 $O_2$的浓度可以改善其燃烧特性。通过对 $O_2/CO_2$燃烧火焰特性的相关研究，发现随着循环比例的提高，火焰温度降低，高浓度的 $CO_2$导致燃烧过程推迟。与此同时，提高氧浓度可以改善煤粉燃烧特性。实验发现，管式沉降炉中富氧燃烧释放的挥发分高于传统燃烧，并且煤种对燃尽率的变化有影响。而通过热重分析法（Thermogravimetric Analysis, TGA）实验，发现在 $O_2/CO_2$氛围中，焦炭在高温和 $O_2$浓度低的情况下，相对于传统燃烧具有更好的反应性。国内主要是采用热重分析法对 $O_2/CO_2$气氛下煤或煤焦燃烧特性进行研究。大多数研究者认为，仅用 $CO_2$来代替空气中的 $N_2$会降低煤粉的燃烧特性，而通过提高氧浓度则可改善这一情况。同时，有研究者认为，$O_2/CO_2$气氛可改善燃烧过程，提高燃烧特性。骆仲泱等对 $O_2/CO_2$和 $O_2/N_2$气氛下煤焦热重情况进行对比分析，发现当氧浓度相同时，两种气氛下的热重曲线基本重合，并且煤焦的反应的过程基本一致（试验温度范围内）。这一结果表明 $CO_2$对煤焦反应动力学不构成影响。东南大学也做了热重分析试验，结果表明煤粉的燃烧特性曲线在两种气氛下有明显的区别，在相同氧浓度时，$O_2/CO_2$气氛下煤粉的燃烧速率低，燃尽时间长，燃烧特性变差。研究者使用煤种、试验条件的不同，可能是国内对富氧燃烧燃煤特性研究结果存在差异的原因。除热重分析法外，国内研究者还采用了其他的方法来研究。例如，李庆钊等还采用低温氮吸附仪和扫描电子显微镜测定不同燃尽率煤焦的孔隙结构和表面形貌，研究发现 $O_2/CO_2$氛围下煤焦的比表面积和孔容积均较小，煤焦表面致密，孔隙减少。李俊等还研究了 $CO_2$ 浓度对 $CH_4$火焰温度特性的影响。黄晓宏等利用平面火焰曳带流反应系统对 $O_2/CO_2$气氛下的煤粉火焰进行了试验研究。

传热特性方面，富氧燃烧技术中烟气的传热特性尤其是炉内辐射换热特性与传统燃烧不同。这是因为在富氧燃烧中，三原子气体可占 95%，而在传统燃烧中三原子气体份额约占 20%~30%。目前对于辐射换热的计算方法，主要是采用纯试验的 Hottel 线算图和源于经验的苏联锅炉热力计算标准。这两种方法只能在一定的三原子气体压力行程范围内才能满足其精度要求；而 $O_2/CO_2$燃烧技术中三原子气体的压力行程超出了其行程范围，为传统燃烧的 3~4 倍，因此这两种方法都不适用。此外，与传统燃烧相比，$O_2/CO_2$燃烧技术中 $CO_2$的含量大大提高，此情况对烟气物理特性热力计算的影响目前还不清楚。因此，有必要对 $O_2/CO_2$燃烧技术的传热特性与热力计算方法进行进一步的研究。国外研究者针对气体辐射换热模型和实验研究进行了相关研究（王长安和车得福，

2011）。例如，Terry Wall 等认为，目前数值模拟采用的气体辐射 WSGGM 模型不适应 $O_2/CO_2$ 燃烧中高浓度的 $CO_2$ 和 $H_2O$，因而提出了修正的 WS-GGM 模型，引入一个额外的灰气体组分——4 灰体组分模型，这样可以用于求解 $O_2/CO_2$ 燃烧数值模拟中的气体发射率。Malkmus 等采用 SNBM 理论计算后发现，大型富氧燃烧锅炉中，在不考虑灰颗粒的影响情况下，水蒸气对辐射换热的影响比 $CO_2$ 对其影响要大；在考虑灰颗粒的影响下，气体辐射的影响将会进一步降低。Gupta and Wall 等提出了一个用于计算简单工程上灰颗粒发射率的方法，研究发现随着锅炉容量的增大，灰粒和气体发射率明显提高；当锅炉体积发射率接近为 1 时，烟气成分对发射率影响很小。在实验研究方面，Klas Andersson 等在 100kW 的中试试验系统中分别研究了 $C_3H_8$ 和褐煤在 $O_2/CO_2$ 氛围下燃烧的辐射换热特性变化。$C_3H_8$ 燃烧试验的结果表明，气体组分和温度分布在氧浓度为 27% 时与传统燃烧相近，此时的火焰辐射强度增加 30%，但是径向温度水平与空气条件下相比较低或相近。因此，Klas Andersson 认为辐射总强度变化的主要原因不是气体发射率的变化，而应该考虑烟尘颗粒体积分数增加的影响。褐煤燃烧试验的结果表明，$CO_2$ 浓度对总辐射强度的影响不大，这主要是因为颗粒辐射在辐射换热中占有很大的份额。Terry Wall 等认为为了获得与传统燃烧相近的绝热火焰温度，$O_2/CO_2$ 燃烧中氧浓度要达到约 28%（湿循环）和 35%（干循环）。国内研究者研究发现，在 0.5MW 的燃煤实验装置上，干循环时氧浓度在 32% ~ 35% 时，可得到与传统燃烧相近的火焰温度。Yewen Tan 等研究发现，在一个垂直的燃烧试验设备中，不同煤种在输入相同热量的情况下，$O_2$ 浓度为 35% 时，热流密度和炉膛温度将稍微增加，由此可通过改变再循环烟气中 $O_2$ 的含量来灵活地控制热传递和炉膛温度，使得其对煤种的适应性增强。在国内有华北电力大学、华中科技大学等开展对 $O_2/CO_2$ 燃烧技术的传热方面的理论研究（王长安和车得福，2011a）。薛宪阔等（2008）利用窄谱带模型法分析 $O_2/CO_2$ 燃烧中的辐射换热特性后认为，对辐射换热系的影响因素中，水蒸气含量的变化影响很大，压力和辐射层厚度的变化影响不大；随 $CO_2$ 浓度的增加炉膛黑度基本保持不变，因此对国产 300MW 机组常规热力计算中并未对辐射换热计算进行修正。刘豪等（2009），在分析煤粉锅炉 $O_2/CO_2$ 燃烧辐射传热特性时，修正了理论燃烧温度和 $CO_2$ 与 $H_2O$ 的光谱重叠，随后的研究者用全谱带 K 型分布模型修正了全谱带 K 型分布模型。米翠丽研究 $SO_2$ 燃烧技术中 Pr 准则数对烟气对流传热系数的影响时，发现在气体总流量不变的情况下，三原子气体份额的增加会导致对流传热系数的增加。

$SO_x$ 排放特性方面，一般认为，在 $O_2/CO_2$ 燃烧中 $SO_2$ 的排放量降低，但是烟气再循环 $SO_2$ 和 $SO_3$ 的浓度会升高，这将使得烟气再循环冷凝的水中有较多硫酸盐，必须注意管道等部件的防腐蚀。$O_2/CO_2$ 燃烧中由于 $CO_2$ 改善了煤灰的自固硫能力、CO 的存在促使 $SO_2$ 还原以及 $CO_2$ 的热容量和辐射特性与 $N_2$ 不同，使得 $SO_2$ 的释放量减少。有研究者在研究了煤在不同氧体积分数及混有 $CO_2$ 气氛下燃烧 S 的析出特性后认为，$CO_2$ 在低氧体积分数下能够改善煤灰的自固硫能力，降低 S 的最终析出率；但是与空气气氛下燃烧相比，煤在高氧体积分数下燃烧 S 最终析出率无明显变化。国内外的研究都表明，$O_2/CO_2$ 燃烧能提高高温脱硫效率，其主要机理如下：①均相反应。在高浓度 $CO_2$ 气氛下炉内产生了较高浓度的 CO，进而转化为较高浓度的 COS，COS 在煤种氧化铝的催化作用下与 $SO_2$ 反应生成单质硫。②烟气再循环增加了 $SO_2$ 在炉内的停留时间和炉内浓度，从而使得脱硫效率提高。③石灰石煅烧产物在高 $CO_2$ 气氛下的比表面积和空隙更大，从而可以提高其脱硫效率。④$CaCO_3$ 的分解在高浓度 $CO_2$ 气氛下受到抑制，导致 $CaCO_3$ 直接发生脱硫反应（$CaCO_3 + SO_2 + 1/2O_2 \rightarrow CaSO_4 + CO_2$），使得脱硫剂不易烧结（王长安和车得福，2011）。

$NO_x$ 的排放特性方面，国内外研究均表明，与传统燃烧相比 $O_2/CO_2$ 燃烧所产生的 $NO_x$ 排放量明显降低。研究认为 $O_2/CO_2$ 燃烧 $NO_x$ 排放量降低的主要机理如下：①$O_2/CO_2$ 燃烧中，采用烟气代替空气中的 $N_2$，没有 $N_2$ 直接参与燃烧反应，消除了热力型和快速型 $NO_x$ 的生成。②烟气循环，增加了 NO 在炉内的停留时间，延长了与燃料氮发生还原反应的时间，使得脱硫效率提高。③在高浓度 $CO_2$ 气氛下，会产生较多的 CO，在高温焦炭表面上 CO 与 NO 发生催化反应生成 $N_2$（$C+CO+NO \rightarrow \cdots \rightarrow N_2+\cdots$）。$O_2/CO_2$ 燃烧下由于燃烧方式和燃烧介质的差异，导致颗粒物及痕量元素的转化行为和机理与传统燃烧不同。对 $O_2/CO_2$ 燃烧中颗粒物排放和痕量元素的迁移规律目前还没有统一的研究结论。Zheng Ligang 等通过 F＊A＊C＊T 软件对 $O_2/CO_2$ 燃烧技术下痕量元素的分布及迁移规律进行研究，结果表明 Hg、Cd、As、Se 释放总量及其气相化合物的形态不受气体氛围的影响。赵永椿等通过 F＊A＊C＊T 软件计算和试验进行研究，结果表明矿物元素蒸发形态和蒸发率明显受 $CO_2$ 和温度的影响，矿物元素的蒸发率在 $O_2/CO_2$ 燃烧下均小于传统燃烧。Krishnamoorthy 等研究发现，矿物质的气化程度会在 $O_2/CO_2$ 气氛下降低。李意对 $O_2/CO_2$ 燃烧中矿物质成灰行为及含铁矿物质的成灰行为分别进行了研究，结果表明灰中主要矿物质及含铁矿物质的物相没有受 $O_2/CO_2$ 燃烧的显著影响，但其中主要矿物质的相对含量发生改变。相关研究结果表明，$CO_2$ 影响了颗粒物中痕量元素的分布。刘彦等的试验结果表明，$O_2/CO_2$ 燃烧与传统燃烧相比较，单质汞含量升高，二价汞含量降低。Sheng 等认为 $O_2/CO_2$ 和 $O_2/NO_2$ 不同氛围下的煤燃烧残余灰颗粒粒径分布基本相同，但亚微米颗粒物的质量和粒径分布差别较大。有文献研究结果表明，与传统燃烧相比 $O_2/CO_2$ 燃烧中亚微米颗粒物 PM1（空气中直径小于或等于 1μm 的固体颗粒或液滴的总称）的生成量减少，但有文献认为 $O_2/CO_2$ 燃烧有利于亚微米颗粒的生成（王长安和车得福，2011）。

通常来说，富氧燃烧电站的发电成本要超过常规燃煤电站，因此对其进行技术经济评价非常重要。日本石川岛播磨（Ishikawa Shimama，IHI）、瑞典 Chalmers 大学、美国阿尔斯通集团、美国阿贡国家实验室、加拿大矿物与能源研究中心能源技术中心、法国电力集团（Electricite De France，EDF）等均对富氧燃烧系统进行了技术经济评价。IHI 的结果显示富氧燃烧电站（1000MWe）的系统效率降低 10.5%；Chalmers 大学的结果显示富氧燃烧电站（865MWe）的系统效率降低 9.1%，$CO_2$ 减排成本为 26 美元/t，供电成本为 64.3 美元/（MW·h）；ALSTOM 的结果显示富氧燃烧电站（450MWe）的 $CO_2$ 减排成本为 42 美元/t，投资成本为 823 美元/kW；阿贡国家实验室的结果显示 $CO_2$ 减排成本为 34 美元/t；CANMET 的研究结果显示富氧燃烧电站（400MWe）$CO_2$ 减排成本为 35 美元/t，供电成本增加 20%~30%，投资成本为 791 美元/kW；EDF 的结果显示富氧燃烧电站效率降低 10%，投资成本增加 69%，供电成本增加 48%，$CO_2$ 减排成本比燃后单乙醇胺（monoethanolamine，MEA）吸收方法少 29%。概括以上的研究结果，在传统燃煤锅炉的基础上改造而成的富氧燃烧锅炉，会导致电厂净输出功率减少 25% 左右，增加发电成本30%～50%，而$CO_2$减排成本约为30美元/t，可捕集85%左右的$CO_2$。但是，$CO_2$减排系统的技术经济性能的影响因素比较复杂，主要取决于该$CO_2$减排系统的热功率、技术成熟度、所在国家或地区的污染物排放政策（包括传统污染物$SO_x$、$NO_x$、可吸入颗粒物等以及新型污染物$CO_2$等），甚至与财经政策（如贷款利率、通货膨胀率等）等紧密相关。系统功率、燃烧工况等本身在各学术机构之间存在巨大差异，一般依据的是欧美等西方国家的污染物税收政策和财经政策等，因此目前公开文献上的研究结果不一定符合中国的现状。因此，针对中国国情的，直接在中国现有能源信息的基础上进行的各种$CO_2$减排技术经济评价非常必要；通过各$CO_2$减排系统的发电成本、减排成本和捕集成本的比较，为政治层面上的决策提供可信的依据。赵海波等（2010）对主流燃煤火电厂改造为富氧燃烧电站进行了技术经济分析，主要是依据热经济学成本模型和实际调研数据；但目前的成本模型中忽略了一些内在的成本项（如折旧费、摊销费、材料费、人员费和其他费用等），且对于脱硫脱硝技术的经济性采用模糊评判，也没有系统地对国内几种典型火电机组进行综合评价。他们进而更系统、全面地考虑了形成电力成本的各项因素，细化脱硫脱硝技术的投资成本和运行成本等，针对典型2×300MW亚临界、2×600MW超临界、2×1000MW超超临界3种国内典型燃煤电站进行了详细的技术经济评价。其基本结论：2×300MW富氧燃烧电站［配备limestone injection into the furnace and activation of calcium（LIFAC）脱硫系统］的发电成本为512.36元/（MW·h）［459.69元/（MW·h）、404.52元/（MW·h），分别对应2×600MW机组和2×1000MW机组，下同］，是传统电站（配备石灰石-石膏脱硫系统和SCR脱硝系统）的1.42（1.41，1.39）倍；其静态投资是后者的1.21（1.25，1.26）倍，静输出功率是后者的0.71（0.72、0.74）倍，静态投资增加主要是因为空分装置（ASU）系统非常高的商业价格，静输出功率大幅度减小主要是因为ASU系统和$CO_2$后处理装置（CPU）系统较高的能耗所致。但是，在不考虑富氧燃烧电站中ASU系统和CPU系统等的电耗费用时，富氧燃烧电站的年度化成本较传统电站的增加幅度不大，这可归结为富氧燃烧电站可节省运行成本较高的脱硫脱硝系统和减少耗煤量等因素。如果对电厂排放的$CO_2$征收碳税或出售富集的高浓度$CO_2$，富氧燃烧电站的经济性可望与传统电站进行竞争。富氧燃烧电站的$CO_2$减排成本（等于临界碳税值）为183.98元/t（171.62元/t、159.30元/t），$CO_2$捕集成本（等于临界$CO_2$售价）为128.15元/t（121.29元/t、115.42元/t）。比较3个机组的经济性能可以看出，从亚临界到超临界到超超临界，因为单位投资成本减小和系统效率增加，使得其经济性能提升明显。灵敏性分析的结果：燃煤价格、空气过量系数、ASU的能耗以及$CO_2$捕捉效率是对富氧燃烧电站经济性能影响最大的4个参数；煤样对富氧燃烧电站经济性能的影响不大（赵海波等，2010）。

富氧燃烧技术需要大规模制氧技术的支持。一座500MW电厂如果采用纯氧燃烧，一天大约需要9000t$O_2$；现在最大的空气分离设备每天可以生产2000t$O_2$。其中空气压缩分离需要消耗的能量占燃煤能量的17%。制氧技术主要有液化空气（深冷法）、变压吸附、膜分离3种。空气分离设备采用低温精馏法的空气分离技术。将经空气纯化系统净化后的空气压缩、冷却、液化，利用空气中不同气体的沸点不同，采用多次蒸发、多次冷凝的方法精馏分离而获取$O_2$；一般$O_2$浓度可达到95%以上，满足电厂发电的需求。而低温蒸馏法目前的单位能耗较高。变压吸附空气分离制氧技术是利用当两相组成一个体系时两相界面处的成分与相内成分不同而在两相界面处产生积蓄，即为吸附现象。由于此技术的能耗低、投资少、规模灵活等优点，在用氧浓度要求不高的中小规模电厂具有明显的优势，并逐渐成为中小型空气分离制氧的主要方法。决定其能否运用到大型工业化的关键是吸附剂的再生问题。但随着研究人员的试验研究，变压吸附技术很有可能运用到中小型发电机组。与低温法相比，其操作一般在不太高的压力和常温下进行，具有流程简单、设备制造容易、操作和维修方便、占地面积小、投资少、启动快、可以随时停机等特点，并且装置量逐年增长，能耗逐年下降；逐渐向大型化发展，但是目前仍不能满足大规模发电行业的要求。膜分离是利用不同气体对膜的渗透性不同的原理进行分离，分离后一般获得氧浓度小于40%（为20%~30%）、富含 $N_2$的空气。当所需的富氧空气流量小于6000$Nm^3/h$ 时，采用膜分离法更加经济。富氧燃烧规模越小，膜分离法越经济，当氧浓度在30%左右、规模小于15 000 $Nm^3/h$ 时，膜法投资、维修及操作费用之和仅是深冷法和变压吸附法的2/3~3/4。膜法富氧技术在制备富氧方面的应用正在迅速增长（吴黎明和潘卫国，2011）。其他一些新型制氧技术，如化学链金属氧载体制氧、陶瓷自热恢复制氧等也有一定发展，但是离工程大型化还有相当远的距离。

富氧燃烧技术另外一个投资巨大和能耗巨大的部件为尾部的烟气处理系统。它需要把烟气中的 $CO_2$浓度提高到95%以上，并脱除其中的水蒸气、$SO_x$、$NO_x$等，并把其加压到一定压力以利于远距离输运和封存。输运要求的压力一般为10~15MPa；输运对气体成分的要求（intergovernmental panel on climate change，IPCC）为 $CO_2$含量不小于95%、总硫含量的体积分数$<1500\times10^{-6}$、$N_2<4\%$、碳氢化合物不超过5%、露点低于-30℃。这些量大的$CO_2$气体难以被化工、食品、材料等行业消耗完，一般需要进行海洋封存或地质封存及盐水层封存。这需要详细的地质资料等，目前这方面的研究还比较缺乏。

要推广 $O_2/CO_2$燃烧技术，就要研究 $O_2/CO_2$燃烧电站的设计和传统电站向 $O_2/CO_2$燃烧的改造。由于与常规空气燃烧不同的燃烧特性和传热特性，炉膛结构、受热面布置甚至燃烧器等都需要针对富氧燃烧的特征来进行设计，需要考虑炉内高温腐蚀、燃烧器喷口结渣、火焰稳定等问题。Jordal 等着重研究了将 $O_2/CO_2$燃烧技术应用到新建机组，并寻求其最优化的设计方案。刘彦丰等对 $O_2/CO_2$燃烧方式下锅炉机组的总体布置进行了研究，并提出空气分离装置可以制取 $O_2$ 浓度95%以上的助燃剂，采用2/3的烟气总量进行烟气再循环。在公开的文献中还很难找到锅炉改造或新建锅炉的相关设计标准、设计规范和放大准则（王长安和车得福，2011）。

富氧燃烧的燃烧器也是一项关键技术，有研究者在研究 $O_2/CO_2$燃烧中旋流燃烧器的设计和在低氧浓度下稳定燃烧。Tan Yewen 等通过数值模拟设计了 $O_2/CO_2$氛围下工作的燃烧器，并进行了实验验证，发现所设计的燃烧器能够在保证煤粉燃烧的情况下，进一步地降低 $NO_x$的排放。由于专利保护等因素，目前这方面的可用信息还比较少，国内也没有成熟的富氧燃烧专用燃烧器（王长安和车得福，2011）。

虽然煤粉锅炉 $O_2/CO_2$燃烧技术的研究是主要趋势，但是流化床富氧燃烧技术也得到了一定程度的关注。日本北海道工业研究所、荷兰代尔夫特技术大学、美国电厂实验室等以及国内浙江大学、东南大学等曾在循环流化床试验台上进行过 $O_2/CO_2$气氛下的煤燃烧试验研究。目前也有将富氧燃烧技术与旋风炉结合的，以降低旋风炉燃烧中 $NO_x$的排放量。刘宏卫曾在W火焰锅炉中应用 $O_2/CO_2$燃烧技术，将其与空气燃烧的数值模拟进行对比研究。此外，也有在煤与生物质混燃过程中应用$O_2/CO_2$燃烧技术的。胡满银等发现，烟气中水蒸气、$SO_2$和$CO_2$在采用$O_2/CO_2$燃烧时的含量增大较多，起晕电压略有增加，火花电压提高较多，这些变化均有利于电除尘器的运行。目前，为了中和炉内高温，保护受热面，$O_2/CO_2$燃烧技术必须采用烟气再循环。加拿大已经开始研究减少烟气循环量甚至不使用烟气循环的富氧燃烧技术，此技术成功后可大幅度减小锅炉的尺寸（最高达80%），并可提高电站效率以及减少投资和运行费用。与此同时，有研究者提出了利用水或水蒸气中和燃烧高温的氢氧燃料燃烧器，这将使烟气量降为原来的1/3,可减少投资；但是应用该项技术需研制能在气-汽的混合工质下工作的旋转机械。另外加压富氧燃烧技术、工业锅炉富氧燃烧技术和工业窑炉富氧燃烧技术均有出现（王长安和车得福，2011）。

## 7.2.2 存在的突出瓶颈问题

1）富氧燃烧技术存在的突出瓶颈问题总结如下：煤粉颗粒在高浓度$CO_2$气氛下的热解与燃烧反应动力学特性及动力学补偿效应有待深入研究；$O_2/CO_2$燃烧中，燃烧特性受挥发分释放的影响以及气体氛围对煤焦表面和微观结构的影响有待澄清。

2）$H_2O$含量以及$H_2O/CO_2$值的变化对煤粉燃烧的着火特性、火焰传播速度等方面的影响需进一步研究。

3）研究高浓度$CO_2$和$H_2O$对辐射换热特性和对流换热特性的影响，建立更适合$O_2/CO_2$燃烧技术的辐射换热计算模型或公式，提出对炉膛辐射放热系数和烟道复合放热系数修正的方法。气体氛围对灰粒子和焦炭粒子等颗粒物辐射换热特性的影响有待深入研究。修正目前采用的$O_2/CO_2$燃烧热力计算方法，解决$O_2/CO_2$燃烧锅炉的设计问题。

4）研究如何修正目前计算流体学（computational fluid dynamics，CFD）数值模拟中的气体辐射模型，以适用于数值模拟中高浓度$CO_2$和$H_2O$发射率的求解；研究如何建立适用于$O_2/CO_2$燃烧中$NO_x$和$SO_3$的形成预测模型（王长安和车得福，2011）。

5）气体氛围对S、N协同脱除机制的影响，烟气中$SO_x$浓度的提高对低温腐蚀的影响，气体氛围对燃煤颗粒物和痕量元素排放规律和生成机理的影响，高浓度$CO_2$对矿物质成灰行为及受热面结渣腐蚀，$O_2/CO_2$气氛下$NO_x$和$SO_2$生成机理和迁移转变途径，高温下石灰石炉内脱硫机理，低$NO_x$燃烧的机理等方面的影响和机理有待深入研究（王长安和车得福，2011）。

6）研究降低制备$O_2$的能耗，以提高$O_2/CO_2$燃烧电站的竞争力。虽然空气压缩和分离在当今工业发展中是很普遍的方法，但需要研制大型的空气分离设备使之能适应电站锅炉容量。采用$O_2/CO_2$燃烧技术以及空气分离产生的副产品$N_2$的处理及利用还需要做进一步的工作。研究$O_2/CO_2$燃烧锅炉的最佳过量系数和最佳氧浓度，并尽可能地减少锅炉漏风，保证锅炉效率，降低$CO_2$的后处理成本（王长安和车得福，2011）。

7）$O_2/CO_2$燃烧烟气中将含有大量的$CO_2$，纯的$CO_2$在某一个压力、温度下很容易冷却、回收，而在含有水和其他成分的烟气中则不一定，这种差异性对$CO_2$回收的影响有待于进一步研究（王长安和车得福，2011）。

8）由于煤粉着火特性和火焰传播等方面的差异，随着再循环烟气量的变化，煤粉颗粒的热解与燃烧动力学特性、分级配风、风粉配比、燃烧效率、锅炉效率等将发生变化，其变化规律有待深入研究；由于循环烟气中的 $CO_2$ 比热比空气高，并且有较高的水蒸气含量，使得燃烧推迟，火焰温度提高，燃烧器的重新设计或改进方法需进一步研究，以适用于 $O_2/CO_2$燃烧。采用 $O_2/CO_2$燃烧技术后，电站锅炉的热效率随氧量的增加可以提高多少、炉内辐射换热和对流换热会发生什么变化、定量分析的方法、受热面的积灰结渣情况、烟气中杂质的去除、对除尘设备的影响、经济性分析、整体优化设计、传热与传质机理及数学模型的建立、模拟计算、燃烧机理及腐蚀、现有锅炉或新建锅炉设计防止漏气装置以及更大规模的工业化实验等都还需要做更深入的研究。在中试系统研究 $O_2/CO_2$燃烧技术以及如何将该技术推广至其他燃煤锅炉（薛宪阔和刘彦丰，2008）。总之，需要研究适合于富氧燃烧的燃烧器、对传统电站炉的结构及受热面等进行改造、新建电厂的设计方法和规范和整个富氧燃烧电站系统优化，进一步提高 $O_2/CO_2$燃烧电站效率，降低污染物排放。

9）需要进一步实现富氧燃烧技术的逐步放大，以掌握其大型化基本规律、系统优化方法和手段、热力计算和设计导则等，为商业化运行提供坚实基础。

10）对于流化床富氧燃烧技术、加压富氧燃烧技术、工业锅炉富氧燃烧技术、工业窑炉富氧燃烧技术、其他一些新型富氧燃烧技术（如不采用烟气再循环的富氧燃烧技术）等，需要在加深基础研究的同时，逐步探讨工程大型化的可能性。

### 7.2.3 解决方法与潜力

国内在富氧燃烧技术方面呈现出百花齐放的局面，几乎涉及所有研究领域。但是目前很难判断国内在哪方面的研究具有国际领先地位，尽管总体来说国内富氧燃烧技术方面的基础研究、技术开发和工业工程示范等方面与国外水平差距极小。我国富氧燃烧技术的优势是在所有领域均有研究人员涉及（而国际上一些国家往往只注重某些方面的研究），没有形成集团效应。实际上，富氧燃烧技术尽管与常规空气燃烧在燃烧特性、传热特性、污染物排放特性等方面存在较大的区别，富氧燃烧电站也比常规电站多需要制氧单元和尾气处理单元，但是总体来说，富氧燃烧技术没有本质的难点需要克服，目前主要制约在逐步放大过程。这涉及燃烧特性、传热特性、污染物排放等方面的基础研究，也涉及锅炉热力设计、燃烧器、再循环系统、氧气注入器、冷凝器等方面的技术开发，也涉及系统集成和优化等工程示范问题。国内还需在已有基础上继续前进，是有可能掌握富氧燃烧核心技术、占据技术制高点的。

另外，国内在原始创新方面还显得较为不足。目前没有一种原始创新的富氧燃烧技术是由中国人自主独立提出来的，而国外提出的新型技术往往对于我国基本国情（如电站锅炉煤种变化大、好煤差煤一起烧、国内煤种丰富性质各异、燃煤电厂往往需要调峰等）不适应。因此我们需要继续加大基础研究的力度，力求针对中国实际问题，掌握新规律，提出新方法，发展新技术。

考虑到我国的实际情况，煤粉锅炉富氧燃烧技术无疑是重点。我国目前保有巨大的传统空气燃煤电站，每年也需要建设大量的燃煤电站以缓解国民经济增长的需求。因此不仅需要研究传统电站锅炉的富氧燃烧技术改造，还需要发展新建燃煤富氧燃烧电站。这应当是近中期中国富氧燃烧技术的重点和核心。我国也存在不少流化床燃煤锅炉，它们有煤种适用性广、污染物排放较低等优势，是我国火电行业的重要部分。因此发展富氧燃烧技术也不能抛弃流化床燃煤锅炉，需要研究流化床锅炉富氧燃烧改造或新建。加压富氧燃烧技术理论上有很多优点，但是技术局限性较大，目前难以工业化，应当还是定调在基础研究较为合适。工业锅炉和工业窑炉量大面广，且能源消耗巨大，需要有针对性地实现工业锅炉和工业窑炉富氧燃烧技术的逐步放大。

# 7.3　典型案例分析

## 7.3.1　华中科技大学 300kW · th 煤粉富氧燃烧中试装置

### 7.3.1.1　技术特性

华中科技大学煤燃烧国家重点实验室搭建了我国第一台中试规模 $O_2/CO_2$ 循环燃烧装置系统，所涉及的是一套全新的工艺和系统。本试验系统主要分为 8 个子系统：点火系统，由油泵、油过滤系统、供油管道、油枪及点火供风管道组成；给粉系统，由煤斗、给煤机及供粉管道组成；供风系统，由鼓风机、$CO_2$ 储罐、氧气汇流排、空气风机、混气罐、加热器及相应管道系统组成；喷钙系统，由供粉系统、配风系统及给粉管道组成；烟气循环系统，包括冷循环和热循环，由冷循环风机、热循环风机及管道系统组成；烟气处理系统，由旋风除尘器、烟气冷却器、布袋除尘器、静电除尘器、脱硫塔、引风机及相应管道系统组成；控制系统，由安装在管道系统上的热电偶、流量计、压力计、电动阀、控制阀与控制室内的表盘及控制装置组成；测量系统，由烟气分析仪、气体红外分析仪及采样装置和采样管道组成（万立，2008）。该实验台架的流程图如图 7-16 所示，竖直燃烧炉如图 7-17 所示，主要技术参数见表 7-5。

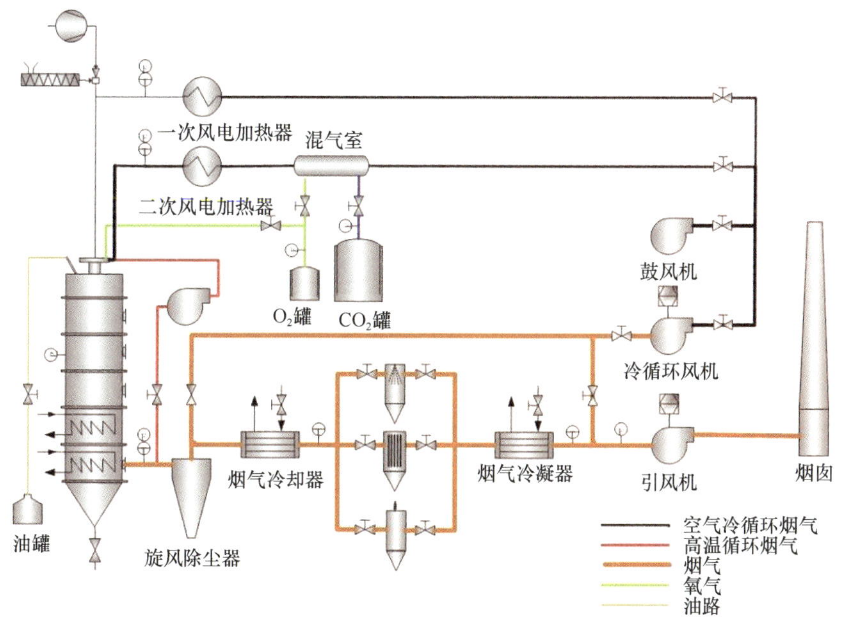


图 7-16　300kW · th 富氧燃烧多污染物协同脱除综合试验台系统流程

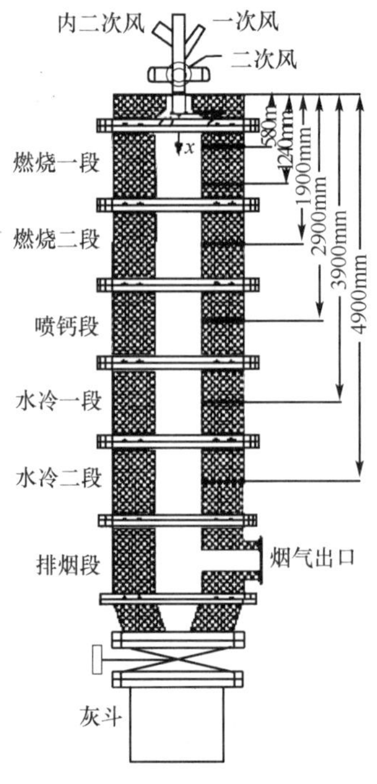


图 7-17 竖直燃烧炉示意图

**表 7-5 300kW · th 富氧燃烧多污染物协同脱除综合试验台主要性能参数**

<table>
<tr><td colspan="2">参数名称/单位</td><td>参数值</td></tr>
<tr><td colspan="2">燃料量/（kg/h）</td><td>35</td></tr>
<tr><td colspan="2">热负荷/kW</td><td>300</td></tr>
<tr><td rowspan="2">炉膛尺寸/mm</td><td>内径</td><td>600</td></tr>
<tr><td>高</td><td>8300</td></tr>
<tr><td colspan="2">总风量/（kg/h）</td><td>390</td></tr>
<tr><td colspan="2">氧量/（kg/h）</td><td>89. 7</td></tr>
<tr><td colspan="2">一、二次风比</td><td>1 : 4</td></tr>
<tr><td colspan="2">炉膛截面风速（1500℃）/（m/s）</td><td>2. 07</td></tr>
<tr><td colspan="2">炉膛截面热负荷/（$MW/m^2$）</td><td>1. 06</td></tr>
<tr><td colspan="2">炉膛容积热负荷/（$MW/m^3$）</td><td>0. 128</td></tr>
</table>

此中试台架不仅是国内的首台研究 $O_2/CO_2$ 燃烧的中试燃烧试验平台，而且是可以对污染物的脱除以及痕量元素的迁移进行综合研究的平台。通过多路控制调节设备，本台架可以方便地进行不同试验条件的切换。在本试验台架上能进行以下几个方面的试验。

1）空气助燃方式的燃烧。不仅可以进行 $O_2/CO_2$ 燃烧试验，还能进行传统的空气助燃的煤燃烧试验，可以利用配风技术和分级燃烧技术研究低 $NO_x$ 燃烧器并寻找更有效地降低 $NO_x$ 排放的方法。

2）$O_2/CO_2$ 气氛下的燃烧。作为从空气助燃的燃烧方式到 $O_2$/RFG 燃烧方式的过渡，$O_2/CO_2$ 燃烧能够帮助寻找富氧燃烧条件下的运行参数，并考虑炉膛的空气泄漏等情况。也是一种在中试台架上值得研究的一种重要的燃烧方式和试验方法。

3）$O_2$/RFG 燃烧。作为富氧燃烧中最重要的一个特点，烟气再循环能使炉膛烟气中的 $CO_2$ 浓度大大提高。本系统包括冷循环系统和热循环系统两套循环装置。冷循环是进行冷却除去烟气中的水分并将除尘后的烟气循环入炉膛和氧气一道参与燃烧；而热循环则将从炉膛中出来的热烟气直接循环进入炉膛，避免热量损失，并考虑烟气中的水分对燃烧的影响，减轻循环系统中的漏风。

4）炉内喷钙增湿活化脱硫。本台架可以用于研究 $SO_x$ 的脱除机理，研究 $O_2/CO_2$ 气氛下 S 的赋存形态的不同，以及 $SO_2$ 生成的不同。利用炉内喷钙和对尾部烟气增湿活化脱硫，研究在不同气氛下的脱硫效率的变化。

5）降低 $NO_x$ 的技术。本台架可以测试结构不同的低 $NO_x$ 燃烧器和富氧燃烧器，并结合分级送风技术，寻找降低 $NO_x$ 的方法；研究富氧燃烧条件下的烟气循环对 $NO_x$ 的生成的影响。

6）多级除尘设备。采用多级除尘设备研究不同除尘设备的除尘效率，并可以方便地采集烟气中不同粒度的飞灰样本。

7）多种污染物协同脱除试验。$O_2$/RFG 燃烧产生的烟气中的 $CO_2$ 浓度很高，$NO_x$ 和 $SO_x$ 的排放也较空气燃烧时低，这就提供了对多种污染物进行协同脱除的可能。

8）痕量元素的演化和迁移。本试验台架可以研究重金属元素和痕量元素在不同气氛下的演化和迁移规律的不同，测试结果更接近工业条件。

对空气助燃、$O_2/CO_2$ 气氛助燃、$O_2$/RFG 冷烟气循环以及 $O_2$/RFG 热烟气循环等 4 个主要工况进行了对比试验。在该台架上成功实现了常规空气燃烧与富氧燃烧的切换，不同富氧燃烧工况的切换等（图 7-18），这为下阶段更大规模富氧燃烧装置的设计和运行提供了依据。实验设定工况和主要试验结果见表 7-6 和表 7-7，实现了 $CO_2$ 的高浓度（95%）富集、脱除 85% $NO_x$ 和脱除 90% $SO_2$，与此同时，对 Hg 的脱除率也接近 70%。

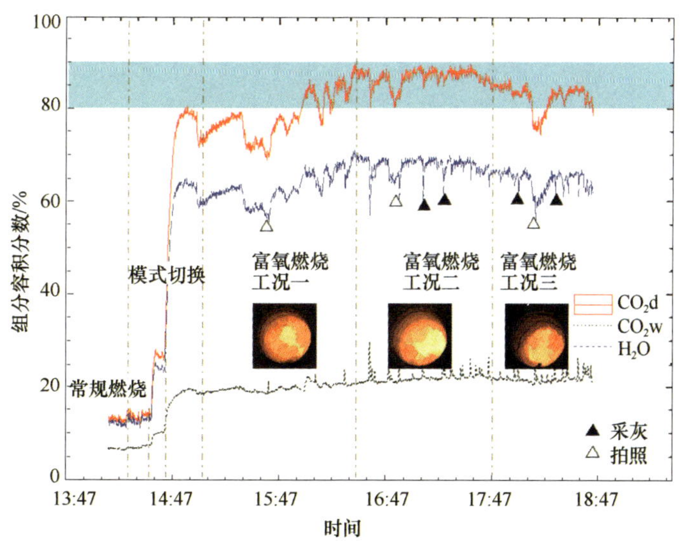


图 7-18　300kW · th 富氧燃烧系统工况切换过程

表 7-6 富氧燃烧中试实验设定工况

| 工况 | 烟气中 $CO_2$ 目标浓度/% | 一次风 | 二次风 | 烟气流量/($Nm^3$/h) | 循环倍率/% | 燃料气的目标浓度干体积浓度/% | | |
|---|---|---|---|---|---|---|---|---|
| | | | | | | $O_2$ | $N_2$ | $CO_2$ |
| 空气 | 17 | 空气 | 空气 | 260 | 0 | 21 | 79 | 0 |
| $O_2/CO_2$ | 98 | $CO_2$ | $O_2+CO_2$ | 240 | 0 | 29 | 0 | 71 |
| $O_2$/RFG（冷） | 90 | RFG | $O_2$+RFG | 202 | 60 | 29 | 0 | 71 |
| $O_2$/RFG（热） | 95 | RFG | $O_2$+RFG | 220 | 50 | 30 | 0 | 70 |

表 7-7 富氧燃烧中试试验结果

| 污染物排放 | 空气燃烧 | $O_2/CO_2$ | $O_2/CO_2$+Ca | $O_2$/RFG+Ca |
|---|---|---|---|---|
| $CO_2$/% | — | 93.9 | 95.5 | 95.4 |
| $NO_x$/（mg/$Nm^3$） | 1438 | 1257（33%） | 308（85%） | 472（89%） |
| $SO_2$/（mg/$Nm^3$） | 5857 | 6460（16%） | 571（93%） | 314（96%） |
| Hg/（mg/h） | 5.89 | 18.15（68%） | — | — |

### 7.3.1.2 环境特性

富氧燃烧技术可望实现较低浓度的 $NO_x$ 排放、较高的脱硫效率和痕量重金属的排放等。在 300kW · th 中试台架上针对空气工况及烟气循环倍率分别为 73%、76% 和 79% 的富氧燃烧工况进行了实验研究，结果如图 7-19 所示。

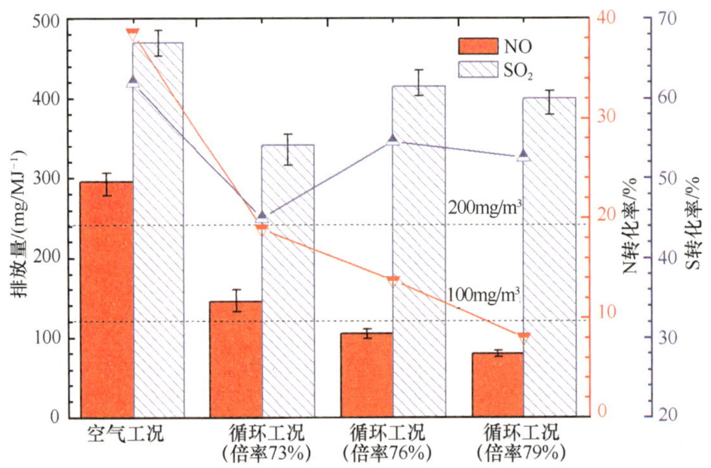


图 7-19 300kW · th 富氧燃烧系统的低污染物排放特性

该实验用煤为湖北青山热电厂的电煤，为一种低挥发分煤，灰分比较高，属于贫煤。对于本实验台架中 35.5kg/h 的给煤量，炉膛的温度相对较低；但这对于研究贫煤的富氧燃烧很有研究价值，并可以详细研究该温度下 $NO_x$ 的生成特性和机理。

### (1) 燃烧一段上部$NO_x$浓度及比较

由表7-8可以看出，在离进口比较近的燃烧一段上部，受气体成分的影响较大，$O_2$/RFG下$NO_x$浓度最高。这主要是由于循环烟气中存在一定的$NO_x$，再次进入炉膛形成了$NO_x$的富集。与空气气氛相比，$O_2/CO_2$气氛下$NO_x$浓度低。通过表7-9对CO浓度的对比可以得出，在燃烧一段下部，$O_2/CO_2$和$O_2$/RFG下CO浓度比Air下高很多，促使了$NO_x$的还原。

**表7-8　燃烧一段段面平均$NO_x$浓度**　　（单位：$mg/Nm^3$）

| 工况 | 燃烧一段上部$NO_x$浓度 | 燃烧一段下部$NO_x$浓度 |
|---|---|---|
| 空气 | 369.59 | 775.14 |
| $O_2/CO_2$ | 296.86 | 365.78 |
| $O_2$/RFG | 533.57 | 648.97 |

资料来源：初琨等，2008

**表7-9　炉膛中CO体积分数**　　（单位:%）

| 工况 | 燃烧一段上部 | 燃烧一段下部 | 燃烧二段 |
|---|---|---|---|
| 空气 | 0.10 | 0.15 | 0.10 |
| $O_2/CO_2$ | >1.00 | >1.00 | >1.00 |
| $O_2$/RFG | 0.3 | >1.00 | 0.06 |

### (2) 燃烧一段下部$NO_x$浓度及比较

在燃烧一段上部到燃烧一段下部这个燃烧区间内，发现空气条件下的$NO_x$浓度上升了109.7%，表明有大量的$NO_x$在这个区间范围内产生；与此同时，在该区域范围内，在$O_2/CO_2$和$O_2$/RFG气氛下$NO_x$浓度分别上升了23.2%和21.6%，上升幅度相对较小（表7-8）。在$O_2/CO_2$和$O_2$/RFG气氛下燃烧一段下部$NO_x$的生成量均小于空气气氛下的，这主要有3个方面原因。①在$O_2/CO_2$气氛下没有$N_2$参与反应，在1200～1300℃温度区域避免了热力型和快速型$NO_x$的生成。②$O_2/CO_2$气氛中由于含有大量的$CO_2$，同时也生成了CO，使得生成的$NO_x$被还原成$N_2$。③烟气的再循环，延长了$NO_x$在炉内的停留时间，延长了还原反应的时间，从而进一步降低了$NO_x$的排放。

### (3) 燃烧二段$NO_x$浓度及比较

通过燃烧一段下部和燃烧二段的$NO_x$（表7-10）比较可以看出，$NO_x$的变化量不大。这也说明，燃烧一段是$O_2/CO_2$气氛下$NO_x$的生成与还原的关键位置，对于此阶段的详细研究将有助于$NO_x$的降低（初琨等，2008）。

表 7-10 燃烧二段段面平均 $NO_x$ 浓度 （单位：$mg/Nm^3$）

| 工况 | $NO_x$浓度 |
|---|---|
| 空气 | 750.60 |
| $O_2/CO_2$ | 470.62 |
| $O_2$/RFG | 655.71 |

### （4）尾部烟气中 $NO_x$ 浓度

同空气工况比较，$O_2/CO_2$、$O_2/CO_2$+Ca、$O_2$/RFG 和 $O_2$/RFG+Ca 这 4 种工况下的 $NO_x$ 排放都有不同程度的降低，其中 $O_2$/RFG 工况下 $NO_x$ 排放指标为 718.75mg/$Nm^3$（表 7-11），特别是考虑了循环倍率后，烟气循环工况排放指标还要更低。这说明该技术确实能很大程度地降低 $NO_x$ 的排放，高浓度的 $CO_2$ 对于 $NO_x$ 的还原是很有利的。富氧燃烧之所以能大大降低 $NO_x$ 的排放，有 3 方面主要原因：①助燃气体中无 $N_2$ 的存在，避免了燃烧过程中由于 $N_2$ 存在的热力型和快速型 $NO_x$ 的生成。传统电站中，热力型 $NO_x$ 及快速型 $NO_x$ 占所排放的 20% 左右，富氧燃烧可以大大降低这一部分所产生的 $NO_x$。②富氧燃烧中由于含有大量的 $CO_2$，同时也生成了 CO，使得生成的 $NO_x$ 被还原成 $N_2$。③循环 $NO_x$ 在未燃烧碳表面发生 NO/CO/char 还原反应，进一步降低 $NO_x$ 的排放。在 $O_2/CO_2$ 和 $O_2/CO_2$+Ca 两种不同工况下，$NO_x$ 的排放明显不同；在加了 Ca 之后，$NO_x$ 的排放有明显的降低，以空气为基准，排放从 1256.79mg/$Nm^3$ 降低至 308.04mg/$Nm^3$，脱氮效率从 33.20% 可增加到 84.73%；对于 $O_2$/RFG 和 $O_2$/RFG+Ca 工况，排放从 718.75mg/$Nm^3$ 降低至 472.32mg/$Nm^3$，这说明在富氧燃烧技术中喷 Ca 可以极大地提高脱氮效率（初琨等，2008）。

表 7-11 烟气中 $NO_x$ 浓度

| 工况 | $NO_x$/（mg/kg 煤） | $NO_x$/（$mg/Nm^3$） | 脱硝率/% |
|---|---|---|---|
| 空气 | 8014.65 | 1437.50 | |
| $O_2/CO_2$ | 5354.16 | 1256.79 | 33.20 |
| $O_2/CO_2$+Ca | 1223.67 | 308.04 | 84.73 |
| $O_2$/RFG | 1329.48 | 718.75 | 83.41 |
| $O_2$/RFG+Ca | 873.66 | 472.32 | 89.10 |

总之，$O_2/CO_2$ 燃烧过程中，采用炉内喷 Ca，能够有效达到 $SO_2$ 和 $NO_x$ 协同脱除；即使使用贫煤，所排放的烟气中污染物的含量也能够达到国家大气污染物的排放标准，具有很高的脱硫脱硝效率。①$O_2/CO_2$ 循环燃烧，在保证炉膛微正压运行及热循环风机的密封条件下，烟气中的 $CO_2$ 的体积浓度可达到 90% 以上。②炉内喷 Ca 以后，在炉内高 $CO_2$ 气氛下，脱硫效率显著提高。③炉内喷 Ca，有利于对高 $CO_2$ 气氛下 $NO_x$ 的脱除，脱硝率达 85%。在烟气循环率为 50% 时，脱硝率为 89%，排放指标为 874mg/kg 煤、472mg/$m^3$，达到国家大气污染物排放的标准（邹春和黄志军，2009）。

#### 7.3.1.3 经济特性

在“863”计划资助下，华中科技大学煤燃烧国家重点实验室首次基于中国主流燃煤机组（2×300We 亚临界电厂和 2×600We 超临界电厂）的实际运行数据和经济学数据（投资成本、运行和维护成本、中国目前的污染物排放税政策及财经现状等）对主流燃煤系统改造为富氧燃烧系统进行了细致的技术-经济分析和评价，结果如下。

1）传统电厂改造为富氧燃烧电厂后，投资成本增加 17%～21%，运行成本增加 14.6%～24.5%，而年度化总成本（投资成本与运行成本之和）仅比原电厂增加 15.1%～24.5%，净输出功率降低 18.1%～19.5%，主要是制氧设备造成了较大的投资成本、制氧过程较大的运行成本和消耗了大量能量的缘故。

2）富氧燃烧系统的供电成本是传统系统的 1.26～1.30 倍（表 7-12），$CO_2$ 减排成本分别为 152～166 元/t（2×300MWe）和 150～163 元/t（2×600MWe），捕集成本分别为 108～118 元/t（2×300MWe）和 109～118 元/t（2×600MWe），但能实现 90% 的燃煤 $CO_2$ 减排。

3）如果富氧燃烧系统富集的高浓度 $CO_2$ 能够资源化利用，一旦 $CO_2$ 售价达到 108～118元/t，则富氧燃烧电厂的发电成本与传统电厂持平。

4）如果考虑征收碳税，税值为 150～166 元/t 时，即使不考虑 $CO_2$ 出售，富氧燃烧电厂也能与传统电厂竞争。

5）同样的传统电站改造为富氧燃烧系统或乙醇胺（MEA）吸收系统时，富氧燃烧系统的供电成本、$CO_2$ 减排成本和捕集成本均低于 MEA 吸收系统，经济性更好；而 MEA 吸收系统存在运行成本过高、难以规模化减排等局限。

以上的对 $O_2/CO_2$ 循环燃烧系统的技术-经济评价显示，在考虑环境污染、控制污染物排放的前提下，$O_2/CO_2$ 循环燃烧技术是一个能够综合去除多种污染物的有效选择，并且是一个经济、可行的方法。

**表 7-12　常规电厂与富氧燃烧电厂的发电成本汇总**（单位：元/MW·h）

| 项目 | 2×300MWe 亚临界 | 2×600MWe 超临界 |
|---|---|---|
| 常规，配备脱硫脱硝装置 | 264～278 | 235～248 |
| 常规，不配备脱硝装置，课硫/硝税 | 243～251 | 222～230 |
| 富氧燃烧，$CO_2$ 不出售 | 347～368 | 312～331 |
| 富氧燃烧，$CO_2$ 销售做 EOR（提高原油采收率），100 元/t | 293～313 | 262～279 |
| 富氧燃烧，$CO_2$ 销售做 EOR，120 元/t | 274～295 | 245～262 |
| 富氧燃烧，$CO_2$ 销售做 EOR，150 元/t | 246～266 | 220～237 |

注：$CO_2$ 售价按 160 元/t 计算。

## 7.3.2　加压富氧燃烧

### 7.3.2.1　技术特性

加压富氧燃烧技术是在常压富氧燃烧的基础上提高燃烧空间压力的燃烧技术。该技术的提出主要针对富氧燃烧发电系统的系统效率大幅降低所提出来的。其简易流程图如图 7-20 所示。为便于对燃料加压，采用水煤浆作为燃料，并从汽轮机抽气作为水煤浆的雾化蒸汽。在进入锅炉之前，从冷凝器出来的给水先经过酸凝器以充分吸收烟气中的热量。加压富氧燃烧的烟气经过酸凝器干燥后，主要成分将为 $CO_2$，经简单净化后即可进行压缩液化。

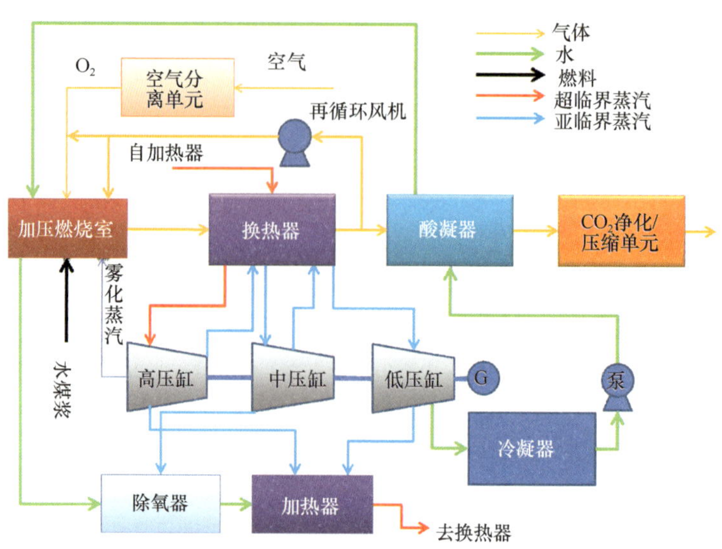


图 7-20 加压富氧燃烧流程示意图

加压富氧燃烧与常压富氧燃烧相比有两个主要特征：压力条件下燃烧以及炉膛尾部的酸凝器。常压富氧燃烧条件下，由于燃烧后烟气的酸露点较低（约 120℃），回收其中的热量的代价较大，一般采用冷却水或者海水使其冷凝、热量不进行回收的流程。通过加压可以将酸露点提高至 190℃左右，此时，可以用来加热进入除氧器和加热器前锅炉的给水，通过冷凝将水蒸气含有的潜热释放到给水中，从而提高系统效率。另外，加压使烟气体积缩小，更易获取其中含有的热量。加压富氧燃烧后的已有烟气压力精简了$CO_2$的捕获压缩过程中的压缩工艺，减少了碳捕获封存（carbon capture and sequestration，CCS）过程的能耗。

能耗较大从而造成系统整体效率下降是目前所有的 $CO_2$ 捕获技术的主要代价。以富氧燃烧为例，以国内一 1000MWe 超超临界发电机组为参照，使用流程仿真软件模拟常压的富氧燃烧捕获 $CO_2$ 流程的拟结果表明，1000MWe 带 $CO_2$ 捕获的常压煤富氧燃烧超超临界发电系统的净效率较常规不含 $CO_2$ 捕获参照机组下降 13.3%。通过热回收等手段优化系统的热效率，可使净发电效率的损耗降低至 8.9%。常压富氧燃烧时的主要自用能耗用于空气分离制氧和 $CO_2$ 的捕集与压缩，其中空分单元的电耗是 $CO_2$ 捕获单元的 1.9 倍。

加压富氧燃烧是降低富氧燃烧系统能耗的一种手段。表 7-13 为以 1000MWe 超超临界煤粉-空气燃烧发电机组为基准，使用 Aspen Plus 流程仿真软件模拟的常压富氧燃烧和加压富氧燃烧的系统能效结果对比；加压富氧燃烧较常压富氧燃烧净效率上升了 3.5 个百分点。

**表 7-13 模拟常压与加压富氧燃烧的能效对比**

| 项目 | | 常压燃烧 | 加压燃烧 |
|---|---|---|---|
| 系统参数 | 燃烧室压力/MPa | 0.1 | 3.13 |
| | 输入热量（低位）/MW | 2408 | 2408 |
| CCS 消耗 | 空气分离/MW | 192.9 | 195.2 |
| | $CO_2$捕获压缩/MW | 95.3 | 17.9 |
| | 合计/MW | 288.2 | 213.1 |

续表

| 项目 | | 常压燃烧 | 加压燃烧 |
|---|---|---|---|
| 其他厂用电 | 泵/MW | 24.9 | 23.9 |
| | 风机/MW | 2.9 | 5.53 |
| | 其他/MW | 5 | 5 |
| 输出 | 蒸汽轮机/MW | 1173.6 | 1184.6 |
| | 合计/MW | 1173.6 | 1184.6 |
| | 净输出/MW | 852.6 | 937.07 |
| | 净效率/% | 35.4 | 38.9 |

通过提高燃烧空间的压力，使得燃烧后烟气的露点提高至 167～222℃，如图 7-21 所示。富氧燃烧后的烟气主要是由 $CO_2$ 和水蒸气（$H_2O$）组成。捕集 $CO_2$ 需要通过除掉烟气中的水蒸气（$H_2O$），通常采用冷却的方法使水蒸气冷凝为液态水。由于温度过低，冷凝过程中释放的潜热只有少部分能被回收利用。加压富氧燃烧使烟气的露点提高后，冷凝过程中所释放的潜热中能被利用的部分随压力的增大而增加，如图 7-21 所示。加压富氧燃烧的流程中一般利用这部分热量用来加热蒸汽冷凝器过来的给水。

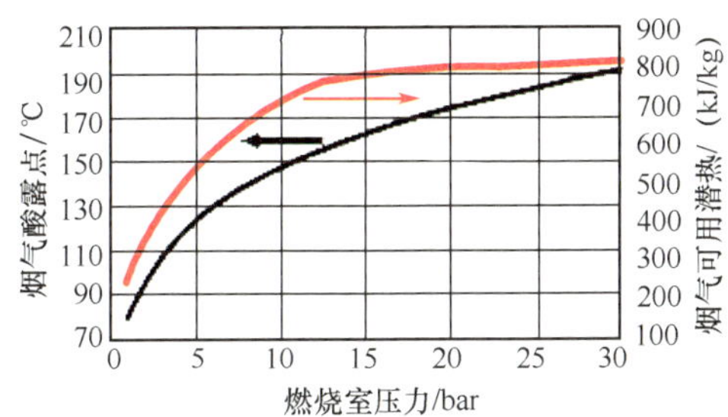


图 7-21　烟气酸露点和可用潜热随燃烧室压力的变化

利用烟气冷凝的潜热来加热给水将节省从汽轮机的抽气。锅炉-汽轮机系统通常使用抽蒸汽的方式对将要进入锅炉的给水进行回热预热。加压燃烧过程中的给水吸收烟气冷凝释放的潜热后，可以减少对应负荷的蒸汽的使用量，能使更多的蒸汽用于发电，从而提高了系统的毛发电量，如图 7-22 所示。另外，回热蒸汽使用量的降低能降低对应的换热器的面积或者数量。

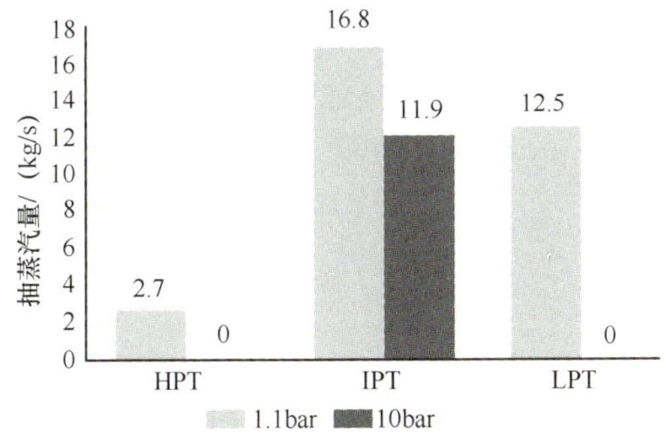


图 7-22　300MWe 富氧燃烧发电系统的加热用抽蒸汽量对比

HPT——高压缸；IPT——中压缸；LPT——低压缸

利用烟气冷凝的潜热来加热给水提高锅炉效率。和上述原因类似，由于加压后烟气的充分放热，使排烟温度也将降低，使锅炉的排烟热损失较常压时低，如图 7-23 所示。

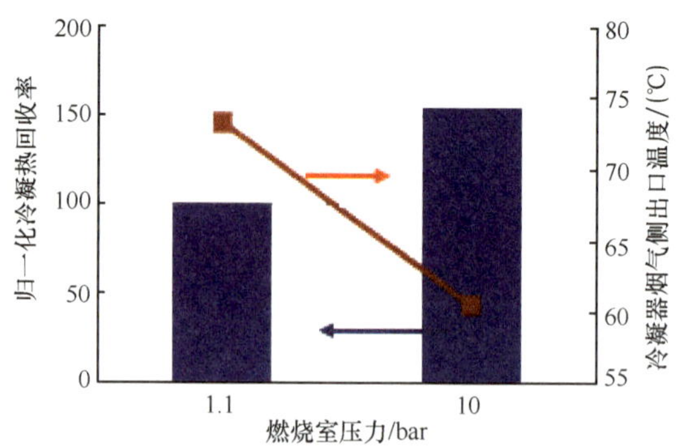


图 7-23　加压富氧燃烧可使排烟温度有效降低

加压富氧燃烧的另一个突出优点就是使 $CO_2$ 的捕获压缩工艺简化。由于烟气在加压燃烧过程后依然维持较高的压力，捕获压缩 $CO_2$ 的过程中需要的能耗大幅降低，使 $CO_2$ 的压缩过程简化，节约了系统自身的电耗。

燃料的加压富氧燃烧的研究尚处于空白阶段。气体燃料的加压燃烧技术常见于燃气轮机。煤等固体燃料的加压燃烧目前尚处于研究阶段。压力将显著影响煤挥发分的析出量、颗粒膨胀以及焦的结构。高压抑制焦油的形成和释放，并且切换成更轻分子量组分。另一方面，高压促进二次反应，从而增加轻气体的产量。由于焦油是挥发分的主导产物，挥发分的总产量由于压力的升高而下降。加压条件下会生成孔隙率更高的焦，从而产生更多的超细颗粒。这有可能也会对 $NO_x$ 的排放有重要影响。可以推断，富氧燃烧条件下的加压燃烧由于 $CO_2$ 和 $H_2O$ 浓度的提高相对传统的加压燃烧以及常压的富氧燃烧的反应动力学以及污染物的生成规律可能会发生明显变化。

#### 7.3.2.2　经济特性

带 $CO_2$ 捕获的富氧燃烧，无论是常压还是加压，都因为空气分离单元和 $CO_2$ 捕获压缩耗能太高而使发电系统的净效率大幅降低。在这种条件下，加压富氧燃烧相对常压富氧燃烧有提高锅炉效率、降低蒸汽轮机抽气和简化 $CO_2$ 捕获流程的优势而可使净效率上升 3.3 个百分点，收益相对更大。此外，加压富氧燃烧发电系统相比常压系统，一方面减少蒸汽回热加热器、缩小设备体积以及降低再循环风的体积流量使其建设成本降低，另一方面需要增加带压力的燃烧设备以及带压运行的系统附加成本使其建设费用上升。这两部分基本上可相互抵消。由此加压富氧燃烧相比常压的富氧燃烧更具经济效益，具有更广的发展空间。

#### 7.3.2.3　环境特性

富氧燃烧本身 $NO_x$ 排放由于烟气再循环作用较常规燃烧低。高压条件下煤焦和 $CO_2$ 以及 $H_2O$ 的反应由于压力的升高反应级数可能会上升。压力的增加有可能还会造成生成 $NO_x$ 的反应路径发生一定偏移，可能出现比常压时更低的 $NO_x$ 排放，如图 7-24 所示。

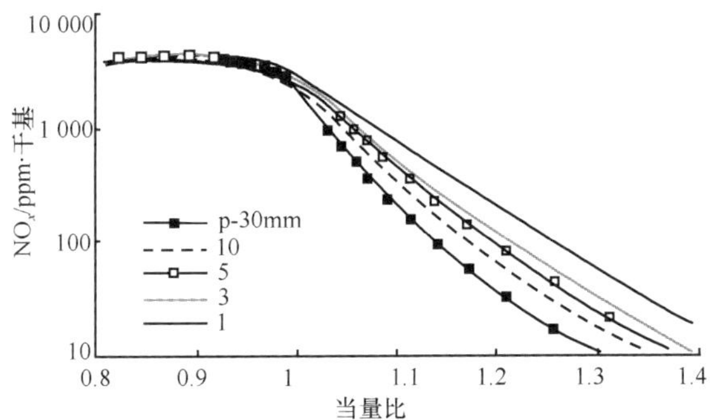


图 7-24　甲烷-空气加压燃烧 $NO_x$ 排放的模拟结果

带$CO_2$捕获的富氧燃烧发电系统由于对烟气进行冷凝，大多数已经生成的$SO_x$将溶解入烟气侧的冷凝水中，将几乎没有气态的$SO_x$排放。

同样是由于烟气侧冷凝水的作用，绝大多数超细颗粒将被液态水所捕获，不会随气体排放。尽管在加压燃烧过程中可能会生成更多的超细颗粒。

其他污染物排放特性未知。烟气侧冷凝水由于$SO_x$等气体以及超细颗粒的进入可能需要进行适当的水处理后才能排放。

## 7.3.3　工业锅炉富氧燃烧技术

以2008年大庆油田矿区服务事业部五号热水锅炉采用富氧技术改造为例。

锅炉容量为29MW·th，采用膜法局部增氧助燃技术改造。改造后燃烧工况明显改善，锅炉出力增强，能耗降低，提高了锅炉热效率，烟尘排放也达到国家相关排放标准。

为该工业锅炉增加的膜法富氧助燃工艺流程图如图7-25所示。

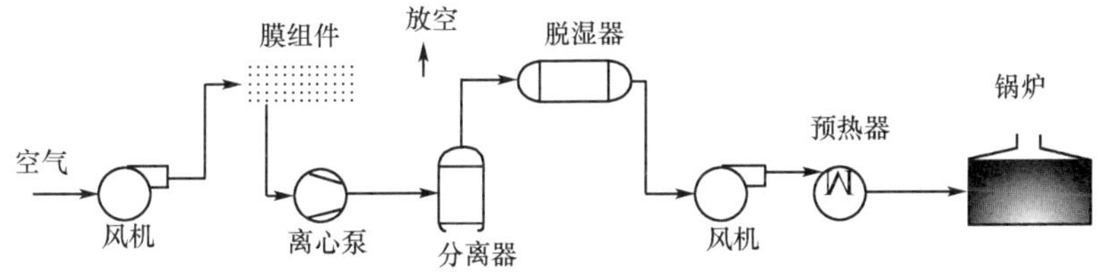


图 7-25　工业锅炉膜法富氧助燃工艺流程图

空气经空气净化器除去大于10μm的灰尘后，由通风机送至富氧发生器；氧气优先渗透通过膜组件，形成氧浓度26%~30%的富氧空气；由水环式真空泵抽去后，经汽-水分离器脱除部分水分，再通过脱湿器脱除其中的水蒸气，由增压风机将富氧空气增压至3000~3500 Pa，送至安装于空预器和省煤器之间的烟道内。富氧空气分两路送入炉内：一路通过炉排下部的风室，由导风器、富氧均化喷头在横向均匀地高速喷入炉内煤层进入炉膛；另一路则从后拱前段，通过具有扩散角的“富氧高温喷嘴”喷入火焰上部，使火焰中的未完全燃烧物达到完全燃烧，同时具有提高火焰温度的效果（方寿奇，2001）。

系统主要设备包括过滤器 1 台、通风机 1 台、膜装置 1 套、真空系统 1 套、脱湿系统 1 套以及增加风机 1 台。

富氧技术改造前后，在锅炉负荷不低于 24.5MWe 煤质相同、煤量相同、炉内水流量不变的情况下，节能率为 6.15%，炉内燃烧温度提高 34℃，燃烧效率提高 10.16%，飞灰中可燃物含量降低 10.2%，相同燃料量条件下锅炉出力提高了 1.25MWe。通过锅炉热平衡计算锅炉的平均热效率由 78.19% 提高到 82.59%，提高了 4.4 个百分点。

从经济性上分析：制氧设备功率为 94kW，设备安装总费用在 60 万元左右；而 2008 年采暖期设备运行 106 天，根据节能率 6.15% 折合煤价进行计算，一个采暖期可以节约资金 35 万元，扣除富氧设备能耗约 13.5 万元，每个采暖期取得净效益 21.5 万元左右；项目投资约 3 个采暖期收回成本。

### 7.3.4　工业窑炉富氧燃烧技术

美国 B&W 公司及法国液空公司联合建立的 30MW · th 清洁环境开发装置是针对富氧煤粉燃烧试验台。试验台于 2007~2008 年成功进行了两种燃烧器以及不同种类褐煤、烟煤、贫煤等煤种的富氧燃烧实验。系统工艺流程图如图 7-26 所示。

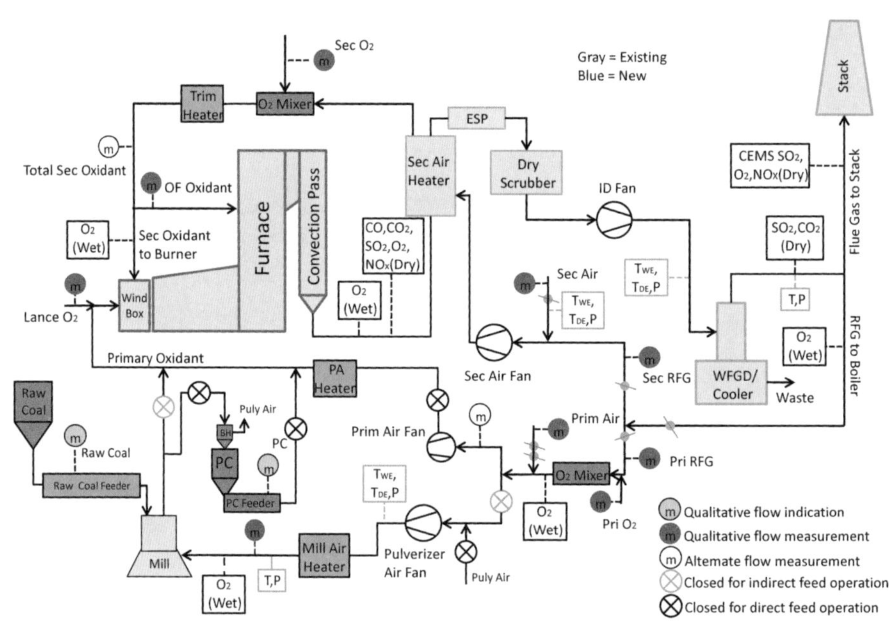


图 7-26　富氧煤粉燃烧试验台

试验台可以实现从空气至富氧燃烧气氛的平滑变化，同时配备烟气再循环系统。实验燃烧器火焰的稳定性与一次风区域氧浓度以及再循环的湿度密切相关。在燃料流量一致的条件下，富氧燃烧火焰相对于空气燃烧火焰略短。

实验研究结果还表明，$NO_x$ 的排放量仅为空气燃烧的 50% 左右，而 $SO_x$ 则基本不变。

图 7-27 为 $NO_x$ 排放对比。图中横坐标为过量氧气系数，纵坐标为以空气燃烧中的 $NO_x$ 排放量为基准的百分比基准线。看到图中蓝色的点为空气燃烧时 $NO_x$ 的排放量；绿

色的点为富氧燃烧时 $NO_x$ 的排放量，明显低于空气燃烧时的值。

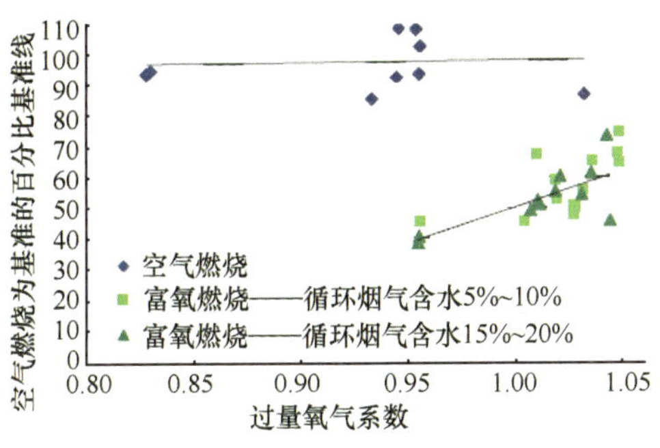


图 7-27　污染物排放特性

## 7.4　知识产权分析

在富氧燃烧方面国内外形成了不少专利。国外 245 项，其中 15 项针对富氧燃烧发电，来自美国和德国的专利居多，其中美国 120 项、德国 42 项。国内形成专利 23 项，大部分集中在钢铁、玻璃行业。国外日立和 Foster Wheeler 等公司在富氧燃烧的系统控制以及燃烧手段上形成了一些专利，例如，日立公司（欧洲专利号：1053817.1）公开了一种用两段煤粉锅炉进行富氧燃烧的方式，用其中一个锅炉的烟气送入另一个锅炉的燃烧器以完成送粉。该流程建立在理想条件下，未考虑系统漏风以及颗粒物对 $CO_2$ 捕获设备的影响，未对烟气进行进一步处理就直接进行压缩存储，是不切合实际的。其他专利多针对富氧燃烧系统的控制如在传统空气助燃的燃烧方式和富氧燃烧方式之间的控制切换，如何控制系统的流程分配以提高系统的效率。国内专利也多集中在流程的组织方面，例如，国内专利（专利号：200610124994）公开了一种富氧燃烧循环流化床锅炉系统，采用纯氧助燃的方式进行流化床燃烧。

从目前已有的与富氧燃烧的相关专利来看，直接应用于工业上煤粉富氧燃烧的针对富氧燃烧在再循环烟气送粉难着火等特性及其污染物控制等方面的发明较少。目前国内外关于富氧燃烧器的专利多是应用于钢铁、玻璃等窑炉的富氧气体燃烧器。国内富氧燃烧器相关的授权专利也都仅是通过提高氧浓度来达到气体/煤粉稳燃的目的，未涉及烟气循环方式和 $CO_2$ 减排的目的。在所查找范围内，未见到针对燃煤锅炉 $CO_2$ 减排的具有 $O_2/CO_2$ 循环特点的煤粉燃烧器的专利。据了解，国外大公司对其研发的富氧燃烧专用燃烧器，为保密起见，即使申请了专利也选择暂不公布，在公开的文献和会议交流中也对有关细节严格保密，如德国 Aachen 对其燃烧器申请的专利（DE 102007021799.6）。在公开报道的期刊和会议文献中，仅 CANMET 发表了其早期开发的专用富氧燃烧器的外形特征及其数值模拟的结果，但对后期的富氧燃烧器情况则严格保密；其余各研究单位的燃烧器仅在会议交流资料内有零星的描述。

在加压富氧燃烧方面，目前，针对的专利主要集中在常压条件下的高效燃烧器、系统流程与控制方面。加压富氧燃烧近几年有一些研究，主要针对其可行性和经济性，但针对加压富氧燃烧的相关专利较少，国内仅 1 个，有较大的技术发展空间。

在工业锅炉方面，据不完全统计，截至目前，国内有关富氧燃烧工业锅炉的专利文献共有33项，其中富氧燃烧器相关专利9项，燃烧组织及污染物控制相关专利17项，循环流化床富氧燃烧相关专利7项。从专利申请机构上分析，富氧燃烧研究中公司申请专利16项，大学及研究所申请专利13项，个人申请专利4项。国外富氧燃烧以美国、日本、德国为主。共检索到富氧燃烧工业锅炉相关应用38项，其中日本10项，美国和德国各9项，其他国家等共10项。从工业锅炉的富氧燃烧技术应用专利上看，国内富氧燃烧技术仍在研究阶段，尚未有大量实用新型专利出现，已经发布的内容也属于基础研究类居多，仍有许多技术领域可以提出新技术专利。

在工业窑炉方面，截至目前，国内有关富氧燃烧工业窑炉的专利文献共有39篇。按照应用行业区别，玻璃行业富氧燃烧技术相关专利24篇，工业窑炉方面专利10篇，陶瓷窑富氧燃烧技术专利3篇，石灰窑和水泥窑各1篇。可以看出玻璃行业富氧燃烧技术应用最广泛，相关专利项目最多。其他行业如水泥，石灰等使用工业窑炉富氧燃烧技术的相对较少。按照专利内容区分，涉及局部增氧技术的专利5篇，介绍富氧燃烧装置的专利7篇，纯氧燃烧技术专利14篇，多为玻璃窑应用纯氧燃烧技术的专利；富氧助燃技术专利2篇，应用富氧燃烧技术后窑炉结构专利2篇，纯氧燃烧器专利5篇，工业窑炉纯氧燃烧设备辅机类4篇。国外检索到的富氧燃烧工业窑炉专利文献共有28篇，美国有10篇，日本有6篇，德国有8篇，欧盟专利有3篇，法国有1篇。从国内的专利分布上看，玻璃窑炉富氧燃烧技术已经得到了广泛的应用，无论是富氧助燃，还是直接采用纯氧燃烧技术，都已经有了多项涉及燃烧各个方面的相关专利。但与之形成鲜明对比的是其他行业工业窑炉并没有大量富氧燃烧技术的相关专利，因此对于其他行业的工业窑炉，富氧燃烧技术专利仍有很大的发展空间。

而对于富氧燃烧应用中的空分领域，从国内外目前的专利来看，似乎都没有针对富氧燃烧的空分流程，所以根据富氧燃烧的技术要求进行全新的流程组织和关键核心设备开发与匹配是极其必要的。目前的空气分离技术国内外已经形成了不少技术标准，相关的产品标准至少11项、容器设备类标准不少于24项。这些标准规定了大中型空气分离设备的设计、制造工艺及其生产过程和产品质量。富氧燃烧时所采用的$O_2$的纯度要求不高，现有的技术手段能满足要求。但是由于空分过程的能耗是富氧燃烧发电过程中效率降低的主要原因，空分的流程与发电系统需要更有效率的结合以缩减$CO_2$的捕获成本。

## 7.5 富氧燃烧技术经济评价

富氧燃烧技术要得到大力发展，其经济可行性也是重要的决定因素，因此运用技术经济学的知识，对富氧燃烧技术进行了技术经济学评价。选取2×300MWe亚临界、2×600MWe超临界、2×1000MWe超超临界3种国内典型燃煤电站作为评价对象，利用2010年发布的国内燃煤电厂权威数据，分析了传统电站和富氧燃烧电站的发电成本、富氧燃烧电站$CO_2$减排成本和$CO_2$捕捉成本等，并讨论了$CO_2$售价和碳税对富氧燃烧技术经济性的影响。最后，对富氧燃烧系统中的一些重要参数，如燃煤价格、空分装置价格、尾气处理装置价格、$CO_2$捕集效率等以及煤种进行了灵敏性分析，分析它们对富氧燃烧系统经济性的影响。

技术经济学作为应用经济学的分支，被广泛用于研究技术应用活动的经济效益，实现技术和经济的最佳结合；经济技术评价对于火电厂这类技术密集型和资金密集型产业尤为重要。国内外已有很多研究者在针对传统燃煤电站的脱硫与脱硝技术进行技术经济评价和分析。随着$CO_2$减排技术逐渐进入商业化阶段，如氧燃烧技术、IGCC技术、MEA或MEA/MDEA（单乙醇胺/甲基二乙醇胺，monoethanolamine/methyldiethanolamine）吸收技术，这些新型技术的成本问题越来越受到人们的关注，目前对其进行技术经济分析是当务之急（赵海波等，2010）。

对研究的富氧燃烧技术而言，国外已经陆续有示范电厂和商业性电厂建成、运行。国内对富氧燃烧技术的研究也从实验室规模发展到中试，之后也将发展为示范电厂、商业化运行。因此针对中国特有的国情、直接在中国现有能源信息的基础上针对富氧燃烧火电厂进行技术经济分析是非常重要、迫切的工作。但是，$CO_2$减排系统的技术经济性能较为复杂，主要取决于该$CO_2$减排系统的热功率、技术成熟度、所在国家或地区的污染物排放政策（包括传统污染物$SO_x$、$NO_x$、可吸入颗粒物等以及新型污染物$CO_2$等），甚至与财经政策（如贷款利率、通货膨胀率等）等紧密相关。系统功率、燃烧工况等本身在各学术机构之间存在巨大差异，一般依据的是欧美等西方国家的污染物税收政策和财经政策等，因此目前公开文献上的研究结果不一定符合中国的现状。因此，针对中国国情的、直接在中国现有能源信息的基础上进行的各种$CO_2$减排技术经济评价非常的有必要，通过比较各种$CO_2$减排系统的发电成本、减排成本和捕捉成本等，为政治层面上的决策提供可信的依据（赵海波等，2010）。

需要着重说明的是，以下数据和结果是针对于国内典型燃煤电厂的普遍情况。

### 7.5.1 成本计算基本方法

由于目前国内尚无30MW以上的氧燃烧电站示范或商业运行，对其进行技术经济评价需要建立在对应的传统燃煤电站的基础上。在保持氧燃烧电站的锅炉出力和总功率与传统电站相同的基础上，氧燃烧电站主要不同于传统电站之处：对锅炉岛进行燃烧器、受热面、烟气再循环等的改造；配备深冷空气分离制氧（ASU）系统；配备尾部烟气压缩冷凝纯化（furnace gas unit，FGU）系统。因此，对氧燃烧电站的技术经济评价的基本流程如下。

1）通过模拟或调研的方式，获取传统电站的热力学参数（如煤耗量、发电功率、锅炉热效率等）、运行状况（如年运行小时数、维护因子、摊销率、折旧率、人员费等），以及电站本体和脱硫系统、脱硝系统等的设备成本和运行成本等。本节的主要相关数据来源于中国电力工程顾问集团公司发布的《火电工程限额设计参考造价指标（2009年水平）》。由于目前未有30MW以上的富氧燃烧示范电站商业运营，对其锅炉改造成本、FGU投资成本和功耗可依据相关文献采用估计值，深冷空气分离制氧系统（ASU）的投资成本和功耗可调研相关制氧企业获得。

2）由于电站项目在建设时一般需要大规模的商业贷款等进行融资，则需要调研市场的相关经济政策（如年利率、燃料价格、水价、蒸汽价格、石灰石价格、石膏价格等）。

3）根据以上调研的电站的基本相关参数和市场行情，计算传统电站和富氧燃烧电站的各项成本（燃料成本、投资成本等）和发电成本，进而计算富氧燃烧电站的 $CO_2$减排成本、$CO_2$捕捉成本并对其进行灵敏性分析计算等（赵海波等，2010）。

表 7-14 为 3 种机组方式下传统电站（分为不配备脱硫与脱硝系统、仅配备脱硫系统、仅配备脱硝系统、配备脱硫与脱硝系统 4 种）和富氧燃烧电站［分为配置 LIFAC（炉内喷钙-炉后增湿活化）脱硫系统和不配置脱硫系统两种，且均不考虑碳税和 $CO_2$出售］的发电成本。图 7-28 将 3 种机组方式下不同配置情况的发电成本进行了比较。

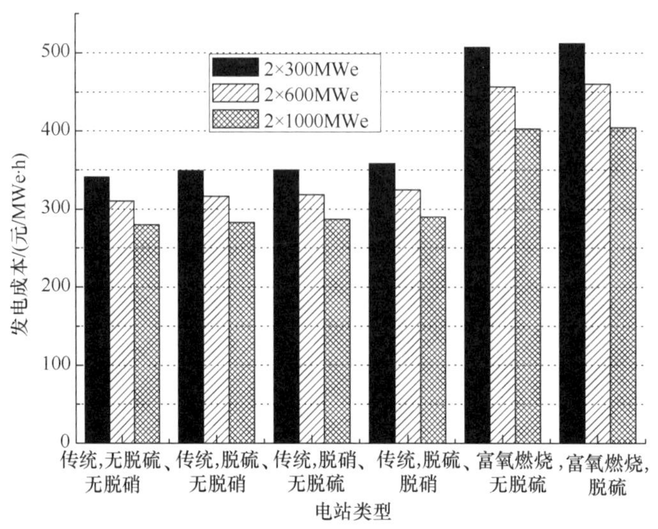


图 7-28 3 种机组方式下不同系统配置时的发电成本

由表 7-14 和图 7-28 可得出下述结论（以下论述均依次分别针对 2×300MWe 亚临界、2×600MWe 超临界、2×1000MWe 超超临界 3 种机组）。

1）传统空气燃烧方式下的发电成本范围分别是 341.04～358.72 元/（MW·h）、310.57～324.50 元/（MWe·h）、280.19～290.12 元/（MWe·h）。增加脱硫、脱硝装置使得发电成本分别增加 5.18%、4.49%、3.54%。富氧燃烧方式（脱硫）相对于空气燃烧方式（脱硫、脱硝），其发电成本分别增加 42.83%，41.66%，39.43%。本节计算的发电成本没有考虑投资方分利、所得税等，而这部分成本约占系统发电成本 12%～14%。如果考虑这部分成本的影响，计算得到的传统电站的发电成本与文献中的结果基本符合，由此可说明本文的技术经济性分析是基本合理的。

2）增加脱硫、脱硝设备使得静态投资分别增加 8.7%、8.32%、5.88%；而富氧燃烧电站（脱硫）的静态投资相对传统燃煤电站（脱硫、脱硝）分别增加 20.72%、24.73%、26.07%。随着机组从亚临界到超临界，再到超超临界，因为材料的提升和一些特殊部件的进口，使得锅炉的成本增加迅速。

3）富氧燃烧电站即使不安装脱硫、脱硝系统，也可实现较低的 $SO_x$和 $NO_x$排放；而安装 LIFAC 脱硫系统之后，静态投资仅比无脱硫系统的氧燃烧电站增加 1%左右，年度化总成本几乎不变，功率减少 0.5%左右，发电成本增加不超过 1%，但可达到传统电站石灰石-石膏法相同的脱硫效率。

**表 7-14　三种机组在不同配置下的技术经济分析**

| 电站类型 | | 发电成［元/(MWe·h)］ | 静态投资成本/M元 | 平均年度化总成本/M元/a | 净输出功率/MWe | $SO_x$ 脱除量/排放量/(t/a) | $NO_x$ 脱除量/排放量/(t/a) | $CO_2$ 捕捉量/排放量/(t/a) |
|---|---|---|---|---|---|---|---|---|
| 2×300MWe亚临界机组 | 传统电站（无脱硫、无脱硝） | 341.04 | 2 647.2 | 966.86 | 567 | 0/8 358.3 | 0/5 846.56 | 0/2 695 431.08 |
| | 传统电站（脱硫、无脱硝） | 349.36 | 2 786.49 | 974.72 | 558 | 7 940.39/417.92 | 0/5 846.56 | 0/2 695 431.08 |
| | 传统电站（脱硝、无脱硫） | 350.23 | 2 738.44 | 990.63 | 565.7 | 0/8 358.3 | 4 677.25/1 169.31 | 0/2 695 431.08 |
| | 传统电站（脱硫、脱硝） | 358.72 | 2877.72 | 998.49 | 556.7 | 7 940.39/417.92 | 4 677.25/1 169.31 | 0/2 695 431.08 |
| | 富氧燃烧电站（无脱硫） | 507.19 | 3 427.72 | 1 017.00 | 401.03 | 3 343.32/5 014.98 | 748.36/1 122.54 | 2 386 119.32/265 124.37 |
| | 富氧燃烧电站（脱硫） | 512.36 | 3 474.15 | 1 019.69 | 398.03 | 7 940.39/417.92 | 748.36/1 122.54 | 2 386 119.32/265 124.37 |
| 2×600MWe超临界机组 | 传统电站（无脱硫、无脱硝） | 310.57 | 4 410 | 1 766.53 | 1 137.6 | 0/15 867.51 | 0/1 1 099.18 | 0/5 117 040.59 |
| | 传统电站（脱硫、无脱硝） | 316.39 | 4 641.81 | 1 778.70 | 1 124.4 | 15 074.13/793.38 | 0/1 1 099.18 | 0/5 117 040.59 |
| | 传统电站（脱硝、无脱硫） | 318.59 | 4 545 | 1 809.59 | 1 136 | 0/15 867.51 | 8 879.35/2 219.84 | 0/5 117 040.59 |
| | 传统电站（脱硫、脱硝） | 324.51 | 4 776.81 | 1 821.76 | 1 122.8 | 15 074.13/793.38 | 8 879.35/2 219.84 | 0/5 117 040.59 |
| | 富氧燃烧电站（无脱硫） | 456.34 | 5 881.06 | 1 865.45 | 817.57 | 6 347.00/9 520.50 | 1 420.70/2 131.04 | 4 531 454.13/503 494.90 |
| | 富氧燃烧电站（脱硫） | 459.69 | 5 958.34 | 1 869.03 | 813.17 | 15 074.13/793.38 | 1 420.70/2 131.04 | 4 531 454.13/503 494.90 |
| 2×1000MWe超超临界机组 | 传统电站（无脱硫、无脱硝） | 280.19 | 7 182 | 2 675.81 | 1 910 | 0/24 323.10 | 0/17 013.80 | 0/7 843 847.06 |
| | 传统电站（脱硫、无脱硝） | 283.20 | 7 429.09 | 2 684.76 | 1 896 | 23 106.95/1 216.16 | 0/17 013.80 | 0/7 843 847.06 |
| | 传统电站（脱硝、无脱硫） | 287.05 | 7 357 | 2 738.49 | 1 908 | 0/24 323.10 | 13 611.04/3 402.76 | 0/7 843 847.06 |
| | 传统电站（脱硫、脱硝） | 290.12 | 7 604.09 | 2 747.44 | 1 894 | 23 106.95/121 616 | 13 611.04/3 402.76 | 0/7 843 847.06 |
| | 富氧燃烧电站（无脱硫） | 402.91 | 9 504.38 | 2 833.52 | 1 406.52 | 9 729.24/14 593.86 | 2 177.77/3 266.65 | 6 947 407.39/771 934.15 |
| | 富氧燃烧电站（脱硫） | 404.52 | 9 586.74 | 2 835.42 | 1 401.86 | 23 106.95/1 216.16 | 2 177.77/3 266.65 | 6 947 407.39/771 934.15 |

4）富氧燃烧电站的静态投资增加主要是因为ASU系统很高的商业价格以及FGU系统的投资。随着制氧技术的进一步发展以及大规模制氧系统市场的进一步增大，ASU系统的投资成本应该会显著地下降，届时富氧燃烧电站的经济性将得到显著的提升。

5）富氧燃烧电站（脱硫）相对于传统电站（脱硫、脱硝），其年度化总成本分别增加2.12%、2.59%、3.20%，基本持平，原因是前者节省了运行成本较高的脱硫与脱硝系统，且因为锅炉热效率提高而减少煤耗量。但是富氧燃烧电站的静输出功率比传统电站大幅度下降，主要原因是ASU制氧系统能耗较高以及FGU系统的耗能。这也就使得富氧燃烧电站的发电成本相对于传统电站有较大幅度的提高。可见，低成本和低能耗的制氧系统和烟气处理系统是提高富氧燃烧电站经济性的必由之路。图7-29为3种机组在两种燃烧方式下年度化总成本的各项构成及相应比例。从图中的结果可以看出，系统的年度化总成本的分配情况受燃料费和摊销折旧费的影响较大。由于机组从亚临界到超临界再到超超临界的单位投资成本依次降低，且幅度较大，所以虽然单位煤耗也是依次降低，燃料成本所占的配额却是依次增加的，分别为64.54%、67.27%、68.48%。由于在富氧燃烧电站中添加了空分和尾气处理装置，因此投资和运行维护费用的比例增大，相应的，燃料成本的比例减小2%～3%。还值得一提的是，在富氧燃烧电站中脱硫、脱硝费用的比例大幅度降低，几乎可以忽略不计。

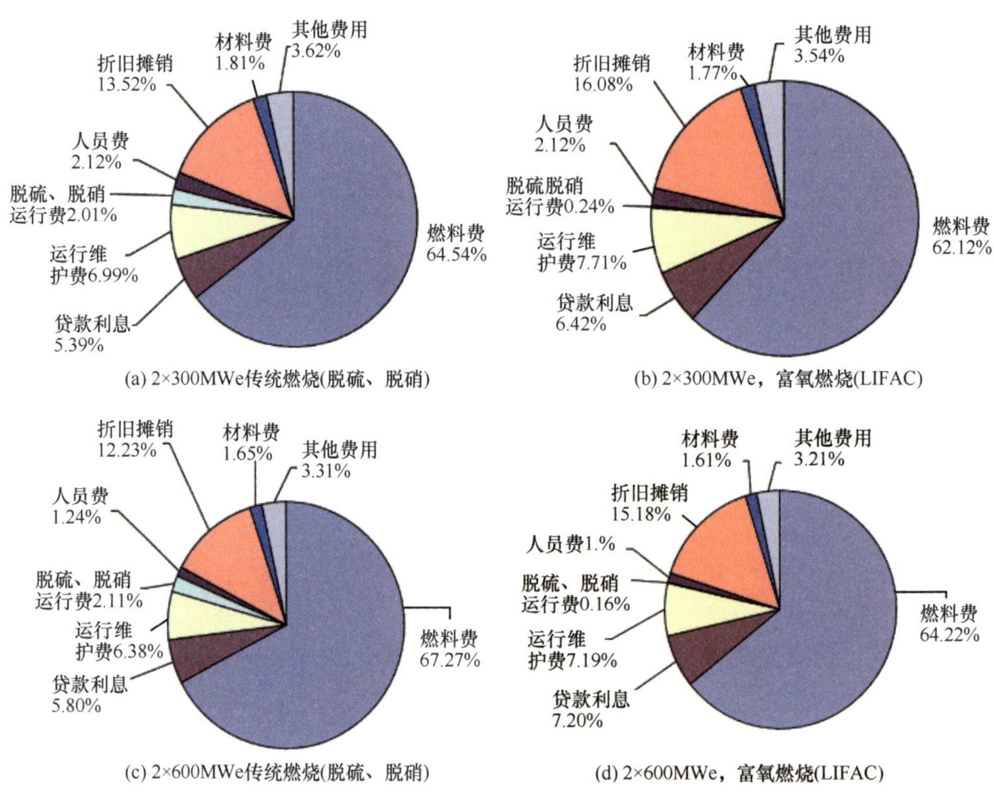

(a) 2×300MWe传统燃烧(脱硫、脱硝)

(b) 2×300MWe，富氧燃烧(LIFAC)

(c) 2×600MWe传统燃烧(脱硫、脱硝)

(d) 2×600MWe，富氧燃烧(LIFAC)

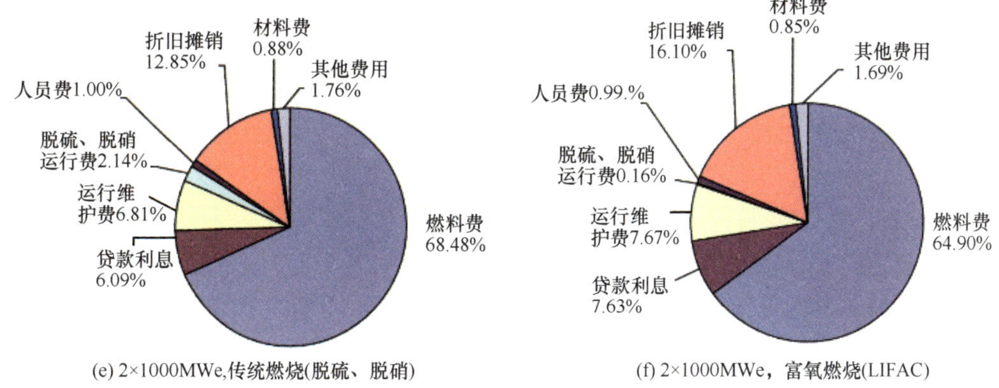


图 7-29　3 种机组传统燃烧方式和氧燃烧方式下年度化总成本的构成示意图（赵海波等，2010）

#### 7.5.1.1　$CO_2$减排成本

富氧燃烧电站日益受到重视的根本原因是其可实现大规模减排化石燃料燃烧产生的 $CO_2$温室气体。可利用 $CO_2$减排成本（$C_{CAC}$）来评价其减排 $CO_2$的经济性，可以直观比较 $CO_2$减排系统与非 $CO_2$减排系统的经济性。$CO_2$减排成本的定义是两系统发电成本之差除以两系统单位 $CO_2$排放量之差。此时 $CO_2$减排系统为配备 LIFAC 脱硫系统的氧燃烧电站，非 $CO_2$减排系统为配备脱硫脱硝系统的传统电站。它的物理意义为 $CO_2$减排系统减排 1t $CO_2$所需要花费的经济成本。计算如下。

$$C_{CAC}=\frac{C_{COE,1}-C_{COE,0}}{e_{CO_2,0}-e_{CO_2,1}}=\frac{C_{COE,1}-C_{COE,0}}{\dfrac{E_{CO_2,0}}{W_{net,0}H}-\dfrac{E_{CO_2,1}}{W_{net,1}H}} \tag{7-1}$$

式中，$e_{CO_2}$为单位功率 $CO_2$排放量［t/（MW·h）］；$C_{COE,0}$为常规燃烧电站发电成本［元/（MW·h）］；$C_{COE,1}$为与常规燃烧电站规格相同的富氧燃烧电站发电成本［元/（MW·h）］；$e_{CO_2,0}$为常规燃烧电站单位功率 $CO_2$排放量［t/（MW·h）］；$e_{CO_2,1}$为与常规燃烧电站规格相同的富氧燃烧电站单位功率 $CO_2$排放量［t/（MW·h）］；$E_{CO_2,0}$为常规燃烧电站 $CO_2$排放量（t）；$E_{CO_2,1}$为与常规燃烧电站规格相同的富氧燃烧电站 $CO_2$排放量（t）；$W_{net,0}$为常规燃烧电站净发电功率（MW）；$W_{net,1}$为与常规燃烧电站规格相同的富氧燃烧电站净发电功率（MW）；H 为发电机组年运行小时数。

表 7-15 中给出了三种机组情况下氧燃烧电站（脱硫）的 $CO_2$减排成本。氧燃烧电站减排大量温室气体，实际上也是一种环境效益。目前有些国家开始对传统电站排放 $CO_2$征收碳税。碳税对传统电站和氧燃烧电站的经济性均有明显影响，考虑碳税的电站发电成本（$C'_{COE}$）和 $CO_2$减排成本（$C'_{CAC}$）计算如下。

$$c'_{COE}=\frac{C'_T}{W_{net}H}=\frac{C_T+E_{CO_2}T_{CO_2}}{W_{net}H}=c_{COE}+T_{CO_2}e_{CO_2}=c_{COE}+\frac{E_{CO_2}T_{CO_2}}{W_{net}H} \tag{7-2}$$

$$c'_{CAC}=\frac{c'_{COE,1}-c'_{COE,0}}{e_{CO_2,0}-e_{CO_2,1}}=c_{CAC}-T_{CO_2} \tag{7-3}$$

式中，$C'_T$为考虑碳税后的富氧燃烧年度化成本（元）；$T_{CO_2}$为碳税（元/t）；

$C'_{COE,0}$为考虑碳税的常规燃烧电站发电成本［元/（MW·h）］；$C'_{COE,1}$为与常规燃烧电站规格相同的考虑碳税富氧燃烧电站发电成本［元/（MW·h）］。

**表 7-15　氧燃烧电站的 $CO_2$减排成本和 $CO_2$捕捉成本**

| 参数项 | 2×300MWe | 2×600MWe | 2×1000MWe |
|---|---|---|---|
| $C_{COE,1}$/［元/（MW·h）］ | 512.36 | 459.69 | 404.52 |
| $C_{COE1,0}$/［元/（MW·h）］ | 358.72 | 324.50 | 290.12 |
| $e_{CO_2,1}$/［t/（MW·h）］ | 0.97 | 0.91 | 0.83 |
| $e_{CO_2,1}$/［t/（MW·h）］ | 0.13 | 0.12 | 0.11 |
| $M_{CO_2,1}$/［t/（MW·h）］ | 0 | 0 | 0 |
| $M_{CO_2,0}$/［t/（MW·h）］ | 1.20 | 1.11 | 0.99 |
| $C_{CAC}$/（元/t） | 183.98 | 171.62 | 159.30 |
| $C_{CCC}$（元/t） | 128.15 | 121.29 | 115.42 |

图 7-30 为 $CO_2$税收额（$T_{CO_2}$）对传统电站和氧燃烧电站发电成本（$C'_{COE}$）的影响，可见，对 $CO_2$征税（160~180 元/t）可使氧燃烧技术能够与传统燃烧技术竞争。当 $CO_2$的税值等于不考虑碳税时的 $CO_2$减排成本时，氧燃烧电站和传统电站的发电成本持平。由于 $CO_2$减排成本的计算是针对 $CO_2$排放量（两电站排放量之差），而两种电厂的碳税总额之差也是针对 $CO_2$排放量，故使得氧燃烧电站与传统电站经济性等价（即 $C'_{CAC}$）的碳税值（称为临界 $CO_2$税）与不考虑碳税的 $CO_2$减排成本值是相等的（赵海波等，2010）。世界范围内，现在对于 $CO_2$税收标准多处在研究阶段，并且因为各国的国情不同，其税收标准是多种多样，从 7~61 美元/t 不等。

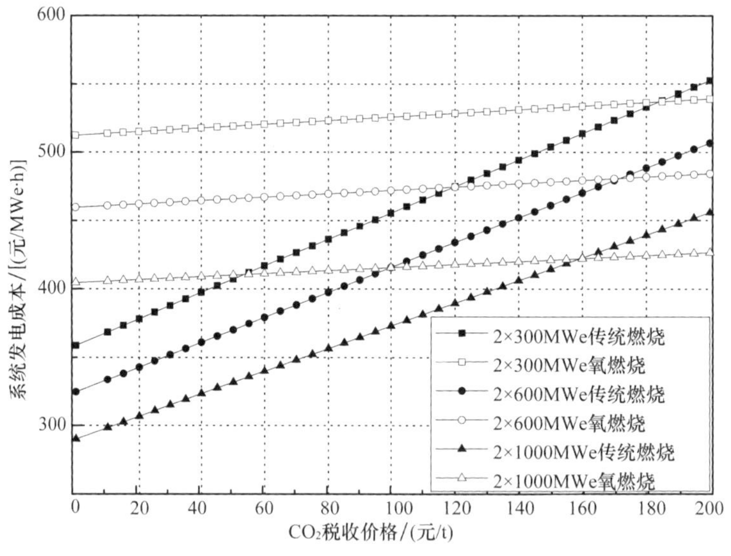


图 7-30　发电成本与碳税的关系

#### 7.5.1.2 $CO_2$ 捕捉成本

另外一个衡量氧燃烧电站经济性的指标是 $CO_2$ 捕捉成本（$C_{CCC}$），它的定义是两系统发电成本之差除以两系统单位 $CO_2$ 捕捉量之差。其物理意义为 $CO_2$ 减排系统捕捉 1t$CO_2$ 所需增加的经济成本。计算公式如下。

$$C_{CCC}=\frac{C_{COE,1}-C_{COE,0}}{m_{CO_2,1}-m_{CO_2,0}}=\frac{C_{COE,1}-C_{COE,0}}{m_{CO_2,1}}=\frac{C_{COE,1}-c_{COE,0}}{\dfrac{M_{CO_2,1}r_{CO_2}}{W_{net,1}H}} \tag{7-4}$$

式中，$m_{CO_2}$ 为单位功率 $CO_2$ 捕捉量［t/（MW・h）］；$r_{CO_2}$ 为 $CO_2$ 捕捉效率；$m_{CO_2,0}$ 为常规燃烧电站单位功率 $CO_2$ 捕捉量［t/（MW・h）］，为零；$m_{CO_2,1}$ 为与常规燃烧电站规格相同的富氧燃烧电站单位功率 $CO_2$ 捕捉量［t/（MW・h）］；$M_{CO_2,1}$ 为富氧燃烧电站 $CO_2$ 总捕集量（t）。

三种机组情况下氧燃烧电站（脱硫）的 $CO_2$ 捕捉成本如图 7-31 所示。氧燃烧电站捕捉的高浓度 $CO_2$ 本身也是一种资源，可大规模用于二次采油提高石油采收率（enhanced oil recovery，EOR）、碳肥厂、饮料生产等。如果考虑 $CO_2$ 出售，则可望进一步降低氧燃烧电站的发电成本，也将改变其捕捉成本。此时考虑 $CO_2$ 出售的氧燃烧电站发电成本（$C''_{COE}$）和 $CO_2$ 捕捉成本（$C''_{CCC}$）计算如下。

$$\begin{aligned} C''_{COE}&=\frac{C''_{T}}{(W_{net}H)}=\frac{(C_T-M_{CO_2}c_{CO_2})}{(W_{net}H)}\\ &=C_{COE}-c_{CO_2}m_{CO_2}=c_{COE}-\frac{M_{CO_2}c_{CO_2}}{(W_{net}H)} \end{aligned} \tag{7-5}$$

$$C''_{CCC}=\frac{c''_{COE,1}-c''_{COE,0}}{m_{CO_2,1}}=c_{CCC}-c_{CO_2} \tag{7-6}$$

式中，$C''_T$ 为考虑 $CO_2$ 收益的情况下，富氧燃烧电站年度化成本（元）；$C_{CO_2}$ 为 $CO_2$ 出售价格（元/t）；$M_{CO_2}$ 为 $CO_2$ 总捕集量（t）；$C''_{COE,0}$ 为考虑 $CO_2$ 出售的常规燃烧电站发电成本［元/（MW・h）］；$C''_{COE,1}$ 为与常规燃烧电站规格相同的考虑 $CO_2$ 出售富氧燃烧电站发电成本［元/（MW・h）］。

应注意到的是，$CO_2$ 捕捉成本是针对 $CO_2$ 捕捉量进行计算，而售价总额即等于 $CO_2$ 捕捉量乘以 $CO_2$ 售价，由式（7-6）可知，临界 $CO_2$ 售价等于不考虑 $CO_2$ 出售的 $CO_2$ 捕捉成本。图 7-31 发电成本与 $CO_2$ 售价的关系为 $CO_2$ 售价（$C_{CO_2}$）对传统电站和氧燃烧电站发电成本（$C_{COE}$）的影响。显然，如果能为大量富集的高浓度 $CO_2$ 找到销售出口，则可显著提升氧燃烧电站的经济性，使得氧燃烧电站与传统电站的发电成本相等的临界 $CO_2$ 售价（即 $CO_2$ 捕捉成本）为 110~130 元/t。

值得注意的是，氧燃烧电站与传统电站进行比较时，两者的相对 $CO_2$ 排放量和相对 $CO_2$ 捕捉量并不等价。这是因为氧燃烧电站本身的燃烧效率有所提高，且本身也排放一定量的 $CO_2$。相对排放量和相对捕捉量之间的不等价（相对排放量一般小于相对捕捉量）导致了 $CO_2$ 减排成本与捕捉成本之间的差异，也造成临界碳税与临界 $CO_2$ 售价的不等价，临界碳税一般大于临界 $CO_2$ 售价。

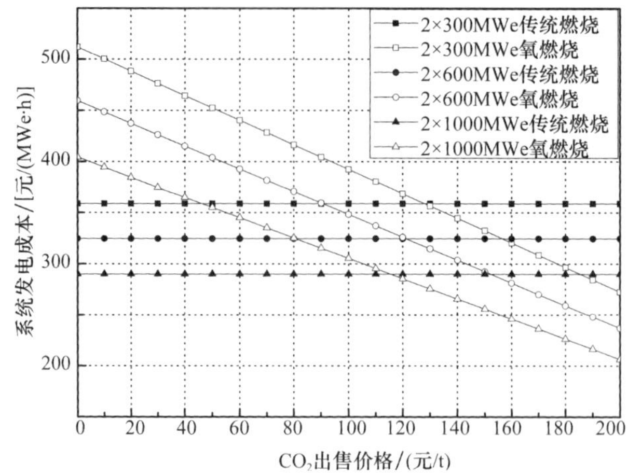


图 7-31　发电成本与 $CO_2$ 售价的关系

### 7.5.1.3　$CO_2$税收和 $CO_2$出售

分析同时考虑 $CO_2$税收和 $CO_2$出售时氧燃烧系统的经济性能。$CO_2$出售和碳税对氧燃烧系统的发电成本、减排成本和捕捉成本等均有明显影响。当同时考虑 $CO_2$税和 $CO_2$出售时，如下计算发电成本（$C'''_{COE}$）、减排成本（$C'''_{CAC}$）和捕捉成本（$C'''_{CCC}$）。

$$c'''_{COE}=\frac{C'''_T}{(W_{net}H)}=\left(C_T+E_{CO_2}T_{CO_2}-M_{CO_2}c_{CO_2}\right)/\left(W_{net}H\right)$$

$$=c_{COE}+T_{CO_2}e_{CO_2}-c_{CO_2}m_{CO_2}=c_{COE}+E_{CO_2}T_{CO_2}/\left(W_{net}H\right)-M_{CO_2}c_{CO_2}/\left(W_{net}H\right) \tag{7-7}$$

$$c'''_{CAC}=c_{CAC}+\left(\frac{E_{CO_2,1}T_{CO_2}-M_{CO_2,1}c_{CO_2}}{W_{net,1}H}-\frac{E_{CO_2,0}T_{CO_2}}{W_{net,0}H}\right)\Bigg/\left(\frac{E_{CO_2,0}}{W_{net,0}H}-\frac{E_{CO_2,1}}{W_{net,1}H}\right)$$

$$=c_{CAC}+\left[\frac{(1-\eta_{C,1})\ \eta_e E_{CO_2,0}T_{CO_2}-\eta_{C,1}\eta_e E_{CO_2,0}c_{CO_2}}{W_{net,1}}-\frac{E_{CO_2,0}T_{CO_2}}{W_{net,0}}\right]\Bigg/\left[\frac{E_{CO_2,0}}{W_{net,0}}-\frac{(1-\eta_{C,1})\ \eta_e E_{CO_2,0}}{W_{net,1}}\right]$$

$$=c_{CAC}-T_{CO_2}-\frac{c_{CO_2}}{\beta} \tag{7-8}$$

$$c'''_{CCC}=c_{CCC}+\left(\frac{E_{CO_2,1}T_{CO_2}-M_{CO_2,1}c_{CO_2}}{W_{net,1}H}-\frac{E_{CO_2,0}T_{CO_2}}{W_{net,0}H}\right)\Bigg/\left(\frac{M_{CO_2,0}}{W_{net,0}H}\right)$$

$$=c_{CCC}+\left[\frac{(1-\eta_{C,1})\ \eta_e E_{CO_2,0}T_{CO_2}-\eta_{C,1}\eta_e E_{CO_2,0}c_{CO_2}}{W_{net,1}}-\frac{E_{CO_2,0}T_{CO_2}}{W_{net,0}}\right]\Bigg/\left[\frac{\eta_{c,1}\eta_e E_{CO_2,0}}{W_{net,0}}\right]$$

$$=c_{CCC}-T_{CO_2}-\frac{c_{CO_2}}{\beta} \tag{7-9}$$

其中临界系数

$$\beta=W_{net,1}/\left(W_{net,0}\eta_{c,1}\eta_e\right)-\left(1-\eta_{c,1}\right)/\eta_{c,1} \tag{7-10}$$

式中，$\eta_e$为富氧燃烧相比于常规，锅炉效率提高系数（%）；$\eta_{C,1}$为富氧燃烧机组 $CO_2$捕捉效率（%）。

它实际上等于临界 $CO_2$ 售价与临界碳税的比值，一般 $\beta<1$（因为相对 $CO_2$ 排放量一般小于相对 $CO_2$ 捕捉量）。

图 7-32 显示了 3 种机组方式下，传统电站和氧燃烧电站发电成本相等时的临界直线。在此直线上，对应着不同情况下的临界 $CO_2$ 税收价格和临界 $CO_2$ 出售价格。在直线之上，表示氧燃烧电站经济性能较好；而在直线之下，表明传统电站的经济性能较好。举例而言，对于 2×600MWe 亚临界机组的临界直线，A 点在其上，对应着 $CO_2$ 税收价格和 $CO_2$ 出售价格分别为 60 元/t 和 80 元/t，此时氧燃烧电站发电成本较小，经济性占优势；而 B 点在临界直线之下，对应着 $CO_2$ 税收价格和 $CO_2$ 出售价格分别为 80 元/t 和 60 元/t,此时氧燃烧电站发电成本较大，经济性不占优势。这也反映出了 $CO_2$ 税收价格和 $CO_2$ 出售价格数值上的差别。

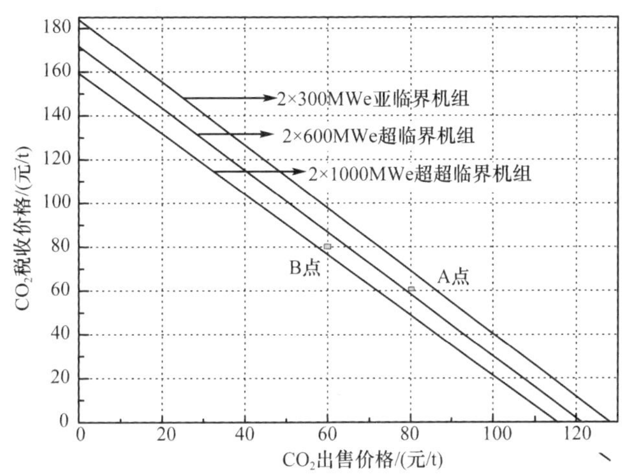


图 7-32　传统电站和氧燃烧电站发电成本相等时 $CO_2$ 税收价格和 $CO_2$ 出售价格的关系

## 7.5.2　灵敏性分析

### 7.5.2.1　参数的影响

在 2×300MWe 亚临界机组的模型下，对氧燃烧系统（脱硫）中一些重要参数，如燃料成本、ASU 价格、ASU 电耗、FGU 价格、$CO_2$ 捕捉效率等进行了灵敏性分析，分析结果如图 7-33 所示。对于发电成本而言，燃煤的价格对其影响最大，这是因为燃煤成本占氧燃烧系统发电成本的 62%～65%；其次是空气过量系数和 ASU 的能耗，因为 ASU 使得氧燃烧系统的净负荷大幅度降低（消耗电量占系统总负荷的 16%～18.5%），而空气过量系数与需氧量、ASU 的能耗直接相关；ASU 的价格、FGU 的能耗、利率、贷款比例这 4 项对发电成本的影响也比较明显；FGU 的价格对发电成本的影响很小，因为其成本仅占氧燃烧电站静态投资成本的 2% 左右。对于 $CO_2$ 减排成本和 $CO_2$ 捕捉成本而言，考虑的 9 个参数对它们的影响规律是类似的，均是 $CO_2$ 捕捉效率对它们的影响最大，因为 $CO_2$ 捕捉效率直接影响氧燃烧电站单位 $CO_2$ 捕捉量和单位 $CO_2$ 排放量；其次是空气过量系数和 ASU 的能耗，燃煤价格、ASU 的价格、FGU 的能耗、利率、贷款比例这 5 项对他们也有较大影响；同样，FGU 的价格对 $CO_2$减排成本和 $CO_2$捕捉成本影响也很小。总体看来，考虑的参数对这 3 种成本的影响规律是很相似的。通过比较 3 幅图的结果可以看出，空气过量系数和 ASU 的能耗对氧燃烧电站的发电成本影响度小于燃料价格。但是对 $CO_2$减排成本和捕捉成本的影响程度大于燃料价格，其原因一是因为 ASU 消耗了大量的系统负荷，二是因为燃料价格对传统电站和氧燃烧电站的发电成本均有类似影响。另外，本节也分析了 $SO_x$和 $NO_x$的排放收费额、燃煤中 S 和 N 的含量对 3 种计算成本的影响，结果显示影响很小，因此没有在图中表示出来。

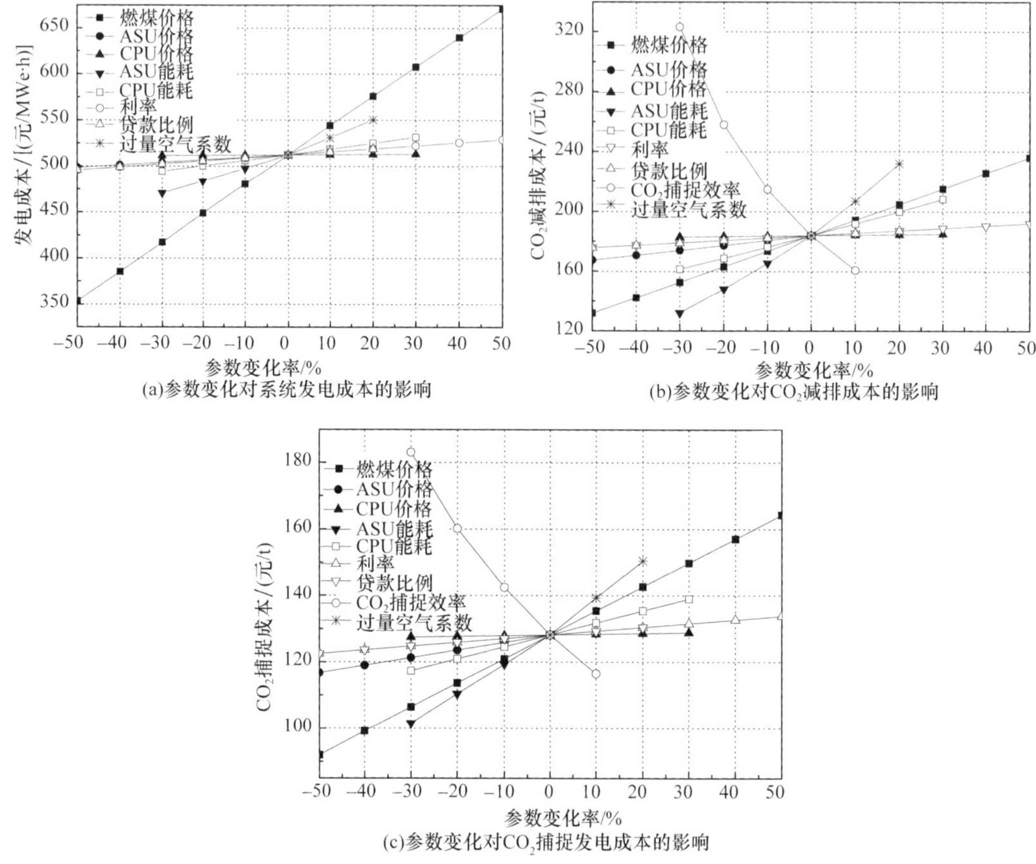


图 7-33　灵敏性分析结果

#### 7.5.2.2　煤种的影响

为了分析煤种的不同对氧燃烧系统经济性能的影响，另外选取了 3 种不同的煤种进行了类似的计算，这三种煤的元素分析以及低位发热量值见表 7-16。

**表 7-16　三种燃煤元素分析及低位发热量**

| 项目 | $M_{ar}$/% | $A_{ar}$/% | $C_{ar}$/% | $H_{ar}$/% | $N_{ar}$/% | $S_{ar}$/% | 区值/（kJ/kg） |
|---|---|---|---|---|---|---|---|
| 黄石煤 | 6 | 26.18 | 59.21 | 2.56 | 0.82 | 3.11 | 22 310 |
| 大同煤 | 9.1 | 21.94 | 55.78 | 3.34 | 1.14 | 0.59 | 21 326 |
| 黄陵煤 | 7.27 | 26.48 | 53.06 | 2.88 | 0.81 | 0.71 | 20 890 |

以 2×300MWe 亚临界机组为例，表 7-17 中列出了选取的 4 种煤种对应的系统发电成本、氧燃烧电站的 $CO_2$ 减排成本和 $CO_2$ 捕捉成本。结果显示：选用不同的煤种对氧燃烧电站的经济性能参数的计算结果的影响虽然大于对传统燃烧电站中相应参数结果的影响，但是影响幅度均不是很大（2%以内），从而说明这里得到的结论具有较大的适应性。

表 7-17　4 种煤种对应的氧燃烧电站的经济性能参数计算结果

| 煤种 | 发电成本/［元/（MW·h）］ | | $CO_2$ 减排成本/（元/t） | $CO_2$ 捕捉成本/（元/t） |
|---|---|---|---|---|
| | 传统电站（脱硫、脱硝） | 氧燃烧电站（LIFAC） | | |
| 神华煤 | 358.72 | 512.36 | 183.98 | 128.15 |
| 黄石煤 | 360.07 | 517.43 | 188.79 | 130.94 |
| 大同煤 | 359.01 | 511.34 | 185.26 | 129.42 |
| 黄陵煤 | 358.95 | 502.76 | 179.70 | 127.62 |

### 7.5.3　技术经济评价小结

对 2×300MWe 亚临界、2×600MWe 超临界、2×1000MWe 超超临界 3 种机组氧燃烧方式改造进行了技术经济学分析。分析的结果显示，2×300MWe 富氧燃烧电站（配备 LIFAC 脱硫系统）的发电成本为 512.36 元/（MWe·h）［459.69 元/（MWe·h）、404.52 元/（MWe·h），分别对应 2×600MWe 机组和 2×1000MWe 机组，下同］，是传统电站（配备石灰石-石膏脱硫系统和 SCR 脱硝系统）的 1.42（1.41、1.39）倍；其静态投资是后者的 1.21（1.25、1.26）倍，静输出功率是后者的 0.71（0.72、0.74）倍，静态投资增加主要是因为 ASU 系统非常高的商业价格以及 FGU 系统的投资，由于 ASU 系统和 FGU 系统有较高的能耗使得净输出功率大幅减少。但是，在不考虑富氧燃烧电站中 ASU 系统和 FGU 系统等的电耗费用时，富氧燃烧电站的年度化成本较传统电站的增加幅度不大，这可归结为富氧燃烧电站可节省运行成本较高的脱硫、脱硝系统和减少耗煤量等因素（赵海波等，2010）。

如果对电厂排放的 $CO_2$ 征收碳税或出售富集的高浓度 $CO_2$，富氧燃烧电站的经济性可望与传统电站进行竞争，富氧燃烧电站的 $CO_2$ 减排成本（等于临界碳税值）为 183.98 元/t（171.62 元/t、159.30 元/t），$CO_2$ 捕捉成本（等于临界 $CO_2$ 售价）为 128.15 元/t（121.29 元/t、115.42 元/t）。

比较 3 个机组的经济性能可以看出，从亚临界到超临界到超超临界，因为单位投资成本减小和系统热效率增加，使得其经济性能提升明显。灵敏性分析的结果显示，燃煤价格、空气过量系数、ASU 的能耗以及 $CO_2$ 捕捉效率是对富氧燃烧电站经济性能影响最大的 4 个参数；煤样对富氧燃烧电站经济性能的影响不大。

# 第 8 章 化学链燃烧与气化、水煤浆燃烧等其他低污染燃烧与气化技术

## 8.1 化学链燃烧技术

### 8.1.1 技术发展现状

#### 8.1.1.1 发展历程

化学链燃烧技术是一种基于近零排放理念的新型的燃烧方式，它采用载氧体循环反应的间接燃烧形式，完全不同于传统的直接和空气接触的燃烧方式。由于采用了这种不与空气接触的燃烧方式，它能在近零能量消耗的条件中分离烟气中的 $CO_2$。因此，同化学吸收法等第一代 $CO_2$减排技术相比，它具有 $CO_2$减排能耗低和系统发电效率高等诸多优点，近年来受到广泛关注，被认为是最有潜力的 $CO_2$减排与发电技术之一。

化学链燃烧技术（Adanez et al.，2012）将传统的燃料与空气直接接触式的燃烧方式，转变为借助于固体载氧体（以金属氧化物 NiO、$Fe_2O_3$、CuO 等为主）的供氧作用分解为两个气固反应的无焰燃烧技术。在燃料反应器内，燃料与载氧体反应后生成 $CO_2$ 和 $H_2O$，完成载氧体"释氧"过程；被还原的载氧体进入空气反应器内与空气反应后又恢复到初始的氧化状态，完成载氧体的"载氧"过程，再次进入燃料反应器，从而完成一个循环过程。

图 8-1 为化学链燃烧技术与传统的燃烧技术原理的对比示意图。对于化学链燃烧技术，燃烧反应器的产物只有 $CO_2$和水蒸气，水蒸气通过简单的冷凝便可去除，因而不需要消耗能量即可实现 $CO_2$的分离，降低了捕集成本，较好地实现了能源系统燃料化学能的高效利用与系统零能耗回收 $CO_2$的统一。同时，燃料和空气经过两个不同的反应器，$N_2$不参与燃烧反应，避免了燃料型的 $NO_x$的产生。

化学链燃烧技术概念是在 1954 年由 Lewis 和 Gilliland 提出，当时主要是用于 $CO_2$生产。直到 1994 年，日本学者 Ishida 和中国学者金红光率先提出控制 $CO_2$排放的化学链燃烧的湿空气透平系统，首次在国际上将化学链燃烧与热力循环有机结合，探索了能量转化与控制 $CO_2$分离有机结合的新方法与新途径。早期主要是基础研究，载氧体主要采用制备工艺进行制备，以金属氧化物为主，燃料采用气体燃料（包括天然气、合成气等），反应器主要采用热重分析仪、小型固定床和流化床。随着化学链燃烧技术的不断成熟，研究内容也从基础研究转向应用基础研究与中试验证相结合的发展阶段。为了推进化学链燃烧技术的商业化，载氧体的规模化生产逐渐得到人们的重视。而单纯靠制备工艺制备载氧体无法满足工业化需要，因而近年来将天然廉价的矿石（铁矿石、石膏矿

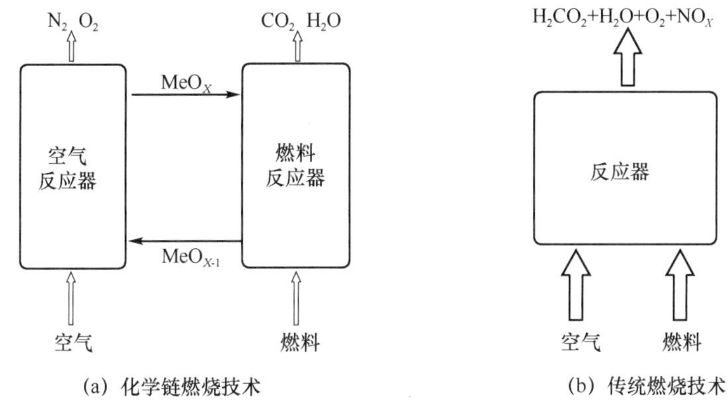


图 8-1　化学链燃烧技术与传统燃烧技术原理图

等）和工业副产品（废铁渣、废钢渣等）作为载氧体得到了广泛关注。燃料也从单一的气体燃料转向气体燃料、固体燃料（煤、生物质、石油焦和固体废弃物）和液体燃料（工业渣油、沥青等）3 种燃料共存的局面。在反应装置方面逐渐向大型化发展，瑞典的查尔姆斯理工大学（Chalmers University of Technology）的 Lyngfelt 教授首次提出并建造了中试规模的 10kW 双流化床试验台，随后韩国能源研究所（Korea Institute of Energy Research）、奥地利维也纳理工大学（Vienna University of Technology）、西班牙国家研究委员会（CSIC）中心、美国的西肯塔基大学（Western Kentucky University）、法国阿尔斯通公司（ALSTOM）和中国的东南大学等研究机构也开始设计和建造不同型式和规模的双流化床试验台。技术经济分析数据表明，通过将化学链燃烧技术与现有的发电系统相结合，系统效率最高可达 53%（Naqvi and Bolland，2007），相比于传统的发电方式，系统效率得到了很大提高。

### 8.1.1.2　技术发展特点

化学链燃烧方式把燃料的直接燃烧一步反应分解为载氧体的还原与氧化两步反应，从而实现了化学能的梯级利用，具有更高的能量转换效率。此外，燃料和空气经过两个不同的反应器，$N_2$不参与燃烧反应，避免了燃料型的 $NO_x$的产生；同时空气与燃料不直接接触，因此不需要额外消耗能量便可获得纯净的 $CO_2$气体。在建造、优化及放大方面，由于其技术原理与循环流化床原理相似，因此可以在现有流化床锅炉的基础上对电站进行改造或基于流化床技术建造，从而节省成本。

### 8.1.1.3　技术研发现状

化学链燃烧技术的研究主要集中在以下 4 个方面：载氧体的选择；化学链燃烧装置的设计与放大；化学链燃烧系统的模拟；化学链燃烧系统的技术经济性评价。现就国内外的研发现状介绍如下。

**(1) 国内研发现状**

国内研究化学链燃烧技术的机构包括高校（东南大学、清华大学、华中科技大学、华北电力大学、青岛科技大学等）和中国科学院工程热物理研究所与广州能源所，各研究机构根据自身的特点研究方向有所差异。

东南大学在国内较早开展了化学链燃烧技术的研究，且研究比较全面，侧重于固体燃料（煤、生物质和固体废弃物等）的化学链燃烧技术，研究方向包括5个。①化学链燃烧试验装置的放大，已建成世界首套热输入为0.1MWe的煤加压化学链燃烧试验装置，在压力为0.5 MPa、温度为970℃的热态条件下得到的结果表明，系统燃烧效率超过95%、碳转化率接近85%、$CO_2$捕集效率接近97%，从而验证了化学链燃烧技术的可行性（Xiao et al.，2012）。②廉价高效载氧体的制备、测试与开发，天然矿石（铁矿石和石膏矿）（Song et al.，2008）和工业副产品（废铁渣、废钢渣）（Zhang et al.，2011）反应活性研究，同时在天然矿石表面进行改性以提高载氧体的反应活性。③化学链燃烧脱硫试验研究，通过在反应器内添加CaO或石灰石对煤中的含硫气体进行脱除（Zhang et al.，2013）。④化学链燃烧过程的模拟，包括热力学模拟和计算流体动力学（CFD）模拟（Deng et al.，2008）。⑤化学链气化制氢技术及系统性分析（Chen et al.，2011；Chen et al.，2012）等。

清华大学化学链燃烧技术的研究方向包括3个。①载氧体的选择、测试与开发（Bao et al.，2013；Yang et al.，2008），制备了包括Fe、Ni、Co、Cu基载氧体以及采用上述任意两种金属氧化物制备的复合载氧体。②化学链燃烧反应器的研究，建有并行固定床双反应器试验系统、小型多功能组合式流化床反应器冷态试验装置，在化学链反应器放大方面，已建成中试尺度的双流化床反应器冷态装置。③系统建模与分析。除研究化学链燃烧技术外，清华大学还采用化学链技术制取$O_2$-$CO_2$混合气，该混合气可以用于富氧燃烧等多个领域。

华中科技大学在化学链燃烧技术的研究中主要集中于载氧体的制备以及天然石膏矿反应活性的研究。载氧体制备方面形成了自己的特色，包括新的制备方法以及新的载氧体——双金属载氧体（Wang et al.，2011）。天然石膏矿的研究主要集中在增强载氧体的循环能力方面，包括在石膏矿表面负载金属氧化物和添加载体两个方面（Liu et al.，2010）。

中国科学院工程热物理研究所的金红光教授是世界上研究化学链燃烧技术最早的研究者之一，主要研究方向为能源环境系统集成技术研究，通过化学能梯级利用原理研究化学链燃烧系统的能量利用（Jin and Ishida，2000）。

中国科学院广州能源研究所主要集中于采用生物质为燃料的化学链技术的研究，包括化学链燃烧技术以及化学链制氢技术（He et al.，2009a，2009b）。

华北电力大学的研究主要集中于化学链燃烧过程中载氧体与燃料的反应机理（Dong et al.，2011）以及反应器的研究，现已建成一种新型的热输入为50kW的化学链燃烧技术的冷态和热态试验装置，并完成了相关的冷态和热态试验。

**（2）国外研发现状**

国外从事化学链燃烧技术的研究机构主要集中在欧洲、美国、日本和韩国。欧洲的研究机构主要包括瑞典的查尔姆斯理工大学、西班牙的CSIC中心、奥地利的维也纳工业大学以及法国阿尔斯通公司等。美国的研究机构包括美国能源部（Department of

Energy, DOE）下属的国家能源技术实验室（National Energy Technology Laboratory, NETL）、俄亥俄州立大学（The Ohio State University）和西肯塔基大学等。日本的研究机构是东京工业大学（Tokyo Institute of Technology）。韩国的研究机构是韩国能源研究所。

载氧体的研究主要集中于欧洲和美国的研究机构，包括查尔姆斯理工大学、西班牙的 CSIC 中心和西肯塔基大学。采用不同的制备方法合成载氧体是国外载氧体研究的重点，至今已经制备和筛选了上百种不同类型的载氧体，同时也采用廉价的天然矿石和工业副产品作为载氧体进行试验研究（Lyngfelt, 2011）。

在化学链燃烧装置方面，由于国外气体燃料比较丰富，大多数研究机构集中于气体燃料的化学链燃烧试验装置，包括维也纳工业大学和韩国能源研究所等。查尔姆斯理工大学是世界上第一个建造 10kW 双流化床固体燃料的化学链燃烧试验装置的研究机构，并成功运用于热态试验中（Berguerand and Lyngfelt, 2009）。随后西肯塔基大学建立了 100kW 热态流化床载氧体评价平台，查尔姆斯理工大学在欧洲 ÉCLAIR 项目的资助下建造了 100kW 的固体化学链燃烧试验装置（Markström et al., 2012）。阿尔斯通公司建造了世界上最大的热输入为 1MWe 的基于金属载氧体的固体燃料的化学链燃烧试验装置（Beal et al., 2012），同时在美国能源部的资助下，建造了热输入为 3MWe 的基于钙基载氧体的固体燃料的化学链燃烧试验装置，两个试验装置均已进入到热态试验的研究中。阿尔斯通公司的目标是在 2014~2015 年建成热输入为 10~50MWe 的化学链燃烧示范装置。另外，阿尔斯通公司已经完成热输入为 455MWe 的固体燃料化学链燃烧试验装置的设计，从技术性、经济性和环保性 3 个方面证实了固体燃料化学链燃烧技术的可行性（Andrus et al., 2008），设计结果表明采用化学链燃烧技术获得的发电效率较传统的 CFB 燃烧技术仅降低 2% 左右（主要用于 $CO_2$ 的压缩）。因此，与第一代的燃煤电站 $CO_2$ 减排技术（如 IGCC、富氧燃烧技术）相比，化学链燃烧技术具有非常好的应用前景。

在技术经济性评价方面（Ekstrom et al., 2009），相关学者通过对比化学链燃烧技术与其他现有的传统的 CFB 燃烧技术、煤粉燃烧技术、IGCC、富氧燃烧技术等，得出化学链燃烧技术是一项低投资、高回报的先进燃烧技术，且作为唯一的第二代 $CO_2$ 减排技术同第一代的 IGCC、富氧燃烧技术进入到工业示范化的行列。

#### 8.1.1.4　技术应用现状

迄今为止，化学链燃烧技术正处于基础研究与中试验证阶段，目前还未达到商业化运行。但是通过现今阿尔斯通公司建造的热输入分别为 1MWe 和 3MWe 的固体化学链燃烧试验装置、东南大学建造的热输入为 0.1MWe 的燃煤加压化学链燃烧装置的热态运行结果以及化学链燃烧技术的技术经济性和环保性分析，相信随着化学链燃烧/气化技术的不断成熟最终会走向商业化，并得到广泛应用。

#### 8.1.1.5　技术发展需求现状

全球气候变暖已成为国际热点问题，其中 $CO_2$ 对温室效应的贡献最大，约占 60%。因此控制 $CO_2$ 排放成为解决温室效应问题的关键。当前，全世界每年排放的 $CO_2$ 气体总量已经高达 276 亿 t，而且正以每年 3% 的速度递增。

应用于燃煤电厂的$CO_2$减排技术最高捕捉效率高达90%，因此各国都视之为应对气候变化的最佳方案之一。欧盟计划在2015年之前投资70亿~120亿欧元建设10~12个$CO_2$减排示范工程。英国政府在2014年之前投入10亿英镑建立一个$CO_2$减排示范工厂。2008年，美国能源部下属的国家能源技术实验室投资36亿美元资助15个温室气体控制计划，计划包括5个研究方向，化学链燃烧技术得到首要支持。根据IEA预测，到2050年需要投资2.5万亿~3万亿美元用于$CO_2$减排。到2020年，全球将有100个用于$CO_2$减排的工程，投资1500亿美元，其中中国有10~12个；到2030年，全球将有850个$CO_2$减排项目，中国有130~140个。到2050年，世界上的$CO_2$减排量将有20%~25%来自中国，其中60%的$CO_2$减排量来自于燃煤电厂中的$CO_2$减排。因此中国对燃煤电站$CO_2$减排技术的市场需求非常广阔。全球最大的燃煤发电厂$CO_2$捕集项目已于2009年落户上海。

目前，国际社会在$CO_2$减排政策上已经取得了很大的突破和进展，但真正阻碍$CO_2$减排技术推广应用的难题在于缺乏低成本、低能耗的$CO_2$减排实用技术。即便是很有前景的IGCC和富氧燃烧技术，相比传统的CFB燃烧技术的发电效率（44%左右），将$CO_2$捕集下来后的净发电效率也要降低7%~8%。化学链燃烧技术作为第二代$CO_2$减排技术，虽然现在仍未达到商业化运行，但是通过技术经济性分析，$CO_2$捕集后的净发电效率只降低2%左右，因此应用需求前景非常看好，在欧盟ENCAP项目中作为唯一的第二代$CO_2$减排技术与第一代的IGCC和富氧燃烧技术进入到工业化示范行列。同时，IPCC在关于$CO_2$的捕捉与储存的特别报告中指出，该化学链燃烧系统是一种实现100%捕捉$CO_2$的很有前景的控制温室气体方法。

## 8.1.2 存在突出瓶颈问题及解决方案

### 8.1.2.1 与国外先进技术差距分析

化学链燃烧技术已经进入基础研究与中试验证相结合的发展阶段。我国在化学链燃烧技术的研究与国外其他研究机构同步，只是由于各个国家的国情和能源结构的不同，因此化学链燃烧技术研究的侧重点有所差异。在燃料的选择方面，国外主要侧重于气体燃料，而我国煤炭资源丰富，因此主要侧重于固体燃料的化学链燃烧技术。在反应装置方面由于燃料不同导致反应器的结构也不同，反应器的设计已经形成自己的特色，如燃料反应器采用快速流化床、反应装置可以在加压条件下运行等。此外，由于煤中的灰分以及含硫气体对载氧体的活性有一定的影响，因而在载氧体的选择上与国外采用的气体燃料载氧体也存在差异。

### 8.1.2.2 存在的突出瓶颈问题

#### (1) 廉价、高效载氧体的规模化生产

为了推进化学链燃烧技术的商业化，载氧体的大规模生产已经成为化学链燃烧技术中最突出的瓶颈问题。一个良好的载氧体需要满足以下标准（Adanez et al., 2012）：①高反应活性以及持续循环能力，能够将燃料充分转化成$CO_2$和$H_2O$。②低团聚和低磨

损率、高机械强度。③低成本、无污染。

至今已有超过 100 种不同类型的载氧体进行了热态测试，然而在廉价、高效、无污染的载氧体的探索上还有很长的道路要走。

**（2）反应器结构与型式**

化学链燃烧技术属于高密度循环流化床的范畴，反应条件较为苛刻，反应必须在高温（约 1000℃）甚至高压条件下运行，相比催化裂化（fluid catalytic cracking，FCC）的运行温度要高得多。我国采用的燃料主要为固体燃料，相比气体燃料的化学链燃烧技术还有许多问题要解决，如煤中污染物（$SO_x$、$NO_x$等）的脱除、灰分与载氧体的分离等问题。此外，化学链燃烧对反应过程的传热、反应的速率和转化率、各运行参数之间的耦合优化调控、载氧体颗粒在反应器内的磨损以及装置的气密性等都具有较高的要求，因此对反应器的结构要求较高，需要综合考虑各种因素，在分析比较不同反应器结构和型式的基础上，提出最适合于我国燃煤化学链燃烧技术的新型反应器结构。

**（3）煤种与载氧体的优化匹配**

我国是煤炭大国，但是煤的品质较低，高灰分、高灰熔点以及高硫分煤种较多。国外的一些载氧体，若应用我国“三高”煤种，可能会带来碳转化率低、$CO_2$捕集效率低、载氧体寿命缩短等问题。因此将我国的煤种应用到化学链燃烧技术中，首先要解决的就是不同煤种与不同类型的载氧体的优化匹配问题。

**（4）煤灰、未反应的碳颗粒与载氧体的分离**

煤灰会污染载氧体导致载氧体失活。未反应的碳颗粒若没有与载氧体分离，会与载氧体颗粒一同进入空气反应器，导致 $CO_2$捕集效率降低。

**（5）煤中污染物的协同脱除**

在 $CO_2$进行压缩封存之前首先要对 $CO_2$气体进行除尘净化，去除 $CO_2$气体中的污染物气体（$SO_x$、$NO_x$等）以及痕量元素（如 Hg 元素等），防止这些杂质对设备、管道以及环境的破坏。由于碳捕集和封存（CCS）技术还在不断发展成熟之中，因此污染物对 $CO_2$运输和封存的影响以及对地质层的影响还有待于进一步的深入研究。

### 8.1.2.3　解决方法与潜力

在基础研究方面，主要针对过程的反应机理进行系统化研究。研究化学链燃烧能量释放过程中化学能梯级利用与 $CO_2$分离一体化的相互作用机理，不同影响因素（如温度、压力等）对流动与化学反应的影响，金属载氧体材料的微结构对化学链燃烧反应的影响，煤灰、含硫气体与载氧体之间的相互作用机理，基于液体、固体燃料的化学链燃烧的整体反应动力学的特征，各种串并行的化学链燃烧的循环流化床的通用设计理论与方法等，从而从本质上了解化学链燃烧技术的内在规律，为技术开发与应用提供理论指导。

在应用技术方面对反应器的结构以及调控进行研究。在前期的基础研究上，研究反应器内各参数之间的耦合调控机制，获得实际的碳转化率、$CO_2$捕集效率及载氧体寿命等变化规律。研究化学链燃烧过程中反应器内的温度场、目标产物浓度场以及流场的变化规律，优化反应器结构，开发出适合化学链燃烧技术的关键构件和关键技术，为调控技术参数实现工艺优化提供技术支撑。

在工程示范方面建立示范性电站，以验证应用技术阶段反应器结构及关键技术的可行性，将化学链燃烧装置与发电系统相结合，通过整个系统的运行找出关键问题并即时解决，保证整个系统的集成优化、各个部件达到协同匹配，为商业化电站的成功运行做好准备。

## 8.1.3 典型案例分析、关键技术突破与工艺技术途径选择

### 8.1.3.1 典型案例技术、经济与环境分析

**(1) 技术特性**

通过对热输入为455MWe的化学链燃烧工艺的技术性分析，表明采用固体燃料的化学链燃烧技术，其发电效率与相同装机容量的未考虑$CO_2$捕集的传统CFB燃烧技术（约44%）仅降低2%左右，接近42%。在煤种适应性方面，由于循环流化床燃烧技术具有煤种适应性广的优点，而化学链燃烧技术与传统的循环流化床燃烧技术非常相似，因此可以推测化学链燃烧技术也可以适应不同的煤种，前提是要保证煤种与载氧体已经达到优化匹配。化学链燃烧技术的核心是载氧体的选择。载氧体的寿命与很多因素有关，包括载氧体的制备工艺、载氧体的类型、反应器的结构等因素，因此需要根据不同场合，综合考虑各种因素选择最佳的载氧体，以使载氧体的寿命保持最大化，根据国内外对载氧体的测试分析，载氧体的寿命为4500～40 000h（Linderholm，2008）。

表8-1和表8-2为分别采用烟煤和石油焦作为固体燃料时，对固体燃料化学链燃烧技术进行的工艺分析。

**表8-1　基于烟煤的双流化床化学链燃烧技术工艺分析**

| 项目 | | 传统CFB电站 | 化学链燃烧电站 | 注释 |
|---|---|---|---|---|
| 总能量平衡 | 总容量/MWe | 445.00 | 454.7 | |
| | 辅助设备所需能量/MWe | 41.80 | 67.5 | |
| | 净容量/MWe | 403.20 | 387.20 | |
| | 燃料质量流率/（kg/s） | 36.50 | 36.98 | |
| | 燃料最低发热量（LHV）/（kJ/kg） | 25 174.00 | 25 174.00 | |
| | 净效率/% | 43.88 | 41.59 | |

续表

| 项目 | | | 传统 CFB 电站 | 化学链燃烧电站 | 注释 |
|---|---|---|---|---|---|
| $CO_2$ 平衡 | $CO_2$ "输入" | 燃料中的碳/% | 66.52 | 66.52 | |
| | | 理论上输入燃料中总的 $CO_2$ 量/(kg/s) | 89.38 | 90.13 | 参考电站的 $CO_2$ 要加上来自于石灰石中的 $CO_2$ |
| | | 空气中的 $CO_2$/(kg/s) | 0.20 | 0.16 | |
| | $CO_2$ "输出" | 烟气质量流率（大气中）/(kg/s) | 408.00 | 364.2 | |
| | | 烟气中 $CO_2$ 量/% | 21.42 | 0.685 | |
| | | $CO_2$ 释放量/(kg/s) | 87.40 | 1.81 | |
| | | $CO_2$ 存储量/(kg/s) | 0.00 | 87.56 | |
| | | 由残炭导致的 $CO_2$ 损失/(kg/s) | 2.18 | 0.92 | |
| $CO_2$ 捕获特性 | 单位千瓦时释放的 $CO_2$ 量/[g/(kW·h)] | | 778.59 | 15.34 | 参考电站的 $CO_2$ 要加上来自于石灰石中的 $CO_2$ |
| | $CO_2$ 减排成本（占参考 CFB 电站的比例）/% | | | 98.03 | |
| | $CO_2$ 捕获率（设计目标）/% | | | 98.15 | |
| $CO_2$ 输送条件 | $CO_2$ 输送压力/bar | | 110 | 110 | |
| | $CO_2$ 最大输送温度/℃ | | 30 | 25 | |

**表 8-2　基于石油焦的化学链双流化床燃烧技术工艺分析**

| 项目 | | | 传统 CFB 电站 | 化学链燃烧电站 | 注释 |
|---|---|---|---|---|---|
| 总能量平衡 | 总容量/MWe | | 445.00 | 454.7 | |
| | 辅助设备所需能量/MWe | | 41.80 | 67.1 | |
| | 净容量/MWe | | 403.20 | 387.64 | |
| | 燃料质量流率/(kg/s) | | 30.00 | 30.05 | |
| | 燃料最低发热量—LHV/(kJ/kg) | | 30 928.00 | 30 928.00 | |
| | 净效率/% | | 43.46 | 41.71 | |
| $CO_2$ 平衡 | $CO_2$ "输入" | 燃料中的碳/% | 81.32 | 81.32 | |
| | | 理论上输入燃料中总的 $CO_2$ 量/kg/s | 96.58 | 89.54 | 参考电站的 $CO_2$ 要加上来自于石灰石中的 $CO_2$ |
| | | 空气中的 $CO_2$/(kg/s) | 0.20 | 0.16 | |
| | $CO_2$ "输出" | 烟气质量流率（大气中）/(kg/s) | 411.80 | 263.6 | |
| | | 烟气中 $CO_2$ 量/% | 22.94 | 0.68 | |
| | | $CO_2$ 释放量/(kg/s) | 94.47 | 1.79 | |
| | | $CO_2$ 存储量/(kg/s) | 0.00 | 86.98 | |
| | | 由残炭导致的 $CO_2$ 损失/(kg/s) | 2.31 | 0.93 | |

续表

| 项目 | | 传统 CFB 电站 | 化学链燃烧电站 | 注释 |
|---|---|---|---|---|
| $CO_2$捕获性能 | 单位千瓦时释放的 $CO_2$ 量/［g/(kW·h)］ | 841.67 | 15.16 | 参考电站的 $CO_2$ 要加上来自于石灰石中的 $CO_2$ |
| | $CO_2$减排成本（占参考 CFB 电站的比例）/% | | 98.20 | |
| | $CO_2$捕获率（设计目标）/% | | 98.16 | |
| $CO_2$输送条件 | $CO_2$输送压力/bar | 110 | 110 | |
| | $CO_2$最大输送温度/℃ | 30 | 25 | |

**（2）经济特性**

对 445MWe 化学链燃烧机组进行初步的经济性分析，得到以下结论：①单位投资成本为 12 000~16 000 元千瓦净发电量/（kW-Net）范围，投资成本包括所有的主体设备、辅助设施以及 30 天的储煤成本和相应的处理设备，但不包括采矿设备。②$CO_2$减排成本为 70~110 元/t。③发电成本为 300 元/MW。

**（3）环境特性**

理论上，固体燃料化学链燃烧技术的碳转化率能达到 100%，$CO_2$ 捕集浓度也能达到 100%。由于在化学链燃烧技术中燃料和空气经过两个不同的反应器，$N_2$ 不参与燃烧反应，避免了燃料型的 $NO_x$ 的产生。与常规燃烧相比，两个反应器的运行温度较低，有效控制了热力型和快速型 $NO_x$ 的产生，而 $SO_x$ 污染物也可以采用石灰石进行脱除。此外，化学链燃烧技术还未进入商业化运行，因此关于废水、粉尘、重金属、废渣排放、耗水情况等环境特性均需要商业化运行后才能考虑；不过由于化学链燃烧技术采用流化床技术原理，可以通过流化床燃烧技术的运行经验对上述环境特性进行预测。

### 8.1.3.2 关键技术突破点

**（1）廉价、高效载氧体的规模化生产**

载氧体是化学链燃烧技术中最为重要的关键技术之一。选择载氧体时，既要考虑到载氧体的高反应活性、低团聚和低磨损率，同时也要兼顾载氧体的廉价性，从而能够满足规模化生产。由于当今采用制备工艺制备的载氧体成本代价很大，因此必须寻求更加经济的制备工艺和制备材料以满足工业化生产。从当前载氧体的研究来看，天然廉价的矿石（铁矿石、钙钛矿和石膏矿等）和工业副产品（废铁渣和废钢渣等）成为载氧体的首选，主要原因：首先，天然矿石和工业副产品储量大，容易实现商业化；其次，天然矿石和工业副产品的反应活性与制备的载氧体的反应活性相当。在满足规模化生产的基础上，可以对载氧体进行简单的改性，以提高载氧体的反应性能。

**（2）煤灰、未反应煤颗粒与载氧体的分离**

在固体燃料的化学链燃烧技术中，煤灰、未反应煤颗粒与载氧体的分离也很重要。

因为煤灰会污染载氧体导致载氧体失活；而未反应煤颗粒若没有与载氧体分离，会与载氧体颗粒一同进入空气反应器，导致 $CO_2$ 捕集效率降低。通过借鉴流化床的相关知识，利用载氧体与煤灰、未反应颗粒的粒径差（或密度差）可以实现煤灰、未反应煤颗粒与载氧体的有效分离。

**(3) 煤中污染物的协同脱除**

当化学链燃烧技术采用固体燃料时，为了获得纯净的 $CO_2$，必须脱除 $SO_x$、$NO_x$ 等污染气体。通过向反应器内加入石灰石，既可以有效脱除含硫气体，同时 CaO 转变成适合化学链燃烧技术的钙基载氧体——$CaSO_4$，因而起到一举两得的作用。$NO_x$ 主要来自于燃料中的氮，在化学链燃烧技术中，由于燃料与空气不直接接触，因此燃料中的氮不会与 $O_2$ 接触，从而避免了 $NO_x$ 的生成。

**(4) 煤种与载氧体的优化匹配**

我国煤种中属于高灰分、高灰熔点以及高硫分的煤种居多。化学链燃烧技术基于流化床原理，而流化床燃烧技术对灰分的敏感度较低，因此煤的灰分高对整个燃烧系统的影响不大。我国煤种灰熔点较高，在适合流化床运行的温度范围内（约 1000℃）不易与载氧体发生强烈的反应而导致载氧体失活；煤中的含硫气体可以通过加入石灰石进行脱除。综上所述，化学链燃烧技术非常适合中国的煤种。根据我国煤种的特征，研究不同煤种中灰分、含硫气体与载氧体的作用机理，建立煤种与载氧体之间的相互联系，从而根据不同的煤种选择不同类型的载氧体。

**(5) 反应装置的结构及其放大**

化学链燃烧系统要求反应器的设计能够使得运行过程中载氧体与固体燃料有良好接触，使燃料反应器与空气反应器间循环良好，且尽可能避免两个反应器之间的漏气（因为漏气不仅会稀释 $CO_2$ 浓度，同时会降低 $CO_2$ 的捕集效率）。因此，反应器的结构需要考虑各方面的因素，如反应器内流动与化学反应的耦合、各过程参数之间的耦合调控、各部件之间的优化匹配等，双流化床系统成为化学链燃烧系统设计的首选。但由于与国外采用的燃料（以气体燃料为主）不同，在燃料反应器设计方面采用快速流化床更有利于提高炉内的传热、传质效率，从而能够保证反应器内气固之间的良好接触，降低气体短路现象的发生。在反应器放大方面，由于催化裂化技术已经非常成熟，化学链燃烧技术的放大可以借鉴流化催化裂化（FCC）装置放大的成功经验。

**(6) 化学链燃烧系统的集成**

化学链燃烧与热力循环的耦合是化学链燃烧系统集成的主要突破点。它突破了能源系统控制 $CO_2$ 分离的零能耗科学技术难题，既提高了燃料化学能的高效转化和利用，又降低了 $CO_2$ 分离设备投资和能耗。化学链燃烧系统与温室气体控制一体化的能源环境系统集成，一方面成为提高能源利用率而将热化学反应和热力循环相结合的一种动力系统，另一方面则成为降低温室气体分离能耗与环境化学有机结合的一种控制污染物的途径。

#### 8.1.3.3 工艺技术途径选择

在化学链燃烧技术的工艺中，工艺技术途径的选择既要根据固体燃料化学链燃烧的工艺特点，同时又要兼顾工艺流程的合理匹配和能量利用的合理性。其工艺技术途径主要有煤间接化学链燃烧技术，煤氧解耦化学链燃烧技术和煤直接化学链燃烧技术 3 种途径。煤间接化学链燃烧技术由于纯氧的生产以及独立气化器的使用，导致系统复杂，系统原型成本大为增加；而煤氧解耦化学链燃烧技术目前采用的载氧体只有 CuO、$Mn_2O_3$和 $CO_3O_4$，局限性非常大。因此采用双流化床结构的煤直接化学链燃烧技术是当前最佳的工艺技术途径。

### 8.1.4 知识产权分析

#### 8.1.4.1 我国的专利情况

化学链燃烧技术的专利主要集中在载氧体的制备、反应装置的型式和结构、化学链燃烧系统 3 个方面；以反应装置的型式和结构专利最多，占所有专利的 60% 以上。

载氧体制备方面的专利主要集中于采用制备工艺制备不同类型的载氧体，以达到载氧体的高性能为目的。例如，采用钙基载氧体会面临 $SO_2$排放的问题，因此如何降低含硫气体的排放，同时又能保证钙基载氧体的高反应活性和持续循环能力成为钙基载氧体研究的重点；许多单一的载氧体在反应过程中存在热力学限制，不能完全将燃料转化成 $CO_2$和 $H_2O$，如 Ni 基载氧体，而采用双金属载氧体能够起到协同作用，克服上述的热力学限制，有利于燃料的完全转化。

反应装置的型式和结构方面的专利主要集中在双流化床和固定床两种结构型式。双流化床由于在传热、传质、化学反应等方面较固定床有优势，因而研究双流化床结构型式的较多，不同研究机构根据各自的需要设计出不同类型的双流化床。

化学链燃烧系统方面的专利主要集中在化学链燃烧与发电技术的集成。将化学链燃烧装置与动力系统（燃气轮机、蒸汽轮机）相结合，在发电的同时又能够将 $CO_2$捕集起来，因而具有很好的技术经济性和环保性。

#### 8.1.4.2 我国专利申请与利用分布

化学链燃烧技术在国内还处于中试验证阶段，还未有专利利用到商业化应用中。国内专利申请数量 31 个，主要集中在东南大学、青岛科技大学、华北电力大学、中国科学院（广州能源所、工程热物理研究所）、清华大学等研究机构。

#### 8.1.4.3 其他国家专利情况

化学链燃烧技术的国外专利主要集中于瑞典、西班牙、法国、美国、日本和韩国等国家。申请专利集中的方向与国内的专利相似，仍旧集中于载氧体制备、测试和开发与反应器的结构以及化学链集成发电系统 3 个方面。其中反应器的结构及其控制系统的专利最多，包括 2 床和 3 床反应器的反应器专利。在控制系统专利中，根据控制系统控制方式的不同，又将控制系统分为模糊逻辑控制、无模控制以及线性控制 3 种控制方式。在反应器方面同时还包括对传统的流化床进行改造的专利。

## 8.1.5 新型技术未来发展趋势

### 8.1.5.1 潜在技术简介

化学链燃烧技术由于其独特的燃烧方式以及低污染、高效率等特点，在燃煤清洁燃烧技术中具有较大的竞争力和更大的发展潜力。其潜在技术主要体现在以下5个方面。

1）廉价、高效、无污染载氧体制备工艺及材料探索。

2）化学链燃烧技术装置的放大。由中试装置过渡到示范性电站再过渡到商业化电站。

3）化学链燃烧系统集成。常压、加压化学链燃烧系统集成动力循环发电。

4）化学链燃烧技术燃料的多样性发展。①依赖于各个地区的能源资源和能源政策。②除采用气体燃料（天然气、煤气）和固体燃料（煤、生物质、石油焦以及固体废弃物）外，也可以采用液体燃料，包括工业渣油、地沟油、沥青等。

5）化学链燃烧技术的用途多样性。①化学链燃烧集成动力循环发电。②化学链制氢。③化学链制取合成气。④化学链制取 $O_2$-$CO_2$混合气体。⑤化学链制取高品位化学品。

### 8.1.5.2 主要难点

从目前的研究来看，载氧体材料、反应器的结构以及化学链燃烧系统集成仍旧是化学链燃烧技术的主要难点。

目前载氧体的研究仍以实验为主，缺乏完善的理论模型作为载氧体选择的依据。研究的各种载氧体（包括Ni、Fe、Cu、Co、Mn等金属载氧体）均存在优缺点，且缺乏适合固体燃料的载氧体类型。在规模化生产方面，只有以铁矿石和工业副产品为主的Fe基载氧体以及非金属载氧体（$CaSO_4$）满足条件。因此，继续开发、制备适合固体燃料的载氧体，完善理论模型，寻找廉价、环保、循环性能好的载氧体材料是今后载氧体研究的重点。

由于化学链燃烧对反应过程的传热、反应的速率和转化率以及装置的气密性都具有较高的要求，化学链燃烧反应器的研究依然是化学链燃烧关键技术研究的难点所在，如何降低反应器内压降、减少载氧体在反应器内的磨损、避免反应器漏气等问题仍有待解决。另外，反应器的理论模型研究还有待于进一步完善。

化学链燃烧技术的最终目的是用来减排 $CO_2$和发电，如何将化学链燃烧与动力系统相结合将是化学链燃烧技术面临的另一大难点，因为化学链燃烧独自对热力性能提高的根本机制以及更有效的系统集成的原则与方法的研究还很匮乏。目前研究方法也多基于热力学第一定律，很少基于热力学第二定律和能的品位概念揭示化学链燃烧热力循环性能提高的根本原因。特别是随着多能源互补系统的发展，化学链燃烧将与可再生能源、清洁燃料生产等过程结合，与更广泛的领域交叉。这就更迫切需要建立以化学链燃烧为核心的能源环境系统的集成理论。

### 8.1.5.3 可行新型技术的技术经济性分析

化学链燃烧技术作为第二代 $CO_2$减排技术，具有非常好的应用前景，其经济性相比其他的燃烧技术具有很大的优势。以下就化学链燃烧技术与传统的循环流化床燃烧技术、超临界煤粉燃烧技术、富氧燃烧技术、IGCC等燃烧技术以及化学吸收法在技术经济性上做一个比较。

表 8-3 为化学链燃烧技术与传统的循环流化床燃烧技术、富氧燃烧技术在发电容量以及净发电效率方面的比较（Ekstrom et al.，2009）。其中基准电站不考虑 $CO_2$ 捕集，富氧燃烧技术与化学链燃烧技术均考虑了 $CO_2$ 捕集，且 3 种电站均采用蒸汽动力循环，均基于循环流化床技术原理。由表 8-3 可以看出，化学链燃烧电站相比未考虑 $CO_2$ 捕集的传统的循环流化床发电技术净发电效率仅降低 2%，比富氧燃烧技术的净发电效率高 6%，因此化学链燃烧技术在净发电效率方面具有很大的优势。

**表 8-3　三种燃烧技术的发电容量和净发电效率比较**

| 发电站 | 发电容量 | | 净发电效率/% |
|---|---|---|---|
| | 总容量/MW | 净容量/MW | |
| 基准电站：超临界循环流化床电站（未考虑 $CO_2$ 捕集） | 445 | 403 | 44 |
| 基于富氧燃烧的电站（考虑 $CO_2$ 捕集） | 445 | 327 | 37 |
| 化学链燃烧电站（考虑 $CO_2$ 捕集） | 445 | 387 | 42 |

图 8-2 为相同容量的化学链燃烧技术、富氧燃烧技术和传统的循环流化床燃烧技术发电成本的比较。图 8-3 为 3 种技术 $CO_2$ 减排成本的比较。从两个图可以看到，与不考虑 $CO_2$ 捕集的传统的循环流化床燃烧技术相比，富氧燃烧和化学链燃烧技术的发电成本和 $CO_2$ 减排成本均增加（主要是由于考虑 $CO_2$ 捕集的原因），但化学链燃烧技术增加的发电成本和 $CO_2$ 减排成本要比富氧燃烧技术低。

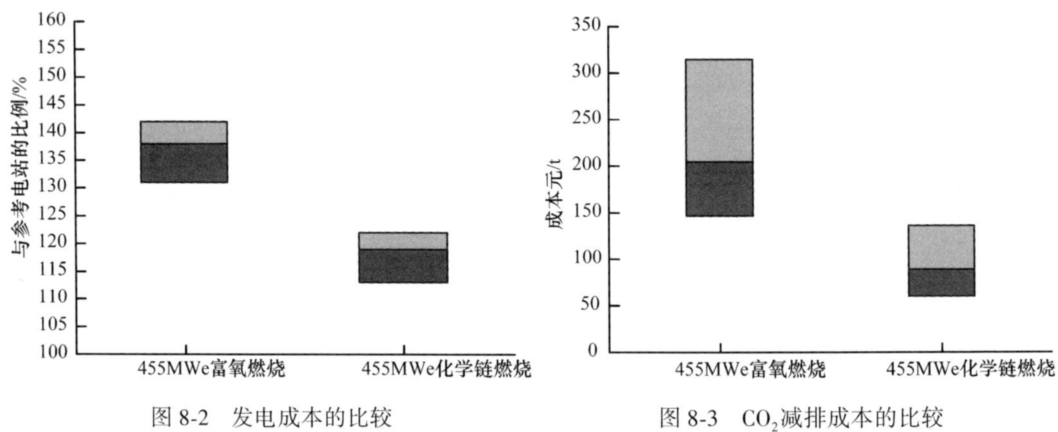


图 8-2　发电成本的比较

图 8-3　$CO_2$ 减排成本的比较

上述经济性评价均基于下面的煤价、利率以及设备经济寿命的敏感性分析（表 8-4）。

**表 8-4　煤价、利率以及设备经济寿命的敏感性分析**

| 项目 | 煤价 | 利率 | 设备经济寿命 |
|---|---|---|---|
| 参考电站 | 16.8 元/GJ 燃料 | 8% | 40 年，每年按 7500h |
| 敏感性分析 | 12.6～33.6 元/GJ 燃料 | 4%～12% | 25 年 |

图 8-4 为相同发电容量的化学链燃烧技术与传统的循环流化床燃烧技术（未考虑 $CO_2$ 捕集）、超临界煤粉燃烧技术、IGCC、化学吸收法在单位投资成本方面的比较。由

图可以看出，基于硫酸钙载氧体的化学链燃烧技术（chemical-looping combustion-Ca，CLC-Ca）的单位投资成本与 IGCC 的相当，比不考虑 $CO_2$ 捕集的 CFB 技术或超临界煤粉技术（supercritical pulverized coal plant，SCPC）电站高一点。

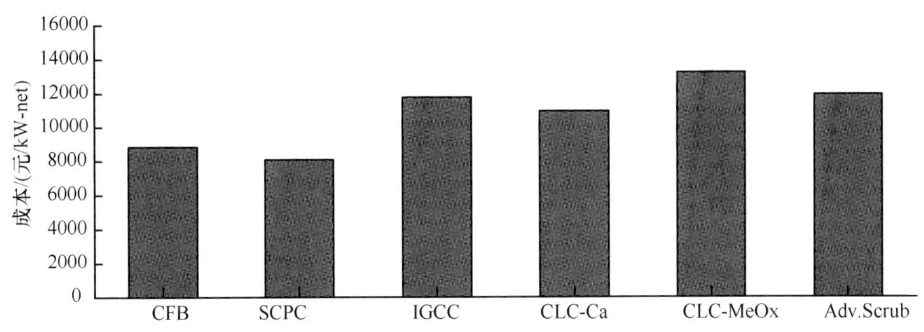


图 8-4　不同燃烧技术单位投资成本的比较

CLC-MeOx：基于金属载氧体化学链燃烧技术；Adv. Scrub：化学吸收法

#### 8.1.5.4　可行新型技术选择

通过对上述化学链燃烧技术与其他 $CO_2$ 减排技术的经济性比较，与第一代 $CO_2$ 减排技术（化学吸收法、IGCC 和富氧燃烧）相比，化学链燃烧技术在净发电效率、发电成本、单位投资成本、$CO_2$ 减排成本以及 $CO_2$ 排放量等方面都存在着明显的优势，正好体现出第二代 $CO_2$ 减排技术所具有的低能耗、低 $CO_2$ 捕集成本等特点。因此，化学链燃烧技术是一种可行的新兴技术，未来的发展前景非常看好。

## 8.2　化学链气化技术

常规煤粉电站的发展遭遇两个瓶颈，一是提高电站发电效率需付出更大的代价；二是电站排放烟气处理的代价十分高昂。常规电站发电效率的提高与其蒸气参数提高并不成正比：从高压蒸气参数电站至超高压蒸气参数的过程中，提高效率近 7%；但由亚临界参数提高到超临界参数时，仅提高了效率约 1.6%。随之而来的是制造成本的极大增加，电站的经济性受到影响。故进一步提高电站的发电效率，需要打破传统发电模式，开发先进的低污染物排放、高发电效率的发电技术。联合循环发电便是其中一种很有发展前景的技术。联合循环系统的发电效率可达到约 50%，与常规电站相比，发电效率有了一定的提高。同时联合循环发电技术也很好地控制了污染物（如 $SO_2$、$NO_x$ 和固体废弃物等）的排放。但 $CO_2$ 的减排控制在联合循环发电过程中还没有很好的解决方案，诸如化学吸收法、IGCC、富氧燃烧等 $CO_2$ 控制技术均较难在效率和成本之间取得平衡。

故世界各国研究者提出了近零排放煤利用系统技术方案，其主要目的：在控制 $CO_2$ 排放量的同时，也获得较高的系统发电效率，最终实现零污染排放。

实现煤利用过程中污染物近零排放主要有以下两种途径：一是将联合循环系统与 $CO_2$ 捕捉分离系统进行整合，再将高捕捉后的高浓度 $CO_2$ 进行综合处理。然而此类技术 $CO_2$ 低排放是以牺牲系统效率为代价的。二是构建一种新系统，直接得到高纯度的 $CO_2$，然后进行综合处理，同时又能够获得较高的系统效率。这类技术以化学链气化技术为主要代表。

化学链气化技术（He et al.，2009）是一种新颖的气化理念，它以晶格氧替代纯氧作为氧源。气化过程在两个独立的反应器中分步进行，在气化反应器中控制晶格氧与燃料的比值，得到以 CO 和 $H_2$为主要组分的合成气；在再生反应器中，还原后的低价氧化物被空气氧化，恢复晶格氧。载氧体在两个反应器中循环，实现了化学链气化过程。

化学链气化技术有以下 3 个特点。①气化产物为富 $H_2$气体。$H_2$是一种清洁能源，是未来氢能经济时代的主要载体，同时氢气可用于 $H_2$ 轮机或燃料电池发电。②气化过程中产生的污染物易于处理，尤其是产生的 $CO_2$由于其浓度很高可以直接进行封存，能很好地控制了温室气体的排放。与常规的燃烧技术相比，煤气化技术污染物排放量较低，同时少量生成的 $H_2S$、$NH_3$等也较易处理。煤炭气化后剩余的煤灰渣已是低危害性的材料，也可以进行综合利用或后续的简单处理。③钙基化学链中，向 $CO_2$吸收剂再生炉所提供的热量，会通过载热体和吸收剂的物料循环最终被转移到气化炉中，体现为 $H_2$的化学能。吸收剂再生炉中的 $CaCO_3$分解生成 CaO 的过程是一个需大量吸热的反应。因而气化残余半焦燃烧放出的热量及外界向再生炉补充的热量随着 CaO 的物料循环被携带转移到了气化炉中。随着 CaO 吸收体的碳酸化，以上的热量最终被释放并转移到了 $H_2$中。综合来看，气化炉中煤炭气化所产生的 $H_2$的化学能有可能大于其入炉能量，这为实现高效的近零排放煤炭综合利用提供了可能。

下面介绍煤炭化学链气化技术即实现煤利用过程中污染物近零排放第二种途径，对各种化学链系统进行介绍。

### 8.2.1 化学链气化技术背景

以钙基化学链气化技术为例，$CO_2$接受体法气化最早由 Consolidation 煤炭公司提出，最初目的是利用烟煤半焦产生高热值合成气，随后应用目标转移到达科塔褐煤半焦的气化（Curran et al.，1967）。此技术简图如图 8-5 所示：经过预先脱挥发分的褐煤送入气

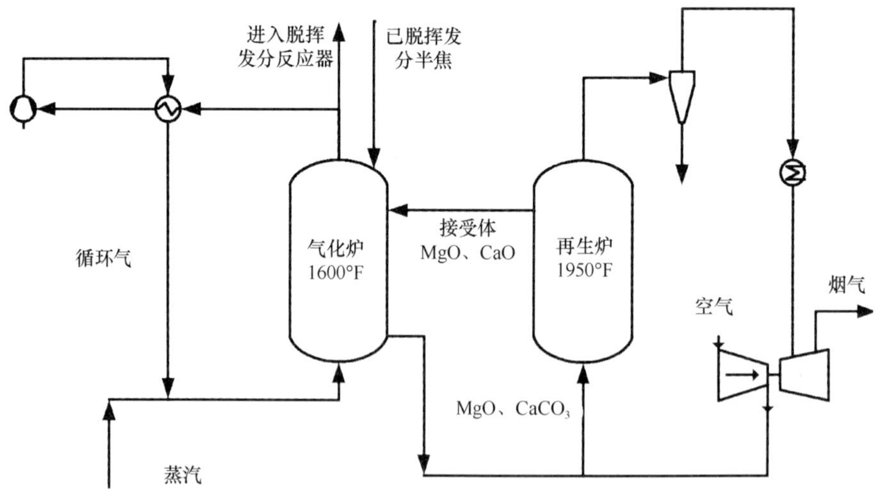


图 8-5　$CO_2$接受体法气化过程

化炉，半焦与再生炉送回的 CaO 吸收剂进行水蒸气气化，气化完成产生高热值合成气以及已经碳酸化的 CaO 吸收剂，碳酸化后的吸收剂再回送入再生炉进行再生即 $CaCO_3$的煅烧过程，整个循环完成。示意图中省略了气化炉前置的脱挥发分炉以及合成气后续的气体净化过程和合成甲烷反应器等设备。

1977 年 Conoco 煤炭发展公司开发了专门针对褐煤和亚烟煤的化学链气化技术（Lobachyov and Richter，1996），该技术原理如图 8-6 所示。系统主要包括气化炉和再生炉：在气化炉内，煤与水蒸气发生气化反应，产生 $H_2$和 CO，CO 亦可通过水汽变换反应转化为 $H_2$和 $CO_2$，又进一步增加了气相产物中 $H_2$的比例；再生炉中，产生的 $CO_2$与 $CO_2$接受体（CaO）进行碳酸化反应，该放热反应释放的热量能够补充炭与水蒸气反应所需的热量。气化炉产出气体主要为高浓度 $H_2$，同时还含有少量 $CH_4$（1%～5%）。煤中的硫元素在气化过程中绝大部分被转化成 $H_2S$，随后与 $CO_2$接受体反应生成 CaS。

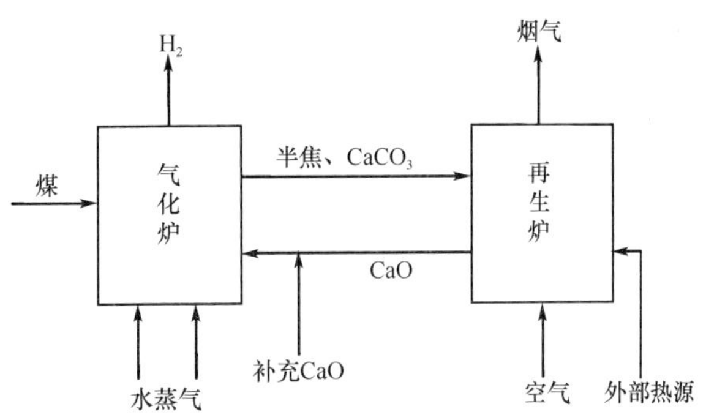


图 8-6 $CO_2$接受体法气化技术基本原理

气化炉内未气化的残余半焦和接受体吸收 $CO_2$的生成物（主要是 $CaCO_3$以及部分未碳酸化吸收剂 CaO）被送至再生炉。再生炉内，主要为碳酸化后吸收体的分解反应和气化残余半焦的燃烧反应，再生生成的 CaO 接受体被返送送回到气化炉内循环利用。在循环回路中适当补充部分接受体以弥补接受体活性下降及数量损失。

煤炭气化过程与半焦燃烧过程相互耦合，给众多研究者改进气化与燃烧过程工艺、实现 $H_2$高浓度产出和燃烧炉中 $CO_2$的富集、达成包括 $CO_2$的多种气化燃烧衍生污染物的近零排放等目标提供了机遇。

由于所采用的工艺流程有所差别，相应操作参数也有很大变化，因此产生了几种不同的钙基或者是铁基化学链气化系统。其中，钙基化学链系统中具有代表性的主要包括浙江大学提出的新型近零排放煤化学链气化燃烧集成利用系统、中国科学院工程热物理研究所提出的煤制氢零排放系统（王勤辉等，2003；关键等，2006）、ZECA（美国零排放煤利用联盟）提出的煤化学链气化系统（Ziock and Anthony，2002）、美国 GE-EER（GE 能源与环境研究公司）提出的零排放系统（Rizeq et al.，2002）、日本新能源综合开发机构（NEDO）的 HyPr-RING 制氢系统（Lin and Suzuki，2002；Lin and Harada，2005）、俄亥俄州立大学 CLP 系统（Fan and Li，2008）。铁基化学链系统的基本思路与钙基类似，即将 $H_2$与 $CO_2$的富集分开在两个反应器完成，两个反应器则通过吸收剂的化学转化来连接，从而实现较高的系统效率和相对传统电站极低的 $CO_2$及其他污染物排放。该类系统相对较少，主要有美国俄亥俄州立大学提出的合成气化学链系统 SCL（Fan and Li，2008）和铁基煤直接化学链气化 CDCL（iron based coal direct chemical looping）（Fan and Li，2008）、罗马尼亚巴什-鲍里亚（Babes-Bolyai）大学提出的合成气铁基化学链系统（Cormos，2011）等。

以下将分别对这些系统的原理、工艺流程及研究现状予以介绍。

## 8.2.2 化学链气化系统

### 8.2.2.1 浙江大学煤化学链气化燃烧集成利用系统

由于煤的组成、结构以及固体形态等的特点，煤颗粒在气化过程中，气化反应速率随碳转化率增加而减缓。如要实现气化过程中碳完全气化或很高的碳转化率，则需要更高的气化参数，如高温、高压和更长的停留时间。而这些手段必然会提高技术难度，也会不可避免地增加生产成本。同时，碳的燃烧反应速度要远高于气化速度，如采用燃烧的方法快速处理煤中“低活性组分”，则气化要求可以被简化，同时也不必在气化炉中实现极高的碳转化率，生产成本则可以得到削减。当运用 $CO_2$ 接受体法进行气化时，虽然煤炭中的“低活性组分”在燃烧炉内燃烧放热，但气化残余半焦燃烧所释放的大量热量仍然是通过 CaO 与 $CO_2$ 的碳酸化反应以化学能转移到 $H_2$ 中，最终仍能够获得较高的燃料利用率。超高压气化系统（>10MPa）对系统运行和设备强度的要求极高；且较高的压力会导致产品气体中 $CH_4$ 含量的增加，造成 $H_2$ 气体浓度的降低；而随着压力的升高，对碳的气化速度的提升作用越来越小。适当降低气化炉出口气体中 $CO_2$ 含量要求，同时小幅度降低系统效率，整个气化系统的压力也能够得以降低至 5MPa 或者更低。

浙江大学整合循环流化床燃烧和煤气化技术，提出了近零排放煤化学链气化燃烧集成利用系统，如图 8-7 所示。系统技术流程：煤或生物质送入以水蒸气为气化剂的压力循环流化床气化炉，随后发生热裂解和部分气化反应，所产生的 $CH_4$ 通过水蒸气重整反应转化为 $H_2$ 和 CO，CO 则通过水煤气变换反应形成 $CO_2$。气化炉中的 $CO_2$ 则通过 CaO 碳酸化反应捕获，碳酸化反应的反应热也能够供给气化炉气化反应所需的热量。气化炉中主要反应如下：

$$C+H_2O=\!=\!=CO+H_2-131.6kJ/mol \tag{8-1}$$

$$CO+H_2O=\!=\!=CO_2+H_2+41.5kJ/mol \tag{8-2}$$

$$CaO+CO_2=\!=\!=CaCO_3+178.1kJ/mol \tag{8-3}$$

$$CH_4+H_2O=\!=\!=CO+3H_2-206.3kJ/mol \tag{8-4}$$

气化炉出口高浓度富氢气体经过除尘和净化，可以作为原料气体用于推动氢气燃气轮机或能够耐受少量 CO、$CO_2$ 等杂质气体存在的固体氧化物燃料电池（SOFC）发电。经过除尘的高温富氢气体被送入燃料电池发生电化学反应产生电能，燃料电池尾气被送入燃烧炉以利用其中的未反应氢气和尾气的高温显热。燃料电池排出的高温高压低氧浓度空气通过烟气轮机膨胀做功，乏气进入空气预热器加热进入燃料电池的空气。

煤气化残余半焦和吸收剂与 $CO_2$ 反应生成的 $CaCO_3$ 被送入加压或常压循环流化床燃烧炉。气化剩余半焦和含氢燃料电池尾气在纯氧气氛中燃烧，燃烧释放的热量用作 $CaCO_3$ 煅烧分解，煅烧产物 CaO 被作为 $CO_2$ 接受体返送回气化炉。燃烧炉主要化学反应见式（8-5）及式（8-6）。燃烧炉中气化半焦燃烧和 $CaCO_3$ 煅烧产物主要是水蒸气和 $CO_2$，高温烟气经高温除尘进入烟气轮机做功发电，烟气轮机乏气作为余热锅炉的热源进行蒸汽循环发电。做功完毕的低温尾气中的水分经过冷凝后除去，剩余高纯度 $CO_2$ 气体可以比较容易地进行地质封存或者资源化利用。

$$C+O_2=\!=\!=CO_2,\ \Delta H^0_{298}=\!=\!=-393.8kJ/mol \tag{8-5}$$

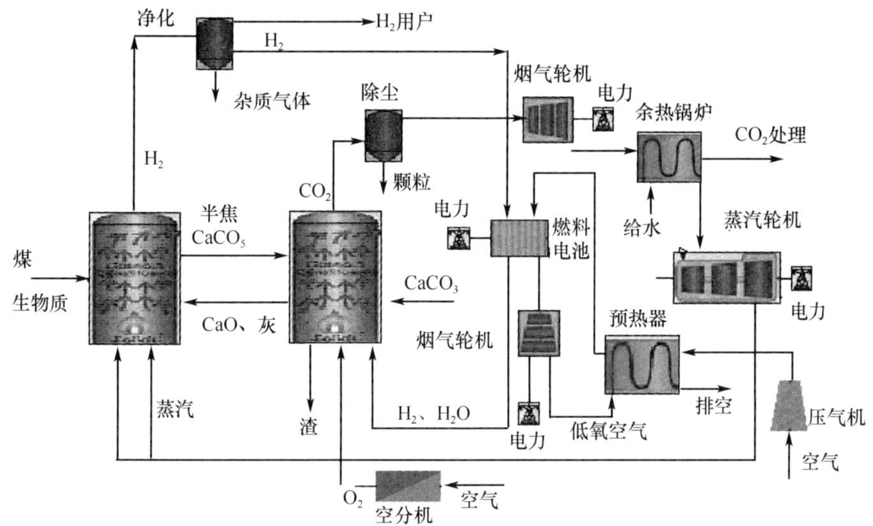


图 8-7　浙江大学提出的新型近零排放煤化学链气化燃烧集成利用系统

$$CaCO_3 = CaO + CO_2,\ \Delta H^0_{298} = 180kJ/mol \tag{8-6}$$

值得注意的是，燃烧炉与气化炉采用相同的运行压力有利于两个反应器之间物料的非机械输送。但在燃烧炉较高的 $CO_2$ 分压下，燃烧炉需要提高运行温度才能完成 $CaCO_3$ 的分解。而较高的燃烧炉运行温度不仅影响其安全运行，也会加速 CaO 吸收剂的烧结，严重降低吸收剂的 $CO_2$ 捕获能力。故系统的运行压力应控制在 3MPa 以下，否则 $CaCO_3$ 难以实现快速的完全分解再生。同时也可以降低部分系统效率，控制燃烧炉压力低于气化炉，甚至维持在常压以保证燃烧炉的连续运行。

化学链气化系统中，含 N、S 等元素的污染物排放也能够控制在较低水平。气化产生的 $H_2S$ 与 CaO 反应生成 CaS，随后在燃烧炉中转化为 $CaSO_4$ 被脱除。N 元素则在气化后大部分转化为 $N_2$，少量转化为易脱除的 $NH_3$，故系统可以省去 $NO_x$ 脱除设备。气化燃烧过程所产生的飞灰颗粒可以通过一系列气固分离和除尘设备进行脱除。燃烧中生成的重金属蒸气等少量气体污染物可以与燃烧炉出口的高纯度 $CO_2$ 一起处理，从而实现了煤炭化学链气化系统污染物的近零排放。

综上所述，基于化学链的煤利用系统有 3 个特点。①根据煤炭中不同组分的反应特性，煤炭中的“高活性组分”首先在循环流化床气化炉中进行无氧水蒸气气化，气化残余的“低活性组分”随后被送入循环流化床燃烧炉进行燃烧，从而实现了煤的分级利用转化，同时降低了对气化碳转化率的要求。②系统相对简单，核心部分采用成熟的具有优良的燃料适应性及低硫氮等污染物排放的循环流化床技术。③由于气化炉产出气体的后续利用过程能够耐受一定浓度的 $CO_2$，故产品气中 $CO_2$ 含量无需降至极低的水平，系统运行压力可以适度降低。

煤化学链气化燃烧集成利用系统的核心部分——煤气化燃烧集成制氢技术已获得了国家发明专利（ZL20031108667. 5“近零排放的固体燃料无氧气化制氢方法”）。

目前，浙江大学基于过程模拟软件 Aspen Plus，对新型近零排放煤气化燃烧利用系统从局部到整体做了比较全面的定量分析，并得出各部分最佳的反应参数和系统合理的流程构建方案（孙登科，2007）。计算结果表明构建的最佳系统方案系统效率可达到55.5%左右。同时以神木煤为原料使用热力学平衡计算软件FactSage 5.2，分别研究了气化炉运行参数，诸如运行压力、温度、$H_2O/C$值、Ca/C值对制氢性能的影响。综合考虑制氢的数量及浓度，得到了初步优化的气化炉操作参数。基于热天平的煤半焦水蒸气气化动力学研究，煤焦在$O_2/CO_2$气氛下的加压燃烧特性等机理也进行了研究（关键，2007）。

基于前期的软件模拟以及反应机理方面的研究成果，浙江大学搭建了一套双循环流化床钙基化学链气化试验台架。在此台架上已经完成了以生物质为物料的单炉鼓泡床加压水蒸气气化实验，获得了较高的$H_2$浓度的合成气。下一步将要开展以煤为物料的流化床实验研究，最终希望能够实现双循环流化床的联动运行。同时由于钙基吸收剂本身的特性，经历多次碳酸化-煅烧循环之后，吸收活性会迅速衰退，这也是所有基于钙基吸收剂的化学链系统亟待解决的问题。下一步将要开展吸收剂改性再生方面的研究，争取获得吸收活性能够保持较长时间并且在再生之后仍然能够有较高活性的吸收剂。

#### 8.2.2.2 中国科学院工程热物理研究所提出的煤制氢零排放系统

中国科学院工程热物理研究所提出了如图8-8所示基于$CO_2$接受体法气化技术煤制氢零排放系统（肖云汉，2001）。系统由上述两个反应器和进行热交换的换热器组成。主反应器中主要反应为水煤气反应［式（8-7）］、水汽变换反应［式（8-8）］、CaO碳酸化反应［式（8-9）］以及由上述反应构成的总反应［式（8-10）］。

$$C+H_2O = CO+H_2-131.6kJ/mol \quad (8\text{-}7)$$

$$CO+H_2O = CO_2+H_2+41.2kJ/mol \quad (8\text{-}8)$$

$$CaO+CO_2 = CaCO_3+178.8kJ.mol \quad (8\text{-}9)$$

$$C+2H_2O+CaO = CaCO_3+2H_2+88.8kJ/mol \quad (8\text{-}10)$$

再生反应器中进行CaO碳酸化产物$CaCO_3$的煅烧再生反应［式（8-11）］。

$$CaCO_3 = CO_2+CaO-178.8kJ/mol \quad (8\text{-}11)$$

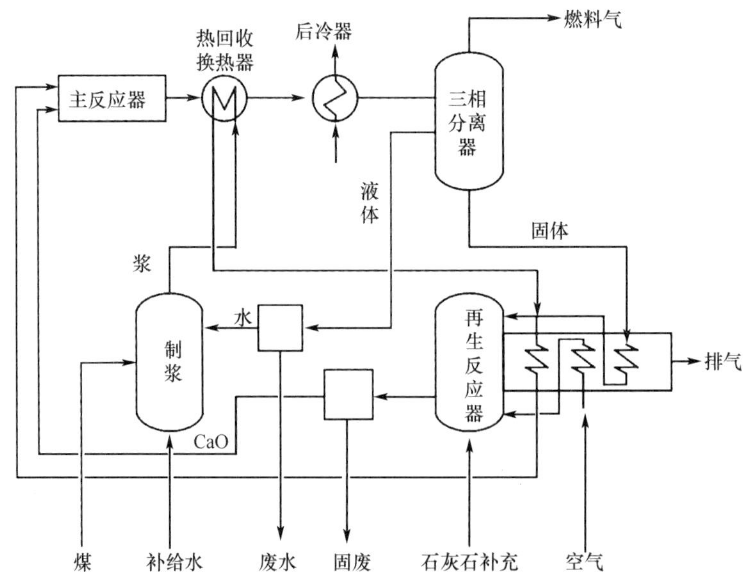


图8-8 中国科学院工程热物理研究所煤制氢零排放系统（肖云汉，2001）

根据再生反应器热供给方式、碳转化率、加料方式的不同可匹配形成不同形式的制氢系统。图 8-8 为其中的一个系统。煤浆和 CaO 送入主反应器，产物经由热回收换热器和后冷器进行热量回收，再进入三相分离器，分离后得到固体、水和氢。水经过净化处理之后与新鲜补给水和煤混合，形成水煤浆，经升压泵升压后，在热回收换热器中回收主反应器产物的排热，在再生反应器中得到进一步预热后，进入主反应器。$CaCO_3$、未完全转化残碳和灰组成的混合物进入再生反应器，再生后的 CaO 吸收剂进入主反应器循环利用。

### 8.2.2.3　美国零排放煤炭联盟的煤化学链气化系统

美国零排放煤炭联盟（ZECA）提出了如图 8-9 所示的煤化学链气化系统（Ziock and Anthony，2002）。煤和水给入气化炉进行加氢气化。

$$C+2H_2 \longrightarrow CH_4+Q_1 \tag{8-12}$$

反应式（8-12）是放热反应，故该反应能实现无氧气化，且能够通过调节进水量来保持气化炉内的温度稳定。气化产生的 $CH_4$和水蒸气经气体净化装置后进入碳酸化炉。

在碳酸化炉中，主体反应为 $CH_4$蒸汽重整反应（8-13）和碳酸化反应（8-14）。

$$CH_4+2H_2O \longrightarrow CO_2+4H_2-Q_2 \tag{8-13}$$

$$CaO+ CO_2 \longrightarrow CaCO_3+Q_3 \tag{8-14}$$

通过反应式（8-13）和式（8-14），$CO_2$被 CaO 捕获形成 $CaCO_3$，气体产物则主要是 $H_2$。其中一部分循环 $H_2$作为气化介质返送回气化炉，另一部分 $H_2$进入燃料电池中用来发电。气化炉和碳化炉中反应可以整合为一个反应式（8-15），整个反应过程可以实现热量自平衡。

$$CaO+C+2H_2O\ (\text{液态}) \longrightarrow CaCO_3+2H_2+0.6\ \text{kJ/mol C} \tag{8-15}$$

碳酸化炉中生成的 $CaCO_3$输送至煅烧炉中进行煅烧，分解产物 CaO 被回送至碳酸化炉循环使用。煅烧炉出口气体中部分 $CO_2$被作为热载体吸收燃料电池排放的余热，所吸收的余热提供煅烧炉中 $CaCO_3$ 煅烧所需要的热量，剩余 $CO_2$则可以直接进行封存或资源化处理。

ZECA 系统中煤气化、气化产物重整制氢和吸收体碳酸化、吸收体煅烧分解释放 $CO_2$过程分别在独立反应器内完成，优点是能够实现各过程的优化；缺点则是反应器较多，系统相对较复杂，而且对气化炉碳转化率要求很高。

### 8.2.2.4　美国 GE 能源与环境研究公司的 AGC 系统

如图 8-10 所示的先进气化燃烧（advanced gasification combustion，AGC）系统（Rizeq et al.，2002）为美国 GE 能源与环境研究公司（GE-EER）所开发，已被列入美国能源部的“VISION 21”计划。煤及其他燃料（如生物质）在以 $CO_2$接受体做为床料的气化炉中进行水蒸气气化生成富氢合成气。产物中的 CO 通过水汽变换反应生成 $H_2$和 $CO_2$，$CO_2$由接受体经碳酸化反应吸收。气化炉中气化残余半焦和床料（含吸收 $CO_2$后的生成物）送入 $CO_2$释放反应器中燃烧，燃烧放出热量用于吸收 $CO_2$后碳载体分解释放出 $CO_2$。$CO_2$释放反应器所需的 $O_2$由氧载体反应器通过氧载体提供。氧载体反应器中利用空气再生携氧载体，出口高温烟气送入烟气轮机发电。依据计算结果，当 AGC 系统

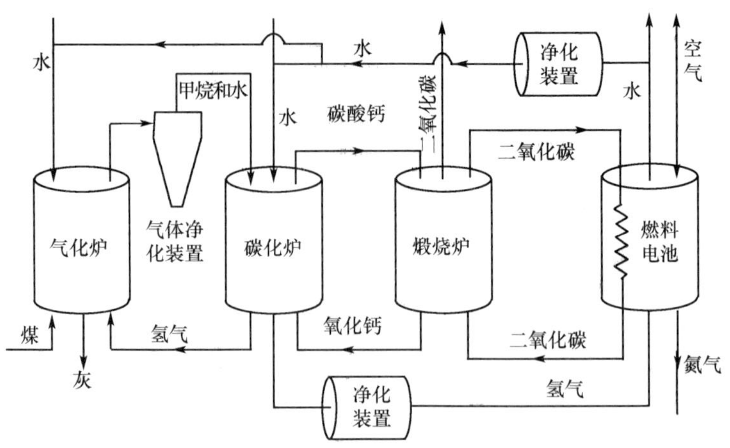


图 8-9　无氧煤气化零排放煤利用系统

压力设定为 3MPa 时，发电效率约 67%。该方案仍有若干需解决的难题，如对系统中 $CO_2$接受体法气化、半焦气化率、氧传输床料反应级数的评估，煤灰与床料间反应的抑制，气化时 $NH_3$转变为 $N_2$等方面。

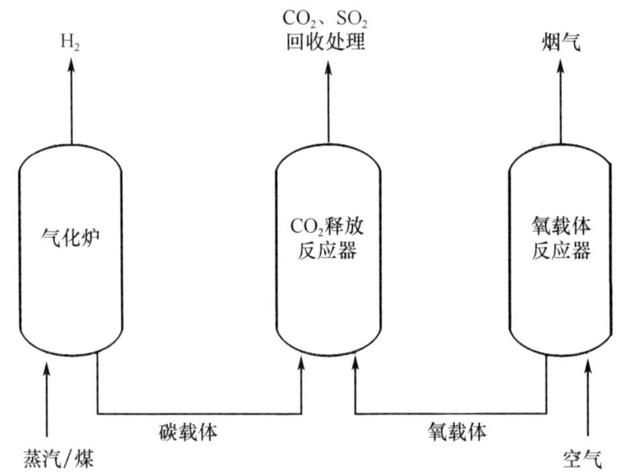


图 8-10　GE-EER 提出的 AGC 系统

### 8.2.2.5　日本新能源综合开发机构的 HyPr-Ring 系统

图 8-11 所示为日本新能源综合开发机构（NEDO）提出的 HyPr-RING（hydrogen production by reaction integrated novel gasification）系统（Lin and Suzuki，2002；Lin and Harada，2005）。煤、水和 CaO 接受体被送入高压主反应器进行无氧气化获得富氢合成气，气化所需热量由 CaO 吸收 $CO_2$的碳酸化反应提供。主反应器生成的 $CaCO_3$或 $Ca(OH)_2$被送入再生器中煅烧，分解所得 CaO 被返送至主反应器循环利用。富 $H_2$合成气送入氢气轮机中做功发电，氢气轮机乏气被送到再生器中为接受体煅烧提供热量。冷凝水作为原料送入主反应器中。HyPr-RING 系统构成简单，由于追求极低 $CO_2$浓度的生成气，系统压力为 10~100MPa，较高的系统压力使得生成气中的 $CH_4$浓度偏高。

HyPr-RING 系统有如下特点：①煤气化和 $CO_2$ 捕获反应在单一的反应器中发生，系统简单；②气化反应在较低的温度下进行；③无需气体净化系统。

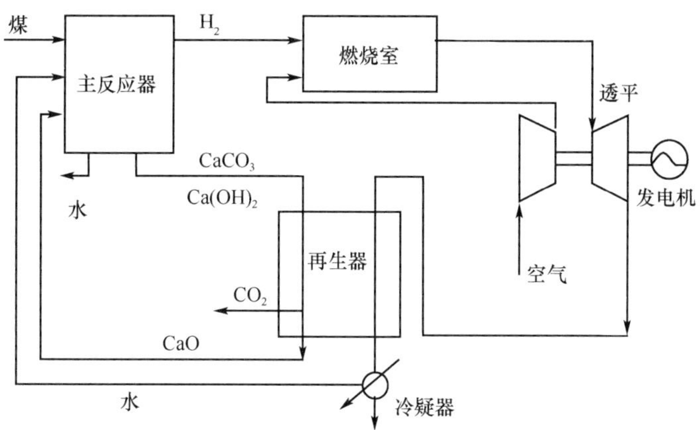


图 8-11　NEDO 提出的 HyPr-RING 煤利用系统

### 8. 2. 2. 6　Lobachyov 等提出的一种高效煤发电系统

Lobachyov 等在 $CO_2$ 接受体法气化工艺基础上提出了一种高效煤发电系统。系统流程如图 8-12 所示。

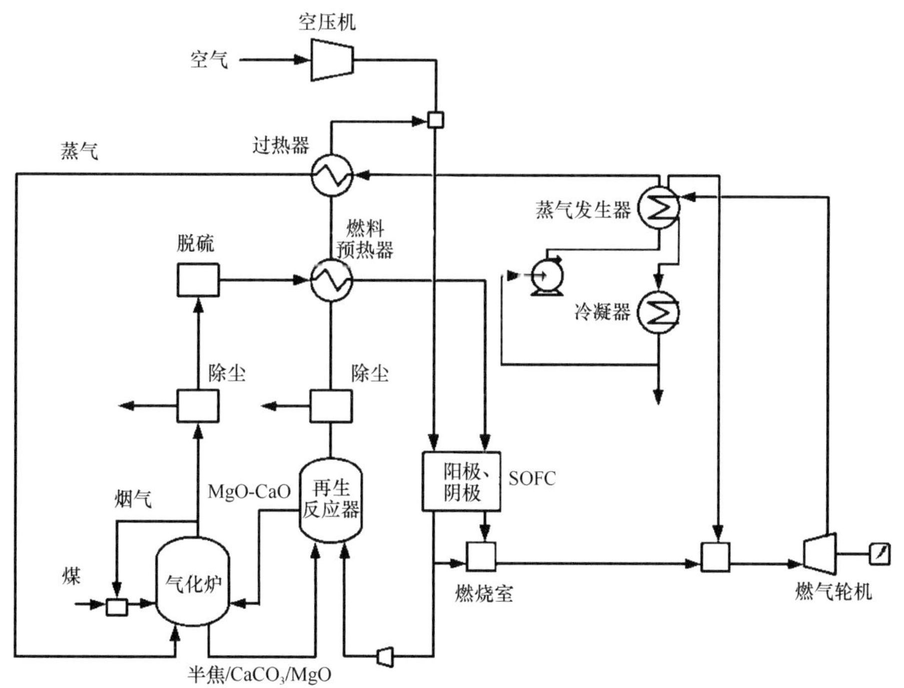


图 8-12　高效煤发电系统流程图（Lobachyov and Richter，1996）

煤在压力流化床中进行水蒸气气化，气化温度为 1070K 左右。气化炉中主要化学反应为

$$C+H_2O \longrightarrow CO+H_2 \tag{8-16}$$

$$C+2H_2 \longrightarrow CH_4 \tag{8-17}$$

$$CO+H_2O \longrightarrow H_2+CO_2 \tag{8-18}$$

气化炉反应所需要的热量由 $CO_2$接受体碳酸化放热提供。

$$MgO \cdot CaO+CO_2 \longrightarrow MgO \cdot CaCO_3 \tag{8-19}$$

气化炉中产生的 $H_2S$ 也被 $CO_2$接受体固定下来。

$$CaO+H_2S \longrightarrow CaS+H_2O \tag{8-20}$$

大部分的 $H_2S$ 可以在气化炉中脱除，气化炉出口 $H_2S$ 浓度为 50~100ppm，该浓度处于固体氧化物燃料电池（SOFC）所能容忍范围内，不会损坏电解质，故无需另设脱硫装置。气体进入 SOFC 之前需经高温除尘，必要时还需 $CH_4$蒸汽重整以降低合成气 $CH_4$的浓度，然后再预热到 900℃，进入 SOFC 的阳极。

燃料电池的尾气和气化炉中未气化残余半焦以及碳酸化后的接受体被送入压力流化床再生炉进行燃烧，燃烧产热提供接受体再生反应所需要的热量。再生炉出口气体经高温除尘后进入燃气轮机中做功。燃气轮机乏气的显热用于产生气化炉和 $CH_4$重整所需的蒸汽。该系统以获得高发电效率为主要目的（系统发电效率可达 63%），并未考虑 $CO_2$等污染物的回收及控制。相关的研究还仅停留在理论分析阶段，暂未见后续研究报道。

#### 8.2.2.7 俄亥俄州立大学的 CLP、SCL、CDCL 技术

美国俄亥俄州立大学的 Liang-Shih Fan 等研究者提出了 CLP 即 calcium looping process 技术。CLP 能够与已有的气化系统结合起来组成高效的近零排放的发电系统。该技术主要用来将由煤气化得到的合成气转化为高纯 $H_2$，通过可再生的钙基吸收剂来实现这一目的。该技术集成了水汽变换反应和 $CO_2$、硫化物、卤化物等污染物的同时脱除，与此同时还减少了水汽变换反应对催化剂的需求量。如图 8-13 所示，CLP 主要包含 3 个反应器：碳酸化反应器，发生的反应有 $Ca(OH)_2$分解、WGSR、碳酸化以及卤化物硫化物脱除，经过这些反应之后能够获得高纯的 $H_2$；煅烧反应器，主要用以煅烧已经和 $CO_2$反应过后的钙基吸收剂以产生新的吸收剂，同时产生能够进行 CCS 的高浓度 $CO_2$气体；水合反应器，用来改善由于循环次数增加所导致的吸收剂性能下降，提高吸收剂的使用次数。基于钙基吸收剂的 CLP 有潜力降低 CCS 应用在燃前和燃后捕集 $CO_2$发电系统的成本且同时能够提高 CCS 效率。

美国俄亥俄州立大学也提出基于铁基化学链的合成气化学链系统 SCL，铁基煤直接化学链气化 CDCL。

合成气化学链系统 SCL 如图 8-14 所示。该系统主要包括 5 个主要组件：空分单元、气化炉、气体净化系统、氧化反应器、还原反应器。气化炉中煤与来自空分单元的纯氧发生气化反应，生成高温粗合成气，合成气经过气体净化单元后送入还原反应器，发生如下反应。

$$Fe_2O_3 + CO \longrightarrow 2FeO + CO_2 \tag{8-21}$$

$$FeO + CO \longrightarrow Fe + CO_2 \tag{8-22}$$

$$Fe_2O_3 + H_2 \longrightarrow 2FeO + H_2O \tag{8-23}$$

$$FeO + H_2 \longrightarrow Fe + H_2O \tag{8-24}$$

生成的 $CO_2$富集的烟气则从还原反应器排出，剩余产物为 Fe 和 FeO 混合物再送入

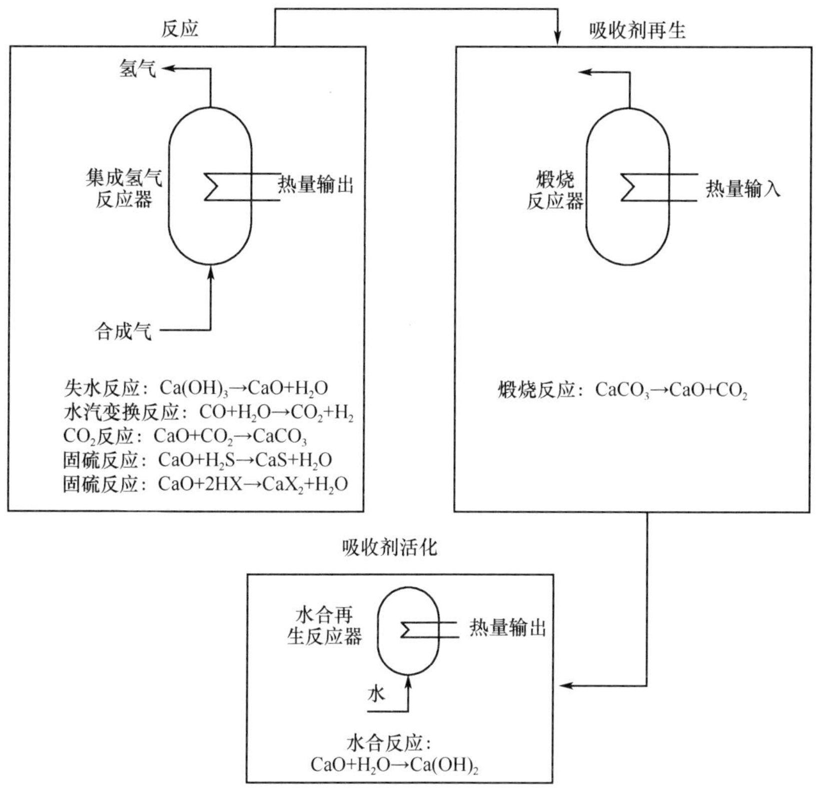


图 8-13　CLP 技术原理图

氧化反应器与 $H_2O$ 反应生成 $H_2$。

$$Fe + H_2O\ (g) \longrightarrow FeO + H_2 \tag{8-25}$$

$$3FeO + H_2O\ (g) \longrightarrow Fe_3O_4 + H_2 \tag{8-26}$$

反应完毕生成的 $Fe_3O_4$ 在燃烧器中经历反应（$4Fe_3O_4+O_2 \longrightarrow 6Fe_2O_3$）再生为 $Fe_2O_3$，之后与 FeO 一起送回到还原反应器继续使用。至此，一个完整铁基合成气化学链循环完成，分别在还原反应器和氧化反应器得到富集的适宜直接封存的 $CO_2$ 和高浓度 $H_2$。

图 8-15 所示为铁基煤直接化学链气化 CDCL 系统流程，主要由煤反应器、氢反应器、燃烧器三大部件组成。煤反应器将煤转换成 $CO_2$ 和 $H_2O$，同时将 $Fe_2O_3$ 还原为 FeO 和 Fe 的混合物；氢反应器则将被还原的 Fe 和 FeO 氧化为 $Fe_3O_4$ 同时产出富氢气体。

#### 8.2.2.8　罗马尼亚 Babes-Bolyai 大学合成气铁基化学链系统

罗马尼亚 Babes-Bolyai 大学 Calin-Cristian Cormos 提出了如图 8-16 所示的铁基合成气化学链制氢系统（Cormos，2011）。该系统基本组成为空分单元、气化器、气体净化单元、合成气反应器、蒸汽反应器以及后续气体分离净化压缩单元等。原料煤经过与氧气和水蒸气部分气化之后生成合成气，随后经气体激冷以及酸性气体脱除后离开脱硫单元。经过以上处理的合成气通入铁基化学链系统，合成气反应器中发生如下反应。

$$Fe_3O_4+CH_4 \longrightarrow 3Fe+CO_2+2H_2O \tag{8-27}$$

$$Fe_3O_4+4CO \longrightarrow 3Fe+4CO_2 \tag{8-28}$$

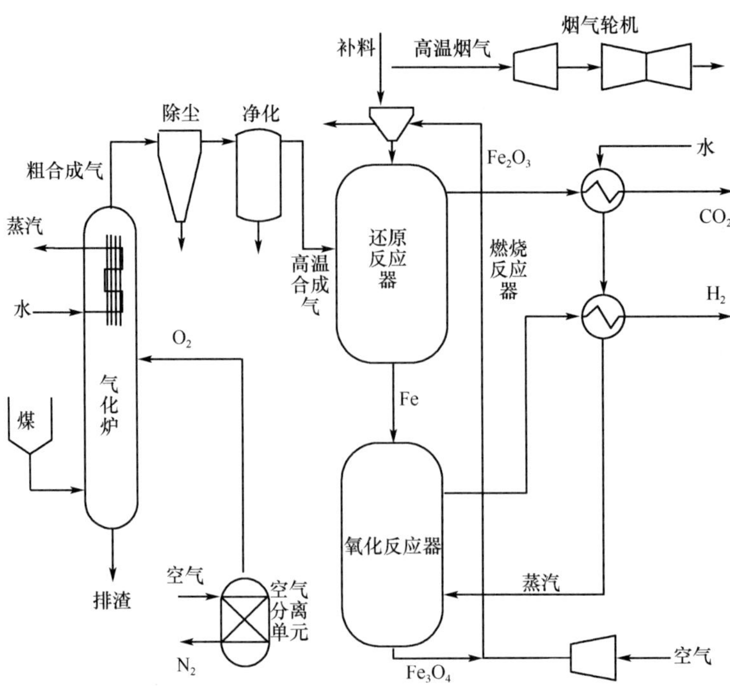


图 8-14 合成气化学链系统 SCL（Fan and Li，2008）

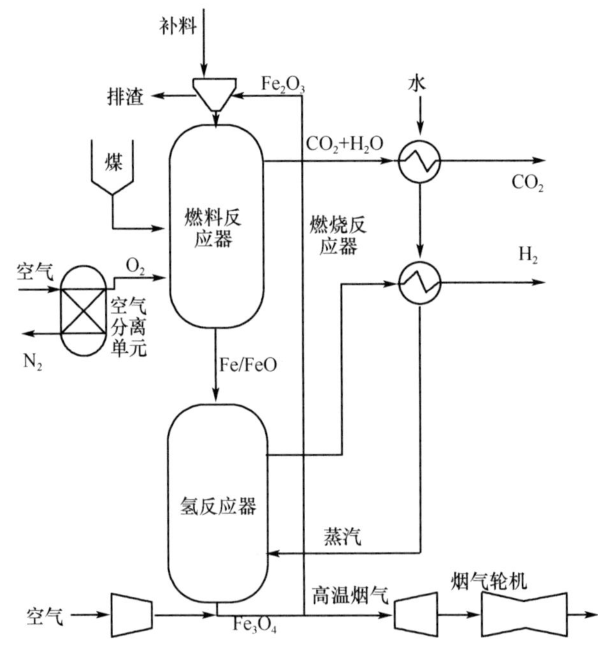


图 8-15 铁基煤直接化学链气化 CDCL 系统（Fan and Li，2008）

$$Fe_3O_4+4H_2 \longrightarrow 3Fe+4H_2O \tag{8-29}$$

铁基吸收剂被还原为 Fe 和 FeO 混合物同时生成 $CO_2$ 和 $H_2O$，其中水能够通过冷凝去除，最后便能够得到适宜封存的高浓度 $CO_2$；Fe 和 FeO 混合物通过物料输送送入蒸汽反应器，发生铁基吸收剂的氧化反应生成富氢气体。

$$3Fe+4H_2O \longrightarrow Fe_3O_4+4H_2 \tag{8-30}$$

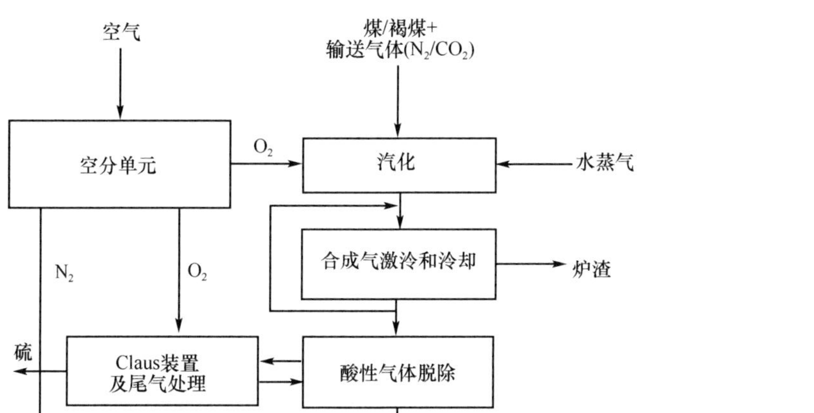
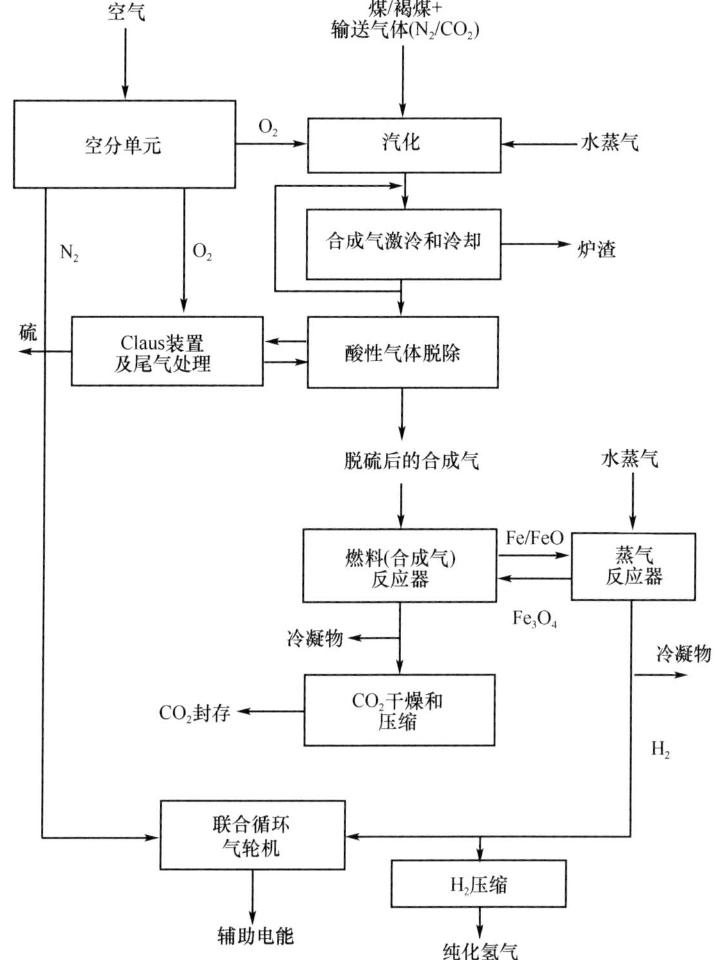


图 8-16　Babes-Bolyai 大学铁基合成气化学链制氢系统（Cormos，2011）

通过使用过程模拟软件 ChemCAD 对整个系统进行了模拟，得出整个系统能够得到浓度高达 99.91% 的 $H_2$ 以及浓度为 91.59% 的 $CO_2$。还与 Selexol 化工过程进行了比较，相同的产氢，化学链系统所需煤耗小于 Selexol，同时 $CO_2$ 捕获率也高于后者；且 $CO_2$ 排放为 2.57kg/（MW·h），远远低于常规气化技术的 44.95kg/（MW·h）。

## 8.2.3　化学链气化技术发展面临的问题

### 8.2.3.1　载体的活性保持和载体强度

许多研究者的研究表明，CaO 的本身化学特性导致了其作为 $CO_2$ 载体在循环煅烧和碳酸化反应过程中，随着循环次数的增加表征 CaO 捕捉 $CO_2$ 能力的参数——碳酸化转化率迅速下降。这可能是烧结造成了反应中的CaO孔隙闭塞和坍塌。

为了提高CaO吸收剂在多循环过程中的活性即保持孔隙结构不坍塌、强化吸收剂的抗烧结性能，不同研究者做出了很多实验室阶段的探索，如使用乙酸对钙基吸收剂进行调质，吸收剂中添加有机铝（$Al[OCH(CH_3)_2]_3$）（陈奕岑，2008）或高锰酸钾（Li and Zhao，2010）、对吸收剂进行水蒸气活化（Manovic and Anthony，2010）、使用铝酸钙水泥做为吸收剂的黏结剂并制球（Manovic and Anthony，2009）、$CaTiO_3$与纳米级CaO混合制成吸收剂（Wu and Zhu，2010）。以上方法都在实验室中取得了很好的吸收剂多循环过程中的活性保持，尤其是使用铝酸钙水泥做为黏结剂的方法制得的吸收剂性能优异。但是以上改质后的吸收剂并未在更大的工业系统中使用或者进行验证，并不能够保证实际运行中维持很好的活性。

以上提到的化学链系统由于物料输送的需要，多以流化床作为反应器，因而带来了一个突出的问题——磨损。流化床操作过程中强烈的物料碰撞使得吸收剂的机械强度迅速衰退，导致吸收剂破碎进而增加吸收剂的损耗等显著问题。目前，对于吸收剂机械强度的研究不如吸收剂活性研究广泛和深入，主要有掺混氧化铝或者是铝酸钙水泥等方法。如何提高吸收剂强度并且能够一直保持较好的机械强度仍旧需要进一步的探索和试验。

#### 8.2.3.2 有待于工业规模的示范及验证

以上提到的各种化学链系统均有一个突出问题，即尚停留在实验室或者是中试规模，并未有工业规模的示范工程运行。工业规模的示范运行对于检验和考核系统工艺设计以及设备结构性能、所采用技术的可靠性和实用性等性能均十分重要，同时能为化学链技术的推广和商业化提供强有力的技术依据和支撑。

## 8.3 水煤浆代油燃烧技术

中国是能源生产和消费大国，也是目前世界上少数几个一次能源以煤为主的国家之一。随着中国经济的快速发展，对石油需求将呈现强劲增长趋势，寻求行之有效的替代技术、保障能源与经济安全的任务显得十分紧迫。水煤浆是一种新型低污染代油燃料。它是由65%~70%的煤、30%~35%的水和0.5%~0.8%的添加剂制成的混合物，既保持了煤炭原有的物理特性，又具有石油一样的流动性和稳定性，可以像油一样易于装、储、管道输送和高效燃烧，被称为液态煤炭产品。

目前我国水煤浆设计能力大于4000万t/a，初步估计全国各类制浆厂的生产能力已突破4500万t/a。水煤浆在我国已成功应用于各类电站锅炉和工业锅炉、窑炉上，锅炉容量从1t/h到670t/h。其中670t/h水煤浆和油两用锅炉是目前国际上最大的水煤浆锅炉。国内水煤浆锅炉技术都源自浙江大学——“水煤浆代油清洁燃烧技术和产业化应用”2009年获国家科技进步奖二等奖的成果。

### 8.3.1 技术发展现状

#### 8.3.1.1 技术发展历程

水煤浆是20世纪70年代石油危机中发展起来的一种新型清洁代油燃料。它既保留了煤炭原有的物理特性，又具有石油一样的流动性；被称为液态煤炭产品。

1971年美国在亚利桑那州北部的高原沙漠地带建立了一条从黑迈萨（Black Masa）到莫哈夫（Mohave）电站全长437km的输煤管线，年输浆500万t，供莫哈夫电站两台790MW机组2540t/h锅炉燃用。

1980年前人们的主要兴趣集中在油煤混合燃料（coal oil mixture，COM）上，美国、日本、加拿大、英国等许多国家投入了力量，进行油煤浆的制备、流变、输送、储存和燃烧试验，基本上达到了工业应用的结果。20世纪80年代后由于水煤浆能全部替代燃料油，许多国家如美国、日本、瑞典、加拿大、苏联和中国等都把注意力转移到水煤浆上来，并投入了大量的人力和物力，研究开发了水煤浆的制备、输送和燃烧的关键技术；建立了大型工业性制浆厂、高浓度输浆管线，并在工业锅炉、工业窑炉和大型电站锅炉上进行了燃用水煤浆的工业性试验，结果表明可以达到工业应用的水平（岑可法等，1997）。

浙江大学是我国最早研究煤浆燃烧技术的单位，在1978年开始在国家计委和中国科学院组织领导下，开展了油煤浆技术的研究，并在鞍钢电厂100t/h锅炉上加以实现，通过了国家鉴定。1981年3月浙江大学向国家科委、科学院、煤炭部建议开展水煤浆代油燃料的研究，之后由国家科委和煤炭部分别列入国家“六五”“七五”“八五”科技攻关项目，并成立了国家水煤浆工程技术研究中心及华煤水煤浆技术联合中心，使我国的制浆技术、管道输送技术、水煤浆燃烧技术以及工业应用技术联成一体，从而使得水煤浆的研究和利用得到蓬勃的发展（岑可法等，1997）。

### 8.3.1.2　水煤浆技术特点

水煤浆是由65%～70%不同粒度分布的煤、30%～35%的水和0.5%～0.8%的化学添加剂制成的混合物，可以像油一样装卸、储存、管道输送和雾化燃烧。由于水煤浆具有较高的燃烧效率和较低的污染物排放特点，是一种理想的代油燃料，可以广泛应用于电站锅炉、工业锅炉和工业窑炉，实现代油、代气和代煤燃烧，亦可作为气化原料，用于生产合成氨、合成甲醇等。

#### (1) 水煤浆制备技术特点

水煤浆燃料的制备一般包括的过程有原煤的洗选、添加剂（分散剂和稳定剂）的添加、水的配备、研磨、储存等。水煤浆在制备的过程中涉及水煤浆中煤粉的粒度分配即级配问题。水煤浆的流体特性包括黏度、流变特性（即流体受到的剪切力与流体应变的关系）、稳定性等（张荣曾，1996）。

图8-17和图8-18是两种典型的水煤浆制备工艺（张荣曾，1996）。

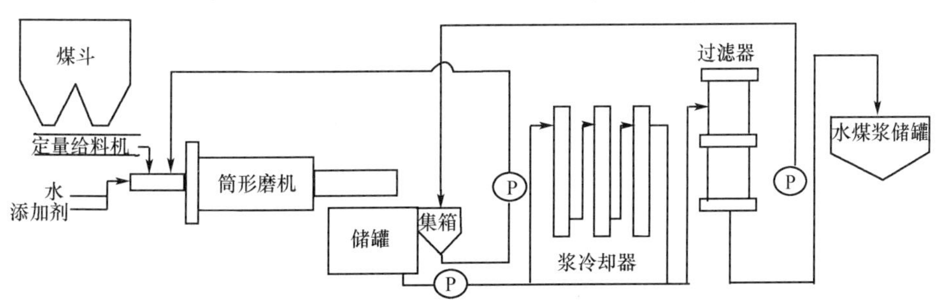


图8-17　一段磨矿工艺（张荣曾，1996）

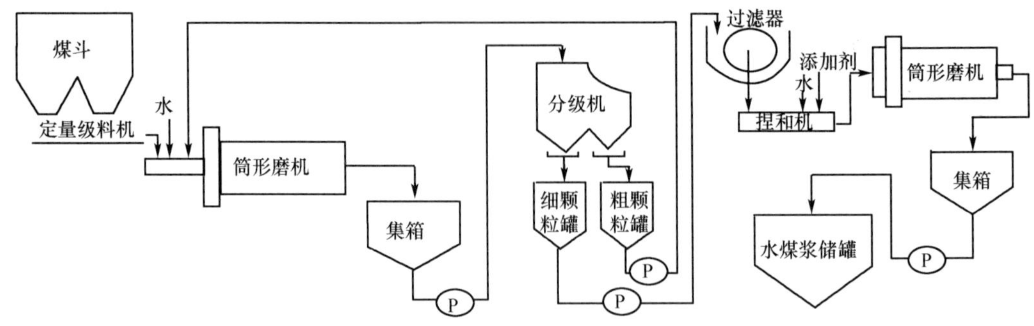


图 8-18　二段磨矿工艺（张荣曾，1996）

我国已于2002 年颁布了水煤浆国家技术标准（GB/T 18855—2002），使水煤浆的生产质量有了保证。表 8-5 是水煤浆技术参数（中华人民共和国国家标准，2002）。

**表 8-5　水煤浆技术指标（GB/T 18855—2002）**

| 项目 | | 技术要求 | | |
|---|---|---|---|---|
| | | Ⅰ级 | Ⅱ级 | Ⅲ级 |
| 浓度 C / % | | >66. 0 | 64. 1 66. 0 | 60. 1 64. 0 |
| 黏度① η / mPa · s | | <1200 | | |
| 发热量 $Q_{Net.cwm}$/（MJ/kg） | | >19. 50 | 18. 51 19. 50 | 17. 00 18. 50 |
| 灰分 $A_{cwm}$/ % | | <6. 00 | 6. 00 8. 00 | 8. 01 10. 00 |
| 硫分 $S_{t.cwm}$/ % | | <0. 35 | 0. 35 0. 65 | 0. 66 0. 80 |
| 软化温度② ST / ℃ | | >1250℃ | | |
| 粒度 | $P_{cwm}$. +0. 3mm / % | <0. 03 | 0. 03 0. 10 | 0. 11 0. 50 |
| | $P_d$. −0. 075mm / % | ≥75. 0 | | |
| 挥发分 $V_{daf}$/ % | | >30. 00 | 20. 01 30. 00 | ≤20. 00 |

注：①在浆体温度 20℃、剪切率 $100s^{-1}$时；②煤灰熔融性软化温度，适合于固态排渣方式；$P_{CAM}$+0. 3mm 表示大于 0. 3mm，物质占水煤浆中干煤的含量；$P_d$. −0. 075mm 表示小于 0. 075mm 的物料占水煤浆中干煤的含量。

资料来源：中华人民共和国国家标准，2002

### （2）水煤浆燃烧技术特点

水煤浆的燃烧过程和原理虽与燃油过程类似，但由于水煤浆燃料的物理化学特性，两者又有差异。因此，燃烧系统必须做特殊的设计或进行适当改造。水煤浆在锅炉上应用包括以下工艺和重要设备。

1）炉前系统。包括水煤浆在炉前的搅拌系统、在线过滤系统和供浆系统，以防止水煤浆可能发生的沉淀、堵塞喷枪，并实现连续调节。

2）水煤浆雾化喷嘴。利用压缩空气或过热蒸汽对水煤浆进行高效雾化，雾化喷嘴设计的好坏将直接影响水煤浆的点火和燃烧的效率。

3）水煤浆燃烧器。水煤浆含有 30% 以上的水分，燃烧器的设计应考虑水煤浆的这一重要特性。燃烧器的设计好坏同样直接影响水煤浆的点火及燃烧效率。

4）水煤浆在炉内的着火和燃尽。炉内的布置应满足水煤浆的着火和稳燃特性，如布置适当的卫燃带。

5）出渣除尘系统。燃烧后的灰渣要经过除灰系统、排渣系统等，这些系统都应按照水煤浆特性做相应的设计。

### 8.3.1.3 水煤浆技术的研发现状

#### （1）国外发达国家的研发现状

自20世纪70年代石油危机以来，世界主要发达国家如美国、日本、加拿大、瑞典、意大利、英国、法国和俄罗斯等都相继投入了大量人力、物力和财力寻求代油燃料，进行水煤浆技术的研究开发。目前国外水煤浆技术已趋于成熟，建成一批水煤浆厂，达到了工业应用的水平（岑可法等，1997；周俊虎，2006）。

俄罗斯别洛沃建有世界规模最大的水煤浆制备-管道输送-发电工程，水煤浆生产能力达5Mt/a。管输距离260km、管道直径530mm，可供6×200MW电站机组670t/h锅炉燃用。该电站锅炉原设计烧粉煤，改造后燃用的水煤浆灰分10%、高位热值27.59MJ/kg、浓度62%~65%、黏度0.8Pa·s。全烧水煤浆锅炉负荷调节范围50%~100%，具有较高的燃烧效率。水煤浆喷嘴容量8t/h，设计寿命1000h。

美国兴建的包括制浆和管道运输系统的黑迈萨煤浆工程，运距439km，年运煤量4.5Mt，几十年来以99%的可靠性为莫哈夫电厂的1580MW发电机组提供了上亿吨燃料。

日本在小名滨建立了0.5Mt/a水煤浆厂，通过9km管道供给世界应用规模最大的东京勿来电站4号机组（75MW）260t/h锅炉和8号机组（600MW）1940t/h锅炉燃用水煤浆。该锅炉原设计为油和煤粉混烧，1986年6月开始改烧水煤浆，1993年6月改为五层装油燃烧器、两层装煤粉燃烧器、三层装水煤浆燃烧器（其中一层为8t/h和3t/h喷嘴组合，另两层为6.5t/h和4.5t/h喷嘴组合），燃料比例为20%油、30%煤粉、50%水煤浆。使用的水煤浆浓度为67.4%~67.8%，高位热值20.57~21.23 MJ/kg，黏度0.74~0.92 Pa·s，灰分5.9%~6.5%。燃烧效率达98%以上，锅炉效率比原运行下降2%~3%；采用脱氮脱硫装置，污染物排放水平为$SO_2 \leq 88$ppm、$NO_x \leq 60$ppm、粉尘≤50mg/Nm$^3$。喷嘴寿命达2000h以上，浆泵寿命为1500~2000h。

此外，意水利、瑞典也都有成功的商业化应用经验。在20世纪90年代，由于国际石油价格处于相对较低的水平，世界水煤浆技术发展有所放慢，多数国家把水煤浆作为技术储备。

#### （2）国内水煤浆技术研发现状

我国自1981年由浙江大学率先开始从事水煤浆燃烧技术研究。在“六五”至“九五”期间，国家给予水煤浆技术发展很大支持，其间还得到了李鹏等国家领导人的重要批示；国家科委攻关项目累计拨款1088万元，国家计委从煤代油基金拿出约2亿元投入水煤浆示范厂建设，煤炭部门也投入资金100多万元。在政府的支持下，我国科研工作者完成了大量的从水煤浆的理论基础、制浆、添加剂技术到水煤浆燃烧的一系列攻关课题的研究，进行了大量的工业应用，成为世界上水煤浆应用最广泛的国家。

a. 水煤浆制浆生产技术方面

全国已建成水煤浆厂30余座（10万t/以上），形成总生产能力4000万t/a。其中南海制浆厂200万t/a，茂名制浆厂150万t/a，白杨河电厂浆厂60万t/a，八一水煤浆厂60万t/a，胜利制浆厂50万t/a，兖日浆厂25万t/a。

b. 水煤浆应用方面

水煤浆至今已成功地在电站锅炉、工业锅炉和工业窑炉上实现燃烧，比较典型的介绍如下。

1）电站锅炉燃用水煤浆。茂名热电厂2台220t/h和2台410t/h锅炉分别在2000年和2005年改烧水煤浆，汕头万丰热电有限公司2台220t/h锅炉也分别在2001年和2006年改烧水煤浆。通过多年运行，上述改造锅炉燃烧效率达到99%以上，锅炉效率达到91%以上；负荷在40%～100%内调节时，$SO_x$和$NO_x$排放低于国家标准。世界上最大的水煤浆专用锅炉（670t/h）也在2005年投入商业运行，该锅炉由浙江大学负责设计和调试。运行结果表明，锅炉燃烧效率达到99%以上，锅炉热效率达到91%以上；负荷在40%～100%内调节时，$SO_x$和$NO_x$排放低于国家标准。

2）工业锅炉燃用水煤浆。①燃油锅炉改烧水煤浆。早在1983年，浙江大学在国内首次对北京造纸一厂20t/h燃油锅炉实施水煤浆技术改造，并取得成功，该项目列入国家“六五”科技攻关项目。1990年又对该厂60t/h燃油锅炉进行水煤浆技术改造，该项目列入国家“七五”科技攻关项目。北京造纸一厂20t/h和60t/h燃油发电锅炉经改造后，运行情况良好；燃烧效率分别为93%～95%和95%～98%，锅炉效率分别为80%～82.5%和82%以上。1994年，山东胜利油田曾委托浙江大学在3MW筒型盘管燃油热水炉和7MW D型燃油锅炉上改烧水煤浆，燃烧稳定，炉膛充满程度好，水煤浆燃烧效率大于98%；烟气中$NO_x$、$SO_2$的排放明显低于环保要求。②燃煤锅炉改烧水煤浆。山东枣庄八一煤矿KZL4-10型锅炉改烧经济型水煤浆，锅炉热效率达81%，燃烧效率在98%以上，节能效果好，环保排放指标达到国家GB13271—91二级标准。青岛海众实业有限公司与浙江大学合作，2000年7月采用八一浆厂水煤浆作燃料，在青岛某食品厂浙江大学开发的1t/h水煤浆锅炉上进行了试运行，取得成功。经测试，锅炉燃用水煤浆可达到额定出力，锅炉效率为81.83%；符合排放标准。目前全国大部分地区都有工业水煤浆锅炉在运行，取得了良好的社会和经济效益。水煤浆锅炉一般燃烧效率在97%以上，锅炉热效率可达到85%，环保排放一般能满足国家标准。

3）工业窑炉燃用水煤浆。济南钢铁总厂二分厂曾在$24m^2$烧结机上燃用水煤浆，可满足烧结点火工艺要求，实现代油燃烧。长春保温材料厂曾在隧道式干燥窑上用水煤浆代油燃烧，不仅实现了代油，而且产品质量略有提高。绍兴钢厂、山东莱芜钢铁总厂大型锻造加热炉、桂林钢厂等改烧水煤浆后均达到了良好的效果。在广东、河南、山东、河北、湖南等地，“水煤浆旋风燃烧热风炉”技术在建筑陶瓷业已经得到应用并取得了可观的经济效益和社会效益。

#### 8.3.1.4　水煤浆技术应用现状

**(1) 水煤浆制备技术应用现状**

目前全国 10 万 t/a 以上水煤浆厂 30 家以上，水煤浆设计能力大于 4000 万 t/a，实际用量 50% 以上。初步估计目前全国各类制浆厂的设计生产能力已突破 4500 万 t/a，生产和使用量已达到 2500 万 t/a，另外还有水煤浆气化用浆量约 1000 万 t。我国主要制浆厂的规模见表 8-6。

水煤浆制备工艺主要是高浓度球磨，也有中浓度间歇磨、高浓度振动磨等，都是一段磨。国家水煤浆工程技术研究中心开发了一种立式棒磨和球磨结合的制浆工艺，已建立了 5~6 个厂。水煤浆湿磨最大单机出力达到 50t/a，磨机尺寸 $\Phi$3.8m×12m。

目前国内添加剂研究单位有浙江大学（浙江百能科技有限公司）、南京大学、中国矿业大学、华南理工大学、国家水煤浆中心、淮南矿业集团合成材料有限公司、江苏昆山迪昆精细化工公司等。添加剂在水煤浆中占的成本为 25~30 元/t 浆。国内目前水煤浆价格为 750~850 元/t（不同地区有差别），最高曾突破 1000 元/t。

**(2) 水煤浆燃烧技术应用现状**

水煤浆在我国已成功应用于各类电站锅炉和工业锅炉、窑炉上。锅炉按工质可划分为蒸汽炉、热水炉、导热油炉（有机热载体炉）、烧碱炉、采油注汽炉、陶瓷干燥窑、陶瓷隧道窑、锻造加热炉、炼镁还原炉等；按炉膛形式划分为四角切圆悬浮炉、流化床锅炉、U 型炉、D 型炉、筒型卧式炉等。锅炉容量从 1~670t/h。其中 670t/h 新建水煤浆和油两用锅炉是目前国际上最大的水煤浆锅炉（图 8-19），2005 年 8 月投入运行以来，至 2008 年年底累计发电 49.06 亿 kW · h，消耗水煤浆 278.17 万 t，替代重油 119.22 万 t，与原来燃油相比，共节约燃料成本 16.69 亿元。该锅炉在设计负荷下燃烧效率为 99.6%，锅炉热效率为 93.5%，还首次采用了水煤浆再燃脱硝技术，使 $NO_x$ 控制在 450mg/m$^3$ 以下。茂名热电厂 410t/h 油炉改烧水煤浆是目前国际上最大的油炉改烧水煤浆工程。此外，还开发了 130t/h 煤泥水煤浆发电锅炉。目前国内主要的大型锅炉都采用浙江大学自主研发的技术，用户见表 8-7。

据不完全统计，我国目前在运行的工业锅炉的数量在 1000 台左右，分布在全国 24 个省（直辖市），主要集中在广东（以陶瓷窑为主）、江浙沪（以蒸汽炉、热水炉、导热油炉为主）、山东等地（表 8-7）。电站水煤浆锅炉制造商有南通万达锅炉有限公司、杭州锅炉厂和武汉锅炉厂 3 家。工业水煤浆锅炉制造商很多，全国有水煤浆锅炉应用的地方基本上都有锅炉制造企业。但近年来水煤浆锅炉生产集中程度大为提高，其中青岛海众锅炉厂和浙江武义双峰锅炉厂至 2011 年 8 月分别累计生产水煤浆锅炉 700 余台和约 300 台，市场份额在 90% 以上；其他锅炉厂累计生产的数量都在几十台。

**表 8-6　国内主要制浆厂规模**

| 序号 | 制浆厂 | 地方 | 产量/$t \cdot h^{-1}$ | 建厂日期 | 主要用户 | 备注 |
|---|---|---|---|---|---|---|
| 1 | 八一燎原水煤浆有限公司 | 山东枣庄 | 10~60 | 1985- | 八一热电厂，周边和江浙沪 | 精煤 CWS45 万 t/a，煤泥 CWS 15 万 t/a |
| 2 | 兖日水煤浆有限公司 | 山东日照 | 25 | 1992. 3 | — | — |
| 3 | 北京市京浆工贸有限公司（原京煤集团水煤浆示范厂） | 北京 | 30 | 1991. 8 | 燕山石化、周边及唐山地区 | |
| 4 | 株洲华煤南方水煤浆环保实业公司 | 湖南株洲 | 20 | — | 湖南地区 | — |
| 5 | 白杨河电厂水煤浆厂 | 山东淄博 | 60 | 2000. 9 | 白杨河电厂 | — |
| 6 | 河北邢台东庞水煤浆厂 | 河北邢台 | 25 | 2000. 12 | 燕山石化、周边及唐山地区 | — |
| 7 | 大同汇海水煤浆有限责任公司 | 山西大同 | 100 | 2001. 5 | 供燕山石化和周边地区 | 分二期进行 |
| 8 | 胜利油田华新能源有限责任公司 | 山东东营 | 50 | 2001. 5 | 齐鲁石化 2 台 65t/h 炉，油田自用 | — |
| 9 | 沈阳石蜡化工有限公司水煤浆厂 | 辽宁沈阳 | 10~30 | 2003. 7~2008 | 自供 | — |
| 10 | 佛山三水振业水煤浆厂 | 广东佛山 | 10 | 2003. 2 | 佛山地区 | — |
| 11 | 四川九达水煤浆公司 | 四川乐山 | 10 | 2004 | 四川 | — |
| 12 | 茂名洁能水煤浆公司 | 广东茂名 | 150 | 2002~2006 | 茂名热电厂 | 分三期建成，目前神华煤混浆 |
| 13 | 南海洁能燃料有限公司 | 广东南海 | 150~200 | 2005. 7~2007 | 南海发电一厂 670t/h 炉和江南电厂 130t/h 炉，一条生产线 50 万 t/a | — |
| 14 | 佛山市海盛水煤浆有限公司 | 广东佛山 | 40 | — | 佛山陶瓷窑 | — |
| 15 | 青岛新源水煤浆厂 | 山东青岛 | 50 | — | 后海热电厂 2 台 130t/h 炉 | — |
| 16 | 大庆盛泰洁净煤燃料有限公司 | 黑龙江大庆 | 50 | 2003. 12 | 150t/h 炉和周边地区 | — |
| 17 | 泰安市良达水煤浆有限责任公司 | 山东新泰 | 20 | 2001~2006 | 汕头部分和山东地区 | — |
| 18 | 新汶煤矿集团孙村煤矿水煤浆厂 | 山东新泰 | 20 | 2005 | 汕头部分和山东地区 | — |
| 19 | 汕头南方水煤浆有限公司 | 广东汕头 | 30 | 2005 | 汕头万丰热电厂 2 台 220t/h 炉 | — |
| 20 | 吉林石化水煤浆厂 | 吉林长春 | 50 | 2005 | — | 目前停产 |

续表

| 序号 | 制浆厂 | 地方 | 产量/$t \cdot h^{-1}$ | 建厂日期 | 主要用户 | 备注 |
|---|---|---|---|---|---|---|
| 21 | 杭州新源水煤浆有限公司 | 浙江杭州 | 30 | 2005 | 浙江地区 | — |
| 22 | 新疆蓝宇水煤浆有限公司 | 新疆乌鲁木齐 | 10 | 2005. 3 | 新疆地区 | — |
| 23 | 广西益浩水煤浆设备有限公司 | 广西南宁 | 20 | 2006. 1 | — | 分二期进行 |
| 24 | 广西易能水煤浆公司 | 广西南宁 | 20 | 2007 | — | — |
| 25 | 萍乡水煤浆有限公司 | 江西萍乡 | 30 | 2006 | 水煤浆和水焦浆 | — |
| 26 | 沈阳市三鼎节能技术公司 | 辽宁沈阳 | 20 | 2004. 11 | — | — |
| 27 | 甘肃绿天源水煤浆有限公司 | 甘肃兰州 | 50 | 2008. 11 | — | 计划三期共150万t |
| 28 | 厦门鸿益顺环保科技有限公司 | 福建厦门 | 25 | 2008. 10 | — | 分二期建设 |
| 29 | 东莞市电力燃料公司 | 广东东莞 | 50 | 2008. 9 | — | 一期2条25万t线；二期1条50万t线。神华煤 |
| 30 | 汕头桂宇燃料化工有限公司 | 广东汕头 | 30 | 2009. 3 | — | — |

表 8-7　主要的水煤浆用户

| 序号 | 应用单位 | 锅炉容量 /（t/h） | 台数 | 性质 | 应用日期 | 备注 |
|---|---|---|---|---|---|---|
| 1 | 白杨河电厂 | 230 | 3 | 油炉改造 | 1997~2000 | |
| 2 | 燕山石化公司动力事业部 | 220 | 1 | 新建 | 2000. 3 | 日本绿色援华计划 |
| 3 | 茂名热电厂 | 220 | 2 | 油炉改造 | 2000~2002 | |
| 4 | | 410 | 2 | 油炉改造 | 2004~2005 | |
| 5 | 汕头万丰热电有限公司 | 220 | 2 | 油炉改造 | 2001，2005 | |
| 6 | 沈阳石蜡化工有限公司 | 75 | 1 | 流化床改造 | 2003 | |
| 7 | | 75 | 1 | 油炉改造 | 2005 | |
| 8 | | 75 | 1 | 新建 | 2009. 3 | |
| 9 | | 130 | 1 | 新建 | 2009. 3 | |
| 10 | 青岛后海热电厂 | 130 | 2 | 新建 | 2005 | |
| 11 | 齐鲁石化橡胶厂 | 65 | 2 | 油炉改造 | 2005 | |
| 12 | 吉林石化炼油厂 | 65 | 2 | 油炉改造 | 2005. 9 | |
| 13 | 吉林石化乙烯厂 | 75 | 1 | 新建 | 2005. 9 | |
| 14 | 枣庄八一水煤浆热电有限公司 | 130 | 1 | 新建 | 2005. 11 | 煤泥水煤浆 |
| 15 | 南海发电一厂 | 670 | 1 | 新建 | 2005. 9 | |
| 16 | 南海江南发电厂 | 130 | 1 | 新建 | 2006 | |
| 17 | 宁波逸盛石化公司 | 150 | 2 | 新建 | 2008. 8，2011. 5 | |
| 18 | 南海长海发电厂 | 670 | 1 | 新建 | 2009. 8 | |
| 19 | 上海亚东石化公司 | 100 | 1 | 新建 | 2010. 8 | 台资企业 |
| 20 | 福建石狮清源印染发展公司 | 100 | 2 | 新建 | 2011. 3 | |
| 21 | 东莞理文热电厂 | 430 | 1 | 新建 | 2011. 12 | |
| 22 | 宁波禾元石化公司 | 220 | 3 | 新建 | 2012. 12 | |
| 23 | 海南逸盛石化公司 | 220 | 3 | 新建 | 2012. 12 | |

目前国内锅炉厂的水煤浆锅炉技术都源自浙江大学或直接应用浙江大学的技术进行设计（图 8-19）。水煤浆燃烧技术已形成的配套技术包括：水煤浆或油浆两用锅炉的设计技术，最大为 8t/h 水煤浆雾化喷嘴技术（喷嘴寿命达到 1500~2000h 以上），水煤浆和油两用燃烧器（包括旋流或直流、四角、六角、低 $NO_x$ 等形式）设计技术，各种锅炉、窑炉改造技术（包括预燃室、稳燃室的设计），水煤浆热力计算和燃烧、气化过程数值模拟，水煤浆少油点火和燃烧优化调整技术等。

图 8-19　浙江大学开发的国际上最大的670t/h 水煤浆专用锅炉

2006 年 12 月浙江省科技厅组织召开了由浙江大学开发的“水煤浆代油清洁燃烧技术和产业化应用”项目鉴定会，以秦裕琨院士为首的专家组一致认为“该水煤浆代油洁净燃烧技术居于国际领先水平”。据统计，至 2008 年用浙江大学技术设计开发或改造实际应用的水煤浆锅炉至今已达 500 余台，遍布全国 14 个省份，应用领域覆盖了电力、石油、化工、煤炭、冶金、玻璃、陶瓷等七大行业。该项目获得 2006 年度煤炭工业十大科学技术成果之一，2007 年获浙江省科学技术奖一等奖，2009 年获国家科技进步奖二等奖。

据不完全统计（仅 17 个应用厂家提供的财务证明），该项目在最近 3 年期间的经济效益已达到 53. 6 054 亿元，自投运以来历年累计的经济效益已达到 73. 1585 亿元，每年可以为国家节约替代燃油约 150 万 t，取得了重大的代油、节能和环保效益，从而使我国成为世界上应用水煤浆代油燃烧技术最为广泛的国家。本项目技术成果在国际上具有很高的知名度、影响力和市场竞争力，已经与意大利（EdipOwer）电力公司、日本 JGC 日挥公司、俄罗斯 Inalmet 矿业公司等发达国家公司签订了合同输出该技术成果，正在向意大利、俄罗斯、日本、菲律宾、泰国、印度尼西亚、马来西亚、毛里求斯等多个国家技术输出。

#### 8. 3. 1. 5　技术发展需求现状

水煤浆技术在国内外得到广泛应用的同时也暴露出一些问题，需要进一步深入研发，以能够得到更加全面的发展。现阶段对水煤浆技术的需求体现在以下 5 点。

1）适宜制水煤浆的煤种为中、高等变质程度煤，低阶煤如褐煤等成浆性差，有的煤不适宜制浆；因含有 30% 以上水分，要求制浆煤种具有较高的热值，一般采用精洗煤。这样使水煤浆的成浆煤种受到很大限制。因此，应开发水煤浆制浆新技术和添加剂，拓宽适合制浆的煤种。

2）受水煤浆稳定性和运输价格的影响，水煤浆有合理的运输半径，一般为 100 ~

300km。长距离输煤是我国能源构成的一大特点，如水煤浆能实现长距离输送，其生命力和市场竞争力无疑会大大提高。

3）原设计为燃油的锅炉，由于炉膛较小，容积热负荷大，改烧水煤浆后，如不进行较大改动，依锅炉类型不同负荷有可能下降10%～20%。部分原设计燃油的锅炉，受炉膛小、没有出灰预留地等的限制，不适宜改烧水煤浆。因此，开发水煤浆燃烧新工艺、新技术，是一项非常重要的工作。

4）同燃粉煤类似，水煤浆仍需用油点火，也需配备除尘系统。在我国环境标准日趋严格的情况下，$SO_2$ 和 $NO_x$ 的控制需要进一步开发新的低污染技术。

5）由于制浆煤种受到限制，制浆用煤价格高，加上制备水煤浆的费用，使水煤浆价格高于煤粉和原煤。因此，降低水煤浆成本需要开发新的原煤制浆技术。

## 8.3.2 存在突出瓶颈问题及解决方案

### 8.3.2.1 与国外先进技术差距分析

经过30余年的发展，我国已成为世界上水煤浆技术应用最广泛的国家，水煤浆技术从总体上讲处于国际先进水平。

1）我国水煤浆稳定存放时间较长，稳定性、流动性优于瑞士工艺的制浆，水煤浆生产成本低于引进的日本和瑞士工艺；制浆生产线最大单线能力和年产量都是世界上最大的（国内单线最大为50万t/a，最大年产量300万t/a）。不足之处是水煤浆添加剂分散效果不如国外。

2）水煤浆燃烧技术不低于国外水平，国际上最大水煤浆锅炉670t/h为我国生产。燃烧器和喷嘴使用寿命也接近国外先进水平，喷嘴最大容量达到8t/h（国外最大为11t/h，为组合式）。

3）大型磨机、浆泵和高性能、价格适宜的制浆添加剂有待研究开发。

4）水煤浆脱硫技术还未实现工业化应用。

5）自动化程度（水煤浆在线检测设备不完善）、设备总体技术水平与国外有差距，需进一步开发和完善。

国内最有代表性、技术最先进的是浙江大学水煤浆燃烧技术。表8-8是该技术与国外同类技术对比情况。

**表8-8 国内外同类技术的对比表**

| 对比技术指标 | 国内开发成果 | 国外最高水平成果 |
|---|---|---|
| 水煤浆喷嘴 | 独创了撞击式多级雾化水煤浆喷嘴，在结构设计上将Y型雾化、T型雾化和撞击雾化有机结合，雾化性能好，单只喷嘴最大容量8t/h | 无同类先进类型的喷嘴，大型电站主要采用Y型雾化喷嘴，最大单只喷嘴容量6.5t/h |
| 水煤浆燃烧器 | 开发了多种浆液燃料低 $NO_x$ 燃烧器，可适用于普通水煤浆、煤泥水煤浆、造纸黑液水煤浆、水焦浆、重油、煤焦油等多种燃料 | 只能单烧水煤浆的燃烧器 |

续表

| 对比技术指标 | 国内开发成果 | 国外最高水平成果 |
|---|---|---|
| 新建水煤浆专用锅炉 | 新设计国际上最大的能长期连续运行的全烧水煤浆锅炉：670t/h（200MW），已连续运行 3 年以上 | 新设计最大的全烧水煤浆锅炉：130t/h（日本） |
| 油炉改烧水煤浆 | 国际上最大的 2 台 410t/h 油炉改成全烧水煤浆锅炉，改后蒸汽负荷达到 100% | 300t/h 油炉改成全烧水煤浆，改后负荷仅达 70%（意大利） |
| 煤泥水煤浆悬浮燃烧锅炉 | 新建国际上第一台悬浮燃烧 3600 kcal/kg 煤泥水煤浆（含水量大于 35%）的 130t/h 高温高压电站锅炉 | — |
| 水煤浆锅炉脱硝技术 | 国际上首次在 670t/h 水煤浆锅炉上采用水煤浆再燃技术，炉内脱硝率 30%～50% | — |
| 水煤浆工业窑炉 | 热水炉 23 台，烧碱炉 11 台，导热油炉 3 台，油田注气炉 1 台，陶瓷干燥窑炉 1 台 | — |
| 水煤浆在各类锅炉上成功应用的数量 | 由本项目完成单位设计开发或改造的水煤浆锅炉至今已达 500 余台，每年可以为国家节约替代燃油约 150 万 t | 日本 3 台，俄罗斯 6 台，意大利 2 台 |

#### 8. 3. 2. 2　存在的突出瓶颈问题

水煤浆是一种高黏度非牛顿液固两相流体，其燃烧问题的科学基础和关键技术难点是高黏度液固两相流的高效雾化、强化着火、稳定燃烧和促进燃烬机理。水煤浆以雾炬形式喷入炉膛，受到高温烟气的对流及辐射作用，以极高的速度被加热，其加热速度在 105 K/s 以上。雾炬经历了加热、水分析出、软化结团、雾炬扩散、挥发分析出燃烧、焦炭燃烧等过程，如图 8-20 所示。水煤浆燃烧要先经历水分蒸发过程。尽管水分蒸发时间很短（在毫秒数量级，占总的反应时间的 0. 1%～0. 5%），但由于喷雾的初速很高（一般为 200～300m/s），浆滴已运行到达 0. 5～1. 0m 距离外，这是水煤浆燃烧组织的关键。水煤浆的着火特征与煤粉着火的一个显著差别在于水煤浆着火存在水分蒸发过程而大大延迟，其所需着火热是煤粉着火热的 1. 66～1. 87 倍（表 8-9），故水煤浆着火比较困难。另外与锅炉燃油相比，水煤浆的黏度高难雾化、燃烧时容积热负荷较小以及辐射传热特性变化等，使得油炉改烧水煤浆具有较高的技术难度，若技术应用不当会导致改造后蒸汽负荷难以达到 100%。

**表 8-9　水煤浆火炬着火热与同煤种煤粉着火热的比较**

| 燃料中水分/% | 水分蒸发热占总着火热比例 | 水煤浆与煤粉着火热之比 |
|---|---|---|
| 0 | 0 | 1. 0 |
| 20 | 0. 34 | 1. 44 |
| 30 | 0. 47 | 1. 66 |
| 40 | 0. 58 | 1. 87 |

一般而言，锅炉燃烧水煤浆时需要解决几个方面的关键技术问题（刘建忠等，2005）。

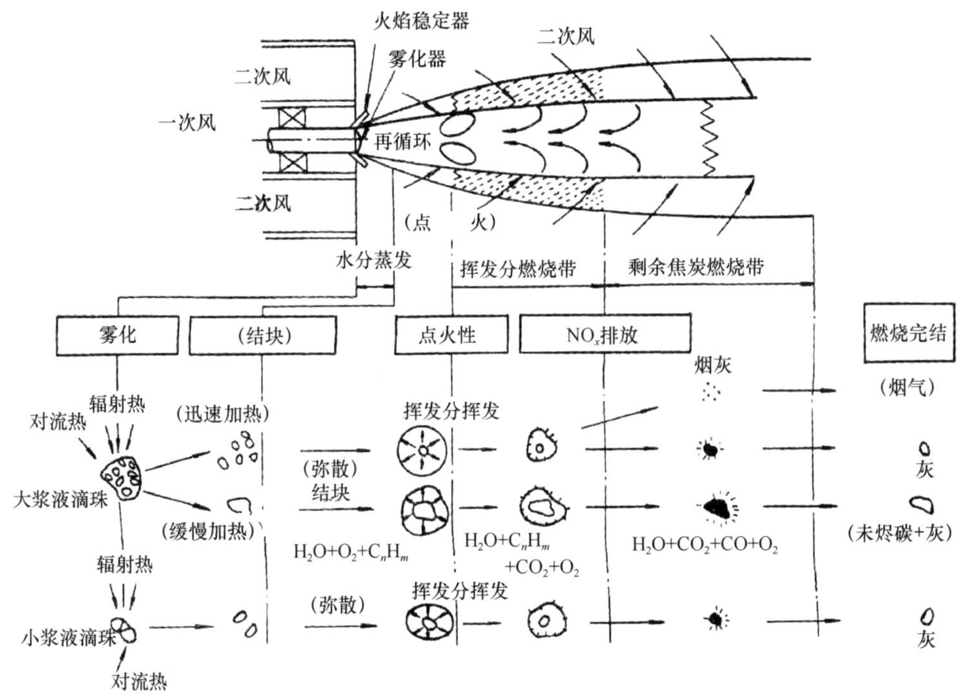


图 8-20　水煤浆雾炬燃烧过程机理

1）燃烧方面：水煤浆需要的着火热是煤粉的 1.66 倍，如何保证稳定着火和高效燃烧；水煤浆着火和燃烧特点与油相差较大，如何把油燃烧器改成水煤浆和油两用燃烧器；设计及研制能使高黏度水煤浆良好雾化的防磨喷嘴；与燃油相比，水煤浆火炬延长 3m 以上，使炉膛出口烟温升高，如何保证炉膛出口的烟温在允许范围内。

2）灰渣处理方面：水煤浆虽然属少灰燃料，但也要防止炉内结焦、积灰，清除炉底灰渣，防止各受热面积灰和飞灰磨损，并做到灰渣综合利用，满足环保要求。而油炉没有这方面设计。

3）高水分方面问题：水煤浆含有 30%～40% 的水，要防止露点升高而引起尾部受热面低温腐蚀。

4）传热及受热面方面：油炉热负荷大于煤炉（如容积热负荷大 1.6～1.75 倍），改烧水煤浆后如何提高锅炉出力；水煤浆和油辐射换热特性不一样，油炉改烧水煤浆后炉膛等受热面吸热分配将发生变化，如何调整受热面布置、保证减温装置满足过热器气温的要求以使过热器不超温。

5）烟气排放污染方面：如何控制烟气中的飞灰、$SO_2$、$NO_x$ 等污染物排放以符合国家环保排放要求。

6）设备方面：锅炉改造后，阻力会有所增加，如何降低烟风阻力；水煤浆燃烧过量空气系数比燃油大 0.1 左右，空气和烟气量会有所增加，如何使内机和引风机尽量少改动满足要求。

7）运行方面：水煤浆冷炉快速点火及切换技术；水煤浆冷热态调整试验问题；水

煤浆燃烧运行优化和操作规程；水煤浆低负荷稳燃运行技术。

#### 8.3.2.3　解决方法与潜力

上述问题通过科研院所和应用企业的技术攻关已基本上得到解决，采取的技术方案和技术方法如下。

1）深入研究水煤浆燃烧、流动、传热和气化的理论及技术，建立完整的理论数学模型及数值计算体系，从理论上研究强化水煤浆着火和燃烧的技术方法，为开发新技术提供理论依据。

2）通过水煤浆代油洁净燃烧技术的研发和大规模推广应用，解决高水分浆体燃料的强化传热和高效燃尽难题。目前大型水煤浆锅炉燃烧效率大于 98%，锅炉热效率为 90%~91%，锅炉负荷调节范围为 40%~100%。

3）针对高黏度非牛顿液固两相流的特点，开发撞击式多级雾化水煤浆喷嘴，在结构设计上将 Y 型雾化、T 型雾化和撞击雾化有机结合，使喷嘴雾化性能好，汽耗率低，最大容量达到 6~8t/h，使用寿命长达 1500h 以上。

4）开发了多种浆液燃料低 $NO_x$ 燃烧器，包括四角直流、六角直流、旋流、侧边风等多种型式，实现了强化着火、稳定燃烧和促进燃尽的效果，已应用于各种水煤浆以及水焦浆、重油、煤焦油等多种燃料。

5）开发了水煤浆再燃脱硝和分级送风脱硝技术，使烟气中 $NO_x$ 排放浓度得到大幅度降低；开发脱硫型水煤浆技术，使 $SO_2$ 在炉内得到一定幅度的下降，有利于排烟污染物控制，使烟气环保指标符合国家排放标准。

6）开发大型高压在线过滤器等水煤浆卸、储、运、供等设备和系统，保证了锅炉能够长期稳定连续运行。

7）开发水煤浆系统和锅炉自动化控制系统，提高锅炉效率和系统、设备的可靠性和经济性。

### 8.3.3　典型案例分析、关键技术突破与工艺技术途径选择

#### 8.3.3.1　典型案例技术、经济与环境分析

**(1) 技术特性**

燃用水煤浆锅炉的效率、煤种适应性、可用率、利用小时数、关键设备的使用寿命等指标都已经和煤粉炉接近，这里以广东汕头 220t/h 水煤浆锅炉为例说明工业应用情况。

该燃烧器为专门设计的水煤浆和油两用燃烧器，单组水煤浆燃烧器和单只燃烧器喷口如图 8-21 和图 8-22 所示。设计了多层燃烧器喷口使射流形成大小切圆，采用上二次风反切，并且能够上下摆动。尤其是在一次风喷口处分割出 1/3 风道，使得其风量在 0~100% 流量范围内可调，以适应多种燃料燃烧。水煤浆燃烧器在 220~670t/h 大型电站锅炉上应用的燃烧技术指标如表 8-10 所示。水煤浆锅炉参数和运行要求达到了预期代油燃烧效果，开发的燃烧器对燃料和负荷适应强，大型锅炉燃烧效率大于等于 99%，锅炉热效率为 90%~91%，不投油稳燃负荷可达 40%~50%。2004 年，汕头 220t/h 水煤

浆锅炉当年累计运行 8280h（345 天），创出同类锅炉最高纪录，并且成功燃用了兖日浆、八一浆、新汶浆、大同浆、新海浆、混煤浆（无烟煤、贫煤）、水焦浆、重油、煤焦油等多种燃料，是国内燃烧燃料最多的锅炉。

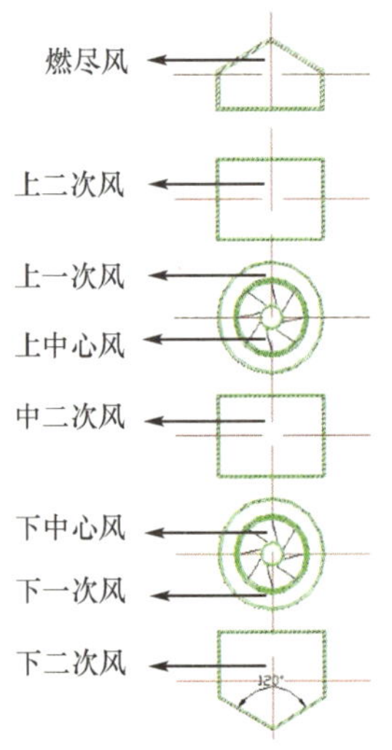


图 8-21　单组水煤浆燃烧器图

图 8-22　单只水煤浆燃烧器喷口

**表 8-10　水煤浆电站锅炉的燃烧技术指标**

| 项目 | 220t/h（汕头） | 220t/h（茂名） | 670t/h（南海） |
|---|---|---|---|
| 飞灰含碳量/% | 1.74～3.65 | 2.55 | 3.99 |
| 炉渣含碳量/% | 0.78～2.5 | 1.38 | 2.87 |
| 燃烧效率/% | 99.5～99.8 | 99.76 | 99.6 |
| 锅炉效率/% | 91.2～92.1 | 90.70 | 93.52 |

### （2）经济特性

a. 电站锅炉

1）单位投资。以一台 220t/h 燃油锅炉改烧水煤浆为例，其改造内容，锅炉本体改造包括水冷壁、燃烧器、原平炉底改为冷灰斗、锅炉部分受热面等改造；热力系统，新增静电除尘器，引风机增容等；燃料供应系统，新增水煤浆供应系统；除灰系统，新增一套除灰系统，灰、渣分除；飞灰采用正压浓相气力输送系统，经气力输送系统至灰仓后装车外运，底渣经刮板输渣机直接装车外运；供水系统，增加炉前水煤浆系统中的工业水冲洗供应等；电气和热控系统，与改炉（新增水煤浆）配合的电气配电、热工控制和控制室的改造；土建部分，基础处理，包括新增的建构筑物基础处理；环保设施，根据环保情况决定是否增置脱硫脱硝系统和烟气连续监测装置。一台 220t/h 锅炉改造的工程总投资（静态）初步估计为 4100 万元，单位投资 82 万元/MW。

2）改造工期。工程改造所需的时间大概为可行性研究 1 个月，初设 1 个月，方案审查及资料交接半个月，施工设计 1 个半月，产品制造 2 个月，拆炉及安装调试 3 个月，总共约需 9 个月。

3）运行成本和效益分析。一台 220t/h 油炉改烧水煤浆后耗浆量约为 31t/h，燃料成本为 26 350 元/h（水煤浆单价暂按 850 元/t 计）；如烧重油则油耗约为 14. 1t/h，燃料成本为 14. 1×4000＝56 400 元/h（油单价暂按 4000 元/t 计）。每年按运行 7000h 计算，则每年可节约燃料成本费用 2. 1 亿元［（56400−26350）×7000］。

投资成本回收期为 0. 195 年（4100÷21 035），即 2~3 个月就能够收回全部投资。

另外，由于改烧水煤浆后，尾部受热面腐蚀问题得到了有效解决，设备使用寿命相应增长，降低了设备的投资费用；烟气排放物中 $SO_2$、$NO_x$ 达到国家排放要求，减轻了对周边环境的污染。

b. 工业锅炉

工业锅炉应用水煤浆后，根据燃烧性质不同，锅炉蒸汽生产成本也有所差异。与燃煤工业锅炉相比，应用水煤浆燃料后，虽然在燃烧效率和锅炉效率方面有较大幅度的提高，但因水煤浆的燃料成本比原煤也有较大幅度增加，最终生产锅炉蒸汽的成本是增加了还是减少了，要视当地燃料价格和劳动力成本而言。

当然，燃油工业锅炉改烧水煤浆后，因两种燃料价格差异太大，每吨蒸汽生产成本会有较大幅度的下降。

### （3）环境特性

由于水煤浆燃烧温度一般在 1300℃以下（比燃油和粉煤温度低 100~200℃），而且因为水煤浆的制备过程中大多经过洗选、水煤浆本身硫分和灰分低等原因，燃用水煤浆 $SO_2$ 和 $NO_x$ 排放浓度较低。$NO_x$ 排放甚至低于油炉，$SO_2$ 则与油炉近似，烟气黑度在 I 级以下。即使采用除尘装置，相比燃煤的情况，由于灰量较小，除尘设备投资也小。

此外，由于水煤浆属于液态燃料，其运输、储存和炉前输送等环节能像燃料油一样采用储罐、泵和管道等设备，完全处于一个封闭的环境中，因此对环境的污染和影响远低于燃煤设备。

表 8-11 为国内外部分水煤浆锅炉的测试结果（表中未特别注明均为燃用水煤浆）。

**表 8-11　部分水煤浆锅炉的环保测试结果**

| 序号 | 锅炉或机组容量 | 地点 | 烟尘 | $SO_2$ | $NO_x$ | 备注 |
|---|---|---|---|---|---|---|
| 1 | 1t/h | 青岛八面通供暖炉 | 82. 3mg/Nm³ | 610mg/Nm³ | 605. 98mg /Nm³ | — |
| 2 | 15t/h | 桂林轧钢厂 | < 40mg/Nm³（燃煤 732mg/Nm³） | 4. 405mg/Nm³（燃煤 280. 8mg/Nm³） | 28mg/Nm³（燃煤 40. 3mg/Nm³） | — |
| 3 | 20t/h | 北京造纸一厂 | 300mg/Nm³ | 624mg/Nm³ | 317mg/Ndm³ | 旋风除尘器 |
| 4 | 27t/h | 美国 | 70~90mg/m³ | 0. 6 kg/h（燃油 0. 9kg/h） | 300mg/Nm³ | — |
| 5 | 35MW | 意大利塞得基拉热电厂 | — | 579mg/Nm³（燃油大于 1000mg/Ndm³） | 414mg/Nm³ | — |
| 6 | 20MW | 加拿大查塔姆电厂 2 号 | — | — | 380~410mg/Nm³ | — |
| 7 | 220t/h | 白杨河热电厂 | 135. 2mg/Ndm³ | 255. 7mg/Ndm³ | 495. 1mg/Ndm³ | 电除尘 |

续表

| 序号 | 锅炉或机组容量 | 地点 | 烟尘 | $SO_2$ | $NO_x$ | 备注 |
|---|---|---|---|---|---|---|
| 8 | 45t/h | 日本帝化公司冈山工厂 | 17mg/m³（燃油11mg/m³） | 693mg/m³（燃油860mg/m³） | 114mg/m³（燃油226mg/m³） | 电除尘+脱硝 |
| 9 | 75MW | 日本勿来电站4号 | 4mg/m³ | — | 562mg/Ndm³ | 电除尘 |
| 10 | 300t/h | 意大利爱密克姆公司 | 40mg/m³ | — | — | 旋风+布袋 |
| 11 | 600MW | 日本勿来电站8号 | 50mg/m³ | ≤250mg/m³ | <120mg/Ndm³ | 电除尘/脱硫脱硝 |
| 12 | 220t/h | 茂名热电厂 | 25.6mg/m³（燃油51.09mg/m³） | 585mg/m³（燃油838.8mg/m³） | 359mg/m³（燃油550mg/m³） | 电除尘 |
| 13 | 410t/h | 茂名热电厂 | 87mg/m³ | 575mg/m³ | 350mg/m³ | 电除尘 |
| 14 | 670t/h | 南海发电一厂 | — | 400mg/m³ | 313~454mg/m³ | 电除尘 |

由表8-11中可见，水煤浆锅炉的排放指标基本上可以达到我国的环保要求，并且从仅有的对比数据来看，水煤浆锅炉的排放指标好于燃煤机组，经环保处理后也好于燃油机组。

### 8.3.3.2 关键技术突破点

#### (1) 高黏度水煤浆雾化技术

针对高黏度非牛顿液固两相流的水煤浆，独创了撞击式多级雾化水煤浆喷嘴，在结构设计上将Y型雾化、T型雾化和撞击雾化有机结合，雾化性能好，汽耗率低，研制成功与大、中、小型水煤浆锅炉配套的系列化喷嘴。喷嘴最大容量达6~8t/h（单枪达到目前国际上最大水平），最小容量为0.1t/h，平均雾化粒度为95μm，汽耗率达0.2~0.25kg汽/kg浆，负荷调节比为50%~120%；开发出新型耐磨材料，使喷嘴寿命达1500~2000h，降低了水煤浆汽耗率和压力损失。表8-12是410t/h锅炉水煤浆喷嘴特性及应用结果。水煤浆喷嘴的结构示意图和实物照片如图8-23和图8-24所示，其主要技术特点有：①具有良好的雾化特性，能够稳定着火，并有较好的燃烧特性和较高的燃烧效率②具有良好的防堵性能，能长期连续运行，以保证生产的安全、有序运行。③具有较长的使用寿命，可提高生产安全可靠性、降低生产成本、减轻运行工人的劳动强度。④具有较低的汽耗率，可提高企业经济效益。⑤颗粒粒径分布合适，雾化角和射程合适等。

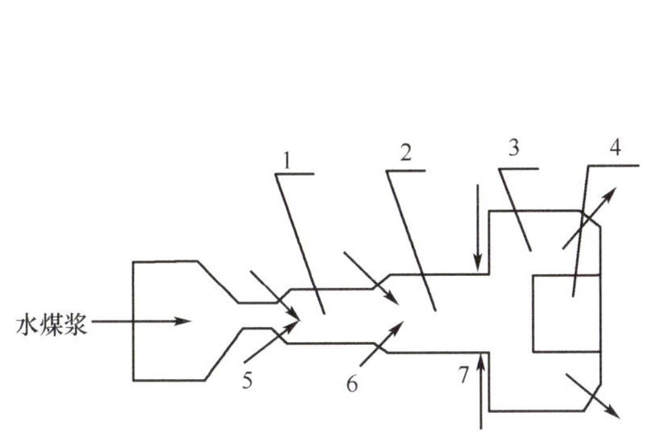


图 8-23　水煤浆喷嘴结构示意图

1. 一级混合室；2. 二级混合室；3. 雾化头；4. 撞击头；
5. 一级雾化气；6. 二级雾化气；7. 三级雾化气

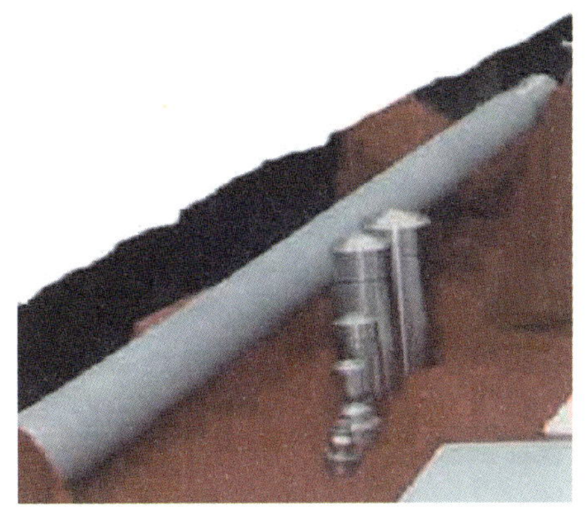

图 8-24　水煤浆喷嘴照片

**表 8-12　6～8t/h 水煤浆喷嘴应用于 410t/h 水煤浆锅炉的热态实验结果**

| | |
|---|---|
| 颗粒平均直径 | 粒径 SMD<120μm，对同种介质和汽耗率有关系，增大汽耗率，粒径就会下降 |
| 水煤浆流量 | 为 6～8t/h |
| 汽耗率 | 约 25% |
| 雾化角 | 60° |
| 负荷调节特性 | 喷嘴出力和浆压的变化关系良好，负荷易调 |
| 颗粒分布 | 呈正态分布，比较均匀 |
| 锅炉燃烧效率 | 达到 99.73% |
| 飞灰含碳量 | 达到 2.7% 以下 |
| 炉渣含碳量 | 达到 2.14% 以下 |

### （2）水煤浆强化燃烧技术

针对水煤浆的着火燃烧特点和强化要求，已成功开发了浆油两用等多种浆液燃料低 $NO_x$ 燃烧器（包括四角直流、六角直流、旋流、侧边风等多种型式），实现了强化着火、稳定燃烧和促进燃尽的性能，可适用的燃料有水煤浆（兖日浆、八一浆、新汶浆、大同浆、新海浆、无烟煤/贫煤的混煤浆）、水焦浆、重油、煤焦油等。对水煤浆燃烧器进行了系列化设计，并研制成功水煤浆快速方便点火方法和装置，以适合不同容量、不同水煤浆燃料的要求，使水煤浆燃烧效率大于 99%、锅炉效率为 90%～91%、锅炉负荷调节范围为 40%～100%，锅炉烟气环保指标符合国家排放标准。

水煤浆燃烧器设计的难点在于如何保证稳定着火、高效燃烧和低负荷稳燃以及如何把烧油燃烧器改成水煤浆（或油和浆两用）燃烧器。水煤浆着火所需烟气回流量的计算结果见表 8-13，水煤浆着火时需要的回流烟气与总风量之比一般是煤粉相应参数的 2 倍左右。目前强化水煤浆着火燃烧的主要技术措施包括提高热风温度（300～370℃）、减少一次风率和风速、燃烧器区域设置卫燃带、根据不同炉型开发新型燃烧器和技术。

**表 8-13　水煤浆着火所需烟气回流量的计算结果**

| 风温/℃ | 一次风率/% | 所需回流烟气与总风量比/% | | 所需回流烟气与总风量比/% | |
|---|---|---|---|---|---|
| | | 水煤浆 | 煤粉 | 水煤浆 | 煤粉 |
| 20 | 20 | 70.52 | 32.74 | 22 | 9.1 |
| 20 | 30 | 115.9 | 57.85 | 47.74 | 21.89 |
| 20 | 40 | 194.2 | 94.76 | 99.42 | 45.33 |
| 150 | 20 | 52.58 | 25.85 | 16.4 | 7.2 |
| 150 | 30 | 80.95 | 43.97 | 33.34 | 16.64 |
| 150 | 40 | 122.27 | 68.19 | 62.59 | 32.63 |
| 300 | 20 | 36.07 | 18.76 | 11.25 | 5.22 |
| 300 | 30 | 52.47 | 30.71 | 21.61 | 11.62 |
| 300 | 40 | 73.35 | 45.32 | 37.55 | 21.68 |

在水煤浆燃烧技术方面，浙江大学通过多年攻关研究，掌握了水煤浆着火和燃烧特点，成功开发了浆油两用等多种浆液燃料低 $NO_x$ 燃烧器，设计原理如图 8-25 所示。对燃烧器和喷口进行数值计算建模如图 8-26 所示，对燃烧器出口流场和炉内温度场的数值模拟结果如图 8-27 和图 8-28 所示。

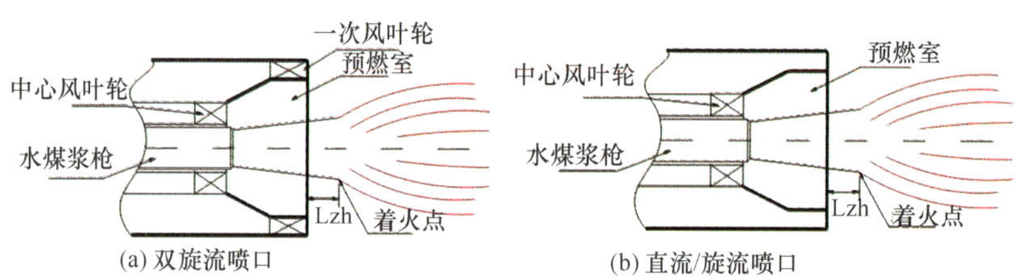


图 8-25　油浆两用燃烧器喷口设计

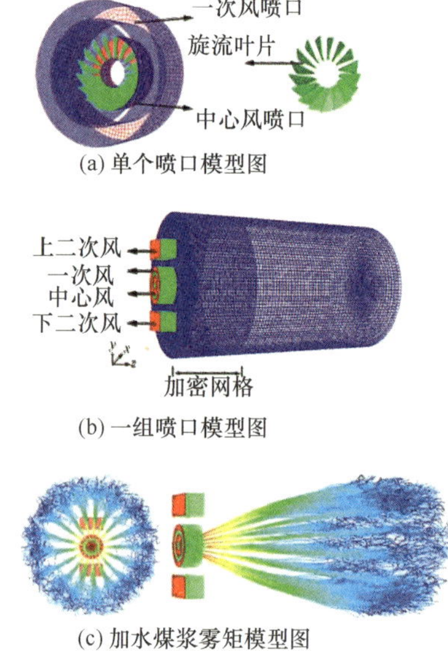


图 8-26　对燃烧器和喷口进行数值模拟建模

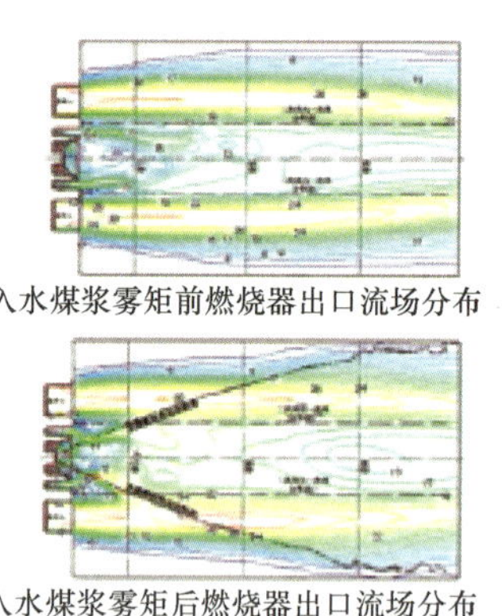


图 8-27　燃烧器出口流场数值模拟

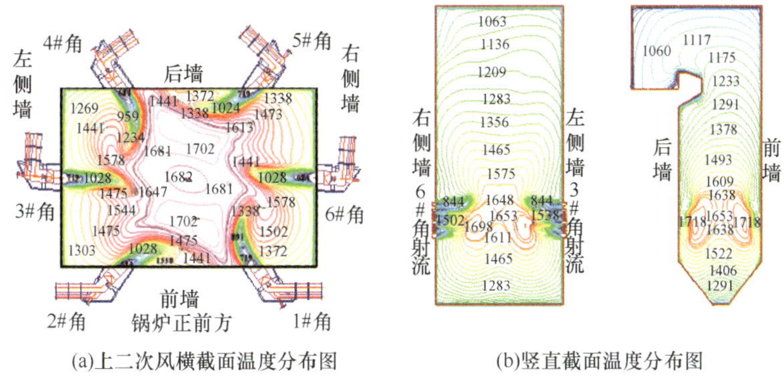

(a)上二次风横截面温度分布图　　(b)竖直截面温度分布图

图 8-28　炉内温度场数值模拟

### (3) 水煤浆燃烧脱硝技术

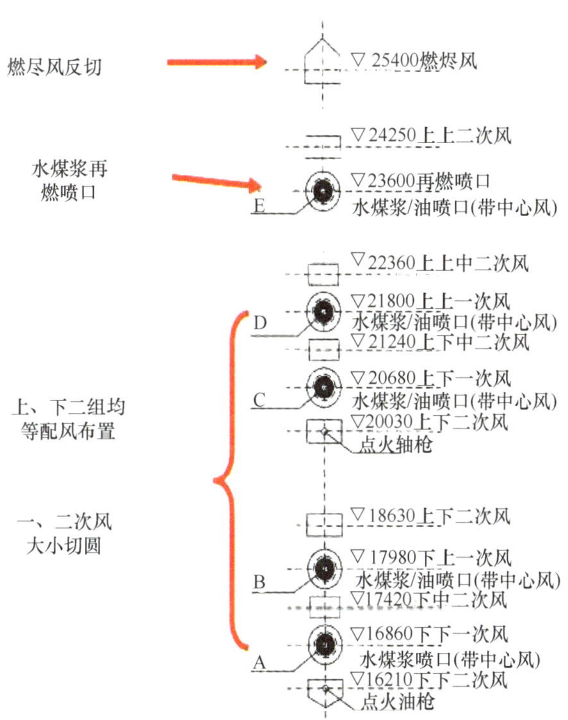

图 8-29　水煤浆再燃技术在 670t/h 锅炉上应用（董若凌，2006）

通过燃料分级的方法，将炉膛依据氛围的不同划分出过量空气系数大于 1 的主燃区、过量空气系数小于 1 的再燃区和为实现燃料燃尽而再次设置的过量空气系数大于 1 的燃尽区，从而成功开发了水煤浆再燃脱硝技术，一般炉内脱硝率达到 30%～50%。水煤浆的再燃脱硝能力高于煤粉的再燃脱硝能力，是水和煤综合作用的结果（董若凌，2006）。其增强机理在于再燃区挥发分增多，有利于反应进行的 H 和 OH 离子浓度增加；同时煤焦表面得到增强；另外水分的存在促进气相 $NH_3$浓度增加，$NH_3$对反应的选择性直接决定再燃区向有利于 $NO_x$ 还原的方向发展。国际上首次在 670t/h 水煤浆锅炉上采用水煤浆再燃和分级配风技术（图 8-29），使烟气中 $NO_x$ 排放量由 788mg/Nm$^3$ 显著降低到 450mg/Nm$^3$ 以下，实现了高效低成本地控制 $NO_x$ 排放满足国家环保标准。

### (4) 水煤浆专用锅炉研制开发

研制成功具有完全自主知识产权的水煤浆代油洁净燃烧技术以及配套关键设备工艺，适用于各种大、中、小型的电站锅炉、工业锅炉和工业窑炉，并成功进行了产业化推广应用，实现了节能、环保和代油目的。关键技术包括新建锅炉和油炉改烧水煤浆技术、水煤浆锅炉热力计算方法和软件、适合水煤浆高效燃烧的炉膛结构形式、锅炉各受热面设计和分布方法、高灰分水煤浆锅炉受热面防渣和防磨技术、防止受热面低温腐蚀技术等。锅炉按工质划分为蒸汽炉、热水炉、导热油炉、烧碱炉、采油注汽炉、陶瓷干燥窑等；按炉膛形式划分为四角切圆悬浮炉、流化床锅炉、U 型炉、D 型炉、筒型卧式炉等；按燃料划分为普通水煤浆炉、脱硫型水煤浆炉、煤泥水煤浆炉、造纸黑液水煤浆炉、化工废液水煤浆炉、石油焦浆炉等。新设计建成的 670t/h 全烧水煤浆专用锅炉（200MW）为目前国际上最大的能长期连续运行水煤浆锅炉，水煤浆燃烧效率为 99%，锅炉效率为 90%~91%，锅炉负荷调节范围达 40%~100%。另外成功开发了煤泥水煤浆、造纸黑液水煤浆、石油焦浆等高效低污染燃烧技术，为工业废弃物资源化利用以及环境污染治理提供了一条新的途径。

#### （5）大容量低流阻水煤浆在线过滤器开发

研制成功与大中小型水煤浆锅炉供浆系统配套的低流阻水煤浆在线过滤器。过滤器最大容量达 30~40t/h（达到目前国际上最大水平），流阻损失小于 0.1 MPa。同时对水煤浆在线过滤器进行系列化设计，以适合不同容量、不同水煤浆燃料的要求，保证了锅炉能够长期稳定连续运行。

#### （6）水煤浆锅炉和系统的自动化控制技术

研制成功水煤浆锅炉分布式控制系统（distributed control system，DCS），对锅炉燃烧状况进行实时诊断和控制，提高了水煤浆锅炉运行的安全性和经济性，同时开发出配套水煤浆卸、储、运、供等系统 DCS 技术，保证燃料安全和经济供应。

#### （7）水煤浆除尘、固硫技术开发

开发出水煤浆专用除尘技术和固硫技术，研究了水煤浆燃烧飞灰荷电、黏附特性以及粒径分布特征（PM2.5 和 PM10），研究了水煤浆燃烧过程硫污染的生成特征，使水煤浆燃烧粉尘和 $SO_2$ 排放符合国家环保标准。

#### （8）水煤浆锅炉炉前系统设计开发

设计研制出水煤浆炉前供浆系统，开发出大型水煤浆加热器、炉前搅拌技术和搅拌器、炉前回流系统和节流器，提高了水煤浆供浆泵的运行寿命。

#### （9）水煤浆卸、储、运等系统设计开发

设计研制出在线过滤器等水煤浆卸、储、运、供系统，开发出大型水煤浆储存技术和储罐（容量 5000t 以上）、大容量水煤浆储罐搅拌技术、防沉防冻技术、清洗方法和技术、管道和阀门防磨技术、水煤浆卸浆方法和装置。

#### （10）水煤浆锅炉燃烧优化调整技术

开发出水煤浆锅炉启动、燃烧和运行的方法，开发出水煤浆锅炉燃烧调整和锅炉运行优化方法，研制出水煤浆锅炉启停专家指导系统，使水煤浆锅炉能实现快速启动、安全燃烧、经济运行，达到了最佳运行条件和状态。

### 8.3.3.3　工艺技术途径选择

#### (1) 锅炉本体改造

水煤浆代油燃烧技术关键在锅炉改造和着火燃烧方面。不同的锅炉，改造内容和技术路线会有所差异。以汕头万丰热电有限公司 220t/h 燃油锅炉改烧水煤浆为例，图 8-30 是其锅炉改造的关键技术图。

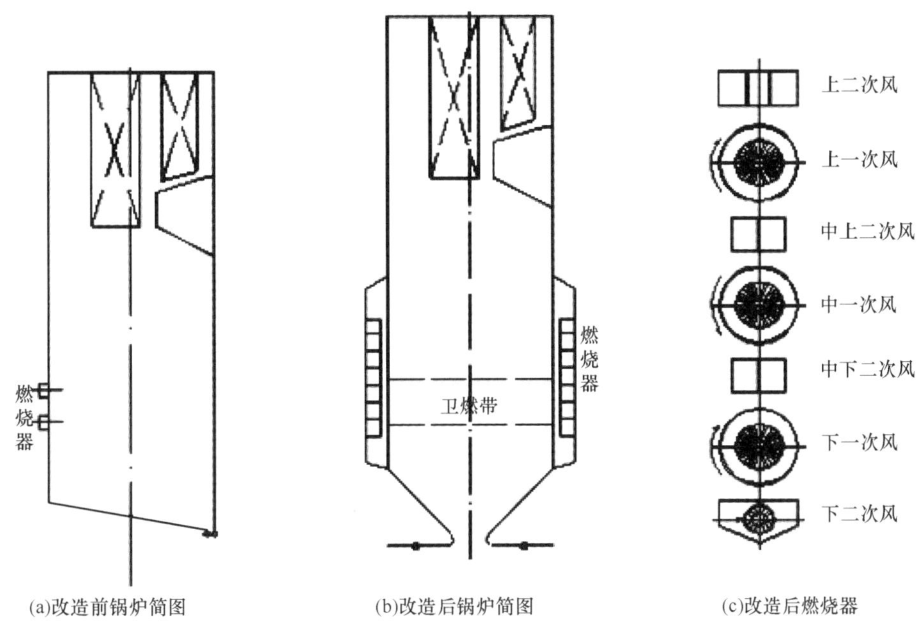


图 8-30　220t/h 燃油锅炉改烧水煤浆示意图

为了适应水煤浆燃烧特点和燃烧器布置，原炉膛从 12m 标高位置开始前后墙水冷壁向外拉出 800mm，使炉膛截面基本呈正方形，改造前后炉膛结构如图 8-30（b）所示。原平炉底改为标准的冷灰斗结构，并增加出渣装置。

#### (2) 水煤浆系统

厂区水煤浆系统改造内容包括汽车罐车运输和厂区内卸浆、储浆、输浆及炉前供浆系统。水煤浆一般由 30~40m$^3$ 的水煤浆专用罐车（可由原运油车改造）运至电厂。整个水煤浆改造工艺流程如图 8-31 所示。

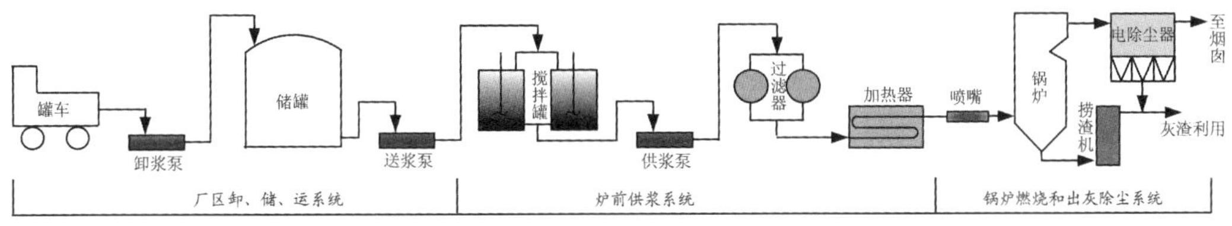


图 8-31　水煤浆燃料和燃烧系统图

一般厂区设置卸浆、输浆泵房一座，由汽车运来的煤浆先经曲杆泵送到储浆罐。储浆罐可利用原油罐改造而成，考虑防沉淀设计搅拌系统，考虑防冻结设计保温系统。储浆罐里的水煤浆由两台输浆泵把煤浆送至炉前搅拌罐。

炉前设供浆泵房一座。供浆设备按流程进行主要有两个带搅拌装置的搅拌桶（并列安装，采用电加热保温来控制桶内水煤浆温度40~50℃）、两台曲杆泵（按设计1台工作，1台备用）、两台过滤器（按设计一台工作，一台备用）和两台加热器（南方地区可省略）。

## 8.3.4 知识产权分析

有关水煤浆技术专利的申请情况与水煤浆的发展经历十分相似。根据我们查到的数据，国际上最早在1978年开始有水煤浆技术发明专利申请公告。国外水煤浆专利申请比较集中在20世纪80~90年代，其中最多的是1985年和1986年，而在80年代以前和1999年后，专利申请量较少（图8-32）。这与国内水煤浆技术的发展历程刚好吻合。

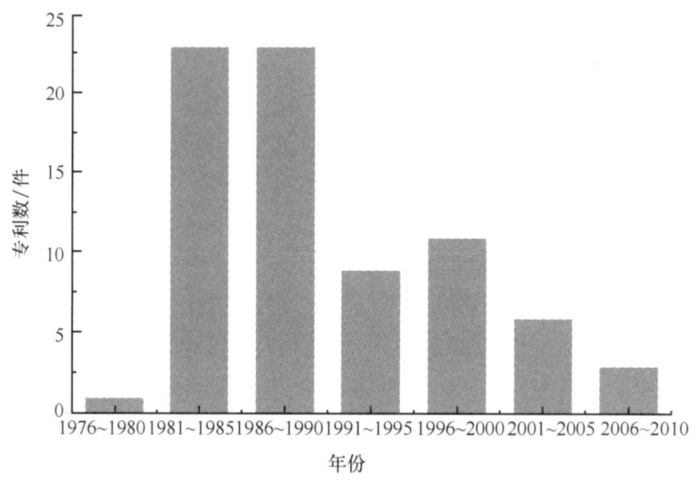


图8-32　国外水煤浆技术专利申请状况

国内有关水煤浆技术专利公开的报道是1985年（图8-33），但从1985~1999年，平均发明专利只有1.5件/a。从2000年开始，水煤浆技术发明专利和实用新型专利公告开始上升。2004年开始水煤浆技术发明专利和实用新型专利公告迅速增加，其中发明专利达到14件，实用新型专利达到20件；2009年和2010年达到高峰，水煤浆技术发明专利为30件和33件，实用新型专利为31件和35件。至2010年，我国累计公告水煤浆技术发明专利179件，实用新型专利219件。

水煤浆技术专利的申请状况正好反映了我国水煤浆技术的发展经历。在1999年以后，随着国际油价的上升，水煤浆技术在我国又开始热起来，进入一个新的阶段。而近年来，水煤浆技术在我国的研发和推广应用更是全面铺开。

## 8.3.5 新型技术未来发展趋势

### 8.3.5.1 潜在技术简介

水煤浆新型潜在技术有低阶煤水煤浆技术、废水污泥掺混水煤浆技术、脱硫型水煤

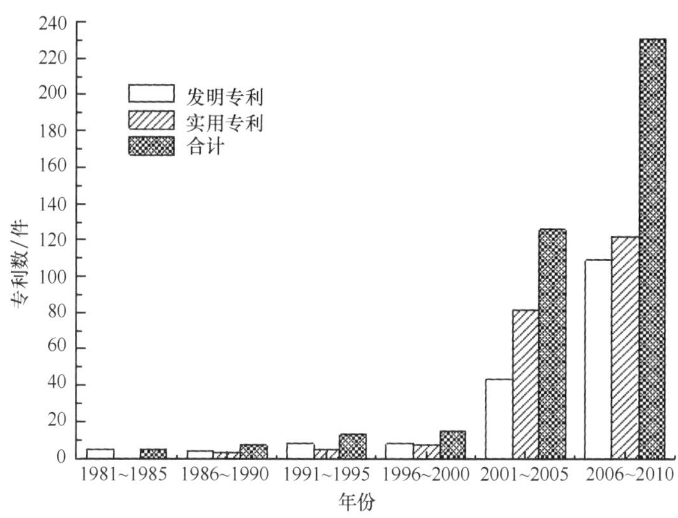


图 8-33　国内水煤浆技术专利申请状况

浆技术等。

**(1) 低阶煤水煤浆技术**

常规水煤浆是以烟煤作为原料制备。随着能源需求的增加和煤炭资源的消耗，烟煤等高阶煤炭的供应逐渐紧张，使得水煤浆的成本不断增加。采用褐煤等低阶煤制备水煤浆，不仅可以降低制浆成本，而且能拓宽褐煤的用途，缓解对石油需求的压力。此外，褐煤反应活性好，是一种理想的气化原料。褐煤作气化原料一般采用浆体方式。因此，研究褐煤制浆有着深远的意义。

**(2) 废水污泥掺混水煤浆技术**

污泥水煤浆是在水煤浆制备过程中掺混少量湿污泥，形成一种新的高品位清洁浆体燃料，并在动力装置上加以燃烧利用。在水煤浆中直接掺混湿污泥，可省掉湿污泥预处理烘干过程，由此可节省大量投资和污泥预处理费用，具有明显的社会和经济效益。

**(3) 脱硫型水煤浆技术**

1994 年浙江大学曾对脱硫型水煤浆燃烧固硫做了比较详细的研究，在水煤浆制备过程中加入少量固硫剂制成脱硫型水煤浆，并在 0.25MW 燃烧试验台进行固硫效果实验，取得 40%～50%脱硫率，但未就固硫剂对水煤浆性能的影响展开研究。因此，掌握固硫剂影响水煤浆性能的规律是脱硫性水煤浆急需解决的问题（刘建忠等，2006）。

### 8.3.5.2　可行新型技术的主要技术难点分析

**(1) 低阶煤水煤浆技术**

褐煤内水和氧含量较高，这使成浆浓度很低。表 8-14 为各种褐煤水煤浆的定黏浓度。褐煤水煤浆的定黏浓度很低，一般为 46%～55%，均远低于普通烟煤水煤浆。煤样的成浆浓度受煤质特性的影响较大，合适的添加剂只能在一定范围内提高煤种的成浆浓度，并不能使得褐煤的成浆浓度提高到烟煤的水平。因此，如何提高褐煤水煤浆浓度是目前要解决的主要技术难点。

**表 8-14 国内几种典型褐煤水煤浆成浆浓度值**

| 项目 | NDF 添加剂 | MF 添加剂 | PS 添加剂 |
| --- | --- | --- | --- |
| $\omega_{A0}$/% | 47.0 | 47.0 | 46.7 |
| $\omega_{B0}$/% | 50.0 | 50.3 | 50.4 |
| $\omega_{C0}$/% | 48.9 | 48.0 | 47.8 |
| $\omega_{D0}$/% | 48.9 | 49.4 | 49.1 |
| $\omega_{E0}$/% | 54.9 | 55.5 | 54.7 |
| $\omega_{F0}$/% | 53.5 | 53.3 | 53.2 |
| $\omega_{G0}$/% | 48.8 | 49.0 | 47.9 |
| $\omega_{H0}$/% | 49.5 | 49.9 | 50.3 |

**(2) 废水污泥掺混水煤浆技术**

研究表明，在水煤浆中掺入泥污后，随着污泥掺混量的增加，污泥水煤浆的最大成浆浓度下降。这是由于污泥表面具有强大的吸附能力，随着污泥掺混量的增加，有更多的自由水被固定在污泥的絮状结构中，引起表观黏度增加。虽然污泥的掺入使水煤浆的成浆性变差，最大成浆浓度下降，致使水煤浆的发热量降低，但也改善了浆体的稳定性和流变特性，有利于浆体的储存、泵送和雾化。总之，从成浆性能方面讲，直接将湿污泥掺入水煤浆中搅拌均匀制得污泥水煤浆方法是可行的（王睿坤等，2010）。

**(3) 脱硫型水煤浆技术**

脱硫型水煤浆的主要技术难点是脱硫剂加入后对水煤浆的成浆性有较大的影响。

以固硫剂 $CaCO_3$ 为例，不同钙硫比对水煤浆黏度（$100s^{-1}$ 剪切速率，室温下）的影响：随着钙硫比增加，水煤浆黏度也增大，而且增幅随钙硫比增大而增大；钙硫比为 1.5 时，表观黏度比钙硫比为 1 时增大 22.7%，而钙硫比为 2 时的表观黏度比钙硫比为 1.5 时增大 38.8%；当钙硫比为 2 时，水煤浆的黏度已经达到 1058mPa · s，比空白水煤浆增加了 57.4%（刘建忠等，2006）。

### 8.3.5.3 可行新型技术选择

从对上述新型水煤浆技术的难点分析可知，取得技术突破是有可能的。

**(1) 褐煤制备高浓度水煤浆的技术途径**

如前所述，褐煤成浆浓度低的主要原因是内水和氧含量高，因此，如何去除内水和含氧基团是提高褐煤成浆浓度的关键。以水热改性为例，褐煤在不同水热改性条件下改性后能使褐煤内在水分大幅度下降。例如，内蒙古的两种褐煤在经过 300～320℃ 改性后，内在水分已经低于 10%。同时，改性后褐煤的成浆特性得到大幅度的提高（Yu et al., 2012)。

**(2) 提高废水和泥污掺混量的技术途径**

目前泥污水煤浆中污泥含量比例还较低，在10%以下。如何提高污泥掺混比例是污泥水煤浆技术的关键所在。提高污泥在水煤浆中比例的可行方案主要有污泥改性和新型添加剂。

污泥改性方法有化学药剂改性和超声波改性两种。化学药剂分别采用 $FeCl_3$ 和 CaO。随着化学药剂用量增加，污泥水煤浆特征黏度先减少，当药剂投加过量时，黏度又随药剂量的增加而增加。适当地投加化学药剂有利于污泥水煤浆降黏。随着超声波对污泥处理时间的增加，污泥水煤浆的黏度将降低。

**(3) 脱硫型水煤浆技术途径**

脱硫剂的加入对水煤浆的成浆特性会有较大影响；而选择合适的添加剂和添加量，对水煤浆的成浆性能的影响是不一样的（刘建忠等，2006）。

水煤浆中加入固硫剂后，对表观黏度有不同程度的影响。在添加量比较小的情况下，如添加 $CaCO_3$ 和方解石在 Ca/S 值为1时，黏度是下降的。但随着添加量的增加，水煤浆黏度迅速增加。在不增加水煤浆分散剂的前提下，加无机钙固硫剂的水煤浆（Ca/S=2）黏度在1000mPa·s（$100s^{-1}$剪切速率）左右，能满足产品质量和使用要求，可成为一种较理想的固硫剂。

# 8.4　催化燃烧技术

## 8.4.1　技术发展现状

煤燃烧已有近1000年的历史，而催化则是近代的概念。催化的概念源于燃烧，而催化燃烧的研究最初用于燃料油改良，对煤的研究相对要落后得多。自20世纪70年代以来，由于世界性石油危机和资源枯竭，迫使许多国家逐渐增加煤在能源结构中的消耗比重。由于煤在燃烧过程中存在着火困难、燃烧效率低下、环境污染严重等一系列问题，故对煤催化燃烧的研究逐渐引起人们的重视。目前热点问题是煤催化燃烧机理的研究和高效廉价助燃剂的开发。

煤的催化燃烧属于多相催化反应，不仅涉及一般化学反应原理，而且还涉及固体物理、结构化学和表面化学等学科。虽然催化本身一直为研究者所注意，但由于其复杂性，至今尚未形成一个统一的成熟的催化理论。煤的催化燃烧主要集中在固定碳的催化燃烧，目前存在两种理论即氧传递学说和电子转移学说（陈海峰等，1993b）。

氧传递学说认为，在加热条件下，催化剂首先被碳还原成金属（或低价氧化物），然后依靠金属（或低价氧化物）吸附氧气，便又得到金属氧化物（或高价氧化物），就这样金属（或低价氧化物）一直处于氧化-还原的循环中。宏观上，氧原子不断从金属（或低价氧化物）向碳原子传递，加快了氧气扩散速度，使反应易于进行。该学说可用来解释 Cu 等一些过渡元素以及 Na、K 等碱金属元素的催化反应。

电子转移学说是从电子催化理论入手，认为金属离子嵌入碳晶格内部，使碳表面的电子构型发生变化，并作为电子给予体，通过电荷迁移加速部分反应步骤。该学说可用于解释一些碱金属和碱土金属元素的催化反应。另外，一些过渡金属和碱金属元素在反应中对碳的微观结构亦有所影响，Fe、Co、Ni 等金属元素尤其引人注目。研究认为，随第一电离能按 Be（897.45）、Mg（733.4）、Ca（588.65）、Sr（550.5）、Li（521.1）、Ba（501.8）、Na（492.15）、K（414.95）、Ru（405.3）、Cs（376.35）递减，最外层电子活动性增强，其催化活性亦随之增大。

无论氧传递学说还是电子转移学说都是直接针对碳提出的，以此来指导和解释煤的催化燃烧存在一定的局限性。作为复杂混合物的煤的催化燃烧机理非常复杂，至今仍不能在化学上给出令人满意的解释，故目前仍主要通过试验的手段进行研究。

从催化燃烧的研究现状来看，人们对碳的研究已较为深入，但对煤的研究仍十分浅显。煤的燃烧过程包括挥发分的析出、着火以及焦炭的着火、燃烧，其中焦炭的燃烧时间几乎占煤全部燃烧时间的90%。故早期的研究大多集中于纯碳的催化燃烧。国外对煤催化燃烧的研究始于20世纪70年代。美国科学家 Badin（1984）对煤燃烧过程中矿物杂质和无机灰分的催化及抑制作用的研究历史及现状作了全面综述。研究表明碱金属、碱土金属和过渡金属化合物对煤的氧化反应具有催化作用。在390℃下，不同催化剂对煤燃尽率的催化效果为 $Na^{+}>K^{+}>Ca^{2+}>Fe^{3+}>Mg^{2+}$；在490~570℃范围内，$Na_2CO_3$和 $K_2CO_3$均对 $C+O_2 \longrightarrow 2CO$ 反应有催化作用，但催化效果随温度的升高而下降；Mg、Ca、Fe、Ba 的化合物已作为煤氧化反应中的催化剂而得到开发和应用。Kurt Hedden（1980）研究了一些碱金属化合物对固体燃料燃烧的催化效果，Oschell（1980）曾开发了一种叫 FST-600 的节能助燃剂，Wager（1989）研究表明 $K_2CO_3$能使无烟煤的着火温度明显降低。

国内对煤催化燃烧的研究始于20世纪80年代末。大连理工大学李华和林器（1989）利用燃点测定仪研究表明，浸渍 $K^{+}$和 $Fe^{2+}$可使脱灰褐煤的燃点降低45~65℃，使未脱灰褐煤的燃点降低20~30℃。杨建军（1990）研究了 $Na_2CO_3$、$K_2CO_3$、$CaCO_3$三种添加剂对煤粉点火的影响。同济大学徐谷衡（1993）采用示差热重试验方法研究了水蒸气、$K_2CO_3$和 $Na_2CO_3$对煤的催化燃烧作用。蒋君衍和张鹤声（1993）研究了 $K_2CO_3$、造纸黑液和 $NaNO_3$对煤的挥发分析出速率、着火温度和燃尽率的影响。华东化工学院陈海峰等（1993a，1993b，1993c）采用可在加压下测定着火点的装置，研究了煤化程度、煤中矿物质和煤焦干馏温度对煤或煤焦催化着火的影响，表明着火点随煤中（K+Na+Ca）含量的增加而降低；具有同一碱金属阳离子和不同阴离子的催化剂酸性越强，则催化作用越弱，催化活性为 $OH^{-}>CO_3^{2-}>Cl^{-}>SO_4^{2-}$，具有同一阴离子和不同碱金属或碱土金属阳离子的催化剂第一电离能越少催化作用越强；同一催化剂对不同空气压力下的不同煤种产生不同的催化效应，纸浆黑液具有较好的催化作用。浙江大学范浩杰和曹欣玉（1995）利用单颗煤浆试验炉和示差热天平研究表明，金属元素催化煤燃烧的顺序为 Mn>K>Cu>Na>Ca。东北大学徐万仁利用煤粉燃烧试验台、扫描电镜和 X 射线衍射分析仪研究表明（徐万仁和杜鹤桂，1995；徐万仁和杜鹤桂，1996）$Fe^{3+}$、$Fe^{2+}$、$Ca^{2+}$及其与 $CaCO_3$的混合物对无烟煤燃烧有显著的催化作用，其中 $CaCO_3$-M（Fe，Ca）二元催化剂更适于工业应用，其最佳掺加量为5%~7%；$CaCO_3$和 $Ca(OH)_2$类添加剂可使烟煤和无烟煤的燃烧率分别提高1%~3%和10%~17%，其最佳掺加量为5%~7%；

以少量 $CaCl_2$ 和 $FeCl_3$ 处理的石灰石粉可作为实际高炉喷煤的有效助燃剂。沈峰满和杜鹤桂（1996）研究表明，按助燃效果优劣排为生石灰水浸>生石灰干混>白云石干混>石灰石干混，当添加量为 8%时可使煤粉燃烧率提高 8%~18%，使煤粉的自然堆角上升约 4，会使煤粉的输送性能变差；使用生石灰可提高煤的哈氏可磨系数 11~18。

综观煤催化燃烧技术的研究发展现状，可见前人对煤催化燃烧的机理研究尚不够深入，试验研究缺乏系统性和指导性；而且一般采用价格昂贵的化学纯净物作为催化剂，难以实现大规模工业应用。故有必要对某些矿物及工业废渣的催化燃烧机理进行深入研究，以寻找高效廉价的助燃剂（程军，2002），取得显著的经济和社会效益。

## 8.4.2　存在突出瓶颈问题及解决方案

在国外，调研了美国宾夕法尼亚州立大学、瑞典皇家工学院等世界著名高校在洁净煤技术领域的前沿技术动态。在国内，调研了煤炭科学研究总院北京煤化工研究分院等，了解我国在煤炭催化燃烧方面的实用技术发展及开发应用情况；调研了枣庄矿业集团、兖州矿业集团、浙江北仑电厂、浙江嘉兴电厂、河北龙山电厂等，了解煤炭催化燃烧技术的实际生产应用情况、存在问题与困难和下一步发展建议。

通过国内外技术调研和各种技术比较分析，针对煤粉炉、流化床锅炉、链条炉等典型炉窑特点，找出存在的着火困难、燃尽率低等技术问题，探讨研发推广煤催化燃烧技术的必要性和可行性。分析了煤燃烧催化剂和促进剂的研究开发重点，提出高效廉价的催化燃烧技术方案，重点评估利用富含有效金属成分的工业废渣配制助燃剂的技术可行性和经济性。分析不同炉型燃煤过程的温度、时间、气氛等热动力学反应条件，提出实施煤催化燃烧技术的先进工艺流程。对助燃剂配制工艺成本、燃煤着火温度和燃尽效率的改善情况、取得经济社会效益等进行技术经济评价。

## 8.4.3　知识产权分析

国内在煤燃烧助燃剂方面已有 30 多件专利（表 8-15 列出了其中的 25 件），主要有效成分为碱金属、碱土金属和过渡金属化合物等，具有促进着火、稳燃和燃尽效果，能够提高燃煤效率，降低污染物排放，实现节能减排。

**表 8-15　煤燃烧助燃剂专利汇总表**

| 序号 | 专利号 | 专利名称 | 助燃效果及其他特点 |
| --- | --- | --- | --- |
| 1 | CN1086249A | 高效燃煤催化剂 | 炉温迅速从 1320℃提高到 1470℃，降低过量空气系数约 0.3，炉渣中含碳量从 15%~18%降至 4.5%~10.7%，可燃性气体减少 80%，烟气中飞灰减少 80%，节煤 17%~36%；价格便宜，每吨催化剂成本 1500 元，每吨煤催化费用 3~3.75 元 |
| 2 | CN1076717A | 高效节能降污煤用助燃剂 | 添加量 0.5%~2%，提高炉温 80~100℃，提高热效率 10%，降低炉渣残碳量 10%，节煤率 15%~30%，减少烟气黑度林格曼等级 0.5~3，降低烟尘浓度 50%以上，烟气中 $SO_2$ 浓度降低 50%~80%，烟气中 CO 浓度降低 40%，$NO_x$ 与 1.3-苯并芘浓度明显降低 |
| 3 | CN1110712A | 一种煤炭助燃剂及其制备方法 | 添加量 2%，可提高炉温 100℃以上，降低排烟黑度 2~2.5 级，提高热效率 19.8%，降低炉渣含碳量 11.8%，节煤可达 15%~25%。 |

续表

| 序号 | 专利号 | 专利名称 | 助燃效果及其他特点 |
| --- | --- | --- | --- |
| 4 | CN1093740A | 煤用增燃剂 | 添加量1%~2%，锅炉烟尘排放量明显减少，达到林格曼黑度0.5级以下，正平衡热效率73.3%，反平衡热效率77.09%，比加入增燃剂前65%的热效率有明显提高，炉渣含碳量由22.35%降到12.58%，过量空气系数下降，节煤率30%~40% |
| 5 | CN1076959A | 燃煤激烧素及其生产方法 | 提高锅炉热效率15%左右，提高锅炉出力20%，提高炉温200℃左右，高温区可达1250~1300℃，热交换速度提高15%以上，煤燃尽率提高10%以上，节能效果达35%以上，$NO_x$排放量降低约26%，$SO_x$排放量降低6.7%；每吨激烧素成本仅300元 |
| 6 | CN1092459A | 煤用固体助燃剂 | 炉膛温度提高50~100℃，炉渣含碳量降低5%以上，锅炉热效率提高10%，单位热耗降低10%，产吨气节约标准煤10kg，烟尘排放浓度降低32%，$SO_2$降低20%，$NO_x$降低33%，烟气林格曼黑度小于1级 |
| 7 | CN1056518A | 燃煤助燃剂 | 添加量9%，可使炉温提高180℃，炉渣中含碳量由35%降到8%，综合节煤效果在20%以上，烟气中$SO_2$和$NO_x$明显降低，炉膛结垢现象消除 |
| 8 | CN1071689A | 利用煤炉渣制造燃煤助燃剂的方法及其产品 | 上火快，炉温升高，一般节煤30%左右，锅炉热效率提高10%~15%，锅炉出力提高15%~25%，炉渣含碳量下降至10%左右，有害气体排放量下降 |
| 9 | CN1091994A | 燃煤节能脱硫净化剂 | 脱硫率为60%~72%，节煤10%~20%，锅炉热效率提高10%以上，炉温提高40%~80%，灰渣含碳量降低至10%以下，大大降低CO和$NO_x$排放量 |
| 10 | CN1053083A | 一种燃煤添加剂及其使用方法 | 燃煤添加剂在使用中灰分总量不得高于40%。若添加量为25%，在4t和6t锅炉上试烧，能明显改善燃烧状况，排烟黑度明显降低，排渣中含碳量减少50%以上，节煤率约30% |
| 11 | CN1062753A | 节煤添加剂 | 可掺加到热值3950kcal/kg的原煤、煤矸石、高炉瓦斯灰或劣质煤中，添加量5%，使锅炉热效率提高10%~15%，炉温提高100℃以上，燃烧速率提高10%，节煤率可达28% |
| 12 | CN1013879B | 锅炉燃烧用的烟煤型煤 | 在层燃锅炉内试烧，烟尘排放浓度降低52.36%，热效率提高14.51%，节煤22.75%，型煤反应活性比原煤提高0.75倍 |
| 13 | CN1064696A | 燃煤消烟除硫节能增效剂 | $SO_2$净化率高于40%，烟尘净化率高于50%，粉尘净化率高于60%，CO净化率高于60%，炉窑热效率高于8%，节煤率高于8% |
| 14 | CN1062753A | 节煤添加剂 | 锅炉热效率提高10%~15%，炉温提高100℃以上，燃烧速度提高10%，节煤率可达28%；添加剂原料易得，成本低 |
| 15 | CN1106059A | 型煤增效剂和包含有该增效剂的型煤及其制造方法 | 该型煤比传统蜂窝煤热值提高34.25%，热效率提高33.2%，每克蒸发量消耗可燃基煤量减少39.84%，CO排放量下降72.2%，$SO_2$降低了66%，$NO_x$降低了32.4%，致癌物降低60% |
| 16 | CN1089642A | 煤炭安全助燃增燃剂 | 加1%催化剂后，锅炉热效率提高8.67%，炉温提高110℃，炉渣含碳量降低2.15%，节煤率为11.35% |
| 17 | CN1054263A | 煤用助燃剂 | 添加量3%，可节煤15%~25%，提高炉温100~200℃，降低排烟黑度0.6~3级 |
| 18 | CN1021971A | 铸钢车间的废砂在燃烧中的应用 | 每吨汽少耗煤约25kg，热效率提高12.4%，每吨废砂节煤约5t，烟气黑度在林格曼1级以下，烟尘量减少80%，$SO_2$减少60% |

续表

| 序号 | 专利号 | 专利名称 | 助燃效果及其他特点 |
| --- | --- | --- | --- |
| 19 | CN1046551A | 节煤燃烧添加剂 | 在 2t 往复炉或 2t 链条炉中试烧，发热量提高约 100cal/g，炉温提高约 100℃，节煤率达 20%～60%，$SO_2$ 排放量由 28kg/h 降到 0.4kg/h，$NO_2$ 排放量由 10kg/h 降到 0.25kg/h |
| 20 | CN1087938A | 高效节能降污染燃煤添加剂 | 添加量 0.3%，提高炉温 100℃以上，节煤率 32.8%～37.9%，无腐蚀，无污染，安全无毒无害。 |
| 21 | CN1095406A | 一种高效节煤助燃剂及其使用方法 | 使锅炉内火力猛烈，炉温提高，热效率达 80%以上，燃烧后炉渣中可燃物含量低于 10% |
| 22 | CN1047330A | 一种燃煤节能添加剂 | 添加量 18%，节约燃煤 5%～20%，成本下降 5%～10%，热值提高 5%～10% |
| 23 | CN1052327A | 燃煤用增能增燃剂 | 按 10～12kg/t 煤掺烧（添加量约 1%），使燃烧室温度提高 40%左右，节煤率达 20%～30%，并使煤燃烧充分，无黑烟排出 |
| 24 | CN1109096A | 燃煤助燃剂 | 炉温和热效率均可提高，节煤率可达 20%左右，能促进燃煤完全燃烧 |
| 25 | CN1041609A | 一种煤炭助燃剂 | 该助燃剂原料易购、造价低廉、制作简单，且性能稳定、使用安全、无环境污染，能大大提高煤的热值，易着火 |

### 8.4.4　新型技术未来发展趋势

我国一些大型电站的煤粉锅炉和流化床锅炉以及中小型工业锅炉和炉窑经常燃用无烟煤、贫煤、石油焦等低挥发分燃料，但是往往存在着火困难（容易爆燃和灭火）、燃尽率低（灰渣含碳量高达 10%～20%）等问题，导致燃烧效率低下和污染物排放严重。针对此类燃用低挥发分煤种的工业现状，有必要大力开发推广煤催化燃烧技术实现节能减排。

针对煤粉炉、流化床锅炉、链条炉等典型炉窑的煤燃烧热动力学特点，重点研究开发高效廉价的煤燃烧催化剂和促进剂，利用富含碱金属、碱土金属和过渡金属等有效成分的工业废渣配制成助燃剂是一条有效途径。根据不同炉型燃煤过程的温度、时间、气氛等热化学反应条件，优化实施煤催化燃烧的先进工艺流程。通过助燃剂改善燃煤过程的温度场、流动场和气固相浓度场等，以明显降低燃煤着火温度并且提高燃尽效率，取得显著的经济和环境效益。

# 第 9 章 先进地下煤气化技术

为了对中国煤炭清洁高效可持续开发利用战略进行深入研究，这里对先进地下煤气化技术进行了综合分析和评价。本章分析了地下煤气化技术特点以及我国与国际先进技术的差距、对地下煤气化技术的需求性，结合典型案例——乌兹别克斯坦安格林地下煤气化站对地下煤气化技术、经济、环境特性进行了深入分析，并对现存的问题和改进的空间进行了分析评价，根据技术发展现状分析了现有地下煤气化工艺技术的选择及发展特点；对地下煤气化技术国内外知识产权情况进行了分析，并对地下煤气化技术的发展方向分别从几个方面进行了分析预测；根据目前技术发展的特点和趋势给出了技术发展路线图，并根据技术发展路线图给出了相应政策、法规等战略建议。

## 9.1 地下煤气化技术发展现状

本节主要阐述地下煤气化技术的特点，并讲述了地下煤气化技术的发展历程及现状，同时从能源危机应对、安全生产和废旧矿井利用方面阐述了目前对地下煤气化技术的需求性。

### 9.1.1 地下煤气化技术特点

地下煤气化技术是把煤炭中的固体有机物通过热力和化学作用变为可燃气体；其与地上煤气化技术主要区别在于地下煤气化的这种变化过程是在地下进行，不需要把煤炭开采出来。煤炭不加氧进行加热，使煤炭中的有机物在高温下强烈地分解出挥发物——煤气和焦油蒸汽；剩余留下的由焦炭和灰这两种主要成分组成的焦渣，采用氧和水蒸气对其进行高温化学处理，使可燃固体变成可燃气体（江道罴，2001）。气化过程中煤质分子的变化，简要描述如下。

1）煤质大分子周围的官能团以挥发分的形式脱去，某些交联键断裂，氢化芳烃裂解并挥发析出，形成烃类轻质气体。氢化芳烃还可以转化成附加的芳香部分，芳香部分再转化成小的碳微晶，碳微晶进而聚积形成煤焦。

2）煤质大分子在脱挥发分的过程中，生成活性不稳定的碳，它们可以与周围气体直接反应而气化，也可以失活而形成煤焦。

3）析出的挥发分与 $O_2$、$H_2O$（g）、$H_2$等气相作用生成 CO、$H_2$和 $CH_4$。

4）由碳微晶形成的煤焦，可以气化成煤气，也可以进一步缩聚而形成焦炭。

地下煤气化就是在地下煤层中通过实现上述四大步骤从而生成可燃气体的过程。这一气化过程在地下气化炉的气化通道中是由 3 个反应区域即氧化区、还原区和干馏干燥区来实现的，如图 9-1 所示（刘丽梅，2008）。

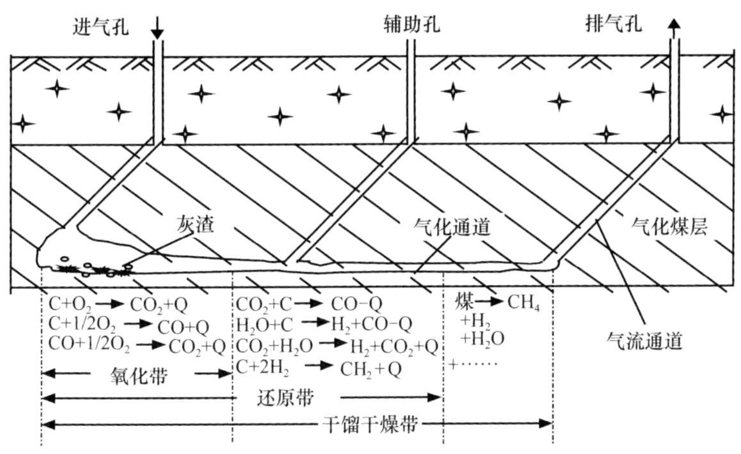


图 9-1 煤炭地下气化原理示意图

在氧化区中，主要进行的是气化剂中的氧与地下煤层中的碳发生的多相化学反应，生成大量的热，使附近煤层炽热；在还原区中，发生的主要反应为 $CO_2$、$H_2O$（g）与炽热的碳相遇，在足够高的温度下，$CO_2$被还原成 CO，$H_2O$（g）分解为 $H_2$和 CO。由于还原反应为吸热反应，该吸热反应可使气化通道温度降低，当气化通道中的温度降低到上述还原反应不能再进行时，还原区即结束；但此时的气流温度还相当高，热作用之一使煤发生热分解反应，而析出干馏煤气，这一区域称为干馏干燥区。经过这 3 个反应区域后，就形成了可燃组分，主要是含 CO、$H_2$、$CH_4$的煤气（刘丽梅，2008）。

地下煤气化集建井、开采、运输和利用于一体，大大提高煤炭的开采效率，其主要优点有 5 个：①煤炭区域回采率高，最高可以达 85% 以上。②经济成本相较于普通气化方法低。③对环境影响小，无地下水污染。④实现无人下井，安全性高。⑤特别适用于一些低品位、深部及高瓦斯和高硫等煤炭资源。

其主要缺点有 2 个：①不适合黏结性高的煤炭资源（如焦煤）。②地质水文条件要求较高，并不普遍适用于所有煤田。

## 9.1.2 地下煤气化技术发展历程及现状

### 9.1.2.1 国外发展历程

1888 年，著名的原苏联化学家门捷列夫在世界上第一次提出了地下煤气化的设想，并指出了地下煤气化的原理以及实现地下煤气化的工业途径。25 年后，英国化学工程师拉姆赛设计的盲孔炉地下气化获得成功。从此，全球范围内拉开了地下煤气化技术开发和应用的帷幕（刘丽梅，2008）。

原苏联于 20 世纪 30 年代，在莫斯科近郊、顿巴斯和库兹巴斯建立了 5 个地下煤气化试验区。据统计，到 1965 年，苏联一共建了 27 座气化站，烧掉 1500 万 t 煤，生产 500 亿 $m^3$ 低热值煤气。先后进行了“有井式”气化（即利用煤矿竖井坑道进行地下煤气化）和“无井式”钻孔气化试验。“有井式”气化可利用废旧的竖井和坑道，减少建地下气化炉的投资，可回采旧矿井残留在地下的煤柱。而“无井式”气化，建炉工艺简单，建设周期短，可用于深部及水下煤层气化。此外，还进行了地下气化工艺的影响因素研究，包括煤层的地质构造、围岩情况，形成了一定的稳定控制工艺。但随着苏联的解体及发现并使用大量的石油、天然气，使得地下煤气化技术的研究与应用日渐萎缩。到目前为止，原苏联地下气化站仅有乌兹别克斯坦的安格林地下气化站还在运行。

美国在 20 世纪 70 年代，由于石油禁运，筹划了一个长达 15 年的地下煤气化研发规划。美国能源部和国家附属机构在怀俄明州、得克萨斯州、阿拉巴马州、西弗吉尼亚以及华盛顿投资了 33 个地下气化中试试验项目，并组织 29 所大学和研究机构在怀俄明州进行大规模有计划的现场试验。政府资助的项目集中于两种工艺类型，即控制注气点后退法（controlled retraction injection point，CRIP）及急倾斜煤层法（steeply dipping coal-beds，SDB）。著名的洛基山 1 号试验，获得了加大炉型、提高生产能力、降低成本、提高煤气热值等方面的成果。美国在地下火区的测控方面取得了大量研究成果，如采用热电偶测量地下气化炉温度及利用地下电位测量、高频电磁波测量来确定气化区的位置和燃空区的轮廓等。但是之后，随着全球性油价崩溃导致美国终止了对地下煤气化技术发展的支持。

英国自 1949~1956 年，先后共进行过 6 次地下煤气化试验，燃烧了 5000 万 t 煤；进行了 U 型炉火力、电力和定向钻进等贯通试验，还进行了单炉、盲孔炉等试验。包括英国在内的欧洲共同体于 1988~1998 年在西班牙埃尔哥瑞萨进行了中等深部地下气化联合试验。该项目总耗资 1400 万英镑，实际气化 301h，获得了后退注入点高压气化的经验。在此基础上，英国在 1999 年六十七号能源报告中提出了地下煤气化的国家发展战略。

此外，比利时、波兰等国也相继进行了现场试验，获得了一定的试验成果。

纵观地下煤气化的发展历程，其开发与应用总是伴随着能源格局的变化。在大约相同的时期（1944~1959 年），能源短缺以及苏联地下煤气化实践结果的扩散，引起了西欧和美国对地下煤气化的兴趣。但在 20 世纪 50~60 年代，随着大量石油天然气资源的发现，苏联逐步停止了地下煤气化技术的研究。美国在 90 年代末期也停止了该技术的开发。

世界上唯一实现商业运行的只有乌兹别克斯坦安格林地下气化站，迄今为止商业化连续运行 50 余年，日产空气煤气 100 万 $Nm^3$，生产的煤气主要用于与重油掺混燃烧发电。

### 9.1.2.2 国内发展历程

我国是国际上地下煤气化技术发展较为活跃的国家。在 20 世纪 50 年代末，安徽、山东、河南、辽宁、黑龙江等省多处开始进行地下煤气化的研究试验工作，取得了一定的成绩和经验。其中合肥工业大学皖南地下气化站是较为成功的一个。该站位于安徽广德独山东川岭，1959 年 5 月开始筹建，9 月 28 日建成了地下气化炉，拟气化煤量 610t；经过点火、调试后，于 12 月 14 日获得了可燃煤气，热值为 800~1100 $kcal/m^3$；接着又成功进行了小型蒸汽机和煤气机的发电试验（江道累，2001）。60 年代又在鹤岗、大同、皖南等 6 个矿区进行地下煤气化试验。1985 年中国矿业大学针对我国报废矿井中残留煤炭资源多的特点，提出了利用地下气化技术回收报废煤炭资源的设想，1987 年完成了徐州马庄矿现场试验。试验进行了 3 个月，产气 16 万 $m^3$，煤气热值为 4.2$MJ/m^3$。马庄矿试验结果表明，在矿井遗弃煤柱中进行地下气化是可行的（张以诚，2010）。

1990 年，以中国矿业大学余力教授为首的煤炭工业地下气化工程研究中心广泛深入研究了国内外地下煤气化的试验资料和经验教训，结合中国煤炭资源与开采的实际情况，创造性地提出了“长通道、大断面、两阶段”地下气化新工艺，并进行了半工业性试验、工业性试验和工业性应用。

1991年国家“八五”科技攻关项目——“徐州新河二号井地下煤气化半工业性试验”正式启动。试验于1994年3月点火，采用了“长通道、大断面、两阶段”工艺，先进行空气连续气化试验。鼓风煤气的平均热值为5.02 $MJ/m^3$，日产煤气量3.6万$m^3$。煤气供给工业锅炉燃烧，效果良好。1994年11月以后，又进行了多次两阶段气化试验，气化所得的地下水煤气氢含量在40%以上，热值为10.47$MJ/m^3$左右，送往徐州市煤气公司供居民使用。根据煤气组成和流量，通过碳平衡计算可以得出本次试验煤层气化率为75.6%（张以诚，2010）。

1995年在河北唐山市刘庄煤矿进行了工业性试验。建成了两个地下气化炉，于1996年5月点火成功出气，正常持续运行了5年多。刘庄煤矿地下煤气化工业性试验采用了双炉交替运行方案，1996年5月18日开始进行了空气煤气连续生产试验和双火源、两阶段气化工艺试验。空气煤气热值基本稳定在4.18$MJ/m^3$左右、产量8万$m^3/d$左右，基本实现了连续、稳定生产，所生产的煤气供唐山市卫生陶瓷厂和刘庄矿供热锅炉使用。“长通道、大断面、两阶段”气化工艺可获得含$H_2$量50%左右，热值10.47$MJ/m^3$以上的煤气。刘庄煤矿经过5年多的试验生产，空气煤气组分、热值、流量尽管有波动，但基本上实现了长期、连续、稳定生产。

1999年，由中国矿业大学、济南煤炭设计研究院、新汶矿业集团合作进行设计研究和建设的新汶矿区孙村煤矿地下气化站，利用孙村煤矿早已报废的巷道，在靠近邻矿边界遗留的一块煤柱处建造两个地下气化炉，使丢失的煤炭资源得到充分利用。新汶孙村地下气化站于2000年3月底点火，经过调试运行，6月产出煤气供锅炉使用，7月通过原地面煤气站向居民供应煤气。从设计开始9个月时间就建成投产，充分显示出地下气化工期短、见效快的优点。在孙村煤矿地下气化站成功的基础上，新汶矿区协庄地下气化站、鄂庄地下气化站相继投入生产。

近些年来，河南、山东、山西等省又都积极准备进行地下气化的现场试验工作。可以说，我国的地下煤气化特别是利用老煤矿井巷进行地下气化，正方兴未艾地开展起来。2000年“长通道、大断面，两阶段”地下煤气化新工艺在山东新汶孙村和肥城曹庄、山西昔阳取得了较好的应用效果，气化煤气用于居民燃气、发电和合成氨等。有井式地下煤气化技术是我国自主开发的地下煤气化技术，已经完成试验示范，特别适用于报废矿井煤炭资源回收。

综上所述，地下煤气化技术发展历史久远。地下煤气化过程受煤层水文地质条件多变的影响，煤气的生产具有周期稳定的规律。煤气成本方面受到煤质煤层条件等多因素制约，波动范围大，始终未能实现商业化的推广与应用。

#### 9.1.2.3 地下煤气化技术发展现状

近年来，随着国际能源紧缺及低碳能源发展的需求，地下煤气化技术在国际上重新受到广泛关注。

中国、澳大利亚、加拿大均已建成地下煤气化站并实现连续运行。美国、加拿大、巴基斯坦及越南等国已展开工程前期准备工作，密切关注并展开项目可行性评估的国家有英国、印度、波兰等。近期各国已建或规划建设的地下煤气化工程的位置见表 9-1。

**表 9-1　近期各国已建或规划建设的地下煤气化工程地点**

| 国家 | 地下煤气化项目地点或规划地点 | 资料来源 | 备注 |
|---|---|---|---|
| 南非 | 马久巴（Majuba）煤田 | 南非国家电力集团（Eskom）公司 | — |
| 英国 | 苏格兰福思湾（2°55′W，56°05′N） | 英国商贸和工业部能源白皮书 67（Energy PaPer67 DT 1999） | — |
| | 北诺福克（Norfork）郡的科洛莫（Cromo）（1°00′W，52°35′N，伦敦东北沿海湿地） | — | 2009 年理查德波士顿（Richard Botson）报道清洁煤公司已获得英国煤炭管理局的批准，在英国海岸 5 个地点开展地下煤气化 |
| | 斯旺西（Swansea）湾（3°57′W，51°38′N） | | |
| | 格林斯巴（Grimsby）（0°05′W，53°35′N） | | |
| | 桑德兰（Sunderl）（1°23′W，54°55′N，近海） | | |
| | 苏格兰索尔维（Solway）湾（3°35′W，54°54′N） | | 用氢燃料电池建立 300MW 电站 |
| | 哈特菲尔德（Hartfield） | | |
| | 诺森伯兰郡（Northumberland，55°09′046.8″N，1°41′37″W）的力拓铝业集团的林茅斯厂（Rio Tinto Alcan’s Lynemouth Plant） | | — |
| 澳大利亚 | 昆士兰钦奇拉（Chinchilla） | Andrew Fraser（2010） | — |
| | 昆士兰红木树（Wooldwood）沟 | | |
| | 昆士兰金格罗伊（Kingaroy） | | |
| | 南澳维多利亚（Victoria）的吉普斯兰（Gippsland）盆地 | | |
| | 南澳瓦洛威（Walloway）盆地 | | |
| | 西澳萨尔贡（Sargon）地区 | | |
| | 悉尼盆地从卧龙岗（Wollonggong）到纽卡斯尔（Newcastle）之间的 6000km² 近海地区 | East Coast Minerals NL（2009） | |
| 美国 | 怀俄明州粉河盆地 | Covell J. R.（2009）. GasTech Inc（2008） | — |
| | 怀俄明州粉河盆地罗林斯（Rawlins） | East Coal Minerals NL10（2009） | — |
| | 华盛顿州森特拉利亚（Centralia） | Bowen B. H and Inwin M. W.（2008） | — |
| | 阿拉斯加安科雷奇（Anchorage） | Tim breadner（2010） | — |
| 加拿大 | 阿尔伯塔（Albert）省斯旺（Swan）山 | Green Car Congress（2009） | — |
| | 萨斯喀彻温（Saskatchewan）省利波缇（liberty） | News & Events（2010） | — |
| | 碳俘获与储存项目 | Coal Gasifacation News（2009） | 加拿大萨斯喀彻温省（Saskatchewan）和美国蒙大拿州（Montana）签订谅解备忘录 |
| 巴基斯坦 | 信德（Shidh）省塔尔（Thar）煤田 | News & Events（2010） | — |
| | 信德（Shidh）省巴丁（Badin）煤田 | Muzaffar Qureshi（2010） | — |

续表

| 国家 | 地下煤气化项目地点或规划地点 | 资料来源 | 备注 |
| --- | --- | --- | --- |
| 印度 | 古杰拉特邦（Gujarat）苏拉特（Surat）附近的地下煤气化的项目 | AHMEDABAD（Commodity Online）（2009） | 全国最大的公共部门的石油勘探公司、石油与天然气有限公司（ONGC）（BOM：500312）将于 2010 年 10 月在古吉拉特（Gujarat）邦苏拉特（Surat）附近投入全国第一个地下煤气化工厂的运作 |
| | 泰米尔那德（Tamilnadu）和本地治理（Pondicherry）煤地下气化的项目 | US-India working group（2009） | — |
| 智利 | 智利南部穆尔蓬（Mulpun，39° 46′ 60″S，72° 57′0″W） | 碳（Carbon）能源 2009 年 11 月与智利安特非凯逊（Antofication）矿业公司签约合营 | 2010. 9. 10 已市场融资 110 亿英镑，英国股市排在前 100 位 |
| 越南 | 红河三角洲河内（Honoi）东南 60km | — | 越南煤炭和矿产公司，九红商事（Marubeni）和林茨（Linc）能源将在红河松江能源（Song Hong） |
| 波兰 | 波兰南部卡托维兹（Katowice）附近的米科瓦伊（Mikolów）的芭芭拉（Barbara）煤矿 | Jan Palarsk（2008） | — |
| 匈牙利 | 野马公司（WildHorse）的美切克（Mecsek）山地下煤气化项目 | Mark Gordon（2010） | — |

澳大利亚主要从事地下煤气化技术开发的公司有林茨能源公司（Linc Energy）、碳能源公司（Carbon Energy）以及美洲狮能源公司（Cougar Energy）。它们均是上市公司，主要采用私有资金或融资来实施地下气化项目。澳大利亚昆士兰州政府批准这 3 个公司在昆士兰州浅部褐煤煤田进行前期试验，以进行商业化运营的可行性及长期环境影响评估。气化褐煤为不可露天开采煤层，煤层厚度 6~7m，埋深 200～300m。Linc Energy 是澳大利亚最早运行地下气化的公司。1999 年 11 月至 2002 年 4 月完成第一期试验。二期工程从 2007 年开始建设，主要方向为富氧气化生产合成气，用于油品生产，目前已建成合成油示范装置。该公司已向州政府取得资源开采权，同时计划向越南输出气化技术；并获取国外资源，正在购买美国中部怀俄明州次烟煤的开采权。Carbon Energy 地下气化工程于 2008 年 10 月点火，2009 年 2 月完成首期试验，主要目的是示范空气、氧气气化的可行性，正在建设 5MW 煤气发电示范工程，未来计划合成甲烷和合成氨。Cougar Energy 地下气化工程于 2010 年 3 月 16 日点火，主要进行空气气化，规划建设 1500kW 发电及供热示范工程，后期规划 200MW 地下气化发电项目。

南非国家电力集团（Eskom）地下煤气化工程于 2007 年 1 月 20 日成功点火，于 2007 年 5 月实现煤气发电，截至 2008 年 1 月已累计气化 3400 t 煤，工程建设目标为 2020 年达到 2100MW 发电规模。

此外，乌兹别克斯坦安格林气化站是世界上唯一进行规模化生产的地下气化站，已连续运行 50 多年。主要采用空气气化生产低热值空气煤气，用于掺烧发电。

从技术特征分析，澳大利亚 Carbon Energy 和 Linc Energy 地下煤气化工程采用美国注气点后退式气化思想，自主开发双后退气化工艺，而其他工程均采用苏联（或安格林）面采炉的思想。注气点后退式气化工艺可以通过注气点移动实现气化工作面的理想控制，同时由于热解带减小、气化效率提高，减少了气化通道堵塞及气化钻孔孔底堵塞。但是后退式工艺需要连续遥控点火，操作难度大且气化规模小、生产不连续，并不适用于规模生产。苏联面采炉思想，采用逆向火力燃烧及定向钻进混合建炉法，通过逆向燃烧疏松煤层，形成渗滤气化通道；通过“U”形结构充分实现煤层预热，减小热损，提高气化效率；充分实现多点移动注气、多孔稳定出气，保证煤气产量。该工艺经过安格林 50 多年的实践，证明是成功的，是可以规模生产的。

国内近些年地下煤气化技术进展迅速，其中新奥气化采煤有限公司是该技术的主要推动者和完成者。该公司拥有国内唯一一座无井式地下煤气化站，受到国内外广泛关注，特别在中美能源合作领域受到特别关注。新奥地下煤气化技术开发始于 2006 年，在全面进行国内外技术调研的基础上，于 2007 年 4 月在内蒙古自治区正式启动乌兰察布褐煤地下气化试验工程，并于 2007 年 10 月 22 日成功点火。现场试验在前期定向钻一线炉、V 型炉建设及运行的基础上，初步掌握了无井式气化炉的建炉、点火及空气气化运行。之后，在深入技术反思的基础上，调整了技术路线，充分借鉴苏联面采单元气化炉的建炉及运行思想，成功地实践了首个小规模单元气化炉，实现了煤气连续稳定生产，单工作面生产规模达到 30 万 $m^3/d$，燃气轮机发电累计 194 万 kW · h。目前，新奥气化采煤有限公司已掌握了逆向火力贯通、定向钻逆向引火以及多点供风正向气化等工艺，并根据乌兰察布煤层的水文地质条件，在不断实践的基础上开发了定向建炉技术、孔底疏通技术、顶板水初步防治技术以及地下水污染初步防治工艺，提出了适用于当地地层条件的条采炉及面采炉结构。

基于对炉型及工艺的实践，国内已经基本掌握了无井式地下煤气化的建炉技术及运行工艺，能够根据产品需求及生产规模设计面采炉产量，根据煤田水文地质条件科学地进行炉型结构设计及优化，目前的技术能力，已基本具备了规模化产业生产的条件。

### 9.1.3 中国对地下煤气化技术的需求性

#### 9.1.3.1 在提高煤炭资源利用率方面

地下煤气化技术可回收老矿井遗弃的煤炭资源，开采井工难以井采或开采经济性、安全性较差的低品位（褐煤、高硫、高灰、高瓦斯）煤层、薄煤层、深部煤层和“三下”压煤，大大提高了煤炭资源的利用率（张明和王世鹏，2010）。

据统计到 2020 年我国将有 500 多处“报废”矿井，遗弃资源储量在 500 亿 t 以上。地下煤气化技术可以部分回收这些资源。据不完全统计我国褐煤资源约 3700 亿 t，主要分布在内蒙古、云南和新疆。褐煤由于水分高、灰分高、发热量低，伴生软岩顶板，井工开采安全性、经济性较差。但由于褐煤反应活性高、透气性好，特别适合于地下气化。1999 年已探明我国埋藏深度在 1000m 以下的煤炭资源约 2.9 万亿 t，仅宁夏就有 3000 亿 t 余，沿西气东输管线适合于无井式气化的深部煤炭资源约 4776.4 亿 t；随着开采深度增加，地温、地压增加，井工开采难度增加，无井式地下煤气化技术可以有效地开发这些资源。因此地下煤气化技术在我国具有十分广阔的应用前景，对未来煤炭高技术开发意义重大。

地下煤气化技术可获得廉价的 $H_2$ 和 CO，可提取纯氢，是实现以煤代油的最理想的方法（$H_2$ 和 CO 可用于合成甲醇、二甲醚、汽油、柴油等多种石油产品）。因此，地下煤气化技术对充分发挥我国煤炭资源优势、生产清洁能源、调整能源结构与保障能源安全供应具有重要的战略意义。

### 9.1.3.2　在安全生产方面

煤炭的生产方式依然是机械开采与井工开采相结合。虽然劳动条件得到逐步适当的改善，但是随着开掘的深度加大，瓦斯、水的突出问题越显严重。瓦斯、水突出会给矿工人身带来猝不及防的安全问题，如果仍然按现有的瓦斯突出标准来处理的话，到现在为止仍然完全是不可控的。这种条件下，矿工人身安全不可能得到保障。

地下煤气化的意义不仅在于提高了煤炭利用的经济效益，同时还改善了能源结构，增强了煤矿生产人员的安全性。在地下气化炉构建完毕后，地下煤气化过程的操作与控制主要通过地面来实现，真正做到了井下无人无设备安全煤炭开采。煤炭气化后灰渣留在原地，减少了地面废气、废水、废渣等污染源的排放，同时减少了因煤炭采空造成的地面下沉。

地下煤气化技术还可以用于开采井工难以开采或开采经济性、安全性较差的薄煤层、深部煤层、“三下”压煤和高硫、高灰、高瓦斯煤层，消除了深部开采中的热安全影响因素。因此地下煤气化技术对于煤炭安全开采与生产具有重大意义。

### 9.1.3.3　应对能源危机的战略意义方面

能源危机是世界各国面临的重大难题。发展可再生能源及清洁能源是应对能源危机的主要对策。地下煤气化可以实现煤炭资源的安全、高效及清洁利用，将煤炭原位转化为洁净的煤气。在可预见的 50 年以后的全球能源危机到来时，煤制油及煤制气将成为重要能源的战略措施之一。地下煤气化技术作为廉价的煤制气技术，可以充分利用不同品味的煤炭资源，在全球能源危机中作出重大贡献。

地下煤气化是从根本上解决传统煤炭开采和使用方式存在的一系列技术、安全和环境问题的重要途径。在其技术实现根本性突破的基础上，对于发挥我国雄厚煤炭资源的优势、生产洁净能源、保障能源供给安全、提高国际竞争力、促进经济和环境的协调发展都具有十分重要的战略意义。

### 9.1.3.4　环境保护方面

地下煤气化具有显著的环境效益。长期以来，煤炭生产都是采用井工开采和露天开采的方式，造成地面塌陷、山体滑坡、泥石流、地表沙化、大气尘土污染等一系列问题。矸石自燃排出大量烟尘及 $SO_2$、CO、$H_2S$ 等有害气体，严重污染大气环境。中国的 $SO_2$ 和 $CO_2$ 排放总量已成为世界第一，$SO_2$ 和 $NO_x$ 的排放量均超过环境自净能力，$CO_2$ 的排放使中国面临着巨大的国际压力；渣尘年排放量 3.5 亿 t 左右，重金属年排放量约 2.5 万 t。另外，我国煤炭消费结构的特点是用户多元化、利用率低，80% 以上的煤用于直接燃烧。我国 80% 的烟尘量和 90% 的 $SO_2$ 均来自煤燃烧，由于用户分散难以集中处理，煤炭燃烧对我国大气污染有着明显的总体效应。气化采煤的灰渣存在井下，大大减小地表塌陷量，无固体物质排放，因此地下煤气化减少了对地表环境的破坏。地下煤气化出口煤气可以集中净化，脱除其中焦油、硫和粉尘等有害物质，并可将其资源化利用，甚至可将CO经地面变换后，采用分离或吸收技术将$CO_2$分离出来储存或回填到气化空间里，从而得到洁净煤气。因此地下煤气化技术提高了煤炭资源的利用率和利用水平，将环境保护的重点放在源头而非末端治理，是一项符合可持续发展战略的环境友好的绿色技术。

# 9.2 存在突出瓶颈问题与解决方案

本节对地下煤气化技术的特征和发展趋势进行了总结，将国内技术与国外先进技术的差距进行了分析，指出目前地下煤气化技术发展的突出瓶颈问题，并根据这些问题提出了需要开展的研究方向和技术路线。

## 9.2.1 与国外先进技术差距分析

### 9.2.1.1 技术特征分析及发展趋势

无井式地下煤气化技术以原苏联长壁气化技术和美国后退注入点供风气化为代表。

原苏联长壁式单元炉气化技术包含了气化通道的贯通、气化通道的热加工、大风量连续气化、“U”形炉气化、煤气集中输排等思想。基于原苏联几十年的实践经验，有利于煤气的大规模稳定生产，煤层气化率高、热损失相对较小。目前该技术在国际上由加拿大Ergo公司的苏联专家进行技术输出，已在澳大利亚、南非进行试验生产。但该技术要求钻孔数量多、煤层渗透性高，适用于煤阶在次烟煤以下的低变质煤种及深度在400m以内的煤层。

美国的控制注气点后退气化技术包括了气化通道人工构建、定向供风、气化反应集中等思想，特别体现了地面对地下过程的可控性。其实践应用包括美国在20世纪70年代后期进行的浅部次烟煤煤层地下气化试验、比利时的中等深部气化试验以及欧共体的深部煤层气化试验。由于试验周期短、地面控制技术难度大、连续性差，近年来并未获得广泛推广。

受安全、环保的制约，短时间内，地下煤气化技术的应用前景将主要集中于不可采深部煤层、不可采的急倾斜煤层以及不经济开采的褐煤等低品位煤炭资源。

总结国内外地下煤气化技术的发展趋势，集中体现为三点。

1）定向钻建炉及定向供风技术。从原苏联的高压火力通道构建技术向定向钻建炉技术发展，大大节约了建炉的周期，减少了对地层及钻孔的破坏，适用于在不同深度不同煤质内的通道构建；同时通过定向钻孔进行定向供风，可以实现对气化面扩展的控制。原苏联安格林气化站在20世纪90年代后期也逐步采用定向钻技术进行气化炉建设。

2）后退式气化。后退式气化可以使气化过程始终建立在新鲜煤层中，避免了气化空间扩展对气化过程的影响，减小了煤气的热损，显著提高气化强度和气化效率，并已在国外试验中获得证实。

3）渗滤式气化。地下气化的规模生产必须通过多个独立的气化单元来实现。一个气化单元由多个气化工作面组合而成，这些工作面互相受热作用影响，显著提高了气化煤层的透气性和孔隙率，热加工作用为工作面的接续气化创造了良好的反应条件。

#### 9.2.1.2　与国外先进技术差距分析

国内在地下煤气化技术发展上长期以来主要是以“有井式”地下煤气化技术为主，而在“无井式”地下煤气化技术方面发展较慢。近年来，随着新奥气化采煤有限公司、中国矿业大学（北京）等公司和科研单位的介入和持续开发，国内“无井式”地下煤气化技术有了长足进步，但是在部分领域与国际先进水平仍有一定差距。目前国内与国外技术差距主要体现在炉型、测量、模型计算等技术上，而在过程控制、污染治理等技术上已经处于世界先进水平。

在炉型上，国内目前地下煤气化技术的炉型设计还主要停留在单个气化炉的气化工艺上，没有实现大规模地下煤气化炉集群的运行，没有工业化炉型的成套运行工艺与经验。

在数学模型反演上，国外在地下煤气化过程的模型反演上进行了很多工作，对地下煤气化模型技术研究较多，国内在这个方面则基本处于起步阶段。

在测量上，随着近些年国内“无井式”地下气化技术的发展，目前在地下温度场测量上已经接近或者达到了国际先进技术，且在燃烧状态监测和燃空区扩展监测上也有较为明显的进步。

此外，国内的理论研究还不够深入，对地下煤气化的基础规律掌握还不够全面，主要还是停留对经验认知上。国外虽然对地下煤气化的基础规律认知也不全面，但是对地下煤气化的理论技术研究已经基本形成了较为完善的体系，在实体煤燃烧气化特性、逆向贯通和正向贯通规律、燃空区发展规律、火焰工作面移动、地下温度场变化、地下污染物控制等方面均具有理论研究基础。而国内除了对实体煤燃烧气化特性、地下污染物析出等方面研究有一定的涉及外，其他方面目前基本还没有较为深入的涉及。

### 9.2.2　存在突出瓶颈问题

地下煤气化技术经过近 100 年的研究，取得了较大的进展，无论是在基础理论还是在工业化试验以及商业化探索方面都积累了丰富的经验。但是地下煤气化技术要实现产业化，目前还存在以下 6 个问题需要解决。

1）关于实体煤气化基础研究薄弱，对受扩散控制的大尺度煤体的热解、气化与煤体内传热、传质的内在联系研究较少。

2）地下气化煤层火区扩展规律尚不明确，地下气化火区与燃空区实时监测技术还没有实现。

3）地下气化连续稳定控制技术还不完善，缺乏对地下气化炉不同生命周期内的稳定控制工艺。

4）对地下煤气化污染物析出及控制管理尚处于初期阶段，未能掌握地下煤气化污染物析出特性并针对污染途径提出有效的控制手段和方法。

5）地下煤气化测量与控制技术还不完善，缺乏完整的可以支撑产业化的可靠的测量技术与系统。

6）地下煤气化技术适用性评价技术还不完善，对不同地质条件的煤层是否适合进行地下气化还缺乏一个完整的评价体系。

### 9.2.3 解决方法与潜力

结合以上地下煤气化技术的未来发展趋势和现存问题，需要针对地下气化的应用基础、前沿技术、关键技术和共性技术进行研究。

1）应用基础研究。研究受扩散控制的大尺度煤体的燃烧、热解及气化特性以及非等温受热条件下煤体内传热、传质特征；研究热作用下煤岩的基本力学性质变化，获得煤层在热作用下渗透性及其孔隙结构变化规律及其影响因素；研究地下煤气化温度场扩展规律，掌握改善地下温度场的工艺调控措施。

2）前沿技术研究。研究 $CO_2$辅助气化工艺，考察 $CO_2$在气化剂中的最佳工艺参数、$CO_2$回注对地下气化的影响。评价 $CO_2$ 辅助气化碳减排潜力；通过向地下煤层注入热能载体，考察其对煤层的提质改性效果。

3）关键技术研究。研究不同煤层条件下空气煤气及合成气生产的稳定生产的控制工艺参数；研究地下煤气化过程燃空区扩展及控制技术；研究气化故障诊断及故障排除技术，使地下气化炉群能够持续最佳运行状态；研究地下煤气化污染物控制技术。

4）共性技术研究。研究地下煤气化过程污染物析出及富集规律；开发地下气化废水处理技术。

5）重大技术集成。包括低热值煤气生产及发电技术、富氧地下煤气化甲醇甲烷联产技术、地下火区和高温区综合探测技术。

## 9.3 典型案例分析、关键技术突破与工艺技术途径选择

本节分对乌兹别克斯坦安格林地下煤气化站的技术特性、经济特性、环境特性进行了详细的阐述和分析，并根据目前地下煤气化发展现状对地下煤气化工艺技术途径的选择进行了分析。

### 9.3.1 典型案例技术、经济与环境分析

#### 9.3.1.1 技术特性

乌兹别克斯坦安格林地下煤气化站建于 1961 年，是目前世界上最大的地下煤气化站。该气化站的主要目的是把该地的褐煤原地转变为动力煤气，供给安格林热力发电站发电使用（工艺流程如图 9-2 所示）。该气化站开采的是根据技术经济论证和矿山地质条件来说都不适宜于用露天开采和地下开采的那部分采煤区。非常难能可贵的是 50 余年来该气化站一直正常生产，是原苏联国家中最有代表性的地下煤气化站之一。多年的地下煤气化经验表明，利用地下煤气化的方法能够保证获得工业规模的动力煤气，可以稳定连续地供给当地用户（安格林热电站和新安格林热电站）使用（因为乌兹别克斯

坦天然气比较多，所以主要用来发电），为当地的经济发展做出了突出贡献（汤凤林和段隆臣，2007）。

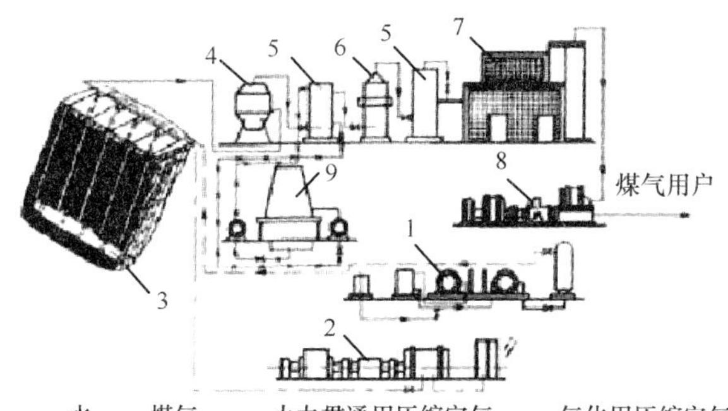


图 9-2　安格林地下气化站工艺流程（汤凤林和段隆臣，2007）

1. 压风机；2. 涡轮鼓风机；3. 地下气化炉；4. 旋流除尘器；5. 煤气洗涤器；6. 电动过滤器；7. 除硫车间；8. 涡轮式鼓煤气机

由于地下气化煤气的生产是通过向地下煤层气化炉中输送压缩空气实现的，所以地下气化炉是一个从地表按照一定次序向煤层钻进压送压缩空气钻孔以及排出煤气钻孔的系统。“无井式”煤炭气化的准备工作从打钻开始。根据煤层倾角以及采用气化方法的不同，钻孔可以打成垂直孔或者与煤层成一定倾斜角度的斜孔。在某些气化方法中，要求使用弯曲钻孔，即倾斜–水平钻孔。钻孔完成后，通过下入直径为 200~250mm 的套管柱进行固孔。套管外空间灌注水泥浆。灌注水泥浆的目的是为了保证向地下气化炉中压送压缩空气或排出煤气时的密封性及隔绝上覆岩石中的含水层（汤凤林和段隆臣，2007）。

在地表上，将钻孔中的套管与地上管道连接起来。地上管道是随着钻孔的钻进、根据供给压缩空气以及排出煤气的需要而铺设的。地上管道的设计中，要考虑到既可以往地下气化炉中压送压缩空气，又可以排出煤气。

继钻孔、下套管、接通地上管道之后的下一个阶段是钻孔间的火力贯通，即将两个钻孔之间的煤层通过火力贯通起来，建立起可以进行气化的初始通道。这个阶段是非常重要的一个阶段。气化通道应该具有一定的方向性和足够的断面面积，从而可以保证通过必要数量的压缩空气及煤气。由于钻孔的直径不大，所以在煤层中建立气化通道是很困难的。但是，迄今为止学者们已经研究出许多适用于在不同矿山地质条件以及不同物理化学性质的煤层中建立气化通道的方法。

钻孔间火力贯通所用的高压压缩空气和气化所用的低压压缩空气，均来自装有压风机和涡轮鼓风机的鼓风车间。其中，压风机可以产生压力为 5~7 个大气压（1 个大气压 =0.1 MPa）和风量为 5000~6000$m^3/h$ 的压缩空气。涡轮鼓风机可以提供气化过程所需的低压空气，压力为 2 个大气压左右，风量可以达到 50 000~60 000$m^3/h$。从压风机和涡轮鼓风机输送到地下气化炉的高压空气管道和低压空气管道，从而压缩空气被送到工艺钻孔中。工艺钻孔的井头上装有阀门，可以调节所压入压缩空气以及排出煤气的数量和压力。由于通常是在高于大气压力 0.3~0.4 个大气压下进行地下气化过程，所以气化炉中产生的煤气也是在这个压力下进入煤气排出管道的。与煤气一起排出的还有一些胶质物和不同的机械杂质如灰分、煤渣、砂子和其他岩石等。在出气孔口煤气的温度通常高达200~350℃，因此得到的煤气需要进一步净化和冷却循环。净化并冷却后的煤气通过直径2m、长5 km的输气管道送往安格林热力发电站，供发电使用（汤凤林和段隆臣，2007）。

渗透式火力贯通是一种可应用于“无井式”地下煤气化中建立气化通道的方法。这种方法已经成功地实际应用于自然透气性非常好的褐煤煤层中。首先向拟贯通工艺孔的孔底中投入炽热的焦炭或者下入专门的点火装置，短时间内供给压缩空气，对煤层进行点火；当在孔底形成初步火源后，可以向邻近的拟贯通工艺孔的孔底开始供应压力为3~3.5个大气压的压缩空气。压缩空气通过煤层中的孔隙和自然裂隙进行渗透，到达初始火源，在此与煤发生化学反应。同时，气化火源迎着压缩空气的气流方向，即向邻近的钻孔方向移动。于是，在煤层中的两个钻孔之间就形成了贯通的火力通道。沿着火力通道的煤炭可以燃烧到很高的温度。可以向这种通道中压送大量的压缩空气，足以使煤炭发生气化。莫斯科郊外煤田就是用这种方法成功地贯通了1200多个钻孔。但是，该贯通方法的主要缺点是贯通速度比较慢，一般为0.6~0.7m/d。

在准备工作完成之后，就可以进行地下气化过程本身的工作了。莫斯科郊外褐煤煤田的煤层埋深为40m左右，使用的是如下气化方法（图9-3）。在拟进行气化的采区，确定钻孔为间距25m的正方形网格。在每一排上布置8~10个工艺钻孔（有时多一些）。在地表上确定好气化炉的孔位后，开始钻进前面3排钻孔。钻孔完成后，紧接着下套管。套管下到煤层厚度的2/3处，以便火力贯通的通道能够在煤层底部形成。一边钻进、下套管、灌水泥，一边把钻孔连接到为给定地下气化炉准备好的压缩空气管道和煤气管道上。地下气化炉进行渗透式火力贯通时，铺设有3种管道：一种管道供给用于钻孔间火力贯通的压缩空气，另一种管道用于供给气化过程本身需要的压缩空气，第三种管道用于排出产生的煤气（汤凤林和段隆臣，2007）。

在钻完前3排钻孔并接通管道后，开始进行钻孔间的火力贯通，同时进行下一排钻孔的钻进工作。火力贯通工作的开始阶段是建立点火线，即建立被称为点火通道第一排钻孔间的气化通道。通常点火从位于点火（线）排中心的钻孔（如图9-3中的5号钻孔）开始，然后向其邻近钻孔（4号和6号钻孔）供给火力贯通用的压缩空气。这两个钻孔完成火力贯通后，再对3号和7号钻孔进行火力贯通，如此贯通整个点火（线）排上的钻孔。

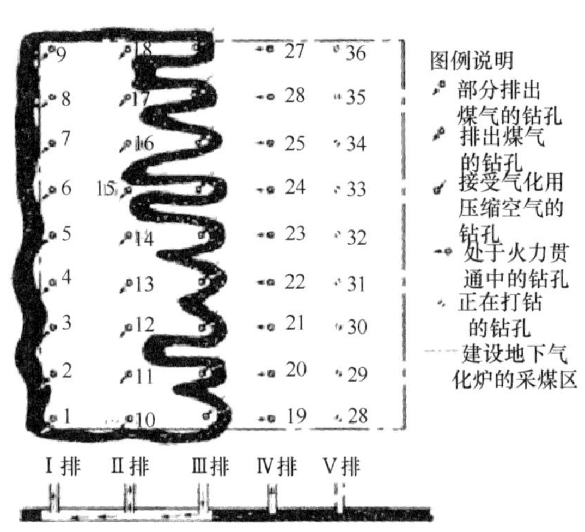

图9-3　莫斯科郊外地下气化站采用的煤炭气化示意图（汤凤林和段隆臣，2007）

在建立点火线（排）之后，开始通过低压空气管道向点火排上的钻孔供给数量不大的气化用压缩空气。向所有第二排上的钻孔供给中等压力的压缩空气，对其进行火力贯通。在第二排上的钻孔火力贯通结束后，开始进行正常的气化过程，此时，向第二排钻孔供应气化用的压缩空气，一般为每个钻孔 2000～3000$m^3$/h。通过第一排钻孔排出得到的煤气（通过改变进、出气阀门，进气孔和出气孔可以换位）。此时，从中等压力的压缩空气干线管道向第三排钻孔供应火力贯通用的压缩空气。在此期间，钻进第四排钻孔，下套管，与管道连接。

当第一排钻孔和第二排钻孔之间的煤层被气化采空后，可以开始对第三排钻孔和第二排钻孔进行火力贯通，此后向第三排钻孔供给气化用的压缩空气，依此类推。

图 9-3 中，气化过程在第三排和第二排钻孔之间进行，向第四排钻孔供给火力贯通用压缩空气；获得的煤气由第二排钻孔排出，部分通过第一排钻孔排出。

任何两排钻孔之间的煤形成煤气并停止利用该排钻孔作为排出煤气孔后，可以拆除管道，搬往新的地下气化炉采区，为下排钻孔气化做准备工作。可以利用振动式钻机把用过的钻孔内的套管拔出来，以备继续使用。

这种气化方法的优点有 4 个：①保证生产煤气工作面的宽度不变。②工艺过程施工较简单，不需要经常改变钻孔工作的性质（进气、出气）。③地上管道简单。④可以调整一些钻孔工作类型的变化。其缺点是所产生煤气的物理热能利用不够（汤凤林和段隆臣，2007）。

### 9.3.1.2 经济特性

地下气化的生产成本，决定于煤层赋存的地质条件和气化站的生产规模。原苏联大规模的气化实践、英国的地下气化试验以及美国的地下气化试验均表明，随着生产技术的改进和产量的增加，煤气成本逐步降低；随着气化站的生产规模的扩大，煤气成本降低；在小规模上是不可能实现低成本的。当生产规模不小于 10 亿 $m^3$/a 时，即相当于 100 万 t 煤产量以上的矿井生产规模时，经济效益显著。

地下煤气化技术使煤炭不需要进行开采、运输、地面洗选、加工、转化等步骤，节约了大量的建井、采煤、选煤等工程投资，大大减少了煤炭运输费用，减少了地面建气化站设施的投资。原苏联的工作成果有力地证明了地下煤气化具有基本建设投资省、建站周期短、生产效率高、煤的回采率高、生产成本低、生产系统简单且安全、没有三废外排问题、环境效益好等优点。美国专家在进行经济分析后，指出生产相同的下游产品地下气化比地面气化成本下降的幅度：①生产合成气成本下降 43%；②生产天然气代用品成本下降 10%～18%；③用于发电成本下降 27%。据苏联彼得格勒火力发电设计院计算，地下气化热电厂与燃煤电厂相比：①厂房空间减少 50%；②锅炉金属耗量降低 30%；③运行人数减少 37%。另有原苏联资料称，煤气发电与火力发电相比，蒸汽锅炉的金属用量可降低 40%～50%、建设投资省 25%～30%、发电效率提高 10%～20%、工人劳动生产率提高 35%～40%，并且可大大改善劳动条件。如果地下煤气化使用燃气轮机发电，则其指标更为优越，发电成本会比火力发电低 1/2～2/3，劳动生产率提高 3～4 倍，工作人员数量减少 3/4（梁杰，2006）。

安格林热力发电站分别于 1989 年和 1990 年对使用煤和地下煤气化煤气发电进行过经济核算，如图 9-4 所示（汤凤林和段隆臣，2007）。

从图 9-4 可以看出，这两年所使用的地下气化生产的煤气分别为 5 亿 $m^3$ 和 7 亿 $m^3$，

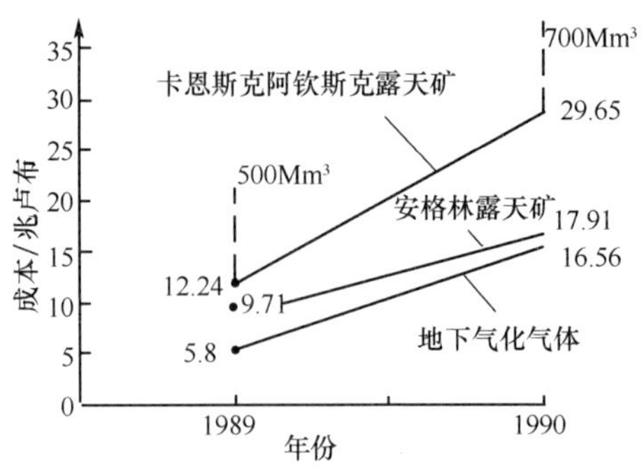


图 9-4 安格林热力发电站采用地下煤气化的经济效益图（汤凤林和段隆臣，2007）

煤气的发热量为 3.2 MJ/$m^3$，对比的对象是卡恩斯克阿钦斯克露天矿采的煤和安格林露天矿采的煤。1989 年这两个露天矿采的煤的成本分别为 12.24 兆卢布/t 和 9.71 兆卢布/t，煤气折合为煤的成本为 5.8 兆卢布/t。1990 年这两个露天矿采的煤的成本分别为 29.65 兆卢布/t 和 17.91 兆卢布/t，煤气折合为煤的成本为 16.56 兆卢布/t。由此可见，安格林热力发电站由于使用地下煤气化煤气发电而得到的经济效益是相当可观的（当时卢布同美元的比价是比较高的）。表 9-2 是两种地下煤气化技术的经济性对比（汤凤林和段隆臣，2007）。

**表 9-2 两种地下煤气化技术经济性对比**

| 项目 | 控制注气点后退（CRIP）气化技术（洛基山 1 号地下气化项目） | 单元炉（安格林地下气化站） |
|---|---|---|
| 煤气组分，热值 | CO（11.9%）、$H_2$（38.4%）、$CH_4$（9.4%）、$CO_2$（37.5%），2153kcal/$m^3$（纯氧煤气） | CO（6.50%）、$H_2$（19.60%）、$CH_4$（2.50%）、$CO_2$（22.10%）、$O_2$（0.35%）、$N_2$（48.80%），900kcal/$m^3$（空气煤气） |
| 煤气成本 | 5.36 元/GJ | 4.4 元/GJ |
| 建井成本 | 12 000 元/m | 2000 元/m |
| 综合气化效率 | 40% | 55% |
| 回采率 | 50% | 85% |
| 单位成本 | 0.006 元/$m^3$ | 0.004 元/$m^3$ |

### 9.3.1.3 环境特性

地下煤气化不再需要用传统采煤方式进行开采，其环境效益总体上包括以下 8 方面：①低扬尘、低噪声以及对地表破坏较小。②耗水量较低。③污染地表水的风险小。④减少了甲烷泄漏量。⑤不需要剥离土层，没有废弃物需要处置。⑥不需要洗煤和处理煤粉。⑦不需要回收矿井水，不引起地表重大事故。⑧还有一个附加的好处：形成的燃空区可用于 $CO_2$ 的封存，进一步减少 $CO_2$ 的排放量。

地下煤气化技术引起气化区周围地下水污染的主要途径有 3 种：①煤的热解产物向周围岩层扩散和渗透；②气化产生的污染物随煤气排放及扩散；③残留物随地下水的渗流而迁移。另外，$CO_2$、氨和硫化氢等泄漏气体会改变地下水的 pH，进而影响地下水的化学需氧量和生物需氧量。

在气化过程中，空气或氧气以等于或大于煤层静水压的压力注入，少量煤气会漏失到周围可渗透介质中；如果煤层顶板存在裂隙，也可能会漏失到上覆岩层中。漏失的煤气中含有煤炭热解产生的分子质量较大的有机物，生成的挥发性产物越多，在溶入地下水之前就会向周围煤层或岩层渗透得越远。

燃烧产生的煤灰在气化的过程中并不会与地下水接触。当气化结束后，地下水开始进入气化燃空区，此时燃空区内的温度还很高，进入的水会转化为蒸汽通过工艺井提升至地面。随着燃空区冷却下来，被水充满，残留的煤灰浸在水中，导致水的 pH 增加，水中无机组分浓度升高。在此期间，热对流驱动一些非挥发性无机污染物从煤灰中转移到周围物相中。之后，许多污染物会吸附在煤层或岩层上，又或者不同污染物之间发生反应致使污染物的浓度下降。煤层和岩层在一定程度上充当了地下水的天然净化系统。最后，经过一段时间。通过煤层的地下水流重新建立，污染物的羽状扩散慢慢形成，羽状扩散的程度和浓度主要取决于污染源的强度、地下水流速、在横向和纵向上的扩散以及各种污染物的反应活性和吸附特性。

在环境监测方面主要有地表沉降监测和地下水位、水质监测。地表沉降监测目标在于及时掌握地下燃空区顶板冒落对上层含水层、岩层等的影响，预防煤气沿冒落导通裂隙逃逸。通过持续监测地下水位可以了解地下水的汇集、流通情况；在地下水位有突然涨落时，说明地下气化燃空区有突变情况，要密切观察地下水质变化。对地下水质的监测是检测地下水是否被污染的直接手段，但由于成本问题，监测井不可能密集布置，只能进行选点、抽样、密集监测地下水质；地下水质监测主要考察地下水中的有机污染物（包括酚类、芳香类羧酸、芳香烃、酮类、醛类、吡啶、喹啉、异喹啉和芳香胺等）、地下水的 pH、油度、钙与钠的硫酸盐和碳酸盐含量等，确保第一时间掌握污染扩散情况。

在地下煤气化运行过程中主要的缓解措施有 3 个：①使用运行监测系统。该系统可以探测煤气泄漏并确保反应压力略低于周围的静水压。②确保运行所用的井和钻孔充分密闭。③维持反应区周围的地下水位呈“锥形降落”。

气化后，防治地下煤气化污染扩散的措施有两种。一种策略是监测燃烧区的污染物，确保污染物没有从受污染地区迁移出去。形成液压屏障或许可以遏制污染物的影响；在被污染的区域周围设置液压旁路控制，在燃空区中充填吸附性黏土，在污染区域周围设置灌浆帷幕阻止污染物扩散。另一种污染控制的策略是将燃空区内和周围地区内受污染的水抽至地面进行处理。这种办法对去除高流动性污染物是非常有效的。这些污染物主要有煤灰浸出、点火器泄露、易溶性有机物和大部分氨。其余的残留物为难溶性的流动性不强的有机质滞留在燃烧区边缘地带。

美国劳伦斯利弗莫尔国家实验室对怀俄明州的汉纳（Hanna）及赫克里克（Hoe Creek）的地下气化试验进行了最全面的地下水污染评价，通过对气化前、气化中及其气化后的地下水的污染监测来评估地下气化的环境影响及其控制方案。以 1987 年在汉纳进行的地下气化试验为例，污染监测从 1988 年一直持续到 1992 年年底。在气化区布置了 30 个水文观测井，监测邻近气化区及远离气化区的地下水质量变化。在气化结束后，由于煤层本身为含水层，气化孔穴迅速充满水；为了避免污染扩散，对燃空区的地下水进行了地面抽提。大部分的溶解有机物、浸出重金属、氨氮均被提升到地面进行污水处理。通过污染物处理及气化后的缓解措施，地下气化对地下水质量的影响甚微。

欧盟六国（英国、德国、法国、比利时、荷兰、西班牙）于1991～1998年在西班牙特鲁埃尔矿区进行的地下煤气化现场试验，为了评估气化过程可能的环境影响，对气化炉周边含水层及邻近地表含水层包括水井及河流进行了长达5年的污染监测，除了气化孔穴外，所有的监测井没有检测到任何污染。

澳大利亚 Chinchilla 地下气化工程是在昆士兰州环保署的监督下完成的，自1997年至今，气化区为相对干旱区，没有监测到地下水污染。

中国矿业大学（北京）与新奥集团合作，对内蒙古“无井式”地下气化现场试验进行了全面的地下水污染监测。试验3年来，未检测到邻近含水层的污染。气化燃空区由于褐煤煤层充水，气化后残留一定指标的污染物，但经适当处理后，特征污染指标下降到背景值附近。

原苏联是世界上地下气化最早大规模应用的国家，但对环境影响的检测仅限于一般性的污染监测。研究表明，煤层内污染物浓度随距离及时间呈现明显的衰减现象，这主要是由煤层的吸附作用造成的。由于地下水的再生能力及气化灰的吸附作用，地下水质在气化两年后得到恢复。

综上所述，地下气化对地下水资源具有潜在的污染，主要取决于煤层及顶底板岩层的性质以及气化区水文条件。污染物扩散取决于气化区的岩层性质。在适宜的水文地质条件下，只要保证气化区与邻近含水层特别是饮用水源隔离，地下水污染就可以避免。气化结束后，如果没有地下水流经燃空区，气化残渣就不构成对地下水的污染；如果有煤层水浸入，可以通过地面抽提降低可溶性污染物。通过采用控制气化工艺参数等措施，完全可以避免对地下水资源的潜在威胁，从而满足环境法律法规的要求。

### 9.3.2 关键技术突破点

目前的地下煤气化技术主要是控制注气点后退（CRIP）气化技术和原苏联单元炉技术，其中CRIP技术在多地开展过实验，但是截至目前还没有商业化的项目。乌兹别克斯坦安格林气化站的面采单元炉地下气化技术实现了商业化运行，目前该项目还在运行，已经连续商业化运行超过50年。

乌兹别克斯坦安格林气化站作为运行时间最长，也是目前世界唯一一个工业化运行的地下煤气化站，在很多的关键技术上都取得了巨大的突破。其主要突破的技术点包括以下3个方面：①实现了多炉联合运行，并稳定产气40余年。②煤炭气化的规模大，回采率高达85%。③建立了完整的空气压裂贯通技术，保证了气化炉构建。

国内新奥气化采煤有限公司在内蒙古进行的“无井式”地下煤气化技术试验，已经连续运行3年。试验中，对一线炉、X型炉、单元炉等多种技术进行了研究和尝试，目前已经基本形成了独有的“无井式”地下煤气化技术，在炉型设计、燃空区状态监测、地下测温技术、燃空区污染物监测与处理等技术上，都取得了长足的进展。

### 9.3.3 工艺技术途径选择

乌兹别克斯坦安格林气化站采用的单元炉技术与目前世界上另外一个典型的“无井式”地下气化技术——CRIP气化技术相对比，其技术特点差异明显，如图9-5和图9-6

所示。

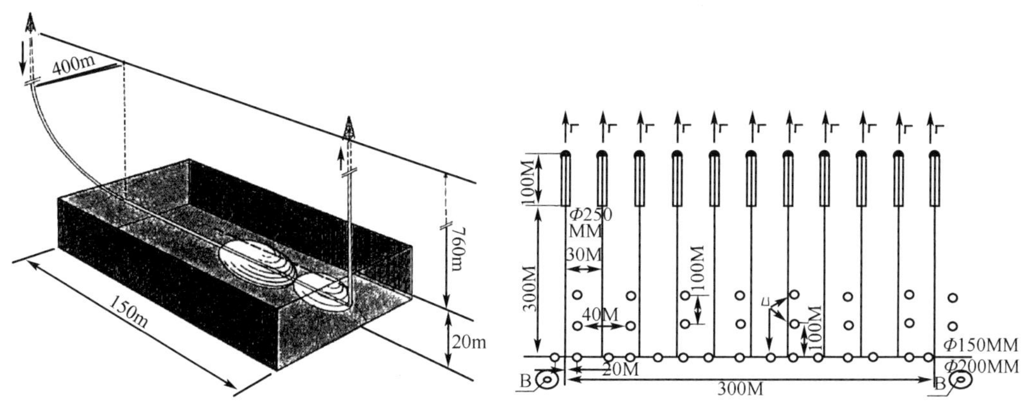


图 9-5　控制注气点后退技术　　　　图 9-6　安格林单元炉技术

控制注气点后退技术的优点是可以通过控制供风点和供风时间来控制气化炉大小及顶板塌陷；钻孔数目少，煤气成本低，贯通效率较高，而且可以使用纯氧进行气化。其缺点是点火操作困难，容易堵塞气流通道，回采率偏低，缺乏长周期运行经验和多炉操作经验，没有相应的控水措施。

安格林单元炉技术的优点是规模大，回采率高，煤气组分和流量长期稳定，有多炉运行经验和商业化经验，已经工业化运行 50 余年。其缺点是贯通技术的方向性较差，时间较慢，钻孔较多，煤气成本相应升高，缺少富氧和纯氧运行经验，且对地质水文条件要求较高。

目前已知的世界各国的地下煤气化项目中，除了澳大利亚几个公司采用 CRIP 技术进行产业化试验以外，其他的地下煤气化试验和工业运行项目几乎都采用安格林单元炉技术做为技术基础或者直接采用该技术。这说明，在目前地下煤气化的技术发展方向上，安格林单元炉技术已经逐渐得到了世界地下煤气化界的初步认可，但是还远没有达到完善的程度，还需要继续研究完善。

## 9.4　知识产权分析

本部分对地下煤气化的知识产权情况进行了检索分析。目前国内的地下煤气化知识产权主要集中在新奥集团、中国矿业大学（北京）、新汶矿业集团等科研企业和高校手中；但是目前专利还处于有权状态的相对较少，且实施产业化的较少，需要进一步加强专利的维护。在国外，与地下煤气化相关的专利主要是集中在原苏联相关企业、壳牌、加拿大 Ergo Exergy 公司等公司手中；根据检索到的情况，其覆盖面较广，但是利用率并不高。很大一部分的独有技术并没有以专利的形式表现出来，而主要是以技术秘密形式存在于各个公司中。

### 9.4.1　我国专利情况

在国内地下煤气化开采行业中，新奥气化采煤有限公司是投入最多、规模最大、科研实力最雄厚的企业，其他个人、企业或研究机构只是尝试了零星、短暂、局部的地下气化技术研究开发。新奥气化采煤有限公司在地下煤气化技术方面的专利申请量从2006年开始逐年增加，目前共申请专利53项，其中授权12项，专利技术的利用率达到30%以上。主要申请技术方向为工艺和测量，包括炉型、通道构建、点火、多联产、测温、燃空区探测等技术；另外，在环保、水文、建炉等方面也有多项专利申请。专利申请突出了重点，但是在涵盖面上还有不足，如单元炉构建技术、闭炉技术、地下煤气化-碳捕获与储存（UCG-CCS）、地下气化环保修复等方面还具有较大的专利申请空间。另外，少量的地下煤气化工艺中文专利集中在柴兆喜、邓惠荣、新汶矿业集团等专利权人手中。

### 9.4.2 我国专利申请与利用分布图

专利战略中的“专利”是一种独占市场、权利化、公开的技术，它的指定对于企业而言具有重大的意义。通过针对地下气化工艺的中文专利进行初步统计，将历年专利申请量的变化情况汇总成图表形式，如图9-7所示。

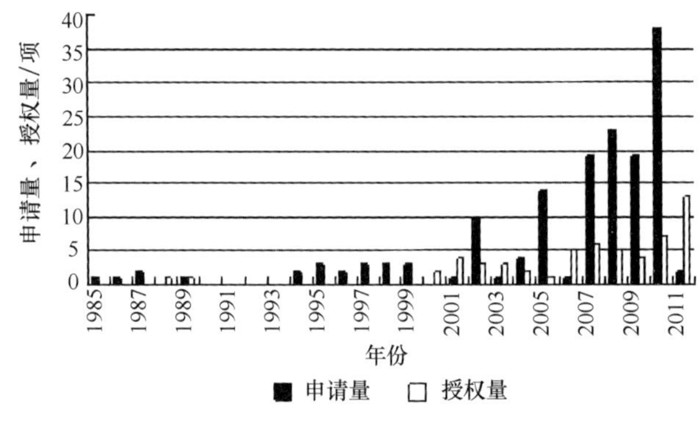


图9-7 国内专利历年申请汇总

不难发现，地下气化工艺技术方面的专利申请集中在2001年以后；得到授权的专利只占申请专利的30%左右，说明在气化工艺专利利用方面还有很大发展空间。其中，2010年的申请量最大，呈暴发式增长。除少数单位参与专利申请之外，新奥投入了大量的人力和物力进行地下煤气化工艺技术方面的研究，申请了较多地下煤气化技术发明专利。

### 9.4.3 其他国家专利情况

目前，国际上正在进行地下煤气化现场生产示范和室内理论研究的组织或企业比较多，如美国的劳伦斯利弗莫尔国家实验室、澳大利亚昆士兰大学、加拿大的Ergo Exergy公司及澳大利亚的林茨能源公司（Linc Energy Ltd）、碳能源公司（Carbon Energy Ltd）、美洲狮能源公司（Cougar Energy Ltd）、野马能源公司（Wildhorse Energy Ltd）、清洁能源公司（Clean Global Energy Ltd）等，多个地下气化示范站的运行状况良好，不过这些研究开发单位的专利申请不多。地下气化的国际专利申请多集中在20世纪90年代以前，之后申请的专利多集中在完善技术细节或关键技术的外围技术领域。

近些年，美国的地下煤气化研究机构申请的专利很少，比较侧重于模型、模拟、理论上的研究以及国际地下气化项目的参与开发。与地下气化工艺密切相关的美国专利多是在20世纪90年代以前公开的，对目前实施该技术的项目具有启示、借鉴意义。

澳大利亚从事地下煤气化的企业和研究机构有很多，但在澳大利亚知识产权局检索到与地下气化相关的专利仅十几项。从这些专利的时间分布可以看出，20世纪90年代以前，曾有多项地下气化相关专利申请，而后的20年间几乎没有申请，在2010年及以后又开始申请相关专利。而且，近期的专利多围绕工艺细节的改进或煤气的利用方式，这些专利尚未授权，更没有进入专利合作协定（Patent cooperation treaty，PCT）或成员国申请专利保护。

加拿大在地下煤气化技术方面的开发主要是Ergo Exergy公司的一些活动。Ergo Exergy公司沿用原苏联的地下气化技术，在全球推广该项技术，先后在多个国家建成了试验示范。该公司董事长Michael S. Blinderman的3项专利即Heat-recovery hole（热回收钻孔，专利号RU2055174）、Method for pressure-suction underground gasification of coal seam（压抽相结合的地下气化方法，专利号RU2066748）、Device for metering of mean temperature of gas-turbine engine exhaust gases［测量燃气轮机排气温度的装置，专利号RU2078315（C1）］都是在20世纪90年代申请的，与地下气化相关，但不是核心专利技术。Blinderman的同事Krejnin Efim V除了与Blinderman联合申请过一篇地下气化相关的专利外，还与其他人共同申请了几项与地下气化相关的专利：Method of underground gasification of coal（地下煤气化方法，专利号RU2090750）、Method for putting on blast into coal seam underground gasification（爆破法促进煤层地下气化，专利号RU2004785）、Method of connection of boreholes for underground gasification of coal（地下气化钻孔贯通方法，专利号RU2011810）、Method of underground gasification of combustible minerals（可燃矿物的地下气化方法，专利号SU1716110）、Method for underground gasification（地下气化方法，专利号SU1006477）。这些地下气化方法中，包括了盲孔炉型设计及盲孔炉结构、钻孔水套管回收煤气余热、压抽结合地下气化方法、爆破促进地下气化裂隙扩大、地下气化压裂钻孔贯通方法、多孔联合气化等，这些专利基本涵盖了原苏联的地下气化技术方向。但是由于这些专利多是20世纪80年代左右申请的，目前已经过了专利保护期。

从上述查询可以得出如下结论：地下气化技术行业由于技术还没有完全发展成熟，因此各个地下气化技术开发组织还没有开始大规模申请专利，而主要是采用技术秘密的形式来对自有技术进行保护。目前检索出来的已知的主要知识产权保护主要集中俄罗斯、乌兹别克斯坦等原苏联国家。但是由于这些国家在很长一段时间内减少了对地下气化技术的关注，因此，其主要的关键专利大多已经过了保护期。美国、澳大利亚、加拿大等国家则将地下气化的关键技术主要作为技术秘密的形式进行公司内部保密，在合适的时机再将其进行专利申请。

# 9.5 新型技术未来发展趋势

本节将对地下煤气化发展的潜在技术进行分析，主要分析了先进的地下煤气化过程稳定控制工艺、适合地下煤气化的环保技术、建井建炉技术、气化工作面综合探测技术等几个领域的新型技术。对$CO_2$富氧地下煤气化技术、超短水平井技术、电阻层析成像(electrical resistance tomography，ERT)法测燃空区技术、电磁法测燃空区技术、UCG-CCS进行了简要的介绍和分析。

## 9.5.1 潜在技术简介

目前地下煤气化发展的关键技术主要包括先进的地下煤气化过程稳定控制工艺、适合地下煤气化的环保技术、建井建炉技术、气化工作面综合探测技术等。

地下煤气化过程工艺控制是指通过调节气化剂的质量、数量、压力、供给方式等来控制气化过程温度、气化反应比表面积以及控制气化反应氧化区、还原区、干馏干燥区的分布与扩展等，从而达到控制地下气化过程连续稳定的目的。地下煤气化过程中料层(煤层)不能移动，必须通过气化区的移动来实现气化过程的连续。随着气化区的移动，氧化区、还原区、干馏干燥区的分布与扩展受到了影响，但采用移动供风点、反向供风，提高氧气浓度可有效地控制气化区的分布与扩展。另外，对含水较高的褐煤来说，最有效的方法是提高气化剂的氧气浓度，来提高和稳定反应区的温度。提高温度可强化$CO_2$的还原，从而使CO含量增加；同时，随着温度的增加，水蒸气的分解速度也增加，这就增加了煤气中的可燃成分$H_2$和CO的含量。单一的空气煤气生产，由于气化剂为空气，限制了煤层的燃烧强度、炉体温度的提高和地下煤气质量的改进，直接影响着地下气化过程的连续稳定性，严重阻碍着地下煤气化技术产业化的进程。大量的理论研究和工程实践表明，气化剂的性质或组成和工艺方法决定着地下煤气化过程的稳定性和煤气质量的提高。其中首先最有效的方法是增加气化剂的氧气浓度，来提高和稳定反应区的温度；其次，改变气化剂的组成。气化过程中保持足够高的温度，使灰渣熔融以防止灰壳的形成，对气化过程极为有利。气化剂的性质和气化方式不仅影响着炉体温度，而且也决定着煤气的组分和热值。

地下煤气化技术由于煤的化学转化过程在地下进行，而该过程不可避免地要产生有机及无机污染物如苯、酚、多环芳烃、重金属等，如果这些污染物迁移并扩散至邻近含水层，将会对宝贵的地下水资源造成严重污染和破坏。因此地下煤气化对地下环境特别是地下水环境具有潜在的污染风险，近年来受到国内外环保专家的重点关注。2006年11月，美国和印度能源对话煤炭工作组以及亚太合作组织共同组织的地下煤气化研讨会形成了结论：地下煤气化有可能引起地下水污染，但是完全可以控制和避免。近年来，我国的地下煤气化技术迅速发展，技术水平达到国际领先。但鉴于我国对地下水资源保护的高度重视以及全国地下水污染防治规划的出台，地下水污染风险将成为制约地下煤气化产业化推广的重要瓶颈，针对地下煤气化的污染控制及防治技术研究已变得十分迫切。地下煤气化对地下环境及地下水的污染主要途径：①气化过程中煤气有害组分及煤层高温热解产物在一定压力下向周围地层的扩散、冷凝及其通过围岩裂隙向邻近含水层的扩散与渗透；②气化后燃空区残留污染物因地下水的淋滤、渗透作用而产生的迁移。此外，气化过程中逸出的$CO_2$、氨及硫化物将可能改变地下水的pH，并影响到地下水的水化学反应。因此，地下煤气化对地下水的污染风险，一方面取决于污染物从反应区向含水层迁移的通道赋存与发育程度，如高温作用下围岩裂隙发育的变化和导通性、围岩的渗透性、气化盘区的地质构造和水文地质条件等；另一方面，则取决于污染物的析出特性污染物和围岩的物理化学反应、污染物在煤层及围岩裂隙中的迁移扩散特性以及污染物与地下水的水化学反应作用。

地下气化炉是地下煤气化过程的物质基础，决定了气化区的扩展范围，同时也是气化过程稳定控制措施实施的渠道。在气化炉生命周期里，为了保证煤气组分、热值和生产过程的稳定，必须对气化炉结构或布局进行合理的设计。通过优化气化炉炉型结构参数，使炉内氧化区、还原区、干馏区在空间上均能得到充分的发育和相对稳定，进而实现产气过程的稳定。地下气化炉具备气化功能前，必须首先对气化炉进行构建，建立气化炉的气流通道和气化通道，以保证向煤层顺畅供入气化剂和从煤层中排出煤气以及提供气化反应所必需的热条件。地下气化炉构建主要依托钻井技术和贯通技术。但是传统钻井技术和贯通技术形成的气化通道短、构建周期长，难以满足产业化发展需求。采用广泛应用于石油煤层气领域的定向钻井技术，可以在煤层里快速形成长距离气化通道，但是必须研究和解决热态条件下定向钻施工、快速引火等技术问题。由于地下气化炉直接构建在地下煤层中，气化炉自身要承受一定的压力，并且气化炉全生命周期内要经受高温作用的影响，在热与地应力等复合力场作用下，将对煤层赋存的水文地质条件、煤层自身特性和气化炉炉身结构等产生影响。一方面由于采区煤层被干燥，在热加工和地层破碎条件下，形成了渗透性较高的气化续采区，有利于后续的气化开采；但是另一方面由于进出气钻孔穿越上、下含水层和气化区，而钻孔在热作用下失稳将给气化炉的稳定运行和环境保护带来潜在的威胁，也会限制气化炉的生命周期。

气化工作面综合探测通常是采用热电偶在竖井直接测温的方法来对地下的燃烧状态进行观测。在地下气化过程中，一些地质勘探工具和方法在对地下气化状态综合探测时与工艺过程预测信息具有非常高的吻合度，且可以将实时数据传递给操作员。这些综合探测方法将可以很好地在地下煤气化过程中应用，如ERT、垂直孔温度压力和化学联合探测法、GPS等。虽然这些三维或者四维的探测技术可以测量到关键的信息，但是过高的成本和较长的过程处理时间限制了它们的应用和推广。

### 9.5.2　主要难点

地下煤气化实践证明，影响产气过程的连续稳定、制约该技术产业化发展的关键问题主要有3个：①对反应区的分布状态和演化规律的认识不够深入。②工艺较为单一。③缺乏对反应区移动状态有效的控制技术。

为了能提高气化过程运行的稳定性、提升高质量煤气的稳定产出率，地下煤气化过程稳定控制技术需要着重解决以下技术问题：①不同工艺条件下合理的气化反应区分布与扩展规律。②不同供风方式气化区分布与扩展控制工艺。③富氧连续气化工艺及控制技术。

尽管地下气化技术取得了长足的进步与发展，但仍然存在着工艺单一、煤气质量差、运行不稳定、工艺控制技术落后、气化反应区分布状态及扩展规律认识不清等问题。其技术研究发展趋势有4个：①研究新的气化炉结构和气化剂组成，提高单炉服务年限、产气量和煤气质量。②研究地下燃烧区探测技术，及时了解气化炉状态，以便确定正确的气化工艺。③研究控制注气点后退气化工艺、富氧、纯氧-水蒸气连续气化工艺等，提高有效气体组分含量和煤气热值。④研究燃空区和水的控制方法等，以提高气化过程的稳定性和连续性。

地下煤气化环保技术的技术发展主要方向：①地下煤气化污染物产生、迁移规律及控制、防治技术；②污染物迁移行为及地下水污染预测；③地下水污染监测预警及污染控制技术；④燃空区污染物处理处置技术。

地下气化炉结构与构建过程中的关键科学技术问题和发展主要方向：①气化炉多炉联合建炉及维护技术；②复合力场作用下煤层高渗透性裂缝的形成及控制技术；③定向水平钻孔及逆向气化通道形成技术；④热作用下炉孔井身结构与成井技术。

## 9.5.3 可行新型技术的技术经济性分析

$CO_2$富氧地下煤气化技术较传统的空气气化相比，可以有效提高出口煤气的热值，而且可以根据不同的工艺方法生产出组分不同的煤气。根据预测，$CO_2$富氧气化的热值在6.00MJ/m$^3$以上，日产煤气量约为35万m$^3$，生产的煤气CO含量在10%以上，$CO_2$减排量降低20%。$CO_2$富氧地下气化技术经济性指标如表9-3所示。

**表9-3　$CO_2$富氧煤气主要技术经济指标**

| 项目 | | 指标值 | 项目 | | 指标值 |
|---|---|---|---|---|---|
| $CO_2$富氧煤气综合成本分析 | 吨煤产气量/（m$^3$/t） | 1 389 | 甲醇综合成本分析 | 单位甲醇耗富氧煤气量/（m$^3$/t） | 3 830 |
| | 可采煤量/万t | 54.15 | | 合成需富氧煤气直接成本/（元/t） | 479 |
| | 产气量/万m$^3$ | 84 494 | | 设备折旧及运行成本/（元/t） | 923 |
| | 建炉投资/万元 | 1 550 | | 甲醇综合成本/（元/t） | 1 402 |
| | 建炉成本/（元/m$^3$） | 0.018 | 甲烷综合成本分析 | 单位甲烷耗富氧煤气量/（m$^3$/m$^3$） | 4 |
| | $CO_2$氧气成本/（元/m$^3$） | 0.053 | | 合成需富氧煤气直接成本/（元/m$^3$） | 0.50 |
| | 动力费/（元/m$^3$） | 0.02 | | 设备折旧及运行成本/（元/m$^3$） | 0.73 |
| | 直接人工成本/（元/m$^3$） | 0.008 | | 甲烷综合成本/（元/m$^3$） | 1.23 |
| | 设备折旧/（元/m$^3$） | 0.026 | | | |
| | $CO_2$富氧煤气综合成本/（元/m$^3$） | 0.125 | | | |

超短水平井技术设计造斜率控制在1.1°~1.2°/m，井眼曲率半径一般控制在48~41m，造斜点距A点垂深在50m左右；实钻轨迹光滑顺畅，轨迹中靶率高。经过超短水平钻的疏通，地下气化的日产率将提高50%左右，经济效益会显著增加。超短水平井技术在200m长的一线炉上需要约5口井，两口超短井，3口垂直井；超短井成本30万，垂直井成本20万，相当于120万元建井投资。如果按照现有技术进行垂直建井，则需要以25m井间距打垂直井，需要9口垂直井，单井20万元，共需要180万元建井

投资。采用超短水平井技术相当于节省投资约1/3。

美国劳伦斯利弗莫尔国家实验室在ERT（电阻层析成像）技术上进行了开发，用于探测地下火区。该技术的测量精度为5%～10%，可以通过建立地下火区敏感场的三维非均匀分布区，实现地下气化的可控进行，将会使地下气化的煤炭利用率提高30%，煤气生产成本降低18%左右。在200m×200m炉区以5m精度布置测井，需要9口井，单井成本20万元，ERT硬件设备约10万元，软件约50万元，共需要240万元左右，使用期限为6～10年。目前该技术应用成本较高，技术成熟度较低。

电磁感应法对电阻率变化的灵敏度高，采用电磁感应法探测采空区积水和陷落柱的富水性效果显著。该法投资小、横向分辨率高、对接地条件要求低、探测深度大、资料处理解释方便，可以减少地下温度测量难度，在单个地下气化站，年平均降低温度测量成本100万～150万元。

### 9.5.4 可行新型技术选择

目前地下煤气化的新型技术主要包括$CO_2$富氧地下煤气化技术、超短水平井技术、ERT电阻法测燃空区技术、电磁法测燃空区技术、UCG-CCS几项。

其中$CO_2$富氧地下煤气化技术采用$CO_2$取代水蒸气作气化剂，或者加入$CO_2$替代部分水蒸气作气化剂，生产高纯CO或者具有不同组成煤气的工艺，是一种行之有效的新型煤炭地下气化技术。这一过程提高了出气的品质，可以进行甲烷和甲醇等化工产品的合成。但是，这项技术在实施过程中包括基础技术数据、反应机理研究、与地质结构相互影响等方面都存在一定的技术盲区，因此在已经具备"无井式"地下煤气化的技术突破的前提下，进一步开展$CO_2$富氧地下煤气化技术的研究，是非常及时和必要的。

超短水平井技术是钻井领域的最新发展技术之一。与常规水平井技术相比，该技术造斜段井眼曲率明显增加，由此给地下煤气化技术建炉过程带来了巨大的技术革新，因为这意味着小区域的堵塞贯通技术成为可能。同样煤层入煤点可以距钻井更近，这意味着地下气化炉覆盖的区域会更广，单孔采煤量也会增加。因此该技术对地下煤气化技术意义重大。

ERT是电阻层析成像（electrical resistance tomography）的简称。这种测量技术可测量在管道或容器内横截面上的电阻（或导电率）的分布状况，它可以迅速测量并实时查看数据。这些信息显示在一张层析图像上，数值范围从蓝色的低电导率扩展至红色的高电导率。由于多相系统中不同的不同电导值，因此可以进一步获得相含率及相速度等信息。这使得ERT成为观察混合、流体和分离过程的有力工具。ERT作为过程层析成像技术的研究热点之一，具有成本低廉、结构简单、非侵入性、无辐射、在线测量和适用范围广等优点，是一种具有广阔应用前景的多相流检测技术。在地下煤气化过程中，采用ERT电阻法实时测量燃空区状态参数是目前正在兴起的研究领域之一。一旦解决其中关键的技术问题，广泛应用于地下煤气化，会对地下煤气化带来革命性的变革。

电磁法（electromagnetic method）又称"电磁感应法"。根据岩石或矿石的导电性和导磁性的不同，利用电磁感应原理进行找矿勘探的方法，统称为电磁法。电磁法的基本原理：当地下存在导电地质体时，在交变电磁场（一次场）的作用下，导体中将产生涡流（感应电流），涡流又在其周围产生二次磁场（二次场）。二次场的出现使一次场发生畸变。一般来说，一次场和二次场叠加后的总场在强度、相位和方向上会与一次场不同。研究二次场的强度和随时间衰变或研究总场各分量的强度、空间分布和时间特性等参数，可以发现异常并推断地下导电体的存在。如果地质体具有高导磁性，在一次场作用下，受人工磁化产生二次磁场，同样会发现异常并推断地下导磁体的存在。电磁法用来寻找导电、导磁矿体（如铜矿、铜镍矿、铜铅锌多金属矿床、硫铁矿、磁铁矿和铬铁矿等）和解决水文地质的一些问题。电磁法用于对地下煤气化的燃空区进行过程检测是目前一种新兴起的探测技术，还存在较多的不足，但是一旦发展成熟，成本远比目前使用的直接测温法低廉，对地下煤气化过程燃空区的实时监测意义重大，是一种非常有发展前景的地下煤气化探测技术（郭磊，2010）。

UCG-CCS 是将地下煤气化技术和碳存储与碳捕获技术联合起来的一种技术。其原理是将地下煤气化生产煤气后在原地产生的燃烧后空腔（燃空区）用于温室气体的存储空间，将捕获后的碳送至燃空区存储起来并密封好，最终达到固碳和减少温室气体排放的目的。该技术符合目前技术的发展潮流，是一种非常有发展前景且有效的温室气体减排的技术。

# 第 二 篇

## 先进清洁煤燃烧与气化技术发展战略及政策建议

# 第 10 章 发展战略及路线图

## 10.1 未来技术发展趋势综述

我国以煤为主的能源消费结构，使我国面临严重生态问题，生态环境十分脆弱。以燃煤发电为主的低效率高污染粗放型煤利用方式必须改变，下大力气实现煤炭高效清洁利用开发显得尤为重要。这有利于促进传统产业的改造升级，形成新的经济增长点。

火电行业是我国稳定可靠电力的主要保障。据中国电力企业联合会发布的全国电力工业统计快报，2011 年年底发电装机容量达到 10.56 亿 kW，其中火电类型发电装机容量为 7.65 亿 kW，占 72.5%；2011 年火电发电量 38 975 亿 kW · h，占全国发电量的 82.54%；水电、核电、风电等非火电类型发电量只占 17.46%。电力行业的能源消耗主要是煤炭。2011 年我国发电耗煤约 18 亿 t，占我国煤炭消费量 50% 以上。但现有火电厂只将煤炭作为燃料直接燃烧，造成系统效率偏低、污染物控制成本高，且浪费了煤中具有高附加值的油、气和化学品及硫、铝等资源。

能源的巨大消费也带来了严重的环境污染。我国由燃煤引起的环境问题比其他大多数国家都要严重，解决的难度也更大。燃煤产生的颗粒物、$SO_2$、$NO_x$、重金属和有机污染物等有害物质导致了严重的环境问题，并引发了一系列的经济问题和社会问题。随着国家经济的快速发展，我国燃煤排放的大气污染物也急剧增加。如果按照目前的趋势发展，到 2020 年，$SO_2$ 的排放总量可能达到 3900 万 t，其他污染物的排放量也将大大增加，届时将远远超过环境容量。2020 年，我国 $CO_2$ 排放量将达 13 亿~20 亿 t；人均碳排放水平达 0.9~1.3t，接近世界的平均水平。要求中国限排温室气体的国际压力将越来越大，2020 年以后中国将难以回避对温室气体排放限制的承诺。

由于受能源结构的制约，我国一次能源以煤炭为主的格局将长期保持不变。我国能源增加生产受到多方面制约：一是能源资源禀赋不丰；二是能源产地与消费地相距较远；三是能源资源开发受到资本、技术、生态环境保护等制约；四是能源开发有体制性约束；五是国际竞争增加能源外购的不确定性。为此国家的能源战略将始终坚持立足于我国基本国情，极力主张“提高能效、节能减排”。胡锦涛同志 2010 年 6 月在中国科学院第十五次院士大会、中国工程院第十次院士大会上的讲话中，强调“充分发挥科学技术在加快转变经济发展方式、推动经济社会又好又快发展中的重要作用”“大力发展能源资源开发利用科学技术。要坚持系统谋划、节能优先、创新替代、循环利用、绿色低碳、安全持续，加强对我国能源资源问题的研究，制定我国可持续发展路线图”“加强煤的清洁高效综合利用、煤转天然气、煤制重要化学品技术研发”。

目前，我国煤炭的主要利用方式是直接燃烧，约占煤炭总量的80%。煤炭的直接燃烧虽然投资低，但效率低，利用价值也低，且污染严重。我国火力发电的单位能耗较高，而工业锅炉和窑炉能耗更高。这种状况不仅造成了资源的极大浪费，而且加剧了包括$CO_2$在内的污染物的排放。粗放单一的煤的利用方式加大了污染物排放的治理难度，并导致温室气体的大量排放，浪费了煤中具有高附加值的油、气和化学品。

我国石油资源严重不足，电力供应紧张，煤炭资源利用效率低、污染重，能源问题已成为国民经济发展的瓶颈之一。我国的能源资源和煤炭利用现状决定了以提高煤炭利用的综合能效、控制煤转化过程中的污染排放、解决短缺能源需求为近中期能源领域的首要任务。

基于煤炭各组分具有的不同性质和转化特性，以煤炭同时作为资源和燃料，将煤的热解、气化、燃烧等各过程有机结合，实现煤炭分级转化梯级利用，在同一系统中生产液体燃料、钒、铝和硫多种具有高附加值的冶金化工产品以及用于工艺过程的热和电力等产品，煤分级转化综合利用将是煤炭高效清洁利用的重要方向和发展趋势。

更高参数、更低排放、更好的煤种适应性等要求为煤粉燃烧技术带来机遇与挑战，需要解决提高可用能利用、燃烧过程污染物控制、特殊煤种低污染燃烧等关键问题。高能量转化效率的燃烧方式、燃烧过程各种污染物协同脱除、中国特殊煤种的适应性是煤粉燃烧关键技术发展方向。

循环流化床燃烧技术正朝超临界、大型化、多种燃料混烧和富氧二氧化碳减排发展。未来循环流化床燃烧技术的发展发向为技术成熟化、大型化、高参数化、燃料多样化、应用广泛化。

国际上工业锅炉经过100多年的发展，锅炉本体型式早已成熟。发达国家主要以燃气和燃油为主，燃煤工业锅炉很少，而且燃煤也是燃烧经过筛选的精煤，运行保证效率一般为75%~80%。从技术发展看，以满足用户对产品的高可靠性、高热效率、低污染排放、节能、节材等方面的要求为动力，研发高效、节能、环保的工业锅炉技术，发展多孔介质高强度紧凑型清洁燃烧新技术。

欧美等发达国家的生物质混烧发电技术已进入大规模工业应用阶段。除了目前以直接混烧为主的工业示范现状，其他技术路线（平行混烧、间接混烧）也逐渐受到各国的重视。发展在大型燃煤锅炉进行小份额掺烧生物质混烧技术以及烟气侧混合模式煤与垃圾的混合利用技术是发展趋势。

对煤气化领域，目前煤气化技术发展应该重点关注的方面是大型化、高效率和环境友好。在选择具体的煤气化技术时，应该优先考虑的因素排在前3位的是煤种适应性、操作的可靠性和环保。未来可能发展的气化技术，如适应煤种的成熟大型煤气化、分级气化、催化气化等。

目前燃烧后捕集领域应用最广泛的是化学吸收法。当前制约该技术商业化的主要因素是能耗和成本较高。富氧燃烧技术的重点是针对煤粉锅炉，其次是循环流化床。新型技术如加压富氧燃烧技术尚处于基础研究阶段，工业锅炉和工业窑炉的富氧燃烧技术的目前重点在于高效节能。

化学链燃烧与气化技术是一种基于近零排放理念的新型燃烧方式，现在处于基础研究与中试验证阶段。水煤浆新型潜在技术有低阶煤水煤浆技术、废水污泥掺混水煤浆技术、脱硫型水煤浆技术等。

目前地下煤气化的新型技术是从上述几个技术出发，主要包括 $CO_2$ 富氧地下气化技术、超短水平井技术、ERT 电阻法测燃空区技术、电磁法测燃空区技术、地下气化-碳捕获与储存（UCG&CCS）等。

# 10.2　未来可行技术方案分析

未来发展我国先进清洁煤燃烧与气化技术，除积极完善高效、低污染、适合我国国情的各种先进煤燃烧与气化技术的开发与应用外，还应综合各种技术之所长，根据加强煤炭清洁高效综合利用原则，探索适合我国煤炭利用可持续发展的创新思路和相应技术方案。本节将从煤热解气化燃烧反应机理、技术发展优劣分析等方面，探讨未来先进清洁煤燃烧与气化技术总体发展方向和可行技术方案。

## 10.2.1　煤热解气化燃烧反应机理分析

对中国常见的两种动力煤——大同烟煤和伊敏褐煤进行了热重试验分析。浙江大学分别模拟了煤的裂解、燃烧、气化以及半焦的燃烧和气化过程，得到了两种煤粉及其半焦的热重（TG）曲线，以及微商热重（DTG）曲线（胡昕等，2013）。

试验选用的两种煤样的工业分析及元素分析见表 10-1。

**表 10-1　试验煤样的工业分析及元素分析数据表**

| 样品 | 工业分析 | | | | $Q_{b,ad}$/(J/g) | 元素分析 | | | | |
|---|---|---|---|---|---|---|---|---|---|---|
| | $M_{ad}$/% | $A_{ad}$/% | $V_{ad}$/% | $FC_{ad}$/% | | $C_{ad}$/% | $H_{ad}$/% | $N_{ad}$/% | $St_{ad}$/% | $O_{ad}$/% |
| 大同烟煤 | 3.29 | 5.29 | 23.18 | 68.24 | 30770 | 77.31 | 4.5 | 0.67 | 0.78 | 8.16 |
| 伊敏褐煤 | 17.95 | 8 | 34.87 | 39.18 | 19413 | 53.7 | 5.11 | 0.62 | 0.24 | 14.38 |

各工况的试验给粉量均为 10mg 左右。为消除煤粉粒径对反应的影响，所有样品均通过 200~325 目标准筛进行筛分。试验升温速率均为 20K/min。针对不同工况，试验选择的热重气氛各不相同。裂解反应采用了高纯氮气作为反应气，燃烧反应采用标准空气作为反应气，而气化反应则采用 $CO_2$ 作为反应气。其中，半焦的燃烧和气化过程模拟采用了两段式重复升温过程，即先采用高纯氮气将样品升温至 1000℃，降温后将气氛切换至标准空气和 $CO_2$ 再次升温并记录失重曲线，从而得到 1000℃ 温度下制得的半焦燃烧和气化的热重曲线和微分热重曲线。

活化能的计算方法很多，这里采用了积分法对上述各工况的活化能进行了计算，计算假定各工况条件下的反应级数 $n$ 为 1。为更精确得到煤粉燃烧反应的活化能，在计算中将煤粉的燃烧过程分为着火温度到最大失重温度以及从最大失重温度至燃尽温度两段分别进行活化能的拟合计算，通过将燃烧阶段分为着火段和燃尽段来更好地反应燃烧过程中的活化能变化。各工况的反应活化能如图 10-1 所示。

从图 10-1 中可以直观地看出，所有工况的活化能按由大到小的顺序排序后依次为半焦气化、半焦燃烧、煤粉气化、煤粉燃烧、煤粉裂解。

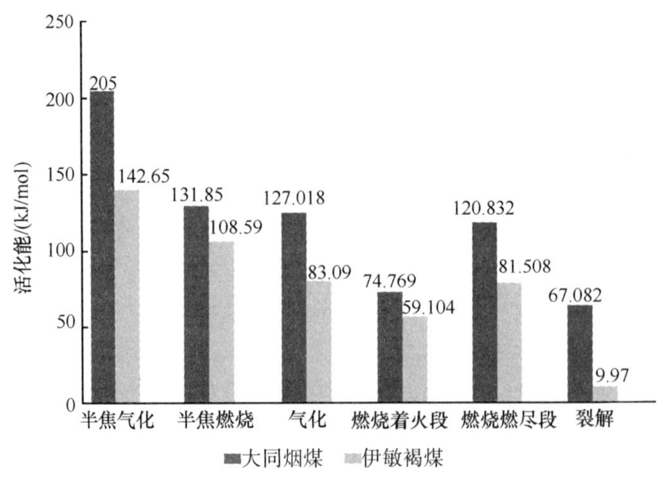


图 10-1 各工况反应表观活化能数据图

煤粉燃烧的活化能从着火段和燃尽段综合分析，着火段的活化能都低于燃尽段，且燃尽段的活化能也略低于气化反应的活化能，即煤粉的着火反应应当易于煤粉的气化反应；而两煤种的裂解活化能都明显低于燃烧和气化的活化能。所以在燃烧反应、裂解反应和气化反应中，裂解反应最易进行，其次是燃烧，而气化反应的活化能最大，反应也相对最为困难。

试验制得的半焦燃烧过程活化能也明显低于其气化过程的活化能，说明针对半焦来说，其燃烧反应也易于半焦的气化反应。

从煤种分析，伊敏褐煤的煤化程度明显低于大同烟煤，反应在表观活化能上即为伊敏褐煤的所有工况（煤粉裂解、燃烧、气化和半焦的燃烧、气化）的表观活化能均低于大同烟煤。从活化能的差别上看，两煤种煤粉裂解的反应活化能相差最大，其次是煤粉和半焦的气化，煤粉和半焦的燃烧反应活化能相差最小。可见，伊敏褐煤无论裂解、气化、燃烧还是其半焦的燃烧和气化均易于大同烟煤的反应；煤种的区别对反应活化能的影响，裂解反应过程的影响最大，其次为气化过程，燃烧反应的影响相对最小。

根据基础试验研究，煤炭热解反应容易进行，而半焦的气化反应较难，需要高温高压的反应条件，而半焦燃烧反应却比半焦气化容易得多。因此我们建议一种介乎煤炭全部燃烧和全部气化两者之间的新型煤炭转化方式，即将煤热解气化和半焦燃烧相结合的煤炭分级转化技术。

## 10.2.2 煤发电同时制油气可行性分析

主要化石燃料的碳氢比见表 10-2。

表 10-2 主要化石燃料的碳氢比

| 燃料 | 碳氢比 |
|---|---|
| 烟煤 | 平均 18/1（挥发分 5.5/1） |
| 褐煤 | 平均 13/1（挥发分 2.6/1） |
| 石油 | 7/1 |
| 天然气 | 3/1 |

由表可见，煤的碳氢比远高于石油和天然气，而其挥发分的碳氢比与石油和天然气接近，故煤部分气化得挥发分较易转化为油气产品。

如将煤炭单纯作为燃料直接燃烧用于发电，将导致煤炭中高附加值成分（挥发分）的损失。

如将煤炭全部气化后再用于燃烧发电（IGCC 等），则工艺过程复杂，经济性和效率不高。

在煤的分级转化综合利用技术系统中，裂解炉的工况与煤气产品的生产情况息息相关。裂解炉产出的煤气无论是用于发电，还是用于进一步合成化工原料，我们都希望能够根据工程需要对煤气的组成进行控制，使得煤气的产量和组分能够满足下游工艺的要求。例如，烟煤的平均碳氢比为 18/1，挥发分碳氢比为 5.5/1，而石油的碳氢比为 7/1，在以煤气制油为工艺路线的系统中，如果裂解炉产生的煤气的碳氢比十分接近 7/1，则煤气不需要经过变换反应，可直接进入合成制油单元。因此，煤的定向裂解就成为分级转化技术中的核心问题。此外，裂解炉的热量来源也是分级转化技术中需要解决的一个重点问题。本小节将通过大型流程模拟软件 Aspen-Plus 的模拟，对通过部分气化来为裂解提供热量的裂解炉模型进行研究；通过模拟结果来寻找裂解炉的适宜工况，从而论证煤分级转化的可行性。

图 10-2 表示了煤定向裂解和部分气化的模型流程图。纯氧和 330℃的水蒸气作为气化剂输入裂解炉，就氧煤比与蒸汽煤比对裂解炉反应温度及煤气碳氢比的影响进行了计算。

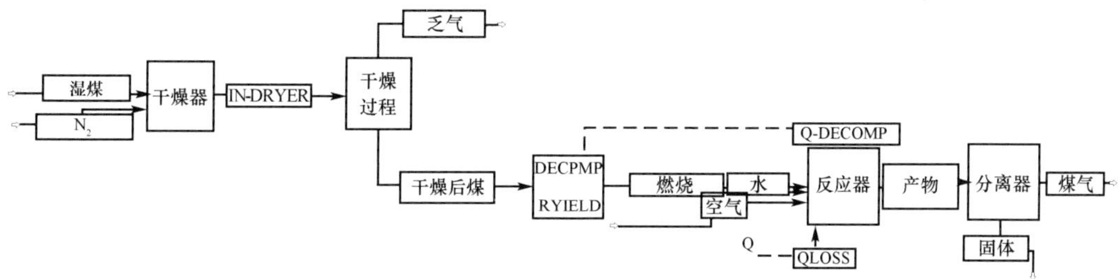


图 10-2　煤定向裂解和部分气化的模型流程图

为了单独研究氧煤比对裂解炉工况的影响，假设加入裂解炉的水蒸气流量为零。氧煤比对裂解炉平衡反应温度的影响如图 10-3 所示。从图中我们看到，裂解炉的平衡反应温度随着氧煤比的增加而升高，并在氧煤比为 0.7 附近出现了一个转折点，之后曲线斜率变大。这是因为在氧煤比为 0.7 附近，裂解气化生成的 CO 开始与 $O_2$反应放出大量的热量。

图 10-4 显示了氧煤比对煤气碳氢比的影响。如图所示，煤气的碳氢比随着氧煤比的增加而提高。这是因为随着氧气量的增加，煤中的固定碳也逐渐与氧气发生反应生成 CO 或 $CO_2$。在氧煤比为 0.41 时，煤气的碳氢比达到了 7/1 即石油中的碳氢比，这时生成的煤气不需要经过变换反应，可以经过净化处理直接进入制油单元。

蒸汽煤比对裂解炉平衡反应温度的影响如图 10-5 所示。随着蒸汽量的增加，煤气的热容上升，使得裂解炉的温度下降。

蒸汽煤比对煤气碳氢比的影响如图 10-6 所示。图中数据显示，随着蒸汽的加入，煤气中氢气的含量逐渐增加，使得碳氢比逐渐下降。在氧煤比为 0.48 时，当蒸汽煤比达到 0.14 左右时，煤气碳氢比约为 7/1。

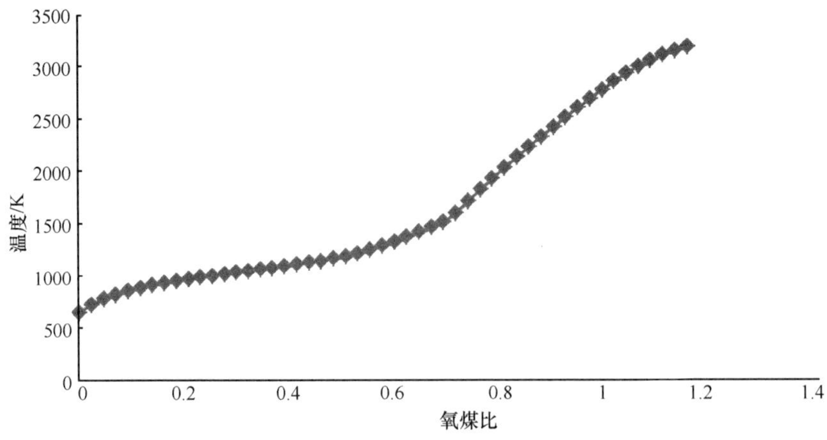


图 10-3　氧煤比对裂解气化温度的影响

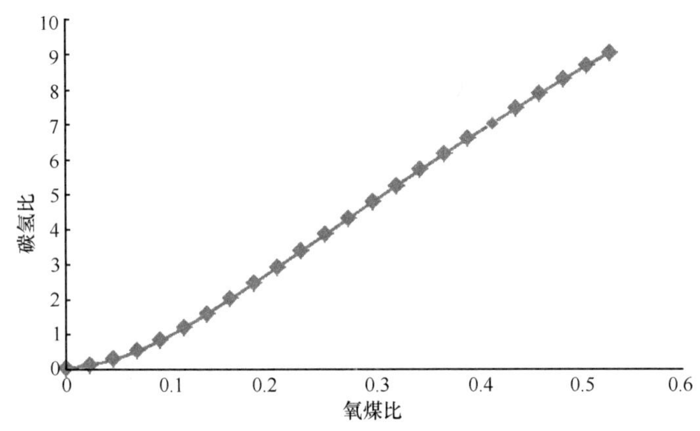


图 10-4　氧煤比对煤气碳氢比的影响

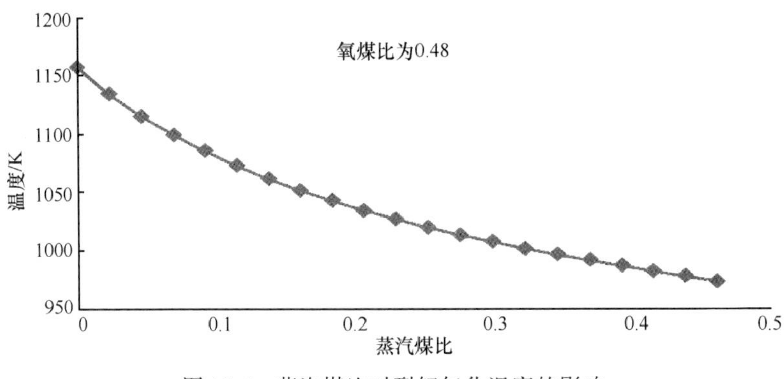


图 10-5　蒸汽煤比对裂解气化温度的影响

综上所述，裂解炉的温度随着氧煤比的增加而升高，随着蒸汽煤比的增加而降低；煤气的碳氢比随着氧煤比的增加而上升，随着蒸汽煤比的增加而下降。通过调节裂解炉的氧煤比和蒸汽煤比，可以根据后续工艺需要，（如制油系统需要的碳氢比为 7/1）调节煤气的碳氢比。此外，蒸气不仅具有调节裂解炉反应温度的作用，还能够增加煤气中的氢气产量。

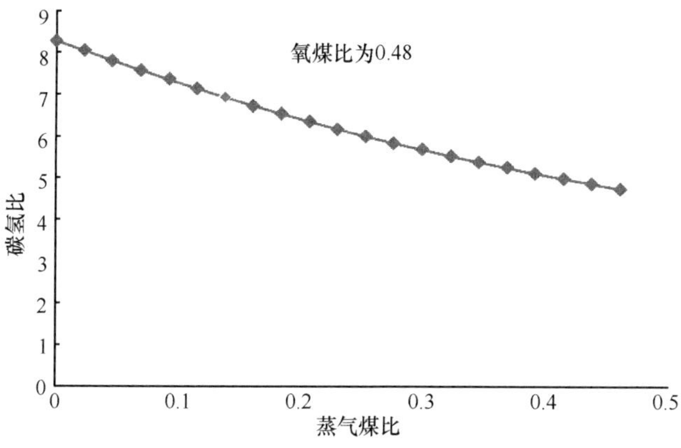


图 10-6　蒸气煤比对煤气碳氢比的影响

因此，煤分级转化综合利用技术不仅可以通过采用热解简单工艺实现煤中挥发分提取，而且可以结合热解气化燃烧过程调节，一定程度上调配初级产物中燃气、焦油、半焦比例以及品质，使目标产物油气电比例根据需求调节。

### 10.2.3　煤炭分级转化综合利用经济效益初步分析

依据浙江大学已完成的 40t/h 给煤量的循环流化床热电气多联产工业试验装置运行测试所获得性能参数和运行特性以及投资等经济数据，选择内蒙古产煤区和广东经济发达缺煤地区作为典型样本，估算未来煤分级转化综合利用机组经济初步可行性见表 10-3 和表 10-4。

**表 10-3　我国不同地区产品销售价格**

| 项目 | 产煤区（内蒙古） | 东部地区（广东） |
|---|---|---|
| 硫黄/（元/t） | 1 000 | 1 000 |
| 焦油/（元/t） | 2 000 | 2 500 |
| 煤气/（元/$Nm^3$） | 1. 1 | 1. 7 |
| 电力/［元/（°）］ | 0. 33 | 0. 55 |
| 蒸气/（元/t） | 100 | 200 |
| 煤/（元/t） | 250 | 750 |
| 新鲜水/（元/t） | 2 | 2 |
| 除盐水/（元/t） | 10 | 10 |
| 石灰石/（元/t） | 150 | 150 |
| 灰渣/（元/t） | 30 | 30 |
| 人工工资（含福利）/（元/a） | 50 000 | 60 000 |

表 10-4 煤分级转化综合利用机组经济初步可行性

| 项目 | 常规超超临界发电 | | 煤分级转化综合利用机组（超超临界发电联产煤气、焦油） | |
|---|---|---|---|---|
| 产出 | 发电 1000MW，灰渣 75 万 t | | 发电 1000MW，灰渣 117 万 t，煤气 5 亿 $m^3$、焦油 36 万 t，硫黄 1.07 万 t | |
| 工程总投资/亿元 | 40 | | 42 | |
| 年消耗煤量/万 t | 251 | | 358 | |
| 年耗水量/万 t | 1645 | | 1825 | |
| 年耗蒸汽/万 t | — | | 18 | |
| 年耗电力/万度 | — | | 2160 | |
| 年耗石灰石/万 t | 15 | | 10.7 | |
| 全厂定员/人 | 250 | | 300 | |
| | 内蒙古 | 广东 | 内蒙古 | 广东 |
| 年产值/亿元 | 19.2 | 31.9 | 32.2 | 49.6 |
| 投资利润率/% | 10.31 | 4.17 | 23.44 | 18.19 |
| 投资利税率/% | 19.19 | 18.98 | 37.60 | 40.14 |
| 内部收益率/% | 9.66 | 5.55 | 17.62 | 14.58 |
| 投资回收期/a | 8.28 | 11.62 | 4.99 | 5.94 |

注：1. 建设期 2 年，达产期 20 年，计算期 22 年；2. 投资利润率和投资利税率均为 20 年平均值，投资利税率中含增值税；3. 投资回收期不含 2 年建设期；4. 贷款额为总投资的 60%。

资料来源：依据浙江大学已完成的 40t/h 给煤量的循环流化床热电气多联产工业试验装置运行数据

计算依据：

1）建设与生产规划。工程建设期按两年，投产期按满负荷生产；工程经济寿命期 20 年，经济计算期 22 年。

2）价格（均为出厂、含税价格）。产品销售价格根据目前市场实际出厂价水平，并考虑建设期内变化的可能性来确定（均含增值税），具体销售价格见表 10-3。

3）折旧期 15 年，修理费按固定资产原值的 2.5% 计算。

4）税金。销售税金及附加包括增值税、城市建设维护税和教育费附加。增值税税率：新鲜水 6%，蒸汽、煤为 13%，其余为 17%。城市建设维护税为增值税的 7%，教育费附加为增值税的 3%，所得税为 25%。

5）利润分配。税后净利润提取 10% 法定盈余公积金，提取公积金之后均为可分配利润。

6）人均工资及福利费根据不同地区收入不同，见表 10-3。

由上述经济性初步分析可见，将 1000MW 常规超超临界发电机组改造或增加煤分级转化综合利用技术，其投资只增加 2 亿元（增加 5%）而投资利润率和投资利税率大幅度增加，投资回收期大幅度缩短。对内蒙古产煤区投资利润率从 10.31% 增加到 23.44%（增加 1.3 倍），投资利税率从 19.19% 增加到 37.60%（增加 0.9 倍），投资回收缩短 3.3 年。对东部（广东）经济发达缺煤地区投资利润率从 4.17% 增加到 18.19%（增加

3.3倍)，投资利税率从18.98%增加到40.14%（增加1.1倍)，投资回收缩短5.7年。由此可见，常规超超临界发电机组改造或增加煤分级转化综合利用机组，新增投资不大，但能带来巨大的经济效益。

## 10.3　未来可行典型技术方案比较分析

### 10.3.1　基于现有循环流化床燃烧技术的煤热解燃烧分级转化利用多联产系统的技术与经济分析

本节分别以浙江大学所开发的基于循环流化床燃烧技术的煤的热解燃烧气化分级转化技术开展技术及经济分析，以说明热解燃烧气化分级转化技术的技术特点及其优势。首先对现有的300MWe级循环流化床热电气多联产技术进行技术与经济分析，以阐述对现有电厂改造的技术与经济的可行性。

依据浙江大学已完成的40t/h给煤量的循环流化床热电气多联产工业试验装置运行测试所获得性能参数和运行特性，以测试煤种和测试数据为设计依据，提出了基于循环流化床燃烧技术的300MWe级循环流化床热电气多联产装置的方案。

以表10-5所给出的煤质为设计燃料开展300MWe级循环流化床热电气多联产装置的方案研究。

**表10-5　干燥后褐煤煤质分析计算**

| 项目 | | 分析值 |
|---|---|---|
| 工业分析 | $M_{ar}$/% | 11.12 |
| | $A_{ar}$/% | 9.7 |
| | $V_{ar}$/% | 34.99 |
| | $FC_{ar}$/% | 44.19 |
| 元素分析 | $C_{ar}$/% | 63.75 |
| | $H_{ar}$/% | 4.5 |
| | $O_{ar}$/% | 6.88 |
| | $N_{ar}$/% | 1.25 |
| | $S_{ar}$/% | 2.51 |
| | $Cl_{ar}$/% | 0.33 |
| 热值 | 低位热值 $Q_{net,ar}$/（kJ/kg) | 25 850 |

300MWe循环流化床煤的热解燃烧分级转化装置由1台300MWe循环流化床锅炉和4台热解气化炉组成。其中300MWe循环流化床锅炉为亚临界中间再热、单锅筒自然循环锅炉。采用岛式半露天布置、全钢构架，采用支吊结合的固定方式，锅炉采用单锅筒自然循环、集中下降管、平衡通风、绝热式旋风气固分离器、循环流化床燃烧方式，后烟井内布置对流受热面。锅炉主要技术参数见表10-6。

表 10-6 300MWe 循环流化床锅炉主要技术参数

| 项目 | BMCR | BECR | ECR |
|---|---|---|---|
| 过热蒸汽流量/（t/h） | 1025 | 943.8 | 897.3 |
| 过热蒸汽出口压力/MPa（g） | 17.40 | 17.28 | 17.20 |
| 过热蒸汽出口温度/℃ | 540 | 540 | 540 |
| 再热蒸汽流量/（t/h） | 846 | 783.3 | 747 |
| 再热蒸汽进口压力/MPa（g） | 3.99 | 3.70 | 3.53 |
| 再热蒸汽出口压力/MPa（g） | 3.80 | 3.52 | 3.36 |
| 再热蒸汽进口温度/℃ | 327 | 320 | 315 |
| 再热蒸汽出口温度/℃ | 540 | 540 | 540 |
| 给水温度/℃ | 282 | 277 | 274 |

多联产装置能实现 3 种模式下的运行：①多联产装置系统的正常运行，所有给煤全部投入气化炉，锅炉不投煤。②气化炉停运，单独运行 300MWe 循环流化床锅炉。此时，全部燃料直接通过锅炉给煤口加入，返料装置的运行介质为空气。在这两种运行模式下，锅炉都能在保证的额定蒸汽参数下运行，仅锅炉的运行温度有不同。③气化炉部分负荷运行，即部分煤进入气化炉，同时部分煤直接送入锅炉。

表 10-7 给出了以设计煤种为原料时，300MWe 热电气多联产装置热力特性计算结果。由表 10-7 可见，气化炉给煤量为 261.97t/h 时，可以在锅炉不再加煤的情况下实现满负荷运行，热灰进入量约 1000t/h。因此可以实现系统给煤全部给入气化炉。该工况下系统产生低位热值约 13.8MJ/$Nm^3$的煤气约 7 万 $m^3$，焦油约 8.38t/h，此时送到燃烧炉的半焦量约 150t/h。

表 10-7 300MWe 褐煤循环流化床热电气多联产装置热力参数

| 项目 | 参数值 | |
|---|---|---|
| | 气化炉投运 | 气化炉停运 |
| 主蒸汽蒸发量/（t/h） | 1 025 | 1 025 |
| 主蒸汽压力/MPa | 17.4 | 17.4 |
| 过热蒸汽温度/℃ | 540 | 540 |
| 再热蒸汽流量/（t/h） | 846 | 846 |
| 再热蒸汽进口压力/MPa | 3.99 | 3.99 |
| 再热蒸汽进口温度/℃ | 327 | 327 |
| 再热蒸汽出口压力/MPa | 3.8 | 3.8 |
| 再热蒸汽出口温度/℃ | 540 | 540 |
| 锅炉给水温度/℃ | 282 | 282 |
| 锅炉蒸汽侧吸热量/（kJ/h） | 2 634 607 646 | 2 634 607 646 |
| 系统褐煤消耗量/（t/h） | 261.97 | 174.20 |
| 年耗褐煤量（年运行小时数 7200h）/（万 t/a） | 188.62 | 125.42 |
| 总燃烧风量/（$Nm^3$/h） | 918 422 | 885 785 |

续表

| 项目 | 参数值 | |
|---|---|---|
| | 气化炉投运 | 气化炉停运 |
| 燃烧炉总烟量/（$Nm^3/h$） | 1 021 181 | 1 072 217 |
| 燃烧炉烟气含硫量/（$mg/Nm^3$） | 100 | 小于 250 |
| 燃烧炉烟气 $NO_x$ 含量/（$mg/Nm^3$） | 小于 100 | 小于 200 |
| 石灰石加入量/（kg/h） | 16 081 | 30 860 |
| 锅炉底渣量/（kg/h） | 13 936 | 12 214 |
| 锅炉飞灰量/（kg/h） | 80 995 | 69 212 |
| 气化炉数量 | 4 | |
| 总净煤气量/（$Nm^3/h$） | 70203 | |
| 粗净化煤气低位热值/（$kJ/Nm^3$） | 13 791 | |
| 粗净化煤气高位热值/（$kJ/Nm^3$） | 15 357 | |
| 焦油产量/（t/h） | 8. 38 | |
| 焦油产量/（万 t/a） | 6. 04 | |
| 焦油热值/（kJ/kg） | ~30 500 | |
| 基于高位发热量的系统热效率（考虑煤气余热回收）/% | 88. 56 | 84. 87 |
| 煤气冷却余热回收蒸汽产量（3. 82MPa，450℃）/（t/h） | 36. 77 | |
| 产生含酚废水量/（t/h） | 39. 30 | |

在多联产系统中，由于煤在气化炉内被加热干燥并热解，所以给煤中所含水分在气化炉中析出，然后随释放的挥发分一起由气化炉带出，而进入锅炉的半焦则基本不再含有水分，同时由于热解过程中煤所含的氢元素相当一部分以氢气和其他碳氢化合物形式析出，所以锅炉燃烧半焦所产生的烟气中含水蒸气量与直接燃烧褐煤相比，差别很大。因此，为了能较正确反映多联产系统热量利用情况，在计算时以高位发热量为基准，同时所产出的煤气和焦油所含热量则作为有效热量考虑（即假设与蒸汽吸热同等对待），则多联产系统把回收的高温煤气余热计算在内的系统效率为 88. 6%，比直接燃烧干燥褐煤的锅炉效率 84. 9% 要高 3. 7% 左右；即使不考虑高温煤气的余热回收，多联产系统的热效率也可以达到 86. 4%，比直接燃烧干燥褐煤的锅炉热效率高 1. 5% 左右。

由于褐煤热电气多联产技术是将热解气化过程和半焦燃烧过程有机结合的转化过程，其节能减排效果并没有类似的工艺可以相比较。为了对多联产系统的节能减排进行分析计算，将其分成燃烧系统和热解气化系统两个系统分析，通过把燃烧系统和热解气化系统分别与燃用褐煤的循环流化床锅炉和以褐煤为原料的气化系统进行对比，以比较褐煤热电气多联产系统和现有褐煤利用技术在能源利用效率和环保方面的特性。

#### 10. 3. 1. 1　300MWe 循环流化床半焦燃烧锅炉性能参数及其比较

多联产系统中燃烧炉部分是以流化床热解气化炉中产生的半焦为原料的，而现有 300MWe 循环流化床锅炉是以褐煤直接作为燃料的。因此，在锅炉系统的能源利用率的比较方面主要对燃用半焦和燃用褐煤原煤时各自的锅炉热效率、辅机能耗以及污染物控制等方面进行计算分析。鉴于小龙潭电厂的多联产建设将以干燥后褐煤作为原料，所以在计算分析时也对以干燥后褐煤为原料时300MWe循环流化床锅炉的锅炉性能参数进行计算分析。

**(1) 锅炉热效率计算分析**

为了能较正确反映锅炉在燃用半焦和直接燃烧时的热量利用情况，以燃料的高位发热值计算系统的热平衡和热效率计算才具有较好的可比性。以燃料高位发热量为基准的热效率计算方法常用的是阿斯米（ASME）计算方法。

表10-8给出了300MWe循环流化床锅炉燃用半焦和直接燃烧的热效率计算结果，其中，锅炉燃烧半焦的效率计算不考虑气化炉吸热份额。300MWe循环流化床锅炉燃用半焦和直接燃烧时，锅炉效率存在较大差别。以来自气化炉半焦为原料时，锅炉热效率为89%，而直接燃烧时锅炉效率84.9%。可见锅炉燃用半焦时热效率比直接燃烧时的效率高约4.1%。

**表10-8　300MWe循环流化床锅炉燃用不同燃料时的热效率**

| 项目 | | 半焦 | 直接燃烧 |
|---|---|---|---|
| 锅炉容量 $D_0$/（t/h） | | 1 025 | 1 025 |
| 外来饱和蒸汽量 $D_{bq}$/（t/h） | | 0 | 0 |
| 负荷率 XLOAD/% | | 100 | 100 |
| 自用蒸汽量 DZY/（t/h） | | 0 | 0 |
| 主蒸汽压力 $P_0$/MPa | | 17.4 | 17.4 |
| 过热蒸汽温度 TGR/℃ | | 540 | 540 |
| 锅炉给水温度 TGS/℃ | | 282 | 282 |
| 再热蒸汽流量 $D_{zr}$/（t/h） | | 846 | 846 |
| 再热蒸汽进口压力 $P_{izr}$/MPa | | 3.99 | 3.99 |
| 再热蒸汽进口温度 $T_{izr}$/℃ | | 327 | 327 |
| 再热蒸汽出口压力 $P_{ozr}$/MPa | | 3.8 | 3.8 |
| 再热蒸汽出口温度 $T_{ozr}$/℃ | | 540 | 540 |
| 排污率/% | | 1 | 1 |
| 燃料特性 | 燃料收到基含碳 $C_{ar}$/% | 47.04 | 39.94 |
| | 燃料收到基氢 $H_{ar}$/% | 2.99 | 4.53 |
| | 燃料收到基氧 $O_{ar}$/% | 0.78 | 12.65 |
| | 燃料收到基氮 $N_{ar}$/% | 0.52 | 1.08 |
| | 燃料收到基硫 $S_{ar}$/% | 1.20 | 2.46 |
| | 燃料收到基水分 $M_{ar}$/% | 0.00 | 10.00 |
| | 燃料收到基灰分 $A_{ar}$/% | 47.47 | 29.35 |
| | 燃料低位发热值 $Q_{gr,ar}$/（kJ/kg） | 19 068.6 | 16 448.3 |

续表

| 项目 | | 半焦 | 直接燃烧 |
|---|---|---|---|
| 锅炉输入热量 | 显热/（kJ/kg） | 27.84 | 29.75 |
| | 高位发热量的计算基准 $Q_{gw,ar}$/（kJ/kg） | 19 857.7 | 17 821.4 |
| | 空气水蒸气带入热量/（kJ/kg） | 3.63 | 3.23 |
| 热损失汇总 | 干灰渣中的可燃物导致的热损失 Luc/% | 2.05 | 2.11 |
| | 干烟气热损失 $L_{G'}$/% | 4.61 | 4.98 |
| | 燃料中水分导致的热损失 $L_{mf}$/% | 0.00 | 1.49 |
| | 燃料中 H 生成水的损失 $L_H$/% | 3.58 | 6.05 |
| | 辐射损失 $L_r$/% | 0.10 | 0.10 |
| | 空气中水导致的热损失 $L_{H_2O,A}$/% | 0.14 | 0.14 |
| | 干灰渣显热损失 $L_a$/% | 0.56 | 0.47 |
| | 可燃气体的热损失 $L_{co}$/% | 0.00 | 0.00 |
| | 脱硫热损失 $L_{SO_2}$/% | -0.10 | -0.24 |
| | 基于高位发热值的 ASME 锅炉效率 Eff/% | 89.13 | 84.87 |

### （2）半焦燃烧的锅炉辅机及其对比

300MWe 多联产装置的循环流化床燃烧炉在燃用不同燃料时除对锅炉热效率产生直接影响外，由于所需的燃料量、燃烧空气量以及烟气量不同，锅炉运行时的鼓引风机的运行功率也是不同的。

表 10-9 给出了以干燥褐煤为原料时全部煤进入气化炉工况下以气化炉不运行时循环流化床锅炉的烟风平衡计算结果。由表 10-9 可见，多联产工况下锅炉虽然需要向气化炉提供一定的热量，但由于燃用半焦燃料时热值高、锅炉效率高，因此燃用半焦的多联产工况比直接燃用未干燥褐煤时的所需空气总量相差不大。同时，由于燃用半焦时水蒸气量大幅度减少，因此多联产装置燃烧锅炉产生的烟气量反而比直接燃烧时要低。综合鼓风机和引风机的电耗，相差不大，由直接燃烧时的 8710.39kW 增加到 8870.80kW。

**表 10-9　300MWe 循环流化床锅炉燃用不同燃料时的辅机运行参数**

| 项目 | 半焦 | 直接燃烧 |
|---|---|---|
| 锅炉容量/（t/h） | 1 025 | 1 025 |
| 锅炉蒸汽侧吸热量/（kJ/h） | 2 634 607 646 | 2 634 607 646 |
| 耗燃料量/（kg/h） | 160 624 | 174 197 |
| 石灰石耗量/（kg/h） | 16 081 | 30 860 |
| 灰渣总量/（kg/h） | 92 906 | 81 426 |
| 锅炉燃烧燃料所需空气量/（$Nm^3$/h） | 916 904.39 | 885 785.23 |
| 燃烧产生的烟气量/（$Nm^3$/h） | 1 040 292.91 | 1 072 217.31 |
| 烟气 $NO_x$ 排放浓度/（mg/Nm）$^3$ | 80 | 140.56 |
| 一次风机运行功率/kW | 4 781.71 | 4 619.43 |

续表

| 项目 | 半焦 | 直接燃烧 |
| --- | --- | --- |
| 二次风机运行功率/kW | 1 912.69 | 1 847.77 |
| 鼓风机运行功率/kW | 6 694.40 | 6 467.20 |
| 引风机运行功率/kW | 2 176.40 | 2 243.19 |
| 鼓引风机运行功率/kW | 8 870.80 | 8 710.39 |

**(3) 烟气污染物排放控制**

现有 300MWe 循环流化床锅炉采用炉内石灰石进行脱硫，以控制锅炉排烟中的 $SO_2$ 浓度。在循环流化床热电气多联产工艺中，煤在气化炉中热解过程中，接近 70% 的 S 以 $H_2S$ 形式析出，仅 30% 左右的硫随半焦进入燃烧炉。由于燃烧炉燃烧不同燃料时燃烧释放的 $SO_2$ 不同，所以锅炉运行时所需的石灰石量相差较大。当锅炉 Ca/S 摩尔值为 2.3 时，锅炉燃用气化炉半焦时石灰石加入量 13t/h 左右；燃用未干燥褐煤时石灰石耗量 33t/h 左右，比多联产工况下多 20t/h 左右。而燃用干燥后褐煤时由于锅炉效率的提高石灰石耗量有所降低，约降低 2t/h。相应的，虽然燃烧的半焦含灰量大，但由于其石灰石耗量较低，所以最终燃用各种燃料时的灰渣总量相差不大。

循环流化床锅炉 $NO_x$ 的控制主要通过分级燃烧手段控制，燃料的含氮量对烟气 $NO_x$ 浓度还是有所影响。假设锅炉燃烧组织基本一致，燃料中含氮转化为 $NO_x$ 的比例相同，则估算的 $NO_x$ 排放浓度在燃用半焦时约 $80mg/Nm^3$，而燃用褐煤时的浓度约 $150mg/Nm^3$。可见，多联产工艺的采用同样可以明显降低 $NO_x$ 的排放浓度，为 45% 左右。

#### 10.3.1.2 热解气化过程性能参数及其对比

多联产工艺是有机耦合燃烧和热解气化过程的工艺，为了与直接燃烧和气化进行比较，可以分解为半焦燃烧锅炉和热解气化两个单元。前面的计算分析表明半焦锅炉燃烧单元与现有锅炉直接燃烧的比较，在保持锅炉输出参数不变的前提下，其性能参数基本不变，同时在硫氮排放上可以有较大幅度地降低。下面就热解气化单元与现有气化技术进行一定的比较。

目前商业化移动床气化和气流床气化技术中具有较好技术性参数的气化技术是鲁奇纯氧加压气化、BGL 气化技术和 Shell 气化炉。

现有气化技术在表征气化过程能量转化性能参数时有 3 个参数，即冷煤气效率、气化过程效率和气化热效率。气化过程效率是比较各种气化工艺的能耗水平的一个较合理指标，而冷煤气效率和气化热效率则可以作为参考指标。

表 10-10 给出了 300MWe 循环流化床热解燃烧分级转化装置的冷煤气效率、气化过程效率和气化热效率。计算时，以多联产运行时的耗煤量和单独运行锅炉时的耗煤量的差值，即多联产运行增加的耗煤量作为热解气化单元所消耗的原料所含热量，而把产生的煤气和焦油作为有效产品。如表 10-10 所示，多联产工艺的热解单元的冷煤气效率为 87.3%，气化过程效率为 86.6%，而考虑热煤气余热回收后的气化热效率则高达

93.4%。同样以干燥后褐煤为原料的 BGL 气化技术，依据其相关资料，冷煤气效率约为 90%，而气化过程效率为 70%左右。可见，虽然多联产工艺的热解气化单元的冷煤气效率与 BGL 气化技术差不多，但其过程效率则远高于 BGL。主要原因是多联产工艺的热解气化单元不需要以纯氧和水蒸气作为气化剂，过程的额外能源消耗主要是热解气化单元辅机的电能消耗；而 BGL 气化技术需要纯氧和水蒸气作为气化剂，气化过程除了直接气化炉给煤外，生产水蒸气气化剂和纯氧还消耗大量的燃料（煤等）或电力，大幅度降低了气化过程效率。

**表 10-10　300MWe 褐煤多联产装置过程效率计算表**

| 项目 | 多联产工艺 | BGL | Shell 气化 |
|---|---|---|---|
| 原料 | 干燥后碎褐煤 | 干燥后块煤 | 优质烟煤粉煤 |
| 多联产投运时煤耗量/（t/h） | 261 969 | — | — |
| 气化炉停运时煤量/（t/h） | 174 197 | — | — |
| 多联产运行化增加的煤量/（t/h） | 87 772 | — | — |
| 煤的热值/（kJ/kg） | 16 448 | — | — |
| 增加煤的热值/（kJ/h） | 1 443 706 438 | — | — |
| 煤气产量/（$Nm^3/h$） | 70 203 | — | — |
| 煤气热值/（kJ/h） | 13 791 | — | — |
| 焦油产率/（kg/h） | 8 383 | — | — |
| 焦油热值/（kJ/kg） | 34 792 | — | — |
| 冷煤气效率/% | 87.3 | ~90 | ~80 |
| 辅机能耗/（kJ/h） | 11 520 000 | — | — |
| 多联产热解气化的过程效率/% | 86.6 | ~70 | ~70 |
| 煤气余热回收后的气化热效率/% | 93.4 | — | — |

目前，大规模气化技术中 Shell 干煤粉气流床气化技术具有较先进的技术指标，其冷煤气效率、过程效率都相对较高。对于以优质烟煤为原料的 Shell 气流床干煤粉气化技术，其公布的冷煤气效率约 80%，气化过程效率则为 70%左右，同样是由于水蒸气和纯氧气化剂耗能所致。

可见，多联产工艺的热解气化单元无论在冷煤气效率和过程效率方面都比现有常规气化技术具有优势，尤其是过程效率高很多，因此，热解气化单元在能耗方面具有明显优势。

#### 10.3.1.3　与常规 300MWe 循环流化床燃烧发电机组的经济效益比较

对比 300MWe 循环流化床发电机组和基于循环流化床燃烧技术的 300MWe 煤热解燃烧分级转化机组的经济效益，由于分级转化机组的燃烧锅炉电力生产规模和性能与现有 300MWe 发电机组一样，因此其主要差别是多联产机组多消耗的燃料和运行成本所产生的效益，即所获得的煤气和焦油产品的效益。表 10-11 给出了煤热解燃烧分级转化机组的经济效益估算。计算时，所消耗的给煤和电力分别按 400 元/t

和0.3元/kW（依据现有一坑口电厂的实际价格）计，而所生产的煤气和焦油按目前市场价格分别按0.8元/$Nm^3$和2000元/t进行计算。现有300MWe循环流化床发电机组和基于循环流化床燃烧技术的300MWe煤热解燃烧分级转化机组对比，如果只获得煤气和焦油（即煤气和焦油最终产品外送），其建设成本增加1.8亿元；按年运行6000h计，在扣除多增加的燃料成本、运行消耗的电力成本、工人工资和废水处理成本后，每年可以增加毛利约2.1亿元。其效益可观，即一年左右可以回收增加的建设成本。

**表10-11　2×300MWe褐煤多联产装置的运行成本与收入计算表**

| 项目 | 数值 | 项目 | 数值 |
| --- | --- | --- | --- |
| 多联产投运时煤耗量/（kg/h） | 261 969 | 电价/（元/kW） | 0.30 |
| 气化炉停运时煤量/（kg/h） | 174 197 | 煤成本/（万元/a） | 21 065.4 |
| 多联产运行化增加的煤量/（kg/h） | 87 772 | 电成本/（万元/a） | 576.0 |
| 年多耗煤量/（t/a） | 526 634.0 | 煤气收入/（万元/a） | 33 697.376 |
| 煤气产量/（$Nm^3$/h） | 70 203 | 焦油收入/（万元/a） | 10 060 |
| 年运行小时数/h | 6 000 | 年废水量/（t/a） | 235 773 |
| 年煤气产量/（亿$Nm^3$/a） | 4.212 | 废水处理成本/（元/a） | 15 |
| 焦油产率/（kg/h） | 8 383 | 年废水处理成本/（万元/a） | 354 |
| 年焦油产量/（t/a） | 50 298.1 | 运行工人工资/（万元/a） | 400 |
| 辅机功率/kW | 3 200 | 总运行成本/（万元/a） | 22 395.0 |
| 年耗电量/（kW/a） | 19 200 000 | 总收入/（万元/a） | 43 757.003 |
| 焦油价格/（元/t） | 2 000 | 单套300MWe多联产增加的毛利/（万元/a） | 21 362.0 |
| 煤气价格/（元/$Nm^3$） | 0.80 | 热解气化及冷却回收装置建设费用/万元 | 18 000 |
| 干燥后煤价格/（元/t） | 400 | | |

### 10.3.1.4　小结

通过以上分析比较，煤的热解燃烧分级转化通过有机集成燃烧和热解气化过程，简化工艺流程，减少基本投资和运行费用，降低各产品成本，提高了煤的转化效率和利用效率，降低污染排放，实现系统整体效益的提升。其具有如下8个特点。

1）工艺简单先进。将循环流化床锅炉和热解气化炉紧密结合，通过简单而先进的工艺在一套系统中实现热、电、焦油、煤气的联合生产。在产生蒸汽发电的同时，还生产优质煤气和焦油。所产煤气品质高，是生产合成氨、甲醇、合成天然气等多种化工产品的优质原料，也可以作为燃气蒸汽联合循环发电的燃料气；所生产的焦油可以在提取高价值的化学品同时加氢制取液体燃料。从而有效利用了褐煤中的各种组分，实现了以褐煤为原料的分级转化梯级利用的多联产综合利用。

2）燃料适应性广。收到基挥发分在20%以上的各种褐煤、烟煤都适用于这种工艺。同时煤的颗粒粒度与现有循环流化床锅炉同样要求，避免了现有煤气化和干馏工艺对煤种和煤粒度有较严格的限制的缺点。

3）工艺参数要求低，设备投资低。煤在常压低温无氧条件下热解气化，对反应器及相关设备的材质要求低（常规气化炉操作温度为 1300~1700℃，压力 2~4MPa），设备制造成本低；同时热解气化过程不耗氧气和蒸汽，避免了常规气化炉所需的氧制备装置和蒸汽锅炉，大幅度降低气化系统的设备建设成本。

4）运行成本低。褐煤热解单元不需要氧气、蒸汽作为气化剂，系统能量损耗低，与常规气化技术相比，过程热效率大幅度提高，因此运行成本也得到大幅度降低。

5）高温半焦直接燃烧利用。原煤热解气化后的半焦直接送锅炉燃烧发电，避免了散热损失，使能源得到充分利用；而锅炉燃用不含水分的半焦，锅炉烟气量大幅度减少，从而降低了引风机的电耗，装置能耗降低，锅炉系统效率也有所提高，避免了以半焦为产品的工艺过程存在的需要半焦冷却过程、所产生的细半焦颗粒存在运输和利用困难的问题。

6）易实现大型化。所采用的流化床热解炉具有热灰和入煤混合剧烈、传热传质过程好、温度场均匀的特点，有利于给煤在炉内的热解气化；同时流化床热解炉易于大型化，而且布置上易与循环流化床锅炉实匹配，实现与循环流化床锅炉有机集成，从而避免固定床或移动床热解反应器的不易放大和布置的问题。

7）煤气产率高，品质好，实现煤气的高值利用。循环流化床热电气多联产工艺的热解过程以循环灰为热载体，热解所产出的煤气有效组分高，而且所产出的煤气全部用于后续利用，从而保证后续煤气合成工艺的煤气量，避免燃烧热解煤气提供热解热源使得外供煤气量小的问题。

8）具有很好的污染物排放控制特性。煤中所含硫大部分在热解气化炉内的热解过程中以 $H_2S$ 形式析出，并与所产生的煤气进入煤气净化系统进行脱硫，而仅有少量的硫进入循环流化床燃烧炉以 $SO_2$形式释放。同时，与煤直接燃烧后烟气脱硫相比，从煤气中脱除 $H_2S$ 具有较大的优势：①所处理气体量大大减少，脱硫设备的体积、投资及运行成本较小；②目前煤气脱硫的副产品一般是硫黄，其利用价值较大。煤中所含的氮大部分在热解过程中主要以氮气和氨的形式析出，同时由于循环流化床燃烧过程是中温燃烧，几乎不产生热力 $NO_x$，因此多联产工艺中进一步降低循环流化床燃烧炉所产生的烟气中的 $NO_x$排放浓度；而从体积流量较小的煤气中脱出少量的氨是相对比较容易且成本较低的。

## 10.3.2　煤先进燃烧和气化发电技术的全生命周期评价

课题针对整体煤气化联合循环（IGCC）发电、煤粉（PC）燃烧超（超）临界发电、循环流化床（CFB）燃烧超（超）临界发电、CFB 煤分级转化发电、煤粉分级转化发电等 5 个典型煤燃烧与气化技术方向与 13 个技术途径或工况，开展过程模拟、全生命周期与技术经济评价，以探寻煤转化效率更高、污染物排放影响更低和成本更低廉的合理煤燃烧与气化技术途径。

全生命周期分析（LCA）是一个评价与产品、工艺或行动相关的环境负荷的客观过程，它通过识别和量化能源与材料使用和环境排放，评价这些能源与材料使用和环境排放的影响，并评估和实施影响环境改善的机会。该评价涉及产品、工艺或活动的整个生命周期，包括原材料提取和加工，生产、运输和分配，使用、再使用和维护，再循环以及最终处置（国际环境毒理学和化学学会）。在资源与环境问题日益突出的今天，节能减排已经写入我国“十一五”和“十二五”规划。而以系统工程的观点来看待工程项目，用全生命周期评价对工程项目进行评估已经逐渐取代只对终端产品的资源消耗和环境污染进行评价的传统方法。

煤基多联产是一个综合了化工与发电等工艺流程的复杂系统，其系统理论缺乏全面和深层次研究，还没有形成完整的理论体系，相关理论研究滞后于工程应用发展。利用全生命周期评价对多联产系统进行设计，能够从资源、环境和经济效益等方面全面地对系统进行评估。

### 10.3.2.1 煤先进燃烧和气化技术的 LCA 模型

#### (1) 研究目标和主要内容

从实际工程的可行性研究报告、运行报告以及现有文献资料中收集煤先进燃烧与气化发电技术的基础数据，建立全生命周期评价模型；从煤先进燃烧与气化发电技术的能源效率、环境排放和影响、投资成本 3 个方面来进行全生命周期分析和评价。本课题对当前及未来的煤先进燃烧与气化发电技术进行了概括性的综述，有助于技术之间的相互对比，识别和改进煤先进燃烧与气化发电技术生命周期各阶段的影响因素，实现“低耗、高产、环保、低成本”的可持续发展，并为相应的政策制定提供理论支持。

#### (2) 研究对象

本课题的研究对象为煤的先进燃烧、气化和分级转化发电技术，全面包括了实际运行的工程项目、示范工程项目以及尚在技术研发阶段的工程技术。按照技术类别可分为超超临界 PC 发电技术、IGCC 发电技术、CFB 发电技术、CFB 分级转化发电技术、超超临界 PC 分级转化发电技术。

#### (3) 研究边界

本课题的全生命周期评价流程图和边界如图 10-7 所示。图中的红色虚线框为本课题的研究边界，即包括煤电产业链中的原煤的开采、原煤的运输以及煤电转化过程。功能单元为电厂生产的 1MW · h 电力。本课题对每生产 1MW · h 电力的全生命周期过程进行能源消耗、环境影响及经济成本 3 方面的分析和评价。

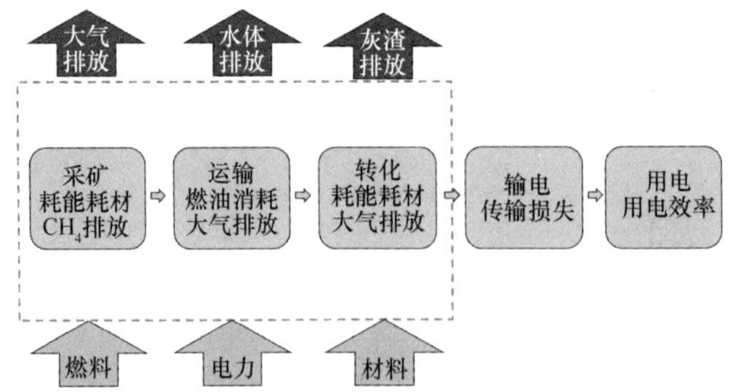


图 10-7 煤先进燃烧与气化发电技术的全生命周期评价流程图和边界

**(4) 研究的输入数据及来源**

原煤的采集过程数据来源于《煤炭工业设计手册》《中国煤炭工业年鉴》及相关文献；原煤的运输过程数据来源于《中国交通年鉴》等相关文献；煤电转化过程数据来源于实际煤电工程项目的可行性报告、运行报告以及相关文献。宏观的数据来源还包括《中国统计年鉴》、政府报告等。

对于尚在研发当中的煤电转化发电技术，大型流程模拟软件 Aspen-Plus 被用于流程建模和模拟，以获得煤电转化的运行数据。为保证各种煤先进燃烧与气化发电技术之间评估的一致性，所有煤电技术产业链的煤种统一为一种典型烟煤，其工业分析及元素分析的数据见表 10-12。

**表 10-12 典型烟煤的工业分析及元素分析**

| 项目 | | 分析值 |
|---|---|---|
| 工业分析 | $M_{ar}$/% | 11.12 |
| | $A_{ar}$/% | 9.7 |
| | $V_{ar}$/% | 34.99 |
| | $FC_{ar}$/% | 44.19 |
| 元素分析 | $C_{ar}$/% | 63.75 |
| | $H_{ar}$/% | 4.5 |
| | $O_{ar}$/% | 6.88 |
| | $N_{ar}$/% | 1.25 |
| | $S_{ar}$/% | 2.51 |
| | $Cl_{ar}$/% | 0.33 |
| 热值 | 低位热值 $Q_{net,ar}$/（kJ/kg） | 25 850 |

### 10.3.2.2 Aspen Plus 系统模拟及计算结果

Aspen Plus 为 AspenTech 公司推出的流程模拟软件。这套软件系统功能齐全、规模庞大，常常用于化工和石油化学工业、石油精炼、油气处理、合成燃料、电力发电、金属矿物、造纸、食物、制药以及生物工程等的建模。它用严格的和最新的计算方法，进行单元和全过程的计算，为企事业单位提供了准确的单元操作模型；还可以评价已有装置的优化操作和新建、改建装置的优化设计。

本节拟用 Aspen Plus 软件构建超（超）临界 CFB 发电机组、超（超）临界煤粉发电机组、煤热解气化分级转化发电系统和 IGCC 发电技术等系统模型，并通过模拟计算得出 LCA 计算所需参数。

**(1) 超（超）临界 CFB 发电机组**

作为新一代的洁净煤技术，CFB 燃烧技术已在世界范围内得到广泛应用。CFB 锅炉的低温燃烧特性（一般为 850~900℃）使得脱硫过程得以在燃烧区内进行。当 Ca/S 值为 1.5~2.5 时，CFB 锅炉的脱硫效率可达到 90%。CFB 锅炉不仅燃料适应性很广，而且其燃烧效率可达 97.5%~99.5%，可以与 PC 炉相媲美。另外，通过分级燃烧，CFB 锅炉的 $NO_x$ 排放量可控制在 50~150mg/kg（或 40~120mg/MJ）范围内，其他污染物如 CO、HCl、HF 等的排放量也很低。以上这些都是 CFB 锅炉颇具吸引力的特点。在发电热力循环中，蒸汽参数是决定机组的热效率的重要参数。燃煤火电机组的热力系统是按朗肯循环运行的，提高蒸汽的初参数（蒸汽压力和温度），采用再热系统和增加再热次数都能提高循环的热效率。因此，如果把超临界热力循环应用于 CFB 锅炉，则兼备了 CFB 燃烧技术和超临界压力蒸汽循环的优点，显然是一项很有吸引力的洁净煤燃烧技术。

本节拟参照浙江大学提出的超临界 CFB 工艺（图 10-8），锅炉的炉膛为矩形截面，炉膛下部为“裤衩图”结构。在锅炉两侧共布置 6 个旋风分离器，每个旋风分离器都与

1 台外置式换热器（EHE）连接，于炉膛两侧各布置 3 台。该锅炉布置了三级过热器，两级再热器。高温过热器和低温再热器位于尾部烟道内。低温过热器和中温过热器以及高温再热器均位于 EHE 内。利用 Aspen Plus 建立超（超）临界参数 CFB 发电系统模型如图 10-9 所示。

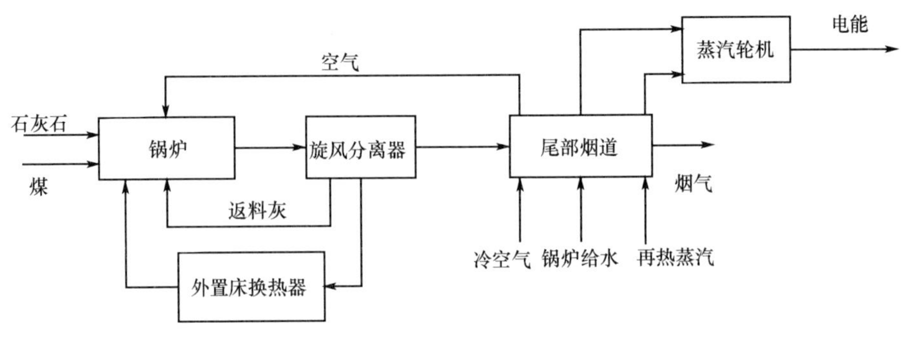


图 10-8　超（超）临界 CFB 锅炉电站工艺

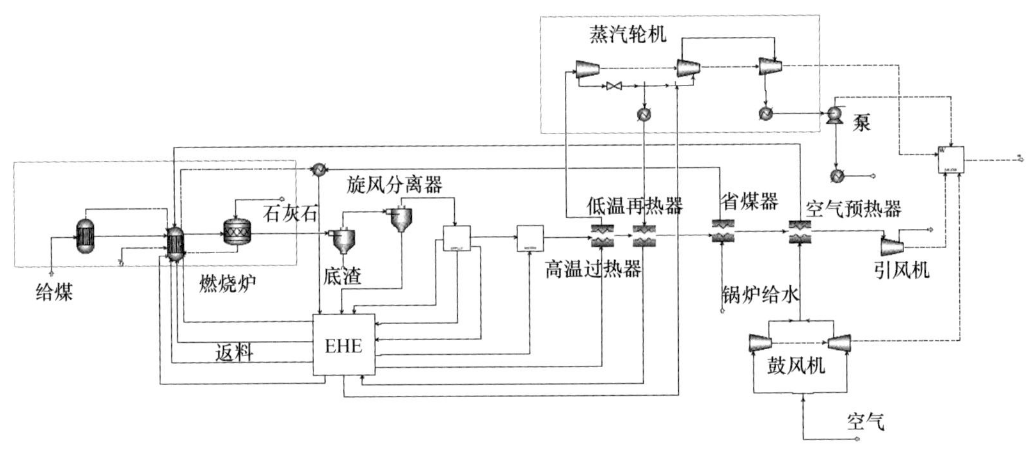


图 10-9　超（超）临界 CFB 发电系统模型

在模拟计算时，由于热解气化炉模块输送来的半焦与煤炭都具有复杂的结构与组成，因此，这里采用 Ryield 反应器、Rgibbs 反应器和 Rstoic 反应器来模拟半焦在锅炉内的脱挥发分、挥发分燃烧、半焦燃烧及炉内脱硫过程。烟气离开 Rstoic 反应器后依次进入 Fsplit 模块和 Cyclone 模块，分别模拟 CFB 锅炉的排渣过程和旋风分离器除尘过程。除尘后的烟气进入烟道中，与蒸汽和空气进行换热并降温至额定排烟温度排出系统。同时，旋风分离器分离下来的灰进入外置床换热器。与蒸汽换热后，煤灰返料回 Rgibbs 反应器。在此模块中，采用 Mheatx 换热器模块模拟烟道和外置床中布置的所有换热器的换热过程。最后，用 3 个 Compr 压缩机模块模拟蒸汽轮机。

在此模拟中考虑以下假设：①整个过程稳态等温；②煤的分解产物有 $H_2$、$N_2$、$O_2$、$H_2O$、S、C、ASH、$Cl_2$；③半焦只包括碳和灰分；④未完全燃烧碳为 2%；⑤锅炉散热损失为输入热量的 0.4%；⑥脱硫效率为 90%；⑦石灰石纯度为 100%，分解率为 100%。

### (2) 超（超）临界煤粉发电机组

机组的蒸汽参数是决定机组热经济性的重要因数。蒸汽轮机的热力系统是按朗肯循环方式工作的，提高蒸汽参数（蒸汽的初始压力和温度）、采用再热系统、增加再热次数，都可提高热力循环的效率。在一定的范围内，新蒸汽温度或再热蒸汽温度每提高 10℃，机组的热耗就可下降 0.25%～0.3%。如果增加再热次数，如采用二次再热，其热耗可较采用一次再热的机组下降 1.5%～2.0%。随着锅炉技术的发展，锅炉蒸汽参数不断朝着超超临界发展。在超临界参数 CFB 锅炉尚未商业化的背景下，具有成熟技术及运行经验的超（超）临界煤粉发电机组具有燃烧效率高、锅炉效率高、发电效率高的优点，是我国常规电站的主要发展方向，为我国工业的快速发展提供了强大的支撑。

本节按照华能营口电厂二期工程 2×600 MWe 超超临界机组（图 10-10）建立了煤粉锅炉系统模型，如图 10-11 所示。华能营口二期工程的锅炉为超超临界参数、单炉膛、一次中间再热、平衡通风、墙式切圆燃烧、紧身封闭结构、固态排渣、全钢构架、带启动循环泵、全悬吊结构"Π"形变压运行直流炉。锅炉型号为 HG-1795/26.15-YM1 型。与 CFB 锅炉相比，煤粉锅炉模型相对简单。系统模型包括煤粉燃烧炉、底渣排放系统、过热器、再热器、省煤器、空气预热器、蒸汽轮机、引风机和鼓风机等设备。

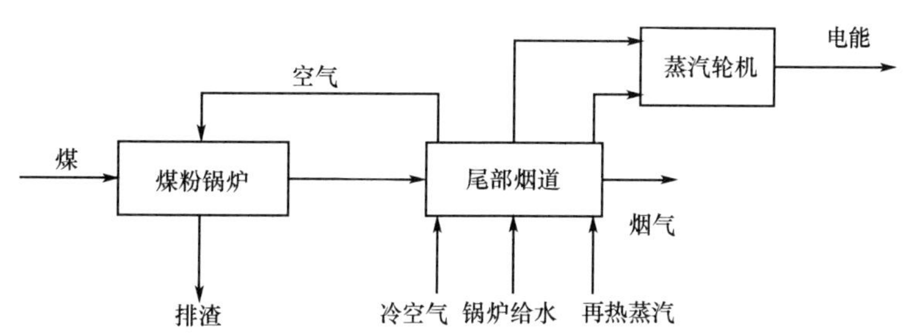


图 10-10　超（超）临界煤粉锅炉电站工艺

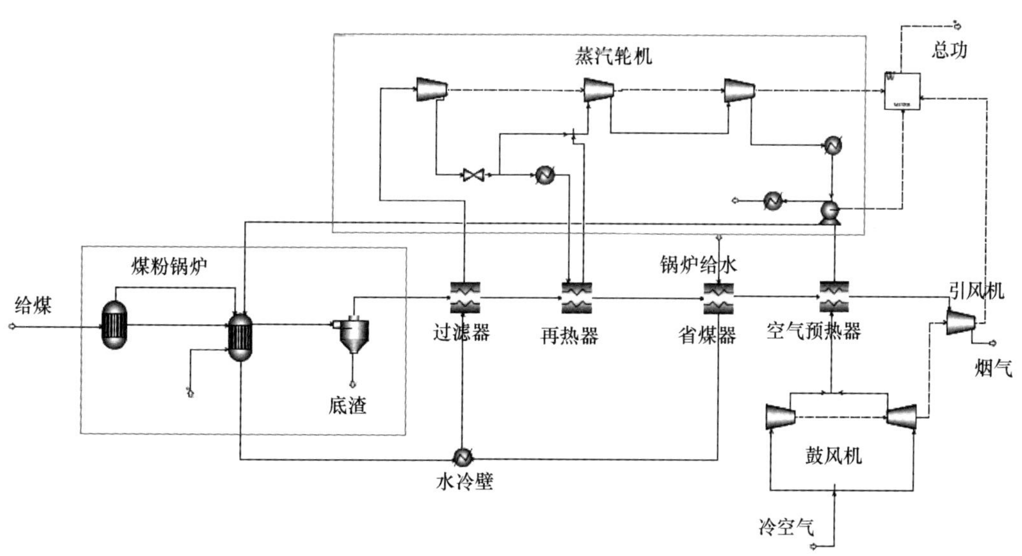


图 10-11　超（超）临界煤粉发电机组模型

与 CFB 锅炉同样，利用 Ryield 和 Rgibbs 反应器模拟煤粉在锅炉内的燃烧过程。由于煤粉锅炉无炉内脱硫，因此，与 CFB 锅炉相比，煤粉锅炉燃烧无需 Rstoic 模块。另外，由 Fsplit 模块模拟煤粉锅炉的排渣过程。之后，离开炉膛的烟气依次流经过热器、再热器、省煤器与空气预热器，并在其中与工质换热，最后温度降至额定排烟温度并排出系统。经换热后的蒸汽推动蒸汽轮机（多级 Compr 压缩机模块）发电。在此系统模型中，采用 Mheatx 换热器模块模拟换热器内的换热过程。

超超临界发电系统模拟中考虑以下假设：①整个过程稳态等温；②煤的分解产物包括 $H_2$、$N_2$、$O_2$、$H_2O$、S、C、ASH、$Cl_2$；③焦炭只包括碳和灰分；④锅炉散热损失为输入热量的 0.4%；⑤煤粉颗粒粒径分布范围为 0~200μm，遵循罗辛-拉姆勒（Rosin-Rammler）分布。

### (3) 煤热解气化分级转化发电系统

浙江大学所提出的煤热解气化分级转化技术按燃烧炉类型的不同可分为基于 CFB 锅炉的煤热解气化分级转化技术和基于煤粉锅炉的煤热解气化分级转化技术。

a. CFB 煤热解气化分级转化发电系统

CFB 煤热解气化分级转化技术是将 CFB 锅炉和热解炉紧密结合，在一套系统中实现热、电、气和焦油的联合生产。系统产生的煤气和焦油既可用于合成液体燃料，又可送至燃气轮机发电。煤热解气化分级转化发电系统如图 10-12 所示。CFB 锅炉运行温度为 850~900℃，大量的高温物料被携带出炉膛，经分离机构分离后部分作为热载体进入以再循环煤气为流化介质的流化床热解炉。煤经给料机进入热解炉和作为固体热载体的高温物料混合并加热（运行温度为 550~800℃）。煤在热解炉中经热解产生的粗煤气和细灰颗粒进入热解炉分离机构，经分离后的粗煤气进入煤气净化系统进行净化。净化后的煤气经煤气泵送至燃气轮机燃烧室，与高温下的气态焦油混合，在空气气氛下进行燃烧并推动燃气轮机膨胀机做功。烟气做功后，经余热锅炉换热后排出系统。加热至一定温度和压力的软水推动蒸汽轮机做功。煤热解产生的半焦经返料机构送至 CFB 内燃烧并产生蒸汽，推动锅炉侧蒸汽轮机发电。

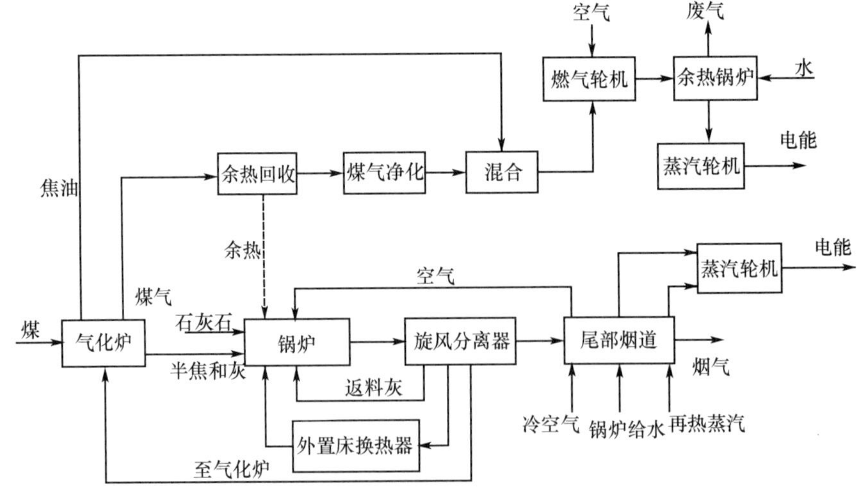


图 10-12　煤热解气化分级转化发电系统示意图

参照上述超临界热解气化分级转化发电系统工艺，构建了采取焦油煤气联合发电的热解气化分级转化发电系统模型，如图 10-13 所示。与 300MWe 亚临界多联产系统相似，用 Ryield 反应器模拟煤炭在气化炉内的热解气化过程，并且热解产物分布由实验结果给定。为简化多联产系统模型，气化炉热解所需的热量由锅炉直接提供，而无需将返料灰送至气化炉。热解产生的半焦、焦油和煤气在 Sep 模块内分离，其中，半焦送至 CFB 锅炉子模块进行燃烧。锅炉侧的半焦燃烧子模块为超临界 CFB 锅炉电厂模型。在此子模块中，联用 Ryield 反应器、Rgibbs 反应器和 Rstoic 反应器以预测煤在锅炉内部的燃烧与脱硫过程。经 Fsplit 模块排渣后的烟气进入 Cyclone 模块，分离飞灰与烟气。分离下来的飞灰首先进入外置床换热器模块（Hierarchy 模块），然后送回至锅炉，以提高锅炉的燃烧效率。脱离旋风分离器的烟气进入尾部烟道，依次流过高温过热器、低温再热器、省煤器和空气预热器，并与工质进行换热。在此系统模型中，所有的烟气换热器均采用 Mheatx 模块。另一方面，在焦油煤气联合发电子模块中，与煤炭、半焦类似，焦油亦是组成十分复杂的物质，需通过 Ryield 反应器分解成单质后方能进行燃烧。煤气首先送至余热回收单元（Heater 模块）进行换热，然后通过 Sep 模块分离 $H_2O$、$H_2S$ 和 $NH_3$等污染物。分离后的煤气与分解后的焦油混合后，送至燃气轮机内燃烧。混合物质在燃烧室内的燃烧过程由 Rgibbs 反应器模拟，燃烧产生的烟气送至 Compr 膨胀机模块做功。锅炉给水与烟气在余热锅炉（Mheatx 换热器模块）内换热后，送至蒸汽轮机（3 级 Compr 模块）膨胀做功。

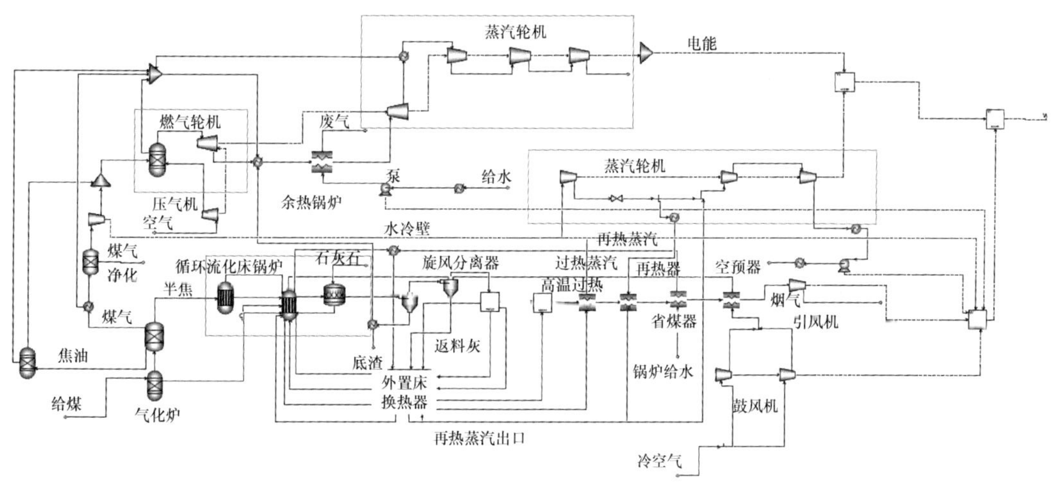


图 10-13　超（超）临界 CFB 热解气化分级转化系统模型

b. 煤粉锅炉煤热解气化分级转化发电系统

煤粉锅炉具有燃烧效率高、锅炉效率高的特点，将热解气化分级转化系统与煤粉锅炉相耦合，是分级转化系统的一个发展方向。本节拟以华能营口电厂煤粉锅炉为锅炉工艺，在此基础上参照浙江大学提出的煤炭分级转化工艺，建立煤粉锅炉煤热解气化分级转化发电系统，如图 10-14 所示。

与 CFB 煤热解气化分级转化系统相似，用 Ryield 反应器模拟煤炭在气化炉内的热解气化过程，并且热解产物分布由实验结果给定。由于现阶段基于煤粉锅炉的分级转化

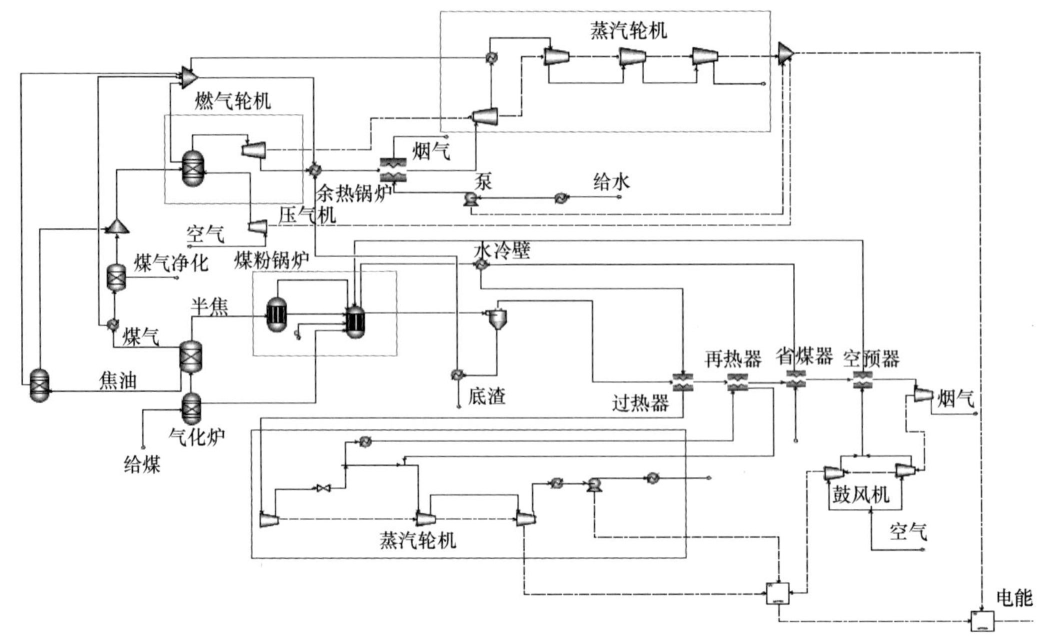


图 10-14　超（超）临界煤粉锅炉煤热解气化分级转化发电系统模型

系统仍在研究中，尚无确定的气化炉供热方案，同时为简化多联产系统模型，考虑气化炉热解所需的热量由发电系统自身提供。热解产生的半焦、焦油和煤气在 Sep 模块内分离，其中，半焦送至循环流化床锅炉子模块进行燃烧。锅炉侧的半焦燃烧子模块为超（超）临界煤粉锅炉电厂模型。在此子模块中，联用 Ryield 反应器、Rgibbs 反应器和 Rstoic 反应器以预测煤在锅炉内部的燃烧与脱硫过程。经 Fsplit 模块排渣后的烟气首先经排渣分离部分底渣后，进入尾部烟道，依次流过过热器、再热器、省煤器和空气预热器，并与工质进行换热，所有的烟气换热器均采用 Mheatx 模块。锅炉产生蒸汽推动蒸汽轮机发电。另一方面，煤热解产生的半焦和煤气经净化后，送至燃气轮机内燃烧并推动膨胀机发电。膨胀后的烟气在余热锅炉内发生热传递，之后排出系统。给水在余热锅炉加热下升温至一定温度，推动蒸汽轮机发电。燃气蒸汽联合循环发电系统与 CFB 煤热解气化分级转化系统相同，便不再赘述。

**(4) IGCC 发电系统**

IGCC 过程主要由空气分离、加压气化、烟气净化、燃气轮机发电、余热锅炉和蒸汽轮机发电组成。采用干煤粉纯氧气化工艺在 4MPa 压力下进行完全气化，气化碳转化率设定为 95%。为尽量减少能量损失，气化后至燃气轮机前的所有工艺都在 3~4MPa 工作。气化过程的氧气量设定为过量氧气系数 0.32（质量氧煤比 0.62）。气化过程温度设定为 1400℃。模拟过程中通过设定的氧煤比和给煤量调节空气分离系统所需要的空气量。

烟气净化的主要工作是除尘和脱除腐蚀性气体 $H_2S$。气化过程中产生的有毒气体 COS 通过水解反应转化为 $H_2S$ 后脱除。

$$COS + H_2O = CO_2 + H_2S \tag{10-1}$$

该反应在不同的催化剂条件下适用的工作温度不尽相同，分布在 100~500℃。本报告模拟过程中选取 140℃作为简化 COS 水解反应模块的工作温度，布置于低温除尘器后。$H_2S$ 的脱除工艺和 $CO_2$ 的吸收工艺类似。有成熟的工艺可将所获得的 $H_2S$ 转化为单质 S，该工艺自身可满足反应的热量需要，不需要输入热量。本报告对该过程进行流程简化处理。

水煤气变换反应分两段进行，因采用不同的催化剂，分别在 350℃和 250℃条件下进行。变换反应的工作条件受催化剂和温度的约束。变换反应水煤比选取 0.87。

燃气轮机所允许的入口温度受到材料的限制，根据现状和未来分别设定为 1433℃和 1500℃。由于按照当量比的煤气和空气的混合进行燃烧时温度将大大超出该限制，所以需要额外的气体对燃烧后的烟气进行稀释，或者直接送入燃烧室。因此需要将大量气体压缩至燃气轮机工作压力 3MPa，造成大量能量损耗。空气分离后产生的带压力的氮气回注入燃气轮机以提高效率。达到指定温度的空气量采用 Aspen Plus 的设计功能在计算过程中自动调节进入燃气轮机空气压缩机的空气量。

燃气轮机做功后的烟气温度不够高，因此余热锅炉的蒸汽参数受到限制。本节中选取 12.5MPa 的亚临界蒸汽参数进行模拟计算。模拟流程图如图 10-15 所示。

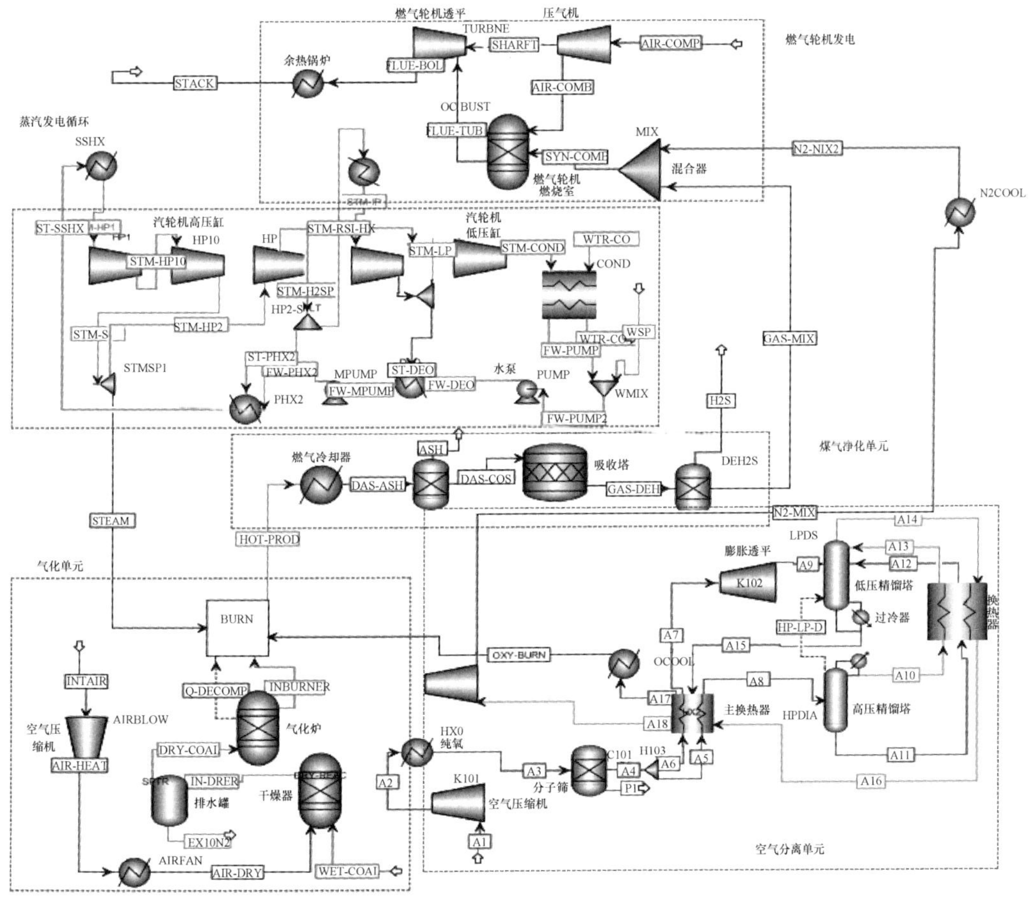


图 10-15　整体煤气化联合循环（IGCC）发电系统模型

### (5) 计算结果

通过以上计算，本课题研究的煤先进燃烧与气化发电技术的主要参数见表 10-13 至表 10-17。

**表 10-13　超（超）临界煤粉炉发电技术主要参数**

| 项目 | 现有 | 未来 | 超高参数 |
|---|---|---|---|
| 主蒸汽温度/℃ | 605 | 675 | 700 |
| 主蒸汽压力/MPa | 28 | 28 | 35 |
| 主蒸汽流量/（t/h） | 1041 | 922 | 1062. 73 |
| 再热蒸汽温度/℃ | 603 | 675 | 720 |
| 再热蒸汽压力/MPa | 4. 39 | 4. 39 | 6. 2 |
| 再热蒸汽流量/（t/h） | 854. 24 | 756. 59 | 892. 92 |
| 厂用电率/% | 3. 5 | 3. 3 | 3. 2 |
| 净发电量/MWe | 389. 13 | 396. 68 | 406. 32 |
| 辅机耗电量/MWe | 14. 11 | 13. 53 | 13. 43 |
| 供电效率/LHV,% | 46. 40 | 47. 3 | 48. 4 |

**表 10-14　IGCC 发电技术主要参数**

| 项目 | 现有 | 未来 |
|---|---|---|
| 燃气轮机型号 | W501g | M701g |
| 燃气轮机入口压力/MPa | 1. 855 | 1. 855 |
| 入口温度/℃ | 1433 | 1500 |
| 厂用电率/% | 11. 0 | 10. 9 |
| 供电效率/LHV,% | 47. 4 | 48. 1 |

**表 10-15　CFB 发电技术主要参数**

| 项目 | 超临界 | 超超临界 | 超超临界 |
|---|---|---|---|
| 主蒸汽温度/℃ | 580 | 605 | 675 |
| 主蒸汽压力/MPa | 28 | 28 | 28 |
| 主蒸汽流量/（t/h） | 1079. 28 | 1026 | 912 |
| 再热蒸汽温度/℃ | 360 | 360 | 360 |
| 再热蒸汽压力/MPa | 4. 53 | 4. 23 | 3. 94 |
| 再热蒸汽流量/（t/h） | 852. 06 | 810. 00 | 720. 00 |
| 辅机耗电量/MWe | 13. 74 | 12. 59 | 11. 61 |
| 净发电量/MWe | 375. 38 | 377. 06 | 383. 43 |
| 厂用电率/% | 3. 53 | 3. 23 | 2. 94 |
| 供电效率/LHV,% | 44. 77 | 44. 97 | 45. 73 |

表 10-16　CFB 分级转化发电技术主要参数

| 项目 | 超临界 | 超超临界 | 超超临界 |
| --- | --- | --- | --- |
| 主蒸汽温度/℃ | 580 | 605 | 675 |
| 主蒸汽压力/MPa | 28 | 28 | 28 |
| 主蒸汽流量/（t/h） | 757. 2 | 704 | 643 |
| 再热蒸汽温度/℃ | 580 | 603 | 360 |
| 再热蒸汽压力/MPa | 4. 4 | 4. 39 | 4. 4 |
| 再热蒸汽流量/（t/h） | 597. 79 | 577. 70 | 507. 63 |
| 煤气净化 | 余热回收，低温净化 | 余热回收，低温净化 | 余热回收，低温净化 |
| 燃气轮机型号 | W501g | W501g | M701g |
| 燃气轮机入口压力/MPa | 1. 855 | 1. 855 | 1. 855 |
| 入口温度/℃ | 1433. 89 | 1433. 89 | 1500 |
| 燃气蒸汽联合循环发电量/MWe | 134. 55 | 134. 55 | 136. 65 |
| 锅炉侧蒸汽轮机发电量/MWe | 277. 20 | 278. 71 | 284. 27 |
| 燃气蒸汽联合循环热效率/% | 59. 0 | 59. 0 | 59. 95 |
| 辅机耗电量/MWe | 18. 94 | 17. 77 | 17. 97 |
| 净发电量/MWe | 392. 81 | 395. 49 | 402. 95 |
| 厂用电率/% | 4. 6 | 4. 3 | 4. 27 |
| 供电效率/LHV,% | 46. 86 | 47. 18 | 48. 04 |

表 10-17　煤粉炉分级转化发电技术主要参数

| 项目 | 煤粉炉分级转化 | | | | | |
| --- | --- | --- | --- | --- | --- | --- |
| | 超临界 | 超超临界 | 超超临界 | 超高参数 | 超高参数 | 超高参数 |
| 主蒸汽温度/℃ | 605 | 675 | 675 | 700 | 700 | 700 |
| 主蒸汽压力/MPa | 28 | 28 | 28 | 35 | 35 | 35 |
| 主蒸汽流量/（t/h） | 698 | 644 | 644 | 768. 23 | 768. 23 | 768. 23 |
| 再热蒸汽温度/℃ | 603 | 675 | 675 | 720 | 720 | 720 |
| 再热蒸汽压力/MPa | 4. 39 | 4. 39 | 4. 39 | 6. 2 | 6. 2 | 6. 2 |
| 再热蒸汽流量/（t/h） | 572. 77 | 528. 46 | 528. 46 | 645. 48 | 645. 48 | 645. 48 |
| 煤气净化 | 余热回收，低温净化 | 余热回收，低温净化 | 余热回收，低温净化 | 余热回收，低温净化 | 余热回收，低温净化 | 余热回收，低温净化 |
| 燃气轮机型号 | W501g | W501g | M701g | 107FA | W501g | M701g |
| 燃气轮机入口压力/MPa | 1. 855 | 1. 855 | 1. 855 | 1. 855 | 1. 855 | 1. 855 |
| 入口温度/℃ | 1433. 89 | 1433. 89 | 1500 | 1317 | 1433. 89 | 1500 |
| 燃气蒸汽联合循环发电量/MWe | 134. 55 | 134. 55 | 136. 65 | 127. 71 | 134. 55 | 136. 65 |
| 锅炉侧蒸汽轮机发电量/MWe | 287. 45 | 293. 56 | 296. 53 | 303. 43 | 303. 43 | 303. 43 |
| 燃气蒸汽联合循环热效率/% | 59. 0 | 59. 0 | 59. 95 | 56 | 59. 0 | 59. 95 |
| 辅机耗电量/MWe | 16. 04 | 15. 84 | 15. 85 | 15. 65 | 15. 64 | 15. 67 |
| 净发电量/MWe | 405. 96 | 412. 27 | 417. 33 | 415. 49 | 422. 34 | 424. 41 |
| 厂用电率/% | 3. 8 | 3. 7 | 3. 66 | 3. 63 | 3. 57 | 3. 56 |
| 供电效率/LHV,% | 48. 43 | 49. 18 | 49. 78 | 49. 56 | 50. 38 | 50. 63 |

#### 10.3.2.3　全生命周期评价的结果与分析

本小节建立煤先进燃烧与气化发电技术的全生命周期清单，从煤先进燃烧与气化发电技术的能源效率、环境排放和影响、投资成本 3 个方面来进行全生命周期分析和评价。

**(1) 能量效率**

能量效率定义为系统输出的电能与系统输入的能量的比值，其中系统输入的能量包括原煤采集过程的能耗、原煤运输过程的能耗、煤电转化过程的能耗以及输入煤的热量。其计算公式为

$$\eta = \frac{E}{E_{\text{total}}} \tag{10-2}$$

$$E_{\text{total}} = E_{\text{mining}} + E_{\text{transportation}} + E_{\text{generation}} + E_{\text{coal}} \tag{10-3}$$

式中，$\eta$ 为系统的能量效率；$E$ 为系统输出的电能；$E_{\text{tatal}}$ 为系统输入的能量；$E_{\text{mining}}$ 为原煤采集过程的能耗；$E_{\text{transportation}}$ 为原煤运输过程的能耗；$E_{\text{generation}}$ 为煤电转化过程的能耗；$E_{\text{coal}}$ 为输入煤的热量。

各种煤先进燃烧与气化发电技术的能量效率如图 10-16 所示。从图中我们可以看到，五大类发电技术中，煤粉炉分级转化发电技术具有最高的能量效率，不同参数的煤粉炉分级转化发电技术能量效率分别为 0.459、0.467、0.472、0.470、0.478 和 0.481。这是因为，煤粉炉分级转化发电技术具有最高的供电效率（不同参数的煤粉炉分级转化发电技术供电效率分别为 48.43%、49.18%、49.78%、49.56%、50.38% 和 50.63%），使得在输出相等的电能时，电厂具有最小的煤耗量，从而使得单位输出电能的原煤采集能耗、原煤运输能耗也相应降低；此外，煤粉炉分级转化发电技术的厂用电率在所有技术中也仅仅高于超超临界发电技术，处在较低的水平。CFB 分级转化发电技术也具有较高的供电效率，不同参数的 CFB 分级转化发电技术供电效率分别为 46.86%、47.18% 和 48.04%，但是由于较高的厂用电率，所以能量效率在所有煤先进燃烧与气化发电技

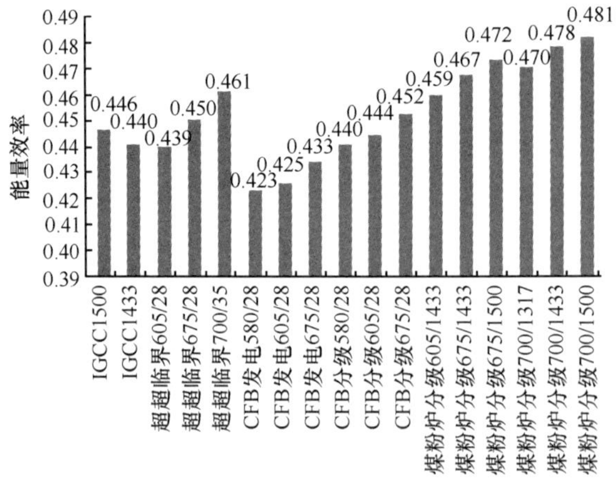


图 10-16　各种煤先进燃烧与气化发电技术的全生命周期能量效率

术中处于第二集团。IGCC 和超超临界发电技术的能量效率处于相当的水平，这是因为尽管 IGCC 的供电效率略高于超超临界发电技术，但是 IGCC 具有较高的厂用电率，使得最终的能量效率与超超临界发电技术十分接近；CFB 发电技术则由于较高的厂用电率略低于其余发电技术。

**(2) 环境影响**

a. 温室气体排放

煤电产业链中产生的温室气体主要包括 $CO_2$、$CH_4$ 和 $N_2O$。对于温室气体的排放，国际上用全球暖化潜能值（greenhouse gas warming potential，GWP）来表征。政府间气候变化专门委员会（IPCC）的温室气体预设值见表 10-18。

**表 10-18　IPCC 温室气体预设值**

（单位：g$CO_2$当量/g 温室气体）

| 温室气体化学式 | GWP |
|---|---|
| $CO_2$ | 1 |
| $CH_4$ | 23 |
| $N_2O$ | 296 |

图 10-17 中给出了各种煤先进燃烧与气化发电技术的温室气体潜力（GWP）计算结果。从图中我们可以看出，供电效率越高的发电技术具有越低的温室气体排放。这是由于在整个煤电产业链的生命周期中，温室气体的排放大部分来源于煤中固定碳转化成的 $CO_2$ 气体，供电效率越高，意味着单位输出电能消耗的原煤量越小，从而煤中固定碳转化成的 $CO_2$ 气体量也就越小；同时，98% 的 $CH_4$ 是由原煤开采过程所释放，单位输出电能的煤耗量越小，$CH_4$ 排放也越小。

b. 大气污染物排放

煤电产业链中的大气污染物排放种类繁多，包括 PM、PM-10、PM-2.5、$CO_2$、$SO_2$、$SO_3$、NO、$NO_2$、$N_2O$、CO、$NH_3$、HCl、HF、$CH_4$、As、Cd、Cr、Cu、Hg、Ni、Pb、Zn、Sb、Be、B、F、Mn、Se、V、Co、Ba、Ag、TI、VOC 等。在这里，我们选取其中的 $SO_2$ 与 $NO_x$ 来进行具体讨论。因为这两种大气污染物能够直接造成酸雨、富营养化、光化学现象等自然灾害；中国政府和环境保护局也对这两种排放制定了定量的排放标准，对其排放进行严格控制。

表 10-19 和表 10-20 列出了各种煤先进燃烧与气化发电技术的全生命周期 $SO_2$ 与 $NO_x$ 排放，计算结果的柱状图如图 10-18 所示。从图表中的数据我们可以看到，在 $SO_2$ 排放方面，IGCC 具有最低的全生命周期排放量。这是由于煤电产业链中 $SO_2$ 排放的主要来源是煤转化过程中释放出的硫。而 IGCC 在气化过程中，煤中的硫元素大部分转化为了 $H_2S$，并在后续合成气处理工艺中绝大部分转化为了单质硫，因此 IGCC 的全生命周期 $SO_2$ 排放量很低。分级转化发电技术的 $SO_2$ 排放量也大大低于煤的直接燃烧发电技术，约为后者 $SO_2$ 排放量的一半。这是由于在煤的热解过程中，煤中的部分硫元素以 $H_2S$ 的形式释放了出来，并在合成气处理工艺中得以脱除，而剩下的部分硫元素则在半焦燃烧过程中以 $SO_2$ 形式释放出来。在 $NO_x$ 排放方面，分级转化发电技术具有最低的 $NO_x$ 排放量。

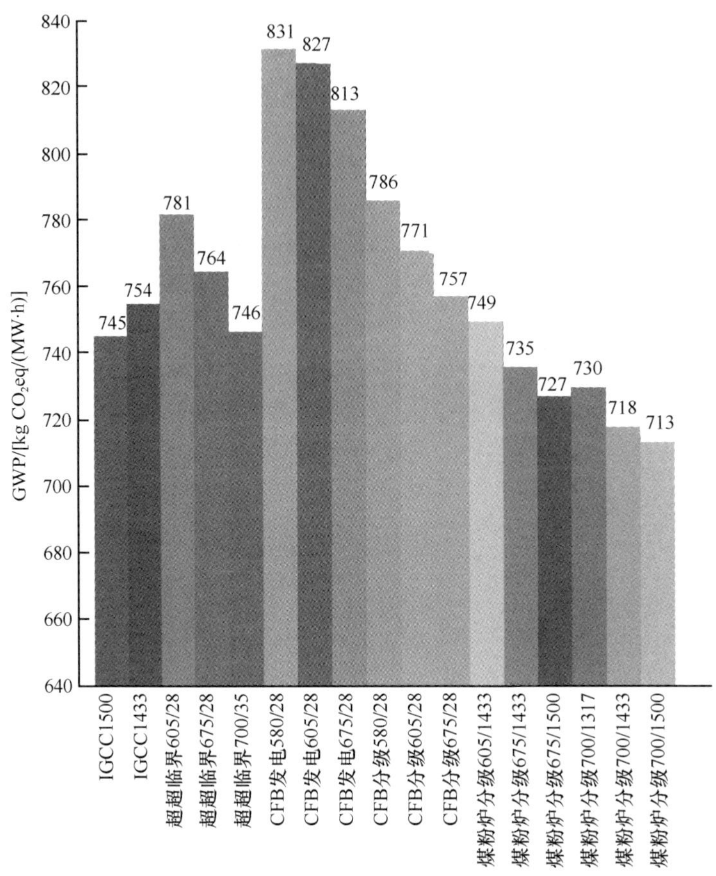


图 10-17 各种煤先进燃烧与气化发电技术的全生命周期 GWP 值

这是因为在煤的热解过程中，煤中的部分氮元素在还原性气氛下未被氧化成 $NO_x$ 而直接被释放出来，并在合成气处理工艺中得以脱除；此外，分级转化发电技术具有较高的供电效率，使得前端原煤开采与原煤运输中的 $NO_x$ 排放也得以减少。

**表 10-19 各种煤先进燃烧与气化发电技术的全生命周期 $SO_2$ 与 $NO_x$ 排放（1）**

| 项目 | IGCC 1500 | IGCC 1433 | 超超临界 605/28 | 超超临界 675/28 | 超超临界 700/35 | CFB 发电 580/28 | CFB 发电 605/28 | CFB 发电 675/28 | CFB 分级 580/28 | CFB 分级 605/28 |
|---|---|---|---|---|---|---|---|---|---|---|
| $SO_2$/［kg/（MW·h）］ | 0.0955 | 0.0967 | 0.88 | 0.863 | 0.863 | 0.885 | 0.879 | 0.858 | 0.443 | 0.438 |
| $NO_x$/［kg/（MW·h）］ | 0.357 | 0.361 | 0.459 | 0.45 | 0.45 | 0.494 | 0.49 | 0.481 | 0.294 | 0.291 |

**表 10-20 各种煤先进燃烧与气化发电技术的全生命周期 $SO_2$ 与 $NO_x$ 排放（2）**

| 项目 | CFB 分级 675/28 | 煤粉炉分级 605/1433 | 煤粉炉分级 675/1433 | 煤粉炉分级 675/1500 | 煤粉炉分级 700/1317 | 煤粉炉分级 700/1433 | 煤粉炉分级 700/1500 |
|---|---|---|---|---|---|---|---|
| $SO_2$/［kg/（MW·h）］ | 0.431 | 0.426 | 0.42 | 0.415 | 0.417 | 0.410 | 0.407 |
| $NO_x$/［kg/（MW·h）］ | 0.286 | 0.281 | 0.277 | 0.273 | 0.274 | 0.27 | 0.268 |

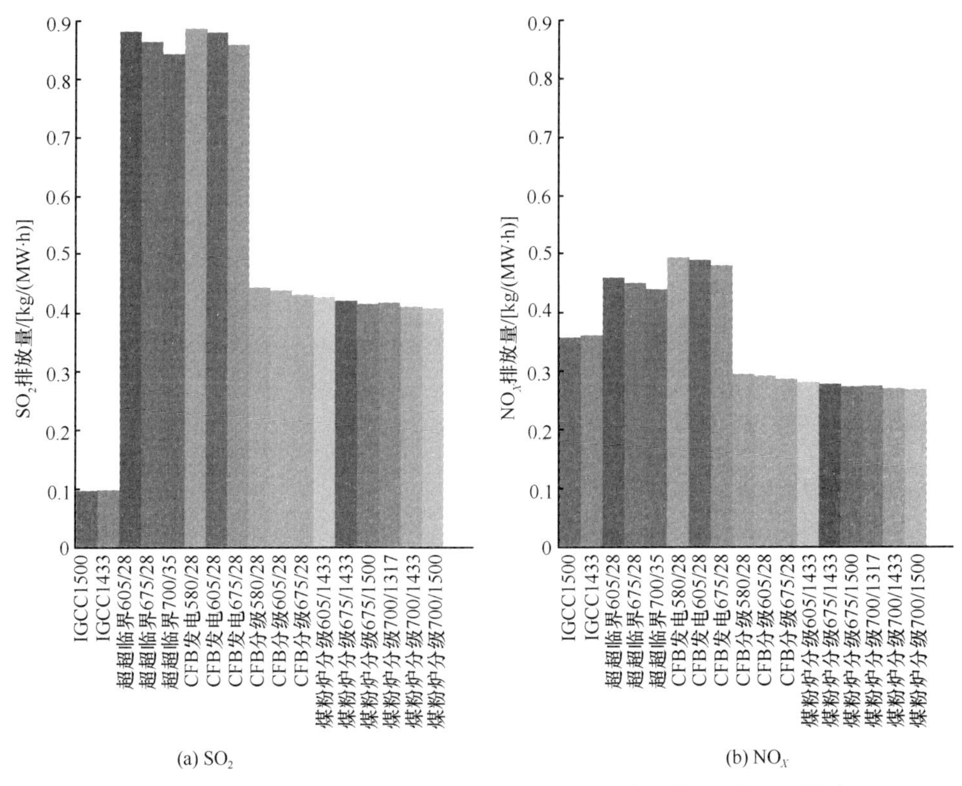


图 10-18 各种煤先进燃烧与气化发电技术的全生命周期 $SO_2$ 与 $NO_x$ 排放

c. 环境影响指标

煤电产业链中的污染物排放种类众多，而不同的污染物会造成不同的环境负面影响，包括酸雨、富营养化、光化学现象等。因此，在这里我们选取具有代表性的几个环境影响指标从影响结果的角度对各种煤先进燃烧与气化发电技术的全生命周期环境影响进行分析和评价。

1）酸化潜力（acidification potential，AP）。酸雨是工业高度发展而出现的副产物。人类大量使用煤、石油、天然气等化石燃料，燃烧后产生的 $SO_x$ 或 $NO_x$，在大气中经过复杂的化学反应，形成硫酸或硝酸气溶胶或为云、雨、雪、雾捕捉吸收，降到地面成为酸雨。酸化潜力是指污染物排放对酸雨形成的影响能力，主要与煤电产业链中的 $SO_2$、$SO_3$、$NO_x$、$NH_3$、HCl、HF 相关，单位为 kg $SO_2$-eq/（MWe · h）输出电能。各种煤先进燃烧与气化发电技术的全生命周期酸化潜力如图 10-19 所示。图中数据表明，IGCC 的全生命周期酸化潜力最低。这是由于 IGCC 全生命周期的 $SO_2$ 与 $NO_x$ 排放量都相对较小。分级转化发电技术介于 IGCC 与直接燃煤发电技术之间，而由于其 $NO_x$ 排放量比 IGCC 更低，因此全生命周期酸化潜力与 IGCC 的差距小于全生命周期 $SO_2$ 排放量的差距。

2）富营养化潜力（eutrophication potential，EP）。富营养化是指生物所需的氮、磷等营养物质大量进入湖泊、河口、海湾等缓流水体，引起藻类及其他浮游生物迅速繁殖、水体溶解氧正解、鱼类及其他生物大量死亡的现象。大量死亡的水生生物沉积到湖底，被微生物分解，消耗大量的溶解氧，使水体溶解氧含量急剧降低，水质恶

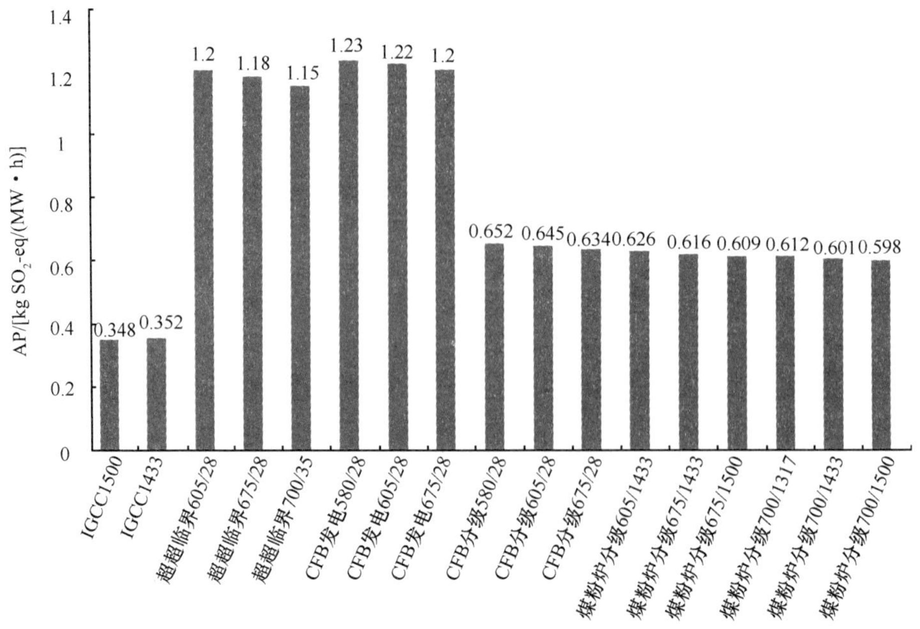


图 10-19 各种煤先进燃烧与气化发电技术的全生命周期酸化潜力

化，以致影响到鱼类的生存，大大加速了水体的富营养化过程。水体出现富营养化现象时，由于浮游生物大量繁殖，往往使水体呈现蓝色、红色、棕色、乳白色等，这种现象在江河湖泊中叫水华（水花），在海中叫赤潮。在发生赤潮的水域里，一些浮游生物暴发性繁殖，使水变成红色，因此叫“赤潮”。这些藻类有恶臭、有毒，鱼类不能食用。藻类遮蔽阳光，使水底生植物因光合作用受到阻碍而死去，腐败后放出氮、磷等植物的营养物质，再供藻类利用。这样年深月久，造成恶性循环，藻类大量繁殖，水质恶化而又腥臭，水中缺氧，造成鱼类窒息死亡。水体富营养化过程与氮、磷的含量及氮磷含量的比率密切相关。反映营养盐水平的指标总氮与总磷、反映生物类别及数量的指标叶绿素 a 和反映水中悬浮物及水体中胶体物质多少的指标透明度作为控制湖泊富营养化的一组指标。富营养化与煤电产业链中产生的 $PO_4$、$NO_x$、$NH_3$ 相关，单位是 kg Phosphate-eq/（MWe·h）输出电能。各种煤先进燃烧与气化发电技术的全生命周期富营养化潜力如图 10-20 所示。分级转化发电技术具有最低的全生命周期富营养化潜力，IGCC 次之，而直接燃煤发电技术的全生命周期富营养化潜力最高。这个顺序与全生命周期 $NO_x$ 排放量的顺序是一致的。

3）人体毒理潜力（human toxicity potential，HTP）。这个指标用来评估工程对人体造成的毒性影响，主要由重金属和含氯的碳氢化合物构成，其单位 kg DCB-eq/（MWe·h）. 指的是当量的二氯苯（DCB）。各种煤先进燃烧与气化发电技术的全生命周期人体毒理潜力如图 10-21 所示。IGCC 与煤粉炉分级转化发电技术相当，具有最低的全生命周期人体毒理潜力。CFB 分级转化发电技术略高于 IGCC 与煤粉炉分级转化发电技术，而直接燃煤发电技术的全生命周期人体毒理潜力最高。

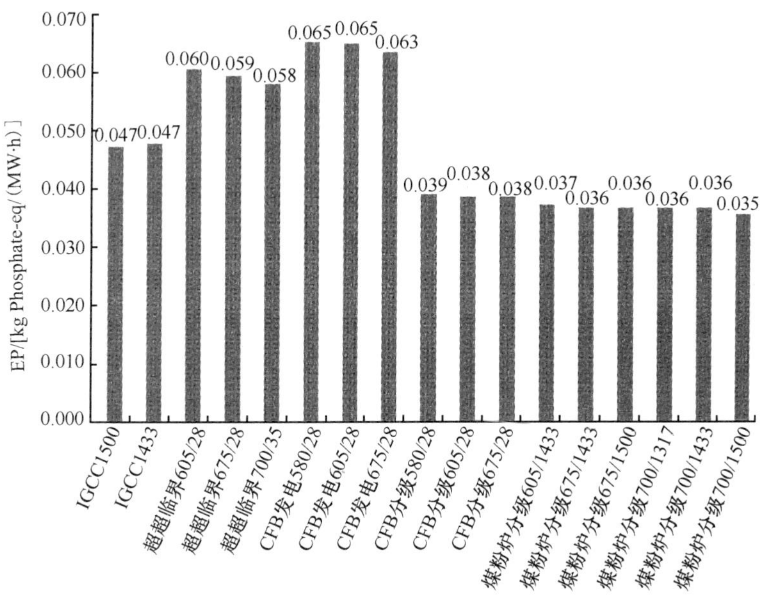


图 10-20　各种煤先进燃烧与气化发电技术的全生命周期富营养化潜力

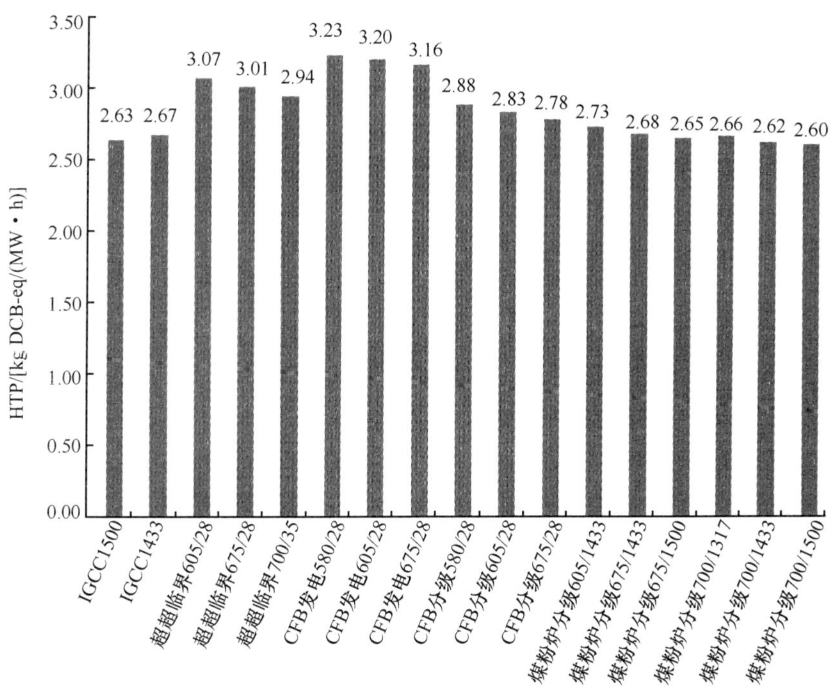


图 10-21　各种煤先进燃烧与气化发电技术的全生命周期人体毒理潜力

4）光化学潜力（photochemical potential，POCP）。汽车、工厂等污染源排入大气的碳氢化合物（CH）和氮氧化物（$NO_x$）等一次污染物，在阳光的作用下发生化学反应，生成臭氧（$O_3$）、醛、酮、酸、过氧乙酰硝酸酯（PAN）等二次污染物，参与光化学反应过程的一次污染物和二次污染物的混合物所形成的烟雾污染现象叫做光化学烟雾。光化学烟雾的成分非常复杂，具有强氧化性，刺激人们眼睛和呼吸道黏膜，伤害植物叶子，加速橡胶老化，并使大气能见度降低。对人类、动植物和材料有害的主要是臭氧、PAN 和丙烯醛、甲醛等二次污染物。臭氧、PAN 等还能造成橡胶制品的老化、脆裂，使染料褪色，并损害油漆涂料、纺织纤维和塑料制品等。光化学潜力这个指标就是用来表征污染物引起光化学现象的能力，单位为 kg $C_2H_6$-eq/（MWe・h）输出电能。各种煤先进燃烧与气化发电技术的全生命周期光化学潜力如图 10-22 所示。图中数据表明，IGCC 具有最低的全生命周期光化学潜力，直接燃煤技术的全生命周期光化学潜力最高，分级转化发电技术介于两者之间。这是由于 IGCC 中煤气化的程度很高，许多污染物的组成元素都在气化过程中已经释放出来，并在合成气处理工艺中被脱除。

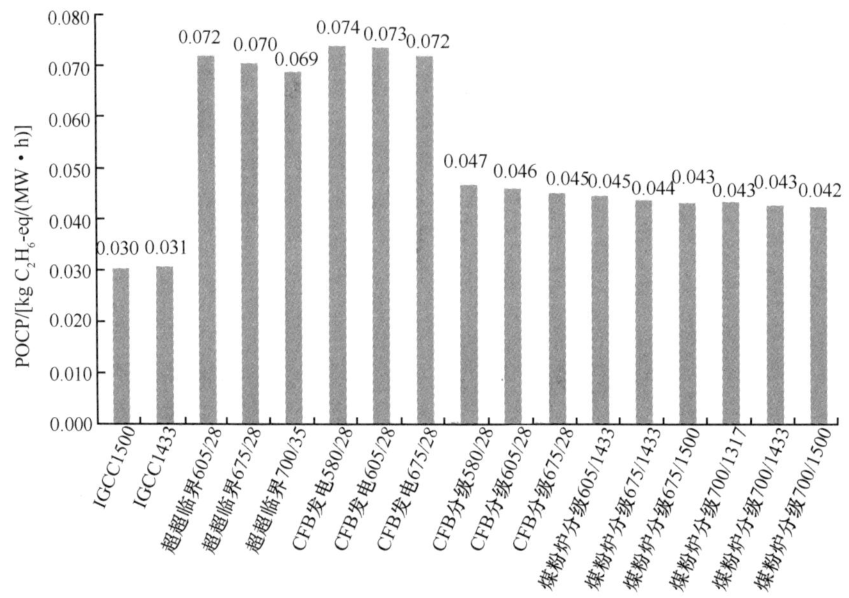


图 10-22　各种煤先进燃烧与气化发电技术的光化学潜力

**（3）投资成本**

投资成本对于技术由科研成果转化为生产力具有十分重要的意义。因此本节列举了几种煤先进燃烧与气化发电技术的投资成本并作了讨论。

由于本课题研究的大部分煤先进燃烧与气化发电技术尚在示范阶段或科研阶段，为了保证数据的可信度，我们仅列举超超临界发电技术、IGCC、CFB 分级转化发电技术的投资成本。这三项技术的投资成本数据来源于中国电力工程顾问集团公司的资料、美国能源部的报告、实际工程的建设报告和运行报告，具有较高的代表性。而这三项技术分别代表了直接燃煤发电技术、IGCC 和分级转化发电技术。

这 3 种煤先进燃烧与气化发电技术的投资成本见表 10-21。我们看到，超超临界发电技术的投资成本最低，为 3600 元/kW；CFB 分级转化发电技术的投资成本略高，为 4900 元/kW；而 IGCC 的成本最高，为 16 000 元/kW。首先，超超临界发电技术与其余两种发电技术相比具有比较简单的工艺流程，而且其机组部件已经比较商业化，因此成本最低。CFB 分级转化在超超临界发电技术的基础上，主要添加设备为煤的热解单元、合成气净化单元和燃气轮机发电单元，工艺流程仍然比较简单，而且由于分级转化技术的热解单元工作在常压、中温下，因此热解炉的材料要求并不高，主要增加的投资在于合成气净化单元和燃气轮机发电单元，总投资比超超临界发电技术高出 1/3，但大大低于 IGCC。IGCC 的工艺流程最为复杂，而且为了达到 90%~95% 的气化效率，气化炉需要工作在高温、高压条件下，因此对材料、制造工艺的要求大大提升。再加上目前 IGCC 系统还未能充分商业化生产，因此具有比较高昂的投资成本。

**表 10-21 三种煤先进燃烧与气化发电技术的投资成本**

| 煤电技术 | 超超临界 | IGCC | CFB 分级转化 |
| --- | --- | --- | --- |
| 投资成本/（元/kW） | 3 600 | 16 000 | 4 900 |

### （4）小结

本节对五大类煤先进燃烧与气化发电技术即超超临界煤粉（PC）炉发电技术、整体煤气化联合循环发电技术（IGCC）、循环流化床（CFB）发电技术、循环流化床（CFB）分级转化发电技术、超超临界煤粉（PC）炉分级转化发电技术的 13 个案例进行了全生命周期评价，涵盖了能量效率、环境影响和投资成本三大方面的分析和评估，主要结果汇总见表 10-22。

表中数据表明，从能量效率的角度，分级转化发电技术具有最高的供电效率，尤其是煤粉炉分级转化技术还具有较低的厂用电率，因此总的能量效率最高。IGCC 与超超临界发电技术的能量效率基本持平。

从环境影响的角度，温室气体的排放量与能量效率关系密切，效率越高的发电技术温室气体排放量越低；IGCC 具有最低的 $SO_2$ 排放量，而分级转化发电技术的 $NO_x$ 排放最低。从环境影响的综合指标上看，IGCC 具有最低的酸化潜力和光化学潜力，分级转化发电技术具有最低的富营养化潜力；人体毒理潜力方面这两项技术则相差不大。这都是得益于部分污染物元素在热解气化阶段已经以较为容易脱除的形态析出，在合成气净化工艺中得到了脱除。直接燃煤发电技术的所有环境影响指标都略高。

从投资成本的角度，直接燃煤发电技术由于技术成熟度和市场成熟度都较高，因而具有最低的投资成本；分级转化发电技术在直接燃煤发电技术的基础上增添了少量功能单元，总投资比直接燃煤技术增加了大约 1/3；而 IGCC 由于较为复杂的流程工艺与较为苛刻的工作条件，具有比较高昂的造价。

综上所述，IGCC 技术具有十分清洁、高效的特点，但是投资成本高。直接燃煤技术投资少，但对环境的影响较大。分级转化技术则实现了在充分提高能量效率的基础上，对污染物的排放也得到了非常有效的控制，并且投资成本仅有小幅度的提高，有利于推广和商业化运作。这项技术不但能够在新建电厂中得到广泛应用，而且对于国内现有的大部分燃煤机组也能低成本地进行改造，符合中国燃煤发电技术当前的国情。

**表 10-22　各种煤先进燃烧与气化发电技术的全生命周期评价主要结果汇总**

| 项目 | 超超临界 | | | IGCC | | | CFB 发电 | | | CFB 分级转化 | | | PC 分级转化 | | | | | |
|---|---|---|---|---|---|---|---|---|---|---|---|---|---|---|---|---|---|---|
| | 现有 | 未来 | 超高参数 | U. S DOE | 现有 | 未来 | 超临界 | 超超临界 | 超超临界 | 超临界 | 超超临界 | 超超临界+未来 | 超超临界 | 超超临界 | 超超临界+未来 | 超高参数 | 超高参数 | 超高参数 |
| 主蒸汽温度/℃/压力/MPa | 605/28 | 675/28 | 700/35 | — | — | — | 580/28 | 605/28 | 675/28 | 580/28 | 605/28 | 675/28 | 605/28 | 675/28 | 675/28 | 700/35 | 700/35 | 700/35 |
| 燃机入口温度/℃ | — | — | — | 1 433 | 1 433 | 1 500 | — | — | — | 1 433 | 1 433 | 1 500 | 1 433 | 1 433 | 1 500 | 1 317 | 1 433 | 1 500 |
| 厂用电率/% | 3. 5 | 3. 3 | 3. 2 | 10. 47 | 11. 0 | 10. 9 | 4. 53 | 4. 23 | 3. 94 | 4. 6 | 4. 3 | 4. 27 | 3. 8 | 3. 7 | 3. 66 | 3. 63 | 3. 57 | 3. 56 |
| 系统供电效率（低位）/% | 46. 4 | 47. 3 | 48. 4 | 47. 4 | 47. 4 | 48. 1 | 44. 77 | 44. 97 | 45. 78 | 46. 86 | 47. 18 | 48. 04 | 48. 43 | 49. 18 | 49. 78 | 49. 56 | 50. 38 | 50. 63 |
| 全球暖化潜能值/［kg $CO_2$eq/（MW·h）］ | 781 | 764 | 746 | 755 | 755 | 745 | 831 | 826 | 813 | 786 | 771 | 757 | 749 | 736 | 727 | 730 | 718 | 713 |
| $NO_x$/［kg/（MW·h）］ | 0. 459 | 0. 45 | 0. 44 | 0. 3 | 0. 361 | 0. 357 | 0. 494 | 0. 49 | 0. 481 | 0. 294 | 0. 291 | 0. 286 | 0. 281 | 0. 277 | 0. 273 | 0. 274 | 0. 27 | 0. 268 |
| $SO_2$/［kg/（MW·h）］ | 0. 88 | 0. 86 | 0. 842 | 0. 03 | 0. 1 | 0. 1 | 0. 885 | 0. 879 | 0. 858 | 0. 443 | 0. 438 | 0. 431 | 0. 43 | 0. 42 | 0. 415 | 0. 417 | 0. 410 | 0. 407 |
| 富营养化潜力/［kg Phosphate-eq/（MW·h）］ | 0. 06 | 0. 06 | 0. 058 | — | 0. 05 | 0. 05 | 0. 0648 | 0. 0645 | 0. 063 | 0. 039 | 0. 038 | 0. 038 | 0. 037 | 0. 036 | 0. 036 | 0. 036 | 0. 036 | 0. 035 |
| 人体毒理潜力/［kg DCB-eq/（MW·h）］ | 3. 07 | 3. 01 | 2. 94 | — | 2. 67 | 2. 63 | 3. 23 | 3. 2 | 3. 16 | 2. 88 | 2. 83 | 2. 78 | 2. 73 | 2. 68 | 2. 65 | 2. 66 | 2. 62 | 2. 60 |
| 造价/（元/kW） | 3 600 | — | — | 16 000 | 16 000 | — | — | — | — | 4 900 | — | — | — | — | — | | | |

资料来源：Xiaoye Liang et al. ，2013

### 10.3.3　以减排 $CO_2$ 为目的煤先进燃烧与气化工艺分析

课题还考虑 $CO_2$ 捕获与储存（CCS）技术来解决煤燃烧与气化过程 $CO_2$ 减排问题，针对常压或加压 PC 富氧燃烧、加压气化（IGCC）加 CCS、常规 PC 空气燃烧加 CCS 和化学链气化等考虑 $CO_2$ 减排的 5 个典型煤燃烧与气化技术方向与 12 个技术途径或工况，采用流程仿真手段分析其能效和经济性，探寻考虑 $CO_2$ 减排同时如何寻求高效与低成本的合理减排 $CO_2$ 煤燃烧与气化等转化途径。

工业过程大量的 $CO_2$ 的排放是造成全球温室效应的主要原因之一。为应对温室效应，目前主流的应对措施是将 $CO_2$ 从工业燃烧过程中分离捕获出来，进行压缩和存储，统称为 CCS。电力生产过程中的 CCS 技术按照 $CO_2$ 分离过程在燃烧过程中的位置分类主要有 3 种，分别是燃烧前、燃烧中和燃烧后。在同一类的 CCS 技术中，存在不同的技术手段实现 $CO_2$ 的分离捕获。燃烧前 CCS 以煤气化多联产技术为代表，称为 IGCC-CCS。燃烧中的 CCS 技术可以通过富氧燃烧、基于金属氧化物吸收剂的化学链燃烧与气化等实现。燃烧后 CCS 技术采用吸收剂或者其他的分离方式将燃烧后的烟气中的 $CO_2$ 分离出来。

虽然 CCS 技术实现的种类繁多，但是无论哪种 CCS 技术都会消耗发电系统大量的电力或者热能，直接造成发电系统的发电效率大幅降低。由于高昂的 CCS 代价，不得不对各种 CCS 技术进行深入的评估，便于选择合理经济的 CCS 方式，以最小的负担缓解全球变暖危机。

Aspen Plus 是一款模拟化工流程的商业软件，在化工和能源领域得到了广泛的应用。其计算依据包括物性参数方法、最小吉布斯自由能（燃烧）、经验运行参数以及质量和能量的守恒、化工原理等。

本报告利用上述软件包对几种典型的 CCS 技术进行流程模拟，从现状和未来结合的角度，对这几种 CCS 技术的能耗进行了分析和比较，包括常压和加压的富氧燃烧技术、ICCC 及其 CCS 系统、基于氨法吸收的燃烧后 CCS 技术、$CO_2$ 捕获效率较低的低成本 CCS 技术、化学链气化及其 CCS 技术，探索降低 CCS 成本的方式。

#### 10.3.3.1　模拟方法

本小节以某 1000 MW 超超临界燃煤发电机组为参考，利用 Aspen Plus 商业软件包，对上述的 CCS 流程以及无 CCS 的对比流程分别进行了流程模拟，评价 $CO_2$ 捕获并压缩后，机组效率受 $CO_2$ 捕获和压缩存储单元的影响。

模型计算边界条件与假设如下：①所有模拟系统的给煤量一致，为 105kg/s，煤质参数见表 10-23。②除 IGCC 外，燃烧过程中的氧化剂过量 5%，保证燃烧完全。③除 IGCC 余热锅炉采用亚临界外，其他的 CCS 技术的蒸汽参数均基于超超临界。④捕获后的 $CO_2$ 均压缩至 11MPa，并冷却至常温。⑤简化换热布置，不对锅炉内烟气换热进行详细计算。⑥将温度在 120℃ 以上的热工质的热量回收进入蒸汽循环利用；环境温度 30℃。⑦系统流程中部分厂用电未进行计算，按经验值选取。⑧其他细节见各系统的具体描述。

表 10-23 煤质参数

| 发热量/(J/g) | 工业分析/% | | | | 元素分析/% | | | | |
|---|---|---|---|---|---|---|---|---|---|
| $Q_{net,ar}$ | $M_{ad}$ | $M_t$ | $A_{ar}$ | $V_{daf}$ | $C_{ar}$ | $H_{ar}$ | $O_{ar}$ | $N_{ar}$ | $S_{t,ar}$ |
| 22 934 | 3.75 | 10.7 | 15.27 | 34.15 | 59.03 | 3.84 | 9.61 | 0.79 | 0.76 |

对于以卡诺循环为基础的热力发电，工质的初始参数如温度和压力越高、循环的终止参数越低，系统的发电效率将越高。目前，由于材料的限制，蒸汽发电循环以超超临界参数最高，其主蒸汽温度为605℃左右，压力为28MPa左右。燃气轮机的入口温度由于技术的限制，亦无法直接用气体燃料接近当量比燃烧后的烟气作为介质，需要引入大量空气进行冷却。着眼于技术的进步与发展，本报告对未来超超临界机组的主蒸汽温度可能提高到675℃的超超临界、燃气轮机一级入口温度从1433℃提高到1500℃的IGCC技术与现有技术水平进行了对比，探索未来的发展道路。

另外对煤化学链气化与燃料电池结合的发电系统的CCS能效进行了分析，尽管燃料电池距离大型商业化运用还有较长的距离。化学链气化过程以及其燃烧过程均采用纯氧，因此最后排空的烟气中的主要成分为水蒸气和$CO_2$，和富氧燃烧后的烟气气氛相似，也可较方便地进行$CO_2$捕获。

本报告中进行的所有模拟的技术方案见表10-24。其中为了对常压富氧燃烧和加压富氧燃烧进行详细的对比，对水煤浆的加压富氧燃烧进行了3个压力下的富氧燃烧流程模拟，见表10-25。

表 10-24 模拟的工况列表汇总

| 项目 | 有/无 CCS | 燃烧室压力/MPa | 备注 |
|---|---|---|---|
| 富氧燃烧 | CCS | 常压 | 主蒸汽温度 605℃ |
| | | 3.13 | 主蒸汽温度 605℃ |
| 富氧燃烧未来 | CCS | 常压 | 主蒸汽温度 675℃ |
| | | 3.13 | 主蒸汽温度 675℃ |
| IGCC | CCS | 2.4 | 燃机入口温度 1433℃ |
| | 无 | 2.4 | 燃机入口温度 1433℃ |
| IGCC 未来 | CCS | 2.4 | 燃机入口温度 1500℃ |
| | 无 | 2.4 | 燃机入口温度 1500℃ |
| 超超临界 | CCS | 常压 | 主蒸汽温度 605℃ |
| | 无 | 常压 | 主蒸汽温度 605℃ |
| 超超临界未来 | CCS | 常压 | 主蒸汽温度 675℃ |
| | 无 | 常压 | 主蒸汽温度 675℃ |
| | CCS 未来 | 常压 | 主蒸汽温度 675℃ |
| 未来低成本 CCS | CCS 低成本 | 常压 | 主蒸汽温度 675℃ |

续表

| 项目 | 有/无 CCS | 燃烧室压力/MPa | 备注 |
| --- | --- | --- | --- |
| 化学链气化 | CCS | | 燃机入口温度 1500℃ |
| | | | 燃料电池温度 1000℃ |
| | 无 | | 燃机入口温度 1500℃ |
| | | | 燃料电池温度 1000℃ |
| 煤分级转化分电 | 无 | | 燃机入口温度 1500℃<br>主蒸汽温度 675℃ |
| | CCS | | |
| | CCS 未来 | | |
| | CCS 低成本 | | |

### 10.3.3.2 各 CCS 系统流程介绍

#### (1) 常压/加压富氧燃烧

常压富氧燃烧和加压富氧燃烧的模拟流程相似，这里以常压富氧燃烧流程为主进行介绍。常压富氧燃烧-二氧化碳捕获机组流程的主要子系统包括燃烧系统、空分系统（ASU）、烟气预处理和二氧化碳捕获系统、蒸汽发电循环。空分系统根据燃烧所需的过量氧气系数以及再循环风中的氧量对空气进行深冷分离，获得所需要氧气。烟气预处理流程对烟气进行进一步除尘以及冷凝干燥。二氧化碳捕获系统分为两级。经过冷凝、干燥的烟气经过一级压缩后通过串联的两组降温和闪蒸除杂，然后进行进一步压缩至指定压力。富氧燃烧模拟的整体流程图如图 10-23 所示。

**表 10-25 常压富氧燃烧和加压富氧燃烧对比工况（主蒸汽温度 605℃）**

| 项目 | 常压/加压 | 燃烧室压力/MPa |
| --- | --- | --- |
| 煤粉 | 常压 | 0.1 |
| | 加压 | 3.13 |
| 水煤浆 | 常压 | 0.1 |
| | 加压 1 | 0.69 |
| | 加压 2 | 3.13 |

空分系统采用中压双塔深冷分离流程，如图 10-24 所示。鉴于锅炉以及烟风系统的漏风一定会存在，用于富氧燃烧的空分的氧气纯度没有必要达到 99% 甚至更高的纯度，这里氧气的纯度选在 97% 左右，主要杂质为 Ar 和 $N_2$。

燃烧系统如图 10-25 所示，经过冷凝后的再循环烟气（干烟气）将破碎、干燥后的煤粉送入炉膛（一次风）。空分系统分离空气得到的氧气和经过冷凝的再循环烟气（湿烟气）混合后进入炉内辅助燃烧。

基于研究能耗的目的，结合软件本身的特点，煤粉的燃烧过程采用两个分开的模块完成。第一个模块基于化学反应的收率模型，根据煤质数据将复杂的煤粉转化为较易进行计算的 C、H、O、N、S 等元素，这里虽然称为裂解，但是与实际的裂解过程有较大差异。该过程所需要的热量从下一个燃烧模块中获得。第二个模块将从第一个模块获得的元素与送入炉膛的氧化剂以及其他物质，以吉布斯自由能最小化的反应平衡原理计算燃烧过程中的热量释放。

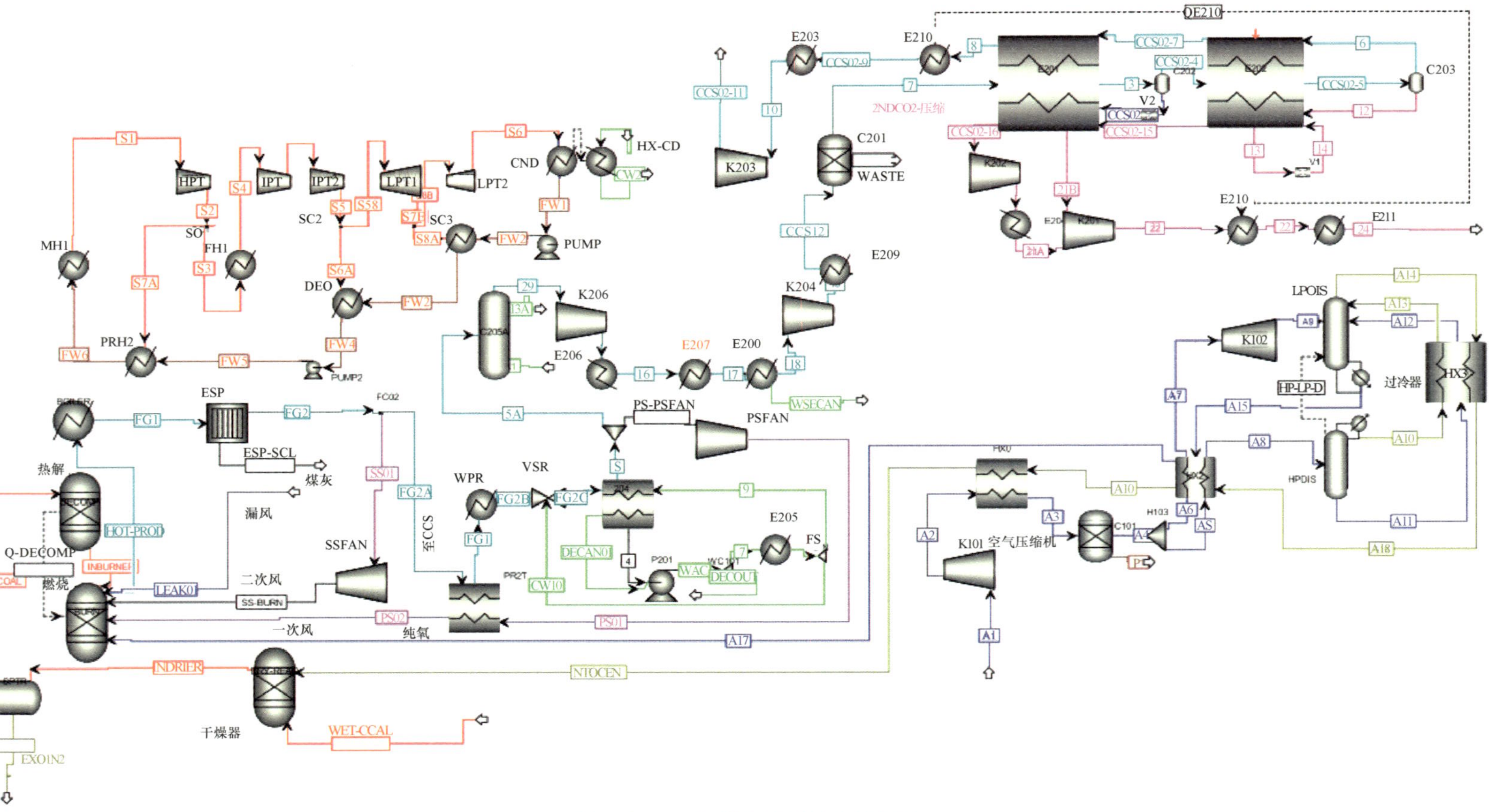


图10-23　富氧燃烧模拟简化流程图

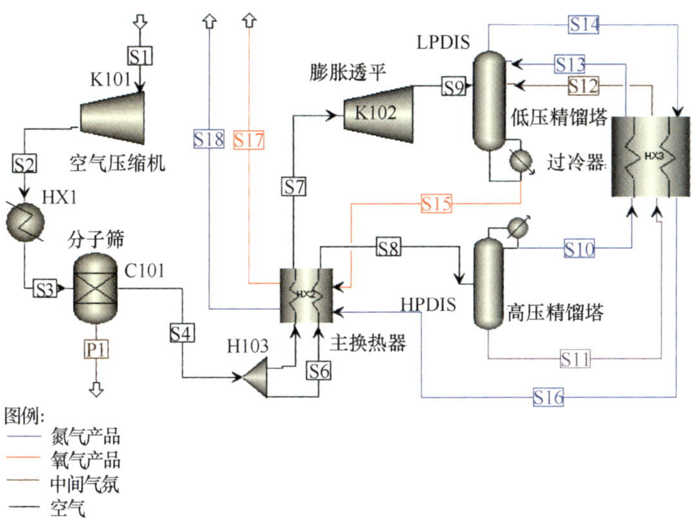


图 10-24　中压双塔深冷空分流程

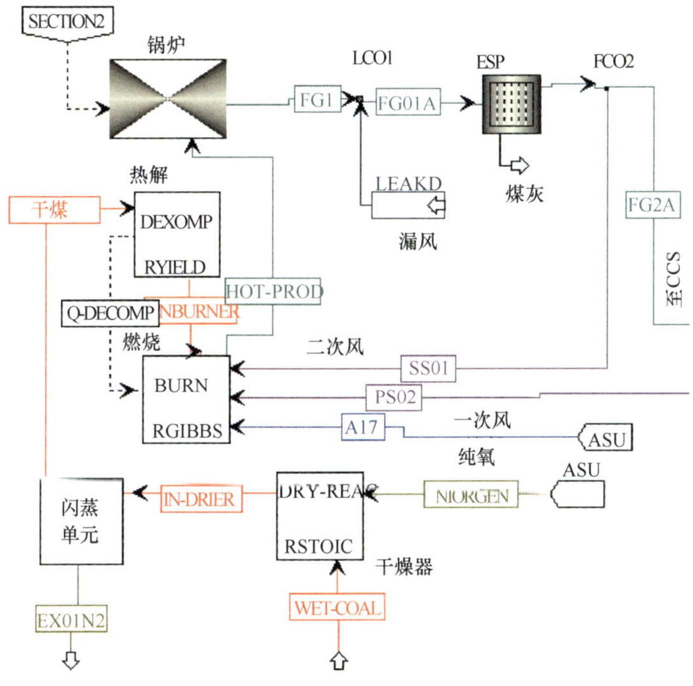


图 10-25　富氧燃烧流程

烟气经换热面冷却后由电除尘器进行除尘。在煤粉制备过程中采用空分系统得到的200℃左右的废氮气进行干燥和送粉。主要模拟参数见表 10-26。主要针对富氧燃烧和传统燃烧的绝热火焰温度相当时的工况进行对比。

表 10-26　锅炉烟气侧主要参数

| 项目 | 参数值 | 备注 |
|---|---|---|
| 一次风温度 | 180℃ | 热风与煤粉混合后温度 |
| 二次风温度 | 300℃ | 与参考电站一致 |
| 氧气温度 | 22℃ | 常温 |
| 一次风量 | 556T/h | 与参考电站一次风质量相等 |
| 二次风量 | — | 可调 |
| 氧气流量 | — | 依据一、二次风氧量和过量空气系数调节 |
| 过量空气系数 | 1.05 | 参考电站空气预热器 1.15 |
| 送粉量 | 378T/h | 与参考电站一致 |
| 漏风率 | 2% | 参考电站约为 4% |
| 废氮干燥气温度 | 200℃ | 由经一级压缩后的 234℃空气进行加热 |
| 废氮干燥气流量 | 2354T/h | 约数，取决于空分系统负荷 |

在烟气预处理流程，从电除尘器后已经被抽出再循环二次风的烟气经过预热一次风至 180℃后温度为 250℃左右，继续被部分给水冷却至 120℃后，由一组文丘里涤气器进行冷却、进一步除尘和猝灭；然后由一个间壁式换热器进行冷凝。冷凝后的烟气温度为 35℃，抽出用于将煤粉送入炉膛的一次再循环风后进入二氧化碳捕获系统的初级压缩单元。

富氧燃烧 CCS 过程如图 10-26 所示。在初级压缩单元，烟气被直接接触的水冷换热器进行进一步除尘和冷却分 1.5MPa 和 3MPa 进行压缩后进入下一级压缩单元继续压缩。压缩至 1.5MPa 后的烟气温度为 263℃，在继续压缩前需要进行冷却，这部分热量可进行利用。在整体系统中，这部分热量被分配至低温再热器和高温再热器。被给水冷却至 50℃后，由循环水进一步冷却至常温，后压缩至 3MPa。

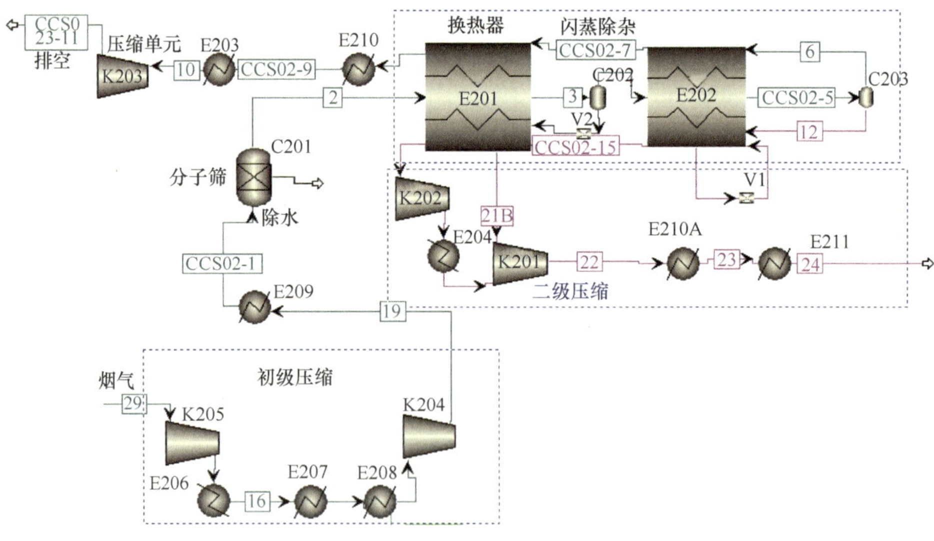


图 10-26　富氧燃烧 CCS 的 $CO_2$ 捕获压缩过程

压缩至 3MPa 后的烟气经过冷凝后进一步由分子筛等过滤器除水后，经过两个换热器冷却、闪蒸后，除掉大部分的含氮气和氧气的杂质，再进一步压缩液化为 11MPa 常温的纯度为 97.3% 的液态二氧化碳。杂质主要为 1.4% 的 $N_2$，其他少量的如 $O_2$、$SO_2$ 和 NO 等。杂质气体经过释放冷量、吸收系统中的部分废热后，释放压力做功后排放至大气。

蒸汽发电循环工作流程不作赘述，其主要参数见表 10-27。模拟过程中，省煤器至最后一级过热器出口的蒸汽被并作一体，与炉膛的烟气进行热量平衡的换热计算。简化的循环将各级预热器合并，由单一压力的抽气与部分自烟气处理系统的和 CCS 系统的低品位热量进行加热。蒸汽量由程序进行控制，使省煤器出口烟温为 300℃。

**表 10-27　蒸汽发电循环主要参数**

| 项目 | 参数 |
|---|---|
| 主蒸汽 | 605℃，280bar, |
| 再热蒸汽 | 603℃，50bar |
| 省煤器 | 入口温度 221℃ |
| 高压缸 | 出口 52.1bar，抽气压力 52.1bar |
| 中压缸 | 出口 6bar，抽气 25bar，6bar |
| 低压缸 | 出口 0.04bar，抽气 3bar |
| 除氧器 | 工作压力 6bar |

加压富氧燃烧技术是在常压富氧燃烧的基础上提高燃烧空间压力的燃烧技术。该技术主要针对富氧燃烧发电系统的系统效率大幅降低提出来的。其简易流程图如图 10-27 所示，其模拟流程图和常压富氧燃烧的流程图类似。由于水煤浆便于加压，本报告考虑了对水煤浆和煤粉两种燃料的加压富氧燃烧和二氧化碳的捕获，选取水煤浆浆液质量浓度 35%，除水分外的煤质参数和表中一致。在进入锅炉之前，从冷凝器出来的给水先经过酸凝器以充分吸收烟气中的热量。加压富氧燃烧的烟气经过酸凝器干燥后，主要成分将为 $CO_2$，经简单净化后即可进行压缩液化。

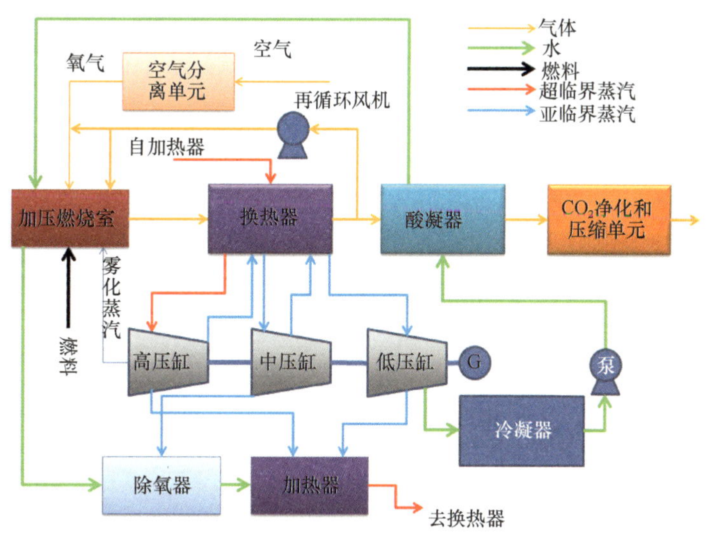


图 10-27　加压富氧燃烧流程示意图

加压富氧燃烧与常压富氧燃烧相比有两个主要特征：压力条件下燃烧以及炉膛尾部的酸凝器。常压富氧燃烧条件下，由于燃烧后烟气的酸露点较低（如本节中的排烟温度设置为 120℃），此时的烟气中的主要成分主要由水蒸气和二氧化碳组成。由于需要进行二氧化碳捕获，必须除掉烟气中的水蒸气。常压富氧燃烧的过程中一般采用对烟气进行冷却方式使水蒸气冷凝。由于冷凝的工作温度低，冷凝所释放的大量潜热品位较低，回收成本高，一般不考虑回收。通过加压可以将酸露点提高至 190℃左右，该温度下进行的冷凝所释放的潜热可以被回收利用。例如，可以用来加热进入除氧器和加热器前锅炉的给水，通过冷凝将水蒸气含有的潜热释放到给水中，从而提高系统效率。另外，加压使烟气体积缩小，更易获取其中含有的热量。同时，根据空气分离的特点，通入到燃烧室的氧气的压力可以通过氧气分子自增压或者液氧泵或者两者结合的方式进行加压；该过程的能耗相对于将气体从常压状态下加压到燃烧室工作压力小得多，从而节省了 CCS 的运行消耗。

**（2）IGCC 及其 CCS**

带 $CO_2$捕捉的 IGCC 过程主要由空气分离、加压气化、烟气净化、水煤气变换反应、$CO_2$捕获、燃气轮机发电、余热锅炉和蒸汽轮机发电组成，如图 10-28 所示。采用干煤粉纯氧气化工艺在 4MPa 压力下进行完全气化，气化碳转化率设定为 95%。为尽量减少能量损失，气化后至燃气轮机前的所有工艺都在 3~4MPa 压力条件下工作。气化过程的氧气量设定为过量氧气系数 0.32（质量氧煤比 0.62）。气化过程温度设定为 1400℃。空气分离的流程和图中的流程相似。模拟过程中通过设定的氧煤比和给煤量调节空分所需要的空气量。

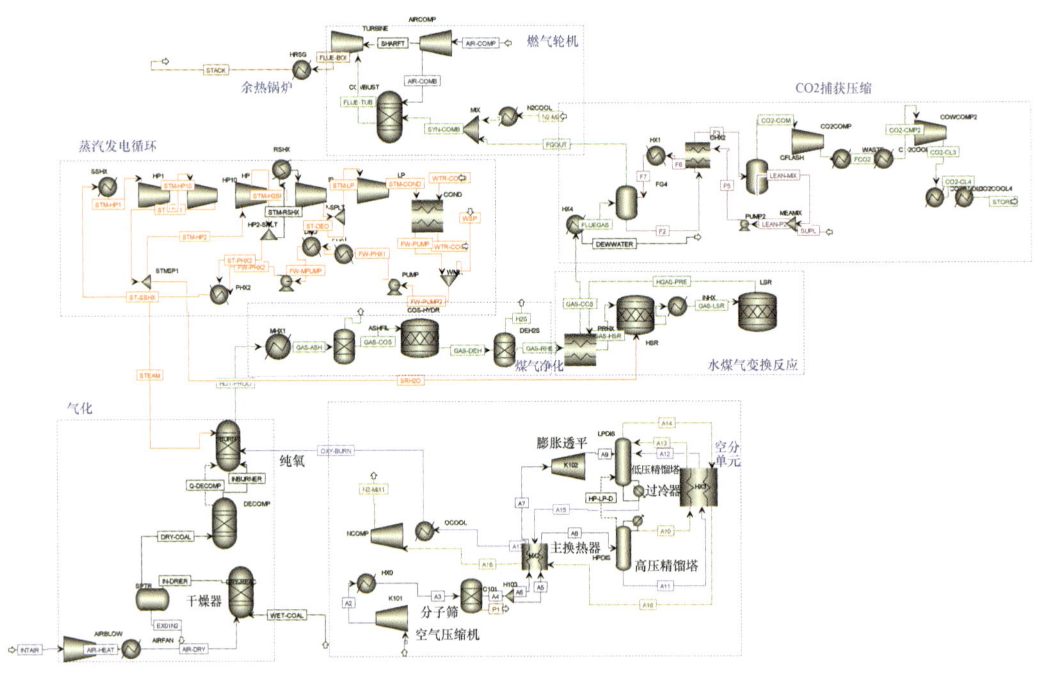


图 10-28　IGCC+CCS 模拟流程简化图

烟气净化的主要工作是除尘和脱除腐蚀性气体 $H_2S$。气化过程中产生的有毒气体 COS 通过水解反应（$COS + H_2O = CO_2 + H_2S$）转化为 $H_2S$ 后脱除。该反应在不同的催化剂条件下适用的工作温度不尽相同，分布在 100~500℃。本报告模拟过程中选取

140℃作为简化 COS 水解反应模块的工作温度，布置于低温除尘器后。$H_2S$ 的脱除工艺和 $CO_2$的吸收工艺类似。有成熟的工艺可将所获得的 $H_2S$ 转化为单质 S，该工艺自身可满足反应的热量需要，不需要输入热量。本报告对该过程进行流程简化处理。

水煤气变换反应分两段进行，因采用不同的催化剂，分别在 350℃和 250℃。变换反应的工作条件受催化剂和温度的约束。变换反应水煤比选取 0.87。

IGCC 系统中的 $CO_2$ 捕获一般安排在变换反应后、燃烧前，如图 10-29 所示。经过变换反应后的煤气中 CO 大部分都转化为 $CO_2$。由于煤气的压力，使得 $CO_2$在液体吸收剂的溶解度相对常压大幅提高；并且吸收 $CO_2$后的液体通过减压的方式可以使 $CO_2$析出。$CO_2$的这一特性在碳酸饮料行业得到大量应用。采用该工艺所需要的吸收剂再生热相对常压下氨吸收剂的吸收热小得多，具有较大优势。

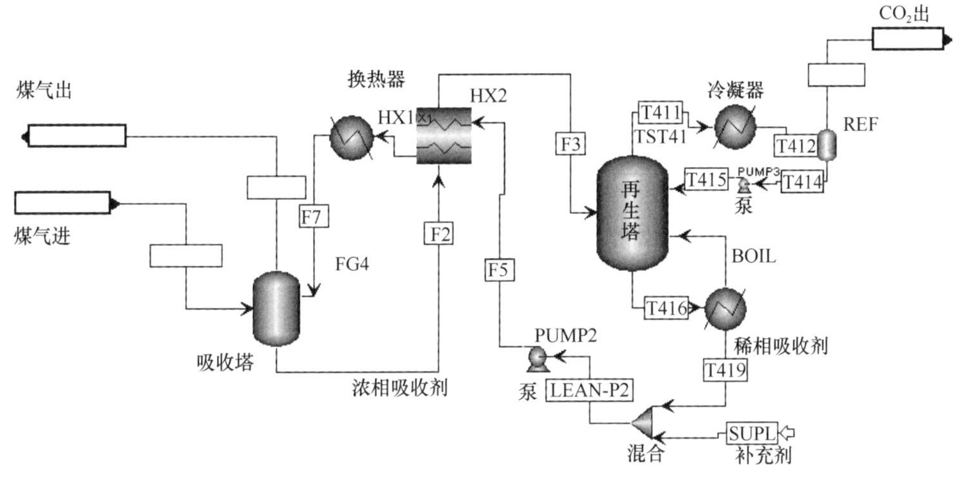


图 10-29 IGCC 过程中的 $CO_2$捕捉工艺

燃气轮机所允许的入口温度受到材料的限制，根据现状和未来分别设定为 1433℃和 1500℃。由于按照当量比的煤气和空气的混合进行燃烧时温度将大大超出该限制，所以需要额外的气体对燃烧后的烟气进行稀释，或者直接送入燃烧室。因此需要将大量气体压缩至燃气轮机工作压力 3MPa，造成大量能量损耗。空气分离后产生的带压力的氮气回注入燃气轮机以提高效率。达到指定温度的空气量采用 Aspen Plus 的设计功能在计算过程中自动调节进入燃气轮机空气压缩机的空气量。

燃气轮机做功后的烟气温度不够高，因此余热锅炉的蒸汽参数受到限制。考虑到将来技术发展以及气化过程后的烟气有足够高的温度，蒸汽参数选为 12.5MPa/550℃/550℃。

### (3) 基于氨吸收剂的燃烧后 CCS

$CO_2$的燃烧后捕集，即在燃料燃烧排放的烟气中进行碳捕集。现有的适合于燃烧后捕集的技术主要包括化学吸收法、吸附法、膜法等。化学吸收法脱除 $CO_2$实质是利用碱性吸收剂溶液与烟气中的 $CO_2$接触并发生化学反应，形成不稳定的盐类，而盐类在一定的条件下会逆向分解释放出 $CO_2$而再生，从而达到将 $CO_2$从烟气中分离脱除。典型的化学吸收法分离脱除烟气中 $CO_2$ 的工艺流程如图 10-30 所示。这个基本的碳捕集流程是由 Bottoms 在 1930 年提出的，并成功应用到天然气和合成气 $CO_2$ 分离工业中。但是，对于燃煤系统而言，燃烧产生的烟气中 $CO_2$ 的分压很低（只有 10~15 kPa），而且气体流量巨大，导致捕集系统庞大、投资高、能耗大。新型吸收剂和吸收工艺的研究和开发，是降低 $CO_2$ 捕集能耗、提高经济性的关键，也是该领域的研究热点。基于氨吸收剂的模拟流程图和图 10-30 中类似，这里不赘述。

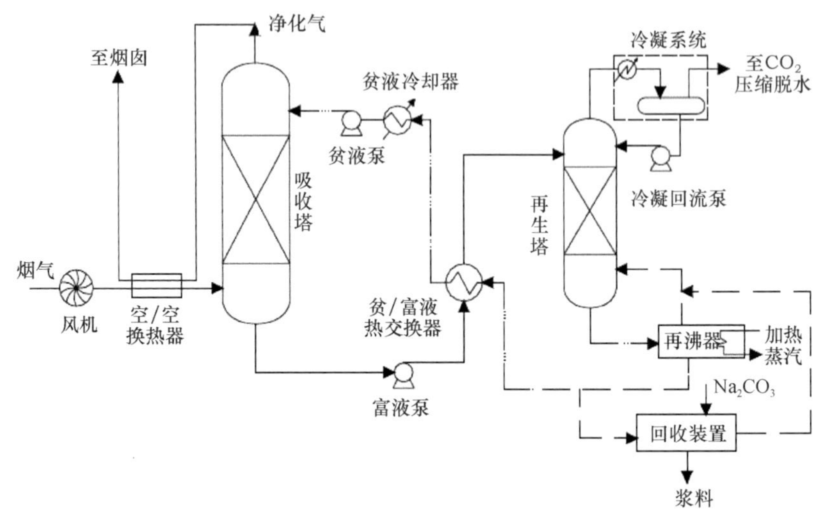


图 10-30　化学吸收法分离回收烟气中 $CO_2$ 典型工艺流程

**（4）未来燃烧后 CCS**

目前最新提出的两相吸收剂被认为是吸收剂和吸收工艺的革命，可望大幅度降低捕集系统能耗。所谓两相吸收剂是指该吸收剂吸收了 $CO_2$ 之后，会形成含有固体的浆液或者形成两个 $CO_2$ 含量有显著差异的液相，当浆液进行沉淀或过滤之后，或者将两个液相分离之后，可以得到 $CO_2$ 担载量极高的浆液或液体，将这部分吸收剂进行再生而不必将全部吸收剂再生，可以大大降低再生能耗。

如图 10-31 所示，烟气从吸收塔下方进入吸收塔，与从吸收塔上方进入的吸收液贫液逆向接触，脱除完 $CO_2$ 后从吸收塔上方离开吸收塔。吸收 $CO_2$ 后的吸收液富液由富液泵抽进滗洗器。在滗洗器中，富含 $CO_2$ 的一相液体经过贫富液热交换器后从再生塔上方进入再生塔进行再生，而含 $CO_2$ 很少的一相（$CO_2$ 贫相）则被抽出送入再生塔再循环。再生塔下端再生后的贫液经过贫富液热交换器后与从滗洗器出来的含 $CO_2$ 少的一相液体进行混合后作为吸收液，并经冷凝器后进入吸收塔进行下一次的循环。两相吸收剂的吸收温度为室温，再生温度为 70~90℃，具体因情况而定。两相吸收剂的优点：①能够利用低温度或低品位电厂废热；②再生流量小，再生温度低（80~90℃，或更低），降低再生能耗；③可利用再生时的相变行为打破化学平衡，促进反应向再生方向进行。其缺点：①缺少羟基，$CO_2$ 相对较高，挥发性大；②有机相高浓度胺导致的高黏度和腐蚀；③由于反应过程中存在相变现象，两相液体的运输会使系统变得复杂 。

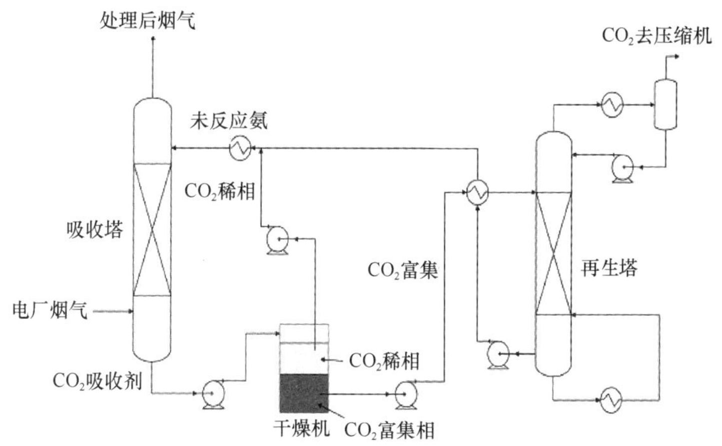


图 10-31　未来燃烧后 CCS-两相吸收剂的吸收工艺流程图

### (5) 低成本 CCS 技术

本报告中，将 $CO_2$分离效率相对较低、单位电耗也较低的 $CO_2$吸附分离技术作为低成本 CCS 技术方案。吸附分离技术应用于烟气 $CO_2$捕集已有近 20 年历史。在吸附工艺过程中，$CO_2$被吸附剂材料吸附从烟气中分离，再用改变压力和温度的方法将被吸附的 $CO_2$解析出来；绝大多数应用都为变压吸附（PSA）技术；最被广泛使用于 $CO_2$脱除的吸附剂材料有沸石 13X 和活性炭这两种。虽然沸石 13X 具有对 $CO_2$气体选择性强、吸附能力大等优点，但是活性炭相比于沸石，成本更加便宜，对水的吸附性能更加不敏感。特别是，活性炭吸附 $CO_2$的吸附热较低（20~30 kJ/mol），差不多仅为沸石 13X 的一半，这就使其在解吸附过程中需更少的能量完成再生。真空变压吸附是 PSA 的一种变形，$CO_2$气体在接近或稍高于大气压的压力下进行吸附，然后在真空条件下将吸附气体 $CO_2$解吸分离出来。在更低的能耗下可获得更高的效率，避免了在传统变压吸附中将只有 10%~15% 低 $CO_2$浓度的烟气压缩至较高压力所消耗的大量能量。

$CO_2$吸附分离的一般参数：$CO_2$吸附过程温度保持为 40~50℃，进气压力为 1.1~1.3bar，真空解吸压力为 5 kPa 左右。

吸附分离技术相比于现今的化学吸收法脱除烟气 $CO_2$：①系统简单，操作方便；②能耗低，比化学吸收过程需要更少的能量消耗；③在吸附过程中不存在水耗的问题，不会像化学吸收分离过程中需要大量的水，从而使得该技术适用性更广；④活性炭对 $CO_2$气体是物理吸附反应，不会对系统设备造成腐蚀。

但是吸附分离技术还存在一些缺点：①固体吸附材料的能量管理更加困难，对于吸附过程的放热很难控制；②吸附塔中存在压降以及材料磨损等问题；③脱除效率较低，$CO_2$ 产品气纯度较低（不过此性质恰更加适用于低成本 CCS 方案）。

对于未来 CCS 以及低成本 CCS，目前还没有确定的流程参数。本报告采用简化的分离模块代替未来低能耗 CCS 技术的 $CO_2$分离单元，并根据预测的分离效率（约 80%）和分离单位热耗（2MJ/kg）获得蒸汽耗量。对于低成本 CCS 也采用同样的方法进行模拟，设定 $CO_2$ 捕获热耗 1.5MJ/kg。简化的模拟流程如图 10-31 所示。

**（6）煤热解气化分级转化发电系统**

本报告在上节对该系统进行了详细的介绍以及 Aspen Plus 模拟计算，在此不做赘述。根据计算结果，该系统余热锅炉以及燃烧锅炉后的烟气成分中 $CO_2$ 含量均为 14%左右，且由于燃烧采用空气助燃，烟气中含有大量烟气。故分别采用上述的几种不同燃烧后 CCS 参数对未来蒸汽温度 675℃、采用 1500℃燃气轮机的煤热解气化分级转化发电系统进行了 $CO_2$ 捕获分析。

**（7）化学链气化 CCS**

基于我国能源结构现状和丰富的煤炭资源背景、环境保护与可持续发展的要求以及未来新能源的发展方向，浙江大学提出了煤炭化学链气化系统，系统工艺如图 10-32 所示。

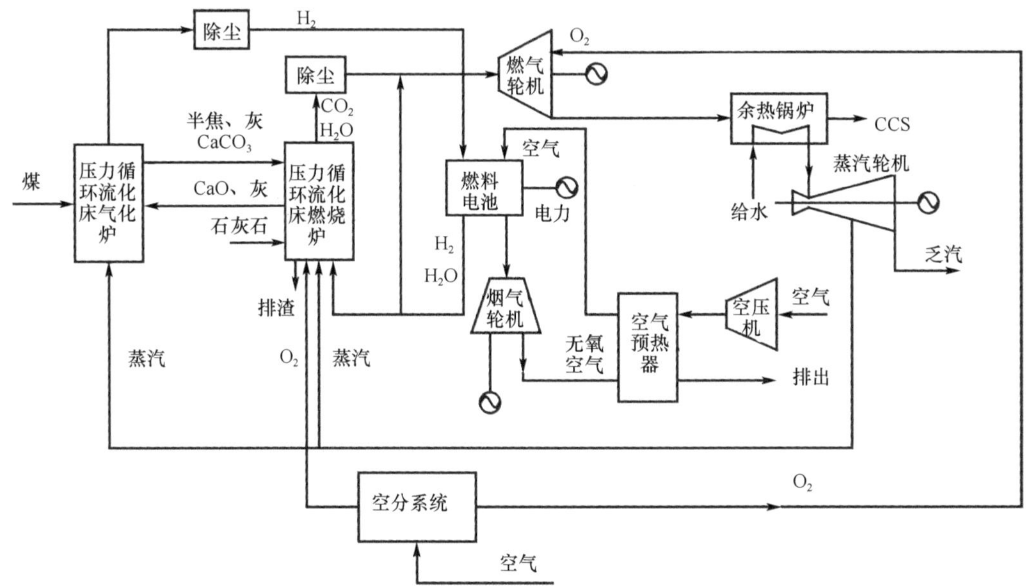


图 10-32　化学链气化系统工艺流程图

从图 10-32 可以看出，系统主要分为 5 部分，即煤气化部分、燃烧炉 $CO_2$ 接受体再生部分、固体氧化物燃料电池（SOFC）发电部分、深冷空分部分、燃气蒸汽联合循环发电部分。煤炭在压力循环流化床中以水蒸气为气化介质进行部分气化，同时加入 CaO 作为 $CO_2$ 吸收剂，以制取较高纯度氢气。富氢煤气供给 SOFC 发电，深冷空分产生的纯氧或采用压缩空气作为 SOFC 阴极氧化剂，产生尾气被燃烧炉及烟气轮机进一步利用。吸收剂在燃烧炉中再生，产生的高温高压尾气在燃气轮机中做功。最后布置余热锅炉和蒸汽轮机，实现系统的联合循环并提供气化需要的水蒸气。煤在气化过程中产生的 $H_2S$ 在气化炉中直接与 CaO 反应生成 CaS，然后在燃烧炉中被转化为 $CaSO_4$ 固化脱除。煤中的氮在气化过程中大部分转化为氮气，少量转化为 $NH_3$，比较容易脱除；由于采用纯氧燃烧，反应过程中基本没有 $NO_x$ 的生成，因此不需要专门的脱除 $NO_x$ 的设备。气化燃烧过程所产生的灰颗粒则可以通过除尘设备脱除。燃烧炉各过程产生的少量气体污染物包括重金属蒸汽等可以与所产生的高纯度 $CO_2$一起处理，从而实现了煤近零排放的高效利用。

该系统特点：①充分考虑煤在各种转化过程中表现出的特点，先在气化炉中把煤的“高活性组分”进行无氧气化，然后把“低活性组分”送入燃烧炉燃烧，实现煤的分级转化，降低对气化过程的要求；②系统相对简单，利用较为成熟的循环流化床技术完成系统的核心部分；③不追求产品气中很低的 $CO_2$ 含量，选用适当的系统压力，降低系统要求。

现有的固体氧化物燃料电池电站的规模尚小，不足以实现本系统的大规模化运行。为此，浙江大学对化学链气化工艺进行调整，可实现无燃料电池运行，系统只采用燃气蒸汽联合发电技术，可在现有技术下发挥该系统的优势。以下分别讨论这两种化学链气化系统。

**（8）耦合燃料电池的化学链气化系统**

耦合燃料电池的化学链气化系统包括煤气化模块、燃烧炉 $CO_2$ 接受体再生模块、SOFC 发电模块、深冷空分模块、燃气蒸汽联合循环发电模块。根据系统工艺，建立了 Aspen Plus 的化学链气化系统模型，如图 10-33 所示。在此模型中，给煤进入无氧循环流化床气化炉（Ryield 和 Rgibbs 反应器模块），以水蒸气作为气化剂，在气化炉中发生部分气化反应。反应所产生的 $CO_2$则被 CaO 吸收固化，气化炉气化反应所需的热量也由 CaO 和 $CO_2$的碳酸化反应所释放的热量提供。

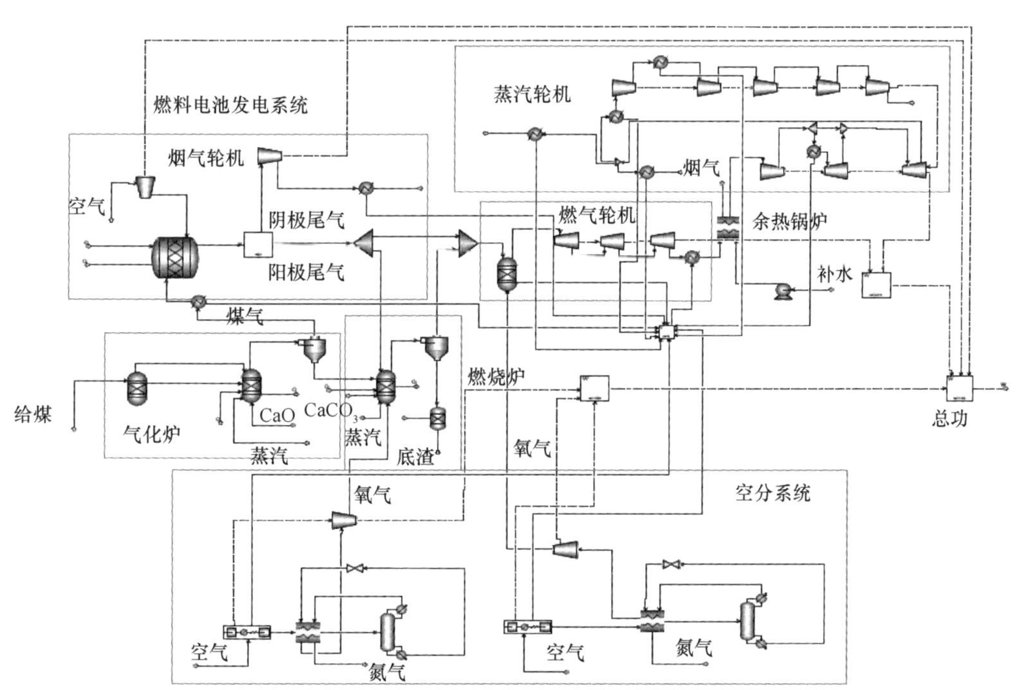


图 10-33 耦合燃料电池的化学链气化系统模型图

气化炉产生的含高浓度 $H_2$ 的气体经除尘净化（Cyclone 气固分离模块）后，进入 SOFC（Rstoic 反应器模块）与压缩空气发生电化学反应产生电能。反应后阳极富氢尾气分别进入燃烧炉（Rgibbs 反应器模块）和燃气轮机燃烧室（Rgibbs 反应器模块），提供两处的反应热量。阴极富氮高温高压空气进入烟气轮机（Compr 压缩机模块）膨胀做功，然后再与余热锅炉（Heater 换热器模块）汽水系统热交换。

气化炉产生的固相产物主要是 $CaCO_3$、半焦和灰分送入燃烧炉，与 SOFC 部分阳极尾气，加水蒸气在纯氧气氛下共同反应燃烧。煅烧分解再生成的 CaO 被作为 $CO_2$ 接受体重新送回到气化炉。产生的高温烟气除尘（Cyclone 气固分离模块）后，在燃气轮机燃烧室（Rgibbs 反应器模块）进一步加热，进入燃气轮机（多级 Compr 压缩机模块）做功。

燃气轮机排烟与余热锅炉汽水系统（MheatX 换热器模块）热交换，产生蒸汽推动蒸汽轮机（多级 Compr 压缩机模块）做功。蒸汽压力降至 2.5MPa 时，抽出部分蒸汽直接输送到气化炉和燃烧炉作为反应原料，剩余的蒸汽则进入蒸汽轮机低压缸做功。因此，蒸汽系统需要同时补充大量软水。燃烧炉和燃气轮机燃烧室所需氧气主要由深冷空分氧气供给。

**(9) 常规化学链气化系统**

燃料电池从第一代碱性燃料电池（AFC）开始已经发展到今天的第五代离子膜燃料电池（PEMFC）。但研究资料表明，现有的燃料电池规模只达到 1~2MWe，离商业化电站还需很长的一段时间。相较而言，建立于燃气蒸汽联合发电系统的常规化学链气化系统则更加适用于当前的发电技术，该系统工艺图如图 10-34 所示。该系统包括煤气化模块、燃烧炉 $CO_2$ 接受体再生模块、深冷空分模块、燃气蒸汽联合循环发电模块。

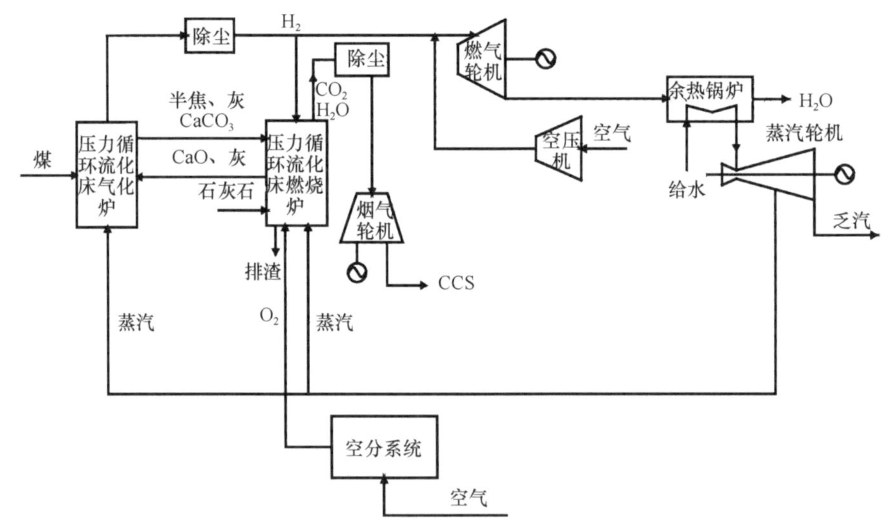


图 10-34　常规化学链气化系统工艺

根据系统工艺，建立了 Aspen Plus 的常规化学链气化系统模型，如图 10-35 所示。在此模型中，给煤进入无氧循环流化床气化炉（Ryield 和 Rgibbs 反应器模块），以水蒸气作为气化剂，在气化炉中发生部分气化反应。反应所产生的 $CO_2$则被 CaO 吸收固化，气化炉气化反应所需的热量也由 CaO 和 $CO_2$的碳酸化反应所释放的热量提供。

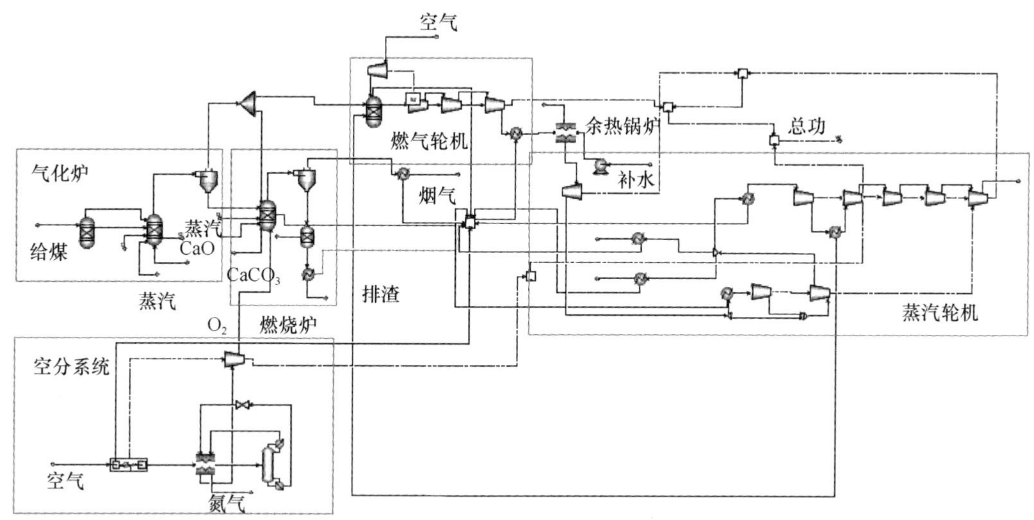


图 10-35 常规化学链气化系统模型

气化炉产生的含高浓度 $H_2$的气体经除尘净化（Cyclone 气固分离模块）后，分别进入燃烧炉（Rgibbs 反应器模块）和燃气轮机燃烧室（Rgibbs 反应器模块），提供两处的反应热量。气化炉产生的固相产物主要是 $CaCO_3$、半焦和灰分送入燃烧炉，与部分煤气，加水蒸气在纯氧气氛下共同反应燃烧。煅烧分解再生成的 CaO 被作为 $CO_2$接受体重新送回到气化炉。产生的高温烟气除尘（Cyclone 气固分离模块）后，进入余热锅炉，将余热传给蒸汽。高氢煤气则在空气气氛下在燃气轮机燃烧室（Rgibbs 反应器模块）燃烧，进入燃气轮机（多级 Compr 压缩机模块）做功。

蒸汽轮机部分与耦合燃料电池的化学链气化系统相同，在此不再赘述。气化炉和燃烧炉所需的蒸汽由蒸汽轮机抽气提供。

化学链气化系统在进行动力生产后的烟气中的成分主要为水蒸气和 $CO_2$，和富氧燃烧中相似，包括常规化学链气化后的烟气以及耦合燃料电池的燃烧炉烟气和余热锅炉烟气。故其 CCS 系统直接借用富氧燃烧系统中的 $CO_2$净化、压缩单元，为节省工作量将富氧燃烧系统计算时的蒸汽耗量、捕获效率、纯度、捕获电耗等直接应用于化学链气化系统中燃烧后烟气。

在 Aspen Plus 软件中，通过敏感性分析（Sensitivity Analysis）功能分析了气化炉中 CaO/C 值、$H_2O$/C 值、温度、压力对气化炉碳酸化程度以及出口 $H_2$浓度的影响，同时分析了气化炉未完全气化碳、给入燃烧炉的燃料电池尾气量或煤气量、燃烧炉蒸汽量对 $CaCO_3$分解率的影响，得出了最佳的计算参数，见表 10-28。将该表中参数分别输入先进与常规化学链气化系统模型，计算得到结果见表 10-29。

**表 10-28　系统输入参数**

| 项目 | 先进化学链气化系统 | 常规化学链气化系统 |
|---|---|---|
| 气化炉温度/℃ | 750 | 750 |
| 气化炉压力/MPa | 2.5 | 2.5 |
| CaO/C 摩尔比 | 1 | 1 |
| $H_2O$/C 摩尔比 | 3 | 3 |
| 燃烧炉温度/℃ | 1050 | 1050 |
| 燃烧炉压力/MPa | 2.5 | 2.5 |
| 燃气轮机入口压力/MPa | 1.855 | 1.855 |
| 燃气轮机入口温度/℃ | 1433（1500） | 1433（1500） |
| 燃料电池温度/℃ | 1000 | — |
| 燃料电池压力/MPa | 2.5 | — |
| 燃料电池 $H_2$ 反应率/% | 85 | — |
| 主蒸汽温度/℃ | 580 | 580 |
| 主蒸汽压力/MPa | 28 | 28 |
| 再热蒸汽温度/℃ | 580 | 580 |
| 再热蒸汽压力/MPa | 2.5 | 2.5 |

**表 10-29　化学链气化系统计算结果**

| 项目 | 常规化学链气化（燃气轮机型号 W501g） | 常规化学链气化（燃气轮机型号 M701g） | 先进化学链气化（燃气轮机型号 W501g） | 先进化学链气化（燃气轮机型号 M701g） |
|---|---|---|---|---|
| 给煤量/（t/h） | 116.76 | 116.76 | 116.76 | 116.76 |
| 标准煤耗/［g/（kW·h）］ | 251.64 | 248.38 | 208.51 | 207.07 |
| 干煤气 $H_2$ 摩尔浓度/（mol/L） | 92.26 | 92.26 | 92.30 | 92.30 |
| 燃气轮机入口压力/MPa | 1.855 | 1.855 | 1.855 | 1.855 |
| 燃气轮机入口温度/℃ | 1433.89 | 1500 | 1433.89 | 1500 |
| 燃料电池工作温度/℃ | — | | 1000 | |
| 燃料电池工作压力/MPa | — | | 2.5 | |
| 燃料电池 $H_2$ 利用率/% | — | | 85 | |
| 燃料电池发电量/MW | — | | 179.73 | 179.73 |
| 燃料电池发电效率/% | — | | 60.5 | 60.5 |
| 深冷空分耗电量/MW | 28.55 | 28.55 | 50.47 | 50.47 |
| 其他辅机耗电/MW | 10.45 | 10.37 | 10.47 | 10.47 |

续表

| 项目 | 常规化学链气化（燃气轮机型号W501g） | 常规化学链气化（燃气轮机型号M701g） | 先进化学链气化（燃气轮机型号W501g） | 先进化学链气化（燃气轮机型号M701g） |
|---|---|---|---|---|
| 燃气轮机发电量/MW | 167.63 | 177.58 | 219.34 | 228.47 |
| 蒸汽轮机发电量/MW | 281.23 | 276.59 | 52.56 | 48.49 |
| 燃气蒸汽联合循环热效率/% | 52.29 | 52.93 | 52.29 | 52.93 |
| 烟气轮机发电量/MW | — | — | 93.41 | 93.41 |
| 净发电量/MW | 409.85 | 415.71 | 484.11 | 489.18 |
| 厂用电率/% | 8.69 | 8.57 | 11.18 | 11.07 |
| 供电效率/LHV | 48.88% | 49.52% | 57.74% | 58.16% |

### 10.3.3.3 模拟结果分析与讨论

#### (1) 系统净效率

模拟系统的运算结果见表10-30所示。

表10-30表明，增加CCS后，所有的CCS系统都造成发电系统的净效率大幅降低。净发电效率因为CCS而降低的程度从大到小依次为燃烧后CCS、IGCC加CCS和常压富氧燃烧。富氧燃烧、IGCC加CCS主要以厂用电的方式产生能量损失，而燃烧后CCS技术的能量损失在于蒸汽热耗导致的发电量降低。富氧燃烧时的CCS电耗主要来自空气分离系统的电耗和$CO_2$压缩的电耗，其中空气分离系统占约2/3。IGCC系统中的CCS能量损失来源包括$CO_2$压缩以及水煤气变换反应所消耗的蒸汽。由于气化所需要的氧气量比燃烧少，因此IGCC系统的能耗也相对较少。燃烧后吸收法的CCS系统的能量消耗主要来源于蒸汽消耗和$CO_2$压缩。大量的再生热需要消耗大量的蒸汽热，使蒸汽轮机的做功减少，造成系统的净发电效率降低。

从捕获$CO_2$的单位电耗的角度来看，当前技术条件下的常压富氧燃烧和燃烧后吸收法CCS在目前的状况下的$CO_2$捕获代价相当，均在电耗1.30MJ/kg$CO_2$左右，IGCC的单位$CO_2$捕获电耗相对较少。为进行统一的比较，表中的折算电耗将因为抽蒸汽而减少的发电量计入到CCS的电耗中。根据不同的计算方法，折算电耗的比较可能会与表中的数据有所偏差。本报告中未将所有系统的空分电耗都计入CCS电耗，而IGCC系统在不进行CCS时就已经存在空分系统。故将IGCC的空分不计入CCS电耗，三种方案中IGCC的$CO_2$的捕获成本最低；当将空分电耗后计入IGCC的CCS电耗，三种当前技术的单位$CO_2$捕获消耗相等。

未来提升参数后，各种发电系统的净发电效率都有一定程度的提高，见表10-30和表10-31。超超临界机组将蒸汽温度从605℃提升到675℃后系统净效率上升约1.8个百分点，燃气轮机的入口温度从1433℃提高到1500℃后系统净效率将提高约0.5个百分点。系统效率的提升会从减少燃料消耗的角度减少$CO_2$排放。

**表 10-30　当前技术现状不同 CCS 技术的能效模拟结果汇总**

| 项目 | | | 富氧燃烧-605 | | IGCC-1433 | | 超超临界-605 | |
|---|---|---|---|---|---|---|---|---|
| | | | CCS | 无 | CCS | 无 | CCS | 无 |
| | | | 燃烧室压力 0.1/MPa | 燃烧室压力 3.13/MPa | 燃烧室压力 2.4/MPa | 燃烧室压力 2.4/MPa | 燃烧室压力 0.1/MPa | 燃烧室压力 0.1/MPa |
| 系统效率 | 输入 | 输入热量（低位）/MW | 2408 | 2408 | 2408 | 2408 | 2408 | 2408 |
| | 主要辅机消耗 | 空分电耗/MW | 193 | 195 | 65 | 65 | — | — |
| | | $CO_2$ 捕获压缩功耗/MW | 95 | 18 | 35 | — | 28 | — |
| | | 合计/MW | 288 | 213 | 100 | 65 | 28 | — |
| | | $CO_2$捕获蒸汽量/（T/h） | — | — | 329 | — | 1180 | |
| | 其他厂用电 | 合计/MW | 33 | 34 | 77 | 77 | 47 | 37 |
| | 输出 | 蒸汽轮机/MW | 1178 | 1189 | 579 | 642 | 877 | 1135 |
| | | 燃气轮机/MW | — | — | 585 | 642 | — | — |
| | | 合计/MW | 1178 | 1189 | 1164 | 1284 | 877 | 1135 |
| | | 总厂用电/MW | 321 | 248 | 177 | 142 | 75 | 37 |
| | | 厂用电率/% | 27.3 | 20.8 | 15.2 | 11.0 | 8.5 | 3.3 |
| | | 净输出/MW | 857 | 941 | 987 | 1142 | 802 | 1098 |
| | | 净效率/% | 35.6 | 39.1 | 41.0 | 47.4 | 33.3 | 45.6 |
| $CO_2$ 捕获 | CCS 能效 | 捕获量/（T/h） | 803 | 802 | 618 | — | 777 | — |
| | | 排放量/（T/h） | 60 | 61 | 204 | 834 | 86 | 864 |
| | | 捕获纯度 mol/% | 96.7 | 97.9 | 97.07 | — | 98.5 | — |
| | | 回收率/% | 93.1 | 92.9 | 75.2 | — | 90.0 | — |
| | | 单位电耗/（MJ/kg） | 1.29 | 0.96 | 0.20 | — | 1.30 | — |
| | | 单位热耗/（MJ/kg） | — | — | 1.36 | — | 3.6 | — |
| | | 折算发电量/MW | — | — | 120 | — | 258 | — |
| | | CCS 总电耗/（MJ/kg） | 288 | 213 | 155 | — | 285 | — |
| | | 总折算电耗/（MJ/kg） | 1.29 | 0.96 | 0.90 | — | 1.32 | — |

未来系统效率提升对 CCS 的单位 $CO_2$电耗没有影响。CCS 的能耗的降低依赖于工艺流程的改进和新的发电技术。空气分离和二氧化碳的压缩工艺目前已经成熟。降低二氧化碳捕获能耗，对于富氧燃烧和 IGCC，需要加强空分和压缩系统与发电系统的流程整合，IGCC 还可从减少水煤气变换反应的蒸汽耗量着手，燃烧后捕获技术效率提升手段主要依赖于吸附/吸收工艺流程的改进以及吸附剂/吸收剂的再生能耗降低。

**表 10-31　未来技术条件下不同 CCS 技术的能效模拟结果汇总**

| 项目 | | | 富氧燃烧-675 | | IGCC-1500C | | 超超临界-675 | | | | 化学链气化-常规 | | 化学链气化-先进 | |
|---|---|---|---|---|---|---|---|---|---|---|---|---|---|---|
| | | | CCS | CCS | CCS | 无 | CCS | 无 | CCS 未来 | CCS 低成本 | CCS | 无 | CCS | 无 |
| | | | 燃烧室压力 0.1/MPa | 燃烧室压力 3.13/MPa | 燃烧室压力 2.4/MPa | 燃烧室压力 2.4/MPa | 燃烧室压力 0.1/MPa | 燃烧室压力 0.1/MPa | 燃烧室压力 0.1/MPa | 燃烧室压力 0.1/MPa | 燃烧室压力 1.9/MPa | 燃烧室压力 1.9/MPa | 燃烧室压力 1.9/MPa | 燃烧室压力 1.9/MPa |
| 系统效率 | 输入 | 输入热量（低位）/MW | 2408 | 2408 | 2408 | 2408 | 2408 | 2408 | 2408 | 2408 | 2408 | 2408 | 2408 | 2408 |
| | 主要辅机消耗 | 空分电耗/MW | 193 | 195 | 65 | 65 | | | 0 | 0 | 82 | 82 | 145 | 145 |
| | | $CO_2$ 捕获压缩功耗/MW | 95 | 18 | 35 | 0 | 28 | | 25 | 22 | 41 | | 95 | |
| | | 合计/MW | 288 | 213 | 100 | 65 | 28 | | 25 | 22 | 123 | 82 | 240 | 145 |
| | | $CO_2$ 捕获蒸汽量/（T/h） | | | 329 | | 1180 | | 630 | 367 | | | | |
| | 其他厂用电 | 合计/MW | 30 | 33 | 77 | 77 | 47 | 36 | 48 | 47 | 30 | 30 | 30 | 30 |
| | 输出 | 蒸汽轮机/MW | 1217 | 1229 | 576 | 638 | 920 | 1178 | 1068 | 1108 | 793 | 793 | 139 | 139 |
| | | 燃气轮机/MW | | | 601 | 662 | | | | | 509 | 509 | 656 | 656 |
| | | 其他发电/MW | | | | | | | | | | | 785 | 785 |
| | | 合计/MW | 1217 | 1229 | 1177 | 1300 | 920 | 1178 | 1068 | 1108 | 1303 | 1303 | 1580 | 1580 |
| | | 总厂用电/MW | 318 | 246 | 177 | 142 | 74.6 | 36 | 72.7 | 69 | 152 | 112 | 270 | 175 |
| | | 厂用电率/% | 26.2 | 20.0 | 15.0 | 10.9 | 8 | 3.0 | 7 | 6.2 | 11.7 | 8.6 | 11.2 | 11.9 |
| | | 净输出/MW | 899 | 983 | 1000 | 1158 | 845.4 | 1142 | 995.3 | 1039 | 1150 | 1191 | 1310 | 1405 |
| | | 净效率/% | 37.3 | 40.8 | 41.5 | 48.1 | 35.1 | 47.4 | 41.3 | 43.2 | 47.8 | 49.5 | 54.4 | 58.3 |
| $CO_2$ 捕获 | CCS 能效 | 捕获量/（T/h） | 803 | 802 | 616 | | 777 | | 777 | 605 | 786 | | 803 | |
| | | 排放量/（T/h） | 60 | 61 | 206 | 833 | 86 | 864 | 86 | 259 | 77 | 863 | 60 | 863 |
| | | 捕获纯度 mol/% | 96.7 | 97.9 | 97.07 | | 98.5 | | 98.5 | 98.5 | 96.7 | | 96.7 | |
| | | 回收率/% | 93.1 | 92.9 | 75.0 | | 90.0 | | 90.0 | 70.0 | 91.1 | | 93.1 | |
| | | 单位电耗/（MJ/kg） | 1.29 | 0.96 | 0.20 | | 0.13 | | 0.12 | 0.13 | 0.19 | | 0.43 | |
| | | 单位热耗/（MJ/kg） | | | 1.36 | | 3.6 | | 2 | 1.5 | | | | |
| | | 折算发电量/MW | | | 123 | | 258 | | 110 | 70 | | | | |
| | | CCS 总电耗/（MJ/kg） | 288 | 213 | 158 | | 286 | | 135 | 92 | 41 | | 95 | |
| | | 总折算电耗/（MJ/kg） | 1.29 | 0.96 | 0.92 | | 1.32 | | 0.62 | 0.54 | 0.19 | | 0.43 | |

### (2) 降低 CCS 能耗的技术手段

1) 加压富氧燃烧。相对常压富氧燃烧，加压富氧燃烧可以使单位 $CO_2$ 捕获电耗从 1.29MJ/kg 降低到 0.95MJ/kg，降幅为 26.4% （表 10-32）。加压富氧燃烧主要从以下两个方面降低 CCS 能耗：首先，烟气在压力条件下比常压条件下可获得的烟气潜热增加，降低排烟热损失，提高蒸汽循环做功；其次，利用液氧的自增压以及液体加压能耗较气体少的特点，使烟气在进入净化、压缩前已经有一定的压力，节约了常压富氧燃烧时需要将烟气加压到该压力的能耗。

**表 10-32　常压/加压富氧燃烧系统的计算结果汇总**

<table>
<tr><td colspan="3" rowspan="4">项目</td><td colspan="2"></td><td colspan="3">富氧燃烧（CCS）</td></tr>
<tr><td colspan="2">煤粉</td><td colspan="3">水煤浆</td></tr>
<tr><td>常压</td><td>加压</td><td>常压</td><td>加压 1</td><td>加压 2</td></tr>
<tr><td>燃烧室压力 0.1/MPa</td><td>燃烧室压力 3.13/MPa</td><td>燃烧室压力 0.1/MPa</td><td>燃烧室压力 0.69/MPa</td><td>燃烧室压力 3.13/MPa</td></tr>
<tr><td rowspan="8">系统效率</td><td>输入</td><td>输入热量（低位）/MWe</td><td>2408</td><td>2408</td><td>2408</td><td>2408</td><td>2408</td></tr>
<tr><td rowspan="3">主要辅机消耗</td><td>空分电耗/MWe</td><td>192.9</td><td>195.2</td><td>193.4</td><td>194.2</td><td>195.2</td></tr>
<tr><td>$CO_2$捕获压缩功耗/MWe</td><td>95.3</td><td>17.9</td><td>94.1</td><td>43.8</td><td>17.8</td></tr>
<tr><td>合计/MWe</td><td>288.2</td><td>213.1</td><td>287.5</td><td>238.0</td><td>213.0</td></tr>
<tr><td>其他厂用电</td><td>合计/MWe</td><td>32.8</td><td>34.4</td><td>30.2</td><td>32.5</td><td>33.7</td></tr>
<tr><td rowspan="3">输出</td><td>蒸汽轮机/MWe</td><td>1174</td><td>1185</td><td>1089</td><td>1094</td><td>1124</td></tr>
<tr><td>净输出/MWe</td><td>852.6</td><td>937.1</td><td>771.7</td><td>823.1</td><td>877.3</td></tr>
<tr><td>净效率/%</td><td>35.4</td><td>38.9</td><td>32.0</td><td>34.2</td><td>36.4</td></tr>
<tr><td rowspan="5">$CO_2$捕获</td><td rowspan="5">CCS 能效</td><td>捕获量/（T/h）</td><td>802.6</td><td>802.1</td><td>804.4</td><td>802.4</td><td>803.1</td></tr>
<tr><td>排放量/（T/h）</td><td>59.6</td><td>60.1</td><td>57.7</td><td>60.8</td><td>59.1</td></tr>
<tr><td>捕获纯度 mol/%</td><td>96.7</td><td>97.9</td><td>96.7</td><td>98.2</td><td>98.0</td></tr>
<tr><td>回收率/%</td><td>93.1</td><td>93.0</td><td>93.3</td><td>93.0</td><td>93.1</td></tr>
<tr><td>单位电耗/（MJ/kg）</td><td>1.29</td><td>0.96</td><td>1.29</td><td>1.07</td><td>0.95</td></tr>
</table>

加压富氧燃烧的工作性能受到燃料燃烧后的烟气水含量和燃烧压力的影响，见表 10-32。相对于煤粉富氧燃烧，水煤浆加压富氧燃烧对系统效率的提高更显著，但燃料中水分含量对单位 CCS 能耗的影响不大。压力增加一方面会使烟气可用潜热更多，另一方面使 $CO_2$压缩功耗更少。

2) 未来的燃烧后 CCS 技术。表 10-31 表明，若未来（如 2020 年）基于化学吸收法的燃烧后 CCS 技术能将 $CO_2$捕获的蒸汽热耗从当前技术状态降低到 2.0MJ/kg $CO_2$，对应的电耗为 0.62MJ/kg，CCS 后的系统净效率将可以与 IGCC 加 CCS 后的系统净效率相当。

3）未来低成本 CCS 技术。低成本的 CCS 技术以牺牲 $CO_2$ 的捕获效率为前提，再加上拥有较低的单位捕获能耗，系统效率较不加 CCS 的未来超超临界技术仅降低 4.2%。适用于 IGCC 的 CCS 技术的 $CO_2$ 捕获效率取决于水煤气变换反应的程度，转换程度越高，$CO_2$ 在燃烧前被捕获的效率越高。富氧燃烧由于对全部的烟气进行压缩、净化、再压缩处理，因此其 $CO_2$ 捕获效率最高。燃烧后化学吸收法的 $CO_2$ 捕获效率介于 IGCC 和富氧燃烧之间。所模拟的 CCS 技术都能获得摩尔纯度 95% 以上的 $CO_2$。获得更高纯度级别的 $CO_2$ 亦无技术障碍，如富氧燃烧过程中增加一路回路，使已经除杂的烟气再进行一次除杂即可使 $CO_2$ 的纯度达到食品级。

4）未来发电技术。未来的化学链气化技术具有最低的单位 CCS 消耗，主要归因于其产电过程中通过化学链循环将 $CO_2$ 从煤气中分离并使用部分燃料的富氧燃烧提供热量使 $CO_2$ 解析，干烟气中的 $CO_2$ 浓度较高。当采用和富氧燃烧相同的烟气净化、压缩工艺流程时，不计入 CCS 电耗中的空分能耗使 CCS 系统总折算电耗降低。该技术依赖高温除尘、大型燃料电池等关键技术，如若突破将有很大发展空间。

煤热解气化分级转化发电系统及其 CCS 见表 10-33。和其他系统类似，$CO_2$ 的捕获和压缩使煤热解气化分级转化发电系统的系统净效率大幅降低。同表 10-31 中超超临界系统的数据对比，由于分级转化的净效率较超超临界系统稍高，因此各对应 CCS 参数下分级转化系统 $CO_2$ 捕获压缩后的净效率均相对较高。在未来采用低成本 CCS 系统对分级转化系统进行 $CO_2$ 捕获后，系统净效率较未加 CCS 降低 3.6 个百分点。

**表 10-33　煤热解气化分级转化发电系统 CCS 分析结果汇总**

| 项目 | | | 分级转化-1500/675 | | | |
|---|---|---|---|---|---|---|
| | | | 无 CCS | CCS | 未来 CCS | 低成本 CCS |
| | | | 燃烧室压力/MPa | 燃烧室压力/MPa | 燃烧室压力/MPa | 燃烧室压力/MPa |
| 系统效率 | 输入 | 输入热量（低位）/MWe | 2408 | 2408 | 2408 | 2408 |
| | 主要辅机消耗 | 空分电耗/MWe | — | — | — | — |
| | | $CO_2$ 捕获压缩功耗/MWe | 0 | 28 | 25 | 22 |
| | | 合计/MWe | 0 | 28 | 25 | 22 |
| | | $CO_2$ 捕获蒸汽量/（T/h） | 1180 | — | 630 | 367 |
| | 其他厂用电 | 合计/MWe | 41.6 | 58 | 58 | 58 |
| | 输出 | 蒸汽轮机/MWe | 1038 | 780.17 | 928.17 | 968.17 |
| | | 燃气轮机/MWe | 160.03 | 160.03 | 160.03 | 160.03 |
| | | 其他发电/MWe | — | — | — | — |
| | | 合计/MWe | 1198.03 | 940.2 | 1088.2 | 1128.2 |
| | | 总厂用电/MWe | 41.6 | 58 | 58 | 58 |
| | | 厂用电率/% | 3.5 | 6.2 | 5.3 | 5.1 |
| | | 净输出/MWe | 1156 | 882 | 1030 | 1070 |
| | | 净效率/% | 48.0 | 36.6 | 42.8 | 44.4 |

续表

| 项目 | | | 分级转化-1500/675 | | | |
|---|---|---|---|---|---|---|
| | | | 无 CCS | CCS | 未来 CCS | 低成本 CCS |
| | | | 燃烧室压力/MPa | 燃烧室压力/MPa | 燃烧室压力/MPa | 燃烧室压力/MPa |
| $CO_2$捕获 | CCS 能效 | 捕获量/（T/h） | 777 | — | 777 | 605 |
| | | 排放量/（T/h） | 86 | 864 | 86 | 259 |
| | | 捕获纯度/mol% | 98.5 | — | 98.5 | 98.5 |
| | | 回收率/% | 90.0 | — | 90.0 | 70.0 |
| | | 单位电耗/（MJ/kg） | 0.13 | — | 0.12 | 0.13 |
| | | 单位热耗/（MJ/kg） | 3.6 | — | 2 | 1.5 |
| | | 折算发电量/MWe | 258 | — | 110 | 70 |
| | | CCS 总电耗/（MJ/kg） | 286 | — | 135 | 92 |
| | | 总折算电耗/（MJ/kg） | 1.32 | — | 0.62 | 0.54 |

#### 10.3.3.4 小结

1）当前技术条件下，增加 CCS 后，所有的 CCS 系统都造成发电系统的净效率大幅降低。净发电效率因为 CCS 而降低的程度从大到小依次为燃烧后 CCS、IGCC 加 CCS 和常压富氧燃烧加 CCS。因此，所采用的 CCS 系统应追求低成本，不应一味追求高脱除效率。

2）前技术条件下的常压富氧燃烧和燃烧后吸收法 CCS 在目前的状况下的 $CO_2$捕获代价相当，均在电耗 1.30MJ/kg $CO_2$左右，IGCC 的单位 $CO_2$捕获电耗相对较少。

3）未来提升参数后，超超临界、IGCC 和富氧燃烧的净发电效率都有一定程度的提高，但系统效率提升对 CCS 的单位 $CO_2$电耗没有影响。CCS 的能耗的降低依赖于 CCS 工艺流程的改进和新的发电技术。

4）相对常压富氧燃烧，加压富氧燃烧可以使单位 $CO_2$捕获电耗从 1.29MJ 降低到 0.96MJ/kg，降幅为 25.6%。加压富氧燃烧的工作性能受到燃料燃烧后的烟气水含量和燃烧压力的影响。

5）若未来（如 2020 年）基于化学吸收法的燃烧后 CCS 技术能将 $CO_2$捕获的蒸汽热耗从当前技术状态降低到 2.0MJ/kg $CO_2$，对应的电耗为 0.62MJ/kg。CCS 后的系统净效率将可以与 IGCC 加 CCS 后的系统净效率相当。

6）$CO_2$捕获效率为 70% 的低成本的 CCS 技术以牺牲 $CO_2$的捕获效率为前提，再加上拥有较低的单位捕获能耗，系统效率较不加 CCS 的未来超超临界技术仅降低 4.2%。

7）未来的化学链气化技术具有最低的单位 CCS 消耗，主要归因于其产电过程中通过化学链循环将 $CO_2$从煤气中分离并使用部分燃料的富氧燃烧提供热量使 $CO_2$解析，干烟气中的 $CO_2$浓度较高。

8）$CO_2$ 的捕获和压缩使煤热解气化分级转化发电系统的系统净效率大幅降低，在未来采用低成本 CCS 系统对分级转化系统进行 $CO_2$ 捕获后，系统净效率较未加 CCS 降低 3.6 个百分点。

# 10.4　发展技术战略与技术路线图

## 10.4.1　战略内涵

我国应因地制宜地发展和掌握以发电为主的分级转化综合利用技术，加快煤电行业改造升级。为大幅度降低发电煤耗和污染物减排，现有机组可采用分级转化技术结合超超临界发电技术升级改造，同时采用成熟低成本的更高参数超超临界发电技术、IGCC 发电技术和分级转化发电技术淘汰升级。为进一步提高煤炭综合利用效率和环境更友好，可通过超超临界发电技术结合分级转化综合利用技术，实现高效发电、多级联产、污染物与灰渣近零排放及资源综合利用。

应推进分级转化综合利用。为实现煤炭不仅可作为重要的能源利用而且是丰富的资源的先进煤炭利用理念，改变现有煤燃烧单一方式，采用煤分级转化、多联产、污染物及灰渣近零排放与资源化利用的技术体系引领，通过出台产业政策促进其推广应用，打造适合我国国情的煤炭利用新模式，推动形成煤分级转化等战略性新兴产业链，以解决我国动力煤的高效、洁净及可持续利用问题。

目前我国有 7.65 亿 kW 余燃煤机组采用单一煤燃烧的常规技术，已很难大幅度提高效率和减低污染，需要更新换代以适应我国未来节能减排目标。因此，需要在清洁燃烧（超超临界）、完全气化（IGCC）和煤分级转化综合利用等技术领域取得突破，重点支持和发展以考虑煤发电为主的煤热解气化半焦燃烧分级转化综合利用技术以及以考虑 $CO_2$减排为主的煤燃烧与气化技术，掌握自主知识产权和装备设计与制造能力，促进传统产业的改造升级，从而提高煤炭利用的经济效益和环境效益，实现煤炭利用产业的跨越式发展。

## 10.4.2　战略目标

### （1）2020 年

实现 300~600MWe 基于循环流化床技术的分级转化综合利用商业化应用，在较小的投资下，提高机组发电效率和煤炭利用效率。努力实现 8% 左右的电力动力生产用煤采用煤炭热解气化半焦燃烧分级转化方案进行综合利用，预计每年可制取相当于约 210 亿 $m^3$ 天然气或相当于约 1700 万 t 原油的油气替代产品。

发展富氧燃烧和先进大型煤气化技术等以 $CO_2$减排为特点的煤燃烧与气化技术，分别实现日处理 3000t 煤气化炉示范以及 300MWe 富氧燃烧示范。

### （2）2030 年

发展基于煤粉燃烧技术的煤热解半焦燃烧分级转化、多联产及污染物和灰渣资源化利用相关关键技术，实现超超临界结合煤粉分级转化工程应用。该阶段预计可实现 25% 左右的电力动力生产用煤采用煤炭热解气化半焦燃烧分级转化技术进行综合利用，预计每年可制取相当于约 675 亿 $m^3$天然气或相当于 5400 万 t 原油的油气替代产品。

以 $CO_2$减排为特点的低成本煤燃烧与气化技术得到规模化应用。

### 10.4.3 战略重点与路径

1）通过工程示范，使煤分级转化综合利用技术在燃煤机组改造升级中得到应用与推广，逐步实现煤炭综合利用效率提升和近零排放与资源化利用。积极开展煤热解气化半焦燃烧分级转化综合利用技术的大型工业化试验，研发燃煤发电同时多联产和污染物减排与资源化利用的工艺和技术装备。实现 300MWe 基于循环流化床技术的分级转化综合利用系统的商业化运行，逐步将现有亚临界等燃煤发电机组采用煤热解气化半焦燃烧分级转化综合利用技术进行改造升级，提高现有机组发电效率。待工业化试验成熟后，实现 600MWe 基于循环流化床技术的分级转化综合利用系统和超临界基于煤粉燃烧技术分级转化综合利用系统的应用与推广，在大幅度提高发电效率同时制取油、气化工产品等，或制取高品质燃气，同时对污染物及灰渣资源化实施利用，实现煤炭综合利用效率提升和近零排放与资源化利用。

2）发展富氧燃烧和大型煤气化，为煤电行业 $CO_2$减排提供技术保障。积极发展富氧燃烧技术、大型煤气化技术等以 $CO_2$减排为目标的煤燃烧与气化技术，待技术成熟后进行规模化推广应用，为煤电行业 $CO_2$减排做准备。通过中试和半工业试验验证技术可行性，逐步实现 100MWe 富氧燃烧示范电站和 300MWe 以上的富氧燃烧商业电站；考虑发展加压富氧燃烧技术，逐步掌握富氧燃烧关键技术设计、制造和运行等方面经验，为燃煤机组 $CO_2$减排做准备。开展单炉日处理 2000 t 和 3000 t 煤气化工程示范，在煤种适应性、高温除尘、脱硫等方面取得突破，自主掌握大型煤气化关键技术设计、制造和运行等方面经验，为 IGCC 发电技术及其 $CO_2$减排做准备（图 10-36）。

### 10.4.4 先进清洁煤燃烧与气化关键技术发展路线

#### 10.4.4.1 以煤发电为主的煤热解气化半焦燃烧分级转化综合利用技术

煤炭热解气化燃烧分级转化技术是多种技术的耦合及集成，简化了工艺流程，减少基本投资和运行费用，降低各产品成本，提高了褐煤转化效率和利用效率，降低污染排放，实现系统整体效益的提升，适用于我国丰富而复杂的煤种，对我国的煤炭利用尤其有重大意义。基于我国每年 50% 以上煤炭用于电力生产和少油缺气的现状，应该大力促进以发电为主的煤炭热解气化燃烧分级转化技术的研究、开发和推广。由于该类技术目前在国际上尚处于总体的研发阶段、局部的示范阶段，应认识到该技术的发展可以是渐进式的、不断完善的。

基于煤炭热解气化燃烧分级转化技术的发展现状，其发展战略建议有 4 点。

1）在总体上要坚持自主开发，在自主开发中并不完全排除局部的关键技术上采用引进的方法，但必须排除重复引进，保证在系统集成上具有自主知识产权，这样可以保证该技术具有可持续发展。

2）必须坚持科技先行，坚持创新，开发适合我国国情的煤热解气化燃烧分级转化综合利用技术，为我国特殊的能源结构和煤炭资源服务。

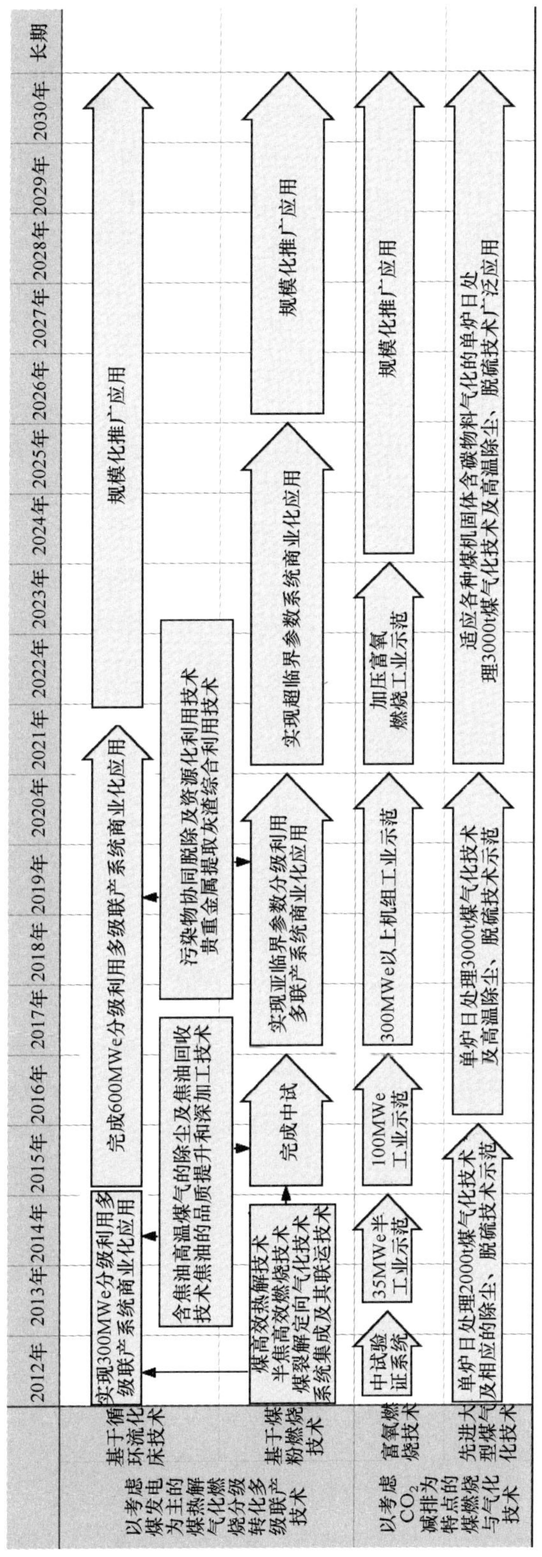


图10-36　先进清洁煤燃烧与气化技术重点发展战略路线图

3）突破关键技术，如高效热解气化技术、半焦燃烧技术、含焦油高温煤气的除尘及焦油回收技术、废水处理技术等，完善煤炭热解气化燃烧分级转化综合利用技术。

4）在发展过程中要考虑建立系统分析和设计软件包，奠定热、电、优质燃料多联供产业化跨越发展的基础，培养出一批高技术人才。

根据煤炭热解气化燃烧分级转化综合利用技术的发展现状，在发展战略和政策的基础上，拟制定煤炭热解气化燃烧分级转化综合利用技术未来的发展路线图。煤炭分级转化技术作为一种新兴的煤炭高效清洁利用技术，其发展必将受到国家政策制定、市场导向、技术开发以及相关研究开展情况等因素的影响。考虑了以上各种因素，绘制了近期及未来煤炭热解气化燃烧分级转化技术的发展路线图，如图 10-37 所示。

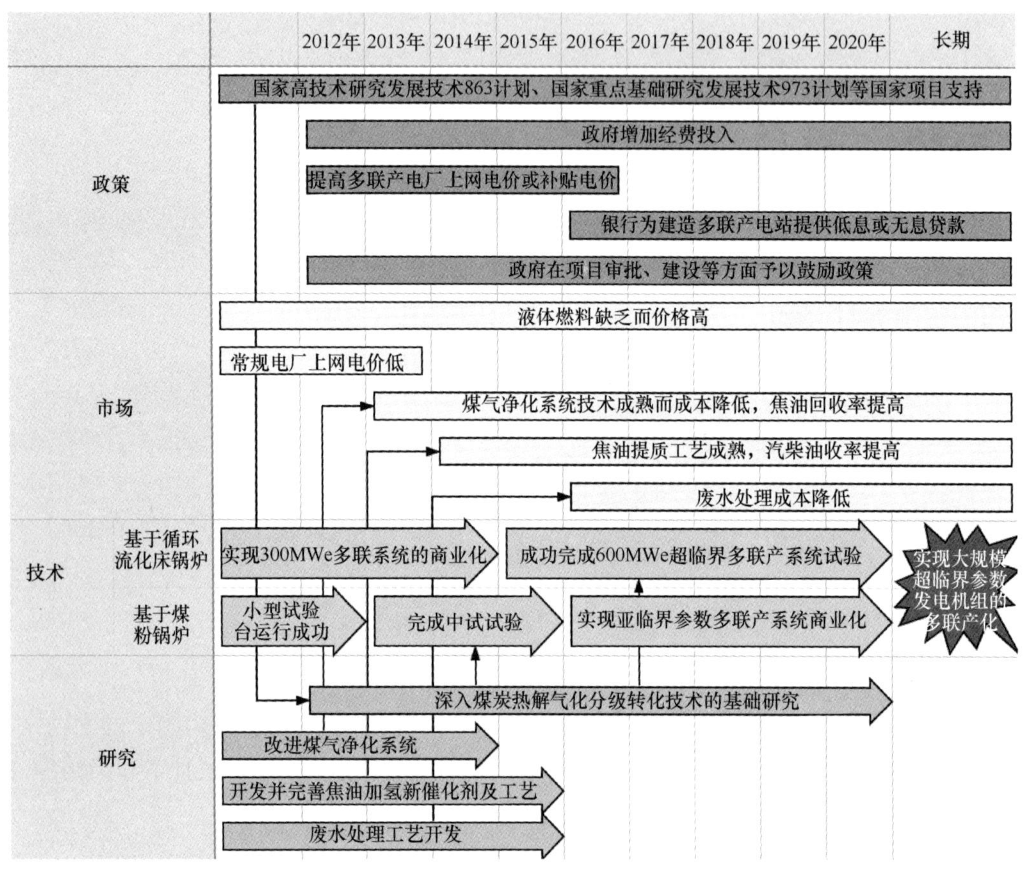


图 10-37　煤炭分级转化综合利用技术的发展路线图

任何一项技术的推广都离不开国家政策的重视。为加快多联产技术的完善，国家提供 863 计划、973 计划等项目支持煤炭热解分级转化技术的深入研究将十分必要。另外，政府颁布对多联产电厂的鼓励政策，如增加经费投入、提高多联产电厂上网电价、银行提供低息或无息贷款等政策，将有助于多联产技术的发展与推广。

另外，现在乃至将来中国的液体燃料及天然气都十分缺乏。为增强我国的能源安全，开发煤炭多联产技术至关重要。目前，我国电厂的上网电价低，这也导致了我国大部分电厂运行情况不甚乐观。因此，采用高效的煤炭利用技术逐渐成为电厂的发展模式。

通过煤炭热解分级转化技术发展的瓶颈分析，现阶段加大相关技术的研究力度将致力于改进煤气净化系统、完善焦油提质利用技术和开发废水处理工艺，这将促使煤气净化系统技术成熟同时成本降低、汽柴油收率提高、废水处理成本大幅降低。

现阶段，基于循环流化床的煤炭热解气化分级转化技术已经完成了 300MWe 的实验，将实现 300MWe 级的煤炭多联产技术的商业化。随着技术的发展，可以预见，在 2020 年左右将完成 600MWe 级循环流化床多联产技术的实验。另一方面，基于煤粉锅炉的煤炭热解气化分级转化技术现处于实验阶段，按现在的发展趋势，将成功运行煤粉锅炉多联产技术的小型试验。在循环流化床锅炉的运行经验基础上，煤粉锅炉多联产技术的发展将比较顺利，预计于 2015 年完成中试试验，并于 2020 年实现基于亚临界参数煤粉锅炉的煤炭分级转化综合利用技术的商业化。伴随着国家政策的支持、市场的偏向以及技术的发展，在不久的将来，多联产技术将实现大规模超临界化。

#### 10.4.4.2 先进煤粉燃烧技术

在 20 世纪 80 年代，西方发达国家和日本都开始实施了各自的煤清洁利用计划。这种战略性的计划是针对使用煤炭对环境造成污染所提出的技术对策，是最大限度利用煤的能源同时将造成的污染降到最小限度的技术方案。从概念上说煤清洁利用技术是指煤炭从开发到利用全过程中，旨在减少污染排放与提高利用效率的加工、燃烧、转化及污染控制等高新技术的总称。它将经济效益、社会效益与环保效益结合为一体，成为能源工业高新技术竞争的一个主要领域。因此，洁净煤技术是我国的煤粉燃烧技术发展的方向。本节指出了我国煤炭清洁利用的未来发展战略和主要的研究方向：积极开发 700℃超超临界发电技术，使洁净煤发电技术成为我国火电发展的主流和强项；研发煤气化多联产发电技术；加强对褐煤的综合利用，从而推动我国煤炭向清洁燃烧方向转变。

**（1）700℃超超临界燃煤发电技术**

目前，在整个电网中，燃煤火力发电占 70% 左右，电力工业以燃煤发电为主的格局在很长一段时期内难以改变。为实现 2008 年 G8（八国首脑高峰会议）确定的 2050 年 $CO_2$ 排放降低 50% 的目标，提高效率和降低排放的发电技术成为欧盟、日本和美国重点关注的领域。洁净燃煤发电技术有几种方法，如整体煤气化联合循环（IGCC）、增压流化床联合循环（PFBC）及超超临界技术（USC）。目前，超超临界燃煤发电技术比较容易实现大规模产业化。

超超临界燃煤发电技术经过几十年的发展，目前已经是世界上先进、成熟、达到商业化规模应用的洁净煤发电技术，在不少国家推广应用并取得了显著的节能和改善环境的效果。据统计，目前全世界已投入运行的超临界及以上参数的发电机组有 600 余台，其中美国约有 170 台，日本和欧洲各约 60 台，俄罗斯及原东欧国家 280 余台。目前发展 700℃超超临界发电技术领先的国家主要是欧盟各国、日本和美国等。700℃超超临界机组为超超临界机组未来发展方向。

目前，我国已投运近 60 台 600℃超超临界机组。通过 600℃超超临界机组的技术研发及工程实践，除锅炉、汽轮机部分高温材料及部分泵和阀门尚未实现国产化外，其他已基本形成了600℃超超临界机组整体设计、制造和运行能力，建立起了完整的设计体系，拥有了相应的先进制造设备及加工工艺。这些为我国700℃超超临界燃煤发电机组的发展奠定了良好的基础。

近年来，国内企业和相关科研院所也开展了相关研究。例如，材料制造方面已开展镍基合金转子材料的研究，现已完成原料采购和试验成分的选择，下一步开始冶炼小钢锭的研究。设备制造方面已开展“更高参数1000MW等级超超临界锅炉设计技术研究”课题，主要研究31.5MPa、703℃/703℃等级超超临界锅炉的初步方案设计。一些企业也派出团队对（AD700）等计划进行了调研。在此基础上，我国于2010年提出了“700℃超超临界发电技术开发路线”。

根据700℃超超临界发电技术的难点及与国外差距，目前，已初步形成我国700℃超超临界发电技术发展路线图（2010~2015年）。路线图分9个部分进行：综合设计、材料应用技术、高温材料和大型铸锻件开发、锅炉关键技术、汽轮机关键技术、部件验证试验、辅机开发、机组运行和示范电厂建设。路线图目标参数：压力大于等于35MPa，温度大于等于700℃，机组容量大于等于60万kW。具体研发初步进度计划见表10-34。

**表10-34　我国700℃超超临界发电技术研发初步进度**

| 项目 | | 2010年 | 2011年 | 2012年 | 2013年 | 2014年 | 2015年 |
|---|---|---|---|---|---|---|---|
| 综合设计研究 | | 初参数选择、二次再热等系统集成研究 | | 600℃机组上应用二次再热系统和减少高温管道用量新型布置 | | | |
| | | 减少高温管道用量新型布置设计研究 | | | | | |
| 材料应用技术研究 | | 高温材料组织性能研究 | | | | | |
| | | 高温材料无损检验技术 | | | | | |
| | | 高温材料现场焊接、弯管、管件制造技术 | | | | | |
| 高温材料和大型铸件开发 | | 高温材料成分设计及冶炼技术研究 | | | | | |
| | | | | | 高温材料锅炉管道制造技术研究 | | |
| | | | | 高温材料大型铸锻件工艺技术研究 | | | |
| 锅炉关键技术开发 | 技术研发 | 锅炉设计、制造技术 | | | | | |
| | 部件开发 | 高温部件开发 | | | | | |
| | 部件制造 | 高温部件冷热加工及焊接工艺 | | | | | |
| 汽机设备等关键技术开发 | 技术研发 | 汽轮机设计、制造技术 | | | | | |
| | 部件开发 | 转子、气缸、螺栓等 | | | | | |
| | 部件制造 | 高温部件冷热加工及焊接工艺 | | | | | |
| 部件验证试验台的设计、建设和运行 | | | 试验台设计、部件制造和安装、运行跟踪和解剖分析 | | | | |
| 轴机开发 | | | | 关键轴机 | | | |
| 机组运行技术研究 | | | | 电厂水化学、运行控制技术 | | | |
| 示范工程建设 | | | | | 工程前期、设计 | | 开始建设 |

### (2) 褐煤利用新技术

褐煤是煤化程度最低的煤种。它是泥炭沉积后经脱水、压实转变为有机生物岩的初期产物，因外表呈褐色或暗褐色而得名。我国褐煤资源主要形成于晚侏罗世、古近纪和新近纪。新近纪褐煤多为土状褐煤，煤田零星分布在辽宁、山东、广西、广东、云南等省（自治区）。晚侏罗世褐煤则多为硬褐煤，或称老年褐煤，主要分布在我国内蒙古自治区东部海拉尔含煤区霍林河盆地以及黑龙江三江-穆林河含煤区。这一地区是我国褐煤资源集中地区，基本特点为埋藏浅，煤层厚度大。

褐煤的含氧量较高，一般为15%～30%，且大部分以含氧官能团的形式存在，只有少量氧在煤的大分子结构中成为杂环氧。含氧官能团以酚羟基为主，其次是羟基和羰基基，甲氧基很少，这些基团有随碳含量增加而降低的趋势。褐煤是一种反应性较高的煤类，能与许多化学试剂反应生成新的物质，其最新的利用方式主要有 3 种形式：吸附及离子交换剂，褐煤制水煤浆，复合型保水剂。

总之，在当今能源问题日益紧张和环保的要求越来越高的环境下，对褐煤进行加工利用必须同时考虑环境和经济效益，应根据其特征及市场需求，在传统的技术基础上积极进行新技术的开发与应用，合理开发利用褐煤资源。

## 10.4.4.3　循环流化床燃烧技术

针对我国煤炭种类复杂、劣质低热值煤和高硫煤等储量较多的现状，循环流化床燃烧技术燃料适应性广、清洁高效燃烧的特点正好适合我国煤炭资源清洁燃烧利用需求。今后，技术成熟化、大型化、高参数化、燃料多样化、应用广泛化是循环流化床燃烧技术的发展发向。图 10-38 给出了循环流化床燃烧技术的发展路线。

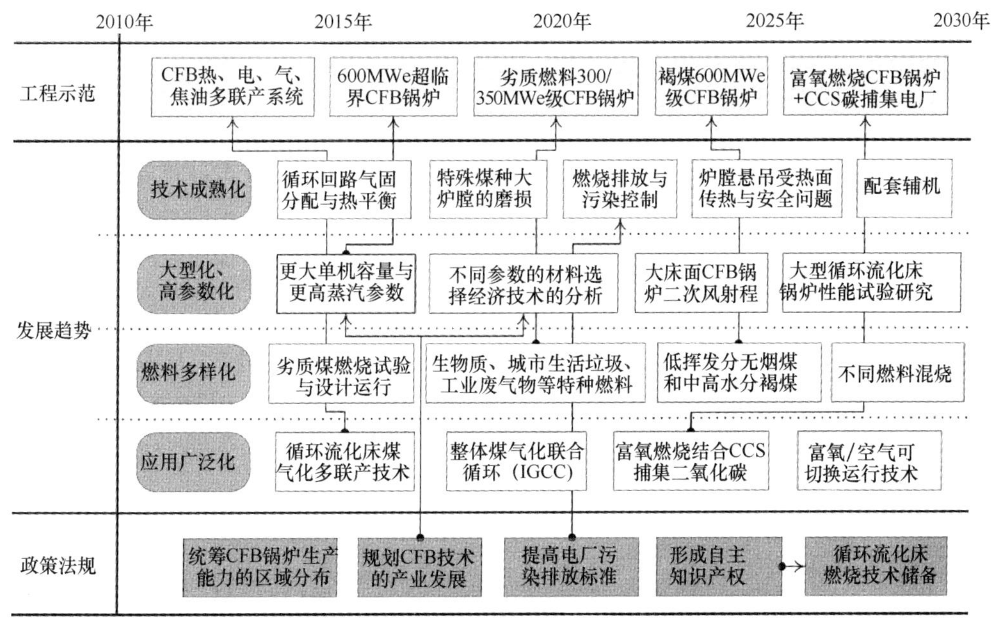


图 10-38　循环流化床燃烧技术的发展路线图

#### 10.4.4.4 先进的工业锅炉燃烧技术

根据我国国情、能源战略和环境保护政策，未来相当长的时期内，煤炭仍然是我国主要能源；工业锅炉燃煤技术将以高效清洁为发展的主要方向，但不同燃烧技术在工业锅炉应用时其经济性、环保性是不同的。课题组给出散煤燃烧、精煤燃烧、型煤燃烧和煤粉燃烧等利用方式下的原材料消耗、热效率、污染排放、运行、维护等各方面的综合评价，见表10-35。

**表 10-35 各种煤燃烧效果的综合评价**

| 项目 | 散煤燃烧 | | 煤加工品燃烧 | | 煤粉燃烧 | |
|---|---|---|---|---|---|---|
| | 层燃 | 流化 | 精煤 | 型煤 | 干煤粉 | 水煤浆 |
| 平均运行热效率/% | 65 | 83 | 83 | 70 | 90 | 86 |
| 工业运行热效率/% | 80 | 85 | 85 | 80 | 92 | 87 |
| 相同容量制造成本 | 低 | 高 | 低 | 中 | 高 | 高 |
| 正常状态污染排放 | 中低 | 极低 | 中低 | 低 | 中 | 中 |
| 脱除二氧化硫成本 | 低 | 中 | 低 | 极低 | 高 | 高 |
| 脱除氮氧化物成本 | 低 | 极低 | 低 | 低 | 中 | 中 |
| 初始烟尘排放 | 中 | 高 | 极低 | 极低 | 中高 | 中高 |
| 运行成本 | 最低 | 中 | 高 | 中 | 高 | 高 |
| 维护成本 | 低 | 极高 | 低 | 低 | 中 | 中 |
| 原材料消耗 | 低 | 极高 | 高 | 低 | 高 | 高 |
| 二次污染 | 中 | 极低 | 中 | 中 | 中 | 高 |

按照上表，考虑技术成熟度、经济承受力和能源环保政策等综合因素，不同时间节点的发展战略是如下。

**（1）近期（~2020年）**

优化现有层燃和循环流化床技术，突破工业锅炉大型化、脱硫脱硝关键技术，同时工业锅炉煤粉炉技术进入规模化商业应用。其保障措施有3个：①完善燃煤工业锅炉燃烧和传热特性基础研究，有效解决工业锅炉炉型结构与煤种的配套问题，形成按照不同煤种设计和指导运行的方法理论。②建立先进的工业锅炉燃煤技术评价标准，其包含高效燃烧、低排放、耗材少、运行和维护成本低等要素。③开发积极高效燃烧与污染控制的系统集成技术，控制技术以及数字化设计技术等。

**（2）中期（2021~2030年）**

基本淘汰传统技术装备，开发工业锅炉新型的燃煤气化及转化技术，前瞻性布局煤炭洁净和高附加值利用技术。同时围绕低碳经济和洁净煤技术深度发展，开发先进的生物质利用技术，以生物质和天然气等低碳清洁燃料部分替代煤炭燃料；在环保方面，实现燃煤工业锅炉脱汞技术商业化示范。

（3）远期（2031~2050 年）

CCS、富氧或纯氧燃烧技术等电站锅炉技术扩散到工业锅炉，建立以煤基部分气化再燃烧多级工艺为核心的煤分级清洁利用技术体系，煤炭洁净和高附加值利用技术进入商业应用。

在先进的工业锅炉燃烧技术发展方向和技术路线选择上遵循 3 个原则：一是基于国情、自主开发的原则；二是关键技术攻关与重点突破相结合的原则；三是政策支持和市场化运作结合的原则。技术发展进程考虑基础研究、技术突破、技术成熟和商业应用 4 个阶段。

以燃煤锅炉为研究对象的先进工业锅炉燃烧技术未来发展划分为两个领域 4 个技术方向。其中燃煤工业锅炉领域选定 3 个技术方向：①层燃燃烧自动控制技术和系统开发；②大型燃煤锅炉改进优化开发技术（包括大容量层燃角管式锅炉和循环流化床锅炉技术）；③煤粉工业锅炉技术与产品研发。工业锅炉信息化技术领域技术方向：信息化技术在工业锅炉产品开发中的运用。

在上述发展战略研究基础上，本课题瞄准 4 个技术方向，并考虑不同时间节点的技术目标，绘制出发展技术路线图，如图 10-39 所示。

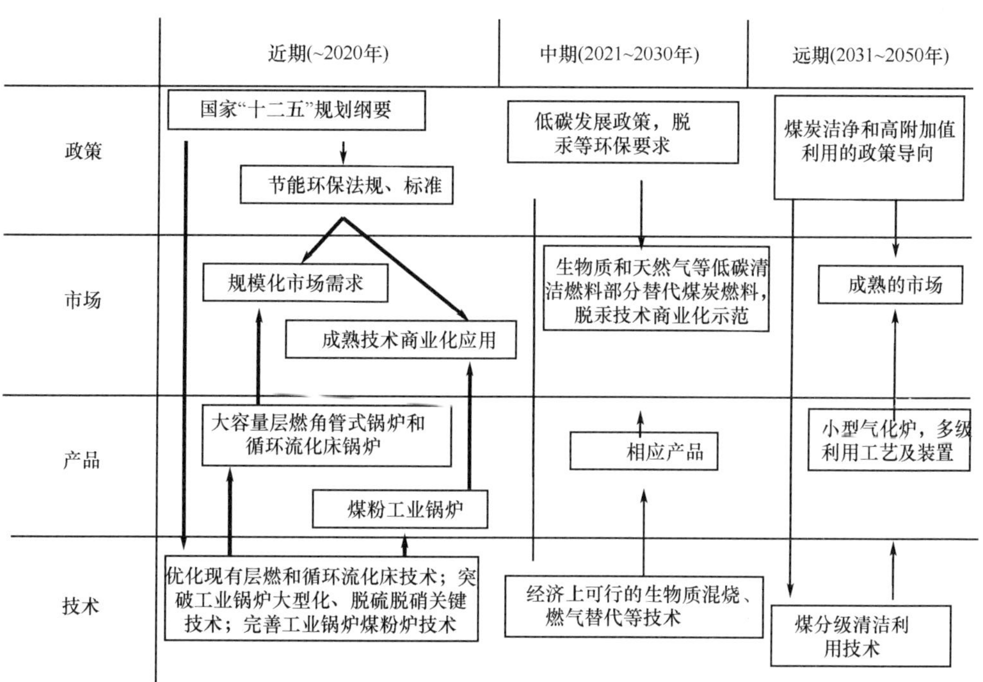


图 10-39　先进的工业锅炉燃烧技术发展路线图

### 10.4.4.5　先进煤气化技术

煤炭气化技术是煤炭清洁高效利用的核心技术。先进大型煤气化技术涉及的关键技术有提高气化技术对煤种的适应性、配套大型煤气化的高温脱硫和除尘技术、煤分级气化与热解气化等技术。其发展技术路线见表 10-36。

表 10-36　先进煤气化技术发展路线

| 项目 | 近期（~2015 年） | | | 中期（2015~2020 年） | | | 远期（2021~2030 年） | | |
|---|---|---|---|---|---|---|---|---|---|
| 产业 | 煤化工 | IGCC 发电与多联产 | 燃气行业 | 煤化工 | IGCC 发电与多联产 | 燃气行业 | 煤化工 | IGCC 发电与多联产 | 燃气行业 |
| 市场需求 | 大型高效煤气化技术 | 大型高效煤气化技术 | 适应代天然气（SNG）合成的煤气化技术；廉价的燃气制造技术 | 超大型高效煤气化技术 | 超大型高效煤气化技术；部分气化分级转化技术；热解气化分级转化技术 | 适应 SNG 合成的煤气化技术；廉价的燃气制造技术 | 适应各种煤的超大型高效煤气化技术 | 适应各种煤的超大型高效煤气化技术；各种分级转化技术 | 直接生产甲烷的煤气化技术 |
| 产业目标 | 单炉日处理 2000t 煤气化技术 | 单炉日处理 2000t 煤气化技术及相应的除尘、脱硫技术示范 | 固定床气化技术的大型化、煤气化污水的处理；小型分布式气化技术 | 单炉日处理 3000t 煤气化技术示范 | 单炉日处理 3000t 煤气化技术及高温除尘、脱硫技术示范；分级转化技术工业示范 | 催化气化及加氢气化技术的中试；小型分布式气化技术的工业示范 | 适应各种煤单炉日处理 3000t 煤气化技术示范 | 适应各种煤及固体含碳物料气化的单炉日处理 3000t 煤气化技术及高温除尘、脱硫技术广泛应用；煤炭分级利用技术广泛应用 | 催化气化技术和加氢气化技术的产业化示范 |
| 技术壁垒 | 气化技术对煤种的适应性 | 气化技术对煤种的适应性、配套大型煤气化技术的高温脱硫和除尘技术 | 固定气化技术中高含酚废水的处理 | 与大型煤气化技术相适应的关键阀门、仪表及控制系统 | 高温除尘、脱硫技术；分级气化；热解气化 | 催化气化炉的放大、廉价催化剂的开发、加氢过程关键设备的开发 | — | — | 催化气化和加氢气化技术的放大 |
| 研发需求 | 开发煤种适应性强的大型煤气化技术 | 开发煤种适应性强的大型煤气化技术及配套的高温脱硫和除尘技术 | 开发高含酚气化污水的处理技术和小型分布式气化技术 | 关键设备、阀门、控制系统的研发 | 高温除尘、脱硫技术的研发；煤分级气化与热解气化技术的工程化研究 | 催化气化与加氢气化技术 | — | 煤分级气化与热解气化技术的大型化研究 | 催化气化和加氢气化技术工程化研究 |

大型化是煤气化技术发展的首要问题；实现能量的高效转化与合理回收是煤气化过程需要解决的迫切问题；提高煤种适应性是煤气化技术面临的复杂问题；掌握煤气化过程中污染物的迁移转化机理、实现煤气化技术的近零排放是大型煤气化技术发展的关键问题。

在煤化工、IGCC 发电与多联产领域，首先需解决气化技术煤种适应性，并配套适应大型煤气化的高温脱硫和除尘等技术，进行单炉日处理能力 2000t 的气化炉装置综合技术示范；积极发展高温除尘与脱硫技术、分级气化技术和热解气化等技术，并进一步放大，实现单炉日处理 3000t 煤气化技术及高温除尘、脱硫技术示范；待具有广泛煤种适应性的超大型高效煤气化技术成熟后，使适应各种煤及固体含碳物料气化的单炉日处理 3000t 煤气化及高温除尘、脱硫技术得到广泛应用。

### 10.4.4.6　富氧燃烧及 $CO_2$ 回收减排技术

#### (1) 实现战略目的的优势和劣势

a. 以煤为主的能源结构是我国碳排放高速增长的必然

化石能源大量使用所排放的 $CO_2$ 造成了全球变暖。根据 IEA 的预测，在没有新政策进一步推动下，到 21 世纪末，温室气体排放的增长将使得全球的平均温度上升 6℃，给全球带来毁灭性的打击。而要将全球升温控制在产生临界变化的 2℃ 以内，则意味着全球在 2030 年前需将 $CO_2$ 排放量减少 50%（约 300 亿 t）。如何限制 $CO_2$ 的过量排放已经成为各国可持续发展的重大战略性问题。

我国 2007 年 $CO_2$ 排放量为 59.6 亿 t，超过美国的 58.2 亿 t，已位居世界第一，成为世界上最大的 $CO_2$ 排放国；2006 年人均排放 4.32t，超过世界平均水平的 4.18t，约为发达国家的 1/3，但已是发展中国家平均水平的 1.7 倍，是印度的 2.8 倍。在过去 8 年里全球碳排放量增长了 1/3，其中 2/3 的增长来自中国。显而易见，我国 $CO_2$ 的排放压力是极为巨大的。

化石能源利用是最重要的碳排放源，其排放不仅与化石能源的消耗总量有关，而且因能源构成而异。就碳排放因子而言，煤是石油的 1.3 倍，是天然气的 1.7 倍。煤的碳排放量占总排放量的比例：中国 75% 以上；美国约 35%；世界约 36%。中国煤炭的碳排放量占到全球化石燃料总排放量的 1/7。我国富煤贫油少气的资源状况，决定了煤在一次能源的主体地位长期难以改变，即使到 2050 年，煤在我国一次能源中的比重仍将高于 50%。以煤为主的能源结构决定了我国 $CO_2$ 排放高速增长的必然，欲实现真正意义上的规模化减排，开发和应用具有碳捕集的新型燃煤技术是一条根本途径。

IEA 和 IPCC 指出，在发电厂进行大规模 CCS 是减缓气候变化最重要的技术路线之一。美国传统基金会研究报告指出，“若温室气体排放被看作一个需要严肃对待的威胁，那就必须将研究集中于碳捕获和减少煤的碳排放等技术，而非绿色能源等价值不大的事情”。各国政府纷纷出台了新的 $CO_2$ 减排政策。美国清洁能源安全法案规定美国在 2015 年后获得许可的新燃煤电厂每兆瓦时的 $CO_2$ 排放必须少于 1100 磅（约 500kg），在 2020 年后获得许可的必须少于 800 磅（约 360kg）；法案要求到 2020 年之前实现排放量比 2005 年水平减少 17%，到 2050 年之前减少 83%；法案还引入温室气体排放配额交易制度。英国能源与气候变化部 2009 年 6 月 17 日正式公布发展“清洁煤计划”的草案和评估报告，要求英国境内新建电厂必须首先提供具有碳捕捉和储存能力的证明，要求捕获和封存发电过程中产生的至少 25% 的温室气体，并于 2025 年前将其温室气体 100% 处理；英国还提出到 2020 年将碳排放量在 1990 年基础上减少 34%。

2009 年 11 月 26 日，中国政府宣布了控制温室气体排放的清晰量化目标，决定到 2020 年单位国内生产总值 $CO_2$ 排放比 2005 年下降 40%～45%。中国这一承诺，意味着将减排几十亿吨 $CO_2$。中国面临着巨大挑战和困难，必须采取切实有力的措施来保证减排目标的实现。

b. CCS 是应对规模化减排的必然选择

解决 $CO_2$问题总体上有 3 种技术方向和选择。

1）提高能源利用率和转化率。包括工业企业（石油、石化、钢铁、冶金、水泥、陶瓷等高耗能行业）节能、发展 USC、IGCC、NGCC 等新型发电技术等。即使我国单位 GDP 能耗年均下降 4%，但由于 GDP 总量不低于年均 8% 的高速增长，我国的 $CO_2$ 排放总量还会不断上升。到 2020 年就会达到 80 亿 t，到 2030 年就会达到 100 亿 t。而欧盟等提出，到 2050 年全球 $CO_2$ 排放总量控制在 104 亿 t。

2）采用替代能源，发展低碳的化石燃料、核能、可再生能源和新能源。中国政府在可再生能源发展和节能中长期（2020 年）发展规划中，制定了到 2010 年可再生能源达到一次能源总量的 10%、到 2020 年达到 15% 的目标。但替代新能源在今后相当长时间内的减排空间十分有限。例如，装机容量近 5 年连年翻番的风能发电，其发电量在总发电量中的份额仍小于 0.5%。

3）从化石能源的利用中分离和回收 $CO_2$并加以封存（CCS）。CCS，是指将化石能源利用所产生的 $CO_2$进行收集并将其安全地储存于地质结构和海洋中，从而与大气隔离。CCS 已经被广泛认为是一种现实的可供选择的减排方案，也正被日益认为是实现全球碳减排目标的必须途径。目前，燃煤排放的 $CO_2$占我国 $CO_2$排放量的 75% 以上，其中近半数来自电力、钢铁、水泥等重点行业的燃煤集中排放源，开发具有碳捕集的新型燃煤技术是实现大规模碳减排的根本途径。

综上分析，$CO_2$减排是我国未来必须面临的战略性政治、经济和技术问题。由于我国能源结构的特殊性，在提高能效和进行能源替代的同时，CCS 技术将是我国应对强制性总量减排目标或相对减排目标的必然选择。

c. 富氧燃烧技术是最切合中国能源结构和现状的 CCS 技术

碳捕获的主要困难：一是规模化的要求（不同于烟气中 ppm 量级的各类污染物的治理），燃煤电站的 $CO_2$排放量极其巨大，以单台套 600MW 机组为例，其年 $CO_2$排放量可达约 400 万 t；二是很高的减排成本，现有的各种商业化碳捕获技术普遍使电厂的初投资增加 70%～80%，发电量降低 25%～30%，$CO_2$捕获成本为 40～70 美元/t，碳捕获的成本占整个捕获、运输和埋存系统成本的 60% 以上。

针对电厂排放的碳捕获技术主要有 3 类：燃烧后捕获、燃烧前捕获（IGCC）和富氧燃烧（图 10-40）。目前国际和国内进行试验的各种燃烧后尾部烟气 $CO_2$捕获技术，如精馏法、物理吸附法、吸收法、膜分离法等，其规模都只在 1 万 t/a 以下，而典型的 600MW 发电机组的年 $CO_2$ 排放量可达约 400 万 t。基于整体煤气化联合循环的燃烧前碳捕获技术（IGCC-CCS）系统复杂，技术复杂性高，国内对其核心技术尚不掌握，在 10~20 年内难以实现大规模应用，且无法应用于我国大量的新增燃煤发电机组。相对而言，基于现有燃煤电站锅炉技术的富氧燃烧技术在近中期内更具有可行性。

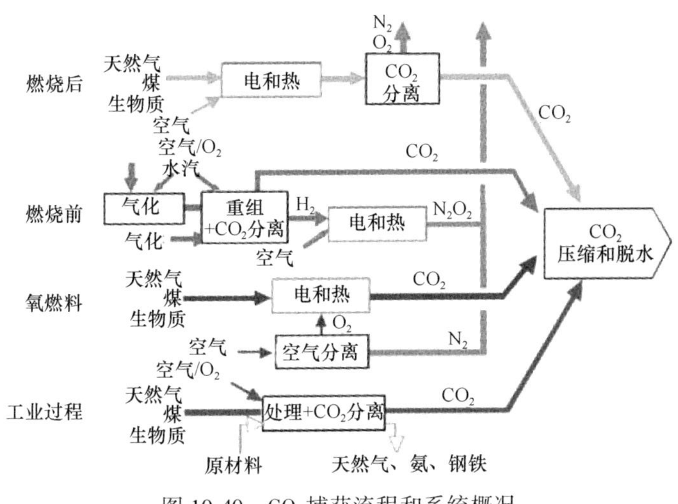


图 10-40　$CO_2$ 捕获流程和系统概况

富氧燃烧在现有电站锅炉系统基础上，用高纯度的氧代替助燃空气，同时采用烟气循环调节炉膛内的介质流量和传热特性，可获得高达 90%~95% 体积浓度的富含 $CO_2$ 的烟气，从而以较小的代价冷凝压缩后实现 $CO_2$ 的永久封存，是最容易实现大规模化 $CO_2$ 富集和减排并且最容易被电力工业界接受的新型燃煤发电技术。这种燃烧方式的主要特点是采用烟气再循环，以烟气中的 $CO_2$ 替代助燃空气中的氮气，与氧一起参与燃烧，这样可大幅度提高烟气中的 $CO_2$ 浓度，$CO_2$ 无需额外分离即可利用和处理，从而有效降低 $CO_2$ 向大气的排放。与此同时，烟气再循环使得燃烧装置的排烟量大为减少（仅为原来的 1/4~1/5），从而大大减少排烟损失，锅炉的运行效率可提高 2~3 个百分点。该燃烧方式还具有高效脱硫脱硝的效能，可望形成一种污染物综合排放低的“无烟囱”的环境友好的发电方式。通过加压使富氧燃烧在加压环境下运行，可以使烟气中的冷凝潜热易于回收，并降低 $CO_2$ 压缩过程中的能耗，进一步减少烟气量和设备体积，实现以最低的代价实现对工业过程中释放的温室气体 $CO_2$ 的排放控制。

针对工业锅炉的富氧燃烧技术发展战略，应当根据以下两个方案的特点区别对待。

1）采用膜法局部增氧富氧燃烧技术可以有效提高燃烧效率，降低能耗，减少污染物排放，且方案技术相对成熟，方案实施较为简便，成本较低；但在污染物脱除潜力上并无优势。因此针对此技术，建议在已有的老式工业锅炉如老式炉排炉中加以推广。因为老式炉排炉普遍存在燃烧效率低下的问题。采用膜法局部增氧技术可以有效提高燃烧效率，提高锅炉出力，从而减少燃料消耗，也达到了降低污染物和 $CO_2$ 排放的目的。

2）而工业锅炉采用纯氧燃烧技术使得工业锅炉的零排放成为了可能，在未来可以为我国实现既定的 $CO_2$ 减排目标作出重大贡献。但是在现有的技术条件下对工业锅炉实施纯氧燃烧改造方案相对困难，成本大，运行成本进一步提高，同时针对捕集后的 $CO_2$ 如何储存和利用也需要进行进一步讨论和研究。因此对于该技术应当继续加大实验室研究力度，并在纯氧燃烧技术中针对工业锅炉的特点进行目标更明确的技术课题突破；并建立 $CO_2$ 零排放的工业锅炉试点项目，取得相应的运行数据和参数。

实现富氧燃烧技术在工业窑炉上的广泛应用，可以针对不同的目的取得相应的成果。应在全国范围内对仍在运行的相对陈旧的低效率工业窑炉采用膜法局部增氧燃烧技术进行技术改造。

纯氧燃烧技术已经在玻璃窑炉行业得到了广泛的应用，有了相对丰富的运行经验和设计经验。下一步应针对不同行业的工业窑炉探索其采用纯氧燃烧技术的可行性，为将来进行工业窑炉的 $CO_2$ 捕集创造条件。

d. 富氧燃烧技术富集的高浓度 $CO_2$ 可实现资源化利用和封存

$CO_2$ 资源化利用是降低 $CO_2$ 捕捉综合成本的有效途径，也是解决 $CO_2$ 存储的最佳办法。可喜的是，$CO_2$ 既是食品、化肥等行业的重要原料，又是采用二氧化碳气驱强化采油的最好介质。$CO_2$ 驱油在我国有很大的潜力，可提高石油采收率 8%~10%，增长潜力为 50 亿~60 亿 t。更为重要的是，在提高石油采收率的同时，$CO_2$ 还置换原油而长期储存在油岩中，实现真正意义上的规模减排。

据 IEA 报道，油气藏的 $CO_2$ 储藏能力约 9230 亿 t，相当于 2050 年全球累积排放量的 45%。美国早在 20 世纪 80 年代即已开始大量应用 $CO_2$-EOR，$CO_2$-EOR 是增加原油产量的成功技术。2004 年美国国内有 71 个 $CO_2$-EOR 项目运行，$CO_2$-EOR 增加的原油产量占美国提高采收率项目总产量的 31%，$CO_2$-EOR 混相驱油提高采收率为 4%~12%，$CO_2$-EOR 的产量占美国石油产量的 3.6%。加拿大威伯姆（Weybum）油田开展了世界上最大的 $CO_2$ 回灌和检测项目，将永久隔离 2000 万 t $CO_2$，并使油田增产 1.22 亿桶石油，日增产原油约 3 倍，未来 30 年提高石油采收率 9.3%。该项目截至 2004 年年底已经封存了 500 万 t $CO_2$。

对于中国而言，$CO_2$-EOR 也是实现 $CO_2$ 大规模利用的最好途径。目前我国已开发油田的标定采收率为 32.2%，仍然有 60% 以上的地质储量需要采用“三次采油”进行开采，提高采收率有较大的余地。$CO_2$ 驱油在我国有很大的潜力，全国油田通过 $CO_2$ 驱油可以提高石油采收率 8%~10%，增产石油潜力为 50 亿~60 亿 t，提高采收率潜力大。而通过油藏的 $CO_2$ 埋存量为 130 亿~150 亿 t，按每年我国主要工业源排放量减排 5% 测算，该埋存量就可实现减排 80~100 年。

“973”计划项目“温室气体提高石油采收率的资源化利用及地下埋存”（煤燃烧国家重点实验室郑楚光教授作为首席科学家之一）启动了新型富氧燃烧方式实现 $CO_2$ 富集及其提高石油采收率的系统研究。该项目对提供长期安全、经济埋存 $CO_2$ 和 EOR 潜力进行了研究，制定了适合中国地质特点的埋存和提高采收率筛选标准，确定理论潜力、有效潜力及 EOR 的附加潜力的计算方法。据此估算得到松辽盆地油藏中的 $CO_2$ 埋存容量为 0.45 亿~8.9 亿 t，可提高石油采收率 7%~15%。在该计划和中石油重大现场试验专项资助下，吉林油田从 2008 年年底开始进行 $CO_2$-EOR 的先导试验，目前 $CO_2$ 注入量已达 8 万 t。

总之，燃煤锅炉 $CO_2$ 捕捉的富氧燃烧技术和三次采油的 $CO_2$ 提高石油采收率相结合，有可能探索出一条符合中国国情的大规模低成本 $CO_2$ 减排和资源化利用的途径。目前，工程示范的理论和技术条件已经成熟。

### （2）结构和产业布局

我国煤炭资源的 50%～60% 用于火力发电，截至 2008 年年底，全国发电装机总容量突破 7.9 253 亿 kW，其中火电机组装机容量已达 6.0 132 亿 kW，约占总容量 75.87%。除电站锅炉外，我国还有工业锅炉 50 多万台，约 180 万蒸吨/h。其中，燃煤锅炉约 48 万台，占工业锅炉总容量的 85% 左右，平均容量 3.4 蒸吨/h，每年消耗原煤约 4 亿 t。我国燃煤工业锅炉平均运行效率仅为 60%～65%，比国外先进水平低 15～20 个百分点，是仅次于火电厂的第二大煤烟型污染源。由于我国燃煤工业锅炉容量小、数量大、布点分散，难以集中治理。

循环流化床燃烧技术以其煤种适应性广、燃烧效率高、负荷调节性能强、炉内脱硫、$NO_x$ 排放低的特点，在清洁煤燃烧技术中地位重要，特别对于我国燃煤锅炉煤种变化较大、劣质煤比例较高的条件更具有优越性。在工业应用方面，采用先进的循环流化床燃烧技术后，煤的利用效率和污染水平都有了极大的改善。目前我国循环流化床锅炉装机容量在 7300 万 kW 左右，约占全国发电量的 12.1%，量大面广。目前我国循环流化床锅炉安装数量位居世界第一，已实现 330MWe 及以下容量的亚临界燃煤循环流化床锅炉的工业应用及推广，世界上首台 600MWe 燃煤超临界循环流化床锅炉也已经由东方锅炉厂完成自主设计并开始建设。

加压富氧燃烧可直接应用现有的蒸汽发电、空气分离和气体压缩技术，装机容量规模在现有技术条件的基础上不受限制，在全球控制 $CO_2$ 排放的背景下，是具备可持续发展条件的经济产业。

由此可见，我国以煤电为主的能源结构、量大面广的工业锅炉和工业窑炉决定了我国实现碳减排任务的艰巨性和独特中国特色。考虑到富氧燃烧技术具有最好的技术承接性、工业接受度，它应当是我国中远期实现碳减排的基本战术。

### （3）技术路线

考虑到我国的基本国情，煤粉锅炉富氧燃烧技术无疑应当是发展的重点，而应当同时注重已有煤粉锅炉的富氧燃烧改造以及符合富氧燃烧技术特点的新建富氧燃烧电站两方面，并考虑到热力设备的复杂性，应当采用逐步放大的技术路线。对于流化床富氧燃烧技术，也可以适当关注，条件合适时可以考虑中试、工业示范和商业示范。对于一些新型富氧燃烧技术，如加压富氧燃烧技术、水蒸气/$O_2$ 燃烧技术等，还需要在基础研究方面开展大量的工作，以为将来大型化提供技术和理论储备。对于工业锅炉和工业窑炉富氧燃烧技术，应当从节能减排的方向来进行改造或新建。

### （4）可行方案

基于以上的国内外发展概括调研、技术发展瓶颈分析、典型案例分析和技术经济评价等方面的研究成果，煤粉锅炉富氧燃烧技术应当尽可能采用更高的热力参数，这样可以使得富氧燃烧技术的经济性能更佳。另外，$CO_2$的资源化利用（如 EOR）也必须得到特别关注。富氧燃烧技术的工业示范和商业运行必须遵循热力设备放大的基本规律。

**（5）所需发展的关键技术**

除了需要对富氧燃烧过程的燃烧特性、传热特性、污染物排放特性等进行基础研究之外，还需特别结合工程实际需要发展锅炉热力计算原理和方法、锅炉改造和设计导则、专用燃烧器、烟气再循环系统和冷凝器、注氧器等附加设备，发展高效低成本的制氧技术和尾气压缩分离技术，并在系统集成优化方面取得突破。这些关键技术是目前煤粉锅炉富氧燃烧技术能否顺利走向工业示范和商业运行时必须克服的问题。

1）稳定、高效的低污染物加压富氧燃烧设备技术。由于富氧燃烧采用大量含氧浓度低、热容大的循环烟气，如果氧气在燃烧室内的混合不够合理，有可能会造成燃料着火不稳定。另外，燃料如煤粉的加压富氧燃烧的基础研究较少，其燃烧特性以及污染物的控制方法未能掌握。

2）经济高效安全的带压富氧燃烧气氛的换热和冷凝技术。在加压压缩作用和富氧气氛隔绝空气中的氮气的稀释的双重影响作用下，加压富氧燃烧的烟气量比常规燃烧时小得多，将显著改变换热器的换热特性，加压富氧燃烧的锅炉的受热面的设计和布置理论可能需要有别于常规锅炉重新建立。另一方面，烟气冷凝水为酸性液体，对普通的锅炉换热材料会造成严重腐蚀，加压富氧燃烧锅炉的烟气冷凝器作为加压富氧燃烧回收潜热的关键装置需要进行良好的设计以确保系统的有效安全运行。

3）高效的加压富氧燃烧整体流程。空气分离、$CO_2$ 捕捉以及烟气的再循环是限制富氧燃烧系统效率的主要原因，通过系统流程的整体能量优化分配是提高整体效率的有效手段。加压富氧燃烧迫切需要通过提高效率和经济性提升大型化和获得推广的竞争力。

4）关系到富氧锅炉和窑炉的局部增氧或者全氧燃烧的方案成功和选择的关键技术。这些技术包括膜法局部增氧技术进展、空分设备研究进展、多种污染物协同脱除技术、$CO_2$ 化学吸收技术、$CO_2$ 压缩捕集技术、$CO_2$ 储存及再利用技术等。上述技术中的一项或几项取得重大突破均会对工业锅炉和窑炉的富氧燃烧技术方案选择产生重大影响。

**（6）技术路线图**

a. 常压煤粉锅炉富氧燃烧技术路线图

针对我国国情、基础研究和技术开发的现状，对电站富氧燃烧技术提出了技术路线图（图 10-41）。重点对于电站富氧燃烧技术，建议在 2015 年实施 100MWe 级的富氧燃烧示范电站，在 2020 年实现 300MWe 以上的富氧燃烧商业电站，2030 年规模实现 600MWe 以上富氧商业电站。

b. 富氧燃烧发展战略

富氧燃烧发展战略路线图见图 10-42。

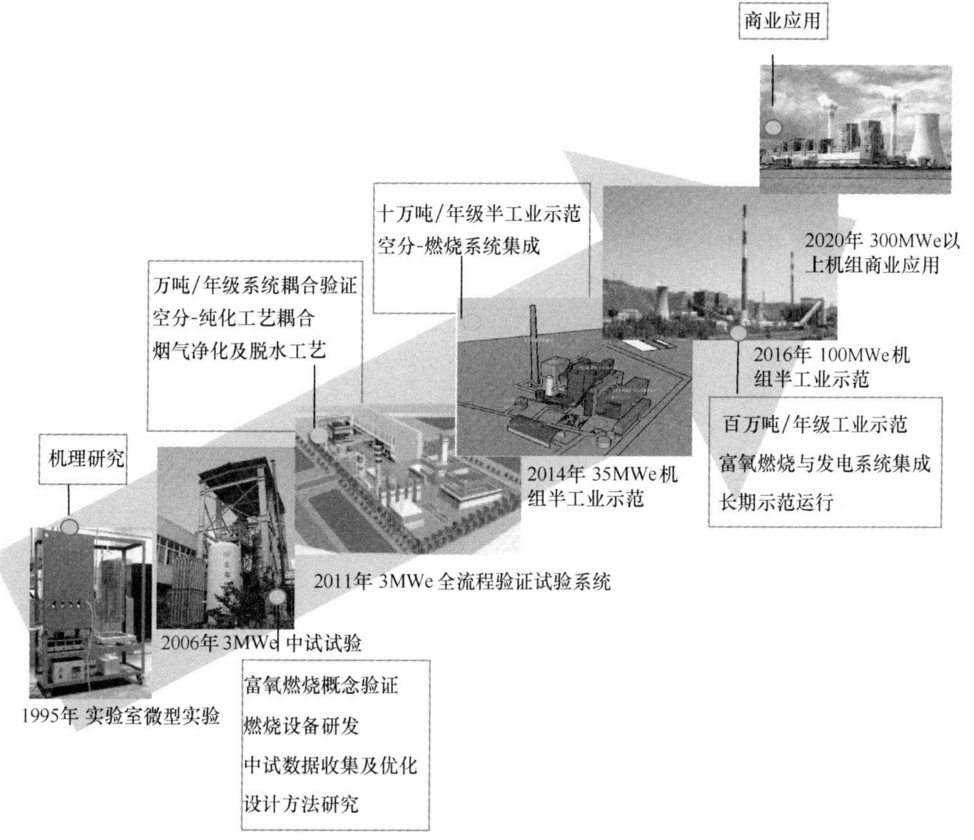


图 10-41　常压煤粉锅炉富氧燃烧技术路线图

### 10.4.4.7　化学链燃烧技术

#### (1) 实现战略目的的优势和劣势

a. 优势

我国是煤炭大国，以煤炭为燃料的能源结构长期不会改变，因此必须大力发展与煤炭相关的清洁能源技术。化学链燃烧技术是目前新型燃烧技术中最具有发展潜力的清洁燃烧技术之一。由于化学链燃烧技术与其他燃烧技术相比具有低能耗、低 $CO_2$ 捕集成本等优点，因而对于我国的能源发展战略具有重要的作用。

化学链燃烧技术与其他发电技术相比在发电效率上具有明显的优势，由于考虑了 $CO_2$ 捕集，比传统的未考虑 $CO_2$ 捕集的燃烧技术仅降低 2% 左右，而富氧燃烧、IGCC 等发电技术则降低 7%～8%。因而采用固体燃料电池的化学链燃烧发电技术可以大幅提高电站的发电效率。这对于火电厂发电效率相对较低的我国来说，具有非常大的吸引力，能够有效地解决当前供电紧张的局面。

化学链燃烧技术的环保效果非常好。由于化学链燃烧系统中采用了脱除污染物（$SO_x$、$NO_x$ 等）和粉尘净化的措施，大大降低了污染物的排放浓度。同时，化学链燃烧技术还可以燃用我国储量丰富的高硫煤，燃料成本大大降低。

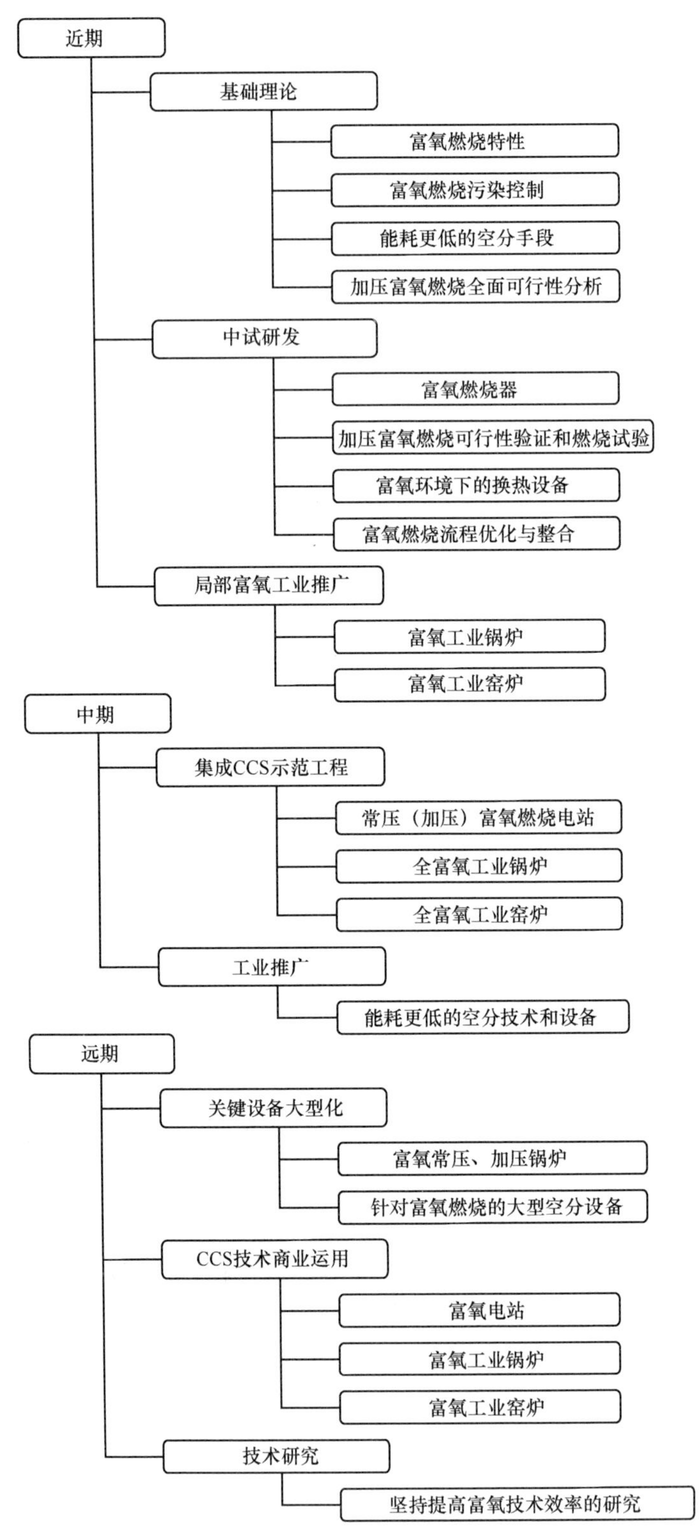


图 10-42　富氧燃烧发展战略路线图

化学链燃烧技术用途非常广泛，还可以设计成生产其他产品，如 $H_2$、合成气、$CO_2$-$O_2$混合气等燃料气以及高值化学品等，因此用途非常广泛，可以解决当今我国天然气等气体燃料供应不足的紧张局面。

$CO_2$作为导致全球气候变暖的主要气体已经得到世界各国的共识，化学链燃烧技术具有 $CO_2$捕集成本低、系统效率高等优点，因而能够更好地解决 $CO_2$的排放问题。同时，也能更好地兑现中国对世界在 $CO_2$排放方面所做出的承诺。

b. 劣势

由于化学链燃烧技术目前还处于基础研究与中试验证阶段，技术发展还不是很成熟，许多方面还未考虑，其商业化应用还有待进一步检验。此外，化学链燃烧技术到目前为止还没有一个有效的法律和法规框架，各国缺乏统一的原则。

### （2）结构和产业布局

我国煤炭资源非常丰富，且绝大多数煤炭被用于发电行业。根据电监会2009年对我国电力供应结构的分析表明，燃煤电站发电仍占总发电量的83.4%。电力作为国家的能源支柱产业，是国家能源战略的重要组成部分。化学链燃烧技术作为一种新型的燃煤电站 $CO_2$减排及发电技术，具有比其他发电技术在技术性、经济性和环保性方面更大的优势，因此必将发展成为一种可持续的经济产业。

其次，我国焦炉煤气、高炉煤气、通风瓦斯等低品位能源排放量大（仅山西省每年排放的焦炉煤气即达200亿 $m^3$以上）、回收利用少、大量排空，不仅造成了稀缺资源的极大浪费，同时对环境也造成极大的污染（甲烷的温室效应是 $CO_2$ 的21倍）。以化学链燃烧技术为核心的能量转化利用系统一旦实现工业化应用，不仅可以高效、清洁地利用常规气体燃料发电，而且可以有效地利用工业废气的反应热，实现废气的资源化利用，实现环保效益和经济效益双丰收。这对实现我国“节能优先”的能源战略以及走可持续发展道路具有重要的现实意义。

### （3）技术路线

首先，在基础研究阶段进行载氧体的制备及其性能评价，在小型机理型实验装置系统上研究化学链燃烧技术的反应机理。随后在中试规模的试验装置上对基础阶段制备的载氧体进行测试以及对化学链燃烧技术的反应机理进行验证，建立反应器内传热、传质以及热动力学模型。在基础研究和中试验证的基础上建立集成发电系统的商业示范性电站，考察反应器的性能以及与发电系统的优化匹配，保证整个发电系统的安全、稳定、可靠运行。待化学链燃烧技术发展成熟后建立商业化电站，通过不断优化操作参数和运行条件，降低发电成本，提高系统发电效率。化学链燃烧技术采用的技术路线如图10-43所示。

### （4）可行方案

化学链燃烧发电技术走向大型化和商业化是化学链燃烧技术发展的必然趋势，其技术层面、资源供应、市场需求、经济效益以及社会效益等方面均表明该方案是合理的、可行的。

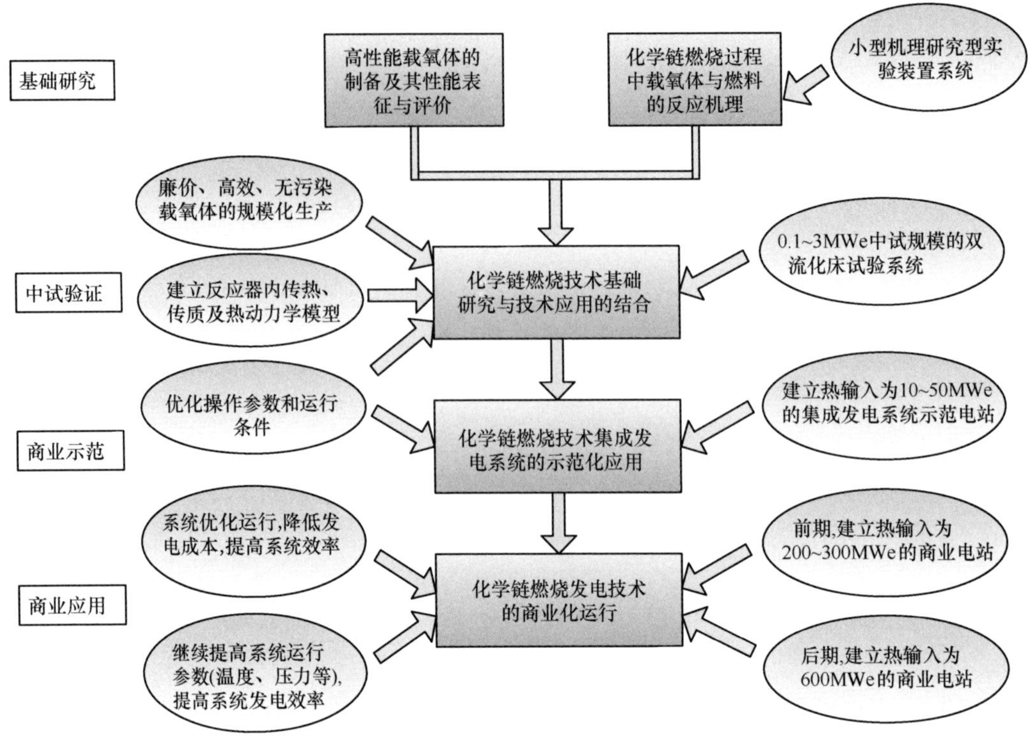


图 10-43　化学链燃烧技术路线

从技术层面上来讲，当前化学链燃烧技术在基础研究、中试验证以及理论建模等方面积累了丰富的经验：廉价、高效载氧体制备工艺以及原材料的探索，载氧体与燃料的反应机理等基础研究以及在热输入为0.1~3MW的化学链燃烧试验装置上对化学链燃烧技术的可行性进行了大量的应用研究；在中试装置上的成功运行能够为化学链燃烧技术的大型化提供实践指导，而数值（CFD）模拟所获得的反应器内的温度场、流场以及组分场的变化规律则为化学链燃烧技术的大型化提供理论指导和设计依据。现有的研究成果是保证化学链燃烧技术能够顺利实现大型化和商业化的研究基础。此外，由于化学链燃烧技术和循环流化床技术非常相似，因此可以对现有的传统流化床锅炉及其系统进行改造，追加投资不超过原煤粉锅炉投资的20%，且相对于其他$CO_2$捕集方法追加投资要低，既降低了投资成本，同时提高了发电效率。即使新建化学链燃烧发电电站，其建筑体积也只有传统的CFB的48%，相应的锅炉的重量也只有传统CFB锅炉的65%。因此通过现有的研究成果以及技术性分析，将化学链燃烧技术大型化和商业化的方案是可行的、合理的。

从资源供应来讲，我国是煤炭大国，因此煤炭的清洁高效利用成为今后煤炭利用的重点，而化学链燃烧技术正好满足这一要求。此外，适合作为载氧体的天然矿石（铁矿石、石膏矿等）以及工业副产品（废铁渣、废钢渣等）资源丰富。因此化学链燃烧发电技术商业化运行在资源供应层面上讲是可行的、合理的。

从市场需求来讲，当前我国正处于经济高速发展时期，电量的需求急剧增加，现有的发电机组由于发电效率低，无法满足社会生产的需要，即使不断提高和优化机组的运行参数以提高机组的发电效率也很难满足需求现状，因此必须探索高效、低能耗的新型发电技术；而化学链燃烧技术相比于超临界煤粉燃烧技术、传统的 CFB 燃烧技术、IGCC、富氧燃烧技术等均存在较大的优势，发电效率能达到 42% 左右。因此将化学链燃烧技术用于商业化发电是合理的、可行的，其市场需求前景将是非常广阔的。

从经济效益来讲，化学链燃烧技术具有高效、低污染、燃料适应性好等特点，可在我国中、高硫煤和低质煤产区及其工业领域中广泛应用，将会取得巨大的经济和环境效益。此外，通过化学链燃烧发电技术与超临界煤粉燃烧技术、传统的 CFB 燃烧技术、IGCC、富氧燃烧技术、化学吸收法的经济性对比分析，化学链燃烧技术在单位投资成本、$CO_2$减排成本等许多方面均存在明显的优势，因此在经济效益上化学链燃烧发电技术的商业化方案也是合理的、可行的。

从社会效益来讲，由于降低了发电成本，提高了发电效率以及 $CO_2$气体得到有效捕集，因此化学链燃烧发电技术在推动科学技术进步、保护自然环境或生态环境、提高人民物质文化生活水平、促进社会发展以等方面将起到积极的作用。

综上所述，将化学链燃烧技术用于商业化发电的方案是合理的、可行的。

### (5) 所需发展的关键技术

1) 廉价、高效、无污染载氧体制备工艺以及规模化生产。

2) 化学链燃烧反应器、辅助设备以及发电设备的设计及放大。

3) 反应器内多相流动与化学反应耦合体系的建立。

4) 煤灰、未反应煤颗粒与载氧体的分离技术。

5) 煤中污染物以及痕量元素的协同脱除技术。

### (6) 技术发展路线图

化学链燃烧技术的技术发展路线图如图 10-44 所示，包括近、中和远期的发展目标和研究内容以及系统效率等方面。

化学链燃烧技术的发展主要经历基础研究阶段、中试验证阶段、商业示范阶段以及商业化应用 4 个阶段。

1) 技术发展现状。至今，化学链燃烧技术处于基础研究与中试验证阶段。在这个阶段主要进行了大量的基础研究，包括载氧体的制备、开发与测试，不同影响因素（温度、压力等）对载氧体反应活性的影响，燃料与载氧体反应的本征动力学研究，煤灰、含硫气体与载氧体的相互作用机理，脱硫试验研究，化学链燃烧过程的热力学和 CFD 模拟等，为后续在中试规模或大型装置的设计与运行提供理论指导。在中试验证方面，已建成热输入为 0.1~3MW 固体燃料的中试规模的化学链燃烧试验装置，在 0.1MW 的固体燃料的加压化学链燃烧试验装置的热态试验表明，在压力为 0.5MPa、温度为 970℃的条件下，系统燃烧效率超过 95%，碳转化率为 85% 左右，$CO_2$ 捕集效率达到 97%，证实了固体燃料化学链燃烧技术的可行性。除了上述建造的试验装置外，阿尔斯通公司已完成热输入为 455 MW 的固体燃料的化学链燃烧技术的设计，并对该技术进行了技术经济性分析。在中试装置上进行试验的目的是对基础研究阶段的各种机理进行证实，同时对设计和建造的中试规模的试验装置进行热态测试。主要关注：$CO_2$ 捕集效

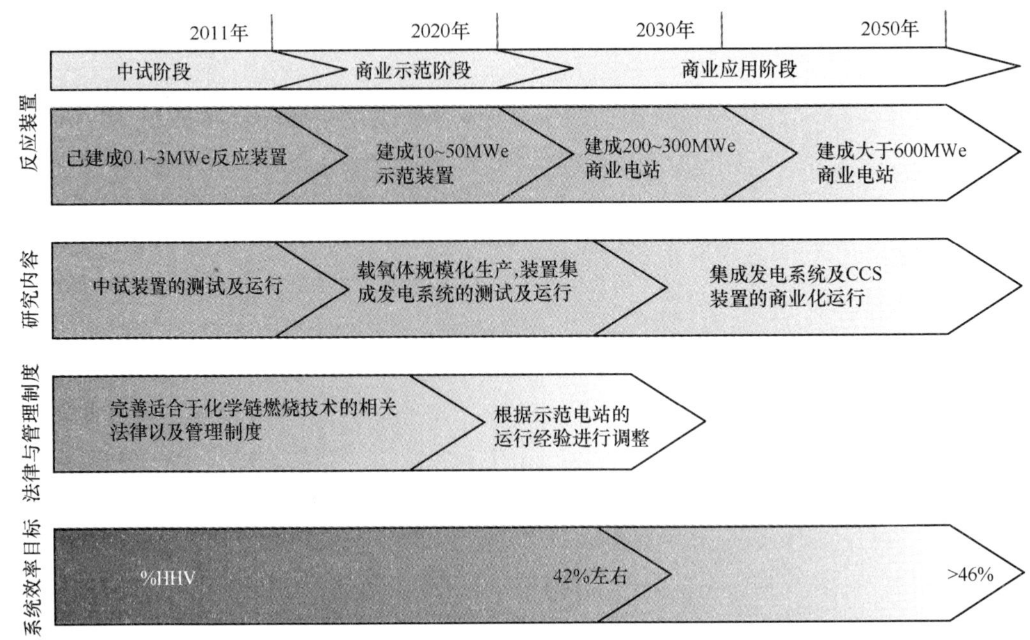


图 10-44 化学链燃烧技术发展路线图

率、系统燃烧效率以及碳转化率；对反应后的载氧体进行表征，同时推测载氧体的寿命；污染物与痕量元素的脱除特性；试验装置运行的稳定性等。同时对中试装置内的温度场、组分场和流场采用 CFD 模拟，从而为示范性电站的运行提供放大依据。

2）近期（~2020 年）发展战略。中试装置上的运行结果在证实前期基础研究阶段的理论成果的同时也为示范性电站的设计提供指导和运行、控制方面的经验。建立示范性电站的目的一是证实化学链燃烧技术放大的可行性，二是证实该技术与发电系统相结合的技术可行性。在示范性阶段，主要完成 5 方面内容。①完成高性能、无污染的廉价载氧体的开发和规模化生产。②设计和运行热输入为 10~50MWe 的集成发电系统的示范性电站，包括辅助设备和动力发电系统的设计、建造及运行，确定最佳的系统设计方案。运行过程中需要完成以下主要内容：化学链燃烧系统与发电系统的协调匹配与稳定运行；反应器性能及系统控制（如载氧体颗粒的循环速率、$CO_2$再循环速率等）的评估；运行参数（压力、温度等）的优化；过程变量对反应特性的影响；炉膛腐蚀特性的研究；污染物（如 $NO_x$、$SO_x$）以及痕量元素（如 Hg、Se、Cr 等）的脱除；在示范电站上采用不同煤种和载氧体进行试验研究等。③气体净化除尘技术的研究与应用。④评估和预测整个发电系统的成本等。⑤建立环境影响机制，对环境影响进行评估。

3）中期（2021~2030 年）发展战略。示范性电站的运行和优化经验对化学链燃烧技术的商业化运行至关重要，它能够为商业化电站的成功运行提供指南和依据。同时，化学链燃烧系统的集成和放大所面临的挑战必须通过建造和运行商业化规模的电站才能够得到解决。该阶段的目标是在 2030 年完成热输入为 200~300MWe 的商业化电站设计与运行。主要完成 3 方面的内容。①整个电站系统的安全、稳定运行。②对整个系统进行过程和传热方面的优化，把高系统的运行温度和运行压力，降低发电成本，提高系统效率，降低投资成本 10%～12%。③该阶段后期集成 CCS 设备，对 $CO_2$ 捕集和封存的技术可行性进行初步验证。

4）远期（2031～2050 年）发展战略。在前期商业化电站成功运行的基础上扩大化学链燃烧发电系统的热容量，目标是设计、建造和运行多个热输入大于 600MW 的商业化电站，同时集成发电系统和 CCS 系统。由于有了前期运行商业化电站的成功经验，因此此阶段的主要工作是继续对整个系统进行优化，提高运行温度和运行压力，降低发电成本，提高系统发电效率，使发电效率提高到 46% 以上，$CO_2$ 捕集效率达到 95% 以上，投资成本继续降低 10%。除了将化学链燃烧技术用于发电外，还将应用于制取氢、合成气等燃料；同时将化学链燃烧技术推广到其他可应用的行业，如水泥、钢铁、石化等高耗能行业。

### 10.4.4.8　水煤浆燃烧技术

#### （1）实现战略目的的优势和劣势

中国是能源生产和消费大国，也是目前世界上少数几个一次能源以煤为主的国家之一。从能源资源条件看，我国煤炭资源丰富，占化石能源资源的 80% 以上，石油、天然气相对短缺。随着能源科技和中国经济的快速发展，优质能源需求不断增加，石油、天然气消费呈现加速增长态势。2010 年我国进口原油达到 2.39 亿 t，花费 1407 亿美元（按 80 美元/桶计），进口依存度达到 54%。据有关部门预测，未来的 10～20 年，我国石油需求仍将呈现强劲增长趋势。面对日趋严峻的石油供求形势和国际油价变动的不确定性，寻求行之有效的替代技术以缓解我国石油进口压力、保持国民经济的持续发展、保障能源与经济安全的任务显得十分紧迫。

随着我国经济的快速发展，大气环境污染问题将越来越受到重视。煤在开采、运输和使用（燃烧）过程中都会产生环境污染，如大气中的粉尘、$SO_2$ 和 $NO_x$ 等大部分是燃煤产生的。因此，如何把不清洁的煤变为清洁的能源，是我国目前迫切要解决的问题。

水煤浆是一种新型低污染代油燃料，是 20 世纪 70 年代石油危机中发展起来的一种新型代油环保燃料。我国从 80 年代初开始水煤浆的研究以来，水煤浆技术发展一直受到我国几届领导人的高度重视。1996 年 1 月江泽民同志视察水煤浆工作时，对水煤浆技术给予了高度评价，并指出“从战略上看，中国煤炭资源丰富，要充分发挥煤的作用，中国的燃料在相当长的时期内要依靠煤，要把水煤浆作为一个战略问题来考虑，这是一件重要的工作”。

#### （2）结构和产业布局

据统计，全国锅炉烧油量约为 2827.80 万 t/a，用户分布在电力、化工、冶金等行业。据 2009 年按行业有关燃油统计，石油加工、炼焦及核燃料加工业 264 万 t/a，化学原料及化学制品制造业 220 万 t，非金属矿物制品业 411 万 t/a，电力、煤气、热力的生产和供应业 218 万 t/a，交通运输、仓储和邮政业 1251 万 t/a。

全国有各种燃油工业窑炉 3000 多台，每年烧油 400 万余。水煤浆可代替以上一部分燃油。结合目前正在进行和开发的市场，若国内石油价格可维持在 80 美元/桶以上，再有国家政策的支持，“十二五”期间有可能建成水煤浆总生产能力6000万~8000万t/a。若不计算目前已有能力和水煤浆，有可能新建生产能力2000万~4000万t/a，可替代石油900万~1800万t/a。

因此，水煤浆技术能形成一条生产—运输—燃烧应用的产业链，成为可持续发展的经济产业。

#### (3) 技术路线和可行方案

1）加强基础研究。为了开发水煤浆新的技术领域和大容量、高参数锅炉及配套技术，迫切需要进一步加强基础领域研究工作，提高理论水平，多出创新成果，使水煤浆技术向更高层次发展，为进一步推广水煤浆技术应用提供基础。

2）进行产学研合作。水煤浆技术是一项系统工程、新的技术，是与物理化学、多相流体力学、燃烧学、传热学、机械学、材料科学等交叉学科相关的技术，既需要从事基础研究的科研院所、大专院校，也需要生产单位和成果接受单位共同完成，因此，必须走产学研合作的路径。

3）争取政策支持。国家原对水煤浆技术的开发和示范给予补贴和优惠政策。对生产水煤浆的企业免征3年产品税；对水煤浆发电免征发电环节产品税等。因此，在尚未形成良好的市场的情况下，仍需结合市场经济的特点，配套相应的技术引导政策、环保政策和税收优惠政策，以促进市场的形成和发育。

4）加强对水煤浆产业化的组织协调。强化对水煤浆产业化的统一规划，避免盲目投资和重复建设。以政策推进市场经济条件下新建厂与用户的紧密结合，鼓励企业按股份制形式建厂，共同参加建设、生产、经营和管理，协调好浆厂和用户之间的供需配合。加强水煤浆技术的管理、协调，集中国内研究开发力量完善和提高水煤浆工业化技术，推动水煤浆技术的产业化推广和应用。

5）进行水煤浆技术推广示范。建立大型燃油锅炉（>670t/h）改烧水煤浆和新建水煤浆锅炉（配300MWe机组）示范；水煤浆燃烧中脱硫、固硫技术和低$NO_x$技术工业应用示范；废液污泥水煤浆和石油焦浆的燃烧技术工业应用示范；矿区“煤炭洗选—浮选精煤制浆—管道输送—煤泥浆燃烧发电”示范工程；生产单线能力50万~100万t/a、浆厂规模500万t/a水煤浆厂建设。

#### (4) 所需发展的关键技术

1）整体技术的配套和规范（包括改炉技术、喷嘴、除尘、排渣、脱硫、脱硝等），形成规范化的配套技术，以标准化技术提高设备可靠性。

2）水煤浆应用新技术、新工艺的技术攻关，如褐煤水煤浆技术、废水污泥水煤浆技术、脱硫型水煤浆技术、精细水煤浆技术、水煤浆气化技术、再燃降低$NO_x$技术、石油焦浆制备和燃烧技术等。

3）水煤浆燃烧关键设备的大型化、系列化，如燃烧器、喷嘴、在线过滤器等的大型化、系列化。

4）水煤浆应用在线检测仪器和质量检测方法（流量、黏度、浓度、视密度、粒度等）的开发研究。

5）完善水煤浆质量标准，形成不同标准、不同价格的产品；制定水煤浆锅炉标准。

6）在应用的锅炉和配套技术向大容量、高参数发展，褐煤水煤浆技术、水煤浆再燃降低 $NO_x$ 燃烧技术、废液污泥水煤浆制备与燃烧技术等方面有望取得突破性进展。

**（5）技术路线图**

水煤浆燃烧技术路线如表10-37所示。

**表10-37 水煤浆燃烧技术发展路线**

| 项目 | 近期（~2020年） | 中期（2021~2030年） | 远期（2031~2050年） |
| --- | --- | --- | --- |
| 政策 | 国家出台相关优惠政策 | — | — |
| 市场 | 建立水煤浆典型技术应用示范工程 | 水煤浆应用领域和范围扩大 | 完全进入市场化 |
| 产品 | 产品定型阶段 | 产品实现系列化 | 市场应用 |
| 技术 | 关键技术突破 | 技术成熟度进一步提高 | 技术成熟并适用市场要求 |
| 资源 | 允许相关资源进入该技术领域 | 充分利用相关资源 | 资源实现市场化 |

近期目标是完善水煤浆制备技术，扩大水煤浆煤种适用性，提高水煤浆在锅炉上推广应用的领域和范围，降低水煤浆应用成本。

中、长期发展目标重点在大容量、高参数锅炉和配套技术的开发和应用，同时扩大水煤浆代油应用范围和应用点，最大单台锅炉容量要达到1000t/h以上，争取全国30%以上燃油锅炉改烧水煤浆，每年可取代燃油1000万t/a。开发8t/h以上大型水煤浆喷嘴和油、煤浆两用燃烧器、40t/h以上水煤浆在线过滤器等配套技术。

此外，开辟水煤浆应用新领域，如褐煤提质促进水煤浆浓度、脱硫型水煤浆的制备与燃烧技术、废液污泥水煤浆制备与燃烧技术、水煤浆低 $NO_x$ 燃烧技术、超细超低灰水煤浆取代轻柴油燃烧技术等，在上述领域建立应用示范工程。

开发出水煤浆制备与燃烧成套设备，形成规范化的配套技术，以标准化技术提高设备可靠性；开发专用在线测量仪器，提高水煤浆制备与燃烧的自动化控制水平。

形成规模化大型制浆企业，降低投资和制浆成本，形成年生产能力8000万t/a以上、最大生产线年产量500万t/a以上。开发低成本和多用途水煤浆添加剂，如脱硫型添加剂、超细低灰水煤浆添加剂、废液水煤浆添加剂、高浓度低热值水煤浆添加剂等。生产的水煤浆可存放6个月以上。

### 10.4.4.9 地下煤气化技术

总结地下煤气化技术的100余年发展历程可以发现，地下煤气化技术与煤层赋存特性的相关性很高，之所以在个别项目或者短时间内能够成功实施，在于技术手段与目标煤层气化特性实现了良好的匹配。可以采取整体上成熟、针对项目个体差异进行微调的煤炭地气化技术进行产业化示范生产，促进地下煤气化技术的快速产业化应用。为了加快地下煤气化技术整体水平的提升，可以借助以下发展战略。

1）组建国家级地下煤气化技术联盟，以产业化为目的，由企业联合国内高校、科研院所进行地下气化的技术攻关。

2）加强国际交流与合作，引进、消化、吸收国外先进技术，再创新，形成具有我国自主知识产权的技术品牌。

3）充分借鉴石油、天然气、煤层气等行业现有成熟技术，促进地下煤气化技术的发展。

4）在地下煤气化炉建炉、测量、燃空区稳定控制、提高煤气品质、降低单位成本等方面进行集中攻关，快速取得技术突破。

在以上战略的指引下，根据图 10-45 的技术路线图进行技术研发，促进技术升级成熟。

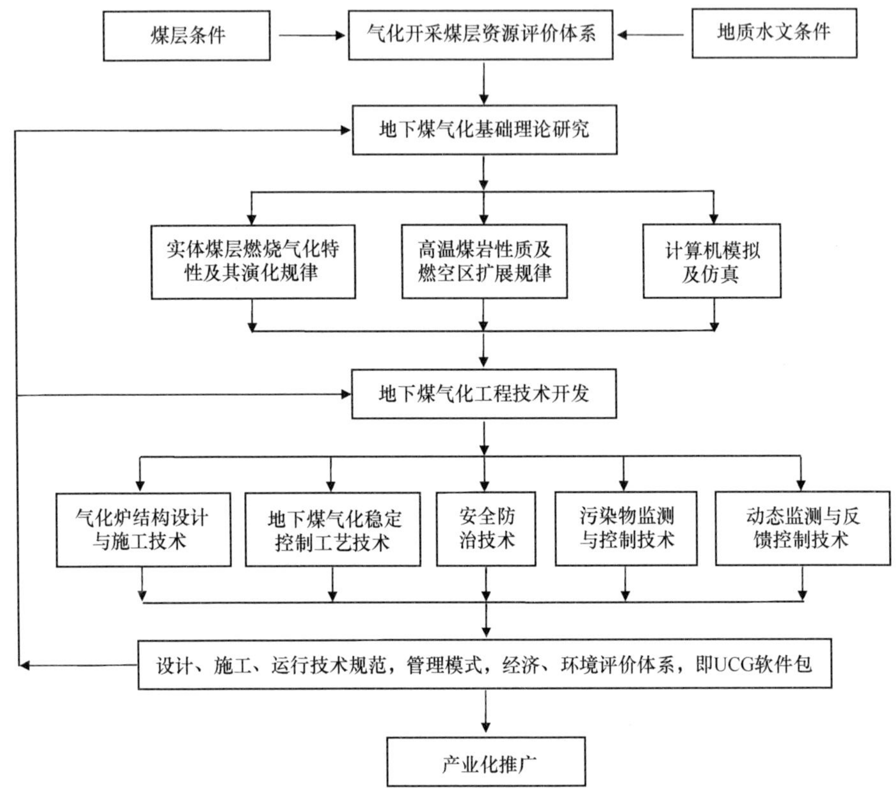


图 10-45　地下煤气化技术路线图

地下煤气化技术发展的重点在于地下煤气化工程技术的开发。通过研究机构的专题性研究获得煤层燃烧气化特性及其演化规律、高温煤岩性质及燃空区扩展规律以及计算机模拟仿真技术，促进生产现场地下气化过程的稳定可控、气化区的有序拓展及良好接替以及煤气的充分利用。

# 第 11 章 具体措施与建议

## 11.1 推动煤炭分级转化综合利用技术示范与应用

现有火电厂只将煤炭作为燃料直接燃烧，造成系统效率偏低、污染物控制成本高，且浪费了煤中具有高附加值的油、气和化学品及硫、铝等资源。

以煤的部分裂解气化制高级油品、半焦燃烧发电、灰渣综合利用为主要特点的煤分级转化综合利用技术将煤经温和的部分裂解气化，提取煤中轻质组分（挥发分和部分气化产物等）用于生产油、气和其他化工产品，硫等污染物资源化回收；而难于气化完全的半焦经高效燃烧发电；灰渣中有价元素根据赋存形式，先提取钒、铝等有价元素，然后进行综合利用。这种全新的煤炭发电方式有以下优点和创新。

1）工艺参数要求低，设备投资低。煤在常压低温无氧条件下热解气化，无需高压和制氧条件，对反应器及相关设备的材质要求低，设备投资低。

2）能耗增加不多，运行成本低。热解不需要纯氧作为气化剂，分级转化系统能量损耗低，与常规气化技术相比，过程热效率大幅度提高。

3）污染物易回收高值化利用。煤中所含硫大部分在热解过程中以 $H_2S$ 形式析出，易于煤气净化系统脱硫，脱硫的副产品一般是硫黄，其利用价值高。

4）技术适用性好。可对现有燃煤电厂进行升级换代，又适用于新建电厂。

5）保证高效发电同时回收煤炭中油、气、铝、硫等资源，实现各种高附加值产品联产。

6）将各种以单一产品为目标的电力、化工、冶金、建材和环保等工艺综合优化组合，在大幅提升煤炭利用综合效益的同时，大幅降低污染物和温室气体排放。

根据已开展的循环流化床热电气综合利用装置工业化试验结果测算，单台 300MWe 循环流化床燃烧发电机组增加热解气化系统，其建设成本增加 1.8 亿元，只需将提取的粗油、气作为原料出售，就可使吨煤效益增加 20% 以上；在扣除多增加的燃料、电力、人工和废水处理成本后，每年可以增加毛利约 2.1 亿元。若能进一步进行油、气深加工，效益会更好。

综上所述，这种新的煤炭发电方式投资低、投入产出比高，既可对现有燃煤电厂进行升级换代又适用于新建电厂，可改变煤炭单一用于发电的产业结构，可形成基于煤炭资源化利用发电的新产业链，体现了“煤炭既是能源又是资源”的理念，对于改变和优化国家煤电产业结构和节能减排、循环经济具有重要战略意义。

## 11.2 循环流化床燃烧技术发展建议

在清洁高效循环流化床燃烧技术发展过程中，更高可靠性问题、更高经济性问题、更清洁燃烧产物排放与控制问题、自主知识产权问题、技术储备及对产业发展的影响问题、发展炉型和配套辅机问题是在发展过程中需要关注和投入研究的。

1）更高可靠性问题：①热循环回路气固分配与热平衡；②炉膛悬吊受热面的流动、传热与安全问题；③炉膛中隔墙对气固流场影响与安全问题；④多分离器炉膛流场与温度/热流均匀分布；⑤特殊煤种大炉膛磨损问题；⑥劣质煤燃烧试验与设计运行。

2）更高经济性问题：①与其他煤清洁利用技术特点对比；②不同参数的选择经济（材料）技术分析；③大床面炉膛氧化还原气氛控制；④大尺度床面循环流化床锅炉二次风射程影响研究；⑤大型循环流化床锅炉性能试验研究；⑥超临界循环流化床技术。

3）更清洁燃烧产物（$SO_2$、$NO_x$、$CO_2$、小颗粒等）排放与控制问题。

4）自主知识产权问题：①热力计算软件；②炉型设计；③部件结构；④专利分析；⑤超临界循环流化床锅炉水动力问题。

5）技术储备及对产业发展的影响问题：①单机容量更大型化更高参数；②生物质/城市生活垃圾/工业废弃物等特种燃料循环流化床；③不同燃料混烧循环流化床；④常规煤粉炉难以燃烧的低挥发分无烟煤和中高水分褐煤；⑤循环流化床锅炉生产能力与分布；⑥循环流化床燃烧技术在煤清洁燃烧利用技术中的地位；⑦循环流化床燃烧技术储备研究，CCS 技术；⑧氧燃料法捕集 $CO_2$ 技术等。

6）发展炉型：①劣质燃料 300/350MW 循环流化床锅炉；②褐煤 600MW 循环流化床锅炉；③660MW 超临界循环流化床锅炉；④1000MW 超临界循环流化床锅炉。

7）配套辅机问题。

## 11.3 先进的工业锅炉燃烧技术发展建议

工业锅炉属传统机械制造业，也是一个完全竞争性行业，民营企业占了绝对数量。我国燃煤工业锅炉效率低、污染重、节能潜力巨大，成为“十一五”“十二五”国家节能减排的重点领域。目前，工业锅炉的研究工作，主要致力于降低单位出力的能量消耗量和减少污染物（如 $NO_x$、$SO_x$ 等有害污染物）的排放，一些新型燃烧技术在工业锅炉的发展中得到重视。但是，总体来说行业发展速度不快，产业瓶颈尚未突破，对节能减排的贡献度并不理想，需要政府在产业政策和科技计划等方面给予扶持。课题组提出以下建议。

### （1）从产业规划和产业政策上加强引导，规范行业发展

加大行业管理的力度，制定科学的产业规划来控制行业的发展规模，通过调整、重组，使我国工业锅炉企业数进一步减少，竞争力进一步增强，改变目前无序、恶性竞争的局面，形成产业布局合理、企业间分工协作有序的局面，做大做强企业。同时提高产品技术和标准水平，加强产业政策的制定和完善，引导鼓励高效节能环保的工业锅炉新产品的开发和现代制造服务业的引入，促使技术含量低的产品自然淘汰。

**（2）加大国家对工业锅炉技术研发投入，增强创新能力**

根据技术创新战略，加大对工业锅炉研发技术的投入，鼓励工业锅炉行业中的骨干企业建立研发中心，完善设计开发手段特别是应用计算机辅助技术，研制开发新产品。同时提升高校和科研院所的基础理论研究及试验测试水平，通过产业联盟的合作形式，开展共性技术和集成技术研究，加强技术攻关和成果示范与推广，增强原始创新能力，引导行业传统技术优化、关键技术的创新和核心技术的突破，形成一批拥有自主知识产权的技术、产品和标准，建立一批效果显著的系统集成技术示范，促进工业锅炉行业技术发展。相应建议有 4 点：①对影响行业发展的技术瓶颈问题，如大型燃煤锅炉改进优化技术、低污染控制技术、数字化设计技术等，开展联合攻关，并纳入国家科技专项计划。②推进产业技术联盟和平台建设，完善科研创新体系。③加强行业共性技术和标准研究，如强度、传热、流动、脱硫脱硝等，切实提高技术水平和标准化水平。④制定科学的能效标准，通过多种手段强化节能技术和产品的推广。

**（3）加大洗选煤在工业锅炉的使用，提高用煤质量水平**

选煤是工业锅炉洁净煤技术的源头和基础，加大其推广力度是当前工业锅炉节能减排最为经济、有效的手段之一。这样，我国工业锅炉普遍存在煤种多变、煤质差、使用煤种与设计煤种不匹配的问题可以得到迅速缓解，工业锅炉的实际运行效率将大大提高。从政策层面上，要强化煤炭供应链各环节的质量管理，确保工业锅炉用煤质量；从标准层面上，提高工业锅炉的用煤标准水平，尽快改变工业锅炉燃用原煤的现状。相应建议：建立地区性煤炭洗、选、配、制、分销中心，强化煤炭质量追溯；通过鼓励锅炉使用社会化运行管理，形成锅炉用煤的相对集中采购和内部用煤分类管理，使不同颗粒、不同特性煤得到合理使用。

**（4）调整产品结构，加强品牌建设，培育行业的竞争力**

通过制定政策来推荐节能产品、淘汰落后产品等一系列措施，引导企业研发节能环保新产品，调整企业产品结构，加强产品品牌建设，形成一批以名优产品为核心的具有竞争力的特色企业集团，提高企业的市场竞争能力。

## 11.4 煤先进气化技术发展建议

煤炭气化技术是煤炭清洁高效利用的核心技术，各国都极为重视，投入大量的人力和物力进行研发，以确保在该领域竞争优势。鉴于我国煤化工行业和其他行业的快速发展，国外煤气化技术专利商纷纷瞄准我国市场。有一段时间，我国几乎成了国外煤气化技术的试验场。随着国内煤气化技术的研发和产业化，这一趋势有所改观，但还没有彻底地改变。为了促进自主知识产权煤气化技术的健康、快速发展，建议采取以下政策措施。

1）国家应制定相关的产业政策加以扶持，凡是新上煤化工及相关项目、涉及煤气化技术的选型，如果国内已有成熟技术，应该优先选择国内技术。

2）继续加大对煤气化基础研究的投入，促进原创技术的形成，引导大型能源企业参与新型煤气化技术的研究与开发，进一步加强产学研用密切合作。

3）继续加大对煤气化技术工业示范的投入，开发有市场前景、符合煤炭高效清洁利用科学要求的新的煤炭气化技术（如分级气化技术、热解气化技术、催化气化技术、加氢气化技术、小型分散式气化技术等），在中试和产业化示范上给予政策和资金支持。

4）制定优惠政策，引导国内目前采用 UGI 等落后气化技术的部分合成氨企业和燃气企业进行技术改造，采用新一代的煤气化技术。

5）对煤炭资源的利用进行合理规划，对煤炭资源进行合理分类，摸清国内适宜气化的煤炭资源储量和区域分布；制定政策加以引导，凡是适应煤气化技术的煤，应该优先用于气化，以最大限度地提高煤炭利用效率。

6）发挥行业协会作用。行业协（商）会要充分发挥桥梁和纽带作用，在政府指导下，组织国内煤气化技术研发、示范、产业化应用的调研分析，及时反映技术发展情况，企业对技术的需求现状，促进煤气化技术的科学和有序发展。

7）制定相关的财税政策，对进行新型煤气化技术示范的企业给予税收优惠或减免，降低企业风险。

8）加强煤炭气化领域基础研究和技术开发的人才队伍建设，对有影响的团队给予持续的支持。

## 11.5 富氧燃烧及 $CO_2$ 回收减排技术发展建议

我国以化石能源特别是煤炭为主能源结构决定了清洁煤技术（clean coal technology，CCT）和 CCS 技术对我国能源乃至国民经济的重要性、独特性和长期性。经过近几十年来的高速甚至跨越式发展，我国燃煤发电［特别是超（超）临界发电技术］的装备制造及运行水平已经达到世界领先水平；在 CCS 技术方面，正处于研发和示范阶段，水平与发达国家差距不太明显。这些 CCS 技术不仅在规模上令世所瞩目，而且还有着自身特色和一定的先进水平；另外，我国“以大代小”的煤电政策也可充分发挥 CCS 技术的优势（其经济性和碳减排效益明显）。煤电 CCS 技术的大力发展不仅可以巩固我国在 CCT 技术方面的优势地位，且有望成为我国抢占 $CO_2$减排技术制高点的机遇。

从能源发展战略来看，目前的 3 条路径（节能减排、新能源和 CCS）应当齐头并进。我国在节能降耗和发展新能源方面取得了丰硕的成果，其在实现碳减排中作用重大。但同时也应看到，节能降耗的潜力和新能源的发展均存在减排空间和瓶颈的制约。随着技术的不断进步，节能降耗的成本会越来越高、潜力越来越小，如超临界、超超临界发电机组的效率已经趋于达到本身技术极限；由于可再生能源的能量密度相对于化石能源过低，替代新能源在今后相当长时间内的减排空间十分有限，如装机容量连年翻番的风能发电量在总发电量中的份额仍小于 1%。中国特殊的能源结构决定了 CCT 技术与 CCS 技术结合起来是最终的出路。为此，建议国家在减排的战略观念和布局上，在继续大力开展节能降耗和积极发展新能源的同时，更加关注和重视化石能源（尤其是煤炭）的 $CO_2$规模减排与资源化利用技术的开发与推广，加大投入，切实推动我国的 $CO_2$减排事业和低碳经济的发展，在目前低碳经济和低碳社会的背景下提高我国在国际舞台中的地位。

目前存在诸多的 CCT 技术［如清洁煤粉燃烧技术、超（超）临界技术、低 $NO_x$ 燃烧技术、循环流化床燃烧技术、水煤浆技术、煤和生物质混合燃烧与气化技术、煤炭气化技术、煤热解气化分级转化技术等］和 CCS 技术（如 IGCC、富氧燃烧技术、化学链燃烧与气化技术、燃后化学吸收、膜分离、物理吸附等技术），显然煤燃烧与气化是 CCT 和 CCS 的核心。虽然很多技术已经达到工业示范和商业利用的程度，但必须依据我国的国情（能源结构、煤种特性、负荷特性、甚至当地的政策法规和经济金融状况等）来评价这些技术的可行性、适用性和社会经济环境效益，不能盲目一窝蜂上马，让我国成为各种技术的实验工地。因此非常有必要对这些 CCT 和 CCS 技术进行技术、经济和环境方面的综合评价，运用技术经济学、环境热经济学、全生命周期评价、宏观和微观方面的动态均衡分析等研究方法，分析不同技术的优势和潜力及其对 $CO_2$减排的贡献，分析各技术的动态响应及与中国工业结构调整的适应性，形成优化的技术路线，选择符合国情和发展需求的关键、共性技术，强调结合我国发展的中长期战略规划，在煤电 CCS 技术选择方面提供系统、科学的评估和评判机制。

当前，在技术选择上，缺乏系统、科学的评估和规划。针对诸多的新技术，应该从不同层次，对每项技术的研究储备、投资成本、减排空间逐一进行研究分析，然后形成一个最优化的技术路线；从众多的低碳技术中，选择符合国情和发展需求的关键、共性技术，尽快制定低碳技术重点发展战略规划，列入“十二五”科技发展计划及相关产业技术创新计划。

从战略研究的角度来看，必须站在一定的高度上为国家提供中长期的 CCT 和 CCS 技术路线图及政策建议。目前在 CCT 和 CCS 方面，具体的技术细节研究较多，而对技术的发展前景、评估预测等研究较少，普遍存在“战略构思不尽合理、技术路线不够明确”等缺点，在行业中存在一定程度的混乱，导致某些成本高昂、与能源结构和社会经济发展不匹配（短期效益明显而长期效益模糊）的技术盲目蜂拥上马。技术路线图的制定显然应当建立在对国内外相关进展非常熟悉的基础上，同时也应当特别注意我国国情，应当建立在合适的理论基础上（如全面系统的技术、经济和环境评价等）。另外，也应强调做好各煤电 CCS 技术（如煤粉的 CCS 技术、流化床 CCS 技术、工业炉 CCS 技术等）的放大实践过程，集中力量掌握核心技术（如碳捕获技术、煤气化技术等），尽快突破。总之，国家应当在技术选择上进行系统、科学的评估和规划，确定清洁能源的技术路线图和战略构思，尽快制定低碳技术重点发展战略规划，列入相关科技发展计划及相关产业技术创新计划。

美国奥巴马政府力推的《美国清洁能源安全法案》对能源使用、销售等各个环节都制定了明确的规定。我国能源（特别是低碳）发展战略还有很大的完善空间，应该从技术、产业、配套政策、法律法规等方面形成一个清晰、完整和规范的政策体系，力争在国家法律法规和政策层面来落实本次战略研究的成果，形成公信力。

## 11.6　化学链燃烧与气化技术发展建议

化学链燃烧与气化技术尚处于实验室研究阶段，作为未来煤利用新技术，还需在产业发展、全融财税、科技导向和人才激励政策和法规提前部署。

1）产业发展政策和法规。需要国家层面出台相关的产业政策和法规。首先，政府应适度增加财政投入，建立专项资金，加大对该技术的支持力度。充分利用“国债贴息”等财政政策，支持该技术的研发。同时，国家应大力宣传和支持该技术，积极引导企业采用该技术，有重点地选择一些有条件的企业开发推广应用该技术。在技术推广商业化阶段，政府应鼓励和支持企业加大对该技术创新的投入，每年应该安排一定的资金用于该技术的研发以及推广应用。待商业化之后，若企业电网发电，需要国家对企业上网电价进行支持。

2）金融财税政策和法规。国家应出台更加优惠的金融税收政策，鼓励和支持企业采用该技术。在增值税、营业税、所得税等方面实行相应的减、抵、免政策，积极引导商业银行和社会资金支持该技术的研发与推广。

3）科技导向政策和法规。需要“973”计划、“863”计划等项目的支持，围绕该技术开发解决其中的关键技术及配套技术，加强产学研合作，加大技术开发投入，开发形成拥有自主知识产权的产品和技术，并积极推广应用。

4）人才激励政策和法规。通过积极引进海内外人才以及对现有人才进行教育培训等手段，重点培养具有该领域专业知识和管理经验的复合型人才，适应国际竞争环境的人才需求。对在该技术作出重大贡献的项目和人员表彰与奖励应加大力度。积极探索按劳分配和按要素分配相结合的分配体制，鼓励对优秀技术人员采用股权、期权等各种分配激励政策。

## 11.7 水煤浆燃烧技术发展建议

### 11.7.1 加快水煤浆技术产业化发展与应用的指导原则

1）发展洁净煤技术，推广应用水煤浆洁净煤燃料，旨在实现以煤代油，提高煤炭利用效率，减少污染，清洁生产。

2）水煤浆产品质量应符合水煤浆技术条件 GB/T 18855—2002 国家标准要求。水煤浆工程项目应符合国家标准——水煤浆工程设计规范 GB 50360—2005 的要求。

3）水煤浆技术产业化发展应遵循经济最优化原则，从煤资源选择、装置规模效应，生产—运输—用户一体化优化配置等，以降低建设投入，降低生产成本，提高经济效益与竞争力。

4）水煤浆技术产业化发展与应用实现清洁生产与环境友好，做到废水利用、废灰及渣的综合利用、大气污染物排放达到地区及国家环保要求。

5）鼓励采用新技术、新工艺以低阶煤、低挥发分煤（石油焦）等难成浆、难燃烧煤种为主要原料制备新型水煤浆产品并清洁燃烧。

### 11.7.2 水煤浆产业化发展与应用的政策措施

1）水煤浆作为清洁能源，在《产业结构调整指导目录》（2005 年）中被列为鼓励类，是国家重点支持、鼓励发展的产业、产品，各金融机构应按照信贷原则提供信贷支持。

2）优先发展具有规模效应（100 万 t/a 以上）的水煤浆厂，通过建立大型水煤浆配送中心，提高水煤浆产品的经济效益和竞争力。相关部门应严把水煤浆新增能力准入关，引导公共资源向符合准入条件的企业倾斜，扶优汰劣，促进水煤浆行业的发展。

3）水煤浆行业的布局要立足于资源、市场、运输和环境容量等方面，鼓励发展的重点应是经济发达且环保要求高的城市和地区。

4）符合条件的水煤浆企业，可按规定享受现行若干税收优惠。例如，研发费用在企业所得税前加以扣除；企业用于研究开发的仪器和设备，单位价值在 30 万元以下的可一次或分次摊入管理费，单位价值在 30 万元以上的可采取适当缩短固定资产折旧年限或加速折旧的政策；利用煤泥生产水煤浆，可享受现行有关企业所得税定期减免。

5）水煤浆作为替代能源，在代油、代散煤上具有经济、环保节能等综合效益，因此代油、代散煤是水煤浆主要应用领域。燃油、燃散煤的企业进行的水煤浆技改项目应享受信贷支持、国债资金安排及国产设备投资抵免企业所得税等优惠政策。

6）鼓励开发新工艺、新技术，促进水煤浆技术的快速发展。例如，利用低阶煤、低挥发分煤（石油焦）等难成浆、难燃烧煤种为主要原料制备新型水煤浆产品并清洁燃烧，同时根据实际情况制订出相应的技术和产品质量标准。

## 11.8 先进地下煤气化技术发展建议

地下煤气化技术已在原苏联、澳大利亚和英国等多地进行了工业性的生产，实践了很多气化方法和炉型技术。国内也已经进行了 30 多年的工业性实验，掌握了一些新型气化工艺，并且成功地用于生产发电。同时，地下气化的理论性工作的研究也在积极地开展（包括地下煤气化过程中的“三传一反”和新型气化工艺的工作参数等的研究），在未来的几年里将积极发展新型地下煤气化技术，实现低成本、低污染、高效益的气化方案，这些将对顺利地进行地下煤气化起到关键作用。地下煤气化产业化的一些基本条件已经具备，因此希望国家和地方政府对该技术进行一定的扶持，主要建议有以下 5 个方面。

1）成立国家级的地下煤气化行动小组，统筹国内地下煤气化技术的发展，制定发展策略和发展规划，为国家提供政策建议。

2）将地下煤气化技术纳入新兴产业，在战略上进行扶持。

3）成立地下煤气化国家工程技术中心，对地下煤气化技术进行重点技术攻关和研发。

4）对地下煤气化产业化的企业在政策、税收、土地、项目审批上进行适当的优惠，鼓励企业将地下煤气化技术产业化。

5）对利用地下煤气化技术进行发电参考煤层气产业进行补贴，并实行增值税先征后返政策，扶植产业发展。

# 第 12 章 结论和建议

本课题通过研究认为，煤炭利用应遵循“科学发展、战略需求、自主创新、重点突破”的重要原则，体现以下先进理念。

1）煤不单是能源，而且是重要的资源，因此，煤的利用技术应该是分级转化综合利用、多级联产、烟气及煤炭灰渣近零排放，而且是有中国特色的新技术。

2）结合我国的国情和特色，发电以用煤为主，近几十年来不会改变。因此清洁煤分级转化技术不单要能用于新设计发电机组，而且要对现有的 7 亿 W 余的现存煤发电机组也有可能因地制宜利用，较大幅度提高这些现有机组的节能减排效率，提高其产值和劳动生产率。

3）煤的燃烧、煤的气化和煤的分级转化为目前煤利用过程中 3 种主要的转化方式。煤燃烧发电时燃烧效率高，造价低，但污染排放高、发电效率低；煤气化发电时煤的转化效率较低，造价成本高，但发电效率高，环保效率高。以煤的部分裂解气化制高级油品、半焦发电、灰渣综合利用为主要特点的煤分级转化技术，与现有煤燃烧与煤气化技术相比，在能耗、环保以及经济性方面具有优越性，可以跨越式提高煤炭利用效率、环境效益和经济性，有望改变现有煤炭利用方式，促进传统产业的改造升级。

4）未来发展我国先进清洁煤燃烧与气化技术，除积极完善高效、低污染、适合我国国情的各种先进煤燃烧与气化技术的开发与应用外，更应建立煤分级转化技术创新体系，通过出台产业政策促进其推广应用，打造适合我国国情的煤炭利用新模式，从而推动形成煤分级转化战略性新兴产业链，来解决我国煤炭的高效、洁净利用问题。

通过调研表明，煤的燃烧、煤的气化和煤的分级转化为目前煤利用过程中 3 种主要的转化方式。煤的燃烧技术应向大型化、清洁、高效、清洁燃料替代方向发展，煤的气化技术应向大型化、高效率和环境友好方向发展，而将煤的燃烧与气化相结合形成新型煤炭转化方式即煤的分级转化，有利于进一步提高煤炭综合利用与减排效率。传统燃煤方式忽视了煤的资源属性，将煤炭完全作为燃料燃烧，导致煤炭综合利用水平和效益不高。煤分级转化是基于“煤炭既是能源又是资源”的理念提出的煤炭转化利用的全新方向，可提高煤炭发电的综合效益，改变煤炭单一用于发电的产业结构，可形成基于煤炭资源化利用发电的新产业链，并缓解我国油气等资源的紧缺状况，对于改变和优化国家煤电产业结构、循环经济和节能减排具有重要意义。

采用技术经济比较和全生命周期分析表明，以煤的部分裂解气化制高级油品、半焦发电、灰渣综合利用为主要特点的煤分级转化综合利用技术，在能耗、环保以及经济性方面具有优越性。本书也分析了先进煤炭燃烧与气化技术的发展战略与目标，指出我国应积极发展先进煤粉燃烧技术、循环流化床燃烧技术、先进的工业锅炉燃烧技术、煤与生物质混合燃烧与气化技术、煤的先进气化技术、富氧燃烧及 $CO_2$ 回收减排技术、先进煤炭地下气化技术、化学链燃烧与气化和水煤浆燃烧等其他低污染燃烧与气化技术。

根据“科学发展、战略需求、自主创新、重点突破”原则，我国发电以用煤为主，每年约 18 亿 t，今后新建机组宜采用清洁燃烧（超超临界）、完全气化（IGCC）和煤分级转化综合利用等技术，现有电厂可采用超超临界结合煤分级转化技术进行低成本提效改造；兼顾 $CO_2$减排问题积极发展富氧燃烧等技术，但应首先考虑低成本减排。今后我国需要发展高效、低污染、适合我国国情的未来先进清洁煤燃烧与气化技术，重点发展煤分级转化综合利用技术，以循环经济的全新模式新建或改造燃煤电厂，以推动我国煤炭转化利用相关产业的产业结构升级转型。

本课题由岑可法院士领衔课题负责人，郑楚光教授、骆仲泱教授、潘伟平教授为课题组副组长，参加专家来自国内长期从事先进清洁煤燃烧与气化技术的研究、开发与装备制造、技术应用的 20 家知名高校、科研机构与企业。本课题选择先进煤粉燃烧技术、循环流化床燃烧技术、先进的工业锅炉燃烧技术、煤与生物质混合燃烧与气化技术、煤的先进气化技术、以发电为主的煤热解气化半焦燃烧分级转化及灰渣综合利用技术、富氧燃烧及 $CO_2$ 回收减排技术、化学链燃烧与气化和水煤浆燃烧等其他低污染燃烧与气化技术、先进煤炭地下气化技术 9 个技术方向开展战略咨询研究。

图 12-1 给出了先进煤燃烧与气化技术的主要发展方向。

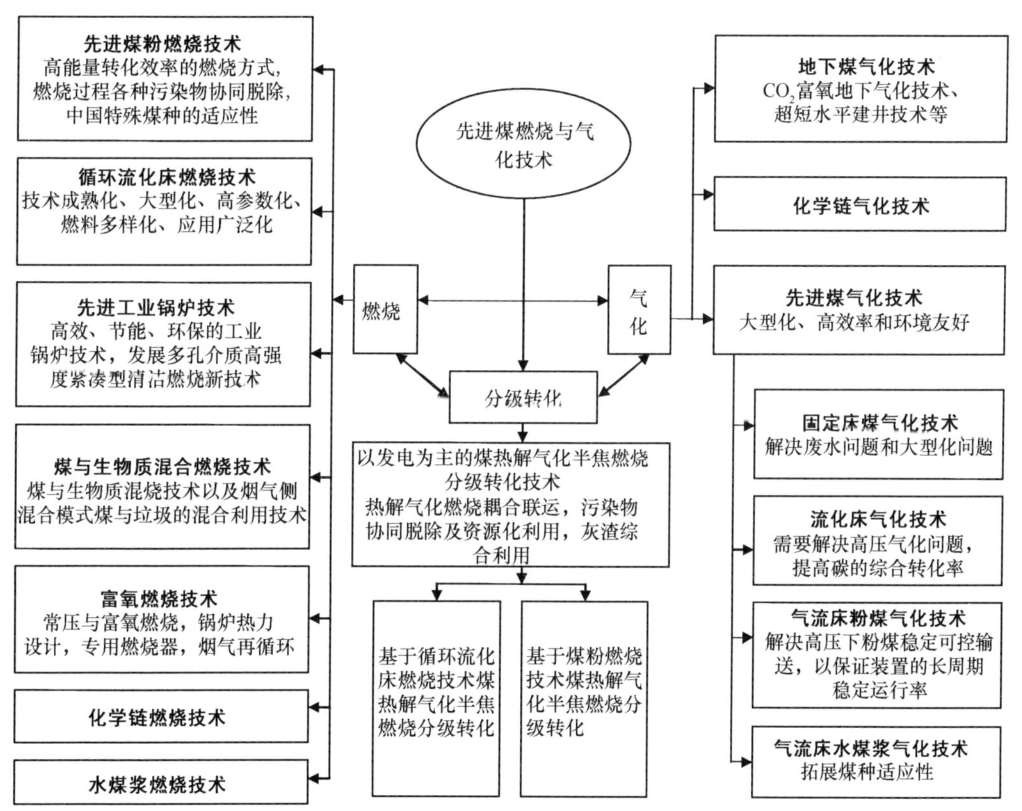


图 12-1　先进煤燃烧和气化主要技术方向

煤粉燃烧、循环流化床燃烧和工业锅炉燃烧是传统典型煤燃烧技术，技术较成熟且应用较广，可以通过先进技术完善与突破适应高效清洁要求。

先进煤粉燃烧技术需要解决提高可用能利用、燃烧过程污染物控制、特殊煤种低污染燃烧等关键问题，以适应燃煤发电领域对燃烧技术的更高参数、更低排放、更好的煤种适应性等要求。煤粉燃烧关键技术在于高能量转化效率的燃烧方式、燃烧过程各种污染物协同脱除、对中国特殊煤种的适应性。

循环流化床燃烧锅炉正朝超临界、大型化、多种燃料混烧和富氧燃烧脱碳等方向发展，其燃烧关键技术的发展方向为技术成熟化、大型化、高参数化、燃料多样化、应用广泛化。清洁高效循环流化床燃烧技术发展过程中需要关注和投入的研究：①提高锅炉可用率的更高可靠性问题；②提高锅炉效率的更高经济性问题；③进一步降低 $SO_2$、$NO_x$、$CO_2$、小颗粒等的更高环保性问题；④大容量、高参数循环流化床燃烧锅炉设计、制造等自主知识产权问题；⑤技术储备及对产业发展的影响问题（超临界/超超临界循环流化床锅炉，生物质/城市生活垃圾/工业废弃物等特种燃料循环流化床锅炉，不同燃料混烧循环流化床锅炉，煤粉炉难燃烧的低挥发分无烟煤和中高水分褐煤循环流化床锅炉，循环流化床发电多联产系统，循环流化床燃烧 CCS 技术，循环流化床氧燃料法捕集 $CO_2$技术等）；⑥发展炉型（劣质燃料包括煤泥煤矸石 300/350/600MW 级超临界循环流化床锅炉，褐煤 300/600MW 级超临界循环流化床锅炉，1000MW 超超临界循环流化床锅炉）和发展过程中配套辅机问题。

我国工业锅炉行业未来技术发展方向：以满足用户对产品的高可靠性、高热效率、低污染排放、节能、节材等方面的要求为动力，在基础设计理论创新的基础上开展工业锅炉的高效节能关键技术研究，研发高效、节能、环保的工业锅炉技术，形成战略性产业。燃煤工业锅炉领域向大容量、高参数、高能效、低排放方向发展，选定 3 个技术方向：①层燃燃烧自动控制技术和系统开发；②大型燃煤锅炉改进优化开发技术（包括大容量层燃角管式锅炉和循环流化床锅炉技术）；③煤粉工业锅炉技术与产品研发。工业锅炉信息化技术领域以数字化技术为核心，包括机电一体化、信息化技术，运行自动监测、监控，运行优化专家系统、网络远程技术诊断与技术支持等，其技术方向是信息化技术在工业锅炉产品开发中的运用。

煤分级转化技术是基于煤炭各组分具有的不同性质和转化特性，突破传统的利用方式，以煤炭同时作为原料和燃料，将煤的热解、气化、燃烧等过程有机结合，可以实现煤炭分级转化和能量梯级利用。按照煤种特性、转化途径优化、目标产物定向等，煤分级转化技术可优化灵活组合热解、燃烧、气化等煤转化方式。不仅可以通过采用热解简单工艺实现煤中挥发分提取，而且可以结合热解、气化、燃烧过程调节目标产物油、气、电的比例，同时所得油、气初级产物后续品质提升时还可以少加氢。煤的分级转化综合利用技术是近年来得到充分关注的技术。目前部分技术已进入工业化示范应用阶段，但仍存在部分关键技术问题有待进一步解决和完善，包括煤的热解特性与运行特性的匹配以及含焦油高温煤气的除尘、冷却和焦油回收等问题。

富氧燃烧技术采用纯氧代替空气进行助燃的 $O_2/CO_2$循环燃烧方式，是一种既能直接获得高浓度 $CO_2$又能综合控制燃煤污染排放的新一代技术，也是煤燃烧与气化过程碳捕获、利用与封存（CCUS）领域重要技术之一。常压富氧燃烧与加压富氧燃烧为其主要技术方向，其重点是针对煤粉锅炉，其次是循环流化床，而工业锅炉和工业窑炉的富氧燃烧技术的目前重点在于高效节能。

煤与生物质混烧技术可利用生物质燃料替代煤炭化石燃料，有利于节能减排，需要发展经济上可行的生物质混烧等技术。对于煤与秸秆等生物质混合利用，可因地制宜地发展在大型已有燃煤锅炉进行小份额掺烧生物质混烧技术和工业锅炉混烧或纯烧技术；在煤与垃圾混合利用方面，发展烟气侧混合的新型煤与垃圾的混合利用技术。

水煤浆是一种新型低污染代油燃料。水煤浆燃烧新型潜在技术有低阶煤水煤浆技术、废水污泥掺混水煤浆技术、脱硫型水煤浆技术等。

化学链燃烧技术，采用载氧体循环反应的间接燃烧形式，是基于近零排放理念的新型燃烧方式，需要在载体选择、反应器的结构与型式等方面取得突破。

在煤气化领域，目前煤气化技术发展重点是大型化、高效率和环境友好，其技术应用需要考虑煤种适应性、操作的可靠性和环保特性。未来可能发展的气化技术包括适应煤种的成熟大型煤气化、分级气化、催化气化等。

不同于地上煤气化方式，地下煤气化集建井、采矿、运输、气化为一体，实现煤炭全生命周期的综合利用，涉及煤炭地下气化过程稳定控制工艺、适合煤炭地下气化的环保技术、建井技术、气化工作面综合探测技术、煤层顶板管理与地下水的防控技术等关键技术。

化学链气化技术是一种新颖的气化技术，它以晶格氧替代纯氧作为氧源，较好地实现了能源系统燃料化学能的高效利用与系统零能耗回收 $CO_2$ 的统一，需要解决载体的活性保持和载体强度等基础问题。

在本报告第一篇分析归纳基础上，本报告第二篇主要从未来可行典型技术方案比较分析、发展技术战略、发展技术路线图、可持续发展的障碍分析和政策及法规建议等方面探寻适合我国国情的先进清洁煤燃烧与气化技术发展战略及提出政策建议，为今后我国煤燃烧与气化技术发展决策提供依据。

煤电行业发电效率升级主要涉及超超临界发电技术、IGCC 发电技术和分级转化发电技术。对五大类未来煤先进发电技术即超超临界煤粉（PC）炉发电技术、整体煤气化联合循环（IGCC）发电技术、循环流化床（CFB）发电技术、循环流化床（CFB）分级转化发电技术、超超临界煤粉（PC）炉分级转化发电技术的 13 个案例，采用 Aspen Plus 软件过程模拟，GaBi 软件进行全生命周期评价，涵盖了能量效率、环境影响和投资成本三大方面的分析和评估。

模型计算数据表明，通过蒸汽或燃气参数的优化，超超临界发电技术、IGCC 发电技术和分级转化发电技术均能提高现有供电效率。从能量转换效率的角度，分级转化发电技术由于充分发挥蒸汽与燃气参数优化带来的效率提升优势，具有最高的供电效率，尤其是煤粉炉分级转化发电技术还具有较低的厂用电率；IGCC 与超超临界发电技术的供电效率基本持平。

从环境影响的角度，温室气体的排放量与能量转换效率关系密切，能量转换效率越高的发电技术温室气体排放量越低；IGCC 具有最低的 $SO_2$ 排放量，而分级转化发电技术的 $NO_x$ 排放最低。超超临界发电技术的所有环境影响指标略高。

从投资成本的角度，超超临界燃煤发电技术由于技术成熟度和市场成熟度都较高，因而具有最低的投资成本；分级转化发电技术在超超临界发电技术的基础上增加热解单元，总投资比超超临界发电技术增加了大约1/3；而IGCC发电技术由于较为复杂的流程工艺与较为苛刻的工作条件，具有比较高昂的造价。

超超临界燃煤发电技术投资少，技术成熟度高，但对环境的影响较大。IGCC技术具有十分清洁、高效的特点，但投资成本高。分级转化发电技术，同时具有两者的优点，结合超超临界发电技术还可发展以发电为主的分级转化综合利用技术，在提高能量转换效率的同时实现多联产、污染物排放与资源化利用。

从全面应用角度，分级转化不仅可高效发电，而且易回收油气等资源，体现循环经济，适用于现有电厂改造升级和新建电厂，形成我国煤炭利用新产业链之一。

因此，我国今后发展先进煤燃烧与气化技术的战略目标如下。

1）到2020年，实现300~600MWe基于循环流化床技术的分级转化综合利用商业化应用，在较小的投资下，提高机组发电效率和煤炭利用效率。努力实现8%左右的电力动力生产用煤采用煤炭热解气化半焦燃烧分级转化方案进行综合利用，预计每年可制取相当于约210亿$m^3$天然气或相当于约1700万t原油。发展和成熟富氧燃烧和先进大型煤气化技术等以$CO_2$减排为特点的煤燃烧与气化技术，分别实现日处理3000 t煤气化炉示范以及300MWe富氧燃烧示范。

2）到2030年，发展基于煤粉燃烧技术的煤炭热解半焦燃烧分级转化、多联产及污染物和灰渣资源化利用相关关键技术，实现超超临界结合煤粉分级转化工程应用。该阶段预计可实现25%左右的电力动力生产用煤采用煤炭热解气化半焦燃烧分级转化技术进行综合利用，预计每年可制取相当于约675亿$m^3$天然气或相当于5400万t原油；以$CO_2$减排为特点的低成本煤燃烧与气化技术得到规模化应用。

围绕战略目标，我国应积极发展先进煤粉燃烧技术、循环流化床燃烧技术、先进的工业锅炉燃烧技术、煤与生物质混合燃烧与气化技术、煤的先进气化技术、以发电为主的煤热解气化半焦燃烧分级转化及灰渣综合利用技术、富氧燃烧及$CO_2$回收减排技术、化学链燃烧与气化和水煤浆燃烧等其他低污染燃烧与气化技术、先进煤炭地下气化技术，重点发展煤炭分级转化综合利用等技术。

通过课题研究，先进煤燃烧与气化技术的发展的保障措施及建议如下。

## 12.1 推动煤炭分级转化综合利用技术示范与应用

煤炭分级转化综合利用技术是一种全新的煤炭资源化发电方式，体现了“煤炭既是能源又是资源”的理念。煤热解气化半焦燃烧分级转化方式其反应活化能和煤炭转化率介乎纯燃烧和纯气化之间，既能满足发电，又能用较小投资实现多联产和资源化利用，也能与超超临界结合，实现高效发电。

煤炭是我国今后相当长一个时期的主要能源。2011年煤炭消费总量36亿t，占能源消费总量的72.8%。煤电约占全国发电量的82.5%，耗煤约18亿t。如何高效益地利用发电用煤是我国面临的重大挑战。现有火电厂只将煤炭作为燃料直接燃烧，造成系统效率偏低、污染物控制成本高，且浪费了煤中具有高附加值的油、气和化学品及硫、铝等资源。

以发电为主的煤热解气化半焦燃烧分级转化多级联产近零排放污染物灰渣资源化回

收技术具有巨大潜力。2011 年 7.65 亿 kW 余火电装机，18 亿 t 耗煤，90% 以上为烟煤和褐煤，其所含挥发分可转化为 2700 亿 $m^3$ 合成天然气，相当于我国天然气消费量 2 倍多（我国 2011 年天然气消费量 1300 亿 $m^3$）；或 2.2 亿 t 燃油，接近我国石油消费量一半，与石油进口量相当。另外，为调整能源结构，世界主要资源国都加大了对页岩气的勘探开发力度。例如，2011 年美国页岩气产量接近 1800 亿 $m^3$；我国《页岩气发展规划（2011～2015）》中要求在 2015 年实现商业产量 65 亿 $m^3$，力争到 2020 年达 600 亿～1000 亿 $m^3$。由此可见，利用我国电煤所含挥发分采用分级转化为合成天然气，量大且稳定可靠，可作为天然气的重要补充来源，因而提取电煤挥发分替代油气资源前景十分广阔。另外，煤炭的灰分是潜在的建材和矿产资源。以灰分 25% 计，我国燃煤发电排放灰渣作为掺合材约可制取 11 亿 t 水泥，或提取 9000 万 t $Al_2O_3$（约为 2011 年我国 $Al_2O_3$ 产量的 2.3 倍）。煤炭灰分中含有的锗、镓、铟、钍、钒、钛、铀等贵重金属达到工业品位时，就可提取利用。污染物也是潜在的资源。全国电煤中硫资源若回收利用每年约可生产 4000 万 t 硫酸等产品（相当于 2011 年全国硫酸产量 7400 万 t 的 54% 左右）。

现有超超临界煤燃烧发电技术采用煤全部燃烧方式，目前超超临界最高供电效率也只有 45% 左右；未来如突破镍基合金关键材料，超超临界供电效率有望突破 50%。但煤纯燃烧发电方式发展关键还受到污染物治理难、高碳排放等制约。现有 IGCC 发电技术采用煤全部气化方式，具有 $CO_2$ 等污染物易回收、体积小等特点。但全部气化方式由于采用 20～60 大气压和空分制纯氧等条件，厂用电高、投资大且只能适用新建电厂。纯燃烧和纯气化这两种煤转化方式均有不合理的地方。

而煤炭分级转化发电方式投资低、投入产出比高，既可对现有燃煤电厂进行升级换代又适用于新建电厂，可改变煤炭单一用于发电的产业结构，可形成基于煤炭资源化利用发电的新产业链，体现了“煤炭既是能源又是资源”的理念，对于改变和优化国家煤电产业结构和节能减排、循环经济具有重要战略意义。

## 12.2 出台政策鼓励先进煤燃烧与气化技术示范与应用，减少燃烧煤耗

为了促进先进煤燃烧与气化技术的快速发展，建议采取以下政策措施。

1）出台法规性指导文件，鼓励研发、示范和推广先进燃烧和发电技术。根据各地区的环境容量，采取分步走战略，科学、有序、积极、稳健地控制煤炭燃烧和发电过程中污染物的排放，推动可实现资源化的污染物控制和脱硫脱硝一体化与汞排放的协同控制。建议出台煤与生物质混烧激励机制和相应监管政策，推动生物质等可再生燃料在大型燃煤电站混烧，增加其替代比例，减少燃烧用煤炭的消耗。建议加大洗选煤在工业锅炉中的使用比例，提高其用煤质量。对中小工业锅炉燃料可加大天然气、生物质等低污染、可再生燃料替代比例。

2）加大煤炭分级转化综合利用技术的研发、示范和推广。煤炭分级转化综合利用技术是煤炭资源清洁高效利用的重要方向之一。根据国情科学地制定出煤炭分级转化综合利用的发展规划、确定重点技术方向和制定路线图，优先发展有中国特色、适应中国国情的煤炭利用技术，并在产业政策上予以支持。

3）建立多领域合作机制，重点突破多联产的关键工程技术和示范工程。成立专门部门或由相关部门牵头，组织多行业协同攻关，积极推进电力-化学品、电力-油/气、热解-气化-燃烧分级转化等煤基多联产工业示范。为煤基多联产工业示范项目建设提供资金支持，对其生产的电力和化工产品、油品进行补贴。重点突破煤气化及煤炭与生物质共气化、电力和不同产品联产的集成设计与运行、与多联产系统匹配的二氧化碳捕集技术等关键单元技术及系统集成技术，建立一定数量和规模的煤基多联产示范工程。

## 12.3 设立重大科技专项进行关键技术攻关，促进煤炭清洁高效开发利用

先进煤燃烧与气化技术尚处于研发关键阶段，对于引领煤炭清洁高效开发利用具有重大意义，建议采取以下措施进行关键技术攻关。

1）设立重大科研专项，对煤炭清洁燃烧与气化技术的关键技术进行攻关。建议科技部和有关部门在“十二五”“十三五”期间设立重大科技专项，对煤炭清洁燃烧与气化的重大技术方向和关键科技问题开展科技攻关。同时，企业要建立稳定、合理、长期的科技投入机制，并接受相关部门的监督和管理。

2）建立产学研结合的协同创新体系，推进关键技术的工程示范。充分利用高校和研究院所的研发基础和人才优势，以企业为推广主体，建立科技协同创新体系，加强科技成果的推广应用。在政策和资金上给予支持，如煤分级转化、富氧燃烧、大型煤气化、地下煤气化等先进燃烧与气化技术的技术和装备的研发。

## 12.4 建立产学研用联合培养机制，加强煤炭利用产业创新人才培养

煤炭利用产业体制机制和人才培养对于先进煤燃烧与气化技术的健康快速发展具有重要作用，具体建议如下。

1）以提高自主创新能力为核心，加大高层次、紧缺人才的培养和引进力度。重点培养造就一批创新型领军人才，认真做好国家“千人计划”人才的选拔和引进工作，努力打造人才竞争优势；实施海外高层次人才引进计划和留学人员回国创业支持计划，完善留学人员回国服务体系，吸引留学人员以多种形式为国服务。在我国现有人才国际合作交流机制基础上，出台鼓励相关科研技术人员进行国际合作的相关倾斜政策，以促进我国煤炭清洁高效开发利用领域人才的快速成长。

2）建立科学合理的人才评价、激励和继续教育长效机制。应积极拓展人才评价渠道，分类建立人才评价标准，形成以能力和成果为导向的人才评价机制；围绕煤炭清洁高效开发利用的重点方向，对作出突出贡献的人才给予特殊优惠政策和奖励。应加大专业技术人员继续教育投入力度，科学整合教育培训资源。这有助于专业技术人员的知识和技能不断得到更新、补充、拓展和提高，从而不断完善知识结构，提高创新能力和专业技术水平。同时，充分发挥博士后制度的作用，聚集优秀人才，促进企业和科研机构的技术成果应用转化。

3）建立产学研用联合培养机制，加强我国煤炭高效清洁开发利用创新人才培养。充分发挥高校的多学科交叉和多种创新要素的集聚效果，通过有组织的合作创新活动和产学研用的有效分工协作，建立产学研用合作创新人才的培养体系，实现知识的创造、应用、分享、积累和增值，为我国煤炭开发与利用科学技术发展提供充分的人才支撑和智力保证。例如，煤炭热解气化半焦燃烧分级转化综合利用技术领域，涉及面广，高等院校、科研院所和产业化企业通过相关科研项目必须分工合作，协同作战，尽快完成煤炭分级转化综合利用技术的基础研究、技术创新及开发，为煤炭分级转化综合利用技术的推广应用提供保证。同时，高等院校与科研院所应该担负起技术的宣传、人才培养及人员培训等责任。

# 参考文献


白泉 . 2002. 循环流化床锅炉自动化建模系统与脱硫整体精细模型研究 . 北京：清华大学 .

蔡宁峰 . 2011. 再生聚苯颗粒保温砂浆的配制与性能研究 . 郑州：华北水利水电学院 .

岑建孟，方梦祥，王勤辉，等 . 2011. 煤分级利用多联产技术及其发展前景 . 化工进展，30（1）：88-94.

岑可法，骆仲泱，王勤辉，等 . 2004. 煤的热电气多联产技术及工程实例 . 北京：化学工业出版社 .

岑可法，倪明江，骆仲泱，等 . 1998. 循环流化床锅炉理论与设计运行 . 北京：中国电力出版社 .

岑可法，徐旭 . 2000. 工业废弃物和生活垃圾流化床焚烧技术的研究 . 西安交通大学学报，34（1）：1-8.

岑可法，姚强，曹欣玉，等 . 1997. 煤浆燃烧、流动、传热和气化的理论与应用技术 . 杭州：浙江大学出版社 .

岑可法，周昊，池作和，等 . 2003. 大型电站锅炉安全及优化运行技术 . 北京：中国电力出版社 .

岑可法 . 1999. 气固分离理论及技术 . 杭州：浙江大学出版社 .

岑可法 . 2002. 高等燃烧学 . 杭州：浙江大学出版社 .

岑可法 . 2004. 燃烧理论与污染控制 . 北京：机械工业出版社 .

车刚，郝卫东，郭玉泉 . 2004. W 型火焰锅炉及其应用现状 . 电站系统工程，20（1）：38-43.

车刚 . 2000. 带直流缝隙式燃烧器的 W 型火焰锅炉冷态空气动力特性的实验研究 . 西安：西安交通大学 .

陈贵锋 . 2010. 洁净煤技术产业发展机遇与挑战 . 中国能源，32（4）：5-8.

陈海峰，沙兴中，徐依青，等 . 1993a. 催化剂对煤着火特性的影响Ⅰ. 煤性质及煤中矿物质对煤催化着火的影响 . 燃烧化学学报，21（2）：172-179.

陈海峰，沙兴中，徐依青，等 . 1993b. 催化剂对煤着火特性的影响Ⅱ. 不同催化剂对煤催化着火的影响 . 燃烧化学学报，21（2）：180-184.

陈海峰，沙兴中，徐依青，等 . 1993c. 催化剂对煤着火特性的影响Ⅲ. 关于氧分压、高灰煤及添加纸浆黑液影响的研究 . 燃烧化学学报，21（3）：288-292.

陈寒石，徐奕丰 . 2005. 灰熔聚流化床粉煤气化技术 . 石油和化工节能，（4）：15-20.

陈绳武 . 1987. HTW 流化床煤气化技术 . 煤化工，（3）：7-16.

陈晓平，谷小兵，段钰锋，等 . 2005. 气化半焦加压着火特性及燃烧稳定性研究 . 热能动力工程，（2）：153-157，215-216.

陈雪莉 . 2000. 江苏省洁净煤技术政策研究 . 北京：中国矿业大学 .

陈贻盾 . 1990. 气相催化合成草酸酯连续工艺：CN 1054765.

陈奕岑 . 2008. 以改质氧化钙捕获二氧化碳气体之循环再生能力研究 . 台北："国立交通大学" .

程军 . 2002. 炉内高温燃烧两段脱硫的机理研究 . 杭州：浙江大学 .

程乐鸣，王勤辉，施正伦，等 . 2006. 大型循环流化床锅炉中的传热 . 动力工程，26（3）：305-310.

程乐鸣，周星龙，郑成航，等 . 2008. 大型循环流化床锅炉的发展 . 动力工程，28（6）：817-826.

池涌 . 2005. 典型城市生活垃圾特性及异重循环流化床焚烧技术//全国城市垃圾焚烧发电技术研讨会，134-145.

初琨，黄志军，邹春，等 . 2008. $O_2/CO_2$循环燃烧中 $NO_x$的中试实验研究//中国工程热物理学会编 . 西安：2008 年燃烧学学术会议 .

崔银萍 . 2007a. 煤热解产物的组成及其影响因素分析 . 煤化工，129（2）：10-15.

崔银萍．2007b. 西部弱还原性煤在 $N_2$ 气氛中的热转化特性研究，太原：太原理工大学．

代正华．2008. 气流床气化炉内多相反应流动及煤气化系统的研究．上海：华东理工大学．

戴和武，谢可玉．1999. 褐煤利用技术，北京：煤炭工业出版社．

戴秋菊，唐道武，常万林，等．1999. 采用多段回转炉热解工艺综合利用年青煤．煤炭加工与综合利用，（3）：22-23.

邓高峰．2003. 150 t/d 循环流化床生活垃圾焚烧炉的工艺结构与污染排放．环境污染治理技术与设备，4（1）：81-84.

丁珂．2008. 运用生命周期评价方法优化生活垃圾焚烧系统．上海：同济大学．

董若凌．2006. 水煤浆再燃降低 $NO_x$ 排放的机理与试验研究．杭州：浙江大学．

杜铭华，戴和武，俞珠峰，等．1995. MRF 年轻煤温和气化（热解）工艺．洁净与空调技术，（02）：30-33.

段伦博，赵长遂，周骛，等．2010. $CO_2$ 气氛对烟煤热解过程的影响．中国电机工程学报，（02）：62-66.

段伦博，周骛．2011. 50 kW 循环流化床 $O_2/CO_2$ 气氛下煤燃烧及污染物排放特性．中国电机工程学报，31（5）：7-12.

范浩杰，曹欣玉．1995. 金属化合物催化煤燃烧的规律研究．燃烧科学与技术，（3）：35-39.

方建华．2004. 350-500 t/d 生活垃圾焚烧循环流化床锅炉技术．见：2004 中美工业锅炉先进技术研讨会会议论文集．371-379.

方梦祥，王勤辉，骆仲泱，等．2010a. 循环流化床煤分级转化煤气焦油半焦多联产装置：CN201517093U.

方梦祥，王勤辉，骆仲泱，等．2010b. 循环流化床煤分级转化煤气焦油半焦多联产装置及方法：CN101691501A.

方寿奇．2001. 膜法富氧技术在燃煤锅炉上的应用．膜科学与技术，21（3）：46-49.

房倚天，王洋，马小云，等．2007. 灰熔聚流化床粉煤气化技术加压大型化研究新进展．煤化工，35（1）：11-15.

冯俊凯，岳光溪，吕俊复，等．2003. 循环流化床燃烧锅炉．北京：中国电力出版社．

干潇．2004. 中日韩能源竞争与合作．长春：东北亚地区和平与发展第十一次国际会议．

龚欣，刘海峰，王辅臣，等．2001. 新型（多喷嘴对置式）水煤浆气化炉．节能与环保，（6）：15-17.

谷天野．2006. 煤炭洁净加工与高效利用．洁净煤技术，12（4）：88-90.

关键，王勤辉，骆仲泱，等．2006. 新型近零排放煤气化燃烧利用系统的优化及性能预测．中国电机工程学报，26（9）：7-13.

关键．2007. 新型近零排放煤气化燃烧集成利用系统的机理研究．杭州：浙江大学．

关珺，何德民，张秋民．2011. 褐煤热解提质技术与多联产构想．煤化工，（6）：1-4，9

郭磊．2010. 电磁法在松嫩平原地热资源勘查中的应用研究．武汉：中国地质大学．

郭慕孙，姚建中，林伟刚，等．2002. 循环流态化碳氢固体燃料的四联产装置：CN2474535.

郭树才．2000. 褐煤新法干馏．煤化工，92（3）：6-8.

郭树才．2001. 煤化工工艺学．北京：化学工业出版社．

郭树才．2006. 煤化工工艺学．北京：化学工业出版社．

郭玉泉．2006. W 火焰锅炉燃烧及运行特性试验研究．济南：山东大学．

国家统计局，环境保护部．2012. 中国统计年鉴 2011. 北京：中国统计出版社．

韩启元，许世森．2008. 大规模煤气化技术的开发与进展．热力发电，37（1）：4-12.

韩向新，姜秀民，崔志刚，等．2007. 油页岩颗粒孔隙结构在燃烧过程中的变化．中国电机工程学报，27（2）：26-30.

郝鹏飞．2009. 清洁煤技术创新机制研究．武汉：中国地质大学．

郝艳红．2008. 火电厂环境保护．北京：中国电力出版社．

何涛．2008. 铜川煤催化加氢热解行为的研究．煤炭转化，31（2）：4-7.

何晓芳，王瑞学.2009.煤气化净化技术选择与比较.化学工程与装备，(1)：108-111.
何心良.2010.用全能耗评价工业锅炉能效水平的探讨.工业锅炉，(4)：45-49.
侯国良.1998.Shell煤气化技术的发展与应用前景.化肥设计，36(5)：16-19.
侯伟军.2009.循环流化床锅炉富氧燃烧下传热特性研究.北京：华北电力大学.
胡长娥.2012.煤与生物质共气化研究现状.煤炭加工与综合利用，1：44-49.
胡建杭.2008.城市生活垃圾气化熔融焚烧技术.环境科学与技术，31(11)：78-81.
胡昕，周志军，王智化，等.2013.利用热分析法研究$CO_2$对褐煤富氧燃烧特性的影响.热力发电，42(3)：15-24.
黄素华，陈海峰，殷庆华，等.2010.超临界循环流化床锅炉在节能减排中的技术特点分析.华东电力，38(9)：1456-1459.
黄最惠.2010.炉排炉焚烧垃圾过程中主要污染物的控制.电力科技与环保，26(5)：12-14.
纪任山.2009.高效煤粉工业锅炉技术现状与应用.洁净煤技术，(5)：53-55.
贾永斌，黄戒介，王洋，等.2004.氧化钙在流化床稀相段对焦油裂解的影响.中国矿业大学学报，(05)：62-66.
江道罴.2001.对煤炭地下气化的认识与实践.煤矿设计，(4)：9-11.
蒋君衍，张鹤声.1993.煤的催化燃烧.能源技术，(3)：9-12.
蒋庆哲.2006.降凝剂对蜡晶晶格参数的影响.中国石油大学学报(自然科学版)，30(1)：5.
焦有宙.2008.煤粉炉联产贝利特-Q相水泥熟料试验研究.杭州：浙江大学.
景晓霞，常丽萍.2004.矿物质对煤中硫氮在热解气化过程中迁移变化的催化作用.工业催化，12(10)：13-17.
李博.2012.污水处理厂污泥干化焚烧处理可行性分析.环境工程学报，6(10)：3399-3404.
李定凯，马润田，曹柏林，等.1991.循环床煤气-蒸汽联产工艺及装置：CN1056117.
李定凯，沈幼庭，李定凯，等.1995.循环流化床热-电煤气联产技术及其应用前景.煤气与热力，9(5)：41-45.
李皓宇，阎维平.2011.高压流化床鼓泡流化特性的冷态实验研究.中国电机工程学报，1：119-125.
李华，林器.1989.碱金属、碱土金属和过渡金属对煤的催化氧化作用.大连理工大学学报，29(3)：32-37.
李建锋，郝继红，吕俊复，等.2010.中国300MWe级循环流化床锅炉机组运行现状分析.锅炉技术，41(5)：37-47.
李建锋，郝继红.2009.我国循环流化床锅炉机组数据统计与分析.电力技术，10：70-74.
李金晶，吕俊复，米子德，等.2010.300MWe等级循环流化床电站锅炉技术特点.电站系统工程，6(6)：1-4.
李青松，李如英，马志远，等.2010.美国LFC低阶煤提质联产油技术新进展.中国矿业，(12)：2-87.
李晓东.2002.150 t/d城市生活垃圾流化床焚烧炉的设计及其运行.动力工程，2(1)：1598-1602.
李晓恭，宁书岗，阮航利.2007.链条炉排锅炉与CFB锅炉的技术经济性比较.煤气与热力，7(9)：60-62.
李亚鹏.2011.旋流燃烧器中浓淡气固两相流的数值模拟及实验研究.杭州：浙江大学.
李英杰.2011.基于钙循环的燃煤电站捕集$CO_2$系统模拟.煤炭学报，36(1)：1-27.
李珍，李稳宏，胡静，等.2012.中低温煤焦油加氢技术对比与分析.应用化工，41(2)：337-340.
梁杰.2006.煤炭地下气化技术.科学中国人，(04)：82-83.
梁鹏，巩志坚，田原宇，等.2007.固体热载体煤热解工艺的开发与进展.山东科技大学学报(自然科学版)，(03)：32-36.
梁莹.2005.城市垃圾焚烧发电及其污染物的控制技术研究.保定：华北电力大学(保定).

刘典福，魏小林，盛宏至 . 2007. 半焦燃烧特性的热重试验研究 . 工程热物理学报，28（5）：35-438.

刘贵阳，陈向东 . 2006. 焦炉气非催化转化制合成气在飞化的应用 . 中氮肥，（3）：33-34.

刘海峰，王辅臣，于遵宏，等 . 1999. 撞击流反应器内微观混合过程研究 . 华东理工大学学报（自然科学版），25（3）：228-232.

刘建忠，冯云岗，张光学，等 . 2006. 钙基固硫剂对水煤浆性能影响的研究 . 中国电机工程学报，26（21）：99-103.

刘建忠，周俊虎，黄镇宇，等 . 2005. 65t/h 燃油锅炉改烧水煤浆技术研究 . 煤炭学报，30（6）：773-777.

刘丽梅 . 2008. 煤炭地下气化项目 . 现场试验阶段风险管理研究 . 天津：天津大学 .

陆胜勇 . 2004. 垃圾和煤燃烧过程中二噁英的生成、排放和控制机理研究 . 杭州：浙江大学 .

吕清刚，高鸣，宋国良，等 . 2009a. 一种用于煤粉锅炉的炉前煤拔头方法：CN101429459.

吕清刚，高鸣，宋国良，等 . 2009b. 一种用于循环流化床锅炉的炉前煤拔头方法：CN101435574.

罗陨飞，杜铭华，李文华，等 . 2005. 美国未来洁净煤技术研究推广计划概述 . 4：5-11.

骆仲泱，方梦祥，王勤辉，等 . 2007. 循环流化床热电气焦油多联产装置及其方法：CN1978591.

马增益 . 2001. 流化床垃圾焚烧炉物料混合特性试验研究 . 浙江大学学报（工学版），35（6）：667-671.

毛健雄 . 2010. 超（超）临界循环流化床直流锅炉技术的发展 . 电力建设，31（1）：1-6.

孟凡生，张高成 . 2010. 我国煤炭工业节能减排技术及管理研究 . 学习与探索，191（6）：179-181.

孟宪申 . 1996. 一碳化学的发展趋势 . 化工技术经济，（2）：1-4.

明古春，王鹏，吴松，等 . 2010. 浅谈我国洁净煤技术 . 山西焦煤科技，3：54-56.

裴学国，王磊 . 2006. 制甲醇焦炉气的净化工艺 . 中氮肥，（6）：26-28.

钱笑公 . 1985. 温克勒气化法的特性和进展 . 煤炭化工设计，（1）：32-49.

任永强，许世森 . 2004. 干煤粉加压气化技术的试验研究 . 煤化工，32（3）：10-13.

日本能源保护中心 . 2006. 日本能源与经济统计手册 .

尚文忠，王茂义，辛绍兵，等 . 2007. 低温煤干馏生产工艺：CN1966612.

邵俊杰 . 2009. 褐煤提质技术现状及我国褐煤提质技术发展趋势初探 . 神华科技，（02）：17-22.

沈峰满，杜鹤桂 . 1996. 助燃剂对煤粉燃烧等性能的影响 . 东北大学学报，17（2）：20-25.

施庆燕，焦学军，周洪权，等 . 2010. 欧洲生活垃圾焚烧发电发展现状 . 环境卫生工程，18（6）：36-39.

施正伦，骆仲泱，王文龙，等 . 2002. 石煤流化床锅炉灰渣高效综合利用研究 . 热力发电，（3）：14-17.

孙登科 . 2007. 新型近零排放煤气化燃烧综合利用系统分析与优化 . 杭州：浙江大学 .

孙献斌 . 2008. 超临界循环流化床锅炉的研发 . 热力发电，（1）：1-3.

谈理，唐胜利 . 2003. 四角切圆燃烧锅炉直流燃烧器技术探讨 . 电站系统工程，19（6）：41-49.

谭美健，毛健雄 . 2004. 适用于中国燃煤工业锅炉的先进技术 . 工厂动力，（3）：9-16.

汤凤林，段隆臣 . 2007. 无井式煤炭地下气化技术大有作为-访问乌兹别克斯坦安格连煤炭地下气化站体会 . 探矿工程（岩土钻掘工程），（6）：1-5.

唐宏青 . 2005. GSP 工艺技术 . 中氮肥，（2）：14-18.

陶丽娟 . 2004. 循环流化床垃圾焚烧技术及 $NO_x$ 排放特性研究 . 哈尔滨：哈尔滨工业大学 .

陶卫 . 2009. 我国洁净煤技术的现状及发展前景 . 科海故事博览科教创新，6（39）：14-16.

仝胜录，王晓雷，霍卫东 . 2009. 新型工业煤粉锅炉关键技术及节能效果分析 . 神华科技，（3）：1674-8492.

万立 . 2008. 煤粉 $O_2/CO_2$ 气氛下反应动力学及 $NO_x$ 生成与排放的中试研究 . 武汉：华中科技大学 .

万立 . 2010. 煤粉在 $O_2/CO_2$ 气氛下 $NO_x$ 生成与排放的中试研究 . 红水河，29（3）：81-85.

汪家铭 . 2007. 制合成气焦炉煤气的净化及转化技术 . 煤质技术，(3)：53-55.
汪家铭 . 2009. 乙二醇发展概况及市场前景 . 合成技术及应用，24（4）：26-38.
王长安，车得福 . 2011a. $O_2/CO_2$ 燃烧技术研究进展 1：燃烧与传热特性 . 热力发电，40（5）：1-14，19.
王长安，车得福 . 2011b. $O_2/CO_2$燃烧技术研究进展 2：污染物排放特性与经济性分析 . 热力发电，40（5）：15-19.
王超，程乐鸣，周星龙，等 . 2011. 600 MW 超临界循环流化床锅炉炉膛气固流场的数值模拟 . 中国电机工程学报，31（14）：1-7.
王东明，刘曼立 . 2011. W 型火焰锅炉概述及前景分析 . 锅炉制造，4：21-24.
王东升，谭猗生，韩怡卓，等 . 2008. 浆态床合成二甲醚复合催化剂失活原因探索 . 燃料化学学报，36（2）：176-180.
王辅臣，于广锁，龚欣，等 . 2009. 大型煤气化技术的研究与发展 . 可再生能源与清洁能源，28（2）：173-180.
王国庆 . 2004. 循环流化床垃圾焚烧炉中污染物的排放与控制研究 . 哈尔滨：哈尔滨工业大学 .
王杰广，吕雪松，姚建中，等 . 2005. 下行床煤拔头工艺的产品产率分布和液体组成 . 过程工程学报，5（3）：241-245.
王晋伟 . 2010. 升温速率对煤热解特性的影响 . 山西煤炭，30（11）：66-67.
王景超，张善元，白添中 . 2006. 焦炉煤气制取甲醇合成原料气技术述评 . 煤化工，(5)：48-51.
王俊宏 . 2009. 西部煤的热解特性及动力学研究 . 煤炭转化，32（3）：23-29.
王俊宏 . 2010. 中国西部弱还原性煤热化学转化特性基础研究 . 太原：太原理工大学 .
王俊琪 2009. 煤的部分气化及半焦燃烧系统集成研究 . 杭州：浙江大学 .
王俊琪 . 2007. 煤的快速热解动力学研究 . 中国电机工程学报，27（17）：31-42.
王克冰，王公应 . 2005. 非石油路线合成乙二醇技术研究进展 . 现代化工，(25)：47-52.
王立群，张俊如，朱华东，等 . 2008. 在流化床气化炉中生物质与煤共气化的研究 . 太阳能学报，29（2）：246-251.
王立新 . 2007. 循环流化床锅炉水冷壁防磨技术研究 . 保定：华北电力大学（保定）.
王美君，杨会民，何秀风，等 . 2010. 铁基矿物质对西部煤热解特性的影响 . 中国矿业大学学报，39（3）：426-430.
王鹏 . 2005. 煤热解特性研究 . 煤炭转化，28（1）：8-13.
王勤辉，骆仲泱，方梦祥，等 . 2011. 固体燃料双流化床热解气化分级转化装置及方法：CN102191088A.
王勤辉，沈洵，骆仲泱，等 . 2003. 新型近零排放煤气化燃烧利用系统 . 动力工程，23（5）：2711-2715.
王庆一 . 2001. “梦幻 21”煤基能源工厂：多联产，高效率，零排放 . 中国煤炭，9：5-8.
王睿坤，刘建忠，胡亚轩，等 . 2010. 水煤浆掺混湿污泥对浆体成浆特性的影响 . 煤炭学报，5：199-204.
王善武，吕岩岩，吴晓云，等 . 2011. 工业锅炉行业节能减排与战略性发展 . 工业锅炉，(1)：1-9.
王文龙，施正伦，骆仲泱，等 . 2002. 流化床脱硫灰渣的特性与综合利用研究 . 电站系统工程，18（5）：19-21.
王锡岷 . 2005. 煤质和配风方式对六角切圆燃烧锅炉 $NO_x$ 排放的影响 . 哈尔滨：哈尔滨工业大学 .
王新雷 . 1998. 一种新的联合能源生产工艺——热、电、煤气“三联产”. 电站系统工程，14（3）：1-6.
王洋，吴晋沪 . 2005. 中国高灰、高硫、高灰熔融性温度煤的灰熔聚流化床气化 . 煤化工，(2)：7-15.
王洋 . 2005. 中国煤炭加工与综合利用技术、市场、产业化信息交流会暨发展战略研讨会 .
王云 . 2011. 基于全生命周期的 $O_2/CO_2$循环燃烧电厂的技术经济评价 . 中国科学（技术科学），11（1）：119-128.

吴黎明，潘卫国 . 2011. 富氧燃烧技术的研究进展与分析 . 锅炉技术，42（1）：36-38.
吴永宽 . 1995. 国外煤低温干馏技术的开发状况与面临的课题 . 洁净煤技术，（3）：39-45.
武小芳 . 2010. 灰熔聚流化床气化炉内气固混合特性的研究 . 太原：太原理工大学 .
肖刚 . 2006. 城市生活垃圾低污染气化熔融系统研究 . 环境科学，27（2）：381-385.
肖军蔡，章名耀，郑莆燕 . 2002. 第二代 PFBC-CC 中试电站初步方案及性能分析 . 工程热物理学报，23（1）：57-59.
肖睿 . 2005. 煤加压部分气化试验研究与数值模拟 . 南京：东南大学 .
肖云汉 . 2001. 煤制氢零排放系统 . 工程热物理学报，22（1）：13-15.
谢克昌 . 1987. 煤气化炉的分类、现状和开发 . 煤炭转化，（1）：44-55.
邢伟 . 2008. 大型循环流化床锅炉技术发展现状及展望 . 四川电力技术，31（2）：51-52.
熊杰，张超，赵海波，等 . 2007. 基于热经济学结构理论的电站热力系统全局优化 . 中国电机工程学报，27（26）：65-71.
熊杰，赵海波，柳朝晖，等 . 2008. 基于热经济学的 $O_2/CO_2$ 循环燃烧系统和 MEA 吸附系统的技术-经济评价 . 工程热物理学报，29（10）：1625-1629.
熊杰，赵海波，郑楚光，等 . 2011a. 深冷空分系统的过程模拟优化及火用分析 . 低温工程，（3）：5-49.
熊杰，周志杰，许慎启，等 . 2011b. 碱金属对煤热解和气化反应速率的影响 . 化工学报，62（1）：92-198.
徐朝芬 . 2005. 热解条件对煤的热解行为的影响 . 实验室研究与探索，24（6）：132-138.
徐春霞 . 2008. 生物质气化及生物质与煤共气化技术的研发与应用 . 洁净煤技术，14（2）：37-40.
徐峰 . 2010. 洗涤冷却室内气液两相流动与热质传递的数值模拟 . 南京：东南大学 .
徐谷衡 . 1993. 煤催化着火机理 . 同济大学学报，12（3）：415-420.
徐绍平，邹文俊，宋聪聪，等 . 2011. 一种由煤热解制取半焦、焦油和煤气的方法：CN102010728A.
徐万仁，杜鹤桂 . 1995. 催化剂对煤粉燃烧特性的影响 . 燃料化学学报，23（3）：272-277.
徐万仁，杜鹤桂 . 1996. 高炉喷煤催化燃烧研究 . 钢铁，31（1）：10-15.
徐秀清，沈幼庭 . 1996. 循环流化床煤气——蒸汽联产炉 . 热能动力工程，11（6）：337-342.
徐旭常，周力行 . 2007. 燃烧技术手册 . 北京：化学工业出版社 .
徐耀兵 . 2009. 中间盐法石煤灰渣酸浸提钒工艺的试验研究 . 杭州：浙江大学 .
徐振刚 . 2001. 日本的煤炭快速热解技术 . 洁净煤技术，7（1）：27-31.
许峰 . 2005. 循环流化床垃圾焚烧锅炉的开发 . 上海：同济大学 .
许红胜，钟史明 . 1995. 我国 15MWe PFBC-CC 中试电站的总体设计 . 电站系统工程，11（4）：7-42.
许庆利，李廷琛，颜涌捷 . 2008. 氧化钙改性分子筛对一步法合成二甲醚的影响 . 燃料化学学报，36（3）：181-185.
薛建明 . 2004. 燃煤电厂控制 $NO_x$ 排放的措施（上）. 节能与环保，（6）：26-28.
薛宪阔，刘彦丰 . 2008. $O_2/CO_2$ 燃烧技术研究进展 . 洁净煤技术，14（1）：57-60.
严宏强，程均培，都有兴，等 . 2009. 中国电气工程大典——火力发电工程 . 第 4 卷 . 北京：中国电力出版社 .
严建华 . 2007. 污水污泥焚烧技术现状及进展 . 见：第六届亚太地区基础设施发展部长级论坛暨第二届中国城镇水务发展国际研讨会论文集：613-619.
严建华 . 2012a. 城市污水厂污泥减量、无害化与综合利用关键技术研究与工程示范 . 建设科技，18：67-71.
严建华 . 2012b. 废弃物能源化清洁利用技术进展 . 自动化博览，（1）：38-39.
杨海平，陈汉平，鞠付栋，等 . 2008. 热解温度对神府煤热解与气化特性的影响 . 中国电机工程学报，28（8）：40-45.
杨会民，孟丽莉，王美君，等 . 2010. 气氛对煤热解过程中气相产物释放的影响 . 太原理工大学学报，（04）：

338-341.
杨建军．1990. 添加剂对煤粉点火性能的影响．全国工程热物理年会论文集．
姚燕强．2009. 电站锅炉采用富氧燃烧技术的研究分析．电气技术，(8)：145-146.
殷召良，张鹏．2009. 洁净煤技术产业化面临的法律问题及对策．法制与社会，(27)：92-93.
于培锋．2006. 炉排-循环床复合燃烧垃圾焚烧炉研究报告．科学技术与工程，6（12）：1756-1759.
于新娜，袁益超．2009. 两段式空气气化炉的模拟与研究．上海电力，(3)：249-251.
于遵宏，龚欣，吴韬，等．2001. 多喷嘴对置式水煤浆（或粉煤）气化炉及其应用．中国，ZL98110616. 1.
余斌．2010. 循环流化床半焦燃烧特性研究．杭州：浙江大学．
余德麒，施正伦，肖文丁，等．2010. 石煤灰渣二次焙烧稀酸浸出提钒工艺条件．过程工程学报，10（4）：673-678.
余德麒．2011. 石煤灰渣二次焙烧酸浸提钒工艺的试验研究．杭州：浙江大学．
余盼龙．2013. 流化床热解煤焦油的降黏研究．燃料化学学报，41（1）：26-32.
张超，赵海波，金波，等．2012. 燃煤电厂热力系统建模与仿真．动力工程学报，32（9）：705-711.
张和照．2002. CFB（循环流化床）气化技术简介．小氮肥技术设计，23（1）：9-10.
张建胜，胡文斌，吴玉新，等．2007. 分级气流床气化炉模型研究．化学工程，35（3）：14-18.
张利琴，宋蔷．2009. 煤烟气再循环富氧燃烧污染物排放特性研究．中国电机工程学报，29（29）：35-40.
张缦，别如山，王凤君，等．2008. 国内外超临界循环流化床锅炉技术特点综述．中国动力工程学会第九届锅炉专业委员会第一次学术交流会议．
张明，王世鹏．2010. 国内外煤炭地下气化技术现状及新奥攻关进展．探矿工程（岩土钻掘工程），37（10）：14-16.
张秋民．2010. 褐煤热解提质技术与多联产构想．“十二五”我国煤化工行业发展及节能减排技术论坛文集．
张荣曾．1996. 水煤浆制浆技术．北京：科学出版社．
张晓旭，熊彦权，张希梅．2004. 浅谈我国洁净煤技术的现状与发展前景．应用能源技术，3（87）：4-7.
张兴刚．2008-03-24. 中国煤气化市场面面观．化工报．
张以诚．2010. 煤炭地下气化：减排的有效之举．资源导刊，(3)：10-12.
张宗飞，任敬，李泽海，等．2010. 煤热解多联产技术述评．化肥设计，48（6）：11-15.
赵海波，郑楚光，熊杰．2010. 2×300MW 富氧燃烧煤电站的技术经济评价//中国工程热物理学会编．2010年工程热力学与能源利用学术会议文选．
赵科，段翠九．2012. 流化床 $O_2/CO_2$燃烧（Ⅱ）-高氧浓度的中试研究．热能动力工程，7（3）：350-354.
赵麦玲．2011. 煤气化技术及各种气化炉实际应用现状综述．化工设计通讯，37（1）：8-15.
赵钦新，王善武．2009. 工业锅炉技术创新与发展思路探讨．工业锅炉，(1)：1-12.
浙江大学，中国城市建设研究院．2009. 内部资料：中国生活垃圾处置行业最佳可行技术与最佳环境实践的调查．
中国科学院能源领域战略研究组．2009. 中国至 2050 年能源科技发展路线图．北京：科学出版社．
中华人民共和国国家标准．2002. 水煤浆技术条件．北京：中国标准出版社．
周春光．2010. 多联产系统煤热解焦油析出特性及焦油深加工利用试验研究．杭州：浙江大学．
周凤起．2004. 发展环境友好能源保护环境和公众健康．冶金管理，12：41-44.
周俊虎．2006. 水煤浆技术进展．中国动力工程学会第八届锅炉专业委员会第三次学术会议论文集．
周宛瑜．2010. 灰渣综合利用研究．杭州：浙江大学．
周一工．2005. 循环流化床锅炉在中国的发展与问题．上海电力，4：374-380.
周颖，郭树才，罗长齐，等．1998. 褐煤固体热载体干馏新技术——固体热载体循环系统的设计．煤化工，

(2): 23-28.

朱学栋, 朱子彬, 朱学余, 等 . 1999. 煤化程度和升温速率对热分解影响的研究 . 煤炭转化, 22 (22): 43-47.

庄德安, 岳涛, 张书景, 等 . 2011. 燃煤工业锅炉大气污染物排放现状及控制对策 . 上海: 第二届中国工业锅炉节能减排国际论坛论文集 .

邹春, 黄志军 . 2009. 燃煤 $O_2/CO_2$循环燃烧过程中 $SO_2$与 $NO_x$协同脱除的中试研究 . 中国电机工程学报, 29 (2): 20-24.

邹秋荣 . 2010. 浅谈工业自动化控制技术构建管控一体化网络 . 中国科技博览, 10: 302-303.

左宜赞, 张强, 安欣 . 2010. 浆态床中 $Cu/ZnO/Al_2O_3/ZrO_2+\gamma\text{-}Al_2O_3$双功能催化剂一步法合成二甲醚 . 燃料化学学报, 38 (1): 102-107.

Adanez J, Abad A, Garcia-Labiano F, et al. 2012. Progress in chemical-looping combustion and reforming technologies. Progress in Energy and Combustion Science, 38 (2): 215-282.

Aguayo A T, Erena J, Mier D. 2007. Kinetic modeling of dimethyl ether synthesis in a single step on a CuO-ZnO-$Al_2O_3/\gamma\text{-}Al_2O_3$ catalyst. Industrial & Engineering Chemistry Research, 6 (17): 5522-5530.

Air Praducts and chemicals, Inc. 2003. Commercial-scale demonstration of the liquid-phase methanol (lpmeohtm) process—final report. us Department of Energy Report. Conversion Company, 2003. 6.

Akyurtlu J F, Akyurtlu A. 1995. Catalyticgasification of pittsburgh coal char by potassium sulphate and ferrous sulphate mixtures. Fuel Processing Technology, 43: 71-86.

Alonso M J G, Borrego A G, Álvarez D, et al. 2001. A reactivity study of chars obtained atdifferent temperatures in relation to their petrographic characteristics. Fuel Processing Technology, 9 (3): 257-272.

Amick P. 2006. 2006 E-Gas TM Technology Upate. Gasification Technology Conference. Washington.

Andrus H E, Burns G, Chiu J H, et al. 2008. Hybridcombustion-gasification chemical looping coal power technology development-phase III report. Report # PPL-08-CT-25.

Anon. 1976. British Gas' s SNG Process to Receive $S_2O$ Million ERDA Grant. Eur, Chem. News, 19: 3-9.

Anon. 1990. Coal gasification, Clean Coal Technology. International Power Generation, 3: 22-27.

Badin E J. 1984. Coal combustion chemistry-correlation aspects. M. Amsterdam: Elsevier Science Publishers, B. V.

Bao J H, Liu W, Cleeton J P E, et al. 2013. Interaction between Fe-based oxygen carriers and N-heptane during chemical looping combustion. Proceedings of the Combustion Institute, 4: 2839-2846.

Beal C, Andrus H E, Epple B, et al. 2012. Alstom' s chemical looping prototypes program update. 11th Annual Carbon Capture, Utilization and Sequestration Conference, Pittsburgh PA, USA.

Berguerand N, Lyngfelt A. 2009. Operation in a 10 kW (th) chemical looping combustor for solid fuel testing with a mexican petroleum coke. Greenhouse Gas Control Technologies , 9 (1): 407-414.

Brown C R, Liu Q, Norton G. 2000. Catalytic effects observed during the CO-gasification of coal and switchgrass. Biomass and Bioenergy, 18 (6): 499-506.

Bögner F, Wintrup K. 1984. The Fluidized-bed coal gasification process (Winkler Type) . Meyers R A. Handbook of synfuels technology. New York: McGraw-Hill.

Campbell P E, McMullan J T, Williams B C. 2000. Concept for acompetitive coal fired ntegrated gasification combined cycle power plant. Fuel, (79): 1031-1040.

Celik F E, Lawrence H, Bell A T. 2008. Synthesis of precursors to ethylene glycol fromformaldehyde and methyl formate catalyzed by heteropoly acids. Journal of Molecular Catalysis A-Chemical, 288 (1-2): 87-96.

Chen S Y, Xiang W G, Xue Z P, et al. 2011. Experimentalinvestigation of chemical looping hydrogen generation using iron oxides in a batch fluidized bed. Proceedings of the Combustion Institute, 33: 2691-2699.

Chen S Y, Xue Z P, Wang D, et al. 2012. Anintegrated system combining chemical looping hydrogen generation process and solid oxide fuel cell/gas turbine cycle for power production with $CO_2$ capture. Journal of Power Sources, 215: 89-98.

Cormos C-C. 2011. Hydrogen production from fossil fuels with carbon capture and storage based on chemical looping systems. International Journal of Hydrogen Energy, 36 (10): 5960-5971.

Curran G P, Fink C E, Gorin E. 1967. $CO_2$ Acceptor gasification process-studies of acceptor properties. Advances in Chemistry Series, (69): 141-165.

Curran P F, Tyree P F. 1998. Feedstockversatility for texaco gasifiers. Icheme Conference. Dresden.

Das T K. 2001. Evolution characteristics of gases during pyrolysis ofmaceral concentrates of Russian coking coals. Fuel, 80 (4): 489-500.

Deng Z Y, Xiao R, Jin B S, et al. 2008. Multiphase CFD modeling for a chemical looping combustion process (Fuel Reactor) . Chemical Engineering & Technology, 31: 1754-1766.

Dong C Q, Shen S H, Qin W, et al. 2011. Densityfunctional theory study on activity of $Fe_2O_3$ in ahemical-looping combustion system. Applied Surface Science, 257: 8647-8652.

DuBios E. 1956. Synthsisgas by partial oxidation. Industrial and Engineering Chemistry, 48 (7): 1118-1122.

Duxbury J. 1997. Prediction of coal pyrolysis yields by maceral separation. Journal of Analytical and Applied Pyrolysis, 40 (1): 233-242.

Ekstrom C, Schwendig F, Biede O, et al. 2009. Techno-economic evaluations and benchmarking of pre-combustion $CO_2$ capture and oxy fuel processes developed in the European ENCAP Project. Energy Procedia, 1: 4233-4240.

ENCOAL. 1997. ENCOALmild coal gasification project: ENCOAL Project Final Report. US Department of Energy Report.

Fan L S, Li F X. 2008. Utilization of chemical looping strategy in coal gasification processes. Particuology, 6 (3): 131-142.

Franzen J E, Goeke E K. 1974. SNG Productionbased on Koppers-Totzek coal gasification. 6th Synthetic Pipeline Gas Symp, Chicago.

Geril C, Hirschfelder H, Turna O, et al. 2002. Operatingresults from gasification of waste material and biomass in fixed-bed and circulating fluidized-bed gasifer. Gasification Conference. Noordwijk, Netherland.

He F, Li H B, Zhao Z L. 2009a. Advancements indevelopment of chemical looping combustion: A review. Article ID 710515, doi: 10. 1155/2009/710515.

He F, Wei Y G. , Li H B, et al. 2009b. Synthesisgas generation by chemical looping reforming sing Ce-based oxygen carriers modified with Fe, Cu, and Mn oxides. Energy & Fuels, 3: 2095-2102.

Hebden D, Edge R F. 1958. Experiments with aslagging pressure gasifier. Gas Council Research Commun. No. GC50.

Hebden D, Horsler A G, Lacey J A. 1964. Furtherexperiments with a slagging pressure gasifier. Gas Council Research Commun. No. GC112.

Higman G, van der Burgt M. 2003. Gasification. Oxford, UK: Elsevier, 110.

Ingenhoff V. 1974. Kopper-Totzek coal dust gasification process. J. Fuel Soc. , 53 (9): 757-761.

Ishibashi Y, Shinada O. 2008. First year operation results of CCP's Nakoso 250 MW air-blown GCC demonstration plant. Gasification Technologies Conference. Washington.

Ishino M, Tamura M, Deguchi T. 1992. Mechanistic studies on direct ethylene-glycol synthesis from carbonmonoxide and hydrogen. 2. homogeneous ruthenium catalyst. Journal of Catalysis, 133 (2): 332-341.

Jaber J, Probert S. 1999. Environmental-impact assessment for the proposed oil-shale integrated tri-generation plant. Applied Energy, 62 (3): 169-209.

Jequier L, Longchambon L, van de Putte G. 1960. The asification ofcoal fine. J. Inst. Fuel, (33): 584-591.

Jin B S, Xiao R, Deng Z Y, et al, 2009. Computationalfluid dynamics Modeling of chemical looping combustion process with calcium sulphate oxygen carrier. International Journal of Chemical Reactor Engineering, 7: Article A19.

Jin H G, Ishida M. 2000. Anovel gas turbine cycle with hydrogen fueled Chemical looping combustion. International Journal of Hydrogen Energy, 25: 1209-1215.

Kollar J. 1984. Ethylene-glycol from syngas. Chemtech, 14 (8): 504-511.

Kopper-Totzek. 1996. Prenflo: Clean power generation from coal. Company Brochure, 19: 56-57.

Kurt Hedden. 1980a. An improved method for determination of ignition temperature of solid fuels, Ger. Chem. Eng. No. 3

Kurt Hedden. 1980b. Catalytic and ignition temperature of solid fuels, Ger. Chem. Eng, 5: 33-36.

Li Y J, Zhao C S. 2010. Cyclic $CO_2$capture behavior of $KMnO_4$-doped CaO-based sorbent. Fuel, 89 (3): 642-649.

Liang Xiaoye, Wang Zhihua, Zhou Zhijun, et al. 2012. Life cycle assessment and comparison study of advanced clean coal technologies. Proceedings of the The Sixth China-Japan-Korea Energy and Environment Symposium, Tokyo.

Liang Xiaoye, Wang Zhihua, Zhou Zhijun, et al. 2013. Up-to-date life cycle assessment and comparison study of clean coal power generation technologies in China. Journal of Cleaner Production, 39 (C): 24-31.

Lin S Y, Harada M. 2005. Processanalysis for hydrogen production by reaction integrated novel gasification (HyPr-RING) . Energy Conversion and Management, 46 (6): 869-880.

Lin S Y, Suzuki Y. 2002. Developing aninnovative method, Hypr-RING, to produce hydrogen from hydrocarbons. Energy Conversion and Management, 43 (9-12): 1283-1290.

Linderholm C. 2008. Chemical-looping combustion with natural gas Using NiO-based oxygen carriers. Chalmers University of Technology, 38: 123-132.

Liu Q R, Hu H Q, Zhou Q, et al. 2004. Effect of inorganic matter on reactivity and kinetics of coal pyrolysis. Fuel, 83 (6): 713-718.

Liu S M, Lee D H, Liu M, et al. 2010. Selection and application of binders for $CaSO_4$ oxygen carrier in chemical looping combustion. Energy & Fuels, 24: 6675-6681.

Lobachyov K, Richter H J. 1996. Combined cycle gas turbine power plant with coal gasification and solid oxide fuel cell. Journal of Energy Resources Technology Transactions of he Asme, 118 (4): 285 292.

Lorson H, Schingnitz M, Leipnitz Y. 1995. Thethermal treatment of wastes and sludges with he noell entrained-flow gasifier. Icheme Conference. London.

Lyngfelt A. 2011. Oxygencarriers for chemical looping combustion 4000 h of operational experience. Oil & Gas Science and Technology Revue D Ifp Energies Nouvelles, 66: 161-172.

Manovic V, Anthony E J. 2009. CaO-based pellets supported by calcium Aluminate cements for high-temperature $CO_2$ capture. Environmental Science & Technology, 43 (18): 7117-7122.

Manovic V, Anthony E J. 2010. Reactivation and Remaking of Calcium Aluminate Pellets for $CO_2$ Capture. Fuel, 90 (1): 233-239.

Markström P, Lyngfelt A, Linderholm C. 2012. Chemical-looping combustion in A 100 kW unit or solid fuels. 21st International Conference on Fluidized Bed Combustion, Naples, June 3-6.

Miccio F. 2012. Combinedgasification of coal and biomass in internal circulating fluidized bed. Fuel Process Technol, 95: 45-54.

Mills G A. 1994. Status and future opportunities for conversion of synthesis gas to liquid fuels. Fuel, 73 (8):

1243-1279.

Miyazaki H, Uda T, Hirai K, et al. 1986. Process for producing ethylene glycol and/or glycolic acid ester, catalyst composition used therefor, and process for production thereof: US, 585890.

Morin J X, Béal C, Suraniti S. 2013. Public Summary Report of ENCAP Deliverable D4. 2. 4 "455MWe CLC Boiler/Plant Feasibility Report and Recommendations for the Next Step" . www. encapco. org.

Naqvi R, Bolland O. 2007. Multi-stage chemical looping combustion combined cycles with $CO_2$ capture. International Journal of Greenhouse Gas Controll, 1 (1): 19-30.

Nishiyama Y. 1991. Catalyticgasification of coals-features and possibilities. Fuel Processing Technology, (29): 31-42.

Ogawa T, Inoue N, Shikada T. 2003. Directdimethyl ether synthesis. Journal of Natural Gas Chemistry, 12 (4): 219-227.

Oschell F J. 1980. Improved coal combustion through chemical treatment. Combustion, 23: 18-22.

Patel J G, Wheeler G F. 1984. Theroles of pilot plants in the development of U-gas commercial reactor design. AICHE Annual Meeting. San Francisco, 25-30.

Pruschek R. 1998. Advancedcycle technologies, improvement of gasification combined cycle (IGCC) power plants starting from the state of the art (Puertollano): Final Report 1998 JOF3 CT95-0004.

Qiu Guohua, Zeng Weiqiang, Shi Zhenglun, et al. 2010. Recyclingcoal gangue as raw material for portland cement production in dry rotary kiln. 2010 International Conference on Digital Manufacturing & Automation, 141-144.

Qu X A, Liang P, Wang Z F, et al. 2011. Pilot Development of a polygeneration process of circulating fluidized bed combustion combined with coal pyrolysis. Chemical Engineering & echnology, 34 (1): 61-68.

Rizeq G, West J, Frydman A, et al. 2002. Fuel-flexible gasification combustion technology for production of hydrogen and sequestration-ready carbon dioxide. Annual DOE Technical rogress Report, 13: 46-53.

Robertson A. 2001. Development of foster wheeler's vision 21 partial gasification module. vision 21 programm review meeting, Morgantow, west rirginia, USA.

Rouhi A M. 1995. Haldor-Topsoe develop dimethyl ether as alternative diesel fuel. Chemical & Engineering News, 73 (22): 37-39.

Rudolph P F H, Herbert P K. 1975. Coversion ofcoal to high value products. Symp Coal Gasification, Liquefaction and Utilization. Pittsburgh.

Rudolph P F H. 1972. The Lurgiprocess, the route to SNG from coal. 4th Synthetic Pipeline Gas Symp. Chicago.

Rudolph P F H. 1980. Theart of coal gasification. Frankfurt: Lurgi Gmbh. Germany.

Sass A. 1974. Garrett's coal pyrolysis process. Chemical Engineering Progress, 70 (2): 72-73.

Schellberg W. 1995. Prenflo for the European IGCC at puertoiiano. Proc. Annu. Int. Pittsburgh Coal Conf.

Smith P V, David B M, Vimalchand P, et al. 2002. Operation of the PDSF transport gasifier. Gasification Technology Conference, San Francisco.

Song Q L, Xiao R, Deng Z Y, et al. 2008. Effect oftemperature on reduction of $CaSO_4$ oxygen carrier in chemical-looping combustion of Simulated coal gas in a fluidized bed reactor. Industrial & Engineering Chemistry Research, 47: 8148-8159.

Taba L E. 2012. The effect of temperature on various parameters in coal, biomass and CO-Gasification: A Review. Renew Sust Energ Rev, 16 (8): 5584-5596.

Tajima M, Tsunoda J. 2002. Development status of the eagle gasification pilot plant. Gasification Technologies Conference. San Francisco.

Teggers H, Theis K A. 1980. The rheinbraun high-temperalwre winkler and hydrogasification. 1th. International Gas Research Conference. Chicago.

Teggers H, Theis K A. 1984. The rheinbraun high-temperature winkler and hydrogasification process. 1th International Gas Research Conference. Chicago.

Van der Burgt M J, Naber J E. 1983. Developmentof the shell coal gasification process (SCGP). Third BOC Priestley Conference. London.

Wager R. 1989. Effect of catalyst on combustion of char and Anthracite, Fuel, 68: 79-81.

Wang B W, Yan R, Zhao H B, et al. 2011. Investigation of chemical looping combustion of coal with Cu $Fe_2O_4$oxygen carrier. Energy & Fuels, 25: 3344-3354.

Weissman R, Thone P. 1995. Gasification ofsolid, liquid and gaseous feedstock: commercial portfolio of Texaco technology. Icheme Conference. London.

Wu H W, Li X J, Hayashi J, et al. 2005. Effects of volatile-char interactions on the reactivity of chars from NaCl-loaded Loy Yang brown coal. Fuel, 84 (10): 1221-1228.

Wu S F, Zhu Y Q. 2010. Behavior of $CaTiO_3$/Nano-CaO as a $CO_2$ Reactive Adsorbent. Industrial & Engineering Chemistry Research, 49 (6): 701-2706.

Xia J C, Mao D S, Zhang B. 2004. One-step synthesis of dimethyl ether from syngas with Fe-modified zeolite ZSM-5 as dehydration catalyst. Catalysis Letters, 98 (4): 235-240.

Xiao R, Chen L Y, Saha C, et al. 2012. Pressurizedchemical looping combustion of coal using an iron ore as oxygen carrier in a pilot-scale unit. International Journal of Greenhouse Gas Control, 10: 363-373.

Xiao R, Song Q L, Song M, et al. 2011. Pressurizedchemical looping combustion of coal with an iron Ore-based oxygen carrier. Combustion and Flame, 157 (6): 1140-1153.

Xiaoye Liang, Zhihua Wang, Zhijun Zhou, et al. 2013. Up-to-date life cycle assessment and comparison study of clean coal power generation technologies in china. Journal of cleaner Production, 39 (0): 24~31.

Xiong Jie , Zhao Haibo, Chen Meng, et al. 2011. Simulation study of an 800MWe oxy-combustion pulverized coal-fired power plant. Energy & Fuels, 25 (5): 2405-2415.

Xiong Jie, Zhao Haibo, Zhang Chao, et al. 2012. Thermoeconomic peration optimization of a coal-fired power plant. Energy, 42 (1): 486-496.

Xiong Jie, Zhao Haibo, Zheng Chuguang, et al. 2009. An economic feasibility study of $O_2/CO_2$ recycle combustion technology based on existing coal-fired power plants in China. Fuel, 88 (6): 1135-1142.

Xiong Jie, Zhao Haibo, Zheng Chuguang. 2011a. Exergy Analysis of a 600MWe oxy-combustion pulverized-coal-fired power plant. Energy & Fuels, 25 (8): 3854-3864.

Xiong Jie, Zhao Haibo, Zheng Chuguang. 2011b. Techno-economic evaluation of oxy-combustioncoal-fired power plants. Chinese Science Bulletin, 56 (31): 3333-3345.

Xiong Jie, Zhao Haibo, Zheng Chuguang. 2012. Thermoeconomiccost analysis of a 600MWe oxy-combustion pulverized-coal-fired power plant. International Journal of Greenhouse Gas Control, 9: 469-483.

Yang J B, Cai N S, Li Z S. 2008. Hydrogen production from the steam-iron process with direct reduction of iron oxide by chemical looping combustion of coal char. Energy & Fuels, 22: 2570-2579.

Yeboah Y D, Xu Y, Sheth A, et al. 2003. Catalyticgasification of coal using entectic salts: Identification of Eutectics. Carbon, (41): 203-214.

Yu Yujie, Liu Jianzhong, Wang Ruikun, et al. 2012. Effect of hydrothermal dewatering on the slurryability of brown coals. Energy Conversion and Management, 57: 8-12.

Zhang S, Saha C, Yang Y C, et al. 2011. Use of $Fe_2O_3$ containing industrial wastes as the oxygen carrier for chemical looping combustion of coal: effects of pressure and cycles. Energy & Fuels, 250: 4357-4366.

Zhang S, Xiao R, Yang Y C, et al. 2013. $CO_2$ capture and desulfurization in chemical looping combustion of coal with a $CaSO_4$ oxygen carrier. Chemical Engineering & Technology, 2013.

Ziock H J, Anthony E J. 2002. Technicalprogress in the development of Zero emission coal technologies. Journal of Cleaner Production, 2: 27-38.

Öztas N A, Yürüm Y. 2000. Pyrolysis of Turkish Zonguldak bituminous coal. Part 1. Effect of mineral matter. Fuel, 79 (10): 1221-1227.